Stephen Jay Gould

Ein Dinosaurier im Heuhaufen

Streifzüge durch die Naturgeschichte

Aus dem Amerikanischen von
Sebastian Vogel und
Cornelia Holfelder-von der Tann

S. Fischer

Die Originalausgabe erschien 1995 unter dem Titel ›Dinosaur in a Haystack. Reflections in Natural History‹ bei Harmony Books/Crown Publishers, New York

Druck und Bindung: Friedrich Pustet, Regensburg
Printed in Germany
ISBN 3-10-027808-9

Für meinen einzigen Bruder, Peter (1944–1994)

Mein liebster und treuer Begleiter
Mögen wir eines Tages, irgendwo und irgendwie
zusammen in dem Zweifamilienhaus leben,
von dem wir ein Leben lang geträumt haben.

Inhalt

Teil VII
Evolutionstheorie, Evolutionsgeschichten

Theorie

Geschichten

Teil VIII
Linné und Darwins Großvater

Vorwort

Michel de Montaigne, der allgemein als Begründer des Essays als literarisches Genre gilt, schrieb als Vorwort seiner *Essais* (erschienen 1580) einen kurzen Brief »An die Leser«. Darin heißt es:

> Ich aber will nur, dass man mich darin in meiner einfachen, natürlichen und alltäglichen Art erkennt ... Denn hätte ich zu jenen Völkerschaften gehört, von denen man berichtet, dass sie noch in der süßen Freiheit der ersten Gesetze der Natur leben, so versichere ich dir, dass ich mich sehr gern vollständig und hüllenlos gezeichnet hätte.*

Die monatlichen Essays, aus denen sich diese Bücher zusammensetzen, schreibe ich seit Januar 1974. Der vorliegende Band, der siebte in einer fortlaufenden Reihe, enthält auch den Aufsatz, mit dem ich das zwanzigste Jahr vollendet habe – und es fehlt kein einziger Monat. Mit diesem Vorwort möchte ich deshalb darauf hinweisen, was unser Begründer Montaigne in dem angeführten Zitat als entscheidendes Merkmal der Gattung definierte: die alltäglichen Dinge (die aber eine tiefere Bedeutung haben).

Ich habe mich selbst immer als Butter-und-Brot-Autor betrachtet. Man kann die Ravioli auch mit Wachteln füllen ... nun ja, Hauptsache, sie sind irgendwie gefüllt (und ich bin durchaus in der Lage, gemahlenen Pfeffer aus dem Streuer zu schütten). Im Vorwort zum ersten Band der Reihe (*Darwin nach Darwin*) habe ich

* Aus: Montaigne, Essais, Frankfurt am Main 1998.

geschrieben, dass ich mich nicht für einen Universalgelehrten, sondern für einen Handwerker halte – und meine Branche ist die Evolutionsbiologie.

Während ich einerseits mit aktiver Teilnahme schrieb, sah ich andererseits auch aus einer seltsamen Distanz zu, wie der Themenbereich meiner Essays über die sieben Bände hinweg größer wurde, sich verlagerte und erweiterte, während ich selbst von der rebellischen Jugend ins bilderstürmerische mittlere Alter hineinwuchs. Ich bin zuversichtlich, dass ich die richtige Mischung gefunden habe: hier die neuen, anspruchsvollen Ideen, da das begeisterte Festhalten an den großen, ehrenwerten Traditionen (denen man nicht immer folgen darf, deshalb die Notwendigkeit der Bilderstürmerei) der »alten, universellen Gelehrtengemeinde« (so die köstlich altertümliche Zeile, die der Präsident der Harvard University jedes Jahr bei der Verleihung neuer Doktortitel vorträgt). Aber bis heute kreisen die Essays um das zentrale Thema: die Evolution, jene spannendste und folgenschwerste Wahrheit der Natur, die menschliche Wissenschaft jemals entdeckt hat – und die, wie Freud mit der Gleichsetzung der bedeutendsten geistigen Umwälzungen mit den beunruhigendsten, am tiefsten gehenden Angriffen auf die Arroganz der Menschen feststellte, auch die verwirrendste geistige Veränderung war, zu deren Anerkennung die Wissenschaft uns gezwungen hat. Welcher Wandel könnte grundsätzlicher sein als der von »geschaffen nach Gottes Ebenbild als Herrscher einer jungen Welt aus stabilen Einheiten, die unserem Vergnügen dienen« zu »ein zufälliger kleiner Zweig, der erst gestern aus einem uralten, üppigen Busch stetig veränderlicher, untereinander verwandter Formen gesprossen ist«.

Der erste Band *Darwin nach Darwin* handelte von den Grundprinzipien der darwinistischen Theorie. Im zweiten, *Der Daumen des Panda*, ging es um Ergänzungen dieser zentralen Vorstellungen und die Kritik daran. Der dritte, *Wie das Zebra zu seinen Streifen kam*, erweiterte den Themenbereich auf die gesellschaftlichen Auswirkungen des evolutionsorientierten Denkens und insbesondere den Kampf unseres Berufsstandes gegen die – Widerspruch in sich – »Schöpfungswissenschaft«, die damals so bedrohlich erschien (wir stritten und siegten bis zum Obersten Gerichtshof der USA) und heute dank unserer Wachsamkeit sowie der Kraft unserer

Ideen und Kenntnisse ein wenig leiser geworden ist (aber immer noch eine Gefahr darstellt). Im vierten, *Das Lächeln des Flamingos*, lag das Schwergewicht auf dem zufälligen, nicht vorhersagbaren Wesen der Geschichte des Lebendigen. Der fünfte, *Bravo, Brontosaurus*, erweiterte dieses Thema zu einer vielschichtigen Untersuchung über das Wesen der Geschichte. In *Eight Litte Piggies*, dem sechsten, kamen Umweltfragen hinzu (die ich, wie ich selbstkritisch einräumen muss, in früheren Beiträgen zu der Serie seltsamerweise vernachlässigt hatte).

Der nun vorliegende siebte Band, *Ein Dinosaurier im Heuhaufen*, behandelt weitere neue Bereiche des evolutionsorientierten Denkens, und zwar sowohl eher akademische (Literatur, eine persönliche Liebhaberei, die mit mir und in mir im Laufe der Zeit gewachsen ist, in den Teilen 2 und 4; Astronomie und Kalenderkunde als Fortsetzung einer Tradition aus Kindertagen, die gleich nach der Paläontologie oder vielleicht auch an vierter Stelle nach Paläontologie, Baseball und Philatelie kam, im Teil 1) als auch vorwiegend gesellschaftliche und politische (die unentbehrliche Funktion der Museen in Teil 5, und die vielen Gesichter der Eugenik im Teil 6).

Ich bleibe aber auch hier dem Prinzip treu, mich auf die Evolution zu konzentrieren: In den beiden längsten Abschnitten behandle ich die zwei großen Themen meiner Wissenschaftsdisziplin, der Evolutionsforschung; das Schwergewicht liegt dabei auf Themen des Darwinismus (Teil 7) und auf den (häufig überraschenden und den traditionellen Ideen widersprechenden) Gesetzmäßigkeiten in der Geschichte des Lebendigen (Teil 3). Mit anderen Worten: Es geht um Ablauf und Muster, Mechanismus und Weg, um das Wie und Was der vier Milliarden Jahre währenden Evolution auf unserem Planeten. Schließlich und wiederum getreu meiner Vorliebe für Geschichte (nicht nur die des Lebens, sondern auch die der Wissenschaft, die das Lebendige zu verstehen versucht) habe ich meine Themen in vielen Fällen durch die Art deutlich gemacht, wie sie sich im Leben faszinierender Menschen ausdrücken. Dabei habe ich mich entweder auf zu Unrecht unbekannte Personen konzentriert oder aber auf überraschende Umwege in der Laufbahn berühmter Persönlichkeiten: Meine Helden sind Pierre-Simon Laplace, Mary Shelley, Alfred Lord Tennyson, Jonathan Swift,

Edgar Allan Poe, der sich mit Schneckenhäusern beschäftigte, die unbekannte Mary Roberts, der ebenso unbekannte Gotthelf Fischer von Waldheim, Luther Burbank, R. A. Fisher und J. B. S. Haldane. Im letzten, aus drei Essays bestehenden Teil des Buches untersuche ich einige erstaunliche Verbindungen zwischen Carl von Linné und Erasmus Darwin, wobei auch Bemerkungen über Erasmus' weitaus berühmteren Enkel nicht zu vermeiden sind.

Mein Dinosaurier im Heuhaufen ist das Musterbeispiel eines Details, nach dem man immer sucht, um eine allgemeine Aussage darauf zu stützen: Dinosaurier sind die Lieblingseinzelheiten der öffentlichen Faszination, der Heuhaufen ist etwas Allumfassend-Allgemeines, und ihre Verbindung ist nach Montaignes ursprünglicher, definierender Strategie das Geheimnis eines gutes Essays: die Kopplung eines verführerischen Details mit einer lehrreichen allgemeinen Erkenntnis, und alles geprägt von der persönlichen Betroffenheit des Autors.

Ich bin kein bescheidener Mensch, aber ich kenne meine großen Schwächen inmitten einer glücklichen Stärke. Zahlen sind mir nicht fremd, aber wie sehr sehne ich mich nach jener mathematischen Kreativität, die mir völlig abgeht und die so viele Wissenschaftler zu großartigen Leistungen befähigt. Ich denke nicht unlogisch, aber wie sehr sehne ich mich nach jener beeindruckenden, bei vielen Kollegen zu beobachtenden Fähigkeit, die Folgerungen aus einem Argument in ihrer Reihenfolge zu erkennen, zu entwickeln und zu überprüfen.

Jeder Mensch verfügt über seltsam überentwickelte Fertigkeiten, aber manch einer erkennt ihre Einzigartigkeit nie richtig; bei anderen passt die besondere Begabung nicht zum Berufsleben und wird im besten Fall zur Freizeitbeschäftigung oder zum Partygespräch. Mir hat Fortuna, die wichtigste Gottheit der Natur, ein großes Geschenk mitgegeben: die glückliche Verbindung meiner überentwickelten Fähigkeiten mit maximaler Nützlichkeit im Beruf. Was ich einmal im Kopf habe, kann ich nicht mehr vergessen oder verbannen, und immer finde ich begründete, zwanglose Zusammenhänge zwischen weit auseinander liegenden Details. In diesem Sinn bin ich ein Essayautomat: Mach eine allgemeine Aussage, und ich gebe dir sechs Kleinigkeiten, die sie verdeutlichen. Ein Detail allein ist blind; Begriffe ohne konkrete Ausfüllung sind leer. Die Verbindung aus beiden definiert das Genre der Essays, und wenn ich Zusammenhänge herstelle, habe ich selbst das Gefühl, dass es automatisch geschieht.

Aber Fortunas Gaben liegen brach, solange sie nicht von ihrer Schwester Diligencia unter der Schirmherrschaft Amors verstärkt werden. Ich bin über fünfzig, trage aber noch jedes Atom der Begeisterung aus meinem fünfjährigen Ich über jedes Stückchen Wissen. Ich erfahre gern etwas über Einzelheiten und Gründe für das Leben der Menschen und die Wege der Natur. Ich bin bestrebt, diesen Dingen nicht über das Destillat anderer, sondern in ihrer Originalsprache und ursprünglichen Darstellung zu begegnen. Ich glaube nicht an das Vergnügen aus zweiter Hand und nehme lächerlich große Mühen auf mich, um an der richtigen Stelle zu stehen oder einen Gegenstand selbst in der Hand zu halten. Ich kann nicht anders – es ist ein innerer Drang, aber ich glaube, meine Leidenschaft hat sich ausgezahlt. Ich konnte den König Gustav identifizieren, weil ich die Handlung von Verdis *Maskenball* kannte (Kapitel 31). Ich konnte Fischers lateinische Widmung an Rasumowsky lesen; ich wusste, was 1812 in Moskau geschehen war; und ich musste mich fragen, ob man Fischers Rasumowsky mit dem Mäzen Beethovens in Verbindung bringen kann (Kapitel 19).

Solch ein selbst auferlegter moralischer Druck kann zur Belastung werden, aber denken wir einmal an die Wohltat des persönlichen Verstehens. Ich musste lesen, was Burke über das Erhabene und Schöne geschrieben hatte, weil meine jugendlichen Pfeile das Buch meines Großvaters beschädigt hatten (Kapitel 14) – aber von nun an war Burkes kluge Argumentation in meinem Kopf gespeichert und lag bereit, Licht in das Genre der schönen (allerdings nicht erhabenen) naturgeschichtlichen Bücher von Mary Roberts und anderen Frauen aus dem 19. Jahrhundert zu bringen. Ich hatte ein schlechtes Gewissen, weil ich in meiner Jugend die Gelegenheit verpasst hatte, die Papiamentu-Kreolensprache Curaçaos zu lernen, aber 25 Jahre später konnte ich Buße tun, und dabei stolperte ich auch noch über das Thema für einen Essay (Kapitel 26).

Deshalb möchte ich in vier kurzen Aussagen zusammenfassen, wie ich selbst in dem kleinen, aber alten und ehrwürdigen Genre des naturwissenschaftlichen Essays vorgehe. Erstens bewege ich mich häufig zwischen abgelegenen, exotischen kleinen Wissensbrocken – vom Baseball über Bienenwachs bis zur Jojo-Mode bei New Yorker Schulkindern –, aber ich kehre immer wieder zur Evolution und den großen Themen von Zeit, Wandel und Geschichte zurück.

Zweitens beginnen selbst die allgemeinsten Essays über die abstraktesten Themen zumindest in meinem Geist (allerdings nicht immer auch auf dem Papier) mit einem verblüffenden Detail, das mein Interesse geweckt hat: eine Erwähnung der natürlichen Selektion im praktischen Teil des grausigsten aller historischen Dokumente, des Protokolls der Wannsee-Konferenz (Kapitel 23); Schnecken, die in naturhistorischen Abhandlungen aus dem 17. Jahrhundert spiegelverkehrt abgebildet sind (Kapitel 14); eine Quittung über ein paar Gulden für Bier und Würstchen eines Kahnführers als schmerzlicher, entscheidender Beleg für die Herkunft einer Antilopenart, die heute ausgestorben ist und nicht mehr für sich selbst sprechen kann (Kapitel 20).

Drittens versuche ich, diese Details – zugegebenermaßen auf meine persönliche, aber weder gezwungene noch gekünstelte Weise – zunächst in ihr eigenes Umfeld und dann in den allgemeinen Zusammenhang des Essays zu stellen, damit sie nicht nur unterhaltsame Kuriositäten bleiben, sondern zur hilfreichen Illustration werden. Ich wusste, dass es zwischen König Gustav und Carl von Linné eine Verbindung geben muss, wenn sie einander durch einen dünnen Geldschein hindurch ansehen (Kapitel 31). Selbstbezichtigung ist in Idaho eine ebenso beklagenswerte Gewohnheit wie der Selbsthass der Naturhistoriker angesichts ihrer Kollegen aus der Molekularbiologie – beide Formen der Engstirnigkeit müssen der gegenseitigen Befruchtung in Gleichberechtigung Platz machen (Kapitel 30). Ein Riesenpilz macht das schwierigste, abstrakteste Problem der darwinistischen Theorie deutlich: die Frage nach dem Wesen der Individualität und der Triebkraft der Evolution (Kapitel 25). Neue Entdeckungen aus der Evolution der Wale mischen einerseits die Kreationisten auf und machen andererseits sowohl das komplizierte Evolutionsprinzip der mehrfachen Anpassungsgipfel als auch die Beschränkungen durch historisches Erbe deutlich (Kapitel 27). Haldanes berühmtes Bonmot über Gottes große Vorliebe für Käfer sollte man mit der empirischen Frage verknüpfen, wie viele biologische Arten eigentlich unsere Erde bevölkern

(Kapitel 28). *Jurassic Park*, eigentlich vielleicht nur ein Film, bietet den Ausgangspunkt für eine Diskussion über Modetorheiten, die Fallstricke des Reduktionismus und die »Richtigkeit« von Museen, die ihre Ausstellungsstücke in den Mittelpunkt stellen (Kapitel 14). Edgar Allan Poes Buch über Schnecken ist nicht die Peinlichkeit, von der alle literaturwissenschaftlichen Quellen sprechen (und das, obwohl das Buch zu einem beträchtlichen Teil ein Plagiat ist), wenn man die Traditionen der wissenschaftlichen Malakologie kennt und deshalb Poes interessante, originelle neue Methode erkennt (Kapitel 12). Mein persönlicher Lieblingsessay in diesem Band wird nie ein Publikumsrenner werden – dazu sind die Zusammenhänge zu exotisch und umständlich und die Personen zu anonym; mir aber bereitete es gewaltigen Spaß, von der langweiligen, speichelleckerischen Widmung für einen lokalen Adligen zur Feuersbrunst in Moskau nach Napoleons Eroberung zu gelangen, aber auch zum gegensätzlichen Verhalten der Brüder Rasumowsky, von denen der eine nichts für Fischer, der andere alles für Beethoven tat, zu der rührenden Ähnlichkeit des Mittelnamens von Mozart und Fischer, zu der altmodischen Tugend der Eigenständigkeit – und das alles musste ich ganz allein herausfinden, denn Sekundärquellen gibt es nicht (Kapitel 19). Was haben griechische Bushaltestellen mit Erasmus Darwins heroischen Reimpaaren über das Sexualleben der Pflanzen zu tun? Das erfahren wir im letzten Essay (Kapitel 33).

Viertens müssen meine Leser mich begleiten. Die meisten »populärwissenschaftlichen« Bücher vereinfachen die Begriffe (die dabei, wenn auch unabsichtlich, vielfach trivial werden) in dem häufig falschen Glauben, sie würden dadurch besser verständlich. Manchmal mag das stimmen – aber für mich lohnt es dann nicht mehr, den Essay zu schreiben. Natürlich bediene ich mich einer klaren Sprache, und vor allem vermeide ich das Fachchinesisch, das Laien den Zugang erschwert. Aber ich werde die Begriffe weder einfacher noch weniger zweideutig machen, als die Kompliziertheit der Natur es verlangt. Meine Essays richten sich gleichermaßen an Fachleute und Laien – was übrigens von Galilei bis Darwin eine alte Tradition der Wissenschaftsautoren war, die aber heute fast völlig verloren gegangen ist. Wären ausschließlich meine unmittelbaren Fachkollegen die Zielgruppe, würde ich die

Essays kein bisschen anders verfassen. Meine Leser werden zwar hoffentlich erkennen, welchen Respekt ich ihnen damit entgegenbringe, aber der Handel stellt an sie auch ein wenig höhere Ansprüche als der übliche Stil des amerikanischen Journalismus. Im Zusammenhang mit Linnés an der Sexualität orientiertem System für die Einteilung der Pflanzen nenne ich für alle 24 Kategorien seine Bezeichnungen und Überlegungen (Kapitel 32). Ist das nicht besser als der übliche journalistische Einzeiler »Linné teilte die Pflanzen nach den Unterschieden ihrer Geschlechtsorgane ein«? Immerhin schaffe ich so die Möglichkeit, Linnés Ordnungsprinzipien in ihren Einzelheiten zu verstehen (und als Lohn winken Erasmus Darwins großartige Reime über Linnés Kategorien).

Ich liebe diese allmonatliche Arbeit, aber alles Gute muss einmal ein Ende haben – und die Jahrtausendwende stellt einen natürlichen Schlusspunkt dar (manche sagen, für die ganze Welt). Ich habe also vor, bis zum Januar 2001 jeden Monat etwas zu schreiben, und deshalb werden auch zu dieser Buchreihe nur noch zwei Bände hinzukommen.

Ich muss meine Produktion einstellen, aber die Natur wird das niemals tun – und wir alle sollten an ihrem unendlichen Reichtum die größte Freude haben. Deshalb möchte ich diesen siebten Band mit Lewis Carrolls weitsichtigster Erkenntnis eröffnen: Sieben menschliche Hervorbringungen können den wundersamen Überfluss der Natur nicht einmal ankratzen. Das Walross und der Zimmermann wandern am Strand entlang und weinen, weil sie die Natur in Form »einer solchen Menge Sand« gern beseitigen würden. Aber sie erkennen die Hoffnungslosigkeit des Unterfangens:

»Wenn sieben Mägde sieben Jahr
Hier täglich siebenmal kehren,
Ob sie dann wohl«, das Walross sprach,
»Den Strand vom Sand entleeren?«
»Wohl schwerlich«, sprach der Zimmermann
Und weinte heiße Zähren.*

* Aus: Lewis Carroll, *Alice hinter den Spiegeln*, Frankfurt am Main 1974.

Ich weine Freudentränen – wie Wordsworth beim Betrachten eines Spatzennestes:

Sie gab mir Augen, gab mir Ohrn,
Der Sorgen und der Ängste Sporn,
Ein Herz, das süßer Tränen Born,
und Liebe, Denken, Freude.

Teil I
Himmel und Erde

1. *Glückliche Gedanken an einem sonnigen Tag in New York*

Galilei meint in seinem berühmtesten Ausspruch über das Universum: »Dieses großartige Buch ist in der Sprache der Mathematik geschrieben, und seine Gestalten sind Dreiecke, Kreise und andere geometrische Figuren.« Warum lassen sich die Naturgesetze mit einer so elegant einfachen Algebra ausdrücken? Warum wirkt die Schwerkraft nach dem Prinzip der umgekehrten Quadrate? Warum findet man überall in der Natur einfache geometrische Formen – von den sechseckigen Waben der Honigbienen bis zur komplizierten Architektur der Kristalle? D'Arcy Thompson, der Verfasser von *Growth and Form* und eines meiner ersten geistigen Vorbilder (neben meinem Vater und Charles Darwin), schrieb: »Die Harmonie der Welt wird in Form und Zahl offenbar, und Herz und Seele und die ganze Poesie der Naturphilosophie verkörpern sich im Begriff der mathematischen Schönheit.« Viele Naturwissenschaftler malen sich den Schöpfergott als Mathematiker vom Schlage eines Platon oder Pythagoras aus, und sei es auch nur, um eine anschauliche Metapher zu prägen. Der Physiker James Jeans schrieb: »Nach seiner eigenen Schöpfung zu schließen, erscheint der Große Architekt des Universums heute immer mehr als reiner Mathematiker.«

Aber vieles in der Natur ist auch ein verwickeltes Durcheinander, das sich einer einfachen mathematischen Beschreibung bemerkenswert hartnäckig entzog (jedenfalls so lange, bis die fraktale Geometrie uns Wege eröffnete, um die komplizierte Form eines Berggipfels, eines Küstenverlaufs oder eines Blattes zu formulieren). Und andere Wissenschaftler entwickelten ebenso anschauliche Metaphern von einem Schöpfer, der in nicht quantitativ fassbaren Einzelheiten schwelgt – hierher gehört zum Beispiel der berühmte Ausspruch von J. B. S. Haldane, Gott müsse eine außerordentliche Zuneigung zu Käfern gehabt haben (siehe Kapitel 28).

Wir haben die mathematische Genauigkeit der Natur in vielerlei Hinsicht überstrapaziert. Selbst auf dem Gebiet, das für seine abstrakte, quantitativ fassbare Schönheit am bekanntesten ist – und dessen Name »Himmelsmechanik« schon den Gedanken an die Harmonie des Äthers heraufbeschwört –, gibt es jede Menge seltsam ungeordneter und regelrecht unbequemer Unregelmäßigkeiten. Warum konnte Gott beispielsweise nicht für einfache, anständige Zahlenverhältnisse zwischen der Drehung der Erde um ihre eigene Achse und ihrem Umlauf um die Sonne sorgen? Warum stattete er das Jahr nicht mit einer säuberlich glatten Zahl von Tagen aus, ohne die komplizierten Bruchteile, die in unserem Kalender schwierige und nie genau passende Korrekturen erfordern? Warum 365 Tage und knapp (aber nicht ganz) ein zusätzlicher Vierteltag, sodass wir jedes vierte Jahr einen Schalttag einführen müssen, den wir aber alle 100 Jahre wieder weglassen (weil Gott zu den 365 Tagen ein wenig weniger als einen Vierteltag hinzugefügt hat), außer alle 400 Jahre, wo wir ihn wiederum hinzunehmen? (Und wer diesen Satz durchdrungen hat, der begreift, warum 2000 ein Schaltjahr ist, obwohl es nach Ansicht einiger Puristen nicht den Beginn des neuen Jahrtausends darstellt – siehe das nächste Kapitel.)

Unsere Versuche, sie in eine platonische Zwangsjacke zu stecken, verhöhnt die Natur auch durch die Einrichtung einer fast lächerlich beliebigen Ursache für einige offenkundige, deutlich erkennbare Regelmäßigkeiten, die in der Menschheitsgeschichte eine wichtige Rolle gespielt haben. Mein Lieblingsbeispiel wurde bereits von vielen Autoren erörtert: Sonnen- und Mondfinsternisse passen mit großartiger Genauigkeit zusammen (der Mondschatten bedeckt gerade die Sonne und umgekehrt). Muss eine solche exakte Übereinstimmung nicht absichtlich eingerichtet sein oder zumindest als vorhersagbare Folge aus einem jener mathematischen, eleganten Naturgesetze erwachsen? In Wirklichkeit ist der Effekt nur ein historischer Zufall. Die Sonne hat einen etwa vierhundertmal größeren Durchmesser als der Mond, aber gleichzeitig ist sie auch etwa vierhundertmal weiter von uns entfernt – deshalb scheinen beide Scheiben für einen Beobachter auf der Erde die gleiche Größe zu haben. (Und nun denken wir einmal daran, welch großer Teil unserer Mythologie sich des Bildes von zwei Wächtern bedient, die wegen ihrer gleichen Größe in engem Zusammenhang stehen: »Und Gott machte zwei große Lichter: ein großes Licht, das den Tag regiere, und ein kleines Licht, das die Nacht regiere …«)

Wenn die Natur sich so über uns lustig macht, lässt sie sich ab und zu auch in die Karten blicken, als wolle sie Buße für ihre erhabenen Scherze tun. Am 10. Mai 1994 war in großen Teilen Nordamerikas eine seltene Form der Sonnenfinsternis zu sehen, weit weniger spektakulär als die übliche Verdunkelung, aber in ihrer eigenen, viel raffinierteren und seltsameren Art ebenfalls unglaublich faszinierend. Der Abstand des Mondes von der Erde schwankt während seines Umlaufes ein wenig (auch die Umlaufbahnen der Planeten sind nicht so regelmäßig, wie es die Schemazeichnungen in unseren Schulbüchern nahe legen). Kommt es zu einer Sonnenfinsternis, während der Mond gerade seine maximale Entfernung von der Erde erreicht hat, bedeckt sein Schatten die Sonnenscheibe nicht vollständig, sodass während der Totalität am Rand der Sonne ein heller Ring sichtbar bleibt. Dieses Phänomen bezeichnet man als ringförmige Sonnenfinsternis. (Sie ist deshalb so viel weniger spektakulär als eine totale Sonnenfinsternis mit normalem Abstand des Mondes, weil der helle Ring immer noch eine beträchtliche Lichtmenge abgibt – mindestens so viel wie an einem normalen, bedeckten Tag –, während der Himmel bei vollständiger Bedeckung dunkel wird, als hätte Gott einen Lichtschalter betätigt.)

An jenem 10. Mai haderte ich mit mir selbst. Zu Hause in Boston war mit einer Bedeckung von 88 Prozent zu rechnen, aber nur ein bis zwei Autostunden nördlich, in Concord (New Hampshire) und vielen anderen schönen Gegenden Neuenglands, lockte die Totalität. Die nächste ringförmige Sonnenfinsternis würde in Neuengland am 23. Juli 2093 zu sehen sein und lag demnach weit außerhalb meiner Beobachtungsmöglichkeiten; deshalb hieß es für mich: der 10. Mai oder (zumindest ohne weite Reisen) nie. Ich wies alle meine Studenten unter Androhung der sofortigen Entlassung an, in das Gebiet der Totalität zu fahren. (Hier erfreute ich mich eines jener seltenen Momente, in denen Shaws Beobachtung außer Kraft gesetzt ist, wonach diejenigen, die etwas können, es tun, während diejenigen, die es nicht können, unterrichten – Professoren macht eine solche Anwendung ihrer begrenzten Machtmittel wirklich Spaß. Ich gab die Anweisung, und keiner von ihnen befolgte sie – zu ihrer ewigen Schande, aber ansonsten ohne Folgen.) Mich selbst veranlasste das Pflichtgefühl zur Einhaltung einer Verabredung, die ich getroffen hatte, bevor ich von der Sonnenfinsternis erfuhr: Ich fuhr in südliche Richtung nach New York, wo die Sonne durch einen ohnehin beeinträchtigten Mondschatten noch weniger bedeckt sein würde.

Es gibt viele Dinge, die uns in diesem Tal der Tränen aufrecht halten – das Lächeln eines Babys, die h-moll-Messe von Bach, ein anständiges belegtes Brötchen. Als wollten sie uns Mut zum Weitermachen zusprechen, verwandeln die ewigen Kräfte immer mal wieder eine der kleinen Katastrophen des Lebens in ein wenig Freude oder eine lehrreiche Episode. Der Herr des (partiellen) Sonnenringes muss mir an jenem 10. Mai zugelächelt haben, brachte er mich doch in mürrischer Laune in meine Geburtsstadt New York, um mich dann mit einem Erlebnis zu belohnen, das besser war als jede Totalität in Concord.

Ich liebe die ursprüngliche Natur, aber im Grunde meines Herzens bin ich Humanist, und ich habe noch mehr Spaß an den komplizierten Wechselbeziehungen zwischen meinen Artgenossen der Spezies *Homo sapiens* und der großartigen Außenwelt. Denken wir einmal an alle Klischeevorstellungen, die wir von den Bewohnern New Yorks haben. (Sie sind natürlich nicht wahr, aber kulturell als anerkannter Typus oder Bild dennoch sehr einflussreich.) New Yorker sind genervt, egoistisch, zynisch, hektisch, geldgierig, gleichgültig, unkommunikativ und geradezu gehässig gegenüber allen Menschen, die man nicht zum eigenen materiellen Vorteil beschwatzen oder manipulieren kann. Stimmt's? Natürlich – das weiß jeder Amerikaner, auch wenn er noch nie östlich des Mississippi war! Eine Sonnenfinsternis müsste demnach so ziemlich das Letzte sein, was einen echten New Yorker in ihren Bann schlagen könnte. Ich meine, mal langsam, Mister. Ich soll 'ne Pause machen und in den Himmel starren – weil da 'ne partielle, ringförmige

Finsternis ist? Hör doch auf – du hast doch nicht alle Tassen im Schrank!

Aber wie Josua einst die Sonne über Gibeon stillstehen ließ, so erwiderte New York an jenem 10. Mai das Kompliment. Mitten in Manhattan, mitten an einem hektischen Werktag, hielt New York inne und beobachtete die Sonne. Ich will nicht übertreiben. Als die mittägliche Menschenwelle über die Seventh Avenue schwappte, taten viele Leute nichts Ungewöhnliches. Aber auf allen Straßen behaupteten auch große Knäuel von Sonnenguckern ihr Terrain. Welcher Aspekt dieser weniger spektakulären Version des allgemeinen Phänomens – nicht total und vollständig, sondern partiell und ringförmig – könnte das Interesse der New Yorker geweckt haben? Betrachten wir das bemerkenswerte Ereignis einmal aus zwei verschiedenen Blickwinkeln.

Erstens sollte man in diesem Zeitalter der künstlich erzeugten Ganzkörperschauer – von der Achterbahn bis zur elektronischen Macht von Film, Videospielen und Verstärkerkrach – eigentlich nicht annehmen, dass etwas so Feinsinniges, gleichzeitig aber auch Umfassendes wie die Art des uns umgebenden Sonnenlichts unsere Leidenschaften wecken kann oder uns überhaupt nur auffällt (die Maler des Impressionismus hatten allerdings tatsächlich gewisse Erkenntnisse über die Wirkung des Lichtcharakters). Sonderlich dunkel wird es nicht, wenn die Sonne an einem wolkenlosen Tag zu 80 Prozent bedeckt ist; schon eine ganz normale Wolkendecke vermindert die Helligkeit stärker. Der Himmel wurde an jenem 10. Mai über New York also nicht plötzlich dunkel. Aber wir sprechen äußerst empfindlich auf den gewohnten Charakter des Lichtes an, auch wenn uns diese Wahrnehmung nicht ausdrücklich bewusst wird und wir vielleicht nicht einmal sagen können, woher das seltsame Gefühl stammt.

Wie gesagt: Es wurde in New York nicht sonderlich dunkel, aber der wolkenlose Himmel ließ strahlende Helligkeit erwarten, und doch wurde es schaurig düster, obwohl die Sonne weiterhin schien – und die Menschen bemerkten es, sodass ein leichter Schauer sie überlief. »Moses und die Kinder Israel« sangen Gott ein Lied, um die atemberaubende Macht veränderter Vorgänge am Himmel zu preisen (2. Mose 15): »Als das die Völker hörten, erbebten sie ... Da erschraken die Fürsten Edoms, Zittern kam die Gewaltigen

Moabs an ... es fiel auf sie Erschrecken und Furcht; vor Deinem mächtigen Arm erstarrten sie wie die Steine.« Und auch New York, das bei weitem gewaltiger und unvergleichlich viel komplizierter ist als jene alten Königreiche im Nahen Osten, nahm Kenntnis und stand still, als der taghelle Himmel sich nach Art eines eindeutig nicht vorhandenen Gewitters verdunkelte. Eine Frau sagte zu ihrer Bekannten: »Ach du Scheiße, entweder geht jetzt die Welt unter, oder es gibt Regen – und ich bin verdammt sicher, dass es Regen gibt.«

Und zweitens ist die Sonnensichel ein so ungewöhnlicher, so weit außerhalb unserer täglichen Erfahrungen liegender Anblick, dass die Menschen innehalten, aufmerksam werden und sich wundern. Erregte das erste Phänomen, die schaurige (wenn auch nur geringfügige) Verdunkelung, eine Art instinktiver Aufmerksamkeit, so gab die Sonnensichel den Anlass zu einer eher rationalen Reaktion.

Bei jeder Sonnenfinsternis überschütten uns die offiziellen Nachrichtenvermittler mit Warnungen vor den großen Gefahren für unser Augenlicht, wenn wir ungeschützt in die verdunkelte Sonne blicken. Wir sollen nicht nach oben schauen, nicht einmal einen kurzen Augenblick lang. Ohne dass es schmerzt, so heißt es, werde die Sonne ein Loch in die Netzhaut brennen, und zwar schneller als die masturbierenden Jungen in der schlechten alten Zeit der gruseligen Warnungen blind wurden. Natürlich verstehe ich, warum man uns solche Übertreibungen anbieten muss. Minutenlang in die Sonne zu starren ist äußerst gefährlich und kann alle Folgen haben, die in den Warnungen vor der Sonnenfinsternis genannt wurden; um genügend Angst zu erzeugen und solchen längeren Blicken vorzubeugen, müssen die Medien sagen, man solle überhaupt nicht hineinblicken. Die Warnungen sind so krass, dass viele Menschen tatsächlich glauben, das Licht habe während der Sonnenfinsternis eine besondere Macht, solche Schäden einzurichten. Aber natürlich kann man jederzeit, an Tagen mit und ohne Sonnenfinsternis, einen kurzen Augenblick lang den Blick auf die Sonne richten. Unabsichtlich schauen wir immer wieder einmal die Sonnenscheibe an, und blind werden wir davon nicht.

Aber die meisten Menschen starrten völlig zu Recht nicht direkt in die Sonne, sondern sie befolgten die offiziellen Ratschläge, zur

Beobachtung raffinierte Filter zu verwenden oder das Bild auf einen Schirm fallen zu lassen. Mir kam diese Vielfalt der Methoden auf meiner humanistischen »Expedition« im Dienste der Wissenschaft in den Straßen New Yorks sehr entgegen, denn die verschiedenen Beobachtungshilfsmittel gaben Anlass zu Diskussionen, und man tauschte sie untereinander aus, sodass ein Gemeinschaftsgefühl entstand. Manche Leute blickten durch Filter in den Himmel. Ein junger Mann hatte mehrere überbelichtete Filmstreifen vorbereitet und verteilte sie an umstehende Interessenten – für jeden Beobachter eine doppelte Schicht (wie es die Zeitungen empfohlen hatten). Auf der 53. Straße ließ ein Schweißer seine Brille während einer Arbeitspause in der Menschenmenge herumgehen.

Andere nutzten ein erstaunliches Phänomen der Optik: das Prinzip, dass fast jedes kleine Loch und jeder Hohlraum als Lochkamera wirkt und ein Abbild der Sonnensichel liefert. In dieser Beziehung hatte New York gegenüber dem Umland sogar einen Vorteil, denn auf unebenem Boden ist das Bild kaum zu erkennen, auf einem glatten weißen Bürgersteig dagegen recht gut. New York ist eine so außergewöhnliche Mischung aus Farben, Gruppen, Kleidungsstilen und Tätigkeiten (ich habe viele Städte gesehen, die schöner und exotischer sind, aber in keiner herrschte eine größere Vielfalt). Aber wir nähern uns einander nur selten, denn was kann schon über alle Unterschiede hinweg gemeinsame Betroffenheit entstehen lassen? Und welche Antwort auf diese Frage könnte eleganter oder unmittelbarer sein als die Sonne, die über allen scheint?

Auf der 58. Straße stand ein aus der Karibik stammender Pförtner in Arbeitskleidung vor einem Apartmenthaus mit einer verschlissenen Markise, die mehrere kleine Löcher hatte. Jedes davon warf ein wunderschönes Bild der Sonnensichel auf den Bürgersteig. Wie ein Marktschreier rief der Pförtner die Passanten unter seine Markise, damit sie sich das großartige Schauspiel ansehen konnten – kostenlos natürlich. Vor dem Nachbarhaus benahm sich ein Mann aus Asien wie der Inhaber des nächsten Standes auf dem Jahrmarkt: Er stach Löcher in Briefumschläge, Papierbogen und Pappstücke, und dann zeigte er den Leuten, wie sie damit das Bild der Sonne auf das Straßenpflaster projizieren konnten – auch das kostenlos und allein aus Mitteilungsbedürfnis.

Auf allen Straßen bildeten sich Ansammlungen von Leuten, die einander ihre neu erfundenen Hilfsmittel zum Projizieren von Bildern zeigten. Bäume zogen die größten Menschentrauben an, denn die Zwischenräume zwischen den Blättern wirken wie kleine Kameras, und auf dem Bürgersteig, zwischen den Schatten von Zweigen und Blättern, tanzten Hunderte von kleinen Sonnensicheln. Eine elegant gekleidete Frau mit Zigarette im Mundwinkel streckte auf dem Höhepunkt der Sonnenfinsternis ihre Hand in den Weg des Lichtes, sodass unter jedem Zwischenraum ihrer Finger ein Bild der Sonnensichel auftauchte. Sie quiekte vor Vergnügen, und die Umstehenden waren begeistert. Anschließend nahm ein Junge seine verstellbare Baseballmütze ab, öffnete den Verschluss des Einstellbandes und ließ durch jedes seiner kleinen Löcher ein Bild der Sonne fallen. Und wieder jubelten die Leute.

Sonnen- und Mondfinsternisse beobachte ich mit Begeisterung, seit ich denken kann. Wie alle ihre Anhänger habe ich meine Lieblingsgeschichten und -erlebnisse. Meine schönste Mondfinsternis sah ich als Teenager hoch über Manhattan von der Wohnung eines Freundes in der 25. Etage aus. Häufig wird der vollständig bedeckte Mond dunkel, manchmal glüht er aber auch in verschiedenen Farben. In dieser Nacht nahm die gesamte Scheibe des verdunkelten Mondes einen Rotton an, ein tiefes, dunkles Rot, wie ich es am Himmel und vielleicht auch auf der Erde noch nie gesehen hatte. Plötzlich verstand ich, dass zwei Verse aus »The Saints« keine abstrakt-erschreckenden Endzeitgeschichten sind, sondern Beschreibungen der Sonnen- und Mondfinsternis (ich spielte damals Waschwannenbass in einer Folkband, und das Lied sangen wir oft): »When the sun refuse to shine … when the moon turns red with blood; oh Lord, I want to be in that number, when the saints go marching in«; allerdings sind diese Zeilen auch eine Beschreibung des Jüngsten Gerichts, wenn sich neben einer Fülle anderer schrecklicher Ereignisse auch Sonne und Mond verfinstern. Und führt nicht auch der Prophet Joel (3,4) mit den Worten des Astronomen das gleiche Bild zu dem gleichen Zweck an: »Die Sonne soll in Finsternis und der Mond in Blut verwandelt werden, ehe denn der große und schreckliche Tag des Herrn kommt.«

Und ich erinnere mich noch gut – wie könnte jemand, der mit der Möglichkeit gesegnet ist, dieses spektakulärste aller Himmelsereignisse zu sehen, es jemals wieder vergessen – an die totale Sonnenfinsternis Anfang 1970. Unser Institut mietete ein Fischerboot, und wir fuhren vor die Küste von Nantucket, des einzigen kleinen Stücks von Neuengland, das über das Privileg verfügte, einen Anblick der Totalität zu bieten. Ich war ganz wild darauf, die völlig vom Mond bedeckte Sonnenscheibe zu sehen, und hoffte auf die Gelegenheit, die Sonnenkorona zu beobachten. Aber mit dem unheimlichsten Phänomen hatte ich nicht gerechnet. Wir leben in einer Umwelt der natürlichen Schattierungen. Selbst Katastrophen werfen ihren Schatten voraus: Wolken kündigen ein Gewitter an, und Tornados kann man aus großer Entfernung sehen. Wenn die Sonne aber völlig verfinstert ist, wird das Tageslicht ausgeschaltet, als hätte der Hausmeister einen Schalter umgelegt. Die Sonne ist kräftig, und ein Bruchteil eines Prozents ihrer Lichtmenge ist Tag, die Totalität aber ist Nacht – und der Wechsel erfolgt ganz plötzlich, in einem einzigen Augenblick. Das Tageslicht wurde ausgeschaltet, und mein kleiner Sohn fing auf meinem Arm an zu weinen.

Wir hören so viel düstere Warnungen wegen des schlechten naturwissenschaftlichen Unterrichts in unseren Schulen, so viele Klagen über die tiefe Unwissenheit der meisten Amerikaner über fast alle Naturerscheinungen. Dieses Lamento mag seine Berechtigung haben – auch die Hälfte meiner Studenten konnte nicht erklären, warum es Jahreszeiten auf der Erde gibt. Wir sollten uns sicher darum bemühen, die naturwissenschaftliche Bildung zu verbessern, denn kein Bereich der Erziehung könnte wichtiger sein.

Nach meiner Überzeugung hat das Problem seine Ursache aber nicht in mangelndem Interesse. Dieser falsche Vorwurf wird häufig mitten in der Litanei richtiger Anschuldigungen erhoben, die ich im vorangegangenen Absatz erwähnt habe. Das Interesse ist riesengroß, aber es drückt sich nicht immer in Tätigkeiten aus, die man herkömmlicherweise als Naturwissenschaft bezeichnen oder zu ihren Zielen rechnen würde (und unsere falsche Zuordnung erwächst demnach aus unserer ungeeigneten Systematik der geistigen Betätigungen). Mein Kollege Phil Morrison stellt gern lange Listen mit Alltagstätigkeiten auf, die ein gerüttelt Maß an naturwissenschaftlichen Kenntnissen erfordern, gewöhnlich aber nicht in diese Kategorie eingereiht werden: das astronomische Wissen derer, die Teleskope bauen und warten; die umfassenden botanischen Erfahrungen der Mitglieder von Hobbygärtnervereinen (ein schönes Beispiel für eine Fähigkeit, die man besonders bei älteren Damen findet); oder selbst die Betätigung derer, die Rennbahnen besuchen und intelligente Pferdewetten abschließen – Missverständnisse über Wahrscheinlichkeiten dürften das größte allgemeine Hindernis für naturwissenschaftliche Bildung sein.

Zu dieser Liste möchte ich heute die geballte Geisteskraft (ich wünschte, ich könnte sie quantitativ erfassen) der Millionen 5-jähriger Amerikaner hinzufügen, die sich eine Fülle von Dinosauriernamen gemerkt haben (und sie korrekt aussprechen können). Oder auch die gesammelte Freude der Millionen und Abermillionen Amerikaner, die am 10. Mai 1994 innehielten, die Sonne beobachteten und staunten. New York war der beste Ort, wo man sich an diesem Tag aufhalten konnte; mein Glaube an ein unausgegorenes Interesse hatte sich voll und ganz bestätigt – und unausgegorenes Interesse ist der unabdingbare Nährboden für jede echte Reform von Bildungswesen und allgemeinem Kenntnisstand.

Oft wird behauptet, nur Unglück könne Menschen einander näher bringen. Wir helfen einander im Schneesturm; wir öffnen unsere Herzen und unsere Häuser für die Opfer einer Katastrophe, die in unserer unmittelbaren Nachbarschaft geschehen ist; wir suchen die ganze Nacht im Wald nach einem vermissten Kind, das wir nicht einmal kennen. Alle diese Beobachtungen vermitteln uns zu Recht den Glauben an das Allgemein-Menschliche in einer Welt, die meist durch Gedankenlosigkeit, egoistisches Handeln und sogar regelrechte Grausamkeit gekennzeichnet ist. Aber wir unterstellen auch, nur Katastrophen könnten diese Wirkung haben, nicht aber die Freuden und mit Sicherheit nicht der rationale Genuss, das Gegenstück zum rein emotionalen Spaß. In Wirklichkeit können uns aber auch Interesse und Neugier zusammenführen – und meine Erlebnisse mit den New Yorkern, die in einer Naturerscheinung schwelgten und sich spontan über die Sonne unterhielten, vermitteln mir in irgendeiner Form mehr Hoffnung als unser gemeinsamer Mut in Krisenzeiten – und das, obwohl die Einigkeit in der Katastrophe mich vor erhabener Bewunderung weinen lässt, während die Mitmenschlichkeit wegen der Sonnenfinsternis mir nur ein Lächeln entlockt.

Deshalb möchte ich am Ende dieses Aufsatzes die größte aller Huldigungen an die Sonne zitieren. Schon oft habe ich meine persönliche Theorie über die populäre naturwissenschaftliche Schriftstellerei vertreten. Ich unterteile das Genre in zwei Gattungen: die eine, die ich »Galileisch« nenne, besteht aus rationalen Ausführungen über die Rätsel der Natur, die andere, »franziskanische«, umfasst lyrische Texte über ihre Schönheit. Ich rechne es Galilei hoch an, dass er seine beiden Hauptwerke nicht im formalen Latein der Kirchen und Universitäten schrieb, sondern als Dialoge in italienischer Sprache, sodass sie sich an alle denkenden Menschen in seinem Umfeld richteten. Und ich rechne es dem Heiligen Franz von Assisi hoch an, dass er der Lieblichkeit der Natur huldigte.

Ich bin ein unverbesserlicher Galileiker. Ich stehe in einer Tradition, die von dem Meister selbst über Thomas Henry Huxley im 19. Jahrhundert bis zu J. B. S. Haldane und Peter Medawar im 20. reicht. Die franziskanische Lyrik bewundere ich sehr, aber ich selbst könnte nicht so schreiben. Diesen Essay habe ich mit einem Zitat des Helden und Namensgebers meiner literarischen Abstammungslinie begonnen, des großen Galilei selbst. Aber der Aufsatz handelt von der Fähigkeit der Sonne, unsere vielfältigen Kulturen und Belange zu vereinigen, und deshalb muss ich mit einem Autor schließen, der zum Namensgeber der zweiten Stilrichtung wurde: mit dem heiligen Franz von Assisi. Er schrieb 1225 seinen großartigen »Sonnengesang«, und zwar im umbrischen Dialekt der örtlichen Bevölkerung; deshalb gilt sein Gedicht häufig als das älteste, das in einer modernen Sprache verfasst wurde und erhalten geblieben ist:

Bruder Sonne, der da bringt den Tag …
Wie schön ist er, wie strahlend seine Pracht!

2. *Himmelsmechanik und der irdische Naturforscher*

Im Jahr 1906, während des großen Erdbebens von San Francisco, fiel eine Statue des Naturforschers Louis Agassiz von der Fassade der Stanford University; sie landete fast unversehrt, aber verkehrt herum – die Füße ragten in die Luft, und der Kopf steckte im Straßenpflaster. Agassiz war der größte Ichthyologe (Fischexperte) seiner Zeit und bei seinem Tod 1873 auch der letzte ernst zu nehmende Kreationist. David Starr Jordan, der Präsident von Stanford, war der größte Ichthyologe in der Generation nach Agassiz und einer der ersten begeisterten Darwinisten. Die beiden Männer teilten also die gleiche Leidenschaft für dieselbe Gruppe von Lebewesen, aber in theoretischen Fragen hätte die Kluft zwischen ihnen nicht größer sein können.

Als Jordan nach draußen ging, um sich den Schaden anzusehen, soll er der Legende zufolge gesagt haben: »Agassiz hatte es schon immer nötig, dass man ihn vom Kopf auf die Füße stellt!«

Eine hübsche Geschichte, die es verdient hätte, wahr zu sein. Aber leider stimmt sie nicht. In seiner Autobiographie *The Days of a Man*, die er 1922 schrieb, fühlte David Starr Jordan sich verpflichtet, das Märchen als solches zu entlarven: Er räumte ein, er habe den berühmten Satz nie gesagt, und sein Urheber habe eine weniger zitierfähige Formulierung gebraucht:

> Der einzige Anflug von Humor in dem ganzen Gebäudekomplex erwuchs aus der großen Marmorstatue von Agassiz, die von ihrem Sockel gestürzt war und bis zur Hüfte im Straßenpflaster steckte. Irgendjemand – vielleicht Dr. Argyll – bemerkte,

Agassiz habe eigentlich immer mit dem Kopf durch die Wand gewollt.

Die Menschen sind schlau, und doch fällt fast nie jemandem genau im richtigen Moment eine treffende Bemerkung ein. Deshalb sind praktisch alle berühmten Einzeiler spätere Erfindungen – Aussprüche, die jemand gern getan hätte, die er aber im wirklich geeigneten Augenblick nicht zu Wege gebracht hat. Deshalb ist auch das berühmteste aller naturwissenschaftlichen Bonmots leider mit Sicherheit ausgeschmückt oder vielleicht sogar völlig erfunden.

Wir alle haben schon einmal davon gehört, wie Napoleon mit dem großen Astronomen Pierre-Simon Laplace (1749–1827) zusammentraf, laut *Dictionary of Scientific Biography* »einem der einflussreichsten Naturwissenschaftler der gesamten Geschichte«. Laplace, so die Geschichte, soll Napoleon ein Exemplar seiner vielbändigen *Mécanique céleste (Himmelsmechanik)* überreicht haben. Napoleon überflog die Bücher und fragte Laplace, wie er so viel über die Funktionen des Firmaments schreiben könne, ohne auch nur ein einziges Mal Gott zu erwähnen, den Urheber des Universums. Darauf erwiderte Laplace: »Sire, diese Hypothese brauche ich nicht.«

Die tatsächliche Äußerung ist in einem erhalten gebliebenen Brief gut belegt; sie ist im Vergleich zur Legende auch nicht dumm, aber recht geistlos, und sie stammt auch nicht von dem Wissenschaftler, sondern vom General. Zum ersten Mal war Laplace 1785 mit Napoleon zusammengetroffen, als er den späteren Kaiser, der damals ein Kadett der Artillerie war, an der Pariser Ecole Militaire in Mathematik prüfte. Im Oktober 1799, drei Wochen bevor Napoleon durch einen Staatsstreich an die Macht kam, schenkte Laplace seinem früheren Schüler tatsächlich die beiden ersten Bände seines Werkes. Napoleon wog die Bücher in der Hand und versprach, er werde sie lesen, »sobald ich sechs Monate frei habe«. Dann lud er Laplace für den nächsten Tag zum Abendessen ein, »wenn Sie nichts Besseres vorhaben«.

Nach meiner Vermutung wird die Legende mit Laplace in Verbindung gebracht, weil er tatsächlich der beste Kandidat für ein solches Märchen ist. Laplace war in der Naturwissenschaft der wichtigste Apostel des strikten Determinismus und der himmlischen Stabilität; nach seiner Auffassung gehorchten alle Körper natürlichen Gesetzen, die jede Störung abfingen und die Regelmäßigkeit von Bewegung und Position wiederherstellten (auch den Begriff »Himmelsmechanik« prägte Laplace).

Selbst Isaac Newton, der so häufig als Vertreter solcher Ansichten genannt wird, berief sich unbekümmert auf kleine, hilfreiche göttliche Eingriffe, die das eine oder andere in Gang brachten oder die Regelmäßigkeit in der späteren Geschichte des Himmels jederzeit wiederherstellen konnten, wenn die üblichen Naturgesetze nicht in der Lage waren, eine Störung zu korrigieren. Newton versuchte beispielsweise, die geologischen Beweise für das hohe Alter der Erde mit der biblischen Geschichte der Schöpfung in sechs Tagen zu vereinbaren: Er vertrat die Ansicht, die Erde habe sich damals sehr langsam gedreht, sodass »Tage« von jeder beliebigen Länge entstehen konnten. Aber er fand nicht heraus, wie sich die Rotation nach den Naturgesetzen auf Tage von jeweils 24 Stunden beschleunigen konnte, und deshalb behauptete er, Gott selbst habe daran gedreht. An Thomas Burnet (einen Kollegen, nach dessen Ansicht das Universum immer gleich blieb und die Naturgesetze ausreichten, und der deshalb die biblische Geschichte von den »Tagen« lieber allegorisch interpretierte) schrieb er:

> Wo natürliche Ursachen zur Hand sind, benutzte Gott sie als Instrumente in Seinen Werken, aber ich glaube nicht, dass sie allein für die Schöpfung ausreichen, und deshalb möge mir die Vermutung gestattet sein, dass Gott der Erde neben anderen Dingen auch ihre Bewegung in einem Grad und zu einer Zeit verliehen hat, welche dafür am besten geeignet waren.

Dagegen vertritt die berühmteste Behauptung, die ursprünglich Laplace zugeschrieben wurde, nachdrücklich einen strengen Determinismus, der die üblichen Ansichten über Gottes fortgesetzte Bedeutung sowohl unwichtig als auch unnötig macht (danach kann Gott zwar immer noch derjenige sein, der die Uhr aufzieht oder die unveränderlichen Gesetze der Natur anfangs überhaupt erschaffen hat, aber später besteht keine Notwendigkeit mehr, dass er jemals eingreift; ein wahrhaft allmächtiger Gott kann doch sicher von Anfang an die Gesetze optimal einrichten, sodass die

Notwendigkeit, ein fehlgeleitetes Sonnensystem auf wundersame Weise in Ordnung zu bringen, völlig entfällt). In einem Ausspruch, der seither immer als Ausdruck des strengen Determinismus galt, prahlte Laplace: Wenn jemand ihm die Lage und Bewegung aller Teilchen im Universum in einem bestimmten Augenblick vollständig nennen könne, sei er bei umfassender Kenntnis der Naturgesetze in der Lage, den gesamten zukünftigen Verlauf der Geschichte vorherzusagen. Meist wird diese Prahlerei aus der Einleitung seiner 1812 erschienenen *Analytischen Theorie der Wahrscheinlichkeiten* zitiert, aber das *Dictionary of Scientific Biography* führt eine viel ältere, prägnantere Version aus einem Jugendaufsatz an, der in dem entscheidenden Jahr 1776 geschrieben wurde:

> Der derzeitige Zustand des Systems der Natur ist offensichtlich eine Folge des Zustandes, den sie im vorangegangenen Augenblick hatte, und wenn wir uns eine Intelligenz ausmalen, welche in einem gegebenen Augenblick sämtliche Beziehungen der Gebilde in diesem Universum begreift, könnte sie die jeweilige Lage, Bewegung und allgemeine Befindlichkeit aller dieser Gebilde zu jeder Zeit in Vergangenheit oder Zukunft feststellen.

Über seine Untersuchungen zur Himmelsmechanik hinaus wurde Laplace vor allem durch seine Pionierarbeiten in der Wahrscheinlichkeitsrechnung bekannt. Man kann sich fragen, warum der Prophet von Determinismus und himmlischer Unveränderlichkeit sich ausgerechnet auf die Wahrscheinlichkeitsrechnung konzentrierte, die wir heute so stark mit den genau entgegengesetzten Ideen von Zufälligkeit in Verbindung bringen, aber die Auflösung dieses scheinbaren Widerspruches liegt eigentlich recht nahe. Laplace glaubte fest daran, dass in Wirklichkeit jedes Ereignis voll und ganz durch die allgemeinen Gesetze des Universums vorherbestimmt ist. Aber die Natur ist kompliziert, und wir wissen über ihre Abläufe entsetzlich wenig; deshalb müssen wir Wahrscheinlichkeiten berechnen und damit einen Ausgleich für unsere Beschränkungen schaffen. Mit anderen Worten: Zufällig sind Ereignisse nur aus der Sicht unserer mageren Kenntnisse.

Die Himmelsmechanik ist der Bereich, in dem die deterministische Vorhersagbarkeit ihre größten Triumphe feiert, denn unsere

Instrumente sind genau, und die Gesetze (vor allem Newtons Prinzip der allgemeinen Schwerkraft) sind verhältnismäßig einfach. Aber auch kompliziertere Ereignisse auf der Erde sind ebenso genau vorherbestimmt, nur erkennen wir ihre Gesetze und Voraussetzungen nicht so gut – aber eines Tages wird das vielleicht der Fall sein. In seinem bekannten Buch aus dem Jahr 1796, das im Mittelpunkt dieses Essays stehen soll, schrieb Laplace:

> Alles in der Natur gehorcht diesen allgemeinen Gesetzen; aus ihnen erwächst alles durch Notwendigkeit und mit der gleichen Regelmäßigkeit wie der Kreislauf der Jahreszeiten. Welchen Weg ein Lichtatom [*atôme léger*] einschlägt, das der Wind zufällig zu transportieren scheint, ist mit der gleichen Gewissheit geregelt wie die Umlaufbahnen der Planeten. [Es handelt sich hier um meine Übersetzung – mit »Atom« meint Laplace schlicht ein winziges Teilchen, aber nicht den unsichtbaren, chemisch unteilbaren Baustein, den spätere Theorien so nennen.]

Im weiteren Verlauf des Buches behauptet er ausdrücklich, wir würden eines Tages auch die komplizierteren Gesetze für kleinere Gegenstände auf der Erde kennen lernen, und dann werde die irdische Physik ebenso deterministisch sein wie die Himmelsmechanik:

> Mehrere bereits durchgeführte Experimente geben Anlass zu der Hoffnung, dass man diese Gesetze eines Tages voll und ganz kennen wird; dann werden wir durch Anwendung der Mathematik in der Lage sein, die Physik der irdischen Körper auf den gleichen Grad der Vollkommenheit zu erheben, den die Himmelsphysik durch die Entdeckung der allgemeinen Gravitation erreicht hat.

In dem zuvor zitierten Artikel aus dem Jahr 1776 bringt Laplace den Bedarf für eine Wahrscheinlichkeitstheorie unmittelbar mit unserer Unkenntnis über die deterministischen Abläufe der Natur in Verbindung, und wieder stellt er den Vergleich zwischen der einfacheren, besser bekannten Himmelsmechanik und einer viel schwierigeren irdischen Physik her:

> Diesen Fortschritt [der Himmelsmechanik] verdankt der Mensch den leistungsfähigen Instrumenten, die er einsetzt, und der geringen Zahl der Beziehungen, die dieses Gebiet für seine Berechnungen erfordert. Aber die Unkenntnis der verschiedenen Ursachen, die an der Entstehung von Ereignissen beteiligt sind, sowie ihre Kompliziertheit zusammen mit der Unvollkommenheit der Analysen verhindern, dass wir bei der riesigen Mehrzahl der Phänomene zu der gleichen Sicherheit gelangen. Deshalb gibt es Dinge, die für uns unsicher sind, mehr oder weniger wahrscheinliche Dinge, und als Ausgleich für die Unmöglichkeit, sie genau zu kennen, bestimmen wir ihre unterschiedlichen Wahrscheinlichkeitsgrade. So kommt es, dass wir der Schwäche des menschlichen Geistes eine der raffiniertesten, erfindungsreichsten mathematischen Theorien verdanken: die Wissenschaft der Zufälle oder Wahrscheinlichkeiten.

(Ich bin überzeugt, dass noch heute sowohl manche Wissenschaftler als auch ganz allgemein gebildete Menschen vielfach die gleichen Ansichten über Wahrscheinlichkeit haben wie Laplace. Der physikalische Determinismus und unsere Sehnsucht nach einer einfachen Weltordnung sind allzu verlockend – allerdings vermute ich, dass die Natur in Wirklichkeit auf allen Ebenen eine Menge echte Zufälligkeit beinhaltet.)

Im Zusammenhang mit der Himmelsmechanik, dem wichtigsten Kernpunkt seiner Tätigkeit, legte Laplace auf ein Thema mehr Wert als auf alle anderen: Die Naturgesetze, allen voran Newtons Prinzip der allgemeinen Schwerkraft, sorgen für eine dauerhafte Stabilität, die nur durch fremde Einflüsse (wie Gottes wundertätige Hand – die unnötige Hypothese!) gestört werden könnte. Um dieses Thema zu untersuchen, befasste sich Laplace mit allen klassischen und offenkundigen Ausnahmen, die man im Laufe der Jahrhunderte im Zusammenhang mit der Bewegung der Planeten gefunden hatte. Diese Ausnahmen hatten immer die gleiche Form: Bei der Messung der Planetenumlaufbahnen hatte sich eine geringfügige, aber allmählich zunehmende Unregelmäßigkeit gezeigt, die, über lange Zeitalter hinweg fortgesetzt, das Sonnensystem destabilisieren würde. In allen Fällen entwickelte Laplace die gleiche Lösung: Die Unregelmäßigkeiten schaukeln sich nicht hoch, sondern korrigieren sich selbst. Sie sind zyklische Schwankungen, die insgesamt zur dauerhaften Stabilisierung des Sonnensystems beitragen. Diese scharfsinnigen Arbeiten brachten Laplace zu Recht den bekannten Beinamen »französischer Newton« ein.

Im Jahr 1773 setzte sich Laplace mit der beunruhigenden Frage auseinander, warum die Umlaufbahn des Jupiter zu schrumpfen schien, während die des Saturns größer wurde (ein Phänomen, das die Regelmäßigkeit der Planetenbewegungen zunichte machen würde, wenn es sich fortsetzte; sogar der große Newton hatte die Hände erhoben und sich auf gelegentliche göttliche Eingriffe berufen, um das Gleichgewicht zu retten). Laplace wies nach, dass es sich um periodische Unregelmäßigkeiten mit einer Zykluszeit von fast 1000 Jahren handelt, die sich nicht addieren. In der nächsten Phase des Zyklus würde die Jupiter-Umlaufbahn sich erweitern, und die des Saturns würde kleiner werden. Dann, im Jahr 1786, entwickelte Laplace den allgemeinen Beweis, dass Exzentrizität und Neigung der Planetenumlaufbahnen klein bleiben und sich in vollem Umfang selbst korrigieren müssen, sodass die Stabilität des Sonnensystems erhalten bleibt.

Und 1787 schließlich fand Laplace eine Erklärung für die letzte große Anomalie der Planetenbewegung: Er stellte einen Zusammenhang zwischen der Umlaufbahn des Mondes und Veränderungen in der exzentrischen Drehung der Erde um die Sonne her. Wenn die Entwicklung sich fortsetzte, würde die Mondumlaufbahn größer werden, und schließlich würde unser Trabant uns verlassen. Laplace wies nach, dass die mittlere Bewegung des Mondes sich beschleunigt, wenn die Erdumlaufbahn stärker kreisförmig wird, und sich wieder verlangsamt, wenn die Erde einer stärker exzentrischen Bahn folgt. Dann behauptete er, die Exzentrizität der Erdumlaufbahn schwanke mit einem Zyklus, der sich nach Jahrmillionen bemisst; deshalb werde die Mondumlaufbahn sich selbst korrigieren, und der Mond werde nicht davonfliegen.

Im Jahr 1788, als der Sturm auf die Bastille und die große weltliche Revolution nur noch ein Jahr in der Zukunft lagen, fasste Laplace seine Ansichten über die Tatsachen und Bedeutung der Stabilität des Himmels so zusammen:

Das System der Welt schwankt also nur um einen mittleren Zustand herum, von dem es nie weiter als um einen sehr kleinen Betrag abweicht. Dank seines Aufbaues und des Gravitationsgesetzes erfreut es sich einer Stabilität, die nur durch äußere Ursachen zerstört werden kann, und wir sind sicher, dass ihre Wirkungen von der Zeit der ältesten Beobachtungen bis auf unsere eigenen Tage nicht nachzuweisen sind. Diese Stabilität im Weltsystem, die seinen dauerhaften Bestand sichert, ist eines der bemerkenswertesten aller Phänomene, zeigt sie doch am Himmel dasselbe Ziel, die Ordnung des Universums aufrechtzuerhalten, das man auch auf der Erde auf so bewundernswerte Weise beobachtet hat und das hier der Erhaltung der Individuen und der Fortdauer der Arten dient.

Alle genannten Zitate lassen zu Recht darauf schließen, dass Laplace der typische Vertreter einer bestimmten Ansicht über die Naturwissenschaften war, die nur allzu häufig mit dem gesamten, vielgestaltigen Geistesgebiet gleichgesetzt wird: Stabilität am Himmel, Determinismus für alle Ereignisse unter der Ägide der Naturgesetze und saubere mathematische Formulierungen – eine fast geschichtsfeindliche Sichtweise, der wir andere Modelle entgegensetzen können: komplizierte Nichtvorhersagbarkeit und dynamischer Wandel, die häufig additiv und gerichtet funktionieren.

Schon richtig, aber jetzt kommen wir zu der Besonderheit, die den Anlass zu diesem Aufsatz gab. Laplace verfasste auch die erste allgemein anerkannte historische Theorie über die Entstehung des Sonnensystems – die so genannte Nebelhypothese von Kant und Laplace, die 1796 zum ersten Mal formuliert wurde. (Der große Philosoph Immanuel Kant veröffentlichte im gleichen Jahr wie Laplace eine ähnliche Theorie; die beiden standen aber nicht in Verbindung und entwickelten ihre Ideen mit Sicherheit unabhängig voneinander.) Wie konnte der Apostel der antihistorischen Veränderungslosigkeit eine Theorie entwickeln, über die es im *Dictionary of Scientific Biography* heißt: »Sie galt herkömmlicherweise als erstes Beispiel und vielleicht sogar als Markstein des Beginns einer historischen Dimension in der Physik. Diese Zuschreibung war sogar der wichtigste Grund für ihre Anziehungskraft.«

Laplace veröffentlichte 1796 ein großartiges Buch, das seitdem immer als Vorbild betrachtet und gewürdigt wurde. Es stand in einer Tradition, die man in Frankreich *haute vulgarisation* nennt (das heißt »hoch stehende Popularisierung« – keineswegs ein Widerspruch, sondern das lohnendste Ziel für Wissenschaftsautoren). Das Werk mit dem Titel *Exposition du système du monde (Erklärung des Weltsystems)* ist vom rationalistischen Geist des revolutionären Frankreich durchdrungen, das die Fesseln seiner Vergangenheit abgeschüttelt hatte. Die Titelseite nennt nicht einmal das Jahr 1796, sondern nur »*L'an IV de la République Française*« – die Revolutionsregierung hatte am 22. September 1792, dem Gründungstag der französischen Republik, mit einer neuen Zeitrechnung begonnen.

In dem einleitenden »*avertissement*« erklärt Laplace, er werde den Kreis in 400 Grad einteilen (100 für jeden Quadranten), den Tag in zehn Stunden, die Stunde in 100 Minuten, die Minute in 100 Sekunden, und die Temperatur in 100 Grad vom Gefrierpunkt bis zum Siedepunkt des Wassers – als einziger dieser Versuche, alte Maßeinheiten rationaler zu gestalten, hatte der letzte in Form der Celsius-Skala überlebt. (Daraus sollte man nicht schließen, Laplace sei ein revolutionärer Eiferer gewesen. Ganz im Gegenteil: Er war schlau und im Grunde unpolitisch. Damit vollbrachte er die gleiche Leistung, die ein altes Sprichwort auch Talleyrand zuschreibt – er diente allen Regierungen von der Revolution bis zur Restauration und starb im Bett. Laplace ging es gut, weil er jede Gruppe unterstützte, die gerade an der Macht war, ohne sich aber zu weit von ihren mutmaßlichen Nachfolgern zu entfernen. Die schriftliche Widmung an Napoleon in seiner *Théorie analytique des probabilités* [1812] wirkte auf spätere Verleger so peinlich und kriecherisch, dass sie in den halboffiziellen *Œuvres complètes*, die nach Laplaces Tod erschienen, weggelassen wurde.)

Die *Exposition* ist ein zweibändiges Werk in fünf Büchern. Das erste handelt von dem, was man am Himmel in einer klaren Nacht sehen kann, das zweite von der »wirklichen« Bewegung der Planeten, Monde und Kometen, das dritte von den Bewegungsgesetzen, das vierte von Laplaces eigenen Untersuchungen zur Himmelsmechanik und Schwerkraft, und das fünfte von der Geschichte der Astronomie. Sein Misstrauen und Unbehagen gegenüber der wirklichen Geschichte mit ihrem Durcheinander, ihrem Hin und Her zeigt Laplace mit der Aussage, er werde nicht die Entstehung astronomischer Vorstellungen in ihrer tatsächlichen Abfolge erörtern, sondern einen vernünftig geordneten chronologischen Bericht über die Erfolge geben:

> Die Reihenfolge, in der ich die herausragenden Kenntnisse über das Weltsystem erörtern werde, ist nicht jene, die der menschliche Geist bei seinen Untersuchungen einhielt. Der Weg des Geistes war umständlich und unsicher; häufig drang er erst dann zur wahren Ursache der Phänomene vor, wenn alle falschen Hypothesen erschöpft waren, welche die Vorstellungskraft nahe gelegt hatte; und aufgedeckte Wahrheiten waren fast immer mit Irrtümern verbunden, die erst Zeit und Beobachtung schließlich entlarven konnten. Ich werde mit wenigen Worten die ganze Palette der Versuche und Erfolge darstellen.

Das berühmteste Vermächtnis aus Laplaces *Exposition* ist zweifellos die Nebelhypothese, aber sie taucht erst in einem letzten, an das fünfte Buch angehängten Kapitel auf wenigen Seiten als eine Art nachträglicher Gedanke auf: *Considérations sur le système du monde, et sur les progrès futures de l'astronomie (Betrachtungen über das Weltsystem und den zukünftigen Fortschritt der Astronomie).* Dieses bemerkenswerte Kapitel enthält auch die richtige Theorie, wonach viele »Nebel« (die mit den besten Teleskopen jener Zeit als unscharfe Wolken zu erkennen waren) in Wirklichkeit weit entfernte Galaxien aus Sternen sind (wobei die Milchstraße ein Arm unserer eigenen Galaxis ist), sodass das Universum noch viel gewaltiger sein musste, als man es sich jemals vorgestellt hatte. In diesem Abschnitt erkennt Laplace sogar, dass manche Sterne eine äußerst große Dichte haben und deshalb ihr eigenes Licht nicht entweichen lassen – ein Phänomen, das wir heute (in anderer Form) als schwarze Löcher kennen. Deshalb, so Laplaces (diesmal falsche) Argumentation, könnte es in der scheinbaren Dunkelheit des Nachthimmels riesengroße, sehr dichte Sterne geben. Seine Zahlen- und Größenangaben sind nach den heutigen, bedeutungslosen Maßstäben falsch, aber er gelangt zu einer faszinierenden Vermutung:

Ein heller Stern von der Dichte der Erde, der aber den 250-fachen Durchmesser der Sonne hat, würde wegen seiner eigenen Massenanziehungskraft nicht gestatten, dass sein Licht uns erreicht. Deshalb ist es möglich, dass die größten leuchtenden Körper des Universums unsichtbar sind.

Nach der Nebelhypothese war die Sonne in ihrer Frühzeit von einer Atmosphäre umgeben, die sich weit über die heutigen Planetenumlaufbahnen hinaus erstreckte und sich mit der Sonne drehte. In Abständen brachen immer wieder große Stücke davon ab und ballten sich in einer Äquatorialebene an der Peripherie der gesamten Masse zusammen; diese Fragmente begannen nun eigenständig zu rotieren, und in ihrer Mitte bildeten sich die Planeten. Durch einen ähnlichen Vorgang spalteten sich auch die Monde aus der Atmosphäre um die Planetenkerne ab. Kein anderer Mechanismus, so Laplaces Behauptung, könne alle beherrschenden Regelmäßigkeiten der Bewegung im Sonnensystem erklären, insbesondere die Tatsache, dass alle Planeten sich in der gleichen Richtung und praktisch in derselben Ebene bewegen, dass die Satelliten in derselben Richtung kreisen, und dass alle Planeten und Satelliten sich in derselben Richtung um ihre Achse drehen (was nicht stimmt, aber das wusste Laplace nicht).

Wie können wir dann den Widerspruch auflösen, dass der naturwissenschaftliche Apostel der Stabilität, der offenbar jeder echten historischen Entwicklung sowohl für Himmelskörper als auch für seinen eigenen Berufsstand misstraute und Widerwillen entgegenbrachte, gleichzeitig der Urheber der ersten wichtigen Theorie über die Entstehung des Sonnensystems war? Die Antwort dürfte teilweise einfach darin liegen, dass Laplace der Nebelhypothese nur ein paar Seiten widmete – und wohl jeder lässt sich einmal zu untypischen Spekulationen oder einem fantasievollen Ausflug in ein ansonsten fremdes Wissensgebiet hinreißen, um ihm dann ein wenig Raum zu widmen. (Erst nachdem ich kürzlich ein Exemplar der *Exposition* erworben und gelesen hatte, wurde mir klar, wie wenige Seiten die Nebelhypothese einnimmt; deshalb erschien mir die Angelegenheit früher viel ungewöhnlicher. Wir begehen nur allzu oft den dummen Fehler, die spätere Bedeutung mit dem Umfang der anfänglichen Arbeit gleichzusetzen. Viele der berühmtesten naturwissenschaftlichen Ideen waren anfangs nur einzelne Absätze oder Fußnoten in gewichtigen Büchern, die ansonsten völlig vergessen sind. War nicht jeder von uns schon einmal überrascht und amüsiert über die Beobachtung, dass manche allgemein bekannten Geschichten aus der Bibel nur eine oder zwei Zeilen zwischen seitenlangen Stammbäumen und anderen langweiligen Listen einnehmen?)

Aber der wichtigste Grund für Laplaces kurzen Ausflug in die Geschichte ist weit interessanter und außerdem keineswegs praktischer, sondern ausschließlich begrifflicher Natur. Die meisten Intellektuellen geben die Überzeugung, die sie motiviert, niemals auf; wenn es scheint, als beschrieben sie etwas Widersprüchliches, stellt sich bei sorgfältigerem Lesen meist heraus, dass der Absatz eine Art Unterstützung für die bekannte, zentrale Lehrmeinung darstellt. Natürlich ist die Nebelhypothese eine historische Aussage über den Ursprung der Planeten, aber als ich Laplaces Vermutung las und zum letzten Absatz gelangt war, sah ich die nahe liegende Lösung, und da musste ich lachen. Laplace berief sich auf die Nebelhypothese, weil er wie üblich die Stabilität im Sonnensystem begründen wollte! Schließlich müssen Planeten irgendwie entstanden sein, und Laplace behauptete, diese besondere Art ihrer Bildung gewährleiste ihren späteren, dauerhaften Zustand am besten. Der verblüffende letzte Absatz, der praktisch wörtlich aus seinem bereits zitierten, 1788 erschienenen Artikel entnommen ist, verkündet triumphierend:

> Welche Folgerungen man auch aus diesem Ursprung des Planetensystems ziehen mag ... diese Elemente sind mit Sicherheit so geordnet, dass sie sich der größten Stabilität erfreuen müssen, wenn fremde Ursachen sie niemals stören. Nur auf diese Weise [durch die Bildung nach der Nebelhypothese] sind die Bewegungen der Planeten und Satelliten fast kreisförmig, in demselben Sinne gerichtet und fast in derselben Ebene. Dieses System schwankt nur um einen mittleren Zustand herum, von dem es nie weiter als um einen sehr kleinen Betrag abweicht. Die durchschnittlichen Bewegungen der Rotation und des Umlaufes dieser verschiedenen Körper sind einheitlich ... Es scheint, als habe die Natur alle Himmelskörper so angeordnet, dass der Bestand

des Systems gewährleistet ist, und das mit ganz ähnlichen Mitteln wie denen, die man auch auf der Erde auf so bewundernswerte Weise beobachtet hat und die hier der Erhaltung der Individuen und der Fortdauer der Arten dienen.

In meiner Arroganz glaubte ich, ich hätte eine Art Entdeckung gemacht, als ich die *Exposition* las und die geschichtsfeindliche Grundlage der Hypothese erkannte, die Laplace als ersten Geschichtsforscher des Universums so berühmt gemacht hatte. Aber schon bald musste ich feststellen, dass andere bereits die gleichen Gedankengänge vertraten. C. C. Gillipie, der vielleicht beste ältere Wissenschaftshistoriker in Amerika, machte die entscheidende Aussage in seinem langen Artikel über Laplace im *Dictionary of Scientific Biography* am nachdrücklichsten deutlich:

> Lässt man den Text für Laplace sprechen, wird völlig klar, dass entwicklungsgeschichtliche Überlegungen im Sinn des 19. Jahrhunderts kein Teil seiner Mentalität waren. Die Schlussfolgerungen, zu denen er gelangte, sprechen von Stabilität; den Beleg dafür hatte er berechnet, und zwar immer und immer wieder … Er bezeichnete sie wiederum als Garantie, dass die Natur sorgfältig darauf achtet, den Bestand des physikalischen Universums zu gewährleisten, wie sie auch für die Erhaltung der lebenden Arten sorgt … Er dachte ganz offensichtlich nicht über die Entwicklung des Sonnensystems nach, sondern über seine Geburt.

Den Gegensatz zwischen Laplaces geschichtsfeindlicher Denkweise und einem wirklich an der Entwicklung orientierten Ansatz können wir nach meiner Überzeugung am besten verstehen, wenn wir die Nebelhypothese mit der einzigen ernsthaften Konkurrenztheorie vergleichen, die es damals für die Entstehung der Planeten gab: mit der von George Buffon (1707–1778), dem größten aller französischen Naturforscher des 18. Jahrhunderts, entwickelten Hypothese der Kometeneinschläge. Laplace selbst nennt Buffon als einzigen ernst zu nehmenden Konkurrenten; in der *Exposition* schreibt er: »Buffon ist nach meiner Kenntnis der Einzige, der seit der Entdeckung des wahren Weltsystems versucht hat, bis zum Ursprung der Planeten und Satelliten rückwärts zu schreiten.«

Buffon behauptete, ein Komet sei auf der Sonne eingeschlagen und habe dort einen großen Materiebrocken losgeschlagen, der dann zerfiel und zu den Planeten und ihren Monden wurde. Laplace lehnte diese Idee ab, weil sie nach seiner Ansicht nicht alle Regelmäßigkeiten der Planetenbewegungen erklären konnte. Der Einschlag eines Kometen käme zwar als Ursache für die gleiche Umlaufrichtung der Planeten in Frage, wobei auch alle Bahnen praktisch in der gleichen Ebene liegen (eine Folge der Bewegungsrichtung, die der aus der Sonne losgeschlagene Brocken mitbekommen hatte). Aber, so Laplace weiter, Buffons Theorie lieferte keine Begründung für die gleiche Rotationsrichtung der Planeten oder für die Entstehung ihrer Satelliten.

Auf den ersten Blick erscheinen Buffon und Laplace völlig verschieden. Die eine oder zwei Generationen, die zwischen ihnen liegen, waren eine Zeit riesiger Veränderungen: Stand Buffon noch in den Diensten der beiden letzten Könige Ludwig vor der Revolution, so arbeitete Laplace für verschiedene Revolutionsregierungen und für Napoleon. Aber in ihrem Leben und ihrer wissenschaftlichen Arbeit sind einige verblüffende Ähnlichkeiten zu erkennen, die für ihr gemeinsames Interesse an Theorien über die Planetenentstehung von Bedeutung sind. Buffon, der auch ein guter Mathematiker war, hatte zwei besondere Interessengebiete, die auffallend genau zu Laplace passen. Zunächst einmal war er ein überzeugter Newton-Anhänger, und er übersetzte *The Method of Fluxions* nach einer englischen Fassung des ursprünglich in Latein verfassten Werkes ins Französische. Und zweitens betraf sein größtes Interesse die Wahrscheinlichkeitsrechnung, zu der er auch etwas Wichtiges beitrug: Als erster wandte er die Integral- und Differenzialrechnung an, womit er die Wahrscheinlichkeitstheorie auf Oberflächen erweiterte. (Interessanterweise wurden auch sowohl Buffon als auch Laplace wegen ihrer Schriften über Wahrscheinlichkeitsrechnung in die französische Akademie der Wissenschaften aufgenommen – Buffon 1734, Laplace 1773.)

Aber in der Zeit ihrer wissenschaftlichen Reife standen die beiden Männer an den entgegengesetzten Enden des Spektrums beruflicher Tätigkeiten, und das gegensätzliche Ethos dieser Enden bestimmte ihre zutiefst unterschiedlichen Einstellungen gegenüber der Geschichte: Laplace wurde gleichgültig, Buffon war ihr im

Innersten verpflichtet. Laplace hing nach wie vor an den mathematischen Neigungen seiner Jugend und wurde zum größten Himmelsmechaniker seiner Zeit. Buffon dagegen schlug eine andere Richtung ein und widmete seine Laufbahn der Botanik und Zoologie; er wurde kurz gesagt zum größten irdischen Naturforscher seiner Zeit (einen höheren Rang kann vielleicht nur Linné selbst beanspruchen – siehe Kapitel 31).

Buffons großartige, vielbändige *Histoire naturelle* nahm sein ganzes Leben in Anspruch (Buffon starb, bevor sie vollendet war) und füllt ein großes Bibliotheksregal. Wer sich mit dem Himmel beschäftigt, schwelgt in Dauerhaftigkeit und Genauigkeit. Wer sich mit den Lebewesen auf der Erde befasst, sucht sicher ebenso nach allgemeinen Gesetzmäßigkeiten und hat damit häufig auch Erfolg; aber ein Naturforscher muss sich auch über die Einzigartigkeit jedes Geschöpfes freuen und ein Gespür für die Entwicklungsgeschichte der Lebewesen haben, sowohl was ihre eigene Lebenszeit angeht als auch (wenn man, wie Buffon, Fossilien untersucht) in dem viel größeren Bereich der erdgeschichtlichen Zeiträume. Gute Naturforscher müssen Historiker sein.

Buffon vertrat seine Theorie der Planetenentstehung durch Kometen erstmals 1749 in seinem ersten geologischen Werk, der *Histoire et théorie de la terre (Geschichte und Theorie der Erde).* Viel später, in seinem Todesjahr 1778, veröffentlichte er eine stark erweiterte, veränderte Fassung mit dem Titel *Epoques de la nature (Epochen der Natur).* Die meisten Biologen und Historiker sehen in den *Epoques* Buffons Meisterstück und eines der besten Beispiele für wissenschaftliche Prosa, die jemals geschrieben wurden. In den *Epoques* finden sich auch eine ausdrückliche Verteidigung und Erläuterung seiner historischen Methodik; sie steht in auffälligem Gegensatz zu Laplace und hilft uns, die Kriterien einer richtigen Geschichtsforschung zu begreifen. Insbesondere zwei Unterschiede zwischen Buffon und Laplace tragen dazu bei, dass wir das Wesen historischer Untersuchungen besser verstehen.

KRITERIEN DES FOLGERNS. Historiker verwenden und schätzen die erzählende Erklärung mit vorangegangenen Ereignissen und Situationen; der derzeitige Zustand ist das Ergebnis des einzigartigen, zufälligen Geflechts aus allem, was sich zuvor abgespielt hat, und dies alles steht in einem bruchlosen Zusammenhang mit der gegenwärtigen Welt, die erklärt werden muss. Historiker wissen auch, dass Aufzeichnungen über die Vergangenheit immer unvollkommen sein müssen: Viele Daten werden nicht in Form greifbarer Überreste festgehalten, und vieles, das im Prinzip erhalten bleiben könnte, hat in Wirklichkeit nicht überlebt. Wir trauern immer über verlorene Daten und hoffen auf größere Vollständigkeit, aber wir entschuldigen uns nicht für die zwangsläufig bruchstückhaften Aufzeichnungen aus unserer Vergangenheit, sondern häufig sehen wir in den spärlichen Informationen ein köstliches Rätsel und eine Herausforderung. Geschichtsfeinde wie Laplace werden äußerst nervös, wenn sie sich erzählender Daten bedienen müssen; oft bitten sie ausdrücklich um Verzeihung, wenn sie eine Behauptung auf etwas anderes stützen als eine Berechnung oder die unmittelbare Beobachtung eines gegenwärtigen Ereignisses.

Mit einer solchen Entschuldigung schließt Laplace seine Beschreibung der Nebelhypothese; er spricht von »diesem Planetensystem, das ich mit jenem Misstrauen darstelle, von dem alles begleitet sein muss, was nicht die Folge einer Beobachtung oder Berechnung ist«. Buffon dagegen eröffnet die *Epoques* mit einem Loblied auf das spannende, folgenschwere Graben in den Archiven der Vergangenheit, bei dem man sich erzählender Methoden bedient. Sehen wir uns an, was er am Anfang seines Werkes schreibt:

> In der bürgerlichen Geschichte befragen wir Urkunden, wir untersuchen Münzen und entziffern alte Inschriften, um den Zeitpunkt von Umwälzungen der Menschen festzustellen und die Daten von Ereignissen in der richtigen Reihenfolge festzulegen. Ganz ähnlich ist es auch in der Naturgeschichte notwendig, die Archive der Welt zu durchstöbern, alte Denkmäler aus den Eingeweiden der Erde zu heben, ihre Trümmer zu sammeln und alle Anhaltspunkte für physikalische Veränderungen, mit deren Hilfe wir in die verschiedenen Zeitalter der Natur zurückkehren können, zu einem einzigen Beweisgebäude zusammenzufügen. Dies ist der einzige Weg, um feste Punkte in dem gewaltigen Raum zu finden und auf der ewigen Straße der Zeit eine gewisse Zahl von Meilensteinen anzubringen.

WESEN DER EREIGNISSE. Geschichtsforschung muss Geschichten achten (und sogar lieben). Sie muss eine Geschichte erzählen, einen Bericht geben, der unsere Vorlieben als Abfolge einzigartiger Ereignisse mit interessanten Kausalzusammenhängen wiedergibt. In Laplaces Himmel gibt es keine Geschichte, sondern nur eine Reihe von Körpern, die nirgendwo hingehen, sondern nur endlos einfachen Gesetzen gehorchen und sich im Kreise drehen; jede viel versprechende Hoffnung auf eine Richtung oder die Anhäufung von Instabilität wird schnell durch die zyklische Selbstkorrektur aller Störungen zunichte gemacht. Seine Nebelhypothese ist Geschichte, aber nur für den geologischen Augenblick, in dem das Sonnensystem geboren wurde; danach herrscht immer nur unhistorische Zeitlosigkeit. Was gewesen ist, wird sein; was getan ist, wird getan werden; und es gibt nichts Neues unter der Sonne.

Buffons *Epochen der Natur* dagegen stützen sich auf die umgekehrte Überzeugung: Danach erzählt die Vergangenheit unseres Planeten eine spannende Geschichte des Wandels, der sich über mehrere Stadien (die »Epochen« in Buffons Titel) hinweg verstärkte. Er unterteilte die Erdgeschichte in sieben gerichtete Epochen: erstens die Entstehung von Erde und Planeten durch einen Kometeneinschlag; zweitens die Bildung der festen Erde und ihrer mineralischen Ablagerungen; drittens die Bedeckung der Kontinente durch Wasser und die Entstehung des Lebens im Meer; viertens den Rückzug des Wassers und das Auftauchen neuer Kontinente durch Vulkantätigkeit; fünftens die Entstehung des Tierlebens an Land; sechstens die Zerstückelung der Kontinente und die Bildung der heutigen Landmassenverteilung; und siebtens die Entstehung der Menschen und unser Aufstieg zur Macht. Könnte es einen größeren Gegensatz zu Laplaces ewig kreisenden Himmelskörpern geben?

Buffon stellte die Theorie der Unveränderlichkeit ausdrücklich in Frage; nach seiner Überzeugung erzählen die Belege aus Geologie und Paläontologie eine Geschichte des gerichteten Wandels:

> Auch wenn es auf den ersten Blick so scheinen mag, als würden die großen Werke [der Natur] sich nicht verändern und niemals wandeln, sodass ihre Hervorbringungen, selbst die empfindlich-

sten und vergänglichsten, immer und ständig die Gleichen sein müssen ... so stellen wir dennoch bei genauerem Hinsehen fest, dass der Verlauf [der Natur] nicht völlig gleichmäßig ist, dass er aufeinander folgende Veränderungen durchmacht, welche neue Kombinationen und Wandlungen von Materie und Form entstehen lassen; und dass schließlich, so festgelegt die Natur in ihrer Zusammenstellung auch erscheinen mag, sie doch in jedem ihrer Teile veränderlich ist; und wenn wir die Natur in ihrem vollen Umfange betrachten, können wir keinen Zweifel daran haben, dass sie heute ganz anders ist, als sie an ihrem Anfang war und im Ablauf der Zeit geworden ist: Diese Veränderungen sind das, was wir Epochen nennen.

Regelhafte Zeitlosigkeit ist etwas Ehrfurcht Gebietendes, aber auch der Pomp der Geschichte hat seinen Reiz, und zwar auf eine andere Weise, die die Zeit sinnvoll erscheinen lässt. Jeder – auch der Himmel – braucht einen guten Mechaniker, aber für jeden Tag ist mir ein guter Naturforscher lieber, denn die Menschen sind Geschichtenerzähler. In den fast 250 Aufsätzen dieser Reihe habe ich versucht, Wiederholungen zu vermeiden (und sei es auch nur, um den beschriebenen historischen Prinzipien gerecht zu werden). Aber wie eine defekte Schallplatte (ein Vergleich aus der letzten historischen Epoche, der, so fürchte ich, schon bald unverständlich sein wird) kehrt ein Zitat immer wieder. Ich habe es schon in einem halben Dutzend Essays verwendet (eigentlich ein wenig beschämend, aber jeder von uns hat seine Laplacesche Seite), und es war auch der Anlass für die Überschrift, die ich der ganzen Serie gegeben habe: »Diese Ansicht vom Leben« (vermutlich brauchen wir alle unsere Unveränderlichkeiten). Ich liebe diese Textstelle, bestätigt sie doch die Macht von Leben und Geschichte, indem sie den gleichen Gegensatz herstellt: zwischen Laplaces stetig kreisenden Himmeln, die sich immer bewegen und doch immer gleich sind, und der triumphalen Geschichte des Lebens, die immer anders ist, immer irgendwohin führt, immer eine Geschichte erzählt. Ich meine den letzten Absatz aus Darwins *Entstehung der Arten*:

Es liegt etwas Großartiges in dieser Ansicht vom Leben, wonach es mit allen seinen verschiedenen Kräften von dem Schöpfer aus wenig Formen, oder vielleicht nur einer, ursprünglich erschaffen wurde; und dass, während dieser Planet gemäß den bestimmten Gesetzen der Schwerkraft im Kreise sich bewegt, aus einem so schlichten Anfang eine endlose Zahl der schönsten und wundervollsten Formen entwickelt wurden und noch entwickelt werden.

3. Die späte Geburt einer flachen Erde

Die sterblichen Überreste des Beda Venerabilis (673–735) liegen in der Kathedrale von Durham unter einem Grabstein, dessen Inschrift sämtliche Preise für eine »prosaische« Einstellung gegenüber dem Tod gewinnen muss. In gereimten lateinischen Knittelversen verkündet das Grabmal: *»Hac sunt in fossa, Bedae venerabilis ossa«* – »In diesem Grabe liegen die Gebeine des Beda Venerabilis«. (*Fossa* ist eigentlich ein Graben oder ein Kanal, aber wir wollen uns an diese freundlichere Lesart halten.)

In der Einteilung der abendländischen Geschichte, die ich als Kind gelernt hatte, war Beda einer der wenigen Lichtblicke im »dunklen Mittelalter« zwischen dem Glanz des Römischen Reiches und jener langsamen Erholung, die ihren Höhepunkt in der neuen Herrlichkeit der Renaissance fand. Bedas Ruhm gründet sich auf seine Kommentare zur Heiligen Schrift und seine *Historia ecclesiastica gentis Anglorum (Kirchengeschichte des englischen Volkes)*, die er 732 vollendete. Zeittafeln sind die Grundlage jeder guten Historie, und Beda schickte seinem großen Werk zwei Abhandlungen über die Berechnung und Anordnung von Zeitpunkten voran: *De temporibus (Über die Zeiten)* im Jahr 703, und *De temporum ratione (Über die Messung der Zeiten)* im Jahr 725.

Die größte Auswirkung von Bedas Chronologien bestand darin, dass sie unser unbequemes System der Zeiteinteilung in v. Chr. und n. Chr. populär machte, das sich beiderseits des angeblichen Geburtstages Christi anordnet (und der wurde mit ziemlicher Sicherheit falsch bestimmt, denn Herodes war zur Zeitenwende bereits gestorben und kann zu Beginn des Jahres 1 weder mit den drei Weisen zusammengetroffen sein noch die unschuldigen Kinder ermordet haben). Beda versuchte, in seinen Zeittafeln die Ereignisse der christlichen Geschichte anzuordnen, aber das wichtigste Motiv und Ziel seiner Berechnungen hatte mit einem anderen, nach wie vor schwierigen Problem der kirchlichen Zeitrechnung zu tun: mit der Berechnung des Osterfestes. Die komplizierte Definition dieses Feiertages – der erste Sonntag nach dem ersten Vollmond, der sich zur Frühjahrs-Tagundnachtgleiche oder danach einstellt – erfordert beträchtliches astronomisches Fachwissen, denn man muss dazu sowohl die Mondphasen als auch den Kreislauf der Jahreszeiten genau kennen.

Solche Berechnungen setzen eine Theorie der Himmelskörper voraus, und Beda beschrieb sehr einleuchtend seine klassische Vorstellung, wonach die Erde eine Kugel ist und sich im Mittelpunkt des Kosmos befindet – *orbis in medio totius mundi positus* (ein Ball, welcher in den Mittelpunkt des Universums gestellt ist). Damit auch ja niemand seine Aussage falsch deutete, stellte Beda anschließend ausdrücklich fest, er meine damit keine flache Scheibe, sondern eine dreidimensionale Kugel. Außerdem, so fügte er hinzu, könne man unsere Planetenkugel als vollkommen betrachten, weil selbst die höchsten Berge auf einem Globus mit derart großem Durchmesser nicht mehr als kaum wahrnehmbare Unebenheiten seien.

Ich hatte früher auch gelernt, dass die meisten anderen geistlichen Gelehrten des umnachteten Mittelalters die von Aristoteles stammende Vorstellung einer kugelförmigen Erde ablehnten und sich unsere Heimstatt als flache oder nur leicht gekrümmte Scheibe vorstellten. Haben wir nicht alle schon einmal die Legende von Kolumbus gehört, der die gelehrten Geistlichen in Salamanca davon zu überzeugen versuchte, dass er Indien erreichen und nicht über den Rand der Scheibe fallen würde?

Der Geist des Menschen funktioniert offenbar als Hilfsmittel zur Kategorieneinteilung (oder vielleicht sogar, wie manche französischen Strukturalisten behaupten, als Apparat zur Zweiteilung, der die Welt ständig in Dualitäten einteilt – roh und gekocht, Natur und Kultur, männlich und weiblich, materiell und spirituell, und so weiter). Besondere Schwierigkeiten verursacht diese tief verwurzelte (und vielleicht angeborene) Denkgewohnheit, wenn wir die vielen kontinuierlichen Schwankungen analysieren müssen, die so offenkundig einen Teil unserer Umwelt bilden. Kontinuierliche Übergänge sind nur in seltenen Fällen so bruchlos und in ihrem Ablauf so allmählich, dass wir darin nicht bestimmte Punkte oder Episoden erkennen können, die uns entschieden interessanter oder in ihrer Veränderungsgeschwindigkeit auffälliger erscheinen als die große Mehrzahl der übrigen Augenblicke in der Abfolge. Deshalb wählen viele Menschen diese entscheidenden Episoden zu Unrecht als Grenzen oder feste Kategorien, und damit verschleiern wir durch unsere Denkgewohnheit die Kontinuität der Natur.

Auch einen anderen heimtückischen Aspekt unserer Neigung, kontinuierliche Übergänge in feste Kategorien zu zerlegen, müssen wir in Erinnerung behalten. Eine solche Unterteilung ist nicht neutral; sie wird von den Parteigängern bestimmter Ansichten zu ganz bestimmten Zwecken vorgenommen. Da es sich außerdem vielfach um zeitliche Kontinua handelt und da wir die beklagenswerte Neigung haben, unser eigenes Zeitalter als das Beste anzusehen, heften wir der Vergangenheit im Zuge solcher Unterteilungen häufig abwertende Namen an, während spätere Epochen nacheinander immer stärker mit Begriffen von Licht und Fortschritt belegt werden. Ein nahe liegendes Beispiel sind die großen europäischen Kathedralen des Mittelalters, die in den Augen vieler Menschen (darunter auch meiner Wenigkeit) die eindrucksvollsten Bauwerke der Menschheit sind. (Für mich – das sage ich als Humanist und Nicht-Theist – steht Chartres außerhalb aller Maßstäbe; es ist ein Ort des Geheimnisses und der Magie, der eigentlich nicht von dieser Welt ist.) Und doch bezeichnen wir den Stil dieser Bauwerke als »gotisch« – ursprünglich ein abwertender Begriff (den das *Oxford English Dictionary* bis auf seine Ursprünge im 17. Jahrhundert zurückverfolgt); er wurde von selbst ernannten Intellektuellen verwendet, nach deren Ansicht das Mittelalter ein barbarisches Zwischenspiel zwischen den klassischen Formen Griechenlands und Roms und ihrer Wiederbelebung in der Renaissance und später war. Aber diese Kathedralen wurden schließlich nicht von Germanenstämmen erbaut, die ihre Blütezeit im 3. bis 5. Jahrhundert erlebten! Die Namen mehrerer Völker, die der schwindenden antiken Welt den Garaus machten – insbesondere Goten und Vandalen – wurden zu abwertenden Begriffen für alles, was man für grob oder niedrig hielt. Und nebenbei bemerkt: Das Wort *barbarisch* kommt von dem lateinischen Ausdruck für »Ausländer«.

Dieser doppelte Fehler der falschen Kategorisierung und der abwertenden Benennung machte die übliche Einteilung der abendländischen Geschichte höchst fragwürdig. Ich weiß, dass ein solches System beim Berufsstand der Historiker nicht mehr in Gebrauch ist, aber in der volkstümlichen Allgemeinbildung gibt es nach wie vor die Einteilung in die klassische Zeit (der Ruhm Griechenlands und die Pracht Roms), gefolgt vom düstereren Früh- und dem ein wenig besseren Spätmittelalter, und dann der plötzlichen Wiederentdeckung der Kultur in der Renaissance. Aber wenn wir einmal betrachten, woher die beiden abwertenden Begriffe in dieser Reihe stammen, wird der Zusammenhang zwischen systematischer Einteilung und vorurteilsbeladenen Fortschrittstheorien deutlich.

Nach Angaben des Historikers J. B. Russell wurde der Begriff »dunkles Zeitalter« ungefähr 1340 von Petrarca geprägt; er bezeichnete damit die Phase zwischen der klassischen Zeit und seiner eigenen Form der Moderne. Der Begriff »Mittelalter« für die Zeit zwischen dem Ende der klassischen Antike und ihrer Wiederbelebung in der Renaissance entstand im 15. Jahrhundert, gewann aber erst im 17. an Beliebtheit. Manche Menschen halten alles vom Untergang Roms bis zur Renaissance für düster, andere sprechen vom Mittelalter. Wieder andere unterscheiden zwischen einem dunklen Früh- und einem Spätmittelalter, wobei die Trennlinie bei Karl dem Großen oder der willkürlich gewählten Jahrtausendwende des Jahres 1000 gezogen wird. Solche Unsicherheiten zeigen nur, wie töricht der Versuch ist, in einem Kontinuum feste Kategorien abzugrenzen. Welche Absicht hinter den Begriffen steht, ist ohnehin nicht zu verkennen: Griechenland und Rom sollen als Höhepunkte der abendländischen Geschichte gelten, die später auf tragische Weise verloren gingen, und mit ihrer Wiederentdeckung in der Renaissance begann dann die Erlösung.

Solche vorurteilsbeladenen Rettungsmärchen erfordern eine ganze Reihe von Geschichten, die ihre Aussage stützen. Die meisten derartigen Legenden handeln von Kunst, Literatur oder Architektur, aber auch die Naturwissenschaft hat dazu beigetragen. Mit diesem Essay möchte ich darauf hinweisen, dass die bekannteste einschlägige Geschichte aus dem Bereich der Naturwissenschaft – wonach im Mittelalter angeblich Einigkeit darüber herrschte, die Erde sei flach – ein völliger Mythos ist. Und wenn wir zurückverfolgen, wie dieses Märchen im 19. Jahrhundert erfunden wurde, können wir daraus eine doppelte Lehre über die Gefahren einer falschen Kategorieneinteilung ziehen – das ist das zweite, wichtigere Ziel dieses Aufsatzes. Der Mythos selbst hat nämlich nur dann einen Sinn, wenn wir die abendländische Geschichte mit dem Vorurteil betrachten, es habe zwischen den erleuchteten Gipfeln der klassischen Gelehrsamkeit und ihrer Wiederbelebung in der Renaissance eine Zeit der Dunkelheit gegeben; wie wir aber erfahren werden, wurde die flache Erde im 19. Jahrhundert in Wirklichkeit erfunden, um eine andere zweifelhafte, gefährliche Unterteilung vorzunehmen, die mit einer weiteren historischen Fortschrittslegende zu tun hat: mit dem angeblichen Krieg zwischen Naturwissenschaft und Religion.

Die antiken Gelehrten hatten natürlich keinen Zweifel, dass die Erde eine Kugel ist. Die runde Form unseres Planeten war ein zentrales Element in der Kosmologie von Aristoteles, und auch Eratosthenes unterstellte sie, als er im dritten Jahrhundert vor Christus den Umfang der Erde maß. Nach dem Mythos von der flachen Erde ging dieses Wissen später, als die Dunkelheit der Kirchengeschichte sich über Europa legte, verloren. Tausend Jahre lang, so heißt es, behaupteten fast alle Gelehrten, die Erde müsse flach sein – wie der Boden eines Zeltes, der am Zeltdach des Himmels befestigt ist, um eine biblische Metapher wörtlich zu nehmen. In der Renaissance wurden die antiken Vorstellungen von der Kugelform wieder entdeckt, aber ihr Beweis erforderte die Kühnheit eines Kolumbus und anderer großer Entdecker, die eigentlich hätten über die Kante fallen müssen, stattdessen aber (angefangen bei Magellans Forschungsreise) aus der entgegengesetzten Richtung zurückkamen, nachdem sie die ganze Erde umrundet hatten.

Die Fantasie anregende, kindliche Version des Mythos dreht sich um Kolumbus, der sich angeblich über die Verleumdungen der versammelten Geistlichkeit in Salamanca hinwegsetzte, sodass Ferdinand und Isabella ihm eine Chance gaben. Betrachten wir einmal eine Version der Legende, die Russell zitiert; sie stammt aus einem Buch für Grundschüler, das 1887 geschrieben wurde, nicht lange nach der Erfindung des Mythos, aber sie unterscheidet sich kaum von Berichten, die ich als Kind in den fünfziger Jahren las:

> »Wenn die Welt aber rund ist«, sagte Kolumbus, »liegt hinter jenem stürmischen Meer nicht die Hölle. Dann sind dort die östlichen Gestade Asiens, das Cathay Marco Polos.« ... In der Halle des Klosters war eine eindrucksvolle Gesellschaft versammelt – Mönche mit Tonsur und Kutte ... Kardinäle in purpurfarbenen Mänteln ... »Ihr glaubt, die Erde sei rund ... Ist Euch nicht bewusst, dass die heiligen Kirchenväter diese Ansicht verdammt haben ... Eure Theorie mutet ketzerisch an.« Bei dem Wort »Ketzerei« dürfte Kolumbus Fracksausen bekommen haben, denn gerade hatte jene neue Einrichtung namens Inquisition ihre Arbeit aufgenommen, mit ihrem ausgeklügelten System, Ketzern die Knochen zu brechen, in ihr Fleisch zu stechen, Daumenschrauben anzulegen, sie zu hängen, zu verbrennen und aufs Rad zu spannen.

Dramatisch, sicher, aber von vorn bis hinten erfunden. Unter den Gelehrten gab es nie eine Zeit der »Flache-Erde-Dunkelheit« (ganz gleich, wie viele ungebildete Menschen damals wie heute einen solchen Begriff von unserem Planeten hatten). Das Wissen der Griechen über die Kugelform verschwand nie, und alle wichtigen Gelehrten des Mittelalters erkannten sie als bewiesene Tatsache der Kosmologie an. Ferdinand und Isabella legten Kolumbus' Pläne einer königlichen Kommission unter Leitung von Hernando de Talavela vor, der Isabellas Beichtvater und nach dem Sieg über die Mauren Erzbischof von Granada war. Diese Kommission, in der sowohl geistliche als auch weltliche Ratgeber saßen, trat tatsächlich in Salamanca und anderen Städten zusammen. Sie brachte einige scharfsinnige Einwände vor, aber dass die Erde rund ist, wurde nicht in Frage gestellt. Die wichtigste Kritik lautete, Kolumbus könne Indien nicht in der Zeit erreichen, die er sich selbst zugebilligt hatte, denn dazu habe die Erde einen zu großen Umfang. Und da hatten die Kritiker völlig Recht. Kolumbus hatte seine eigenen Zahlen manipuliert, um sich eine kleinere Erde und ein erreichbares Indien vorzurechnen. Dass er Asien tatsächlich nicht erreichte und nicht erreichen konnte, brauche ich nicht besonders zu betonen; wegen seines Irrtums werden die amerikanischen Ureinwohner noch heute als Indianer bezeichnet.

Praktisch alle wichtigen mittelalterlichen Gelehrten bestätigten, dass die Erde rund ist. Ich habe diesen Essay mit den Ansichten des Beda Venerabilis aus dem 8. Jahrhundert eröffnet. Als im 12. Jahrhundert viele griechische und arabische Werke ins Lateinische übersetzt wurden, wuchs das allgemeine Wissen der Gelehrten über die Naturwissenschaften und insbesondere über Astronomie stark an, und damit wurde auch die Überzeugung, dass die Erde eine Kugel ist, immer mehr gestärkt und zum Allgemeingut. Roger Bacon (1220–1292) und Thomas von Aquin (1225–1274) bestätigten sie auf dem Weg über Aristoteles und seine arabischen Kommentatoren, und das Gleiche taten auch die größten Naturwissenschaftler des Spätmittelalters, unter ihnen John Buriden (1300–1358) und Nicholas Oresme (1320–1382).

Wer vertrat dann überhaupt das Bild von der flachen Erde, wenn doch alle wichtigen Geistesgrößen an ihre Kugelform glaubten? Für jedes Verbrechen muss man einen Bösewicht finden, und wie Russell nachweist, nannte der große englische Wissenschaftsphilosoph William Whewell als Erster in seiner 1837 erschienenen *History of the Inductive Sciences* zwei bedeutende Schuldige: Es handelt sich um zwei Gestalten von geringer Bedeutung namens Lactantius (245–325) und Cosmas Indicopleustes, der 547 bis 549 seine »Christliche Topografie« schrieb. Russell meint dazu: »Whewell nannte die Verantwortlichen ... als Beleg, dass man im Mittelalter an eine flache Erde glaubte, und praktisch alle späteren Historiker machten es ihm nach – andere Beispiele konnten sie kaum finden.«

Lactantius führte die alte absurde Vorstellung an, die Menschen auf der anderen Seite der Erde müssten mit den Füßen über dem Kopf gehen, und zwar in einem Land, wo Getreide von oben nach unten wächst und Regen von unten nach oben fällt. Und Cosmas vertrat eine wörtliche Auslegung der biblischen Metapher von der Erde als glattem Boden für das rechteckige Himmelsgewölbe darüber. Aber beide spielten in der mittelalterlichen Geistesgeschichte eine untergeordnete Rolle. Von Cosmas kennt man nur drei einigermaßen vollständige Manuskripte (sowie fünf oder sechs weitere Fragmente), die alle auf Griechisch verfasst sind. Die erste lateinische Übersetzung stammt von 1706 – Cosmas blieb also für die mittelalterlichen Leser in ihrer eigenen Universalsprache unbekannt.

Das eindeutige Zeugnis in den Schriften von Beda, Bacon, Aquin und anderen konnten die Vertreter des Flacherde-Mythos nie leugnen; deshalb behaupteten sie, diese Männer seien einsame Leuchten des geistigen Lichtes in der allgemeinen Dunkelheit gewesen. Aber überlegen wir einmal, wie absurd diese Ansicht ist. Wer formulierte die Lehrmeinung, die dem allgemeinen Unwissen entsprach? Zwei Würstchen namens Lactantius und Cosmas Indicopleustes? Beda, Bacon, Aquin und ihresgleichen waren keine tapferen Revolutionäre. Sie bildeten das geistige Establishment, und ihre Ansichten über die Kugelform der Erde waren die anerkannte Lehre, Lactantius und seine Kollegen dagegen standen am Rand. Aquin einen mutigen Revolutionär zu nennen, weil er sich für die Kugelform der Erde aussprach, wäre etwa so, als würde man Fisher, Haldane, Wright, Dobzhansky, Mayr, Simpson und alle anderen großen Evolutionsforscher des 20. Jahrhunderts als radikale Reformer bezeichnen, weil ein kleiner Kreationist namens Duane Gish ein mickriges Büchlein mit dem Titel *Fossilien und Evolution* geschrieben hat.

Wo und warum entstand also der Mythos, man habe im Mittelalter an eine flache Erde geglaubt? Gute Anhaltspunkte für Zeit und beteiligte Personen liefern Russells historische Forschungen. Keiner der großen kirchenfeindlichen Rationalisten des 18. Jahrhunderts – weder Condillac noch Condorcet, Diderot, Gibbon, Hume oder hier bei uns Benjamin Franklin – warf den Scholastikern vor, sie hätten die Erde für flach gehalten, obwohl alle diese Männer aus ihrer Verachtung für die mittelalterliche Version des Christentums keinen Hehl machten. Großen Auftrieb gab Washington Irving der Legende von der flachen Erde mit seiner weitgehend erfundenen Geschichte des Kolumbus, die 1828 erschien – aber seine Version konnte sich nicht durchsetzen. Die Legende verstärkte sich im 19. Jahrhundert, drang aber nicht in die entscheidenden Bereiche von Schulwissen oder Reiseleitersprache vor. Von Russell stammt eine interessante Übersichtsuntersuchung an Geschichtsbüchern für Oberschulen aus dem 19. Jahrhundert, in der sich herausstellte, dass der Mythos von der flachen Erde vor

1870 nur in wenigen Fällen erwähnt wird; ab 1880 jedoch beten fast alle Bücher die Legende nach. Als Zeitraum, in dem der Mythos von der flachen Erde sich in der allgemeinen Kultur breit machte, können wir also den Zeitraum von 1860 bis 1890 benennen.

In die gleichen Jahre fällt auch die Ausbreitung einer Denkrichtung, die sich auf den zweiten in diesem Aufsatz beschriebenen Fehler der systematischen Kategorisierung gründet: auf die Vorstellung, die abendländische Geschichte sei ein ständiger Streit oder sogar ein regelrechter »Krieg« zwischen Naturwissenschaft und Religion, wobei der Fortschritt mit dem Sieg der Wissenschaft und dem nachfolgenden Rückzug der Theologie verbunden ist. Solche Gedanken brauchen fast immer Sündenböcke und Legenden, welche die Behauptungen stützen. Nach Russells Befunden wurde der Mythos von der flachen Erde vor allem deshalb in den Rang einer Lehrmeinung erhoben, weil er im Rahmen dieser falschen Polarisierung der abendländischen Geschichte als Exempel für den Triumph der Naturwissenschaft dienen sollte. Wer hätte für die Armee der Naturwissenschaftler eine bessere Geschichte stricken können? Die religiöse Dunkelheit zerstört das Wissen der Griechen und umgibt uns mit einem Geflecht aus Ängsten, die sich auf Dogmen gründen und sowohl der Vernunft als auch der Erfahrung widersprechen. Unsere Vorfahren lebten also in ständiger Furcht, eingeschränkt durch amtliche Unvernunft, immer in der Angst, jede Kritik könne nur dazu führen, dass man vom Rand der Erde in die ewige Verdammnis stürzt. Eine gute Geschichte für den beabsichtigten Zweck, aber völlig falsch, weil nur wenige mittelalterliche Gelehrte jemals Zweifel an der Kugelform der Erde hatten.

Mich reizte das Thema vor allem deshalb, weil der Mythos vom Gegensatz und Krieg zwischen Wissenschaft und Religion – ein wichtiges Thema aus dem 19. Jahrhundert, dessen umfassende und im wesentlichen unglückselige Auswirkungen bis auf den heutigen Tag zu spüren sind – seinen größten Auftrieb durch zwei Bücher erhielt, die ich besitze; ich schätze sie beide sehr, einerseits wegen ihres unverbrüchlichen Engagements für rationales Denken (auch wenn die in ihnen vorgenommene Zweiteilung der Geschichte falsch und letztlich schädlich ist) und zweitens weil beide Autoren in einem interessanten darwinistischen Zusammenhang stehen.

(Ich habe oft gesagt, dass ich diese Essays nicht als Universalgelehrter schreibe, sondern als Handwerker, dessen Branche die Evolutionstheorie ist.) Dieselben beiden Bücher nennt Russell als wichtigste Vertreter des Mythos von der flachen Erde: die 1874 erstmals erschienene *History of the Conflict between Religion and Science* von John W. Draper und die *History of the Warfare of Science with Theology in Christendom*, die 1896 erschien und die stark erweiterte Fassung eines kleinen, 1876 veröffentlichten Buches mit dem Titel *The Warfare of Science* darstellt.

Draper (1811–1882) wurde in England geboren, wanderte aber 1832 in die Vereinigten Staaten aus und wurde dort schließlich Leiter der medizinischen Fakultät an der New York University. Sein Buch aus dem Jahr 1864 war einer der großen Verlagserfolge des 19. Jahrhunderts – 50 Auflagen in 50 Jahren als auflagenstärkster Band der *International Scientific Series*, die ihrerseits das erfolgreichste populärwissenschaftliche Buchprojekt im 19. Jahrhundert war. Seine Kernaussage formuliert Draper im Vorwort so:

> Die Geschichte der Naturwissenschaft ist nicht nur ein Bericht über einzelne Entdeckungen, sondern sie schildert den Konflikt zweier widerstreitender Mächte, der auf Ausdehnung bedachten Kraft des menschlichen Geistes auf der einen Seite und der Bedrückung durch traditionellen Glauben und menschliche Interessen auf der anderen ... Der Glaube ist von seinem Wesen her unveränderlich und unbeweglich; Naturwissenschaft ist von ihrem Wesen her fortschrittlich, und irgendwann muss es zwischen ihnen zu einer Kluft kommen, die sich unmöglich verbergen lässt.

Den Mythos von der flachen Erde rühmt Draper als herausragendes Beispiel für die Beschränkungen der Religion und die Fortschrittskraft der Wissenschaft:

> Der kreisförmige sichtbare Horizont, der ins Meer taucht, das allmähliche Auftauchen und Verschwinden von Schiffen im Nichts müssen einen intelligenten Seemann einfach zu der Überzeugung bringen, dass die Erde von kugelförmiger Gestalt ist. Die Schriften der mohammedanischen Astronomen und Philo-

> sophen hatten dieser Lehre in ganz Westeuropa Geltung verschafft, aber wie nicht anders zu erwarten, wurde sie von den Theologen mit Missbilligung aufgenommen ... Tradition und politische Gründe verboten es [dem Vatikan], irgendetwas anderes als die flache Gestalt der Erde anzuerkennen, wie sie in der Heiligen Schrift offenbart wird.

Russell meint zu dem großen Erfolg des Werkes von Draper:

> *The History of the Conflict* ist von gewaltiger Bedeutung, denn zum ersten Mal erklärte hier eine einflussreiche Gestalt ausdrücklich, dass Naturwissenschaft und Religion sich im Krieg befinden, und damit hatte das Buch einen Erfolg wie kaum ein anderes. Es pflanzte dem gebildeten Geist die Vorstellung ein, »Naturwissenschaft« stehe für Freiheit und Fortschritt gegenüber dem Aberglauben und der Repression durch die »Religion«. Diese Sichtweise wurde Allgemeingut.

Andrew Dickson White (1832–1918) wuchs in Syracuse im US-Bundesstaat New York auf und gründete 1865 die Cornell University, eine der ersten erklärtermaßen säkularen höheren Bildungsinstitutionen Amerikas. Über die Ziele, die ihn mit seinem wichtigsten Mäzen Ezra Cornell verbanden, schrieb er:

> Es war unsere Absicht, im Staat New York eine Einrichtung der fortgeschrittenen Lehre und Forschung einzurichten, in der reine und angewandte Wissenschaft den gleichen Rang einnimmt wie die Literatur und in der das Studium der alten und modernen Literatur so weit wie möglich von der Pedanterie befreit wird ... Insbesondere hatten wir festgelegt, dass die Institution von keiner politischen Partei und keiner einzelnen Religionsgemeinschaft beherrscht werden soll.

White versicherte, sein Entschluss zur Gründung einer weltlichen Universität erwachse nicht aus Feindseligkeit gegenüber der Theologie, sondern spiegele nur sein Bestreben wider, einen ökumenisch-religiösen Geist zu fördern:

> Es war sicher keinem von uns beiden jemals in den Sinn gekommen, dass wir mit alledem etwas Unreligiöses oder Unchristliches taten ... Ich war als Mann der Kirche erzogen, war erst kürzlich zum Treuhänder eines kirchlichen Colleges und zum Professor eines anderen gewählt worden ... Meine größten Quellen des Vergnügens waren Kirchenarchitektur, Kirchenmusik und die eher frommen Formen der Poesie. Weit von dem Wunsch entfernt, dem Christentum Schaden zuzufügen, wollten wir es vielmehr beide fördern; aber wir verwechselten Religion nicht mit Sektierertum.

Aber die Vorwürfe des konservativen Klerus empörten ihn zutiefst und stachelten seinen Kampfgeist an:

> Der Widerstand begann sofort ... von dem rechtschaffenen protestantischen Bischof, der verkündete, alle Professoren sollten die heiligen Weihen empfangen haben, weil allein der Kirche der Auftrag gegeben sei »Geht und lehret alle Völker«, bis zu dem eifernden Priester, der öffentlich den Vorwurf erhob ... ein zutiefst christlicher Gelehrter sei an die Cornell University gekommen und man habe ihm dort den Unglauben eingeimpft ... von dem bekannten Geistlichen, der von Stadt zu Stadt zog und die »atheistischen, pantheistischen Neigungen« der vorgesehenen Ausbildung verächtlich machte, bis zu dem fanatischen Pfarrer, der eine Synode seines Bekenntnisses in Kenntnis setzte, dass Agassiz, der letzte große Darwin-Gegner und ein frommer Gläubiger, in der neuen Institution »Darwinismus und Atheismus predigte«.

Solche schmerzlichen persönlichen Erfahrungen waren für White der Anlass, den »Krieg zwischen Naturwissenschaft und Theologie« anders zu interpretieren. Draper war ein echter Religionsgegner, aber seine Feindseligkeit beschränkte sich fast völlig auf die katholische Kirche, denn neben den eher liberalen Formen des Protestantismus konnte die Naturwissenschaft nach seiner Überzeugung bestehen. White dagegen hegte keine Feindseligkeit gegenüber der Religion, sondern nur gegen Dogmatismus jeglicher Couleur – gleichzeitig hatten seine eigenen Auseinandersetzungen ihn aber gelehrt, dass Protestanten ebenso hinderlich sein konnten wie alle anderen. Er schrieb: »Sosehr ich Drapers Umgang mit den entscheidenden Fragen bewunderte, so unterschieden sich sein Standpunkt und seine Sichtweise für die Geschichte doch von den meinen. In seinen Augen spielt sich der Kampf zwischen Naturwissenschaft und Religion ab. Ich glaubte damals und bin auch heute davon überzeugt, dass es sich in Wirklichkeit um einen Kampf zwischen Naturwissenschaft und dogmatischer Theologie handelt.« Deshalb behauptete White, der Sieg der Naturwissenschaft in ihrem Streit mit dem Dogmatismus werde der wahren Religion ebenso nützen wie der Wissenschaft. Diese Überzeugung vertritt er in der Einleitung seines Buches in einem Absatz, der kursiv gesetzt ist:

> *Die Einmischung in die Wissenschaft im angeblichen Interesse der Religion, ganz gleich wie wohlmeinend sie erfolgte, hatte in der gesamten modernen Geschichte ausnahmslos sowohl für die Religion als auch für die Wissenschaft die übelsten Folgen; andererseits hat ungehinderte wissenschaftliche Forschung, ganz gleich, wie gefährlich sie in manchen ihrer Stadien für die Religion vorübergehend zu sein schien, ausnahmslos sowohl für die Religion als auch für die Wissenschaft zum Guten gedient.*

Trotz solcher ausdrücklicher Meinungsverschiedenheiten gibt es in der Art, wie White und Draper die tatsächlichen Wechselbeziehungen zwischen Naturwissenschaft und Religion in der abendländischen Geschichte darstellen, keine nennenswerten Unterschiede. Beide berichten, wie die Wissenschaft ständig großartige Fortschritte in Gang setzte, und beide entwickeln zur Begründung ihrer Darstellung die gleichen Mythen, darunter vor allem die Legende von der flachen Erde. Über die Flacherde-Theorie des Cosmas Indicopleustes zum Beispiel schreibt White: »Einige der herausragenden Gestalten in der Kirche machten sich daran, sie mit neuen Texten zu untermauern und mit neuen Bollwerken geologischer Überlegungen zu umgeben; die große Masse der Gläubigen sah darin ein unmittelbares Geschenk des Allmächtigen.«

Eine weitere interessante Ähnlichkeit besteht darin, dass beide ihre grundlegenden Vorstellungen von dem Gegensatz zwischen

Wissenschaft und Theologie vor dem Hintergrund der gleichen entscheidenden Auseinandersetzung jener Zeit entwickelten, die man nur allzu leicht unter solchen Gesichtspunkten betrachtet: dem Streit um die Evolution und insbesondere um Darwins weltliche Version, die sich auf die natürliche Selektion stützt. Mindestens seit Galilei hatte kein Thema die herkömmlichen Ansichten über den tiefsten Sinn menschlichen Lebens so in Frage gestellt und damit auch so stark einen Bereich des religiösen Denkens berührt (siehe Kapitel 24). Es ist sicher keine Übertreibung, wenn man behauptet, dass die darwinistische Revolution der unmittelbare Auslöser dieser folgenschweren, im 19. Jahrhundert entstandenen Vorstellung war, abendländische Geschichte sei ein Widerstreit zwischen zwei Kategorien namens Naturwissenschaft und Religion. Mit seiner Bemerkung über Agassiz (den Gründer des Museums, an dem ich heute arbeite, und Gastdozent an der Cornell University) stellte White ausdrücklich einen solchen Zusammenhang her. Außerdem handelt das erste Kapitel seines Buches von dem Streit um die Evolutionstheorie, und das zweite beginnt mit dem Mythos von der flachen Erde.

Noch vollständiger hüllt sich Draper in den darwinistischen Mantel. Am Ende seines Vorwortes nennt er fünf große Phasen in der Geschichte des Kampfes zwischen Naturwissenschaft und Religion: die Herabwürdigung des klassischen Wissens und den Niedergang im Mittelalter; die Blüte der Wissenschaft in der Frühzeit des Islam; den Kampf zwischen Galilei und der katholischen Kirche; die Reformation (die für einen Katholikengegner wie Draper einen Fortschritt darstellt) und den Streit um den Darwinismus. Überzeugendere persönliche Gründe für solche Ansichten hatte auf der ganzen Welt niemand, denn Draper war unfreiwillig Zeuge – man könnte sogar sagen: Anstifter – des berühmtesten Vorkommnisses im offenen Streit zwischen Darwin und Klerus geworden. Wir alle kennen die Geschichte vom Bischof Wilberforce und T. H. Huxley, zwischen denen es auf der Tagung der British Association im Jahr 1860 zum Showdown kam (eine genauere Beschreibung des Ereignisses findet sich im Kapitel 26 meines früheren Buches *Bravo, Brontosaurus*). Was aber die meisten nicht wissen: Ihr verbales Feuerwerk bildete keineswegs die vorgesehene Tagesordnung der Veranstaltung, sondern sie brannten es im Laufe der freien Diskussion ab, die auf einen formellen, offiziell für die betreffende Sitzung eingeplanten Vortrag folgte – und diesen Vortrag hielt derselbe Dr. Draper über die »geistige Entwicklung Europas unter besonderer Berücksichtigung der Ansichten von Mr. Darwin«. (Ich liebe solche Zufälle. Die Soziologen erklären uns, angesichts des dichten Geflechts zwischenmenschlicher Kontakte seien wir mit jedem anderen Menschen auf der Welt um nicht mehr als sechs Ecken bekannt. Aber dass Draper die erste dieser Ecken war und Hooker, Huxley und Wilberforce so nahe stand, kann ein Essayist, der sich mit Zusammenhängen befasst, nur als ein Geschenk Gottes betrachten.)

Ich habe in diesem Aufsatz einen doppelten Mythos in den Annalen unserer schlechten Gewohnheit der falschen Kategorieneinteilung erörtert: erstens die Legende von der flachen Erde als Begründung für eine vorurteilsbeladene Sichtweise, wonach die abendländische Geschichte aus dem Niedergang von der Antike zum finsteren Mittelalter und dem Wiederaufstieg in der Renaissance besteht, und zweitens die Erfindung des Mythos von der flachen Erde als Begründung für eine falsche Zweiteilung der abendländischen Geschichte als Geschichte des Fortschritts, als Kampf der siegreichen Wissenschaft gegen die Religion.

Ich wäre über diese Fehler nicht so beunruhigt, wenn sie nur zu einer unangemessenen Ansicht über die Vergangenheit führen würden, ohne sich aber auf unsere moderne Welt praktisch auszuwirken. Aber der Mythos, es gebe einen Krieg zwischen Naturwissenschaft und Religion, ist auch heute nur allzu lebendig, und er behindert nach wie vor die angemessene Verbindung und Versöhnung dieser beiden völlig verschiedenen, gleichermaßen wichtigen Institutionen des menschlichen Lebens. Wie kann es Krieg zwischen zwei so lebenswichtigen Themen geben, deren Geltungsbereiche sich so völlig unterscheiden – zwischen der Wissenschaft als dem Bestreben, die faktischen Grundlagen der empirischen Welt zu entdecken und zu enthüllen, und der Religion als Untersuchung von Ethik und Werten?

Natürlich ist mir klar, dass diese Trennung der Reviere eine moderne Entscheidung ist – und dass früher andere Abgrenzungen herrschten, sodass es bei der späteren Verschiebung der Grenzen zu Konflikten kam. Als die Naturwissenschaft noch schwach oder gar nicht vorhanden war, beherrschte die Religion auch Gebiete, die heute zu Recht als Domäne unserer Kenntnisse über die Natur gelten. Aber können wir der Religion diese übermäßige Erweiterung zum Vorwurf machen? Als denkende Wesen unterliegen wir einem inneren Drang, über die großen Fragen nach dem Ursprung des Menschen und unserer Verbindung zur Erde mit ihren anderen Lebewesen nachzugrübeln; die einzige Alternative ist Unwissen. Solange die Wissenschaft in solchen Fragen keine Anhaltspunkte hatte, fielen sie – wenn auch bedauerlicher- und ungerechtfertigterweise – automatisch in die Domäne der Religion. Niemand gibt freiwillig Terrain ab, und deshalb führte die spätere Ausweitung der Wissenschaft auf ihr rechtmäßiges, vorübergehend von der Religion besetztes Territorium zu einigen lebhaften Scharmützeln und verhängnisvollen Kämpfen. Verstärkt wurden solche Spannungen durch die besonderen historischen Umstände der jeweiligen Zeit, so auch durch den entschiedenen, mutigen Materialismus in Darwins Theorie, während der Heilige Stuhl gleichzeitig von einer der faszinierendsten, rätselhaftesten Gestalten des 19. Jahrhunderts besetzt war: von dem starken, verbitterten und zunehmend konservativen Papst Pio Nono (Pius IX.).

Aber solche Verschiebungen, so schmerzlich sie gewesen sein mögen, sind keine Rechtfertigung für ein übermäßig vereinfachtes Bild, wonach die Geschichte eine ständige Auseinandersetzung zwischen Naturwissenschaft und Theologie war. Die Entlarvung des Mythos von der flachen Erde sollte uns deutlich machen, wie falsch eine solche Sichtweise ist, und sie sollte uns helfen, die verwickelten Wechselbeziehungen zwischen den beiden Institutionen besser zu verstehen. Irrationalität und Dogmen waren immer die Feinde der Naturwissenschaft, aber sie sind auch keine echten Freunde der Religion. Naturwissenschaftliche Kenntnisse haben immer dazu beigetragen, Religion großzügiger zu betrachten – beispielsweise wenn das von den kirchlichen Gelehrten bewahrte klassische Wissen über die Form der Erde der Religion zugute kam, die genaue Kalender brauchte.

Zu Beginn dieses Aufsatzes habe ich geschildert, wie Beda Venerabilis sich der Kosmologie bediente, um eine zeitliche Abfolge für die Festlegung des Osterfestes zu bestimmen. Ich möchte mit einer anderen Geschichte der gleichen Machart schließen – und mit einem weiteren Beispiel für die interessanten, komplizierten Möglichkeiten der Verbindung zwischen Wissenschaft und Religion. Zwei Tage bevor ich das Grab des Beda Venerabilis in Durham besichtigte, staunte ich über ein raffiniertes astronomisches Instrument, das in der Pariser Kirche St. Sulpice an herausragender Stelle ausgestellt ist. Jeden Tag fällt das Sonnenlicht genau zur Mittagsstunde durch ein winziges Loch in einem Fenster des südlichen Querschiffes auf einen Kupfermeridian, der in den Fußboden des Querschiffes eingelassen ist; das Metallband endet an einem Obelisken an der Nordwand, auf dem eine Weltkugel thront.

Meridian und Obelisk sind so gekennzeichnet, dass man an der Position der Mittagssonne genau die Tage der Sonnwenden und Tagundnachtgleichen ablesen kann. Was hat ein solches naturwissenschaftliches Instrument in einer Kirche zu suchen? Die Antwort steht auf dem Obelisken: *ad certam paschalis* (zur Bestimmung des Osterfestes), eine Berechnung, die die genaue Ermittlung der Frühjahrs-Tagundnachtgleiche erfordert. Interessanterweise – und hier wird noch einmal deutlich, wie verwickelt die Beziehung zwischen Wissenschaft und Religion ist – wurde St. Sulpice während der Französischen Revolution zu einem Tempel des Humanismus; Glasfenster und Statuen mit religiösen Motiven wurden zum größten Teil zerschlagen. Auch die Namen der Könige und Prinzen, die früher auf dem Obelisken eingemeißelt waren, entfernte man gründlich, aber selbst die eifrigen Revolutionäre verschonten die wunderschöne blaue Marmorbalustrade des Chores, weil der Kupfermeridian genau durch sie hindurchläuft und man das wissenschaftliche Instrument nicht beschädigen wollte.

Ich möchte in keiner anderen Zeit als meiner eigenen leben; allein die Fortschritte der Medizin und die besseren Überlebensmöglichkeiten für Kinder, die davon profitieren, sollten jede Sehnsucht nach der Vergangenheit zunichte machen. Aber wir können die Geschichte nicht verstehen, wenn wir früheren Zeiten abwertende Kategorien aufzwingen, die aus unserer eigenen schlechten Gewohnheit erwachsen, kontinuierliche Übergänge in Abschnitte mit einem in Richtung auf unsere eigene Zeit zunehmenden Wert zu zerlegen. Diesen Fehler begehen wir bei der riesigen, paläontologischen Geschichte des Lebens ebenso wie in der zeitlich sehr kurzen Vergangenheit der Menschen. Ich zucke jedes Mal zusammen, wenn ich lese, dieses gescheiterte Unternehmen oder jene besiegte Mannschaft sei zu einem Dinosaurier geworden und dem Fortschritt zum Opfer gefallen. *Dinosaurier* sollte kein Schimpfwort sein, sondern ein Wort des Lobes. Die Dinosaurier herrschten über 100 Millionen Jahre lang und starben nicht wegen ihrer eigenen Fehler aus; der *Homo sapiens* ist noch nicht annähernd eine Million Jahre alt und hat – ausschließlich aus eigener Schuld – nur sehr beschränkte Aussichten auf eine lange Lebensdauer in der Erdgeschichte.

Wir sollten die Vergangenheit um ihrer selbst willen schätzen. Die nächste große Kathedrale südlich von Durham steht in der Stadt York. Findet man in Durham einen amüsanten lateinischen Knittelvers zu Ehren des Beda Venerabilis, so verdeutlicht ein Vers in York das Prinzip, der Vergangenheit im Dienste des Verstehens Respekt zu zollen. Auf der Mauer des Kapitelhauses steht zu lesen:

Ut rosa flos florum
Sic est domus ista domorum

Wie die Rose die Blume der Blumen ist, so ist dies das Haus der Häuser.

Teil II
Literatur und Naturwissenschaft

4. Das Ungeheuer und seine menschliche Seite

Ein altes lateinisches Sprichwort mahnt uns: »Hüte dich vor Menschen mit einem einzigen Buch« – *cave ab homine unius libri.* Aber in Hollywood kennt man bei Gruselfilmen – vom Urtyp des *Frankenstein* aus dem Jahr 1931 bis zu dem neuen Kinoerfolg *Jurassic Park* (siehe Kapitel 16) – nur ein Thema: Die Technik der Menschen darf nicht die Grenzen jener natürlichen Ordnung überschreiten, die von Gott befohlen oder durch die Naturgesetze festgelegt ist. Der Grenzverletzer mag noch so gute Absichten haben: Seine kosmische Überheblichkeit führt zu Killertomaten, Riesenkaninchen mit scharfen Zähnen, monströsen Ameisen in der Kanalisation von Los Angeles oder noch größeren Wesen, die während ihres Wachstums ganze Städte verschlingen. Solche Filme beruhen allerdings häufig auf weit tiefsinnigeren Büchern und verzerren die Vorlage so, dass sie nicht wieder zu erkennen ist.

Die Entwicklung begann 1931 mit *Frankenstein*, Hollywoods erstem großen »sprechenden Monster« (auch wenn Boris Karloff nur grunzte, während Colin Clive in der Rolle des Henry Frankenstein große Gefühlsausbrüche mimte). Hollywood gestaltete das einmal ausgewählte Thema mit der vordergründigsten Strategie, die man sich vorstellen kann. Der Film beginnt (noch bevor der Titel eingeblendet wird) mit einem Prolog, in dem ein gut gekleideter Mann auf einer Bühne vor dem Vorhang steht; er warnt einerseits vor möglichen Angstgefühlen und nennt andererseits das tiefsinnigere Thema des Filmes: Es gehe um die Geschichte eines Mannes der Wissenschaft, der ohne Gottes Hilfe einen Menschen nach seinem Bilde schaffen wollte.

Im weiteren Verlauf des Filmes spricht Dr. Waldman, Henrys alter Medizinprofessor, von dem »irrsinnigen Wunsch« seines

Schülers, »Leben zu erschaffen«, eine Diagnose, die Frankenstein selbst mit fieberhaft-eifrigen Worten bestätigt: »Ich habe es erschaffen. Ich habe ihn zusammengesetzt aus den Leichen, die ich mir selbst aus den Gräbern geholt habe oder von den Galgen, überall her.«

Noch deutlicher führt uns *Frankensteins Braut* (1935), die beste aus der Fülle der Fortsetzungen, das Lieblingsthema vor Augen: Hier tritt Mary Wollstonecraft Shelley, die *Frankenstein* 1818 als erst 19-Jährige schrieb, im Gespräch mit ihrem Ehemann Percy und ihrem Kollegen Lord Byron auf. Sie sagt, sie habe eine moralische Lehre über die Strafe schreiben wollen, der ein Sterblicher anheim fällt, wenn er es Gott gleichtun wolle.

Shelleys ursprünglicher *Frankenstein* ist ein vielschichtiges Buch mit zahlreichen Themen, aber ich finde darin nur wenig, das die Hollywood-Lesart unterstützt. Der Text ist weder eine Philippika über die Gefahren der Technologie noch eine Warnung vor übermäßigem Ehrgeiz und Auflehnung gegen die natürliche Ordnung. Es findet sich keine Stelle, die vom Ungehorsam gegenüber Gott handelt – das wäre auch kein plausibles Thema für Mary Shelley und ihre Freidenkerfreunde (Percy war 1811 von der Universität Oxford verwiesen worden, weil er eine Verteidigung des Atheismus veröffentlicht hatte). Viktor Frankenstein (warum Hollywood ihn in Henry umbenannte, weiß ich nicht) machte sich, wie wir noch sehen werden, einer schweren moralischen Verfehlung schuldig, aber sein Verbrechen besteht nicht in der Auflehnung der Technik gegen eine natürliche oder göttliche Ordnung.

Das Buch enthält einige Absätze über die atemberaubenden Möglichkeiten der Wissenschaft, aber sie sind nicht negativ gefärbt. Professor Waldman, in dem Roman eine sympathische Gestalt, behauptet zum Beispiel: »Sie [die Wissenschaftler] spüren der Natur bis in ihre verborgensten Tiefen nach und legen uns deren innere Vorgänge dar. Sie schwingen sich empor zu den Höhen des Himmels, und sie haben das Geheimnis unseres Blutkreislaufes entschleiert. Sie haben die Beschaffenheit unserer Atemluft entdeckt und sich neue, nahezu unbegrenzte Kräfte dienstbar gemacht.* Wir erfahren, dass Eifer ohne Mitgefühl oder ethische

* Aus Mary W. Shelley, *Frankenstein oder der neue Prometheus*. Aus dem Englischen von Friedrich Polakorics © 1993 Carl Hanser Verlag. München–Wien.

Überlegungen zu Schwierigkeiten führen kann, aber diese Aussage wendet Shelley auf alle Tätigkeiten an, nicht nur gezielt auf die naturwissenschaftliche Forschung (ihre Beispiele stammen sogar ausnahmslos aus der Politik). Viktor Frankenstein sagt:

> Ein untadeliger Mensch sollte ja allzeit einen ruhigen und friedvollen Sinn bewahren und weder einer Leidenschaft noch einer flüchtigen Begierde erlauben, ihm die Seelenruhe zu verstören. Und ich glaube keineswegs, dass das Streben nach Erkenntnis eine Ausnahme dieser Regel bildet. Sobald den Studien, welchen Ihr Euch widmet, die Tendenz innewohnt, Eurem menschlichen Fühlen Eintrag zu tun … sind solche Studien gewisslich ungehörig, will sagen, dem menschlichen Seelenleben abträglich. Hätten die Menschen so weise Lehre allzeit befolgt … so wäre Griechenland nimmer unterworfen worden, so hätte Cäsar seines Reiches geschont, Amerika wäre nicht so gewaltsam erobert worden, und die Reiche der Azteken und Inkas hätten nicht untergehen müssen.

Viktor selbst hat ganz und gar idealistische Motive: »… erwog ich sogar, ob ich nicht, sobald ich erst fähig wäre, dem toten Stoffe Leben einzuhauchen, mit dem Fortschreiten der Zeit (obschon es mich damals noch eine Unmöglichkeit dünkte) auch dort noch neues Leben wecken könnte, wo der Tod den Körper schon endgültig zur Verwesung verdammt hatte.« Und schließlich, als Viktor sterbend in der Arktis liegt, äußert er sich am nachdrücklichsten über die Gefahren des wissenschaftlichen Ehrgeizes, aber dabei schimpft er nur über sein eigenes Versagen; gleichzeitig meint er, andere könnten durchaus Erfolg haben. Seine letzten Worte spricht Viktor zu dem Kapitän, der ihn auf dem Polareis findet: »Lebt wohl, Walton! Sucht Euer Glück in der Beschaulichkeit, geht allem Ehrgeiz aus dem Wege, und wär's auch nur der so augenfällig unschuldige, Euch in den Wissenschaften oder Entdeckungen hervorzutun! Allein, wie kommt mir's zu, solches zu sagen! Bin ich doch gleich selbst in meinen Hoffnungen gescheitert, so mag doch einem anderen mehr Glück beschieden sein!«

In Hollywood dagegen vergröberte man alle diese Feinheiten und brachte sie auf eine einfache Formel: »Ein Mann darf sich nicht gegen das auflehnen, was Gott und die Natur vorgesehen haben« (für eine solche Altertümlichkeit muss man sich fast der alten Sprache voller Geschlechtervorurteile bedienen), und seither ging es immer auf der gleichen Schiene weiter. In ihrer neuesten Wiedergeburt *Jurassic Park* tritt ein aus DNA neu erschaffener *Velociraptor* an die Stelle des aus Leichenteilen zusammengesetzten Boris Karloff, aber die Aussage ändert sich dadurch um keinen Deut.

Karloffs *Frankenstein* beinhaltet aber auch eine noch schwerwiegendere und ebenso auffällige Verzerrung des Themas, das ich für die wichtigste Lehre aus Mary Shelleys Buch halte. Es ist ein weiteres beklagenswertes Beispiel für die Überzeugung der Leute in Hollywood, die amerikanische Öffentlichkeit könne nicht einmal die kleinste geistige Anforderung ertragen. Warum ist das Ungeheuer böse? Shelley gibt darauf eine nuancierte, vielschichtige Antwort, die in meinen Augen die zentrale Aussage ihres Buches darstellt. In Hollywood dagegen entschied man sich für eine übermäßig vereinfachte Lösung, die so genau das Gegenteil von Shelleys Absicht darstellt, dass der Film (allen Protesten des Mannes vor dem Vorhang oder Mary Shelleys selbst in der Fortsetzung zum Trotz) nicht mehr für sich in Anspruch nehmen kann, eine moralische Lehre wiederzugeben. Stattdessen wird er zu einem reinen Horrorfilm, wie es nach meiner Überzeugung von Anfang an die Absicht seiner Produzenten war.

James Whale, der Regisseur der *Frankenstein*-Verfilmung von 1931, widmete die langen, verblüffenden Anfangsszenen dieser Umkehr von Shelleys Absichten – die Filmemacher hielten eine solche Verdrehung also offensichtlich für unverzichtbar. Der Film beginnt mit einer Bestattung auf einem Friedhof. Die Trauergemeinde entfernt sich, und nun graben Henry und sein gehorsamer Diener, der böse, bucklige Fritz, den Leichnam aus und transportieren ihn ab. Dann schneiden sie einen anderen Toten vom Galgen, aber Henry ruft: »Das Genick ist gebrochen. Mit dem Gehirn kann ich nichts anfangen; wir müssen ein unverletztes finden.«

Szenenwechsel. Wir befinden uns im Goldstadt Medical College, wo Professor Waldman eine Vorlesung über die Anatomie des Schädels hält. Er vergleicht »eines der vollkommensten Exemplare des menschlichen Gehirns« mit dem »abnormen Gehirn eines typischen Verbrechers«. Waldman verlegt die Schlechtigkeit des Verbrechers eindeutig in die ererbten Missbildungen seines Gehirns; Anatomie ist Schicksal. Man beachte, so Waldman, »den Mangel an Konvoluten des Schläfenlappens und die überaus deutliche Degeneration im gleichen Bezirk. Diese typischen Degenerationserscheinungen stimmen erstaunlich mit der Geschichte des Toten vor uns überein, dessen Leben angefüllt war mit Verbrechen, Gewalttaten und Mord.«

Nachdem die Studenten gegangen sind, platzt Fritz herein und stiehlt das normale Gehirn, aber dann verwirrt ihn ein Gong, und er lässt den kostbaren Gegenstand fallen, sodass sein Behälter in Scherben geht. Nun muss Fritz stattdessen das Gehirn des Verbrechers nehmen, aber das sagt er Henry nie. Das Ungeheuer ist böse, weil Henry es unwissentlich aus bösem Material herstellt. Im weiteren Verlauf des Filmes zeigt Henry sich verwundert über das boshafte Temperament des Monsters, hat er doch sein Geschöpf aus besten Rohstoffen geformt. Waldman erkennt schließlich die Ursache für das Verhalten des Ungeheuers und sagt zu Henry: »Das Gehirn, das aus dem Hörsaal entwendet worden ist, gehörte einem Verbrecher.« Henry erlebt daraufhin eine der größten Erleuchtungen der Kinogeschichte, und schließlich gelingt ihm eine klägliche Erwiderung: »Und wenn schon, es ist ein Stück lebloses Gewebe, sonst nichts.« »Es kann nur etwas Schreckliches daraus entstehen«, antwortet Waldman. »Glauben Sie mir, dieses Geschöpf wird Ihren Untergang herbeiführen.« Wohl wahr, zumindest bis zur Fortsetzung.

Karloffs zutiefst böses Monstrum ist durch den gleichen biologischen Determinismus verdammt, der auf so tragische Weise und völlig unberechtigt das Leben von Millionen Menschen beeinträchtigt hat, weil sie zu einer verachteten Rassen-, Geschlechts- oder Gesellschaftsgruppe gehörten und sich die Überschreitung ihrer Grenzen nicht zugestanden. Karloffs Handlungen spiegeln seinen inneren Zustand wider. Ihm gelingen ein paar grunzende Geräusche und in *Frankensteins Braut* lernt er sogar einige Worte von einem blinden Mann, der sein hässliches Äußeres nicht bemerkt, aber über »essen«, »rauchen«, »Freund« und »gut« kommt er kaum hinaus. Shelleys Monster dagegen ist ein bemerkenswert gebildeter Bursche. Er lernt durch Nachahmung Französisch, nachdem er sich mehrere Monate lang in der Behausung einer Adelsfamilie versteckt hat, die vorübergehend in beengten Verhältnissen lebt. Seine drei Lieblingsbücher würden das Herz jedes Dozenten für englische Literatur höher schlagen lassen, wenn er seine Studenten dazu bewegen könnte, auch nur eines davon zu lesen und Spaß daran zu haben: die *Leben* von Plutarch, *Die Leiden des jungen Werther* von Goethe und *Paradise Lost* von Milton (das Shelley mit ihrem Roman ganz offensichtlich parodiert). Die lautstarke Bedrohung durch das ursprüngliche Ungeheuer ist sicher gruseliger als das klägliche Grunzen von Karloff: »Weigerst du dich aber, so will dem klapperdürren Tod ich einen Wanst anmästen, will ihn voll stopfen mit dem Blut all deiner Freunde!«

Shelleys Monster ist nicht auf Grund seines inneren Zustandes böse. Es wird formlos geboren – zwar trägt es die Veranlagungen des menschlichen Wesens in sich, aber ohne die einzelnen Verhaltensweisen, die erst durch Erziehung und Ausbildung entstehen. Es ist der Hoffnungsträger der Aufklärung, der durch Lernen und Mitgefühl zu Güte und Weisheit geführt werden könnte. Aber ebenso ist es das Opfer des nachaufklärerischen Pessimismus: Die grausame Zurückweisung durch seine natürlichen Gefährten treibt es in Wut und Rachelust. (Selbst als Mörder bleibt das Ungeheuer wählerisch und zielstrebig. Die Ursache seines Zorns ist Viktor Frankenstein, und es tötet nur diejenigen Freunde und Geliebten, deren Tod Viktor am meisten schmerzt; anders als Godzilla oder der Blob zieht er nicht mordend durch die Städte.)

Mary Shelley nahm mit sorgfältig gewählten Worten eine angemessen ausgewogene Position ein, die einen fruchtbaren Mittelweg zwischen biologischer Natur und Umwelt eröffnet – Hollywood dagegen entschied sich ausschließlich für die Natur, um die bösen Taten des Monstrums zu erklären. Frankensteins Geschöpf ist nicht auf Grund seiner Konstruktion von sich aus gut, wie es eine optimistische Theorie der »Natur allein« verlangt, die sich aber in ihrer Erklärungsweise nicht von der umgekehrten Hollywood-Version unterscheidet. Es ist vielmehr bei seiner Geburt zum Guten *fähig* und hatte sogar eine *Neigung* zu freundlichem Verhalten, wenn die Bedingungen, unter denen es aufwächst, eine solche günstige Entwicklung auslösen. Bevor das Ungeheuer sich nach Norden aufmacht, um sich am Pol selbst zu opfern, sagt es in seinem letzten Geständnis zum Kapitän Walton:

> Mein Herz, es war *geschaffen, Anteil zu nehmen, Liebe zu empfinden!* Und da es durch mein Ungemach zu Lasterhaftigkeit und Hass verbogen worden, vollzog sich solcher Wandel unter Qualen, die deiner schlimmsten Phantasien spotten! [Mit meiner Kursivierung möchte ich deutlich machen, wie sorgfältig Shelley mit ihrer Wortwahl keinen Determinismus, sondern Möglichkeit oder Neigung ausdrückt.]

Und dann fügt es hinzu:

> Einst träumte ich von Tugend, Ruhm und Freude, ja, gab mich der trügerischen Hoffnung hin, auf Wesen zu treffen, welche um meiner inneren Vortrefflichkeit willen über meine äußere Ungestalt hinwegsehen und mich lieben würden. Durchdrungen war ich von hoher, ehrenhafter, hingebungsvoller Denkungsart. Nun aber haben Untat und Verbrechen mich noch tiefer sinken lassen als jedes Tier! ... Im Angesicht der grauenvollen Reihe meiner Sünden vermag ich nicht länger zu glauben, dass auch ich ein Wesen war, dessen Denken erfüllt gewesen von den trefflichsten, erhabensten Visionen der Schönheit und von der Majestät des Guten. Und dennoch, dies alles ist nur zu wahr! Der gefallene Engel, er ward zum boshaften Teufel!

Warum also wird das Monster dann entgegen seiner guten inneren Neigung schließlich böse? Shelley gibt auf diese Frage eine interessante Antwort, die mit ihrer oberflächlichen Begründung fast trivial erscheint, aber wenn wir begreifen, welche allgemeine Vorstellung vom Wesen des Menschen dahinter steckt, erweist sie sich als sehr tief greifend. Das Monster wird natürlich böse, weil die Menschen es so gewaltsam und ungerecht zurückweisen. Deshalb wird seine Einsamkeit unerträglich. Es sagt:

> Wie aber war's um *mich* bestellt? Von meiner Herkunft, meinem Schöpfer wusste ich so gut wie nichts. Was ich aber nur zu gut wusste, war, dass ich keinerlei Geldmittel, keinen einzigen

> Freund, keine Art von Besitz mein Eigen nannte. Darüber hinaus war ich behaftet mit der grässlichsten, ekelhaftesten Ungestalt ... Wie ich auch um mich blicken mochte – ich sah und hörte nicht von meinesgleichen! War ich also ein Monstrum, ein Schandfleck dieser Erde, von jedermann verleugnet und geflohen?

Aber warum wird das Ungeheuer so zurückgewiesen, obwohl seine Gefühle doch zum Guten und seine Taten zum offenkundig Positiven neigen? Mit Sicherheit versucht es, sich freundlich zu verhalten; so hilft es beispielsweise (allerdings heimlich) der Familie in der kargen Behausung, die ihm als Versteck dient:

> Bisher war's ja mein Brauch gewesen, während der Nacht diesen Ärmsten einen Teil ihrer kärglichen Vorräte für meinen eigenen Verzehr zu entwenden. Sobald ich aber dahinter gekommen, dass ich dergestalt meinen Mitbewohnern den schmerzlichsten Schaden zufügte, stand ich unverzüglich von meiner Gewohnheit ab und stillte hinfort meinen Hunger mit Beeren, Nüssen und Wurzeln, welche ich in dem benachbarten Walde sammelte. Noch auf ein zweites Mittel verfiel ich, meinen unwissentlichen Quartiergebern die Arbeit ein wenig zu erleichtern. Mir war nämlich klar geworden, dass der Jüngling einen großen Teil seiner Tage darüber zubrachte, das nötige Brennholz für die Familie herbeizuschaffen. So nahm ich denn zur Nacht häufig seine Werkzeuge, mit deren Gebrauch ich rasch vertraut wurde, und schleppte Brennmaterial in solcher Menge herbei, dass es leicht für mehrere Tage langte.

Wie Shelley uns erklärt, lehnen alle Menschen das Monster ab und verabscheuen es sogar aus einem Grund, der im wahrsten Sinne des Wortes oberflächlich ist: wegen seiner entsetzlichen Hässlichkeit. Diese Erklärung geht mit ihrer schrecklichen Ungerechtigkeit zu Herzen, gleichzeitig ist sie aber in ihrer biologischen Genauigkeit und in ihren philosophischen Erkenntnissen über das Wesen des Menschen äußerst stichhaltig.

Von seiner äußeren Erscheinung hier konnte das Monster nach Shelleys Beschreibung kaum weniger attraktiv sein. Den ersten

Anblick seines lebenden Geschöpfes schildert Viktor Frankenstein so:

> Wie fang' ich's an, Euch die Empfindungen zu beschreiben, welche mich in dem schicksalhaften Augenblicke durchbebten, da das Verhängnis seinen Anfang nahm? Wie geb' ich Euch ein treuliches Abbild der Spottgeburt, welche ich mit so unendlicher Mühe und Sorgfalt zu formen versucht? Wohl waren die Gliedmaßen in der rechten Proportion, und auch die Züge hatte ich dem Kanon der Schönheit nachgebildet. Schönheit! – Allmächtiger! Die gelbliche Haut verdeckte nur notdürftig das Spiel der Muskeln und das Pulsieren der Adern. Das Haupthaar war freilich von schimmernder Schwärze und wallte überreichlich herab. Auch die Zähne erglänzten so weiß wie Perlen. Doch standen solche Vortrefflichkeiten im schaurigsten Kontraste zu den wässrigen Augen, welche nahezu von derselben Farbe schienen wie die schmutzig weißen Höhlen, darein sie gebettet waren, sowie zu dem runzligen Antlitz und den schwarzen, aller Modellierung entbehrenden Lippen.

Außerdem überragt das Ungeheuer mit seiner Körpergröße von 2 Meter 40 selbst die größten Basketballspieler, und es entlockt jedem, der es zu Gesicht bekommt, einen Schreckensschrei.

Das Monster begreift sehr schnell, wie unberechtigt diese Ängste der Menschen sind, und entwickelt eine Strategie, um die anfängliche Reaktion zu überwinden und mit seiner guten Seele zu überzeugen. Es zeigt sich zunächst dem blinden alten Vater in der Behausung über seinem Versteck und hinterlässt bei ihm einen guten Eindruck. Damit will es das Vertrauen des alten Mannes gewinnen und sich so in der Welt der sehenden Menschen einen guten Ausgangspunkt verschaffen. Aber in seiner Freude, akzeptiert zu werden, bleibt es zu lange. Der Sohn des Mannes kehrt zurück und vertreibt das Ungeheuer – Angst und Abscheu sind stärker als jede Neigung, auf innere Qualitäten zu achten.

Schließlich erkennt das Monster, dass es die emotionale Angst vor seiner Hässlichkeit nicht überwinden kann; daraus erwachsen Verzweiflung und Einsamkeit, die ihn zu bösen Taten treiben:

Ich bin ja nur böse, weil ich so elend bin! Bin ich von allen Menschen nicht gemieden und gehasst? ... Ich aber soll die Menschheit schonen, welche mich verdammt? Lass sie auf gutem Fuße mit mir leben, so würd' ich, wollte man mich nicht verschmähen, mit nichts als guten Werken mich ihr nah'n, ja mit des Dankes Träne in den Augen! Doch kann dies nimmer sein: des Menschen Sinne lassen es nicht zu, dass ich ihm wohlgefällig bin.

Mit unseren Bemühungen, eine humane, zutreffende Vorstellung vom Wesen des Menschen zu formulieren, konzentrieren wir uns auf den richtigen Standpunkt zwischen den falschen, unfruchtbaren Polen von innerem Wesen und Umwelt. Der reine Glaube an das Angeborene – wie in der Hollywood-Version des bösen Monstrums – führt zu einer grausamen, unzutreffenden Theorie des biologischen Determinismus, die für viele Millionen Menschen zur Ursache großen Unglücks und unterdrückter Hoffnungen wurde, nur weil sie wegen ihrer Rasse, ihres Geschlechts oder ihrer gesellschaftlichen Gruppe benachteiligt waren. Aber der reine »Umweltdeterminismus« kann ebenso grausam sein und ist ebenso falsch – beispielsweise wenn man in den verflossenen Tagen des ungezügelten Freudianismus liebende Eltern mit Vorwürfen überhäufte, weil ihr angebliches Versagen in der Erziehung die Ursache geistiger Erkrankungen oder Behinderungen sei, von denen wir heute wissen, dass sie genetische Ursachen haben – alle Organe, auch das Gehirn, können an angeborenen Krankheiten leiden.

Wo die Lösung liegt, ist für jeden nachdenklichen Menschen zu erkennen: Die Faktoren der angeborenen Neigung und ihrer Ausgestaltung durch die Lebenserfahrungen müssen in der richtigen Weise verschmelzen. Eine solche fruchtbare Verbindung kann nicht die falsche Form von Prozentsätzen annehmen, die sich zu 100 addieren, wie in dem Satz »Intelligenz ist zu 80 Prozent erblich und zu 20 Prozent umweltbedingt«, oder »Homosexualität ist zu 50 Prozent angeboren und zu 50 Prozent erlernt« – es gibt Hunderte von gefährlichen Aussagen in dieser törichten Form. Werden die beiden Enden eines solchen Spektrums vermischt, ist das Ergebnis keine Kombination von Einzelteilen (wie zwei gemischte Kartenspiele mit unterschiedlichen Rückseiten), sondern etwas völlig

Neues, Höheres, das man nicht mehr auseinander nehmen kann (genau wie ein Erwachsener sich nicht in den mütterlichen und väterlichen Beitrag zu seiner Ganzheit zerlegen lässt).

Die beste Richtschnur für eine angemessene Zusammenfassung beider Positionen liegt in der Erkenntnis, dass die Natur allgemeine – und sicher oftmals starke – Ordnungsregeln und Neigungen beisteuert, während die Umwelt durch Gestaltung ihrer einzelnen Ausdrucksformen ein breites Spektrum von Ergebnissen möglich macht. Schreiben wir Einzelheiten in zu starkem Umfang der inneren Natur zu, begehen wir einen klassischen »Kategorienfehler«, beispielsweise wenn wir wie die volkstümliche Form der Soziobiologie annehmen, es gebe Gene für komplizierte gesellschaftliche Phänomene wie Vergewaltigung oder Rassismus; oder wenn wir tief verwurzelte Strukturen als rein gesellschaftliche Konstrukte betrachten wie in der früheren Behauptung, selbst die allgemeinsten Grammatikregeln müssten erlernte Zufälligkeiten sein, die über Kulturgrenzen hinweg keinerlei Allgemeingültigkeit besitzen. Die linguistischen Theorien von Noam Chomsky sind ein Musterbeispiel für das moderne Konzept einer angemessenen Vereinigung von Genen und Umwelt: Die Prinzipien der Universalgrammatik sind angeborene Lernregeln, die Besonderheiten der einzelnen Sprachen dagegen sind ein Produkt des kulturellen Umfeldes und des Ortes, an dem jemand aufwächst.

Frankensteins Geschöpf wird zum Monster, weil es auf grausame Weise von einer unserer tiefsten biologisch ererbten Neigungen betroffen ist – von unserer instinktiven Abneigung gegenüber stark missgebildeten Individuen. (Konrad Lorenz, der berühmteste Verhaltensforscher der vorigen Generation, gründete seine Theorie zu einem großen Teil auf die Vorrangstellung dieser angeborenen Regel.) Heute stößt uns die Ungerechtigkeit einer solchen Veranlagung ab, aber dieses richtige ethische Gefühl ist in der Evolution ein Nachzügler, der dem viel älteren Prinzip der Säugetiere durch das Bewusstsein der Menschen aufgezwungen wurde.

Eine solche instinktive Abneigung gegenüber schweren Fehlbildungen haben wir mit ziemlicher Sicherheit geerbt, aber es gilt daran zu denken, dass die Gene nur eine Neigung schaffen können, während die einzelnen Ergebnisse von der Kultur gestaltet werden. Und jetzt begreifen wir – dank Mary Shelleys kluger Darstellung des Themas – die wahre Tragödie des Frankenstein-Ungeheuers und Viktors ethisches Versagen. Die biologische Abneigung gegenüber der Hässlichkeit kann durch Lernen und Verstehen überwunden werden. Ich bin sicher, dass jeder von uns sich in dieser unentbehrlichen Form des Mitgefühls geübt hat und dass wir uns große Mühe geben, den Schauer der Abneigung zu unterdrücken – den wir, wenn wir ehrlich sind, in manchen Augenblicken empfinden; wir sind bestrebt, Menschen nach ihren inneren Qualitäten und nicht nach ihrer äußeren Erscheinung zu beurteilen.

Frankensteins Monster war ein guter Mensch in einem entsetzlich hässlichen Körper. Man hätte seinen Landsleuten beibringen können, ihn zu akzeptieren, aber die Person, die für diese Belehrung verantwortlich war – Viktor Frankenstein, sein Schöpfer –, lief vor seiner obersten Pflicht davon und ließ seine Schöpfung beim ersten Anblick fallen. Viktors Verfehlung liegt nicht im Missbrauch der Technik oder in dem Frevel, Gott nachahmen zu wollen; diese Themen finden wir in Mary Shelleys Schilderung nicht. Viktor versagt, weil er einer Neigung der menschlichen Natur folgt – der instinktiven Abscheu gegenüber dem Aussehen des Ungeheuers –, statt der Pflicht jedes Schöpfers oder Elternteils gerecht zu werden und sowohl seinem eigenen Schützling als auch anderen das Akzeptieren beizubringen.

Er hätte sein Geschöpf etwas lehren können, statt das Monster sich selbst zu überlassen, sodass es die Sprache durch Belauschen von Gesprächen erlernen und sich in einem Versteck unter einer schäbigen Behausung Bücher organisieren musste. Er hätte der Welt sagen können, was er getan hatte. Er hätte sein gutmütiges, gebildetes Monster mit Menschen bekannt machen können, die bereit waren, es nach seinen Verdiensten zu beurteilen. Aber er warf nur einen Blick auf seine Hervorbringung und lief ein für allemal davon. Mit anderen Worten: Er beugte sich einem grundlegenden Aspekt unserer gemeinsamen Natur und nahm nicht die besondere moralische Pflicht unseres potenziellen Umfeldes auf sich:

> Da hatte ich nun nahezu zwei Jahre lang die größte Mühe und Arbeit einzig darauf verwendet, einem unbeseelten Körper Leben einzuhauchen. Solches zu erreichen, hatte ich mich aller

Ruhe, ja noch der Gesundheit beraubt. Mein Begehren war ein so brennendes gewesen, dass es jegliches Maß überschritten hatte. Jetzt aber, da ich mich am Ziel meiner Wünsche sah, war die Schönheit des Traumes verflogen, und atemloser Schrecken und Ekel füllten mir das Herz. Nicht fähig, den Anblick des Wesens, welches ich da geschaffen, noch länger zu ertragen, stürzte ich aus der Kammer ... Nicht einmal eine zu neuem Leben erwachte Mumie hätte so grässlich aussehen können. Oft genug hatte ich in dies Antlitz gestarrt, solange es noch nicht vollendet gewesen, und schon damals war es mir hässlich genug erschienen. Als aber seine Muskeln und Scharniere sich zu bewegen begonnen, war ein Etwas aus ihnen geworden, wie es nicht einmal ein Dante hätte aussinnen können.

Die erste Zeile des Vorwortes von *Frankenstein* wurde oft falsch gedeutet: »Die Begebenheit, auf welche der vorliegende Roman sich gründet, trägt nach dem Dafürhalten des Dr. Darwin sowie etlicher deutscher Physiologen nicht im eigentlichen Sinne den Anstrich des Unmöglichen.« Allgemein wird angenommen, »Dr. Darwin« müsse der durch die Evolution berühmt gewordene Charles sein. Aber Charles Darwin wurde an Lincolns Geburtstag im Jahr 1809 geboren, und als Mary Shelley ihren Roman schrieb, war er noch nicht einmal zehn Jahre alt. »Dr. Darwin« ist Charles' Großvater Erasmus, einer der berühmtesten Ärzte Englands und ein Atheist, der an die materiellen Grundlagen des Lebens glaubte (siehe Kapitel 31 bis 33). (Shelley spielt auf seine Vorstellung an, man könne physikalische Kräfte wie die Elektrizität nutzbar machen, um unbelebte Materie in Bewegung zu setzen – denn das Leben habe keinen ausschließlich geistigen Bestandteil und könne deshalb aus nicht lebenden Substanzen hervorgehen, wenn diese ausreichend mit Energie versorgt wurden.)

Ich möchte dennoch mit meiner ethischen Lieblingsaussage von Charles Darwin schließen; er betonte wie Mary Shelley unsere Pflicht, die positiven Besonderheiten zu fördern, die durch Umwelt und Erziehung zu beeinflussen sind. Mary Shelleys Roman handelt nicht von Frevel oder Technik, sondern von Moral, von der Verantwortung gegenüber allen fühlenden Geschöpfen und gegenüber den Produkten von eigener Hand. Das Elend des Ungeheuers erwächst aus dem ethischen Versagen anderer Menschen, nicht aus seiner eigenen, inneren, unveränderlichen Konstruktion. Charles Darwin berief sich später auf die gleiche Vorstellung vom Wesen des Menschen, um uns an unsere Pflichten gegenüber allen Menschen in einem weltweiten Band der Brüderlichkeit zu erinnern: »Wenn das Elend unserer Armen nicht durch die Gesetze der Natur verursacht wird, sondern durch unsere Institutionen, ist unsere Sünde groß.«

5. Hundert Jahre Zähne und Klauen

Wenn Blumen um die Bienen schwirrten,
Wenn Kirchen sich aufs Meer verirrten,
Wenn Pferde Menschen ritten, Gras die Kühe fräße,
Wenn die Maus vorm Loch der Katze säße …

»… dann stünde die Welt Kopf« – eine zutreffende Beschreibung seiner misslichen Lage, dachte Charles Cornwallis zweifellos, als er seine Pfeifer und Trommler anwies, anlässlich seiner Kapitulation vor George Washington bei Yorktown dieses Liedchen zu spielen. (Die Amerikaner antworteten mit dem »Yankee Doodle«.)

Eine solche Umkehr der eingefahrenen Ordnung fasziniert uns, weil sie unsere »sicheren« Annahmen in Frage stellt. Ich führe einen Ordner mit biologischen Beispielen für so etwas – Fleisch fressende Pflanzen, Würmer, die Frösche verzehren, marines Phytoplankton (Einzeller, die im Meer leben und Photosynthese betreiben), das Giftstoffe abgibt, Fische vergiftet und dann das aus den sterbenden Wirbeltieren entnommene Gewebe verdaut. Diesen Essay schreibe ich zum hundertsten Jahrestag einer anderen seltsamen Umkehr, die diesmal gesellschaftlicher Natur ist, aber aus dem Kern der britischen Wissenschaft stammt. Die Zeitschrift *The Nineteenth Century*, seinerzeit vielleicht die führende britische Darstellung der damaligen Welt, veröffentlichte in ihrer Ausgabe vom November 1892 eine Reihe von Huldigungen an den angesehenen Dichter Alfred Lord Tennyson, der einen Monat zuvor gestorben war. Am Anfang der Serie steht ein Nachruf von Thomas

Henry Huxley – in Versform. Seine Achtungsbezeugung erhielt nie einen Preis für Reime oder Metrik; dennoch gefällt mir der Gedanke, dass ein führender britischer Naturwissenschaftler sich entschloss, Tennyson mit dessen eigenen Mitteln zu ehren. Huxley erzählt von Tennysons Gesellschaft in der Westminster Abbey, und als Musterbeispiel spielt er in der letzten Strophe zweifellos auf seinen alten Freund Darwin an:

> Zwischen jene legt ihn sacht,
> Die große Kunst hervorgebracht,
> Die über Staat und Recht gewacht:
> Die hier als Geistesfürsten nun
> Und erste Menschheitsdiener ruhn.

Aber warum schrieb Huxley überhaupt einen Nachruf auf Tennyson? Die beiden hatten sich nur flüchtig gekannt. Beide gehörten der Metaphysical Society an, einer Elitevereinigung britischer Intellektueller; aber Tennyson schwieg bei den Zusammenkünften fast immer. Der Dichter mochte Huxley zwar, berichtet aber nur zweimal über Besuche des Naturwissenschaftlers in seinem Haus. Des Rätsels Lösung finden wir in einem Brief Huxleys an den Sekretär der Royal Society (der führenden naturwissenschaftlichen Gesellschaft in Großbritannien), in dem er darauf drängt, man solle einen offiziellen Vertreter zu Tennysons Beisetzung entsenden. Huxley ehrte Tennyson aus einem allgemeinen Respekt heraus, aber nicht wegen einer persönlichen Freundschaft:

> Er war der einzige moderne Dichter, ja ich glaube sogar der einzige Dichter seit den Zeiten eines Lukrez, der sich die Mühe gemacht hat, die Arbeiten und Neigungen der Männer der Wissenschaft zu verstehen.

Dennoch: Warum wähle ich in dieser Kolumne, die Fragen der Evolution gewidmet ist, das alte Thema eines hundertsten Todestages, und warum ehre ich Tennyson? Sein allgemeines Interesse an der Naturwissenschaft reicht als Begründung nicht aus, insbesondere angesichts anderer denkwürdiger Ereignisse im Jahr 1892, die es ebenfalls wert sind, dass man sich daran erinnert: die Wahl von

Grover Cleveland, die Geburt Haile Selassies, der Beginn der Arbeiten Monets an den Malereien in der Kathedrale von Rouen, der Sieg des »vornehmen« Berufsboxers Jim Corbett über John L. Sullivan oder die Komposition und Uraufführung von »Ta-ra-ra-boom-de-ay«*.

Dass ich mich für Tennyson entschieden habe, hat einen eindeutigen, engstirnigen Grund (und ich freue mich sogar schon seit mehreren Jahren darauf, diese Ausrede anbringen zu können). Zu vielen Themen gibt es feststehende Beschreibungen, kleine Sprachfetzen, die den Gegenstand nach Art des Kniesehnenreflexes oder eines psychologischen Assoziationstests sofort erkennen lassen. Wenn ich »The Georgia Peach« sage, kommt sofort die Antwort »Ty Cobb« (vorausgesetzt, mein Gegenüber weiß etwas über Baseball). Sage ich »Big Apple«, lautet die Erwiderung »New York« (vorausgesetzt, mein Gegenüber weiß überhaupt etwas). Auch für die darwinistische Evolution gibt es eine solche feststehende Wendung – diesmal ein Stückchen Dichtung: »Natur, rot an Zähnen und Klauen.«

Die Zeile kennt jeder Evolutionsforscher. Vortrag für Vortrag, Artikel für Artikel rutscht sie uns heraus – selbst nach jenem Silvester-Vorsatz, den Gemeinplatz nie wieder zu zitieren. Auch ihre Parodien sind Legion. Mein Kollege Michael Ruse zum Beispiel gab einem Buch über Darwins intellektuelle Auseinandersetzungen mit seinen Zeitgenossen den Untertitel: »Wissenschaft, rot an Zähnen und Klauen.«

Jeder Evolutionsforscher kann die Zeile zitieren (einen Hochstapler, der dazu nicht in der Lage ist, würden wir hängen und vierteilen); wir alle glauben, sie beschreibe eine biologische Welt, die durch die Evolutionstheorie neu gestaltet wurde; fast alle glauben wir, es sei ursprünglich eine Zeile aus einem Gedicht; die meisten von uns nennen Tennyson als Quelle; nach meiner Vermutung weiß die Hälfte von uns sogar, dass die Formulierung aus dem Gedicht *In Memoriam* stammt; ich würde einen Tausender wetten, dass noch nicht einmal jeder Hundertste von uns das Gedicht gelesen hat (und bis letzte Woche gehörte auch ich zu den 99). Aber nicht

* Ta-ra-ra-boom-de-ay: in den USA sehr beliebtes Musikstück von Henry J. Sayers; anzuhören z. B. unter http://www.geocities.com/EnchantedForest/1245/Index1.html (Anm. d. Übers.).

so schnell mit der Verurteilung. Immerhin ist *In Memoriam* kein Haiku* mit 17 Silben und auch kein Sonett mit 14 Zeilen. *In Memoriam* gliedert sich in 131 Abschnitte und umfasst mehr Zeilen, als ich zu zählen wage (in meiner Ausgabe füllt es 80 Seiten). Und lange Gedichte aus viktorianischer Zeit stehen heutzutage selbst bei den meisten ernst zu nehmenden Intellektuellen in der Beliebtheitsskala nicht gerade obenan. Deshalb hatte ich mich ursprünglich entschlossen, diesen Aufsatz im Jahr von Tennysons hundertstem Todestag zu schreiben, weil ich selbst den tatsächlichen Zusammenhang einer Zeile kennen lernen wollte, die wir alle viel zu oft und ohne jegliches Hintergrundwissen zitiert haben – und um diese Kenntnis meinen Kollegen und Lesern zu vermitteln. Und wie so oft wurde die Geschichte umfassender und interessanter, als ich anfangs vermutet hatte.

Tennyson wurde 1809 geboren, im gleichen Jahr wie Darwin. Als Studienanfänger am Trinity College in Cambridge lernte er Arthur Hallam kennen, den gut aussehenden, intelligenten Sohn des Historikers Henry Hallam. Ihre enge Freundschaft war sicher die entscheidende emotionale Erfahrung in Tennysons Leben. (Ich möchte nicht darüber spekulieren, welcher Art die Beziehung war, und die Literatur hüllt sich darüber vor allem mangels Beweisen nach wie vor in diskretes Schweigen – Hallams Vater verbrannte alle Briefe Tennysons an seinen Sohn, und Tennysons Sohn verbrannte später alle Briefe Hallams an seinen Vater. Arthur Hallam war zur Zeit seines Todes mit Tennysons Schwester verlobt, also lagen die Verhältnisse vermutlich kompliziert, aber wenn die enge Bindung zwischen Arthur Hallam und Alfred Tennyson nicht zumindest eine unterdrückte sexuelle Grundlage hatte, dann … nun ja, bin ich der Kaiser von China.)

Am 1. Oktober 1833 erhielt Tennyson einen Brief von Henry Olden, Hallams Onkel, und daraufhin brach seine Welt zusammen: »Ihr Freund, Sir, und mein innig geliebter Neffe Arthur Hallam ist nicht mehr – es hat Gott gefallen, ihn von diesem ersten Schauplatz des großen Daseins hinweg und in eine bessere Welt zu nehmen, für die er erschaffen war. Er starb in Wien bei seiner Rückkehr aus Buda am Gehirnschlag – und ich glaube, seine sterb-

* Haiku: traditionelle japanische Versform (Anm. d. Übers.).

lichen Überreste kommen auf dem Seeweg aus Triest.« Als Arthur Hallam starb, war er 22 Jahre alt.

In Memoriam, das 1850 erschien, ist Tennysons ausgiebige Huldigung an diese ungewöhnliche Freundschaft sowie an die emotionale, religiöse und philosophische Bedeutung eines solchen Verlustes. (Ursprünglich veröffentlichte Tennyson das Gedicht anonym – dass er der Autor war, entging allerdings keinem, der Bescheid wusste – unter dem vollständigen Titel *In memoriam A. H. H. Obit* [gestorben] *MDCCCXXXIII.*) Das Gedicht wurde sofort zum Erfolg und spielte sicher eine große Rolle dabei, dass Tennyson (nach Wordsworth' Tod) im weiteren Verlauf des Jahres 1850 zum Hofdichter ernannt wurde. Königin Victoria und ihr Ehemann, Prinz Albert, mochten dieses Gedicht ganz besonders. Nachdem Albert 1861 gestorben war, wurde *In Memoriam* für Victoria zu einem wichtigen Trost in ihrer langen Trauerzeit. Sie stellte fest: »Neben der Bibel ist *In Memoriam* meine Tröstung.« In ihrem persönlichen Exemplar veränderte sie sogar einen von Tennysons Versen – seinen »widower« [Witwer] ersetzte sie durch »widow« [Witwe], und sein »he« [er] durch »she« [sie], sodass man die Zeilen als Klagelied für Albert lesen konnte:

Dem Aug der Witwe, die im Schlaf
Noch die vertraute Form an ihrer Seite wähnte
Und deren zweifelnd ausgestreckte Hände
Ins Leere greifen, entströmen solche Tränen.

Victoria bat (ich glaube, man sagt »bestellte«) Tennyson 1862 zum Besuch und schrieb später in ihr Tagebuch:

Ich ging hinunter, um Tennyson zu empfangen, der sehr seltsam aussieht. Er ist groß und dunkel, hat einen schönen Kopf, lange, schwarze, fließende Haare und einen Bart – seine Kleidung ist merkwürdig, aber er hat nichts Affektiertes. Ich sagte ihm, wie ich seine prachtvollen Zeilen an meinen teuren Albert bewunderte und wie viel Trost ich durch *In Memoriam* gefunden hatte.

Vor diesem Hintergrund begreift man, in welchem Zusammenhang Tennysons Bild von der »Natur, rot an Zähnen und Klauen« steht. Und man versteht, warum die Evolutionsforscher seine Formulierung falsch gedeutet haben – als Vorboten und Beschreibung der Welt Darwins. Zunächst einmal – und es tut mir Leid, dass es so nach Ausrede klingt – sind wir nicht allein an dem Fehler schuld. (Schon eine ganz grundlegende Tatsache lässt die Evolutionsforscher unter Umständen ganz schön dumm aussehen – wenn sie nämlich behaupten, Darwins neue Ansichten seien der Anlass für Tennysons Zeile gewesen: *In Memoriam* erschien 1850, Darwin behielt seine Meinung aber bis 1859, als *Die Entstehung der Arten* veröffentlicht wurde, sorgsam für sich.) Eine lange literaturwissenschaftliche Tradition interpretiert die Evolution in die biologischen Passagen von *In Memoriam* hinein, und Tennysons Zeilen über die Erde und ihre historischen Wandlungen haben angeblich mit Lyells uniformitarianistischer Geologie zu tun. Der niederländische Wissenschaftshistoriker Nicolaas A. Rupke führt in seinem bedeutenden Buch *The Great Chain of History* eine lange Liste solcher literarischer Zitate auf und schreibt dann:

> Es ist üblich geworden, aus ... *In Memoriam* nicht nur die Evolution des Lebendigen herauszulesen, sondern auch ... die Geologie Lyells. Da die entscheidenden Abschnitte ... lange vor Darwins *Entstehung der Arten* geschrieben wurden, haben manche Literaturkritiker sie als Vorwegnahme der Theorie der organischen Evolution durch die geniale Intuition des Dichters interpretiert, die es früher als Darwins analytischer Geist wagte, zu derselben Erkenntnis zu gelangen. »Wie kommt es, dass der Dichter den Naturwissenschaftlern auf ihrem eigenen Gebiet zuvorkommt?« fragt ein Kritiker.

Wenn *In Memoriam* die Sehnsucht eines Trauernden nach Frieden, Erhabenheit, Erneuerung des Glaubens, Behebung von Zweifeln, Anerkennung oder sonst etwas (das alles und vieles andere wurde vorgeschlagen) ausdrückt: Welche Rolle spielt dann die Naturwissenschaft für sein Streben? Man sollte nicht vergessen, dass Tennyson ein Anhänger der Wissenschaft war und keineswegs das ungerechte (und vermutlich real nicht existierende) Klischee des affektierten, technikfeindlichen, romantischen Dichters verkörperte. Die wissenschaftlichen Zeilen von *In Memoriam* gehören zu den bekanntesten, und die Kritik sah in ihnen immer ein wesentliches Element der Bestrebungen ihres Urhebers.

Zunächst macht Tennyson eine dumme Behauptung über die Wissenschaft verächtlich, eine Art sophistischer Argumentation, die von Quälgeistern wie Hiobs »Tröstern« gesponnen wird: Wie kann man in einer Welt, die durch den wissenschaftlichen Fortschritt so spannend wird, derart tiefe Trauer empfinden?

> Zeit, sich in Gram und Kummer zu verzehrn,
> Jetzt, da von Welt zu Welt die Wissenschaft
> Die Arme reckt und es noch schafft
> Des jüngsten Monds Geheimnis zu enthüllen?

Darauf erwidert Tennyson mit zwei bewegenden Versen, in denen er ebenfalls ein Bild aus der Natur heraufbeschwört: Wie kannst du das allgemeine Glück mit meiner persönlichen Verzweiflung vergleichen?

> Du redest Worte ohne Sinn,
> Dich flog der heil'ge Staub nie an,
> Ich sing, weil ich nicht anders kann,
> und pfeif nur, wie das Vöglein singt:
>
> Und eins ist froh, sein Ton beschwingt,
> Weil seine Brut jetzt flügge ist,
> Und eins ist traurig, sein Gesang ist trist,
> Weil sein Gelege ihm geraubt.

Tennysons eingehende Untersuchung der Frage, ob die Natur eine Quelle des Trostes sein kann, nimmt in drei aufeinander folgenden Abschnitten (54–56), knapp vor der Mitte des Gedichtes, eine zentrale Stellung ein. Im Abschnitt 54 (den ich in voller Länge zitieren möchte) formuliert Tennyson in den ersten vier Versen ein übliches Argument der »Naturtheologie«, die in der Generation vor ihm so beliebt war. Hinter dem vermeintlich Bösen der Natur muss das Gute liegen:

Und doch vertraun wir, dass sich irgendwie
Ein guter Sinn in allem Schlechten finde,
In blinden Trieben, in mutwill'ger Sünde,
Kleinmüt'gem Zweifel und Verderbtheit.

Dass nichts auf Erden wandelt ohne Ziel,
Kein Leben einfach annulliert
Oder ins Nichts geworfen wird,
Wenn Gott sein Quantum fertig sieht.

Dass keinen Wurm der Spaten sinnlos trifft,
Nicht eine Motte, blind bezirzt,
Sich sinnlos in die Flamme stürzt
Oder nur fremdem Nutzen dient.

Allein, wir wissen nichts;
Ich kann nur drauf vertrauen, dass an alle Welt
Einmal – in Ferne – doch das Gute fällt
Und jeder Winter einem Frühling weicht.

Schöne Worte. Aber dann, im letzten Vers dieses Abschnitts, vollzieht Tennyson plötzlich eine Kehrtwende und etikettiert die herkömmliche Überzeugung als eitle Träumerei:

So geht mein Traum, doch was bin ich?
Ein kleines Kind, das nächtens schreit,
Nach Licht schreit in der Dunkelheit
Ohn andre Sprache als den Schrei.

Der Erzähler muss die Natur ehrlicher untersuchen – und das tut Tennyson im Abschnitt 55. In einigen der berühmtesten Zeilen des Gedichts formuliert er ein Thema, das für Darwin von Bedeutung ist (allerdings wohl ursprünglich nicht von ihm handelt) und dem Erzähler in seiner Trauer als blanker Hohn erscheint: Wie kann die Natur für den Fortbestand der Arten sorgen und doch gleichzeitig in so großer Zahl den individuellen, vorzeitigen Tod zulassen?

Sind denn im Streit Gott und Natur,
Dass die so böse Träume nährt?
So viel scheint ihr die Spezies wert,
So wenig das einzelne Leben;

Dass ich, der ich geheimen Sinn
Mir denk in allen ihre Taten
Und finde, dass von fünfzig Saaten
Sie eine oft nur Früchte tragen lässt,

Die Antwort sucht Tennyson in den größeren Zusammenhängen. Vielleicht dient das Gemetzel an Einzelnen (wie Hallam) ja über die Zeitalter hinweg dem Guten:

Die lahme Hand des Glaubens reck und Staub
Und Spreu zu fassen krieg und zu dem fleh,
Was ich als Herrn des Ganzen seh'
Und schwache Hoffnung in das Höh're setz'.

Aber Tennyson ist nicht optimistisch; er hat seine Lösung bereits als »schwache« Hoffnung bezeichnet. Anschließend eröffnet er den Abschnitt 56 mit meinen Lieblingszeilen, den geologischen Versen von *In Memoriam*. Die Natur selbst macht seine Beobachtungen aus dem Abschnitt 55 zum Gespött, zeigt sie doch, dass über längere Zeit hinweg alle Arten (»Spezies«) sterben müssen. »Alle mögen untergehn«, und das derzeitige Leiden sorgt nicht für dauerhafte Stabilität:

»So viel die Spezies wert?« doch nein.
Aus Klippenwand und Steinbruchswunde
Ruft sie: »Es gingen tausend schon zugrunde.
Was kümmert's mich, sie mögen alle untergehn.

Du schickst dein Flehn zu mir?
Ich gebe Leben, nehm' es: Geist
Nichts anderes als Atem heißt.
Ich kenn nicht mehr.« …

Und damit sind wir endlich bei der »Natur, rot an Zähnen und Klauen«. Eine Hoffnung bleibt noch: Die Natur mag die Individuen hinraffen und schließlich sogar ganze Arten auslöschen, aber führt dieses Blutbad (so widersinnig es auch erscheint) am Ende zum edlen Menschen und zur Unsterblichkeit der Seele? Im Rahmen einer langen Frage, die sich über vier Verse hinzieht, antwortet Tennyson mit »Nein«, und indem er das berühmte Bild heraufbeschwört, schilt er sogar den Erzähler, der sich angesichts einer so grausamen Natur diese Lösung ausmalt:

... Und er, soll er,

Der Mensch, ihr letztes Werk, das ihr
In seiner Sicht zu Höh'rem glückte,
Er, der den Psalm zum Himmel schickte,
Sich Tempel baute aus vergeblichem Gebet,

Der drauf vertraute, dass Gott Liebe wär'
Und Liebe das Gesetz, auf das die Schöpfung baue –
Wenn die Natur auch, rot an Zahn und Klaue
Vor Raublust, dieses Credo niederschrie –

Der liebte, ungezählte Übel litt,
Sich für das Wahre, Rechte schlug,
Verwehen in des Wüstenstaubes Flug,
Versiegelt sein im Eisenberg?

Während der Erzähler im weiteren Verlauf des Gedichtes seine Trauer lindert, bezieht Tennyson dennoch Trost aus dem Weg des Fortschritts, den er aus der Geschichte ableitet. »Betrachtet dieses Werk der Zeit ... «, meint er zu Beginn des Abschnitts 118. Vielleicht sind die Toten früherer Zeiten die Vorboten des Besseren, das noch kommt: »Doch traut, dass jene, die wir Tote nennen / Teil eines höh'ren Geistes sind / Zu höh'rem Zweck ... « Dann beschreibt er die geologische Vergangenheit, eine Erde, die »als flüss'ge Glut begann ... Bis letztens dann der Mensch erstand / Der Herold eines höheren Geschlechts.« Der Abschnitt endet mit einem Plädoyer für die Besserung der Menschen: »Strebt aufwärts / Treibet aus das wilde Tier / Und lasst den Affen und den Tiger sterben.« (Ich vermute, er meint den Affen und den Tiger in uns, und diese Zeilen sind keine Propaganda für die Jägerei!)

An das Ende seines Gedichtes *In Memoriam* (Abschnitt 131) stellt Tennyson einen fröhlichen Hochzeitsgesang. Noch einmal wendet er sich dem Thema des historischen Fortschritts zu und vergleicht das Heranwachsen des Kindes, das aus dieser Verbindung hervorgehen wird, mit dem Fortschritt des Menschengeschlechts: »Und, da des Lebens niedre Stufen es durchschritten / als Mensch soll treten in die Welt und denken.« Dieser Funken des Trostes, den er ganz am Ende des Gedichtes aus der Natur bezieht, mag uns heute als Selbstbetrug erscheinen, aber ich respektiere in der Regel jede Begründung (so fadenscheinig sie auch sein mag), mit der jemand nach langer, tiefer Trauer seinen Seelenfrieden wieder findet. Tennyson meint, die heutigen Menschen seien im Übergang zu einer höheren Stufe begriffen, unser derzeitiges Leiden trage zu diesem Fortschritt bei, und Hallam sei ein verfrühter Vertreter solcher edleren Geschöpfe gewesen:

Nicht länger halb verwandt dem Tier,
Denn das, was unsereiner dachte, tat
Und liebte, hoffte, litt, war nur die Saat,
Die Blüte wird und Frucht in jenen;

Die er, der mit mir hier geweilt,
Aufs Edelste vorweggenommen,
Ein Bote, vor der Zeit gekommen,
Der Freund, der lebt in Gott.

Die Herkunft dieser Passagen über die Natur wurde fast immer falsch gedeutet, weil wir die angeblichen »Sieger« in Erinnerung behalten und ehren, während Wissenschaftler, deren Meinungen als falsch gebrandmarkt werden, in Vergessenheit geraten. Tennysons biologische Äußerungen werden fast immer im Hinblick auf die Evolution interpretiert, und seine geologischen Vorstellungen entsprechen angeblich Lyells Theorie des langsamen, stetigen Wandels. Wie Rupke aber überzeugend nachgewiesen hat (und wie jeder erkennen sollte, der *In Memoriam* mit ausreichenden Kenntnissen über die britische geologische Wissenschaft des 19. Jahrhunderts liest), entstammen beide Facetten von Tennysons Naturgeschichte in Wirklichkeit einer einzigen, ganz anderen Quelle: der progressivistischen geologischen Katastrophentheorie, die Anfang des 19. Jahrhunderts die wichtigste Denkschule darstellte (und die Tennyson in Cambridge bei seinem Lehrer, dem großen Wissenschaftsphilosophen William Whewell, kennen gelernt hatte – dieser kannte und unterstützte die Katastrophentheorie, ja, er prägte sogar ihren Namen; siehe Kapitel 12).

An die Vertreter der Katastrophentheorie – Buckland, Sedgwick, Conybeare und andere – kann man sich heute kaum noch erinnern, aber in Tennysons Jugend waren sie die führenden Vertreter der Geologie. Sie glaubten an eine *nicht auf Evolution beruhende*, sondern gerichtete Geschichte durch aufeinander folgende, immer bessere Schöpfungen, die durch katastrophale Aussterbeereignisse getrennt waren. Tennyson spricht sie an vielen Stellen unmittelbar an. Im Abschnitt 118 beschreibt er die Entstehung der Erde nach der Nebelhypothese (Zusammenballung aus Ringen heißer Gase, die sich von der Sonne gelöst hatten – siehe Kapitel 2), einer entscheidenden Vorstellung der Katastrophentheorie (als Ausgangspunkt für die Fortschrittsgeschichte des Lebens, die durch die Abkühlung der Erde in Gang gesetzt wurde), die Lyell aber ablehnte; dieser sprach sich für einen Gleichgewichtszustand des Klimas aus – die Erde begann »als flüss'ge Glut«, schreibt Tennyson. Die berühmten Zeilen über das Aussterben (»Aus Klippenwand … mögen alle untergehn«) sind eine Beschreibung von Katastrophenereignissen. Im weiteren Verlauf des Abschnitts 56 zitiert Tennyson sogar die beliebteste Fallstudie der Katastrophentheoretiker, die »Meeresungeheuer« (Ichthyosaurier und Plesiosaurier) des Mesozoikums: »Der Urzeit wilder Drachenstamm / Der sich zerfleischt in seinem Schlamm …«

Vor diesem Hintergrund besteht kein Anlass, in Tennyson einen frühen Evolutionstheoretiker zu sehen, nur weil er so häufig vom Fortschritt in der Geschichte des Lebendigen spricht: Die Höherentwicklung durch aufeinander folgende Schöpfungen war ein Kernpunkt der geologischen Katastrophentheorie. Zu einer gewissen Form des evolutionstheoretischen Denkens mag er geneigt haben – das Thema wurde in den Jahren bevor Darwins *Entste-*

hung der Arten erschien, allgemein diskutiert. Vermutlich stellte er sich den Fortschritt des menschlichen Geistes als allmählichen, ununterbrochenen Vorgang vor. Aber in den biologischen und geologischen Passagen von *In Memoriam* spiegelt sich die progressivistische Katastrophentheorie seiner Zeit wider und nicht die Evolutionstheorie Darwins, die vor der Tür stand.

Einem alten Klischee zufolge liest jede Generation die großen Werke der Literatur auf ihre eigene, charakteristische Weise, und ein wichtiges Zeichen der Größe ist der innere Reichtum, der so viele wechselnde Interpretationen möglich macht. Tennysons Zeitgenossen sahen in *In Memoriam* ein großes religiöses Gedicht, eine Irrfahrt, die zur Wiederentdeckung des Glaubens führt, nachdem zuvor aus einem sinnlosen, viel zu frühen Tod tiefe Trauer und Zweifel erwachsen waren. Der große liberale Theologe Charles Kingsley, ein guter Freund Huxleys und Autor der Bücher *Die Wasserkinder* und *Westward Ho*, schrieb über *In Memoriam* eine umfangreiche Rezension (*Fraser's Magazine*, September 1850). Darin bezeichnet er Tennyson als »bereitwilligen, entschlossenen Vertreter eines lebendigen Christentums«, und *In memoriam* nennt er »das edelste christliche Gedicht, welches England seit zwei Jahrhunderten hervorgebracht hat ... Es drückt einen rechten Glauben aus, der umso ehrlicher ist, weil er sich aus dem Abgrund des Zweifels herausgearbeitet hat.«

T. S. Eliot nimmt 1936 in einem berühmten Essay über *In Memoriam* fast genau den umgekehrten Standpunkt ein. Tennyson, so meint er, »hatte das feinste Ohr von allen englischen Dichtern seit Milton«. Eliot kennt die übliche viktorianische Lesart: »Offenbar haben Tennysons Zeitgenossen ... es als eine Botschaft der Hoffnung und Bekräftigung für ihren schwindenden christlichen Glauben angesehen.« Aber dann erhebt er Einwände, und den religiösen Charakter von *In Memoriam* begründet er aus einem entgegengesetzten, modernen Blickwinkel:

Man kann *In Memoriam*, glaube ich, wirklich mit Recht ein religiöses Gedicht nennen; aber man müsste ganz andere Gründe dafür anführen als die, die es seinen Zeitgenossen religiös erscheinen ließen. Es ist nicht religiös durch die Kraft seines Glaubens, sondern durch die Kraft seines Zweifels. Der Glaube darin ist armselig, aber der Zweifel ist eine ganz intensive Erfahrung ... Tennyson scheint mit *In Memoriam* den Abschluss seiner geistigen Entwicklung erreicht zu haben. Es folgte keine Versöhnung, keine Auflösung der Gegensätze.*

Ich selbst erlebte das Gedicht als völlig naiver Leser wieder auf eine ganz andere, durchaus nicht originelle Weise, die man vermutlich als Stereotyp meiner Generation betrachten wird. Ich erkenne darin kaum eine einheitliche intellektuelle oder philosophische Antwort auf die entscheidende Frage nach Hallams Tod und seinem Sinn. Das Gedicht ist voller Widersprüche und Nichtlösungen, beispielsweise wenn Tennyson sich immer wieder anders zum historischen Fortschritt stellt – zu Beginn des Gedichts lehnt er ihn als Trost ab, am Ende dagegen, wo er Hallam als Vorboten eines höheren Zustandes betrachtet, dient er ihm als zusätzliche Linderung der Trauer.

Stattdessen wirkt das Gedicht auf mich – und zwar mit einer Eindringlichkeit, die mich an manchen Stellen zu Tränen rührt – als großartiger, zutiefst wahrer Bericht über die Psychologie der Trauer. Jemand ist durch ein Ereignis, das man weder erklären noch akzeptieren kann, am Boden zerstört: Die Liebe seines Lebens ist mit 22 Jahren gestorben. Eigentlich kann man kaum etwas anderes tun, als zu warten, bis der langwierige Prozess der emotionalen Heilung, der nach meiner Vermutung tief in unserem Wesen angelegt ist, im Laufe der Jahre seine Wirkung entfalten kann. Wenn das gelingt und wenn man nicht für immer in Verzweiflung versinkt, kann man das Leben schließlich wiederherstellen. Zwar gibt es keine Antwort, aber man findet sich damit ab, weil es nicht anders geht, und lebt weiter. Für mich ist *In Memoriam* eine Irrfahrt zur Verarbeitung umfassender Trauer. Was mich dabei besonders beeindruckt: Tennyson komponierte die Verse wahllos im Laufe von 17 Jahren, und doch klingt die Abfolge von 131 Abschnitten als chronologischer Bericht über die Trauerarbeit so glaubwürdig. Wie konnte Tennyson sich auf so großartige Weise an die Reihenfolge erinnern und sie festhalten? Wie konnte er die aufgewühlten, schwankenden Stimmungen einfangen – die Wut, die Verzweif-

* Aus: T. S. Eliot, *Ausgewählte Essays 1917–1947*, Berlin und Frankfurt 1950.

lung, die Leere, die Suche nach Antworten, die Begeisterung über eine vorübergehende Lösung (»Klingt, wilde Glocken, in den wilden Himmel hinein«, Abschnitt 106), die erneute Bedrückung, das schließlich erreichte Annehmen ohne echte Antwort?

Vor allem aber bewundere ich, wie Tennyson mit der Beziehung zwischen Wissenschaft und menschlichen Werten umgeht – nach meiner Überzeugung gibt er die völlig richtige Antwort, und die ist in unserer Zeit (mindestens) ebenso wichtig. Der Erzähler von *In Memoriam* untersucht mehrere Quellen, aus denen er Antworten auf seine Frage nach dem Sinn beziehen könnte, und unter ihnen steht die Wissenschaft an herausragender Stelle. Er bietet mehrere Beschreibungen der Natur an, manche davon widersprüchlich – rot an Zähnen und Klauen, die Domäne des Todes für alle Lebewesen, ein Bereich des stetigen historischen Fortschritts. Und alle lehnt er als mögliche Lösung für seine ethischen und emotionalen Bestrebungen ab.

In einem nahe liegenden Sinn muss der Erzähler die Wissenschaft und jede andere Quelle objektiver Informationen zurückweisen – wie könnte äußeres Wissen jemals den urtümlichen Schmerz der persönlichen Trauer auslöschen? Aber Tennyson geht darüber hinaus und behauptet, Wissenschaft könne prinzipiell keine Antworten auf ethische Fragen nach dem Sinn des Lebens geben. Nicht als Kritiker aus einem anderen Berufsstand, sondern als Vorreiter der Wissenschaft preist Tennyson ihre Leistungen wie das weltweite Eisenbahnnetz, die Ernährung ganzer Völker und die Antwort auf empirische Rätsel des Universums – aber er weiß auch, dass Wissenschaft uns nicht sagen kann, warum ein Mensch so jung stirbt oder wie ein trauernder Geliebter mit seinem Leiden fertig werden soll.

An diesem einheitlichen Standpunkt, wissenschaftliches und ethisches Wissen zu trennen, hält Tennyson fest. Er behauptete (einem Bericht seines Sohnes zufolge, den er – eine weitere Fußnote zur Pikanterie dieser Geschichte – auf den Namen Hallam getauft hatte):

> Diesen Glauben beziehen wir nicht aus der Natur oder der Welt. Betrachten wir allein die Natur mit aller ihrer Vollkommenheit und Unvollkommenheit, so sagt sie uns, Gott sei Krankheit,

Mord und Plünderung. Wir beziehen diesen Glauben aus uns selbst, aus dem Höchsten, das in uns ist.

Die gleichen Empfindungen klingen auch in *In Memoriam* an. Schon ziemlich zu Beginn des Gedichtes, im Abschnitt 3, zieht Tennyson die Natur als Quelle ethischer Anweisungen (»mein inn'res Gutes«) in Betracht und lehnt sie ab:

Und soll ich etwas, das so blind,
Bejahen als mein inn'res Gutes
Oder wie einen niedren Makel meines Blutes
Zertreten auf der Schwelle des Verstands.

Später, im Abschnitt 120, verwirft er die Vorstellung, unser Wesen sei nichts anderes als unser materielles Ich: »Ich denk', wir sind nicht nur Gehirn / Magnetischer Ströme Possenspiel ...« In einem großartigen Reimpaar räumt Tennyson ein, Wissenschaft könne eine materielle Grundlage aufbauen, aber sie werde nichts über unsere ethischen Verstrickungen aussagen: Die Wissenschaft beweist, dass wir es sind? / War je der Mensch der Wissenschaften Kind?

Auch wenn man die Logik einer Frage richtig wiedergibt, hat man noch keine Gewähr für eine Antwort. Mit Tennysons Trennung zwischen wissenschaftlichen und ethischen Bestrebungen bin ich einverstanden; aber kaum jemand wäre heute mit der Antwort des Dichters zufrieden, insbesondere was die Linderung seiner Trauer über Hallams Tod angeht. Tennyson war nach seinen eigenen Aussagen und den Erinnerungen aller seiner Freunde besessen von der Vorstellung einer persönlichen Identität der Seele nach dem Tod. Huxley ließ nach einem langen Gespräch mit ihm einmal die Bemerkung fallen: »Die Unsterblichkeit war das einzige Dogma, dem Tennyson sich leidenschaftlich ergeben hatte.« Und der Dichter selbst meinte: »Der Kernpunkt des Christentums ist das Leben nach dem Tod.« Wenn *In Memoriam* also überhaupt zu einer moralischen Erkenntnis führt, dann feiert Tennyson darin seinen Weg von den religiösen Zweifeln zu der Zuversicht, dass er Hallam im Jenseits wieder sehen wird – eine zumindest für den heutigen Leser magere Lösung nach so vielen Kämpfen.

Mein eignes trübes Leben sollt mich lehrn,
Dass Leben lebt in Ewigkeit.
Sonst ist die Erde tiefste Dunkelheit
Und Staub und Asche das, was bleibt.

Darüber hinaus muss die Unsterblichkeit etwas Persönliches sein. Dass Hallams Seele in eine Gesamtheit des allgemeinen Guten eingeht, ist nicht genug: »Und ich werd ihn beim Wiedersehn erkennen / Und feiern werden wir beim Mahl / Und aneinander uns erfreun.«

Aber das besondere Wesen von Tennysons persönlicher Antwort spricht nicht gegen das allgemeine Prinzip, wonach Antworten auf Fragen nach einem ethischen Sinn nicht aus der Naturwissenschaft stammen können. Tennyson schätzte tatsächlich beide Quellen und wusste, dass ein »gutes Leben« – vielleicht eine abgedroschene Phrase, aber streben wir nicht alle danach? – ihre erfolgreiche Zusammenführung erfordert. Zwei Quellen – Huxleys Welt und Tennysons Welt. (Nebenbei bemerkt: Huxley vertrat die gleiche Ansicht über die unterschiedlichen, gleichermaßen notwendigen Beiträge von Wissenschaft und Ethik zu einem anständigen Leben – siehe seinen berühmten Essay *Evolution and Ethics*.) Tennyson bezeichnet die beiden Quellen als Wissen und Verehrung, die sich in Geist und Seele verkörpern. Und von ihrer Vereinigung spricht er in einer Metapher aus einem Bereich, zu dem »Harmonie« als Fachbegriff gehört:

Das Wissen möge weiter wachsen,
Doch auch die Ehrfurcht werde mehr,
Auf dass Verstand und Seele wie vorher
In Harmonie zusammenklingen.

6. *Süße und Licht*

»Süß ist die Lust nach dem Streit« – dieses Motto kennt wohl jeder, aber vermutlich wissen nur die wenigsten, woher es stammt. Die Zeile erinnert an eine Hymne auf Bacchus, die Soldaten anstimmten, um die Freude nach dem Kampf zu feiern:

> Bacchus, ewig schön und jung,
> führet an den Reihentrunk;
> Goldner Wein ist Bacchus' Gabe,
> Trinken ist des Kriegers Labe,
> Milde Gabe, süße Labe
> nach dem Streit.

Das *Alexanderfest* von John Dryden, die Quelle dieser Zeilen, erzählt von der Macht der Musik über die Gefühle. (Dryden schrieb das Gedicht als Ode an Cäcilia, die Schutzheilige der Musik. Mehrere Komponisten vertonten den Text für Chor und Orchester – die oben zitierte Version von Händel, die 1736 und damit 36 Jahre nach Drydens Tod entstand, ist bis heute ein Standardwerk der Oratorienliteratur.) Alexander der Große lauscht mit einer Frau im Arm und einem Glas von Bacchus in der Hand, wie Timotheus seine Leier spielt – und ergibt sich allen Gefühlen, die der große Musiker in ihm weckt:

Stolz folgt der Held des Liedes Flug,
sieht sich auf seinem Siegeszug,
besiegt aufs Neue jeden Feind,
schlägt dreifach, den er schlug.*

Dass alte Themen neu gespielt werden, erleben wir in unserem Leben und in der Kultur immer wieder. Wie könnte es auch anders sein – es gibt viele begabte Menschen, aber nur wenige gute Themen. Alfred North Whitehead meinte, die gesamte philosophische Tradition Europas bestehe aus »ein paar Fußnoten zu Platon« – und damit wollte er keineswegs seinen Kollegen (und damit unausgesprochen auch sich selbst) den Vorwurf der Dummheit oder des Plagiats machen, sondern er stellte nur fest, dass die wahrhaft großen Fragen nahe liegend und endlich sind, sodass sie von dem ersten Denker, dessen Schriften umfassend überliefert sind, bereits richtig umrissen wurden (wenn er sie auch vielleicht nicht beantwortete). Alexander wusste immerhin so ungefähr, was er tat – selbst wenn er betrunken sowie in seinen Gefühlen beeinflusst war und das älteste aller Spiele spielte: die Ausschmückung von Kriegsgeschichten.

Bessere Geschichten, die sich eher für eine Satire nach der Art Drydens eignen, erwachsen aus *unbewussten* Wiederentdeckungen – insbesondere wenn die Betroffenen von einer aufregenden neuen, persönlichen Erkenntnis betäubt sind und glauben, sie hätten eine alte Wahrheit zum ersten Mal ans Licht geholt. Ein hübsches Beispiel für dieses Phänomen tauchte kürzlich in den Leserbriefspalten der führenden britischen Wissenschaftszeitschrift *Nature* auf.

Am 16. Januar 1992 beklagte sich Zakaria Erzinclioglu vom Zoologischen Institut der Universität Cambridge in einer Zuschrift sehr lautstark über einen falschen, schädlichen Sprachgebrauch:

> Eine der absurdesten und häufigsten falschen Verwendungen von Wörtern in der Naturwissenschaft ist der Gebrauch des Begriffs »alt« für Arten, die vor Jahrmillionen gediehen ... In Wirklichkeit sind Lebewesen, die es vor langer Zeit gab, im Ver-

* Aus: John Dryden, *Das Alexander-Fest oder die Macht der Musik*, Kassel und Basel 1955.

> gleich zu den heutigen Organismen »jung« ... Die Tiere selbst sind in keiner Hinsicht alt. Sie starben vor langer Zeit aus, als die Erde noch jung war. Warum verwenden wir den Begriff immer noch auf diese Weise falsch?

Am 20. Februar erschien eine Erwiderung von Ralph Estling. (Britische Zeitschriften neigen dazu, solche verschrobenen Debatten trotz ihrer geringen Tragweite ewig fortzusetzen. Vielfach gilt diese Tradition als exzentrisch; ich finde sie liebenswert.)

> Aus unserem Blickwinkel, der im allgemeinen unser bevorzugtes Koordinatensystem darstellt, sind die Trilobiten oder Aristoteles beides; sie waren frühzeitig da (nämlich früher als wir) und jünger als wir, aber nach unserer üblichen Gewohnheit, von dem Standpunkt aus, den wir zurzeit gerade innehaben, in der Zeit rückwärts zu blicken, sind sie älter als wir.

Ich selbst habe keinerlei Einwände gegen Estlings pluralistische Beurteilung, und auch mit Erzinclioglus abschließender Aussage, die Wortwahl sei weder nebensächlich noch willkürlich, stimme ich überein: »Warum ist es von Bedeutung, ob wir das Leben früherer Zeiten als ›alt‹ bezeichnen oder nicht? Man könnte behaupten, es handele sich nur um eine Konvention, und es sei bloße Pedanterie, in dieser Frage Haarspalterei zu betreiben. Dieser Ansicht bin ich nicht. Wörter können dem Geiste raffinierte Streiche spielen, und jeder wissenschaftliche Begriff, der uns in unserem Denken auf die falsche Spur bringt, muss sicherlich durch einen geeigneteren ersetzt werden.«

Wenn ich mich in den Disput einmische, dann nicht um ein Urteil zu fällen, sondern um eine historische Aussage zu machen. Die Diskussion mag ein aktueller Hit sein, aber sie ist auch ein echter Oldie. Eigentlich haben die beiden Protagonisten nur einen der ältesten (oder jüngsten?) linguistischen Zankäpfel wieder entdeckt, ein klassisches Paradoxon unserer literarischen Tradition. Die maßgebliche Aussage machte Francis Bacon als lateinischen Sinnspruch in seinem 1605 erschienenen Werk *The Advancement of Learning: Antiquitas saeculi, juventus mundi* (etwa »die gute alte Zeit war die Jugend der Welt«). Später erweiterte er das Thema zum Aphorismus 84 seines *Novum Organum* (*Organon* ist der Sammeltitel für die Abhandlungen über Logik von Aristoteles. Mit seiner Behauptung, in einem *Neuen Organon* von vorn anzufangen, zeigte Bacon seine charakteristische Neigung zur Selbstdarstellung.)

> Das hohe Alter der Welt ... ist eine Eigenschaft unserer eigenen Zeiten und nicht das früherer Zeitalter, in welchen die Vorfahren lebten; und die, obgleich im Hinblick auf uns die ältere, im Hinblick auf die Welt die jüngere war.

Dieses Rätsel wurde im Großbritannien des 17. Jahrhunderts zu einem wichtigen Thema von Gedanken und Polemik – und zwar aus einem interessanten Grund, der mit dem Ursprung der modernen Naturwissenschaft zu tun hat. Fachleute bezeichneten das Problem als »Bacon-Paradox«. Robert K. Merton, unser führender Wissenschaftssoziologe, verfolgte Geschichte und Auswirkungen der Debatte in seinem ausgezeichneten Buch *On the Shoulders of Giants* zurück, das 1965 zum ersten Mal erschien und seither ständig nachgedruckt wird. Er gesteht Bacon die klassische Formulierung zu, findet aber frühere Hinweise und Teilaussagen von Giordano Bruno bis zurück zum Buch II. Esdras aus den Apokryphen der lateinischen Bibel Vulgata. Außerdem belegt Merton eine Geschichte der späteren Wiederentdeckungen, die jedes Mal für sich die Erstentdeckung in Anspruch nahmen – eine fortlaufende Geschichte, der *Nature* wieder einmal ein neues Kapitel hinzugefügt hat. Jeremy Bentham beispielsweise hinterließ unter seinen unvollendeten Schriften (die 1824 posthum veröffentlicht wurden) folgenden Aphorismus: »Was ist die Weisheit der Zeiten, die man alt nennt? Ist es die Weisheit grauer Haare? Nein. – Es ist die Weisheit der Wiege.«

Ich kann als Begleitung für meinen Beweis, wie alt diese Frage ist, keine Antwort anbieten. Die Streithähne des 17. Jahrhunderts hatten Recht; Bacons Beobachtung ist ein echtes Paradoxon – eine sich scheinbar widersprechende oder absurde Aussage, die dennoch wahr ist. Aus zwei gleichermaßen angemessenen, gerechtfertigten Blickwinkeln erhalten wir zwei unterschiedliche Antworten. Trilobiten sind sowohl jung (vom Ursprung des vielzelligen Lebens aus gesehen) und alt (wenn man von heute aus zurückblickt). Beide Sichtweisen sind »richtig« – und sie widersprechen sich. Wie bei allen klassischen Paradoxa, die uns fesseln und frustrieren, so zucken wir bei Bacons Aussage zurück und schwelgen gleichzeitig darin, weil sie eine der unentrinnbaren Zweideutigkeiten in unseren komplizierten Leben verkörpert. Nur eine Woche nachdem Estling auf Erzinclioglu geantwortet hatte, hätte Rossini sowohl seinen 200. als auch seinen 48. Geburtstag feiern können – am 29. Februar 1992 (ja, es war der 48. und nicht der 50.; 1800 und 1900 waren nach unserem gregorianischen Kalender keine Schaltjahre). Der junge Pirat Frederick, der Opfer der gleichen Zweideutigkeit wurde (und erst an seinem 21. Geburtstag, den er mit 88 Jahren erleben würde, auf eine feste Bindung hoffen konnte – nicht mit 84, weil 1900 kein Schaltjahr war), traf den Kern des Dilemmas in den Worten von W. S. Gilbert: »Welch' seltsam Paradox hab ich erkannt / Hohn spricht's dem menschlichen Verstand!«

Warum machen wir uns darüber also überhaupt Gedanken? Sind meine Korrekturen und Kommentare mehr als unnütze Pedanterie und antiquierte Rechthaberei? Tatsächlich könnten wir die ganze Geschichte so einschätzen, wenn Bacons Paradoxon nicht eine zentrale Episode der Wissenschaftsgeschichte verdeutlichen und unsere Aufmerksamkeit auch heute auf eine so wichtige Frage lenken würde. Warum machte R. K. Merton sich die Mühe, Bacons Paradoxon genauer zu untersuchen, und was bedeuten die »Schultern von Riesen« in seinem Titel überhaupt? Mertons Buch ist eine köstlich exzentrische historische Suche – bis zurück ins Jahr 1126 und zu Bernard von Chartres – nach dem Ursprung eines Zitats, das meist Isaac Newton zugeschrieben wird (weil er es in einem Brief an Robert Hooke verwendete): »Wenn ich weiter geblickt habe, dann weil ich auf den Schultern von Riesen stand.« Wie Merton nachweist, erhob Newton nicht den Anspruch, der Urheber dieser Formulierung zu sein; er wiederholte nur einen Satz, der so zum Allgemeingut geworden war, dass er keine Anführungszeichen brauchte. Merton verfolgte über das rein intellektuelle Vergnügen hinaus, auf der Suche nach einer Formulierung die Jahrhunderte Revue passieren zu lassen, zwei größere Ziele. Erstens hatte er einen nicht unerheblichen Teil seiner Berufslaufbahn darauf verwendet, das Phänomen der mehrfachen wissenschaftlichen Entdeckungen zu untersuchen. Unsere Mythen preisen das einsame Genie, aber in Wirklichkeit tauchen die meisten großen Neuentwicklungen mehrere Male auf, und das häufig so gut wie gleichzeitig (die Infinitesimalrechnung bei Newton und Leibniz, die natürliche Selektion bei Darwin und Wallace). Wie könnte man den gesellschaftlichen Zusammenhang des Wissens besser deutlich machen als mit dem Nachweis, dass manche Gedanken einfach »in der Luft lagen« und von mehreren klugen Menschen zur gleichen Zeit dingfest gemacht wurden? Und welcher Nachweis wäre liebenswürdiger als der eines bekannten Zitats, das angeblich auf ein einsames Genie zurückgeht, in Wirklichkeit aber seit einem Jahrtausend allgemein in Gebrauch war?

Zweitens ist Merton ein Fachmann für jene höchst faszinierende Phase im 17. Jahrhundert, als der Begriff des Fortschritts, angeregt durch die Anfänge der modernen Naturwissenschaft, zum ersten Mal zu einem beherrschenden Motiv und zu einer Triebkraft der abendländischen Kultur wurde. Zwerge auf den Schultern von Riesen – das war vielleicht schon seit Jahrhunderten eine wenig genutzte Metapher für Bescheidenheit (oder falsche Bescheidenheit), aber Newton und seine Kollegen verschafften dem Bild im 17. Jahrhundert ein neues Ansehen und größere Bekanntheit, zeigt es doch beispielhaft, welchen Zwiespalt jeder Intellektuelle in einer Welt empfinden muss, die für sich selbst ständigen Fortschritt in Anspruch nimmt: Wie können wir der Vergangenheit die rechte Ehre erweisen und gleichzeitig an unserer eigenen Überlegenheit festhalten? Die Zwerge auf den Schultern von Riesen sind für diesen Zweck nahezu das ideale Bild: Wir können unsere Vorfahren als geistig überlegen bezeichnen und gleichzeitig behaupten, wir stünden selbst heute eine Ebene höher.

Bacons Paradoxon enthält natürlich noch eine weitere Facette des gleichen Bildes – und diese Formulierung behandelt Merton als Ableger des Themas von Zwergen und Riesen. Bacons Metapher ist in mancher Hinsicht sogar noch treffender, insbesondere wenn man die Rechte der (heutigen) Zwerge gegenüber der angeblichen Weisheit der (früheren) Riesen verteidigen will. Wären diese Riesen nur kleine Kinder in der Jugend der Welt, besäßen sie vielleicht nicht eine so überragende Intelligenz – und vielleicht sind wir heutigen Menschen mit unseren grauen Bärten im hohen Alter der Erde die wirklichen Bewahrer der gesammelten Weisheit.

Als Naturwissenschaftler empfinde ich den Widerstreit und die Bedeutung dieser doppelten Metapher (Zwerge und Riesen, und alte Zeiten als Jugend der Erde), denn ihre eindringliche Bildlichkeit ist ein Produkt der Welt, zu deren Schaffung mein Berufsstand beigetragen hat. Die Debatte über den Wertvergleich zwischen Vergangenheit und Gegenwart wurde in unserem Denken erst dann zur beherrschenden Kraft, als Geschichtsbewusstsein und der Fortschrittsbegriff sich zu zentralen Themen der abendländischen Tradition entwickelten – und diese entscheidenden Ideen setzten sich im 17. Jahrhundert, als die Anfänge der modernen Naturwissenschaft und Wirtschaft zu Visionen einer stetigen, unausweichlichen Verbesserung führten, zum ersten Mal mit Nachdruck durch. Warum soll man sich darüber Gedanken machen, ob die Vergangenheit alt oder jung ist, wenn die Zeit in den sich wiederholenden Zyklen des platonischen Jahres abläuft und weder Fortschritt noch Niedergang beinhaltet? Nur in der Welt, die von der Naturwissenschaft aufgebaut wurde, hatte Bacons Paradoxon einen Sinn.

Alle diese Themen lagen im 17. Jahrhundert in der Luft, und schließlich flossen sie in einer Diskussion zusammen, die damals große Leidenschaften weckte und heute in nur geringfügig veränderter Form ebenfalls die wissenschaftliche Welt beherrscht: in dem »Krieg der Bücher«, das heißt in der Frage nach dem Vergleich des Wertes alter und moderner Gelehrsamkeit und Literatur. (Im 17. Jahrhundert spielte man Aristoteles und Descartes gegeneinander aus; die heutigen Pole sind der Kanon »großer Bücher« von verstorbenen, weißen, männlichen Europäern und eine vielfältigere zeitgenössische Literatur.) Überlegen wir einmal, vor welchem Hintergrund sich der Kampf im 17. Jahrhundert ursprünglich abspielte: Grundlage der Gelehrsamkeit waren das Lateinische und Griechische; das Wissen aus dem alten Griechenland und Rom setzte den unübertrefflichen Maßstab für alles, was danach jemals entstehen sollte (nicht zu vergessen: Die Renaissance – das Wort bedeutet »Wiedergeburt« – erhielt ihren Namen, weil sie den Glanz der klassischen Kultur nicht übertreffen, sondern nur wieder entdecken wollte).

In dem ursprünglichen »Krieg der Bücher« stand also ein Kanon griechischer und römischer Klassiker dem Bestreben der Reformer gegenüber, den zeitgenössischen Werken von Literatur, Philosophie und Wissenschaft einen gleichberechtigten (oder höheren) Rang zu verschaffen. Bacon selbst unterstützte die Anhänger der Moderne und setzte sein Paradoxon mit guter Wirkung ein: Er zog den nahe liegenden Vergleich zwischen dem Ablauf der Zeit und der Anhäufung von Wissen während der Alterung des Menschengeschlechts:

> Und wahrhaftig, wenn wir beim älteren Manne nach größrem Wissen über die Dinge der Menschen und reiferen Urteilen suchen als beim jüngeren ... so können wir auf die gleiche Weise auch in unserem Zeitalter ... mit Fug und Recht weit mehr erwarten als von den alten Zeiten, da sie nämlich ein fortgeschritteneres Alter der Welt darstellt.

Als Gegenpol wollen wir uns jetzt einmal die berühmteste Verteidigung ansehen, die von der anderen Seite jemals vorgebracht wurde: das Plädoyer für die Antike in Jonathan Swifts 1704 erschienener, berühmter Satire »Ein vollständiger und wahrer Bericht über den Krieg, der letzten Freitag zwischen alten und modernen Büchern in der St. James's Library ausgefochten wurde«, meist kurz »Krieg der Bücher« genannt. Alles hätte ganz friedlich bleiben können, wenn die beiden Parteien ein Abkommen getroffen hätten und jeweils in ihrem eigenen Bereich geblieben wären. Aber der Bibliothekar nahm in den Regalen eine wilde Mischung vor und machte damit die Auseinandersetzung unvermeidlich. (Wie in fast allen Werken Swifts beziehen sich die satirischen Anspielungen gezielt auf Zeitgenössisches und nicht auf Naheliegendes, Allgemeines. Hier äußert er sich zum Versuch eines Kollegen, die Äsop zugeschriebenen Fabeln als moderne Äußerungen zu etikettieren, was eine Umplatzierung des Klassikers auf die andere Seite gerechtfertigt hätte): »Beim Umordnen der Bücher neigte er zu Fehlern, und so gesellte er Descartes zu Aristoteles; der arme Platon musste neben Hobbes stehen ... Und Vergil wurde neben Dryden gepfercht.« (Man beachte, wie der Gegenstand meiner Anfangszeile, Swifts ungeliebter Kollege, hier zum Hauptsymbol des Modernismus wird!)

Zu Beginn der Erzählung vertreten beide Seiten mit Hilfe von Bacons Paradoxon ihre Argumente (in einer Randbemerkung, die Swift an dieser Stelle einschiebt, stellt er Bacons Argumentation mit der Formulierung »entsprechend dem modernen Paradoxon« ausdrücklich in den Zusammenhang der Debatte um antike und moderne Gelehrsamkeit):

> Die Auseinandersetzung nahm an Schärfe zu, hitzige Worte gingen hin und her, und es entstand jede Menge böses Blut. Nun bot ein einsamer, auf einem ganzen Brett voller Moderner eingezwängter Antiker an, den Fall fair zu erörtern und mit offenkundigen Gründen zu beweisen, dass ihnen die Priorität des langjährigen Besitzes gebührte … Aber diese [die Modernen] leugneten die Voraussetzung und wunderten sich offensichtlich sehr, dass die Antiken so auf ihrem hohen Alter zu beharren vorgaben, wo es doch so klar war (auch wenn sie es nicht glaubten), dass die Modernen die älteren von beiden waren.

Im größten Teil seines Textes beschreibt Swift den eigentlichen Kampf, und dabei macht er aus seiner Sympathie für die Antiken kaum einen Hehl – beispielsweise in dem folgenden Absatz, in dem Aristoteles den Erfinder des »modernen Paradoxons« verfehlt und stattdessen Descartes umbringt (weil der größte französische Moderne im Wirbel seiner eigenen Theorie untergeht):

> Dann hob Aristoteles, der Bacon mit wütender Miene näher kommen sah, seinen Bogen bis zum Kopf und ließ den Pfeil fliegen; aber dieser verfehlte den heldenhaften Modernen und zischte über sein Haupt hinweg. Dafür traf er Descartes: Die stählerne Spitze fand schnell eine Lücke in einem Kopfschutz; sie durchdrang Leder und Karton, und fuhr ihm ins rechte Auge. Der entsetzliche Schmerz ließ den tapferen Bogenschützen herumfahren, bis der Tod ihn wie einen Stern des überlegenen Einflusses in seinen eigenen Wirbel riss.

Aber als Einleitung zum eigentlichen Kampf hebt Swift erst einmal verbal den Vorhang, und zwar auf drei großartigen Seiten, die eine der besten und umfangreichsten Metaphern der abendländischen Literatur enthalten: die Debatte zwischen der Spinne (die die Modernen darstellt) und der Biene (die den Antiken entspricht). In der Bibliothek lebt eine Spinne »auf der obersten Ecke eines großen Fensters«. Sie ist dick und zufrieden, »bis zu hervorragender Größe aufgedunsen durch die Vernichtung ungezählter Fliegen, deren Reste verstreut vor den Toren seines Palastes lagen wie Menschenknochen vor der Höhle eines Riesen«. (Swift nennt die Spinne »er«. Nach meiner Vermutung wusste der Schriftsteller nicht, dass die Männchen der meisten Radnetzspinnen klein sind und keine Netze weben – sein Protagonist ist zweifellos weiblich. Und da fällt mir ein: Auch die fleißige Biene ist in seinem Text männlich.)

Swift lässt keinen Zweifel, was er mit dem Vergleich bezweckt: Die Spinne, die mit Hilfe ihrer eigenen Innereien ein mathematisch so raffiniertes Netz baut (und sich keiner Schützenhilfe von außen bedient), ist eine naturwissenschaftlich orientierte Moderne:

> Die Straßen zu seinem Schloss waren von Schlagbäumen und Palisaden überwacht, alles nach der *modernen* Art der Befestigung [Kursivierung von Swift]. Nachdem man mehrere Vorhöfe passiert hatte, gelangte man in das Zentrum, wo man den Wächter selbst in seiner Behausung erblickte; diese hatte Fenster zu sämtlichen Straßen, und Tore, durch die er bei allen Gelegenheiten von Angriff oder Verteidigung einen Ausfall machen konnte. In diesem Haus wohnte er schon seit einiger Zeit in Frieden und Überfluss.

Dann fliegt eine Biene durch ein zerbrochenes Fenster und »lässt sich auf einer der äußeren Mauern der Spinnenburg nieder«. Das Gewicht zerstört das Spinnennetz, und die Zuckungen lassen die Spinne aufwachen. Sie läuft nach draußen in der Furcht, »dass der Beelzebub mit seinen Truppen gekommen war, um den Tod der vielen tausend Opfer zu rächen, die der Feind hingeschlachtet und verzehrt hatte«. (Eine hübsche Anspielung. »Beelzebub« bedeutet wörtlich »Herr der Fliegen«.) Stattdessen findet er nur die Biene und flucht auf eine Weise, die man seither immer als »Swiftisch«bezeichnet hat: »Eine Pest bist du ... dreckiger Hurensohn ... kannst du nicht aufpassen, verdammt noch mal? Glaubst du, ich hätte in drei Teufels Namen nichts anderes zu tun, als hinter dir Arschloch aufzuräumen und alles zu reparieren?«

Nachdem die Spinne sich beruhigt hat, übernimmt sie die geistige Rolle als Moderner und greift die Biene mit ihrem entscheidenden Argument an: Ihr Vertreter der Antike seid nur bemitleidenswerte, langweilige Drohnen, die selbst nichts erschaffen können, sondern sich nur bei den alten Erkenntnissen anderer bedienen (bei den Blumen auf der Wiese, unter denen nicht nur Gegenstände anerkannter Schönheit sind, sondern auch Brennnesseln). Wir Modernen bauen aus dem Inneren unseres eigenen Genies und unserer Entdeckungen heraus ein neues Denkgebäude:

> Was bist du, wenn nicht ein Vagabund ohne Haus und Hof, ohne Abkunft und Erbe? Geboren bist du ohne eigenen Besitz, außer einem Paar Flügel und einer Summpfeife. Dein Leben ist ein Ausplündern der Natur, eine Freibeuterei in Feldern und Gärten, und um des Stehlens willen suchst du die Nessel ebenso heim wie das Veilchen. Dagegen bin ich ein häusliches Tier, ausgestattet mit Abkunft in mir selbst. Dieses große Schloss (das mein Fortschreiten in der Mathematik beweist) habe ich mit eigenen Händen gebaut, und das Material entstammt meiner eigenen Person.

Darauf antwortet die Biene im Namen aller Anhänger der antiken Gelehrsamkeit: Ich entleihe zwar, richte aber dabei keinen Schaden an, und was ich entleihe, verwandle ich in neue Gegenstände von großer Schönheit und Nützlichkeit – in Honig und Wachs. Du aber behauptest zwar, du bautest nur mit Material aus deinem eigenen Inneren, aber du musst Heerscharen von Fliegen töten, um dir den Rohstoff zu beschaffen. Außerdem ist dein viel gepriesenes Netz schwach, vergänglich und flüchtig, welch mathematische Schönheit es angeblich auch haben mag (die Essenz des antiken Wissens dagegen überdauert alle Zeiten). Und schließlich: Wie kannst du Ruhm für das Produkt deiner eigenen Spinnerei beanspruchen, ist das Material doch Gift aus deiner eigenen Galle und seine Wirkung daher die Zerstörung?

Ich besuche in der Tat alle Blumen und Blüten der Äcker und Gärten, aber was ich dort einsammle, bereichert mich, ohne ihrer Schönheit, ihrem Duft oder Geschmack den geringsten Schaden zuzufügen ...
Du hingegen prahlst damit, du seist keinem anderen Geschöpf verpflichtet, sondern schöpftest und spinnest nur aus dir selbst heraus; das heißt, wenn wir über die Flüssigkeit in dem Gefäß nach jenem urteilen sollen, was herausfließt, beherbergst du in deiner Brust einen üppigen Vorrat an Schmutz und Gift; und obgleich ich einen echten Vorrat an beidem keineswegs verringern oder verächtlich machen will, so habe ich doch Zweifel, ob du nicht zur Vermehrung von beiden auf ein klein wenig fremde Hilfe angewiesen bist ... kurz gesagt, läuft es auf die Frage hinaus, welches das edelere der beiden Wesen ist: jenes, das durch faules Betrachten seines Umkreises von vier Zoll, mit überheblichem Stolz, welcher sich selbst nährt und stärkt, alles in Ausscheidung und Gift verwandelt und letztlich nichts hervorbringt außer Fliegentod und Spinnweben; oder aber dasjenige, welches mit allgemeiner Verbreitung, mit langem Suchen, viel Mühe, wahrem Urteilsvermögen und Erkennen der Dinge schließlich Honig und Wachs nach Hause bringt.

In den fast 300 folgenden Jahren der Literaturgeschichte hat niemand diese Themen besser dargelegt. Die meisten nachdenklichen Menschen siedeln sich irgendwo zwischen Biene und Spinne an, aber die Extremisten beider Seiten bedienen sich bis heute der gleichen Argumente. Die modernen Anhänger der Spinne behaupten, die »großen Bücher« der traditionellen Gelehrsamkeit (zu denen mittlerweile auch früher moderne Autoren wie Swift mit *Gullivers Reisen* gehören) seien heute sowohl unlesbar als auch für die Studenten bedeutungslos, und deshalb könne man sie ohne weiteres zu Gunsten der Beschäftigung mit moderner Literatur und Wissenschaft fallen lassen (oder mit ihnen in Form weniger Auszüge eine Alibiarbeit betreiben). Im schlimmsten Fall werden die alten Hauptwerke regelrecht verächtlich gemacht – als Sammlungen von Vorurteilen, geschrieben von jener voreingenommenen Menschengruppe, die man heute als männliche Weiße bezeichnet.

Die modernen Parteigänger der Biene können darauf würdige

Plattitüden über die Beibehaltung von Maßstäben abgeben und behaupten, man müsse an einem Literaturkanon festhalten, der so viele Zeiten und Umwälzungen überdauert und damit seinen universellen Wert unter Beweis gestellt habe. Aber diese stichhaltigen Argumente sind häufig von Blindheit oder sogar Ablehnung der wissenschaftlichen und politischen Verwicklungen begleitet, die sich durch unser tägliches Leben ziehen und die jeder gebildete Mensch verstehen muss, wenn er seinen Beruf wirksam und nachdenklich ausüben will. Außerdem wird die Verteidigung der »großen Bücher« nur allzu oft zu einem Vorwand für konservative Politik und die Aufrechterhaltung alter Privilegien (insbesondere bei Leuten wie mir, den weißen Professoren über 50, die nicht eingestehen mögen, dass auch andersartige Menschen etwas Wichtiges, Schönes oder Dauerhaftes zu sagen haben).

Wie können wir diese alte Debatte aus der Jugend der Zeit beilegen? In einem gewissen Sinn ist das nicht möglich, zumindest nicht mit einem klaren Sieg – beide Seiten haben stichhaltige Argumente, genau wie in Bacons Paradoxon, das früher beispielhaft für die Meinungsverschiedenheiten war. Aber eine offensichtliche Lösung liegt für uns alle auf der Hand, sobald wir die Beschränktheit und Engstirnigkeit überwinden können, die jeden Parteigänger zur Verstärkung seiner Barrikaden treibt. Die Antwort kennen wir seit Aristoteles unter dem Namen »goldener Mittelweg«. Sie gibt sich zu erkennen, sobald die leise, schüchterne Stimme der Vernunft die widerstreitenden Parteien versöhnt, indem sie Aufmerksamkeit für die begründeten Aussagen beider Seiten erzwingt. Sie verkörpert sich in einem berühmten Ausspruch von Edmund Burke (1729–1797), der in dem Kampf ursprünglich auf der Seite der Modernen stand, heute aber unter den männlichen Weißen ein Erzkonservativer ist: »Jeder Herrschaft – ja sogar jeder Nutzen und Genuss für die Menschen, jede Tugend und jede kluge Handlung –gründet sich auf Kompromiss und Tauschhandel.« Wir müssen die Biene mit der Spinne kreuzen – und dann auf gute darwinistische Art durch strenge Züchtung (Erziehung) auf die besten Merkmale beider Eltern selektionieren. Die Spinne hat sicher Recht, wenn sie die technische Schönheit ihres Netzes preist und betont, es sei für alle heutigen Menschen unbedingt notwendig, sowohl die Mechanik als auch die Ästhetik seines Aufbaus zu verstehen. Aber auch der Biene kann man es nicht zum Vorwurf machen, wenn sie darauf beharrt, ein weites Feld der konzentrierten Weisheit warte nur darauf, dass wir es auf völlig gutartige Weise zum Vergnügen und zur Aufklärung ausbeuten – und wir seien völlige Dummköpfe, wenn wir einen so reichen Schatz einfach links liegen ließen.

Ich kann die begründeten Argumente beider Seiten darlegen, aber da ich in der Welt der Naturwissenschaft zu Hause bin und ihre Engstirnigkeit unmittelbar und alltäglich erlebe, fühle ich mich eher veranlasst, den Standpunkt der Biene zu vertreten. Das alte Wissen mag einseitig sein, aber was Jahrhunderte oder Jahrtausende überdauert (und zwar zumindest teilweise nicht durch erzwungene Bemühungen, sondern durch freiwilliges Vergnügen), muss etwas Wertvolles enthalten. Niemand weiß Vielfalt mehr zu schätzen als ein Evolutionsforscher wie ich; wir lieben jede dieser Millionen Käferarten, jede Abweichung in der Zahl der Schuppen, jeden einzelnen Farbton der Federn. Aber ohne gemeinsame Grundlage können wir uns nicht unterhalten. Und wenn wir nicht miteinander reden können, können wir weder feilschen noch Kompromisse schließen oder verstehen. Ich bin traurig, dass ich in Seminaren nicht mehr die bekanntesten Zeilen aus Shakespeare oder der Bibel zitieren kann in der Hoffnung, dass die Mehrheit sie versteht. Es macht mir Sorgen, wenn heute die Rockmusik der letzten zehn Jahre die wichtigste Universalsprache einer gemeinsamen Kultur ist – nicht weil ich das Genre als solches für wertlos hielte, sondern weil ich weiß, dass diese Sprache sich schon bald wieder ändern wird und dass deshalb neue Verständnisschranken zwischen den Generationen aufgerichtet werden. Ich befürchte, dass Menschen mit unzureichenden Kenntnissen über die Geschichte und Literatur ihrer Kultur schließlich völlig selbstversunken sein werden wie das aufschlussreichste Symbol der Science Fiction: der glückliche Dummkopf, der in der eindimensionalen Welt des Punktlandes lebt und glaubt, er wisse alles, weil er selbst sein ganzes Universum ist. So betrachtet, übt die Biene zu Recht Kritik an der Spinne – ein vergängliches Gewebe mit einem »Umkreis von vier Zoll« ist ein armseliger Ausschnitt aus unserer großen, schönen Welt. Mit einem Studenten, der nichts über multivariate Statistik und die Logik der natürlichen Selektion weiß, kann ich nicht viel anfangen; ich kann aus einem Menschen, der nie etwas anderes liest als die Fachzeitschriften seiner eigenen Disziplin, keinen guten Wissenschaftler machen – wohl aber einen funktionierenden Technokraten. Das letzte Wort möchte ich Swift überlassen. Als Biene und Spinne mit ihrer Diskussion zu Ende sind, tritt Äsop auf und lobt beide Seiten – sie hätten »ihren Disput auf bewundernswerte Weise geführt, das ganze Gewicht dessen, was auf beiden Seiten zu sagen sei, in die Waagschale geworfen und den Inhalt aller Argumente pro und contra erschöpft«. Dann aber schlägt er sich, wie es seiner Stellung entspricht, auf die Seite der Biene. Wer die gesammelte Weisheit anderer nicht zur Kenntnis nimmt, geht in seinem eigenen dünnen Netz zu Grunde:

> Errichtet eure Gebäude mit so viel Methode und Geschicklichkeit, wie es euch beliebt; wenn aber das Material nichts anderes ist als Schmutz, welchen ihr aus euren eigenen Eingeweiden spinnt (den Gedärmen des modernen Gehirns), wird das Bauwerk als Spinnweben enden: Seine Dauer wird so sein, dass es wie die Netze anderer Spinnen vergessen, übersehen oder in einer Ecke verborgen wird.

Äsop preist am Ende die Biene und erfindet ein Sprichwort, das zu den schönsten Formulierungen der englischen Sprache gehört. Wussten Sie, dass der Ausspruch »Süße und Licht« – der eigentlich »Honig und Wachs« bedeutet – in unseren Sprichwortschatz als Höhepunkt der Verteidigung eingegangen ist, die Swift durch Äsops Mund für den riesigen Bienenstock unserer geistigen Traditionen vorbringt?

> Was uns angeht, die Antiken, so sind wir es wie die Biene zufrieden, nichts außer unseren Flügeln und unserer Stimme als unser eigenes auszugeben; alles andere, was wir besitzen mögen, war das Produkt unendlicher Mühen, der Suche und des Herumstreifens in allen Winkeln der Natur: Der Unterschied besteht darin, dass wir uns entschlossen haben, unseren Bienenstock nicht mit Schmutz und Gift zu füllen, sondern mit Honig und Wachs, sodass wir das Menschengeschlecht mit den beiden edelsten Dingen ausstatten: mit Süße und Licht.

Teil III

Entstehen, Stabilität und Aussterben

Entstehen

7. Im Auge des Betrachters

Mehrere alte Sprichwörter besagen, kein ästhetisches Prinzip könne zur Zufriedenheit aller festlegen, was hübsch und was hässlich ist. »Schönheit«, so sagt man uns, »liegt im Auge des Betrachters«; über Geschmack kann man nicht streiten – diese Beobachtung ist so alt, dass sie ursprünglich auf Latein formuliert wurde (*de gustibus non est disputandum*), und so allgemein gültig, dass sich auch unsere heutige Volkskultur einer modernen Version rühmen kann (jedem Töpfchen sein Deckelchen).

Naturwissenschaft dagegen ist angeblich etwas Objektives, mit allgemein anerkannten Verfahrensregeln und Beweismaßstäben, die alle gutwilligen Menschen veranlassen sollten, eine nachgewiesene Schlussfolgerung anzuerkennen. Ich will natürlich nicht abstreiten, dass in dieser Hinsicht zwischen Ästhetik und Wissenschaft ein echter Unterschied besteht: Wir haben wirklich entdeckt – und zwar nicht als Vorliebe unserer Psyche, sondern als Tatsache der Außenwelt –, dass die Erde sich um die Sonne dreht und dass die Evolution stattfindet; dagegen werden wir uns nie darüber einig werden, ob Bach oder Brahms der größere Komponist war (und wer sich beruflich mit Ästhetik befasst, würde eine derart törichte Frage überhaupt nicht stellen).

Ebenso weise ich aber die Behauptung zurück, persönliche Vorlieben, in denen ästhetische Urteile wurzeln, würden in der Wissenschaft keine entscheidende Rolle spielen. Zwar stimmt es, dass die Welt unseren Hoffnungen gleichgültig gegenübersteht – und Feuer brennt, ob es uns lieb ist oder nicht. Aber die Wege, auf denen wir etwas über die Welt in Erfahrung bringen, werden stark durch die gesellschaftlichen Voraussetzungen und voreingenommenen Denkweisen beeinflusst, die jeder Wissenschaftler auf jede Fragestellung anwenden muss. Die Klischeevorstellung von einer ausschließlich vernünftigen, objektiven »naturwissenschaftlichen Methode«, bei der die einzelnen Wissenschaftler logisch funktionierende (und austauschbare) Roboter sind, ist ein schön gefärbter Mythos.

Wissenschaftshistoriker und Wissenschaftsphilosophen unterscheiden häufig zwischen der logischen und der psychologischen Komponente einer wissenschaftlichen Erkenntnis – oder, in der Fachsprache, zwischen dem »Kontext der Begründung« und dem »Kontext der Entdeckung«. Nachdem eine Erkenntnis unverrückbar feststeht, kann man einen logischen Gedankengang von den eigentlichen Befunden über die Prinzipien des vernünftigen Überlegens bis zu Ergebnissen und neuen Theorien nachvollziehen – den Kontext der Begründung. Aber wenn Wissenschaftler ihre Entdeckungen machen, schlagen sie nur in seltenen Fällen diesen optimalen Weg der nachfolgenden logischen Rekonstruktion ein. Stattdessen gelangen sie aus den dümmsten Gründen zu ihren Schlussfolgerungen: mit Intuition, Raten, Richtungswechseln nach vergeblichen Bemühungen, und das alles natürlich in Verbindung mit einem guten Schuss strenger Beobachtung und logischer Schlussfolgerung – dem Kontext der Entdeckung.

Diese ungeordnete, persönliche Seite ihrer Tätigkeit sollten die Wissenschaftler nicht verächtlich machen oder vertuschen, und zwar aus zwei wichtigen Gründen. Erstens sollten sie ihr menschliches Antlitz stolz zur Schau tragen, um so ihre Verbundenheit mit allen anderen Arten des kreativen Denkens zu verdeutlichen. (Der Mythos einer besonderen Denkweise, die sich auf strenge Objektivität und abgelegene, vorwiegend mathematische Kenntnisse stützt, sodass sie nur Eingeweihten zugänglich ist, mag einen gewissen vordergründigen Nutzen haben, weil wir damit die Öffentlichkeit hinters Licht führen und uns als neue Priesterkaste darstellen können, aber letztlich muss sie Schaden anrichten: Sie richtet Schranken für das echte, wohlwollende Verständnis auf und überzeugt viele Studenten völlig zu Unrecht davon, Naturwissenschaft liege außerhalb ihrer Fähigkeiten.) Und zweitens verhindern Vorurteile und Vorlieben zwar häufig das Verstehen, aber diese geistige Individualität kann auch ein höchst wirksamer – allerdings verschrobener und sehr persönlicher – Wegweiser zu Lösungen sein. C. S. Peirce (1839–1914), der größte amerikanische Wissenschaftsphilosoph, prägte sogar einen neuen Begriff für die fantasievolle Denkweise, die solche geistigen Sprünge möglich macht: Er nannte sie *abduction*, »Entführung« (von einem Ort zum anderen), im Gegensatz zu den eher ortsfesten, klassischen Methoden der Deduktion (logischen Ableitung) und Induktion (Verallgemeinerung auf Grund einer Reihe von Einzelfällen – alles abgeleitet von dem lateinischen *ducere*, »leiten«).

Dieses allgemeine Thema sprang (oder schlich sich) in meine Gedanken, als ich über die drei spannendsten paläontologischen Neuigkeiten des Jahres 1993 nachdachte. Insbesondere fiel mir in allen drei Fällen eine Unstimmigkeit zwischen der Presseberichterstattung und meiner persönlichen Reaktion auf die Meldungen auf. Alle drei wurden als besondere Überraschung dargestellt (sonst hätte man sie überhaupt nicht als »spannende« Themen eingestuft), mir selbst dagegen erschienen die Nachrichten zwar äußerst interessant, aber sie kamen keineswegs unerwartet. Deshalb fragte ich mich sofort, warum diese (in meinen Augen) völlig vernünftigen Informationen anderen so ungewöhnlich vorkamen.

Nun könnte man natürlich behaupten, in meiner mangelnden Überraschung spiegele sich nur das berufliche Wissen aller aktiven Paläontologen wider – der Unterschied liege demnach in der Wahrnehmung von Öffentlichkeit und Fachleuten (was den Mythos einer besonderen, erleuchteten Wissenschaftler-Priesterkaste verstärken würde). Aber viele, ja vielleicht sogar die meisten meiner Berufskollegen waren ebenfalls überrascht – die Gründe für meine Erwartungshaltung müssen also anderswo zu suchen sein.

Als Nächstes erkannte ich einen abstrakten Zusammenhang zwischen den drei Nachrichten, und schließlich verstand ich die gemeinsame Ursache meiner Zufriedenheit und der Überraschung anderer. Auf den ersten Blick hätten die drei Themen unterschiedlicher nicht sein können – sie überspannen den größtmöglichen zeitlichen und thematischen Abstand in der Entwicklungsgeschichte vielzelliger Tiere (und diese Verschiedenheit bietet einen zusätzlichen Nutzen, denn sie macht den Zusammenhang zu einem guten Thema für einen Essay – ich habe ihnen also auch literarisch zu danken). Die erste Nachricht stammt ganz vom Anfang, die zweite aus der Mitte und die dritte vom letzten Augenblick in der Geschichte des Tierlebens. Auch die Themen scheinen völlig unterschiedlich zu sein: Im ersten geht es um die Evolutionsgeschwindigkeit, im zweiten um die Wechselbeziehungen zwischen den Lebewesen und im dritten um Biogeografie, das heißt um den Entstehungsort einer entscheidenden Spezies.

Aber zwischen den drei Geschichten gibt es eine Verbindung auf einer so abstrakten Ebene, dass daran grundlegende Einstellungen deutlich werden; diese Einstellungen sind für das individuelle Dasein eines Menschen so wichtig, dass man umgangssprachlich von einer »Lebensphilosophie« oder »Weltsicht« spricht. Die Gelehrten haben sich mit diesem Begriff eines persönlichen oder gesellschaftlichen Modells so eingehend befasst, dass man alle Sonderfälle in diesem Licht betrachtet und von einer »Weltanschauung« spricht. Seine bekannteste Anwendung im gesellschaftlichen Zusammenhang fand der Begriff bei T. S. Kuhn, der die gemeinsame Weltanschauung der Naturwissenschaftler als Paradigma bezeichnete (siehe seinen 1962 erschienenen Klassiker *The Structure of Scientific Revolutions*). Derartige Paradigmen sind nach Kuhns Ansicht eine so starke Einschränkung und lassen sich in ihren eigenen Begriffen so wenig überwinden, dass grundlegend neue Theorien von woanders kommen müssen (als Erkenntnisse aus anderen Fachbereichen oder als bewusster Radikalismus junger Rebellen in einer Disziplin), um dann nicht durch allmählichen Fortschritt, sondern durch schnelle Verdrängung (wissenschaftliche Revolution) die Oberhand zu gewinnen. Aber das beredtste Zeugnis für Einfluss und Unwiderstehlichkeit von Weltanschauungen legte sicher Private Willis (in *Iolanthe* von Gilbert und Sullivan) ab, als er über die Pflichten der Wachen vor dem Unterhaus der viktorianischen Zeit grübelte:

> Unter die großen Rätsel fällt,
> Wie die Natur es ausgeheckt,
> Dass jedes Kind auf dieser Welt,
> Sei´s, einen Liberalen in sich trägt,
> Sei´s, zu der anderen Sorte zählt,
> In der ein Konservativer steckt.

Nichts ist gefährlicher als eine dogmatische Weltanschauung: Nichts schränkt wirksamer ein, nichts macht Neuem gegenüber so blind, nichts zerstört stärker die Aufgeschlossenheit. Eine fruchtbare Weltanschauung dagegen ist der beste Abkürzungsweg zu neuen Erkenntnissen und der schönste Ansporn zur Herstellung von Verbindungen – kurz gesagt, das optimale Mittel einer Entführung im Sinne von Peirce. Vieles in unserer materiellen Kultur ist verführerisch und gefährlich zugleich – man denke für den Anfang nur an schnelle Autos oder hohe Einsätze beim Poker. Warum sollte nicht auch ein grundlegendes Thema unseres Geisteslebens die gleichen Eigenschaften besitzen?

Um es kurz zu machen: Wie mir klar wurde, erwuchsen der Zusammenhang, den ich zwischen den drei Themen herstellte, und meine mangelnde Überraschung über die Behauptungen der Zeitungen aus einer Weltanschauung – einem Modell der Realität –, die sich in einigen entscheidenden Aspekten von den Erwartungen vieler Wissenschaftlerkollegen und der allgemeinen Öffentlichkeit unterschied. Ob meine Ansicht richtiger ist, weiß ich nicht; ich glaube noch nicht einmal, dass »richtig« und »falsch« gute Kategorien zur Beurteilung komplizierter geistiger Modelle der Außenwelt sind – denn in der Naturwissenschaft betrachtet man Modelle nicht als richtig oder falsch, sondern als nützlich oder schädlich.

Ich weiß sehr wohl, dass das jeweils gewählte Modell darüber bestimmt, wie wir die Natur analysieren, und dass es unsere Gedanken in Richtung neuer Erkenntnisse leitet oder uns für nahe liegende, wichtige Aspekte der Realität blind macht. Schönheit muss im Auge des Betrachters liegen, aber der *Zugang* zur Wahrheit liegt im Geist des Betrachters – und was den Geist angeht, sind Menschen so vielgestaltig wie in ihrer Frisur. »Die Wahrheit ist groß und soll herrschen« – aber zu ihr gelangen wir nur auf dem Weg unserer eigenen geistigen Konstruktionen. Naturwissenschaft ist ein ebenso entschieden persönliches Unternehmen wie Kunst, auch wenn ihr wichtigster Lohn vielleicht nicht Schönheit, sondern Wahrheit ist (allerdings streben auch Künstler nach Wahrheit, und gute Naturwissenschaft ist zutiefst schön).

1. DER ZEITLICHE ABLAUF DER KAMBRISCHEN EXPLOSION: WIE SCHNELL IST SCHNELL? Die Paläontologen wissen schon seit langem – und wundern sich darüber –, dass fast alle großen Stämme des Tierreiches in einem kurzen Zeitraum zu Beginn des Kambriums aufgetaucht sind (ein Thema, das ich schon häufig in diesen Essays und auch in meinem Buch *Wonderful Life* behandelt habe). Die Fossilfunde auf der Erde reichen 3,5 Milliarden Jahre weit zurück, bis zu den ältesten Gesteinen, die durch spätere Einwirkung von Hitze und Druck nicht mehr allzu stark verändert wurden und deshalb noch Spuren alter Lebewesen enthalten. Aber von einigen vielzelligen Algen abgesehen, die für die Stammesgeschichte der Tiere keine Rolle spielen, waren alle Lebewesen, auch die Vorfahren der heutigen Tiere, während fünf Sechstel ihrer Geschichte einzellig – erst vor etwa 550 Millionen Jahren entstanden in einer Explosion der Evolution während weniger Millionen Jahre alle wichtigen Tiergruppen.

Wenn Geologen von einer Explosion sprechen, sollte man das Wort cum grano salis nehmen und sich darüber im Klaren sein, dass Explosionen in der Welt meiner beruflichen Tätigkeit eine lange Zündschnur haben. Niemand hat jemals daran gezweifelt, dass die kambrische Explosion sich nach Jahrmillionen bemisst – eine lange Zeit für jeden, der schon einmal irgendwo eine Dynamitladung angebracht hat, aber entsetzlich schnell im Vergleich zu einer Geschichte des Lebens, die Milliarden Jahre umfasst (zur Erinnerung: eine Milliarde sind 1000 Millionen). Aber wie viele Millionen waren es?

Um diese entscheidende Frage haben sich die Paläontologen immer herumgedrückt, denn wir wussten nicht genau, wann das Kambrium begann. Die Periode endete vor etwa 505 bis 510 Millionen Jahren, aber einen guten Anhaltspunkt für ihren Beginn gibt es erst seit dem letzten September, als mehrere meiner Kollegen aus der Cambridge-Mafia (Harvard-Universität und Massachusetts Institute of Technology) in Zusammenarbeit mit russischen Biologen endlich die Frühzeit des Kambriums dingfest machten. Die Daten, auf die sie sich stützten, waren »zum Weinen schön« (um meine Großmutter zu zitieren, die das sehr gut verstanden hätte).

Das Spektrum früherer Schätzungen für den Beginn des Kambriums reichte von fast 600 bis 530 Millionen Jahren. Die älteren

Daten (die von den meisten Fachleuten bevorzugt wurden) gaben der kambrischen Explosion mit vielleicht 30 Millionen Jahren recht viel Zeit (immer noch ein Augenblick in den Jahrmilliarden, aber zumindest ein gemächlicher Augenblick). Meine Kollegen – siehe die Arbeit von Bowring et al. in den Literaturangaben dieses Buches – konnten den Zeitpunkt der Explosion nun endlich genauer bestimmen: Sie fanden ein Eichmaß für den radioaktiven Zerfall des Urans zu Blei in Zirkonkristallen aus Vulkangestein, das in Sibirien zusammen mit den ältesten Fossilien aus dem Kambrium in Sedimenten eingebettet war.

Die Frühzeit des Kambriums gliedert sich wie Cäsars Gallien in drei Teile, die man – vom Ältesten zum Jüngsten – als Manakayum, Tommotium und Atdabanium bezeichnet. (Die Namen leiten sich von den russischen Fundorten ab, an denen das älteste Gestein aus dem Kambrium besonders gut zu Tage tritt.) Das Manakayum enthält viele fossile Bruchstücke von Verwandten und Vorläufern, aber keine Überreste von Vertretern der heutigen großen Stämme – diese Zeit liegt also noch vor der kambrischen Explosion. Am Ende des Atdabanium dagegen waren alle heutigen Hauptgruppen auf der Bildfläche erschienen. Die kambrische Explosion fällt demnach in die Epochen von Tommotium und Atdabanium.

Die unterste Schicht des Manakayum datierten meine Kollegen auf die Zeit vor 544 Millionen Jahren (mit einer Fehlerspanne von nur ein paar hunderttausend Jahren), und dieses erste Stadium dauerte nach ihren Feststellungen rund 14 Millionen Jahre. Das Tommotium begann vor 530 Millionen Jahren und – das muss man sich klar machen, denn hier liegt die entscheidende Auswirkung für das Weltbild – das darauf folgende Atdabanium endete nur fünf bis sechs (oder allerhöchstens zehn) Millionen Jahre später. Die ganze kambrische Explosion, der man zuvor 30 bis 40 Millionen Jahre zugestanden hatte, muss also jetzt in einen Zeitraum von fünf bis zehn Millionen Jahren (und zwar eher am unteren Ende dieser Spanne) zwischen dem Beginn des Tommotiums und dem Ende des Atdabaniums passen. Mit anderen Worten: Schnell ist viel, viel schneller, als wir jemals gedacht hatten.

Diese Geschichte ließ den Blätterwald rauschen (soweit überhaupt ein Bericht über Wissenschaft zu diesem Klischee passt). Die *New York Times* widmete ihr die erste Seite in ihrer wöchentlichen

Wissenschaftsbeilage; National Public Radio ließ meine Kollegen in der wöchentlichen Wissenschafts-Talkshow auftreten. Das wichtigste Thema war die ungeheure Überraschung. Evolution heißt Langsamkeit; wie kann so vieles so schnell auf einmal geschehen? Stand nun das ganze begriffliche Gebäude der Evolutionstheorie auf wackligen Füßen? Ich war von den Befunden meiner Kollegen höchst entzückt, aber überrascht war ich nicht. Ich war schon seit vielen Jahren überzeugt gewesen, dass schnell mindestens so schnell bedeutet. (Die alten Werte von 30 bis 40 Millionen Jahren hatte ich nur als Obergrenze angesehen, und ich war davon ausgegangen, dass die kambrische Explosion nur einen kleinen Teil am Anfang dieses Zeitraumes in Anspruch nahm.) Warum bestand ein so großer Unterschied zwischen der Wahrnehmung in der Öffentlichkeit und meiner persönlichen Reaktion?

2. INSEKTEN UND BLUMEN. Nichts zeigt die Vermessenheit der Menschen deutlicher als die alten Lehrbücher, in denen die Erdneuzeit als »Zeitalter des Menschen« bezeichnet wird. Wenn wir schon eine solche schlagkräftige Bezeichnung brauchen, dann leben wir heute zunächst einmal im »Zeitalter der Bakterien«, und wir haben immer darin gelebt. Und wenn wir zweitens auf unserer vielzelligen Engstirnigkeit bestehen, müssen wir die heutige Zeit »Zeitalter der Insekten« nennen. Der *Homo sapiens* ist eine Spezies, zu den Säugetieren allein gehören etwa 4000. Im Gegensatz dazu wurde fast eine Million Insektenarten beschrieben (und mehrere Millionen weitere sind noch nicht entdeckt oder katalogisiert – siehe Kapitel 28). Insekten stellen mehr als 70 Prozent aller mit einem Namen versehenen Tierarten.

Warum sind die Insekten so vielgestaltig? Auf diese Frage gab es schon viele Antworten, und die wahre Lösung wird eine komplizierte Kombination der besten Argumente sein. Geringe Größe, große ökologische Wandlungsfähigkeit, schnelle geografische Verbreitung – all das wurde angeführt und ist als Teilerklärung vermutlich stichhaltig, aber vor allem fällt in der herkömmlichen Liste der Begründungen ein anderer Faktor auf: die gemeinsame Evolution mit den Blütenpflanzen. Die Angiospermen (Blütenpflanzen oder Bedecktsamer) sind in ihrem Organismenreich bei weitem die vielgestaltigste Gruppe. Viele Arten werden von Insekten befruchtet – eine für beide Seiten nützliche Einrichtung: Die Insekten verschaffen sich Nahrung und transportieren gleichzeitig den Pollen von einer Blüte zur anderen.

Die Eigenschaften von Blüte und Insekt sind in vielen Fällen so raffiniert aneinander angepasst – beispielsweise locken besondere Farben und Düfte die Insekten an, die mit ihren hervorragend gestalteten Mundwerkzeugen den Nektar saugen –, dass diese Kombination zum Musterbeispiel für die Koevolution geworden ist, die Förderung von Anpassung und Vielfalt durch die in der Evolution entstandenen Wechselbeziehungen zwischen den Lebewesen. (Darwin schrieb über das Thema ein ganzes Buch und nannte darin den klassischen Fall der höchst raffiniert gemeinsam mit ihren bestäubenden Insekten angepassten Orchideen.) Deshalb besagte eine allgemein anerkannte Lehre der Evolutionsbiologie: Insekten sind zu einem nicht unerheblichen Teil deshalb so vielgestaltig, weil die Blütenpflanzen so vielgestaltig sind – jede Pflanze sorgt für die Entwicklung ihres bestäubenden Insekts (und umgekehrt).

Das klingt gut, aber stimmt es auch? Die Fossilfunde legen eine Überprüfung nahe, aber seltsamerweise hatte sie noch niemand vorgenommen, bis meine Kollegen Conrad Labandeira und Jack Sepkoski im Juli 1993 einen Fachaufsatz veröffentlichten. Die Insekten entstanden im Zeitalter des Devon, aber zu einer größeren Auffächerung ihrer Vielfalt kam es erst im darauf folgenden Karbon vor etwa 325 Millionen Jahren. Die Angiospermen dagegen tauchten viel später auf. Ihre ältesten Fossilien findet man in Schichtungen aus der frühen Kreidezeit vor rund 140 Millionen Jahren. (Wären sie früher entstanden, wie manche Fachleute vermuten, können sie nicht sehr verbreitet gewesen sein.) Aber eine wirkliche Blüte (ich bitte um Nachsicht für das unwiderstehliche, wenn auch nicht sonderlich originelle Wortspiel) erlebten die Angiospermen erst in der Zeit von Albium und Cänomamium in der mittleren Kreide vor ungefähr 100 Millionen Jahren; hier fällt die explosionsartige Zunahme ihrer Formenvielfalt in den Fossilfunden als eines der wichtigsten Ereignisse auf.

Wenn die Vielfalt der Insekten an die Auffächerung der Blütenpflanzen gebunden ist, wie es der traditionellen Sichtweise entspricht, müsste diese Vermehrung der Angiospermenarten von einer ähnlichen Explosion der in den Fossilien gefundenen Insektenformen begleitet sein. Warum hatte zuvor noch nie jemand diese nahe liegende Überprüfung einer wichtigen Hypothese über die Evolution vorgenommen? Der Grund dürfte in einer verbreiteten falschen Vorstellung über Fossilfunde von Insekten zu suchen sein. Vielfach herrscht die Ansicht, diese Funde seien außerordentlich spärlich und es seien so wenige Insekten als Fossilien erhalten geblieben, dass man sie nie ausreichend zählen und die Hypothese überprüfen könne, es habe in der Kreidezeit mit der entstehenden Formenvielfalt der Bedecktsamer auch eine heftige Vermehrung der Insektenarten gegeben.

Sicher, Insekten versteinern nicht so leicht wie Muscheln oder Trilobiten, aber ihre Überbleibsel sind auch durchaus nicht so spärlich, wie der allgemeine Eindruck besagt. Jack Sepkoski widmete den größten Teil seiner 22-jährigen Berufslaufbahn (vorher war er mein Doktorand, deshalb gestehe ich eine Art familiärer Bindung und Voreingenommenheit zu Gunsten seiner Arbeit ein) einem Vorhaben, das manche traditionellen Paläontologen mit dem Etikett des »Zählens von Taxa« abtun: Er sitzt in der Bibliothek (die er als sein »Freiland« bezeichnet) und stellt aus der gesamten Fachliteratur der Welt in allen Sprachen die Verbreitungsgebiete sämtlicher fossiler Gattungen und Familien zusammen. (Das ist keineswegs eine so einfache oder eintönige Tätigkeit, wie man es sich als Laie vielleicht vorstellt. Zunächst einmal muss man wissen, wo man abgelegene Quellen in Fachorganen mit einem anderen als dem römischen Alphabet findet und wie man sie erkennt. Zweitens stellt man das Gefundene nicht einfach zu Listen zusammen, sondern man muss ein Urteil über die zahlreichen Fehler solcher Veröffentlichungen im Hinblick auf biologische Systematik und Geologie fällen. Ich habe nie verstanden, warum manche Traditionalisten diese Arbeit verächtlich machen. Immerhin haben sie die Literatur veröffentlicht, deren sich Sepkoski bedient; wollen sie nicht, dass ihre Arbeiten auf diese Weise geehrt und gut genutzt werden? Durch Sepkoskis peinlich genaue Bemühungen um eine vollständige, standardisierte Auflistung verfügen wir heute zum ersten Mal über eine brauchbare Zusammenstellung der veränderlichen Artenvielfalt im Laufe der Geschichte des Lebens, und das für alle Organismengruppen.)

Nach den Feststellungen von Labandeira und Sepkoski sind die

Belege bei den Insekten besser, als man es sich früher hätte träumen lassen (vorausgesetzt, man berücksichtigt auch alle russischen und chinesischen Veröffentlichungen). Tatsächlich zeigen die Insekten eine größere Artenvielfalt als jene andere berühmte Gruppe von Landtieren, über die alle ohne Scheu ihre Schlussfolgerungen zogen: die Vierbeiner, das heißt die landlebenden Wirbeltiere (Amphibien, Reptilien, Vögel und Säugetiere). Die Fossilfunde von Insekten stammen aus 1263 Familien, bei den Vierbeinern sind es nur 825. Und abgesehen vom Ende des Devon, als die Gruppe der Insekten noch jung war und keine große entwicklungsgeschichtliche Aufspaltung durchgemacht hatte, war die Vielfalt der Insekten in allen erdgeschichtlichen Epochen größer als die der landlebenden Wirbeltiere.

Auf der systematischen Ebene der Insektenfamilien fanden Labandeira und Sepkoski keinerlei Anhaltspunkte, dass die Vermehrung der Artenvielfalt bei den Bedecktsamern sich positiv auf die Formenfülle der Insekten ausgewirkt hätte. Die Vermehrung der Insektenarten begann im frühen Karbon vor etwa 325 Millionen Jahren, geriet beim größten aller Massenaussterben am Ende des Perm (als acht von 27 Insektenordnungen verschwanden) aus dem Tritt, setzte im nachfolgenden Trias erneut ein und ist seitdem nicht mehr zum Stillstand gekommen. Wenn überhaupt, verlief die Vermehrung der Familien in der Kreidezeit, als die Bedecktsamer aufblühten, ein wenig langsamer.

Nun versuchten Labandeira und Sepkoski es mit einer anderen Methode, und auch diesmal fanden sie keinen Zusammenhang mit den Bedecktsamern. An Stelle der systematischen Vielfalt erfassten sie in diesen Arbeiten die ökologische Vielgestaltigkeit; dazu unterteilten sie die Insekten in 34 »Mundwerkzeug-Kategorien«, das heißt, sie teilten die Tiere danach ein, wie sie sich in ihrem jeweiligen ökologischen Umfeld ernährten. (Zu diesen Kategorien gehören vielfach Insekten aus verschiedenen systematischen Gruppen, sodass meine Kollegen tatsächlich die ökologische Vielfalt und nicht nur die zahlenmäßige Häufigkeit maßen.) Wie sich dabei herausstellte, hatten die Insekten bereits in der Mitte der Jurazeit, also vor der Entstehung der Bedecktsamer, 65 bis 88 Prozent dieser Kategorien besetzt. Nur eine bis sieben neue Kategorien entwickelten sich erst nach den Blütenpflanzen, aber die meisten davon sind in den Fossilien besonders schlecht belegt und könnten auch schon früher vorhanden gewesen sein. Nur bei einer einzigen Kategorie gibt es begründete Anhaltspunkte für eine gemeinsame Entwicklung mit den Blütenpflanzen. Die Bedecktsamer waren also nicht der Grund für die morphologische Vielfalt der Ernährungsweise von Insekten.

Wieder glühten die Nachrichtendrähte, wieder widmete die *New York Times* der Geschichte eine Titelseite, und wieder drückte die Berichterstattung vor allem Überraschung aus. Wie konnten Insekten in der Evolution unabhängig von den Blütenpflanzen entstanden sein, mit denen viele von ihnen heute so eng verbunden sind? Besagt nicht der Darwinismus, dass die Lebewesen sich in einem Geflecht von Konkurrenz und Wechselbeziehungen zum gegenseitigen Nutzen wandeln? Wieder war ich erfreut, aber keineswegs überrascht. Ich hatte schon seit langem die Ansicht vertreten, man habe das Bild vom Gleichgewicht und optimierenden Wettbewerb stark überstrapaziert; in Wirklichkeit wird die Geschichte des Lebens nach meiner Überzeugung von sehr wichtigen, wirksamen Zufallskräften beeinflusst, die meisten Organismengruppen finden ihren Weg auf Grund ihrer besonderen Eigenschaften, und die Wechselbeziehungen zwischen den meisten Gruppen ähneln im großen Zeitmaßstab der Jahrmillionen eher Longfellows »Schiffen, die in der Nacht vorüberziehen« als dem »wo du hingehst, will ich auch hingehen« aus dem Buch Ruth.

3. WO LIEGT DER URSPRUNG DES *HOMO SAPIENS*?

Mein letztes Thema ist ein Überbleibsel aus früheren Jahren. Auch 1993 geschah nichts Entscheidendes, das diese seit etwa zehn Jahren tobende, hitzige Debatte beigelegt hätte. Zu meiner Verblüffung hat die Geschichte mittlerweile unglaubliche »Ableger«, und sie ist das spannendste Problem in den Nachrichten aus der Paläoanthropologie, eine Quelle der Polarisierung, die (zumindest im Bewusstsein der Öffentlichkeit) zwei gegnerische Lager entstehen ließ, obwohl die Frage eigentlich komplizierter ist.

Die eine Position wurde als »multiregionalistisches Modell« der neueren Evolution des Menschen bekannt. Dass der *Homo erectus*, unsere unmittelbare Vorläuferspezies, vor über einer Million Jahren aus Afrika nach Europa und Asien wanderte (wo er zum »Javamenschen« und »Pekingmenschen« der älteren Lehrbücher wurde), bezweifelt niemand. Die Multiregionalisten behaupten aber, der *Homo sapiens* sei in allen drei Kontinenten zur gleichen Zeit aus dem *Homo erectus* hervorgegangen (wobei es zwangsläufig weiterhin einen gewissen Genaustausch zwischen den Populationen gegeben haben muss, denn sonst hätten sie keine derart koordinierte Evolution durchmachen können).

Die andere Seite wird als »Out of Africa«- oder »Arche Noah«-Denkschule bezeichnet. Ihre Vertreter sind der Ansicht, der *Homo sapiens* sei nur in einer Gegend als kleine Population entstanden und habe sich dann über die ganze Welt verbreitet, sodass sich die heutige Vielfalt der Menschen entwickeln konnte. Wenn diese Gegend in Afrika lag, spielten der europäische und asiatische *Homo erectus*, aber auch die späteren europäischen Neandertaler für unsere Entstehung keine Rolle, sondern sie wurden durch eine zweite, viel größere Wanderungsbewegung der Neuankömmlinge verdrängt.

(Die berühmteste Version der »Arche-Noah-Theorie«, die unzutreffend benannte Hypothese von der »Eva der Mitochondrien«, musste 1993 einen schweren Schlag einstecken: In dem Computerprogramm, mit dem man die Evolutionsstammbäume aufgestellt und ausgewertet hatte, wurde ein schwerer technischer Fehler entdeckt, und damit war der angebliche Beweis für die afrikanische Herkunft hinfällig. Aber diese Widerlegung der ursprünglichen Behauptung bedeutete nur, dass man nichts wusste; ein Beleg für die Gegenposition war sie nicht: Die korrigierten Stammbäume sprechen ebenfalls für einen einzigen Ursprung, nur kann man Afrika nicht eindeutig als wahrscheinlichstes Gebiet ausmachen; Afrika kommt aber nach diesen Kriterien ebenso in Frage wie jede andere Region. Auch weitere, davon unabhängige Indizien wie die größere genetische Vielfalt der afrikanischen Bevölkerung sprechen nach meiner Überzeugung immer noch für den schwarzen Kontinent als Ursprungsgebiet – eine gründliche, ausgewogene Bewertung findet sich in dem im Literaturverzeichnis aufgeführten Artikel von Stoneking.)

Für mich als Schneckenexperten steht in dieser Diskussion persönlich nicht viel auf dem Spiel, aber ich würde wetten, dass unsere moderne Arche Noah eines Tages ihren Ararat findet (allerdings wäre ich auch nicht am Boden zerstört, wenn das Schiff sinkt und der Multiregionalismus triumphiert). Gefesselt bin ich aber von der Art, wie die Journalisten die Debatte darstellen – insbesondere von ihrer Behauptung, die eine Seite habe Überraschung empfunden und die andere sei in ihren Erwartungen bestätigt worden (womit das Ganze durch das Thema der unangebrachten Überraschung mit den beiden vorangegangenen Geschichten verbunden wäre). Zeitungen und Wissenschaftsmagazine stellen den Multiregionalismus übereinstimmend als Lehrmeinung oder Erwartung dar, die Hypothese von der Entstehung in Afrika (oder einer einzigen anderen Gegend) als überraschende Neuerung.

Aber diese Einschätzung ist nach jeder heute üblichen Interpretation der Evolutionstheorie hoffnungslos veraltet (jedenfalls wenn man sie von der Verzerrung befreit, die sich jedes Mal aufdrängt, wenn wir etwas so Naheliegendes wie unsere eigene Abstammung betrachten). Die Entstehung an einem einzigen Ort ist das, was man nach der normalen Evolutionstheorie erwartet, und keineswegs etwas Überraschendes. Biologische Arten sind einzigartige Populationen von Lebewesen, die sich in einem abgegrenzten Teil des ursprünglichen Verbreitungsgebietes von ihren Vorläufergruppen abspalten. Sie entstehen als historische Gebilde an bestimmten Orten, und wenn sie erfolgreich sind, verbreiten sie sich später so weit, wie es ihre angepassten Eigenschaften und ökologischen Fähigkeiten erlauben. Ratten und Tauben leben ebenso wie Menschen auf der ganzen Welt. Dennoch neigen wir nicht zu der Behauptung, die Ratten hätten sich auf allen Kontinenten parallel zu größerer Rattigkeit entwickelt, sondern wir unterstellen, dass sie wie die meisten Arten in einem einzigen Gebiet entstanden sind und sich später verbreitet haben. Warum überrascht uns dann der Ursprung an einem einzigen Ort, wenn nicht Tauben, sondern wir selbst der Gegenstand der Betrachtung sind? Warum entwickeln wir eine eigenwillige, ganz und gar ungewöhnliche Hypothese des Multiregionalismus, die wir dann als Lehrmeinung und den Erwartungen entsprechend bezeichnen?

Ich kann nur vermuten, dass wir die Menschen als etwas Besonderes abgrenzen wollen. Wir wollen in unserer Evolution, insbesondere in der späten Erweiterung des Gehirns bis zu seiner jetzigen Größe, ein Ereignis von mehr als nur lokaler Bedeutung sehen. Es widerspricht unseren Wünschen, dass unser weltweiter Triumph so von der zufälligen Geschichte einer kleinen afrikanischen Bevölkerungsgruppe abhängig gewesen sein soll; viel lieber halten wir unseren hoch gelobten Geist für einen so allgemeinen Vorteil, dass alle Populationen an allen Orten sich mit seiner Hilfe im Gleichschritt der Anpassung auf dasselbe Ziel zubewegen müssen.

Um zu verstehen, warum in diesen drei ganz unterschiedlichen Geschichten eine so große Kluft zwischen der Überraschung der Öffentlichkeit und meinen persönlichen Erwartungen bestand, muss ich bei mir und den meisten anderen nach Unterschieden in der Weltanschauung oder den allgemeinen Vorstellungen von der Realität suchen. Nach welchem allgemeinen Prinzip, das ich ablehne, erscheinen eine kürzere kambrische Explosion, das Fehlen des Gleichschritts in der Evolution von Blütenpflanzen und Insekten sowie ein einziger Entstehungsort für den *Homo sapiens* so überraschend? Ich kann nur feststellen, dass alle drei Gegenpositionen – eine eher gemächliche Entstehung der anatomischen Baupläne, eine koordinierte Evolution aneinander angepasster Gruppen und der Ursprung unserer am höchsten geschätzten Eigenschaften auf mehreren Kontinenten – besser zu einem statischen, vorhersagbaren, bequemeren Bild für die Geschichte des Lebendigen passen, als ich sie an den Fossilfunden ablesen kann. Die herkömmlichen Vorstellungen von der Evolution sprechen zumindest in ihrer volkstümlichen Umsetzung für einen langsamen, stetigen Vorgang, dessen Verlauf durch sinnvolle Anpassung bestimmt wird und der sowohl zu immer größerer Komplexität der am höchsten entwickelten Formen als auch insgesamt zu einer immer üppigeren Vielfalt führt. Eine solche Sichtweise würde alle drei Überraschungen in meinen Geschichten erklären: Die nunmehr verkürzte kambrische Explosion ist entschieden nichts Stetiges, die Unabhängigkeit von Insekten und Blüten erscheint chaotisch und unkoordiniert, und wenn die Entstehung des *Homo sapiens* ein historisches Ereignis an einem einzigen Ort war, wird sie zu einer Laune des Zufalls.

Meine eigene Weltanschauung dagegen hat Platz für alle diese Phänomene von Geschwindigkeit, Wechselbeziehungen und Orten und sagt sie sogar voraus. Ich halte die Stabilität mittlerweile während der meisten Zeit für das Normale und den entwicklungsgeschichtlichen Wandel für einen relativ schnellen Vorgang, der die

Unbeweglichkeit unterbricht und die Systeme in einen neuen Zustand überführt (siehe Kapitel 9 und 10). Eine schnellere kambrische Explosion entspricht dieser Erwartung. Nach meiner Überzeugung machen die Abstammungslinien ihre Evolution weitgehend unabhängig voneinander durch. Natürlich leugne ich nicht, dass biologische Arten durch raffinierte Anpassungen untereinander in Wechselbeziehung treten. Aber jede Abstammungslinie ist ein einzigartiges Gebilde mit seinen eigenen Besonderheiten, und jeder Evolutionsweg durch eine zeitlich aufeinander folgende Reihe von Umgebungen wird von so vielen, umfangreichen Zufallseffekten beeinflusst, dass historische Individualität nach meiner Überzeugung schwerer wiegt als Koordination. Dass Insekten und Blüten im Großen und Ganzen unabhängig voneinander sind (trotz der heutigen engen Verbindung vieler Artenpaare), entspricht dieser Ansicht. Und schließlich betrachte ich jede Spezies als Zufallsergebnis der Geschichte, dessen Zukunft sich nicht vorhersagen lässt. Ich rechne damit, dass eine Art an einem einzigen Ort entsteht und dann einen unerwarteten Weg einschlägt. Kurz gesagt, erwachsen alle meine Nichtüberraschungen aus einer Weltanschauung, die den schnellen, unvorhersagbaren Wandel in den Vordergrund stellt und die Abstammungslinien in den Fossilfunden als großenteils unabhängige historische Gebilde deutet. Ich sollte hinzufügen, dass ich eine solche Welt in ihrer chaotischen Komplexität und historischen Entwicklung spannend und faszinierend finde – von Herzen gern tausche ich die Bequemlichkeit der älteren Sichtweise gegen das Vergnügen, mich mit derart vielschichtigen Verwicklungen zu befassen und herumzuschlagen.

Jetzt habe ich mich an einen üblen Punkt manövriert. Dieser Essay schrammt gefährlich nahe an unangemessener Selbstbeweihräucherung entlang. Aber ich will damit nicht behaupten, ich hätte die »bessere« Weltanschauung, die eher dazu geeignet wäre, die herausragenden Fragen in der Geschichte des Lebendigen zu beantworten. Und ich nehme auch nicht für mich in Anspruch, in allen drei Fragen die richtige Meinung zu vertreten – Wahrheit ist eine Tochter der Zeit, und es könnte sich herausstellen, dass ich in allen Fällen Unrecht habe. Ich habe mich mit dem Thema befasst, weil Weltanschauungen oder Paradigmen nach meiner Überzeugung so wichtig für die Vereinigung allen kreativen Denkens der

Menschen sind, und ich habe über meine eigenen Erfahrungen geschrieben, weil persönliche Berichte das allgemein anerkannte Grundmaterial von Essays sind, seit Montaigne das Genre erfand. (Und jetzt muss ich innehalten, damit niemand mit dem Shakespeare-Zitat pariert: Der Autor, »wie mich dünkt, gelobt zu viel«.)

Vielleicht stellt meine Sicht der Dinge, die heute von vielen Fachleuten geteilt wird (denn auch ich bin durch Nachahmung und nicht durch eigene Erfindung zu ihr gelangt), einen fruchtbareren Blickwinkel für die Realität dar als die älteren Lehrmeinungen. Vielleicht kommt mein Schlachtross allmählich in Mode. Aber möglicherweise reite ich auch nur auf einem Wallach namens Mode, einem alten Klepper, der beim nächsten Rennen über die Hürden stolpert, während der Seabiscuit **oder** Secretariat des deterministischen Gradualismus die Zielgerade hinunterdonnert.

Epilog

Diesen Essay habe ich Ende 1993 geschrieben. Heute, Ende Mai 1995, überarbeite ich ihn für die Veröffentlichung noch einmal. Ich frage mich oft, warum ich es nie bereut habe, dass ich bei dem Wunsch aus meiner Kindheit geblieben und Wissenschaftler geworden bin. Und immer wieder gelange ich zu der gleichen Hauptantwort: Die spannenden Gebiete der Wissenschaft wachsen und verändern sich so schnell; aus der Dynamik der Forschung ergibt sich ganz automatisch geistige Anregung; man wird nie selbstzufrieden. Eineinhalb Jahre sind eine kurze Zeit, selbst in jenem erdgeschichtlich unbedeutenden Augenblick, den wir »Lebenszeit eines Menschen« nennen. Aber in diesem winzigen Zeitabschnitt zwischen Verfassen und Überarbeiten meines Essays wurde für alle drei beschriebenen Themen über wichtige neue Erkenntnisse berichtet. Und wenn ich mir – obwohl der Essay weiß Gott schon genug Selbstbeweihräucherung enthält – eine weitere hämische Bemerkung erlauben darf: In allen drei Fällen werden die hier geschilderten Entdeckungen bestätigt, und das spricht erneut für eine Weltanschauung, die das Schwergewicht auf schnelle, nicht vorhersagbare und historisch zufällige Ereignisse als Schlüssel zur Evolution legt. Mein Pferd liegt noch vorn und wird immer schneller.

Was die kambrische Explosion angeht, so wurden mittlerweile weitere Stämme bis in diese erdgeschichtliche Anfangszeit des vielzelligen Tierlebens zurückverfolgt – mehr darüber im nächsten Essay.

Im Wissenschaftsteil der *New York Times* vom 23. Mai 1995 trägt der Aufmacher die Schlagzeile »Was war zuerst da: Bienen oder Blumen? Vorsprung für die Bienen.« Der Artikel berichtet über eine faszinierende Entdeckung, die Stephen T. Hasiotis an 220 Millionen Jahre altem Holz (aus dem Trias unserer erdgeschichtlichen Zeittafel) von einer berühmten Stelle machte, dem Petrified Forest im Osten von Arizona. Hasiotis fand in diesen Baumstämmen überzeugende Belege für komplizierte, abgegrenzte Bienen- und Wespennester (auch wenn die Fossilien der Insekten selbst noch nicht entdeckt wurden – was aber kaum verwunderlich ist angesichts der Tatsache, dass in diesem Umfeld kaum etwas erhalten bleibt). Die Bienennester wurden zum Beispiel in flachen Hohlräumen freigelegt, die durch Astlöcher zugänglich waren. Jedes Nest besteht aus 15 bis 30 Kammern, die knapp zweieinhalb Zentimeter lang und wie Flaschen geformt sind.

Diese Entdeckung erweitert den Zeitraum für Fossilfunde von Bienen um 140 Millionen Jahre in die Vergangenheit, denn das älteste bekannte Exemplar eines Insekts selbst befindet sich in 80 Millionen Jahre altem Bernstein. Noch überraschender aber, so John Noble Wilford, der Autor des Artikels und leitende Wissenschaftsjournalist der *Times*, ist etwas anderes: Als diese Bienen ihre Nester in den Stämmen der Nacktsamer (Zapfen tragenden Holzpflanzen ohne Blüten) aushöhlten, lag die Entstehung der Blütenpflanzen (Bedecktsamer) noch um 100 Millionen Jahre in der Zukunft. Vielleicht bestäubten die Bienen zunächst Nacktsamer und lebten demnach während des größten Teils ihrer Geschichte in einer Welt ohne Blüten; erst viel später wären sie dann eine entwicklungsgeschichtliche Beziehung mit den neu entstandenen Bedecktsamern eingegangen.

Das wichtigste Thema von Wilfords Artikel ist Überraschung, ja regelrechte Verblüffung. Er schreibt:

Das Problem besteht darin, dass es die Blüten erst halb so lange gibt. Können Bienen früher gelebt haben als Blüten? Schon diese einst undenkbare Idee bringt die herkömmliche Theorie über die Frühgeschichte der Bienen und ihre angebliche gemeinsame Evolution mit den Blütenpflanzen durcheinander ... Die Entdeckung lässt ernsthafte Zweifel an der üblichen Vorstellung aufkommen, Blütenpflanzen und Staaten bildende Insekten wie die Bienen hätten sich mehr oder weniger gemeinsam entwickelt, wobei die Ausbreitung der Blüten die Entwicklung und Vermehrung der Bienen beeinflusste.

Aber warum war Wilford so erstaunt, wenn doch Labandeira und Sepkoski ihre Arbeiten (die Wilford kennt und zitiert) bereits zwei Jahre zuvor veröffentlicht hatten? Ich kann daraus nur schließen, dass Traditionen zäh sind und nur langsam sterben. Bevor Wilford seinen Artikel schrieb, interviewte er Sepkoski, und mein früherer Student antwortete mit einem sehr treffenden Einzeiler: »Genau das hatten wir erwartet.«

Beim dritten Thema, dem Ursprung des Menschen, haben die Argumente für eine erst kürzlich stattgefundene Auswanderung aus Afrika sich in den letzten beiden Jahren sturzbachartig vermehrt. Erstens wurden viele weitere Gene sequenziert und auf ihre Variationsbreite in den verschiedenen Bevölkerungsgruppen der Menschen untersucht; dabei weist das Ausmaß der Abwandlungen in allen Fällen auf relativ späte gemeinsame Vorfahren hin, was mit dem Alter der getrennten Populationen im multiregionalistischen Modell nicht übereinstimmt. (Durch eine weitere Entdeckung aus dem letzten Jahr verlängerte sich das Alter des *Homo erectus* in Asien auf etwa 1,6 Millionen Jahre; die verschiedenen Regionen müssten also älter sein, als man sich bis dahin vorgestellt hatte – und wenn unsere wichtigsten Bevölkerungsgruppen schon so lange getrennt waren, müsste die genetische Variationsbreite eigentlich noch größer sein.) Eine Untersuchung nach der anderen (über viele davon wurde im Februar 1995 auf der Jahrestagung der American Association for the Advancement of Science in Atlanta berichtet) verlegt den Auszug aus Afrika (gemessen als gemeinsamen Ausgangspunkt aller nichtafrikanischen Rassenvielfalt) in die Zeit von vor 100 000 bis 150 000 Jahren, wobei die neuesten und am weitesten fortgeschrittenen Analysen eher für das spätere Datum sprechen. Außerdem bestätigten mehrere Studien noch einmal, dass die afrikanische Bevölkerung eine größere genetische Vielfalt aufweist als alle übrigen Menschen zusammen – was eigentlich nur zu verstehen ist, wenn die Out-of-Africa-Theorie stimmt und die modernen Menschen diesen Kontinent schon seit viel längerer Zeit bewohnen als alle anderen Gebiete, sodass genügend Zeit für die Evolution einer derart großen genetischen Vielfalt blieb.

Aber die befriedigendsten und langersehnten Befunde wurden gerade erst kürzlich (in der letzten Maiwoche 1995) bekannt gegeben. Die ursprüngliche »Eva-Hypothese«, die für einen späten Ursprung des Menschen sprach, stützte sich auf Abweichungen in der Mitochondrien-DNA, einem Teil des genetischen Materials, das auf sehr einfache Weise und ausschließlich in der mütterlichen Linie vererbt wird. (Die Samenzelle trägt zum befruchteten Ei keine Mitochondrien bei. Die Vererbung der meisten Gene läuft verwickelter ab, weil die mütterliche und väterliche Kopie während der Meiose und der anschließenden sexuellen Fortpflanzung auf komplizierte Weise auseinander geschnitten und wieder zusammengefügt werden. Für eine Frage, die so genau und gezielt zu beantworten ist wie die nach dem Alter des letzten gemeinsamen Vorfahren der Menschen bieten Gene, die einfach und ununterbrochen in der mütterlichen oder väterlichen Linie vererbt werden, gewaltige Vorteile.)

Aber genau wie die Mitochondrien mit ihrer ausschließlich mütterlichen Vererbung wird ein kleiner Teil des Genoms ebenso ausschließlich über die väterliche Linie weitergegeben, das heißt vom Vater zum Sohn. Das Y-Chromosom, das über das Geschlecht bestimmt, ist ein winziges DNA-Bruchstück, zu dem es im mütterlichen Genom keine Entsprechung gibt. Deshalb sollte man mit Hilfe der genetischen Vielfalt des Y-Chromosoms den menschlichen »Adam« ebenso identifizieren können, wie man mit der Mitochondrien-DNA zur »Eva« gelangt. Nebenbei bemerkt, finde ich diese niedlichen biblischen Metaphern schon seit langem schrecklich, denn sie erwecken den falschen Eindruck, wir würden alle von einem einzigen Stammelternpaar abstammen. Natürlich gibt es diese Minimalherkunft nicht; wir sind durch Evolution einer kleinen Population entstanden, die sich von einer Vorläufergruppe abspaltete, und nicht von einem Paar in einer Höhle oder einem Garten. (Allerdings hinterließ vermutlich nur eine kleine Untergruppe dieser ersten Population auch Nachkommen – was kaum verwunderlich ist, denn so funktioniert Abstammung immer: Die meisten Menschen hinterlassen letztlich keine Nachkommen, und nur wenige fruchtbare Gestalten sind für einen großen Teil der Vaterschaft [und Mutterschaft] verantwortlich.)

Die Untersuchung des Y-Chromosoms liegt nahe und ist spannend; meine Kollegen sind schon seit einiger Zeit hinter dieser Rosine her, aber über die Ergebnisse war zuvor noch nicht berichtet worden, einfach weil die verwickelten, komplizierten Arbeiten viel Mühe erfordern und sich nicht eilig ausführen lassen. Jetzt aber gaben mein Kollege Wally Gilbert und mein früherer Student Rob Dorit (ein abtrünniger Paläontologe, der sich zum Molekularbiologen gewandelt hat) die verblüffenden Ergebnisse ihrer Untersuchung der Abweichungen in einer Sequenz aus 729 Basenpaaren auf dem Y-Chromosom bekannt; sie hatten zu diesem Zweck die DNA von 38 Männern analysiert, die das gesamte Spektrum der ethnischen Vielfalt repräsentierten. Es zeigten sich so gut wie keine genetischen Abweichungen – ein stichhaltiges Argument für relativ späte Vorfahren aller Menschen (für den Ort dieser gemeinsamen Vorfahren liefern die Befunde keine Anhaltspunkte, aber wie ich zuvor erwähnt habe, sprechen andere Gründe stark für Afrika). Sie gelangen für die ursprüngliche Abspaltung des *Homo sapiens* von einer Vorläuferpopulation zu einem Zeitpunkt von vor 270000 Jahren, was sehr gut mit der üblichen Schätzung von 250000 Jahren für »Eva« übereinstimmt. (Diesen Befunden zufolge sind die Menschen also vor etwa einer Viertelmillion Jahren entstanden, und zwar vermutlich in Afrika; vor etwa 100000 Jahren begannen sie dann, sich auf die anderen Kontinente auszubreiten.) Gilbert und Kollegen glaubten auch, sie könnten die Größe der Gründerpopulation auf etwa 7500 Männer schätzen – eine besonders erfreuliche Bestätigung meiner eigenen, auf das unterbrochene Gleichgewicht gegründeten Vorurteile, wonach neue Arten recht schnell durch Abspaltung von früheren Populationen entstehen, nicht aber durch allmähliche Umformung ganzer Vorläufergruppen.

Das (vorerst) letzte Wort möchte ich Gilbert und seinem stichhaltigen methodischen Argument überlassen, dass umstrittene Entdeckungen sich am besten bestätigen lassen, wenn man mit völlig unabhängig gewonnenen Daten zu dem gleichen Ergebnis gelangt: »Das Datum für unseren Adam passt gut zu dem der afrikanischen Eva ... Besonders spannend ist dabei, dass unsere Experimente sich auf andere Prinzipien stützen als die früheren Arbeiten. Das bestärkt uns in der Erkenntnis, dass die modernen Menschen einen gemeinsamen Ursprung haben.«

8. *Von Zungenwürmern, Stummelfüßern und Bärtierchen*

Ich entstamme der letzten Studentengeneration, zu deren Ausbildung noch in großem Umfang das Auswendiglernen gehörte. Deshalb kann ich Lincolns Rede zur Eröffnung des Soldatenfriedhofes von Gettysburg noch heute hersagen. (Und wie könnte man jemals die Geheimnisse vergessen, die man mit zehn Jahren gelernt hat, solange man sich mit 50 noch die wichtigsten Erlebnisse der letzten Woche merken kann?) Zumindest kenne ich Lincolns Zeile für Paläontologen: »Es ist unser aller Wille, dass diese Toten nicht umsonst gestorben sind.« Und wenn Stephen Dedalus in den Romanen von Joyce sich »auf den höchsten Höhen des alten Olymp« (auf Englisch »on old Olympus's topmost tops«) in den Strom seines Bewusstseins begibt, weiß ich ganz genau, dass er an die übliche Eselsbrücke für die Namen der Gehirnnerven in der richtigen Reihenfolge von vorn nach hinten denkt: olfactorius, opticus, oculomotorius ...

Unter den klassischen Themen, die man in meiner Schulzeit auswendig lernen musste, fallen zwei durch ihre Nützlichkeit für spätere Paläontologen wie mich besonders auf: die geologische Zeittafel und die Liste der Tierstämme, jener großen systematischen Einheiten des Lebendigen in unserem Organismenreich (etwa 20 bis 40, je nachdem, welche Version unterrichtet wurde). Über etwa ein Dutzend dieser Gruppen beklagten meine Mitschüler sich nicht allzu sehr, denn eigentlich sollte jeder ein Wirbeltier von einem Gliederfüßer, einem Weichtier oder einem Stachelhäuter unterscheiden können, und sei es auch nur, weil uns solche Geschöpfe in unserem täglichen Leben durchaus begegnen. Für die größere Zahl der so genannten »kleinen Stämme« – für die Wieheißensiedochgleichs mit so seltsamen Namen wie Ctenophora (Rippenquallen) und Priapulida (Priapswürmer) – hatten die meisten von uns nur Verachtung und Ekel übrig: Im Examen fielen sie uns nicht ein, und sie waren im Central Park oder am Jones Beach (der »Natur« für New Yorker Kinder) nicht anzutreffen.

Aber diese »kleinen« Stämme verkörpern eine der faszinierendsten Fragen in der Naturgeschichte, und man sollte sie durchaus nicht mit dem Unbekannten und Unbeliebten auf eine Stufe stellen. Zunächst einmal sind sie »klein« nur im Hinblick auf ihre heutige Mitgliederzahl (jeder umfasst heute nur wenige Arten), aber manche von ihnen, insbesondere Armfüßer und Moostierchen, beherrschen die ältesten Fossilfunde vielzelliger Tiere. Außerdem sind diese Gruppen auch in ihrer anatomischen Besonderheit alles andere als unbedeutend: Sie unterscheiden sich voneinander ebenso wie ein Fisch von einer Fliege oder eine Muschel von einer Seegurke.

Wenn man die größten Geheimnisse im Zusammenhang mit Geschichte und Fossilien der Tierwelt lüften will, spielen die kleinen Stämme eine entscheidende Rolle. Ich habe in meinen Essays schon häufig über die »kambrische Explosion« geschrieben, jenen äußerst beschränkten Zeitraum, in dem fast alle grundlegenden anatomischen Baupläne der Tiere zum ersten Mal in Form von Fossilien auftauchen. Nach einer neuen Untersuchung (siehe das vorige Kapitel), die sich erstmals auf stichhaltig ermittelte radiometrische Altersmessungen stützt, dauerte diese Episode nur erstaunlich kurze 5 Millionen Jahre in der Zeit von vor 535 bis 530 Millionen Jahren.

Seit damals ist zum Arsenal des Lebendigen nur ein einziger neuer Stamm mit auffälligen Fossilfunden hinzugekommen: die Moostierchen oder Bryozoen, eine Gruppe kleiner, Kolonien bildender Lebewesen, die wie die Riffe bauenden Korallen ein Kalkskelett ausscheiden, das die einzelnen Tiere einer solchen Ansammlung umgibt. (Die Moostierchen entstanden zu Beginn der nächsten Epoche, des Ordoviziums; dass sie im Kambrium zu fehlen scheinen, könnte einfach daran liegen, dass wir ihre älteren Vertreter nicht gefunden haben.) Man kann ohne große Übertreibung sagen, dass die nachfolgenden 530 Millionen Jahre der Evolution nichts anderes hervorgebracht haben als eine Reihe von Variationen der

Themen, die sich während dieser ersten Explosion durchsetzten – auch wenn manche der kleinen Neuerungen, beispielsweise das Bewusstsein der Menschen und die Flugfähigkeit der Insekten, erhebliche Auswirkungen auf die Geschichte des Lebendigen hatten!

Einen Schlüssel zur kambrischen Explosion bilden die kleinen Stämme, weil sie möglicherweise eine Ausnahme und Aufweichung darstellen. Wie ich bereits erläutert habe, handelt es sich um eine äußerst rätselhafte Phase der Evolution, die den beliebten Annahmen über einen allgemein langsamen, stetigen entwicklungsgeschichtlichen Wandel völlig widerspricht. Deshalb suchten die Paläontologen (größtenteils unbewusst, denn so handeln wir nun einmal auf Grund unserer am tiefsten verwurzelten Vorurteile) nach mildernden Umständen oder Argumenten, die entweder für eine geringere Bedeutung oder für eine Verlängerung der kambrischen Explosion sprachen.

Von allen diesen Mitteln, mit denen wir unserer Vorliebe für Einheitlichkeit Nahrung geben, war keines weiter verbreitet – ich höre schon im Geist die übereinstimmende Meinung der Professoren, und ich habe es auch in Dutzenden von Büchern gelesen – als folgender Rückgriff auf die kleineren Stämme, mit dem man die kambrische Explosion von einer Besonderheit zu einer verstärkten Version der ganz normalen Möglichkeiten machen wollte: »Wie können Sie behaupten, alle Stämme seien in diesem kurzen Zeitraum entstanden? Immerhin besitzen die Tiere aus der Hälfte aller Stämme überhaupt keine harten Körperteile, sodass sie keine Fossilien hinterlassen konnten. Woher wissen Sie, dass diese Gruppen nicht in den 530 Millionen Jahren nach der kambrischen Explosion entstanden sind? Außerdem gehören zu den meisten dieser Stämme nur sehr wenige Arten. Spricht das nicht für eine relativ späte Entstehung, die noch keine Zeit für allmähliche Ausbreitung und Artbildung gelassen hat?«

Diese Argumentation ist nicht unvernünftig und erscheint unter bestimmten Umständen besonders stichhaltig. Betrachten wir beispielsweise einmal ein klassisches Beispiel für einen kleinen Stamm mit wenigen Mitgliedern: die Zungenwürmer oder Pentastomida. (Der lateinische Name bedeutet wörtlich »Fünfmünder«, eine Anspielung auf die beiden Gliedmaßenpaare, die am Vorderende rund um den eigentlichen Mund angeordnet sind. Bei manchen Arten – siehe Abbildung – liegt der Mund am Ende eines Stiels, der in seiner Länge mit den umgebenden vier Beinen zu vergleichen ist, sodass der Eindruck eines fünfstrahligen Sterns entsteht. Der Trivialname »Zungenwürmer« erinnert an eine weiter verbreitete Art, die in ihrer Form der Zunge eines Wirbeltieres in Miniaturausführung ähnelt.

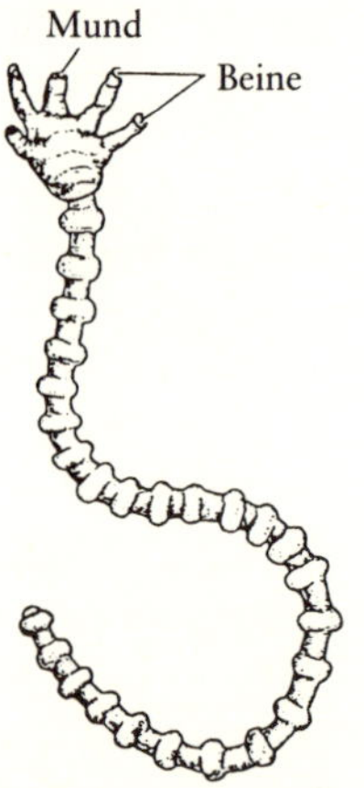

Der Zungenwurm, *Cephalobena tetrapoda.* Nancy J. Haver, nach Bart und Broshears, 1982.

Aus: *Invertebrates* von Richard C. und Gary J. Brusca, Sinauer Associates, 1990.

Die Zungenwürmer sind Parasiten und besiedeln fast ausschließlich landlebende Wirbeltiere – eine Gruppe, die erst lange nach der kambrischen Explosion entstand. Außerdem ähneln die Pentastomida in einigen wichtigen Merkmalen den Krebsstieren aus der Gruppe der Gliederfüßer. Deshalb setzte sich nach einem Jahrhundert hitziger Debatten und zahlreicher Hypothesen, welche die Zungenwürmer entweder anderen großen Stämmen zuordneten oder ihnen eine Sonderstellung einräumten, in jüngster Zeit eine einheitliche Meinung durch: Danach sind diese rätselhaften Geschöpfe ein eigener Stamm, der sich erst lange nach der kambrischen Explosion aus Krebstieren entwickelt hat. Und wenn sich die einzigartigen Pentastomida erst in jüngerer Zeit aus einer gut etablierten Gruppe entwickeln konnten, warum dann nicht auch die meisten anderen kleinen Stämme? Damit würde die kambrische Explosion ihren Sonderstatus verlieren, und die »Stammerzeugungsmaschine« der Evolution würde während aller geologischen Epochen weiterhin arbeiten.

In diesem Essay möchte ich über einige neue Befunde berichten, die zu der umgekehrten Schlussfolgerung führen: Die kambrische Explosion war in ihrem Umfang noch größer und in ihren Auswirkungen einzigartiger, als selbst ihre Fürsprecher bisher vermutet hatten. Die Daten stehen in zwei wissenschaftlichen Aufsätzen, die meine deutschen Paläontologenkollegen Dieter Walossek und Klaus J. Müller von der Rheinischen Friedrich-Wilhelms-Universität in Bonn 1994 veröffentlichten. Solche langen Fachartikel über die Anatomie kleiner Fossilien aus dem Kambrium müssen in der Wahrnehmung der Öffentlichkeit zwangsläufig auf der Strecke bleiben (während sie im kleinen Kreis der professionellen Paläontologen häufig einen ziemlichen Aufruhr verursachen). In der Journalistenzunft haben nur die wenigsten »Wissenschaftsautoren« viel Geduld mit den Feinheiten der beschreibenden Anatomie (und auch die Tradition des Berufsstandes, alles im Fachjargon vorzutragen, trägt erheblich zu dem Mangel bei). Außerdem – und das ist noch trauriger – nehmen biologische Systematik und Anatomie auf der Leiter des wissenschaftlichen Ansehens die unterste Stufe ein: Sie gelten als harmloses und niedliches, aber völlig veraltetes Fachgebiet, das mehr in die Tage Linnés im 18. Jahrhundert gehört als in die moderne Welt der Molekularbiologie.

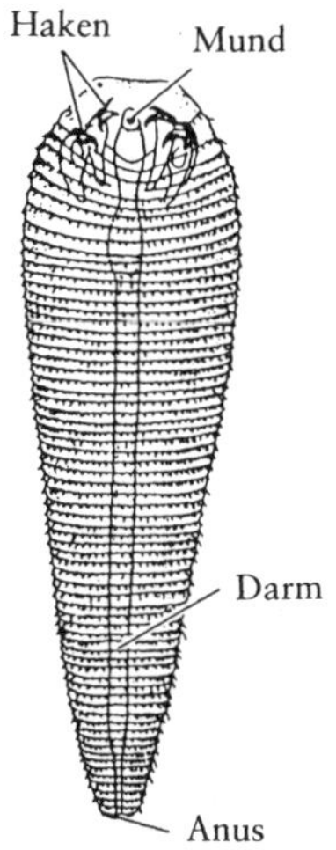

Der Zungenwurm, *Linguatula serrata.* Nancy J. Haver, nach Sedgewick, 1888.
Aus: *Invertebrates* von Richard C. und Gary J. Brusca, Sinauer Associates, 1990.

Aber die Bedeutung einer Entdeckung liegt nicht in der »Modernität« der angewandten Methoden, sondern in der Wirkung und Reformkraft der durch sie ausgedrückten Ideen sowie in den Theorien, die sie verändert. Wer gedankenlos der Mode nachläuft, wird unter Umständen blind gegenüber dem bleibenden Wert von Dingen, die nicht zur Kenntnis genommen oder als veraltet abgetan werden. Man denke nur an so leuchtende, zeitlose Gestalten wie Bach und Brahms, die im höheren Alter von längst vergessenen Anhängern der »neuesten« Trends als hoffnungslose Fossilien verächtlich gemacht wurden. Man sollte nach der Qualität und dem Zusammenhang mit den zentralen Ideen der Naturwissenschaft urteilen, nicht nach der Verwendung der modernsten Apparate oder Fachausdrücke.

Der bei weitem größte Tierstamm sind die Gliederfüßer mit ihren wichtigen Untergruppen: Insekten, Spinnentiere (Spinnen, Milben, Skorpione und Schwertschwänze) und Krebstiere (Krebse, Krabben, Hummer und viele andere Meeresbewohner). In der Nähe der Gliederfüßer siedelt man in der Regel auch drei kleinere Stämme an, weil sie ein paar entscheidende anatomische Merkmale besitzen, die auf eine mögliche stammesgeschichtliche Nähe zu dieser größten aller Gruppen schließen lassen: die Stummelfüßer oder Onychophora, die Tardigrada oder Bärtierchen, und die Pentastomida oder Zungenwürmer. Ein beliebtes neueres Lehrbuch über die Biologie der Wirbellosen (*Invertebrates* von Richard C. und Gary J. Brusca) widmet ihnen ein ganzes Kapitel unter der Überschrift »Drei rätselhafte Gruppen und ein Überblick über die Stammesgeschichte der Gliederfüßer«.

Am Fall dieser drei Abstammungslinien lässt sich ausgezeichnet die Hypothese überprüfen, dass neue Stämme zu allen Zeiten entstehen und dass die kambrische Explosion nicht etwas so Besonderes ist, wie man es vermuten könnte, wenn man die Fossilfunde wörtlich nimmt: Die drei Stämme werden in der Regel gemeinsam beschrieben und besitzen alle entscheidenden Merkmale, die für eine Entstehung in späterer erdgeschichtlicher Zeit sprechen – wenige lebende Arten und das Fehlen harter Teile, sodass kaum Fossilien erhalten bleiben konnten.

Seit einigen Jahren wissen wir, dass Fossilien der Stummelfüßer bis in die Zeit der kambrischen Explosion zurückreichen. Die heutigen Vertreter dieser Gruppe leben vorwiegend an Land, beispielsweise in feuchtem Laub und verrottendem Holz. Die meisten ihrer rund 80 Arten sind zwei bis sieben Zentimeter lang, und ihr länglicher Körper trägt 14 bis 43 Paare kurzer Beine (daher ihr Name) hinter einem Kopf, auf dem sich drei Paare von Anhangsgebilden befinden (Fühler, Kiefer und Schleimpapillen, mit denen die Fleisch fressenden Tiere eine klebrige Substanz auf ihre Beute schießen). Das ganze Tier ähnelt entfernt einer Raupe, aber zwischen diesen Larven der Schmetterlinge und den Stummelfüßern besteht keine enge stammesgeschichtliche Verwandtschaft.

Dass es im Kambrium bereits Stummelfüßer gab, vermutet man

schon seit achtzig Jahren; damals wurde *Aysheaia* entdeckt, ein Fossil mit weichem Körper aus dem berühmten Burgess-Schiefer in British Columbia. Aber *Aysheaia* stand immer ein wenig im Abseits, und viele Paläontologen bezweifelten, dass die Gattung wirklich zu den Stummelfüßern gehörte; das änderte sich erst, als man in den letzten zehn Jahren vier weitere Gattungen aus dem Kambrium entdeckte, darunter eine durch neue Deutung des Fossils *Hallucigenia*, eines der rätselhaftesten Lebewesen aus dem Burgess-Schiefer: In ihm erkannte man jetzt einen Stummelfüßer, nachdem man zuvor Ober- und Unterseite verwechselt hatte. Diese spannenden Erkenntnisse (siehe Kapitel 24 in meinem früheren Buch *Eight Little Piggies*) zeigen, dass die Stummelfüßer nur heute in ihrer Artenzahl und ihrem beschränkten ökologischen Lebensraum eine untergeordnete Gruppe sind. Anfangs stellten sie eine vielfältige, wichtige Gruppe der kambrischen Meeresbewohner dar.

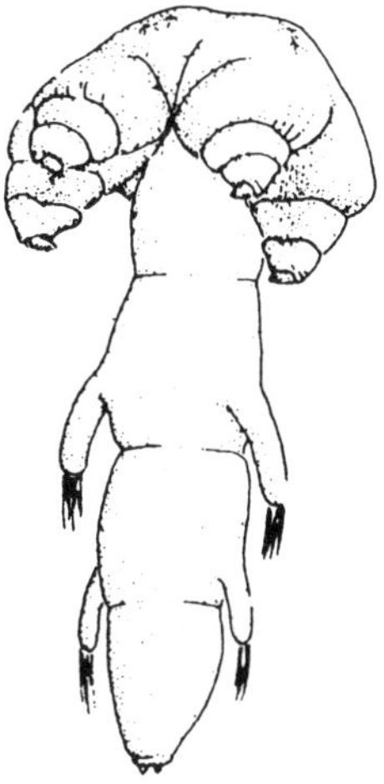

Die neuentdeckte fossile Zungenwurmlarve *Heymoniscambria scandica* aus dem oberen Kambrium in Schweden.
Royal Society of Edinburgh.

Walossek und Müller entdeckten nun auch kambrische Fossilien von Bärtierchen und Zungenwürmern – wir können jetzt also bestätigen, dass alle drei Stämme bis auf die Zeit der ersten Auseinanderentwicklung der Tiere in der kambrischen Explosion zurückgehen. Vor den spannenden Berichten der Bonner Wissenschaftler hatte man überhaupt keine Fossilfunde von Bärtierchen und Zungenwürmern gekannt – kein einziges Exemplar aus irgendeiner Zeit. Durch die neuen Entdeckungen aus der Frühzeit der Tierstämme machen beide Gruppen also einen großen Satz aus der Gegenwart bis zurück zu den Anfängen.

Die heutigen Bärtierchen sind winzige Lebewesen, die man mit bloßem Auge kaum erkennen kann: Sie messen in der Regel einen Zehntel bis einen halben Millimeter, der »Riese« des Stammes bringt es allerdings auf 1,7 Millimeter. Die meisten der rund 400 Arten leben in dem Wasserfilm auf Moosen, Flechten, Blütenpflanzen, Erdboden oder abgestorbenen Pflanzenresten im Wald, manche bewohnen allerdings auch eine Umwelt im Süß- und Salzwasser auf den Sedimenten von Teichen und Meeresarmen. Sie sehen aus wie winzige, achtbeinige Bären (siehe Abbildung) und bewegen sich mit schwerfälligen Schritten – deshalb einerseits die umgangssprachliche Bezeichnung »Bärtierchen«, andererseits aber auch ihr wissenschaftlicher Name, der sich ebenfalls auf Form und Bewegung bezieht: *Tardigrada* heißt »langsame Geher«.

Die Bärtierchen haben in der populärwissenschaftlichen Literatur eine gewisse Berühmtheit erlangt, weil sie eine Reihe ungewöhnlicher Merkmale besitzen – von ihrem entzückend humorvollen Aussehen gar nicht zu reden. Manche Arten praktizieren eine seltsame Form der Fortpflanzung durch indirekte Befruchtung: Das Männchen durchdringt die Außenhaut des Weibchens und legt darunter seinen Samen ab. Anschließend stößt das Weibchen die Haut ab (Bärtierchen wachsen wie Insekten durch Häutung – sie entledigen sich ihrer Außenhülle und scheiden sie in größerer Form neu aus) und legt seine Eier in die alte Umhüllung, die bereits mit den zuvor abgegebenen Samenzellen besetzt ist.

Am berühmtesten aber sind die Bärtierchen wegen ihrer erstaunlichen Fähigkeit, den Stoffwechsel zurückzufahren und lange Ruhephasen zu überstehen – dieser Zustand, Kryptobiose genannt, ist dadurch gekennzeichnet, dass äußerlich überhaupt keine Anzeichen für einen Stoffwechsel mehr zu erkennen sind.

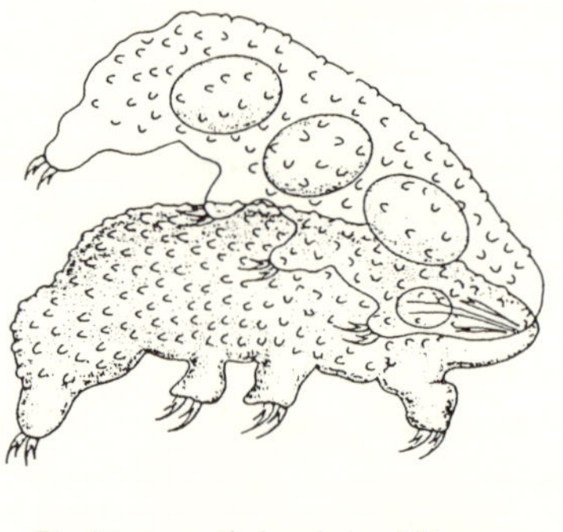

Ein Bärtierweibchen beim Ablegen seiner mit Eiern gefüllten Außenhaut. Nancy J. Haver, nach Morgan, 1982.
Aus: *Invertebrates* von Brusca und Brusca, 1990.

Trocknet der Lebensraum der Bärtierchen aus (und das Leben in Wasserfilmen an Land kann eine gefährliche Angelegenheit sein), ziehen sie die Beine ein und scheiden um den geschrumpften Körper herum eine Schutzschicht aus. In diesem »Tonnenzustand« und mit nicht mehr nachweisbarem Stoffwechsel können die Bärtierchen unglaubliche Strapazen überleben, die ihnen von der Natur aufgezwungen oder von experimentierenden Menschen erfunden werden – man kann sie beispielsweise in absoluten Alkohol, Ether oder flüssiges Helium tauchen, und ebenso überstehen sie Temperaturen zwischen +149 und –272 Grad Celsius (letztere knapp über dem absoluten Nullpunkt)! Steht wieder Wasser zur Verfügung, schwillt das Tier an und nimmt seine Aktivität innerhalb weniger Stunden wieder auf. Wie lange ein Bärtierchen in der Tonnenform überleben kann, weiß niemand. Das Lehrbuch von Brusca erwähnt einen (vermutlich nicht belegten) Bericht über lebende Bärtierchen auf einem Stück Moos aus einer Museumssammlung, das 120 Jahre in einer trockenen Vitrine gelegen hatte und dann angefeuchtet wurde. Wie nicht anders zu erwarten, sind deshalb die Bärtierchen auch für Wissenschaftler, die sich mit der Alterung befassen, von besonderem Interesse.

Vom 22. bis 26. August 1994 fand in der englischen Universitätsstadt Cambridge die Sechste Internationale Tagung über Bärtierchen statt (bei dem Gedanken, dass selbst die kleinen Stämme von ihren menschlichen Anhängern mit so vielen, kosmopolitischen Veranstaltungen geehrt werden, wird mir ganz warm ums Herz). Auf dieser Konferenz präsentierten Walossek und Müller zusammen mit R. M. Kristensen vom Zoologischen Museum der Universität Kopenhagen Aufsehen erregende Ergebnisse; ihr Vortrag trug den Titel »Ein mehr als eine halbe Milliarde Jahre alter Tardigrada-Vorläufer aus Sibirien«. Sie hatten das erste unumstrittene Fossil eines Bärtierchens gefunden, und mit dessen Alter fiel die Spezies in den Anfang der kambrischen Explosion.

Die Exemplare sehen ganz und gar wie Bärtierchen aus und messen 0,25 bis 0,35 mm (im heutigen Formenspektrum eine mittlere Größe). Der Schlüssel zu ihrer Identifizierung liegt aber nicht in der Ähnlichkeit von Größe oder allgemeinem Aussehen – solche grundlegenden Merkmale können auch durch konvergente Evolution unabhängiger Abstammungslinien entstehen –, sondern in einer großen, auffälligen Gruppe einzigartiger, komplizierter Eigenschaften, die man ausschließlich bei den fraglichen Fossilien und den heutigen Bärtierchen findet. Zu diesen Kennzeichen der stammesgeschichtlichen Verwandtschaft gehören der charakteristische, grubenähnliche Mund, Gliedmaßen mit paarweise angeordneten Haken oder Klauen, die am Ende eingezogen werden können, und winzige, plattenförmige Verdickungen zwischen den Extremitäten.

Noch viel stärker scheinen die Zungenwürmer dafür zu sprechen, dass auch nach der kambrischen Explosion weiterhin große Tiergruppen entstanden sind – sie sind unter den kleineren Stämmen das klassische angebliche Beispiel dafür. Die 100 bis 110 Arten dieses Stammes sind ausnahmslos obligatorische Parasiten von Wirbeltieren (von denen fast alle an Land leben – nur wenige Arten sind in Fischen zu Hause). Wie viele Parasiten, so haben auch die Zungenwürmer einen komplizierten Lebenszyklus, in dessen Verlauf sie von einem Zwischen- zu einem Endwirt wandern. Die Larven bohren sich durch die Darmwand des ersten Wirtes und reifen dann zum infektiösen Zustand heran. Frisst ein anderes Wirbeltier den ersten Wirt, wandert der reife Zungenwurm in die Atemwege des Räubers – entweder indem er aus dem Magen in die Speiseröhre kriecht und sich dann durchbohrt oder über ein Loch in der Darmwand und das Blut. Anschließend setzt sich der Parasit mit den hakenbewehrten beiden Gliedmaßenpaaren, die seinen Mund umgeben, in Lunge, Nase oder Mundhöhle fest (es wurde sogar über Zungenwürmer im Auge des Menschen berichtet). In diesem nunmehr endgültigen Fress-Stadium saugt der Zungenwurm mit seinem Mund das Blut seines Wirtes. (In den Ohren der meisten Menschen hört sich kaum etwas in der Biologie so – um die moderne Umgangssprache zu verwenden – ätzend an wie die Lebensweise der Parasiten; aber diese Lebewesen gehören als wichtiger Bestandteil zur Vielfalt des Lebendigen und zur Ökologie, und wir müssen über sie Bescheid wissen – auch wenn ich nicht behaupten möchte, wir sollten sie mögen.)

Wie viele Parasiten, so sind auch die Zungenwürmer anatomisch äußerst einfach gebaut (die sichere, abgeschirmte Umgebung in einem Wirt bietet wenig Anreiz zur Aufrechterhaltung der komplizierten Merkmale, die für das Leben in einer unangenehmeren Außenwelt notwendig sind). Die speziellen, für das Leben als Parasit erforderlichen Organe – die Hilfsmittel, mit denen das Tier seinen Wirt findet, besiedelt und ausbeutet – sind vorhanden und kompliziert gebaut (in diesem Fall der »fünfstrahlige Stern« aus dem gestielten Mund und zwei Beinpaaren am Vorderende), aber der übrige Körper ist stark vereinfacht. Zungenwürmer besitzen beispielsweise keine inneren Organe für Atmung, Blutkreislauf oder Ausscheidung. Der Darm ist ein einfaches, gerades Rohr mit Pumpmuskeln am Vorderende, die sich natürlich gut dazu eignen, dem Wirt das Blut zu entziehen.

Diese starke anatomische Vereinfachung der normalen Organe in Verbindung mit raffiniert gestalteten, sehr spezifischen Hilfsmitteln zur Ausbeutung des Wirtes machen die systematische Einteilung der Parasiten und ihre stammesgeschichtliche Einordnung in den Evolutionsbaum der frei lebenden Formen besonders schwierig. Die Zungenwürmer waren lange ein klassisches Beispiel für diesen allgemeinen Albtraum der biologischen Systematiker. Das Spektrum der Hypothesen umfasst fast alle nur vorstellbaren Möglichkeiten; besonders beliebte Lösungen waren Verwandtschaftsbeziehungen zu den Ringelwürmern (Anneliden) und dieser oder jener Untergruppe der Gliederfüßer oder eine eigenständige Stellung (häufig zusammen mit Stummelfüßern und Bärtierchen).

In den letzten Jahren setzte sich jedoch zunehmend die Meinung durch, man solle die Zungenwürmer mit den Krebstieren aus dem Stamm der Gliederfüßer in Verbindung bringen. Mehrere Autoren führten Belege für die Ähnlichkeit zwischen den Larven der Zungenwürmer und der Fischläuse (Branchiura) an, die zu den Krebstieren gehören. Auch die Feinstruktur der Außenhaut und die Morphologie der Samenzellen schienen für eine Verbindung zu den Krebsen zu sprechen. Im Jahr 1989 schließlich sah es so aus, als würde ein Befund aus dem Labor meines Freundes und Kollegen Larry Abele von der Florida State University der Diskussion ein Ende machen. Um die Verhältnisse zu klären, wandten Abele und seine Mitarbeiter die höchst leistungsfähige und zu Recht moderne Methode des DNA-Sequenzvergleichs (und zwar in dem häufig benutzten, sehr aufschlussreichen Gen für die ribosomale 18S-rRNA) auf die Zungenwürmer und Vertreter mehrerer mutmaßlich verwandter Stämme an, so auf Ringelwürmer und alle wichtigen Gruppen der Gliederfüßer, darunter Insekten, Schwertschwänze, Doppelfüßer und Krebstiere. Der Evolutionsstammbaum, den sie aus den molekularen Unterschieden rekonstruieren konnten, ließ die engste Verwandtschaft zwischen Zungenwürmern und Krebstieren erkennen. Auf Grund dieser Daten sprechen Brusca und Brusca in ihrem Lehrbuch von »überzeugenden Belegen, dass die Zungenwürmer tatsächlich stark abgewandelte, parasitische Krebstiere sind«.

Außerdem veranlasste die heutige Lebensweise der Zungenwürmer als Parasiten landlebender Wirbeltiere alle diese Befürworter einer Verbindung mit den Krebstieren zu der durchaus vernünftigen Hypothese, der Stamm sei erst lange nach der kambrischen Explosion entstanden – das hätte die herkömmliche Sichtweise bestätigt, wonach grundlegend neue Körperbaupläne sich in allen Epochen der Erdgeschichte entwickeln können, sodass die kambrische Explosion zwar eine Phase besonders intensiver Evolution, aber nichts Einzigartiges war. Abele und Kollegen verlegten die Aufspaltung von Zungenwürmern und Krebstieren sogar in die Zeit von vor 350 bis 225 Millionen Jahren.

Aber jetzt haben Walossek und Müller unumstritten Zungenwürmer – und zwar nicht nur ein einziges Exemplar, sondern eine ganze Fauna mit mehreren Arten – aus den Schichten des Oberen Kambriums beschrieben. Die Fossilien stammen aus den »Orsten«-Schichten in Schweden, einem außergewöhnlichen Sediment, das in den letzten zwanzig Jahren eine äußerst bedeutsame Tierwelt mit winzigen, wunderschönen Fossilien aus dieser Frühzeit des vielzelligen Tierlebens freigegeben hat. (Die Fossilien sind als Phosphate in winzigen Kalkkügelchen erhalten geblieben. Man kann die Kügelchen in Säure auflösen, und dann bleibt ein ausgezeichnet geformtes, dreidimensionales Fossil übrig, das innen hohl ist, aber alle Feinheiten der Oberflächenstruktur zeigt. Da die Kügelchen so klein sind, können auf diese Weise leider keine Fossilien der bekannteren, größeren wirbellosen Tiere aus dem Meer erhalten bleiben; die Fauna von Orsten besteht vorwiegend aus Gliederfüßerlarven und anderen sehr kleinen, ausgewachsenen Lebewesen, darunter auch diese zum ersten Mal beschriebenen Zungenwürmer.)

Bei allen derartigen Fällen einer mutmaßlichen Verbindung zwischen Fossilien und heute lebenden Formen muss man (insbesondere angesichts einer so großen zeitlichen Lücke – andere Fossilien, die zeitlich zwischen den Exemplaren von Orsten und den heutigen Arten liegen, wurden nicht gefunden) eine nahe liegende Alternative in Betracht ziehen: Vielleicht sind die Fossilien nur durch konvergente Evolution mit den heutigen Zungenwürmern entstanden, obwohl sie in Wirklichkeit eine völlig unabhängige Abstammungslinie darstellen. Es gibt in der Geschichte des Lebendigen eine Fülle von Beispielen für verblüffende Ähnlichkeiten, die sich getrennt entwickelt haben – Fische und Ichthyosaurier, Maulwürfe mit Beutel und Plazenta, die Augen von Tintenfischen und Wirbeltieren. Aber eine solche Konvergenz, so erstaunlich sie in den allgemeinen, angepassten Merkmalen von Bauplan und Funktion auch sein mag, kann niemals zu völliger Übereinstimmung in mehreren hundert stark spezialisierten Einzelteilen führen, denn die sich annähernden Abstammungslinien gehen aus sehr unterschiedlichen Vorläufern hervor und müssen die Ähnlichkeiten trotz weit auseinander liegender Ausgangspunkte zu Wege bringen. Deshalb mögen die Paddel der Ichthyosaurier zwar in ihrer äußeren Form ein wahres Ebenbild der Fischflossen sein, aber ihre Bestandteile sind Fingerknochen aus einer Vergangenheit als landlebende Tiere; und die Augen von Tintenfischen und Wirbeltieren, obgleich in ihrer endgültigen Form sehr ähnlich, werden in der Embryonalentwicklung auf sehr unterschiedlichen Wegen aufgebaut.

Deshalb können wir mit Sicherheit davon ausgehen, dass es sich bei den von Walossek und Müller untersuchten Funden um echte Zungenwürmer handelt: Wie bei den Bärtierchen sind die Ähnlichkeiten zahlreich, detailliert und umfassend. Zu den ähnlichen Merkmalen gehört auch der Grundbauplan des Körpers mit einem kugelförmigen Kopf, zwei Gliedmaßenpaaren für die Anheftung an den Wirt und einem dünnen, sich verjüngenden, wurmförmigen Körper. Auch das grundlegende embryologische Prinzip der »Segmentkonstanz« ist Fossilien und modernen Formen gemeinsam: Sie wachsen durch aufeinander folgende Häutungen, aber weitere Segmente kommen nicht mehr hinzu. (Unter den Fossilien von Orsten sind sowohl Larven als auch ausgewachsene Tiere, sodass man sogar Aufschlüsse über solche Einzelheiten des Wachstums gewinnen kann.)

Neben dieser Übereinstimmung in Grundbauplan und Wachstum entsprechen Fossilien und heutige Formen einander auch in scheinbar trivialen Aspekten. Beide besitzen charakteristische

Poren auf der Innenseite der Gliedmaßen; beide können die Gliedmaßen teilweise in ihre Basis zurückziehen; bei beiden wachsen zwei Papillen oder Knoten am Hinterende im Umfeld des Darmausganges. Eine solche Fülle charakteristischer, offensichtlich nebensächlicher Merkmale würde sich mit einer derartigen Ähnlichkeit von Form und Lage nicht zwei Mal entwickeln.

Außerdem können wir in einer Hinsicht etwas Wichtiges von den Fossilien lernen, denn sie zeigen eine auffällige Struktur, die man von den heutigen Formen nicht kennt. Der Körper der modernen Zungenwürmer (das heißt der Abschnitt hinter dem Kopf) besteht offensichtlich aus vier Segmenten. Die Unterteilung ist aber nicht durch eindeutige, sich wiederholende Strukturen gekennzeichnet – was in mehreren Stämmen der Wirbellosen das normale Zeichen einer echten Segmentierung ist. Die Nervenganglien sind getrennt und wiederholen sich, aber da die Zungenwürmer morphologisch so stark vereinfacht sind und keine Atmungs-, Kreislauf- oder Ausscheidungsorgane besitzen, kann es kaum andere eindeutige Indizien für eine echte Segmentierung geben. Insbesondere das aufschlussreichste aller Merkmale, die Gliedmaßen an jedem Segment, findet man bei keinem einzigen heute lebenden Zungenwurm. Einige Fossilien besitzen jedoch kleine, paarweise angeordnete Gliedmaßen am zweiten und dritten Körpersegment! Man kann sogar behaupten: Die Fossilien sind mit den heutigen Formen ganz und gar vergleichbar, weisen aber dieses zusätzliche (und höchst aufschlussreiche) Merkmal auf.

Damit widerlegen die Fossilien ganz eindeutig die beliebte Hypothese, wonach die Zungenwürmer erst lange nach der Evolution der landlebenden Wirbeltiere entstanden sind. Aus der Tatsache, dass sie über mehr als 500 Millionen Jahre hinweg so stabil waren, ziehen Walossek und Müller den Schluss: »Die lange Geschichte der Gruppe und ihre bemerkenswerte morphologische Unveränderlichkeit widerlegen alle Hypothesen, wonach sie aus landlebenden Gliederfüßern hervorgegangen sind.« (Die Gliederfüßer besiedelten das feste Land nämlich erst lange nach dem Kambrium.)

Wenn es die Zungenwürmer schon im Kambrium gegeben hat, erhebt sich natürlich die Frage nach ihren ursprünglichen Wirten, denn die landlebenden Wirbeltiere hatten sich damals noch nicht entwickelt. Ein Wirtswechsel, sogar von einem Tierstamm zum anderen, kommt in der Evolution von Parasiten häufig vor; die Notwendigkeit, einen solchen Übergang zu postulieren, wirft also keine theoretischen Probleme auf. Aber wir wüssten gerne, welche Arten dafür in Frage kommen. Die ursprünglichen Wirte im Kambrium müssen keine nahen Verwandten der Wirbeltiere gewesen sein, aber eine auffällige Gruppe von Fossilien, die Conodonten, stellte während der gesamten Geschichte der Paläontologie ein großes Rätsel dar. (Ihr weicher Körper konnte nämlich kaum versteinern, sodass im Allgemeinen nur ihre mikroskopisch kleinen »Zahnelemente« erhalten geblieben sind.) In den letzten zehn Jahren hat man aber auch die weichen Körperteile ganzer Tiere gefunden (siehe Kapitel 16 in meinem Buch *Das Lächeln des Flamingos*), und neueste Befunde weisen darauf hin, dass die Conodonten zur Abstammungslinie der Wirbeltiere gehören – demnach, so die Vermutung von Walossek und Müller, waren die Zungenwürmer vielleicht immer Parasiten von Wirbeltieren. Fossilien von Conodonten kommen an allen Fundorten aus dem Kambrium, an denen man Zungenwürmer gefunden hat, ebenfalls häufig vor.

Aber wie steht es dann mit den biochemischen Indizien für eine Verwandtschaft mit den Krebstieren und eine Entstehung lange nach dem Kambrium? Molekularbiologische Befunde haben in den letzten Jahren so an Ansehen gewonnen, dass eine derartige Behauptung unbestreitbar erscheinen mag – aber die handfesten Belege für Zungenwürmer im Kambrium lassen sich offensichtlich noch weniger widerlegen. Liest man jedoch Abeles Aufsatz von 1989 genau, stößt man auf eine hübsche Lösung.

Ich habe in diesen Essays schon häufig darauf hingewiesen, wie stark (und häufig unbewusst) Theorien unsere Deutung von Befunden einschränken können. (Deshalb müssen wir besonders wachsam und gründlich sein, wenn wir gezielt die Auswirkungen unserer theoretischen Vorlieben untersuchen.) Die Lösung liegt im letzten Satz des Artikels von Abele und seinen Kollegen – aber sie erkannten es nicht, vermutlich weil die spätere Abstammung von den Krebstieren zu den üblichen Annahmen der Evolutionstheorie und ihrer Vorliebe für eine stetige Entstehung der großen Gruppen passte. Diese letzte Zeile lautet (ich zitiere wörtlich und umschreibe dann): »Demnach hat sich die 18S-rRNA dieser beiden Gruppen in einem Zeitraum, den man sehr grob auf 287 ... Millionen Jahre schätzen kann, um 10,8 Prozent auseinander entwickelt, das heißt um etwa 1,9 Prozent je 50 Millionen Jahre und damit schneller als mit dem einen Prozent je 50 Millionen Jahre, über das zuvor für die 18S-rRNA der Eukaryonten berichtet wurde. Angesichts der Fehler, die bei solchen Schätzungen auftreten können, bleibt die Bedeutung dieses Unterschiedes ungeklärt.« Mit anderen Worten: Unter der Annahme, dass die Zungenwürmer erst vor 287 Millionen Jahren aus den Krebstieren entstanden sind, muss die Evolution ihrer RNA fast doppelt so schnell verlaufen sein, wie es dem für andere vielzellige Lebewesen berechneten Durchschnitt entspricht. Diese Diskrepanz bereitete den Autoren keine großen Sorgen (zumindest behaupten sie das in ihrem letzten Satz), weil RNA sich ohnehin mit stark schwankender Geschwindigkeit verändert und die Methoden zu ihrer Messung eine große Fehlerspanne aufweisen.

Aber an keiner Stelle erwähnen Abele und Kollegen die nahe liegende Alternative, eine Hypothese, die sich nun mit großer Wahrscheinlichkeit als richtig erweist. Wenn die Zungenwürmer sich tatsächlich im Kambrium, also nicht vor 287, sondern vor 530 Millionen Jahren von den Krebstieren (oder einer anderen Gruppe) abgespalten haben, ergibt sich aus dem gemessenen Unterschied keine ungewöhnlich schnelle Veränderung, sondern eine durchschnittliche Wandlungsgeschwindigkeit – verteilt man nämlich die 10,8 Prozent Unterschied nicht auf 287, sondern auf 530 Millionen Jahre, gelangt man ziemlich genau zu einem Durchschnittswert von einem Prozent je 50 Millionen Jahre! Mit anderen Worten: Die Fossilfunde stimmen mit den molekularbiologischen Daten überein und beseitigen bei diesen eine Anomalie, die sich allein aus der herkömmlichen (und falschen) Annahme einer späteren Entstehung der Zungenwürmer ergab.

Die kambrische Explosion ist das Schüsselereignis in der Geschichte des vielzelligen Tierlebens. Je eingehender wir uns mit diesem Zeitraum befassen, desto stichhaltiger erscheinen die Indizien, wonach er einzigartig war und den weiteren Verlauf der Geschichte des Lebendigen maßgeblich beeinflusst hat. Die grundlegenden anatomischen Prinzipien, die in dieser Epoche entstanden, haben das Leben seither beherrscht; wichtige Neuerungen sind nicht mehr hinzugekommen – und wenn etwas fehlt, dann aus Gründen, die eher dem Losglück als dem vorhersagbaren Überleben besser geeigneter Abstammungslinien ähneln (siehe mein Buch *Wonderful Life*). Die Geschichte des Lebendigen folgte in ihrem Verlauf den Ursprüngen und Erfolgen dieser großartigen Anfangsphase. Ich kann deshalb nur mit einer anderen bekannten Zeile aus der Ansprache von Gettysburg schließen, bei der Lincoln sich im ersten häufig zitierten Satz so gründlich irrte (eine grausame Ironie für Schulkinder, die ihn gegen ihren Willen auswendig lernen müssen), im zweiten aber so beredt etwas Wahres sagte – das offensichtlich auch für den außergewöhnlichen Einfluss der erfolgreichen Gruppen aus dem Kambrium gilt: »Die Welt wird kaum zur Kenntnis nehmen und sich nicht lange daran erinnern, was wir hier sagen, aber was jene hier getan haben, kann man niemals vergessen.«

Stabilität

9. Cordelias Dilemma

Während Goneril und Regan um den Reichtum ihres Vaters buhlen und zu diesem Zweck mit falschen, schmeichlerischen Worten ihre Liebe beteuern, fürchtet sich Cordelia, die dritte Tochter des Königs Lear, vor der Abrechnung, die ihr Vater gleich verlangen wird: »Was sagt Cordelia nun? Sie liebt und schweigt ... denn meine Lieb, ich weiß, wiegt schwerer als mein Wort.«

Dann lockt Lear auch Cordelia in das Spiel der einander übertrumpfenden Liebesschwüre: »Was sagst du, dir zu gewinnen / Ein reichres Dritteil als die Schwestern? Sprich!« Aber die anständige Cordelia weigert sich, das falsche Spiel um Besitz mitzuspielen, und sagt nichts; daraufhin enterbt Lear sie mit den Worten: »Aus nichts kann nichts entstehn.«

Lears tragischer Fehler, der zu Verblendung, Wahn und Tod führt, liegt darin, dass er etwas Wichtiges nicht erkennt: Schweigen – nichts zu offenbaren – kann die tiefste, wichtigste aller Bedeutungen in sich tragen. Was war in unserer gesamten Geschichte und Literatur beredter als Jesu Schweigen vor Pilatus oder die Begegnung des heiligen Thomas Morus mit dem Henker, weil er zwar anerkannte, dass die Königstreue ihm Kritik an der Eheschließung zwischen Heinrich VIII. und Anna Boleyn verbot, gleichzeitig aber buchstäblich bis in den Tod bei seinem Recht zu schweigen blieb und ihr nicht zustimmte.

Die Bedeutung negativer Befunde – wenn die Natur scheinbar schweigt oder sich zumindest nicht unseren Erwartungen beugt – ist auch in der Naturwissenschaft ein wichtiges Thema. Natürlich erkennen Naturwissenschaftler an, wie wichtig ein negatives

Ergebnis sein kann, und oft versuchen sie es gezielt herbeizuführen, beispielsweise wenn sie die Lieblingshypothese eines Kollegen widerlegen wollen. Aber in Berichten über wissenschaftliche Erkenntnisse stellen die häufig auftretenden negativen Befunde ein gewaltiges und im Wesentlichen ungelöstes Problem dar. Ich spreche hier nicht von Manipulation, Vertuschung, Gaunerei und anderen krankhaften Auswüchsen der Naturwissenschaft (obwohl es so etwas natürlich gibt, und zwar mit einer Häufigkeit, die wir, wenn wir ehrlich sind, nicht angeben können). Vielmehr meine ich die nur allzu menschliche Vorliebe für eine gute Story – und unsere einfache, ganz und gar vernünftige Neigung, einen Bogen um Ungeklärtes und Langweiliges zu machen.

Die tägliche Arbeit der Naturwissenschaftler erblickt zum allergrößten Teil niemals das Licht eines Veröffentlichungstages (und wer würde sich etwas anderes wünschen, wenn man ohnehin wegen der ständig zunehmenden Flut von Fachzeitschriften schon auf dem eigenen Arbeitsgebiet nicht auf dem Laufenden bleiben kann und die Erkundung anderer völlig undenkbar ist). Echte Fehlstarts wandern in den Papierkorb – recht so. Aber Experimente, die bis zu Ende geführt wurden und negative Ergebnisse erbracht haben, bleiben nur allzu oft unveröffentlicht in den Hängemappen von Registraturschränken; bekannt sind sie nur denen, die sich tatsächlich damit beschäftigt haben, und auch die vergessen sie häufig. Wir alle wissen, dass Tausende von Romanen, die von ihren Autoren als minderwertig beurteilt wurden, rund um die Welt in den Schubladen liegen. Aber ist uns auch klar, dass noch mehr Institutsschränke voller Experimente mit negativen Ergebnissen stecken?

Positive Befunde dagegen liefern interessante Aufschlüsse und werden deshalb in der Regel zur Veröffentlichung niedergeschrieben. Deshalb dürfte die allgemein zugängliche Literatur einen sehr einseitigen Eindruck von der Effizienz und den erreichten Kenntnissen vermitteln. Diese Voreingenommenheit, die durch eine zu geringe Berichterstattung über negative Ergebnisse entsteht, beschränkt sich nicht auf abgelegene Themen und Abstraktionen der theoretischen Wissenschaft, sondern sie kann auch zu schwer wiegenden und sogar tragischen praktischen Konsequenzen führen. So werden zum Beispiel manchmal nach einem einzigen positiven Befund (der häufig durch eine Studie an einer sehr kleinen Stichprobe gewonnen wurde) Aufsehen erregende medizinische Behauptungen über die Wirksamkeit bestimmter Behandlungsmethoden aufgestellt (insbesondere bei chronischen und tödlichen Krankheiten wie Krebs und Aids). Später lassen sich die Befunde dann in umfangreicheren Untersuchungen nicht erhärten, womit die Therapie eigentlich wertlos wird. Aber solche späteren, negativen Ergebnisse werden oft in reinen Fachzeitschriften mit sehr begrenztem Leserkreis veröffentlicht; als Nicht-Geschichten erregen sie nicht ohne weiteres die Aufmerksamkeit der Massenmedien, sodass die Menschen weiterhin Hoffnungen hegen und kostbare Zeit für nutzlose Prozeduren vergeuden.

Die Statistik wird in unseren Schlagzeilen und Leitartikeln häufig mit Füßen getreten. Ich bin aber ein Anhänger und häufiger Benutzer statistischer Verfahren – denn diese Wissenschaft ist vor allem dazu da, Hoffnungen und falsche Wahrnehmungen zu erkennen und auszumerzen, die zu Unrecht in zahlenmäßige Befunde hineininterpretiert werden. Statistik kann Aufschlüsse darüber liefern, ob veröffentlichte Zahlen wirklich für die Wahrscheinlichkeit eines negativen Ergebnisses sprechen, auch wenn wir uns auf Grund unserer Hoffnungen fälschlicherweise eine positive Interpretation zu Eigen gemacht haben. Aber die Statistik kann uns nicht retten, wenn wir unser eigenes Nicht-Licht unter den Scheffel stellen (mit der Bitte um Verzeihung an Matthäus 5,15) – das heißt, wenn wir nur positive Ergebnisse veröffentlichen und unsere vermutlich negativen Befunde in unseren Aktenschränken einer genaueren Überprüfung entziehen.

Über dieses Problem habe ich schon viel nachgedacht (insbesondere während ich *Der falsch vermessene Mensch* schrieb), aber damals war mir noch nicht klar, dass diese besondere Art der Voreingenommenheit einen Namen hat und dass es sogar ein wenig Literatur gibt, die sich ihren gewichtigen Problemen widmet; erst 1988 stieß ich auf einen Aufsatz von Colin B. Begg und Jesse A. Berlin mit dem Titel »Voreingenommenheit bei der Veröffentlichung: ein Problem für die Interpretation medizinischer Daten«.

Begg und Berlin leiten ihren Aufsatz mit einem ausgezeichneten Zitat von Sir Francis Bacon ein (*The Advancement of Learning*, 1606). Es handelt von den psychologischen Grundlagen dessen, was er als »Fehlervertrag« zwischen Autor und Leser über die Ausübung von Voreingenommenheit bei Veröffentlichungen bezeichnet – damit meint er die Neigung, nur positive Ergebnisse offen zu legen und schöne Geschichten zu erzählen:

> Denn wenn heute Kenntnisse geliefert werden, gibt es eine Art Vertrag zwischen dem Lieferanten und dem Empfänger; wer nämlich Kenntnisse liefert, wünscht sie in einer Form zu liefern, in welcher sie am besten geglaubt werden können, und nicht in einer solchen, in welcher man sie am besten zu prüfen vermag; und wer sie empfängt, strebt eher nach sofortiger Befriedigung denn nach zukünftiger Untersuchung.

Begg und Berlin führen mehrere belegte Fälle für solche Voreingenommenheit bei der Veröffentlichung an. So können wir beispielsweise kaum daran zweifeln, dass zwischen gesellschaftlich-wirtschaftlicher Stellung und akademischen Leistungen ein Zusammenhang besteht, aber Stärke und Wesen dieser Verbindung können wichtige Anhaltspunkte für die praktische Politik wie auch für die Gesellschaftsheorie liefern. In einer Studie von K. R. White aus dem Jahr 1982 zeigte sich, dass der Zusammenhang mit dem Ansehen und der Langlebigkeit der Veröffentlichungsquelle immer stärker wurde. In Büchern erschienene Studien hatten im Hinblick auf akademische Leistungen und sozioökonomischen Status einen Korrelationskoeffizienten von 0,51, Fachaufsätze lagen bei 0,34, und unveröffentlichte Untersuchungen bei 0,24. Ganz ähnlich auch die Befunde in einem Artikel von A. Coursol und E. E. Wagner aus dem Jahr 1986: Sie fanden Voreingenommenheit sowohl bei der Entscheidung, einen Aufsatz überhaupt zur Veröffentlichung einzureichen, als auch bei der Wahrscheinlichkeit, dass er zur Publikation angenommen wurde. In einer Übersichtsuntersuchung der Ergebnisse von Psychotherapien stellten sie fest, dass Studien mit positiven Befunden in 82 Prozent der Fälle an Fachzeitschriften eingereicht wurden, bei negativen Resultaten dagegen wurde nur in 43 Prozent der Fälle eine Veröffentlichung versucht. 80 Prozent der Aufsätze, die über positive Ergebnisse berichteten, wurden zur Veröffentlichung angenommen, bei solchen mit negativen Befunden lag der Anteil nur bei 50 Prozent.

Meine Lieblingsuntersuchung über die Voreingenommenheit bei Veröffentlichungen fand ich in dem Buch *Gefangene des Geschlechts?* von Anne Fausto-Sterling, das aus diesem Grund einen einzigartigen, wichtigen Beitrag zum Feminismus darstellt. Fausto-Sterling zählt Behauptungen aus der Literatur auf, wonach es in kognitivem und emotionalem Verhalten immer wiederkehrende Unterschiede zwischen Männern und Frauen gibt; dabei leugnet sie nicht, dass häufig echte Unterschiede bestehen und dass sie in die Richtung gehen, über die üblicherweise berichtet wird. Aber dann durchstöbert sie gewissermaßen die Aktenschränke ihrer Kolleginnen nach nichtveröffentlichten Studien oder nach negativen Ergebnissen, die veröffentlicht und dann nicht weiter beachtet wurden; wie sie dabei feststellt, berichtet die große Mehrzahl solcher Untersuchungen entweder über kleinere, unbedeutende Unterschiede zwischen den Geschlechtern, oder sie finden überhaupt keine Abweichungen. Nimmt man nicht nur die veröffentlichten Studien, sondern alle Untersuchungen zusammen, gleiten die so viel beschworenen Unterschiede häufig ins Nebensächliche ab. Naturgeschichte (das habe ich in diesen Essays schon häufig dargelegt) ist vor allem die Wissenschaft der relativen Häufigkeiten und nicht des absoluten Ja oder Nein. Wenn unter Berufung auf veröffentlichte Literatur behauptet wird, dass »Frauen in allen Untersuchungen stark …« – während sich diese Aussage in ein »in einer Minderheit von Studien legt ein schwacher Effekt die Vermutung nahe, dass Frauen …« verwandelt, wenn man die unveröffentlichten Daten hinzunimmt –, kehrt sich ihre Bedeutung eigentlich um (auch wenn die seltenen, positiven Ergebnisse einheitlich in die gleiche Richtung weisen).

Eine (nach meiner Beobachtung allerdings in letzter Zeit im Sande verlaufene) Lieblingsvorstellung der Volkspsychologie führt die unterschiedliche Art der Kognition von Männern und Frauen auf das weniger stark zweigeteilte weibliche Gehirn zurück (das heißt, die rechte und linke Hälfte der Hirnrinde sind weniger stark spezialisiert). Tatsächlich berichteten einige Untersuchungen über einen geringfügigen Effekt der stärkeren Zweiteilung bei Männern; bei Frauen wurde eine stärkere Spezialisierung der Hirnhälften nie gefunden. Aber wie Fausto-Sterling nachweist, zeigte sich in den meisten Experimenten überhaupt kein messbarer Unterschied der

Zweiteilung – und diese überwiegende relative Häufigkeit (die sich sogar in der veröffentlichten Literatur widerspiegelt) sollte das beherrschende Thema der Berichte sein; in Wirklichkeit wird sie aber meist ignoriert, weil sie »keine Story« ist.

Dass die Voreingenommenheit bei der Veröffentlichung einem falschen Eindruck Vorschub leistet, der sich auf eine kleine, unausgewogene Auswahl aus der Gesamtzahl aller Untersuchungen gründet, ist schon schlimm genug. Aber zumindest werden die richtigen Fragen gestellt, und negative Ergebnisse lassen sich in Begriffe erfassen und gewinnen – selbst wenn dann in viel zu geringem Umfang über sie berichtet wird. Betrachten wir jetzt einmal das viel heimtückischere Problem, das Cordelias Dilemma mit ihrem Vater viel näher steht: Wie sieht die Sache aus, wenn unsere begriffliche Welt die Möglichkeit, ein negatives Ergebnis überhaupt zur Kenntnis zu nehmen, völlig ausschließt? Wie steht es, wenn wir eine sinnvolle Alternative überhaupt nicht sehen oder in Betracht ziehen können?

Cordelias Situation ist ein Dilemma im wahrsten Sinne des Wortes – sie hat die Wahl zwischen zwei gleichermaßen unerwünschten Alternativen: Entweder bleibt sie ehrlich, sagt nichts und erregt den Zorn ihres Vaters; oder sie spielt ein unmoralisches Spiel, täuscht etwas vor und sichert sich seine Zuneigung. In diese Notlage gerät sie, weil Lear den Gedanken, Cordelias Schweigen sei vielleicht ein Zeichen ihrer größeren Liebe – und nichts sei manchmal das Größte –, nicht in Begriffe fassen kann.

Deshalb ist Cordelias Dilemma tiefgreifender und interessanter als die Voreingenommenheit bei Veröffentlichungen: Es vermittelt uns eine Ahnung davon, welche Beschränkungen uns neurologische, gesellschaftliche und psychologische Bedingungen auferlegen, während wir uns darum bemühen, dieses komplizierte Universum zu begreifen, in das wir erst vor so kurzer Zeit hineingestoßen wurden. Die Voreingenommenheit im Fall von Veröffentlichungen ist nur eine Art Türsteher, der diejenigen mit dem richtigen Stempel auf der Hand passieren lässt. Ein solcher Wächter sieht wenigstens alle Menschen und kann seine unfairen Entscheidungen treffen. Die Zurückgewiesenen können meckern, eine Revolution anzetteln oder eine andere, bessere Party veranstalten. Die Opfer von Cordelias Dilemma dagegen sind »Unpersonen« im besten Orwellschen Sinn. Sie bewohnen den letzten Gulag im hintersten Sibirien, den entferntesten Außenposten im Eis des Nordens. Sie werden nicht in Begriffe gefasst und sind deshalb als mögliche Erklärungen überhaupt nicht existent.

Diese beiden Formen der fehlenden Berichterstattung erfordern unterschiedliche Lösungen. Die publizistische Voreingenommenheit lässt sich dadurch zurechtrücken, dass man sich ausdrücklich vornimmt, über negative Ergebnisse zu berichten, auch wenn sie weniger interessant oder nicht so schlüssig erscheinen wie die »gute Story« der positiven Befunde. Um aber Cordelias Dilemma zu lösen und aus ihrem Nichts ein sinnvolles Etwas zu machen, brauchen wir umfangreichere Veränderungen unseres begrifflichen Rahmens. Es lässt sich nicht aus sich selbst heraus beseitigen, denn nach der vorhandenen Theorie ist Cordelias Verhalten entweder ein Leugnen oder ein Nicht-Phänomen. Damit die begrifflichen Kategorien sich ändern und ihre Reaktion einen Sinn erhält, muss eine andere Theorie aus einem anderen Zusammenhang hinzugezogen werden. So betrachtet, ist Cordelias Dilemma ein Musterbeispiel für die dynamischen Wechselbeziehungen zwischen Theorie und Tatsachen in der Wissenschaft. Die Korrektur eines Fehlers kann nicht immer innerhalb eines anerkannten begrifflichen Systems aus einer neuen Entdeckung erwachsen. Manchmal muss man zuerst die Theorie über den Haufen werfen und einen neuen Rahmen schaffen, bevor die entscheidenden Fakten überhaupt zu erkennen sind. Erst einmal musste der Verdacht bestehen, dass Evolution sich tatsächlich abspielt; erst dann konnte man in den Unterschieden zwischen den Individuen einer Population das dynamische Material des historischen Wandels sehen, statt sie als unbedeutende, zufällige Abweichungen von einem einmal erschaffenen Typus zu betrachten.

Mit Cordelias Dilemma und der Bedeutung neuer Theorien, wenn man zuvor übersehene Phänomene zu etwas Vorstellbarem, Interessantem machen will, befasste ich mich vor allem deshalb, weil das »entscheidende Ereignis« in den Anfängen meiner Berufslaufbahn ein Beispiel beinhaltete, an dem ich eine Menge über die Funktionsweise der Wissenschaft gelernt habe. Bevor Niles Eldredge und ich 1972 die Theorie des unterbrochenen Gleichgewichts vorschlugen, hatten alle Paläontologen stillschweigend anerkannt, dass die meisten fossilen Arten sich während ihrer langen erdgeschichtlichen Lebensdauer kaum veränderten, aber fast nie hatte man das Phänomen gezielt untersucht, weil dieser Zustand der »Stasis« als uninteressanter Nichtbeleg für die Nichtevolution galt. Evolution war definiert als allmählicher Übergang in umfangreichen Fossilienreihen, und das gewaltige Übergewicht der Stasis galt als peinliches Merkmal der Fossilfunde, das man am besten ignorierte, weil es nichts (das heißt Nichtevolution) ausdrückte. Mein eigener Doktorvater war zum Statistikexperten geworden, weil er einen geringfügigen Gradualismus erkennen wollte, der sich in den Fossilreihen nicht augenfällig zeigte. Er wandte seine Methoden auf etwa 50 Abstammungslinien von Armfüßern im Devongestein des Beckens von Michigan an, fand keine Indizien für einen allmählichen Wandel (sondern – von einer zweideutigen Ausnahme abgesehen – Stasis), betrachtete seine Arbeiten als Enttäuschung, die nicht einmal einer Veröffentlichung wert waren, und wechselte kurz darauf das Arbeitsgebiet (sodass er in einem anderen Bereich der Geologie eine großartige Karriere machen konnte – unser Verlust war also ihr Gewinn).

Elredge und ich vertraten dagegen die Ansicht, man solle die Stasis nicht als peinliches Versagen beim Nachweis von Veränderungen betrachten, sondern als erwartete, interessante Norm; Evolution konzentrierte sich nach unserer Ansicht in den kurzen Phasen der Stammbaumverzweigung und Artbildung. Nach unserer Theorie wurde die Stasis zu etwas Interessantem, das der Dokumentation wert war, zum Normalzustand, unterbrochen durch seltene Veränderungsereignisse. Als Wahlspruch für das unterbrochene Gleichgewicht formulierten wir den Satz »Stasis ist Daten«. (Über die Grammatik kann man streiten, aber ich glaube, den begrifflichen Streit haben wir gewonnen.) Noch heute ist das unterbrochene Gleichgewicht ein Gegenstand hitziger Debatten, und manche (oder vielleicht die meisten) Behauptungen der Theorie werden vielleicht eines Tages auf dem Müllhaufen der Geschichte enden, aber stolz bin ich in jedem Fall auf einen Erfolg, der mit Cordelias Dilemma zu tun hat: Unsere Theorie hat die Stasis aus dem begrifflichen Abseits geholt. Vor 25 Jahren war sie kein Thema – ein »Nichts« nach der herrschenden Theorie. Eine Untersuchung von Abstammungslinien, die sich bekanntermaßen nicht verändert, hätte niemand veröffentlicht oder auch nur in Angriff genommen. Heute sind solche Studien und ihre Veröffentlichung Routine, und eine blühende Literatur belegt quantitativ den Charakter und Umfang der Stasis.

In der Theorie des unterbrochenen Gleichgewichts geht es um Entstehung und Geschichte der biologischen Arten, das heißt, die Stabilität der einzelnen Arten war das »Nichts«, das unsere Theorie in den Mittelpunkt des Interesses und der Aufmerksamkeit der Fachleute rückte. Ein anderes »Nichts« beherrscht und verzerrt unsere Gedanken über die nächste, umfassendere Ebene der Evolutionsgeschichten: über die Entwicklung der stammesgeschichtlichen Büsche, das heißt der Artengruppen, die jeweils einen gemeinsamen Vorfahren haben; es geht beispielsweise um die Evolution der Pferde, Dinosaurier oder Menschen. Die einschlägige Literatur berichtet vorwiegend über Trends, über den zeitlich gerichteten Wandel von Durchschnittsmerkmalen bei den Arten, die zu einem solchen Busch gehören. Solche Trends gibt es sicher in Hülle und Fülle, und sie sind das Material für die üblichen guten Storys. Die Gehirngröße nimmt im Abstammungsbusch des Menschen tatsächlich zu, und wenn wir uns im Busch der Pferde von unten nach oben bewegen, wird die Zahl der Zehen geringer und der Körper größer.

Aber bei der großen Mehrzahl der Büsche ist ein solcher einheitlicher Trend über längere Zeit hinweg nicht zu beobachten. Das wissen alle Paläontologen, aber nur die wenigsten spielen jemals mit dem Gedanken, einen solchen Busch ohne gerichtetes Wachstum gezielt zu untersuchen. Dass die Geschichte der Kontinente und Ozeane während der meisten Zeit keinen einheitlichen Fortschritt erkennen lässt, nehmen wir zur Kenntnis – »das Meer kommt, und das Meer geht«, so ein Standardspruch, den Geologiedozenten seit jeher predigen. Aber wenn es um das Lebendige geht, rechnen wir damit, dass die Büsche in Richtung des Lichtes wachsen, dass sie eine Geschichte des gezielten Wandels erzählen. Hier können wir uns nicht mit dem Urteil des Predigers Salomo über die irdische Zeit abfinden (Kapitel 1,9): »Was geschehen ist, eben das wird hernach sein. Was man getan hat, eben das tut man hernach wieder, und es geschieht nichts Neues unter der Sonne.«

Aber wenn wir uns das richtige Gespür für die Geschichte des

Lebendigen in ihrem ganzen Umfang und Wesen aneignen wollen, müssen wir Büsche ohne auffallende gerichtete Veränderung untersuchen. Selbst wenn wir glauben (und ich räume ein, dass ich selbst an dieser üblichen Voreingenommenheit festhalte), dass Trends trotz ihrer Seltenheit die interessantesten Phänomene der Stammesgeschichte sind – weil sie die Richtung vorgeben und deshalb die Evolution von einem Gemälde zu einer Prozession machen –, müssen wir auch die relative Häufigkeit der nicht mit Fortschritt verbundenen Evolution kennen, und sei es auch nur, damit wir den Nährboden verstehen, auf dem die wenigen Trends interessante historische Entwicklungen entstehen lassen. Wie können wir behaupten, wir verstünden die Evolution, wenn wir nur die ein bis zwei Prozent der Phänomene untersuchen, aus denen sich die gerichtete Geschichte des Lebendigen zusammensetzt, während wir das riesige Gebiet der gerade wachsenden Büsche – die Entwicklung, der die häufigsten Abstammungslinien während der meisten Zeit unterliegen – in die Rumpelkammer der begrifflichen Vergessenheit befördern?

Mittlerweile erkenne ich erfreuliche Anzeichen für ein Umdenken: Immer häufiger befassen sich die Paläontologen jetzt mit dieser Stasis höherer Ordnung, mit der ungerichteten Geschichte ganzer Evolutionsbüsche. Eine ausgezeichnete, bahnbrechende Untersuchung an Korallen aus der Kreidezeit veröffentlichten Ann F. Budd und Anthony G. Coates kürzlich in *Paleobiology*, der führenden Fachzeitschrift unserer Zunft. Budd und Coates erklären in einer Einleitung, welches Ziel sie verfolgen, und ich muss ihnen aus ganzem Herzen zustimmen:

> Genau wie die Untersuchung der Stasis das Verständnis der mit der Artbildung einhergehenden morphologischen Veränderungen erleichtert hat, so bietet, wie wir hier nachweisen, auch die Beschäftigung mit der nicht auf Fortschritt zielenden Evolution wertvolle Erkenntnisse darüber, wie die Ursachen der Trends untereinander in Wechselbeziehung treten und deshalb innerhalb der Klades [Evolutionsbüsche] komplizierte, von der Gesamtrichtung unabhängige entwicklungsgeschichtliche Muster entstehen lassen.

Budd und Coates beschäftigten sich mit *Montastraea*, einer Gattung Kolonie bildender Korallen, die riesige Riffe bauen und auch in der heutigen Tierwelt noch von großer Bedeutung sind (zweifellos haben viele Leser einen *Montastraea*-Brocken auf ihrem Kaminsims). Sie untersuchten die Frühgeschichte des *Montastraea*-Abstammungsbusches in der langen Kreidezeit – sie dauerte etwa 80 Millionen Jahre und war die letzte Phase, in der das trockene Land von den Dinosauriern beherrscht wurde. Dabei fanden sie kaum Anhaltspunkte für einen gerichteten Wandel, wohl aber ein Hin- und Herschwanken zwischen einer Mindest- und Maximalgröße der einzelnen Korallenpolypen innerhalb der Kolonie. Am einen Ende standen die Arten mit »großen Polypen« (Durchmesser 3,5–8,0 mm), die Sedimente wirksamer entfernen können und in Bereichen mit trübem Wasser häufiger vorkommen; Arten mit »kleinen Polypen« dagegen (2,0–3,5 mm) herrschen eher in den klaren Gewässern an den Kanten der Riffe vor. Außerdem ernähren sich die Arten mit großen Polypen meist aktiv von kleinen Planktontieren, kleinere Arten dagegen beziehen ihre Nährstoffe zum größten Teil unmittelbar von den Zooxanthellen (photosynthetisch aktiven Algen), die als Symbionten in ihrem Gewebe leben.

Budd und Coates äußern die Vermutung, der Durchmesser der Polypen sei möglicherweise auf Grund verschiedener Beschränkungen innerhalb dieser Grenzen geblieben: am unteren Ende durch Notwendigkeiten von Ökologie oder Entwicklung (womit gesagt wäre, dass noch kleinere Polypen sich weder entwickeln noch ordnungsgemäß funktionieren könnten), am oberen dagegen, weil nur eine begrenzte Zahl von Septen möglich ist. (Septen sind die sternförmig angeordneten Platten, die das Skelett der Korallenpolypen bilden. Wenn sich über eine bestimmte Zahl hinaus keine neuen Septen mehr bilden können, ist die Größe der Polypen eingeschränkt – aber dieses Argument ist reine Spekulation. Der Wortbestandteil »astraea« im Namen der Gruppe weist auf das sternförmige Muster der Septen im Querschnitt durch ein solches Tier hin.) Wenn solche Beschränkungen das Größenspektrum der Polypen begrenzen und beide Extreme sich unter verschiedenartigen Umweltbedingungen, die stets in manchen Teilen des Lebensraumes herrschen, bestimmter Vorteile erfreuen, kann die Evolution im Laufe der Zeit hin und her schwanken, ohne dass eine einheitlich gerichtete Komponente zu erkennen wäre.

Genau diese Schwankung fanden Budd und Coates, und das gab den Anlass zu ihrem gut gewählten Titel der »nicht fortschreitenden Evolution«. Sie unterteilten die Kreidezeit in vier Abschnitte und verfolgten dann in jedem davon die Prinzipien des Wandels. (Im größten Teil ihres langen Aufsatzes erläutern sie mit allen technischen Einzelheiten, wie sie Arten definiert und die Verwandtschaftsbeziehungen zwischen ihnen abgeleitet haben.) Nach ihren Feststellungen kam es am Übergang zwischen den Abschnitten 1 und 2 zu einer differenzierten Entstehung von Arten mit kleinen Polypen aus größeren Vorläuferformen, und das geografische Verbreitungsgebiet der ganzen Gruppe dehnte sich nach Süden aus. In den Abschnitten 2 und 3 herrschten dann »beschränkte Artbildung und Stasis« vor. Später, zwischen den Abschnitten 3 und 4, bildeten sich aus Vorfahren mit kleinen Polypen vorwiegend Arten mit größeren Individuen, und das Verbreitungsgebiet schrumpfte auf die Karibik zusammen. Mit anderen Worten: Der Busch sah am Ende nicht nennenswert anders aus als am Anfang – das Meer kam und ging, und *Montastraea* bewegte sich in seinem begrenzten Rahmen zwischen der Vorherrschaft kleiner und größerer Arten hin und her. Das Gleiche gilt für die meisten Organismengruppen in den meisten langen geologischen Zeitabschnitten – viel entwicklungsgeschichtlicher Wandel, aber keine Anhaltspunkte für eine eindeutige, dauerhafte Richtung.

Während ich diese Worte schreibe, spüre ich die Kraft von Cordelias Dilemma. Der Anlass, diesen Essay zu verfassen, war der Aufsatz von Budd und Coates. Dennoch nimmt meine Beschreibung ihrer Befunde nur einen kleinen Teil des Textes in Anspruch, denn die ungerichtete Evolution lässt nicht die Storys entstehen, die unser Blut in Wallung bringen und unser Interesse erregen. Das ist die Unausgewogenheit des literarisch Üblichen, um deren Überwindung wir uns bemühen müssen. Wie schaffen wir es, uns angemessen für das Normale, Alltägliche zu interessieren? Fast unser gesamtes Leben verfließt auf diese Weise – und das ist gut so, denn sonst wären wir alle psychische Wracks. Sollten wir uns nicht vom täglichen Lauf der Dinge faszinieren lassen? Wie können wir darauf hoffen, die seltenen Augenblicke zu verstehen, die den bunten

Reigen der Geschichte bilden, wenn wir den umfassenden Nährboden nicht kennen und genießen?

Nirgendwo wird das Dilemma besser deutlich als zwischen Cordelia und Lear selbst in ihrem letzten Auftritt als Gefangene in der dritten Szene des fünften Aktes. Sie sollen abgeführt werden, und Lear, obgleich schon hinter dem Schleier des Wahnsinns, spricht von der bevorstehenden Zeit im Gefängnis und wie sie fast zum Genuss wird durch die Aussicht auf Geschichten, die auf heldenhafte, gezielte Weise erzählt werden:

Komm fort! Zum Kerker fort!
... so wolln wir leben,
Beten und singen, Märchen uns erzählen
Und über goldne Schmetterlinge lachen.
Wir hören armes Volk vom Hofe plaudern
Und schwatzen mit; wer da gewinnt, verliert;
Wer in, wer aus der Gunst ist; und tun so tief
Geheimnisvoll, als wären wir Propheten
Der Gottheit; und so überdauern wir
Im Kerker Ränk und Spaltungen der Großen,
die ebben mit dem Mond und fluten.

Sean O'Casey sagte einmal: »Die Bühne muss größer sein als das Leben.« Wie könnten wir sonst aus dem alltäglichen Einkaufen, Essen, Schlafen und Urinieren (die Reihenfolge hat nichts zu bedeuten) ein Drama machen? Wenn das stimmt, sind unsere Voreingenommenheiten beim Geschichtenerzählen ein schlechtes Vorzeichen für einen Bericht über die wahre Historie des Lebendigen – wie sollen wir jemals das »Nichts«, das uns umgibt, so faszinierend machen, dass wir es bemerken und festhalten? Aber dann löste ein Landsmann von O'Casey das Problem in dem großartigsten Roman des 20. Jahrhunderts. James Joyce beschreibt in seinem *Ulysses* einen Tag im Leben einiger ganz normaler Menschen im Jahr 1904, und doch hat kein Werk der Literatur uns jemals mehr über das Wesen des Menschlichen und die Strukturen des Denkens gelehrt. Darf ich deshalb zum Schluss eine Art literarischer Gotteslästerung begehen und die berühmten letzten Zeilen des *Ulysses* zu einem ganz anderen Zweck übernehmen? Molly Bloom spricht in ihrem berühmten Monolog natürlich von etwas ganz anderem! Aber ihre Worte sind eine gute Antwort auf eine Frage, die wir uns alle stellen sollten: Soll ich mir vornehmen, auf das Kleine zu achten, die Ereignisse des täglichen Lebens zu sammeln und sie nicht als Nichts gegenüber den seltenen, grandiosen Augenblicken der Geschichte betrachten? »Ich hab ja gesagt ja ich will Ja.«*

* Aus: James Joyce, *Ulysses*, Frankfurt am Main 1982.

10. Lucy auf einer Erde in Stasis

Königin Victoria, wie gewöhnlich ein wenig hinter ihrer Zeit, fuhr 1842 zum ersten Mal mit der Eisenbahn – von Windsor nach London. (In den Vereinigten Staaten waren 1840 schon 4532 Kilometer Eisenbahnstrecke in Betrieb, und England konnte 2141 Kilometer vorweisen.) Aber auch wenn man von dieser symbolischen königlichen Handlung einmal absieht, war 1842 ganz allgemein ein Jahr des Wandels. Darwin skizzierte zum ersten Mal seine Theorie der natürlichen Selektion (auf die 1844 ein erweiterter Entwurf und erst 1859 die veröffentlichte Fassung *Die Entstehung der Arten* folgte). Und Alfred Lord Tennyson schrieb in *Locksley Hall* die berühmteste Zeile der viktorianischen Zeit über die Unausweichlichkeit von Veränderungen: »Lass die große Welt für alle Zeit im klingenden Geleise des Wandels sich drehn.«

Dass ich Tennysons Zeile mit Victoria und der Eisenbahn in Verbindung bringe, hat mehrere Gründe; zunächst einmal schrieb Tennyson selbst später, seine verblüffende und gleichzeitig recht seltsame Metapher für den (sicht- und hörbaren) Wandel sei die Folge eines Missverständnisses bei seiner ersten Bahnreise gewesen: »Als ich mit dem ersten Zug (1830) von Liverpool nach Manchester fuhr, glaubte ich, die Räder liefen in einer Rille. Es war dunkle Nacht, und der Zug war von einer so riesigen Menschenmenge umringt, dass wir die Räder nicht sehen konnten. Dann verfasste ich diese Zeile.«

Wir sind von Dualitäten umgeben, vielleicht weil Paarungen von der Natur begünstigt werden, vor allem aber, nach meiner Vermutung, weil unser Geist als Zweiteilungsapparat arbeitet. (Eingehender befasse ich mich mit diesem Thema im Kapitel 3.) Unter den Dualitäten, die unserem Bewusstsein seine Struktur verleihen, ist die von Wandel und Gleichförmigkeit vielleicht am umfassendsten und am tiefsten verwurzelt. Heraklit sagte, wir könnten nicht zweimal in den gleichen Fluss steigen, sein Zeitgenosse Pythagoras dagegen versuchte aus der offenkundigen Komplexität der Welt das Unveränderliche zu destillieren und entdeckte zu diesem Zweck einfache Regelmäßigkeiten in Zahlen und Geometrie – ein Traum, dem Gelehrte auch heute noch nachhängen, so beispielsweise Bertrand Russell, der als eine der drei größten Leidenschaften seines Lebens nannte: »Ich habe versucht, die pythagoräische Kraft zu begreifen, mit der Zahlen über den Wandel herrschen.«

Solche tief greifenden Dualitäten kann man nicht unter dem Gesichtspunkt von richtig und falsch analysieren, denn beide Seiten sind beides und keines davon. In unserem Bemühen, dieses unendlich rätselhafte und atemberaubend komplizierte Universum zu erfassen, verschaffen uns sowohl Fälle von Wandel als auch Fälle von Gleichförmigkeit entscheidende Antworten auf unterschiedliche Fragen und Erkenntnisse in unterschiedlichem Maßstab. Da beide Seiten der Dualität gleichermaßen wahr und nützlich sind, und da an unterschiedlichen Stellen in den wechselhaften Zeitläuften der Wissenschaftsgeschichte die eine oder andere im Vordergrund stand, macht sie uns am allerbesten deutlich, wie sich gesellschaftliche Faktoren auf einen Prozess auswirken, der dem Mythos zufolge frei von persönlichen Vorlieben ist und ausschließlich durch Beobachtungen vorangetrieben wird – denn kein Organisationsprinzip des Geistes könnte stärker gesellschaftlich und politisch beeinflusst sein als unsere vorübergehende Neigung, entweder den Wandel oder aber die Stabilität als das entscheidende Wesen des Universums zu betrachten.

In vielen Phasen der abendländischen Geschichte stand die Stabilität im Vordergrund, und sei es auch nur als angeblich natürliche Rechtfertigung für die herrschende politische Hierarchie aus Königen und Adel oder aus Päpsten und Bischöfen. Aber eine grundlegende Lehre des abendländischen Geisteslebens behauptet zumindest seit Ende des 18. Jahrhunderts, der Wandel sei natürlich, stetig und unausweichlich. Die Konservativen in der Gesellschaft mögen wettern und klagen, Visionäre und Romantiker mögen tanzen und singen, aber mindestens seit 200 Jahren beherrschen die klingenden Geleise unser Weltbild. Der Glaube an den Wandel als Wesensform der Natur erblühte im Zeitalter der Revolutionen im 18. Jahrhundert mit Amerika und Frankreich als ein wenig zweideutigen Vorreitern, gedieh danach in den Künsten mit der Welle der Romantik und erreichte einen Höhepunkt (Tennyson wählte seine Metapher sehr klug) mit dem noch zweifelhafteren viktorianischen Triumph der industriellen und kolonialistischen Expansion.

Evolution ist eine Tatsache der Natur – aber man hätte sie vermutlich nicht bemerkt und mit Sicherheit nicht so umfassend bekannt gemacht, bevor die Neigung zum Wandel in dieser grundlegenden Dualität die westliche Welt erfasst hatte. Aber dass die Evolution in Darwins Jahrhundert so schnell anerkannt wurde, lag auch daran, dass ihr zentrales Thema – der Wandel – sich so gut in den gesellschaftlichen Zusammenhang jener Zeit einfügte. Deshalb wurde die biologische Evolution mit ihrer unschlagbaren Kombination aus empirischer Wahrheit und sozialer Eignung in der abendländischen Wissenschaft zum Musterbeispiel einer Theorie des Wandels.

Natürlich möchte ich in diesem Essay den entwicklungsgeschichtlichen Wandel nicht deshalb in Frage stellen, weil ein Aspekt seiner Popularität gesellschaftliche Wurzeln hat. Aber ich möchte darauf hinweisen, wie wichtig es ist, die sozialen Einflüsse zur Kenntnis zu nehmen: Sie sind das beste Gegengift gegen ein übermäßiges Vertrauen in unsere Wahrnehmung von Tatsachen und der beste Anreiz für gesunde Skepsis und Selbstprüfung. Vieles von dem, was wir für empirisch bewiesen oder logisch notwendig halten, ist unter Umständen nur ein zufälliger Ausfluss vorübergehender gesellschaftlicher Vorlieben. Und wenn die Vorstellung vom Wandel als Wesen der Natur zu den stärksten dieser gesellschaftlichen Vorlieben gehört, müssen wir besonders skeptisch sein, wenn wir unsere Annahmen über den Charakter der Veränderung bewerten.

Die gesellschaftliche Vorliebe erschöpft sich nicht in dem einfachen Glauben, der Wandel sei das Wesentliche, sondern sie betrifft auch eine ganze Reihe von Annahmen über die Art der Umwandlung. Insbesondere betrachten wir den Wandel in der Regel als automatischen, kontinuierlichen Fortgang und nicht als etwas Seltenes, Kurzfristiges. Mit anderen Worten: Wir wollen die Veränderung begrifflich zu einer eigenen Art der Stabilität machen, die Systeme auf Grund ihrer Veränderungen definieren und den ständigen Wechsel als Normalzustand betrachten – insbesondere wenn es um Systeme geht, die der biologischen Evolution unterliegen.

Aber mit der allgemeinen Vorstellung von einem Universum, das durch Wandel beherrscht wird, stehen andere Theorien der Veränderung ebenso gut im Einklang. So könnte beispielsweise während der meisten Zeit Stabilität herrschen, und der Wandel wäre dann ein seltenes Ereignis, das in der Regel eine beträchtliche Größenordnung hat und nur dann eintritt, wenn äußere Belastungen über die Fähigkeiten eines Systems, sie ohne nennenswerte Abwandlung aufzufangen, hinausgehen. Nach dieser Alternativvorstellung ist Stabilität die meiste Zeit in den meisten Systemen während der meisten Zeit die Regel, und der Wandel stellt zwar in riesigen Größenordnungen und langen Zeiträumen die Triebkraft des Universums dar, fehlt aber in fast jedem einzelnen Augenblick – mehr darüber im vorigen Kapitel.

Dieser Konflikt zwischen den Vorstellungen von dauerndem, stetigem und schnellem, vorübergehendem Wandel führte in der Wissenschaftsgeschichte zu vielen hitzigen Diskussionen, so auch zu dem großen Streit zwischen Uniformitarianismus und Katastrophismus gegen Ende des 18. und Anfang des 19. Jahrhunderts (als allgemeine Theorien des Wandels gerade die Vorherrschaft übernommen hatten, sodass sie zu Muskelspielen und der Aufteilung der Einflussbereiche führten), in dem es um die physikalische Vergangenheit der Erde und den biologischen Wandel der Tierwelt ging, oder (um ein heutiges, viel kleineres Scharmützel zu nennen) zu der Diskussion um unterbrochenes Gleichgewicht und Gradualismus als Erklärung für die Artbildung in biologischen Abstammungslinien.

Ich möchte mit meinen Vorlieben und Voreingenommenheiten nicht hinter dem Berg halten. Zusammen mit Niles Elredge entwickelte ich 1972 die Theorie des unterbrochenen Gleichgewichts. Als Zaungast sah ich begeistert zu (und gab in diesen Essays gelegentlich Unterstützung), als Katastrophentheorien für das Massenaussterben ihr Comeback feierten, weil mittlerweile praktisch bewiesen ist, dass der Einschlag eines Himmelskörpers die große Auslöschung an der Grenze zwischen Kreidezeit und Tertiär in Gang setzte – mehr darüber im nächsten Kapitel.

Ich bin kein Gegner des allmählichen Wandels. Sehr oft herrscht diese Art der Veränderung nach meiner Überzeugung vor. Allerdings glaube ich, dass kurze Episoden des Wandels die wichtigste Handschrift der Natur sind – und ich bin überzeugt, dass wir diese Art der Veränderung nur deshalb so schwer in Begriffe fassen können, weil gesellschaftliche und psychologische Voreingenommenheit uns daran hindert, aber nicht weil die Natur davor zurückscheuen würde, ihre Unterschrift zu leisten (und zwar so deutlich, dass der König sie ohne Brille lesen könnte – aber wir normalen Sterblichen sind anscheinend oft blind, ganz gleich, wie auffällig die Signatur ist).

Auf eine ganz andere, sehr persönliche Weise habe ich mittlerweile begriffen, dass die Gleichsetzung der Evolution mit dem Glauben an den stetigen Wandel als Normalfall in der Natur die tiefgreifendste falsche Vorstellung ist, die ein Publikum aus intelligenten, gebildeten Laien über die Geschichte des Lebens hegt. Heute, in der Mitte meiner Laufbahn als Autor und Dozent, habe ich so viele hundert Vorträge gehalten und so viele tausend Briefe bekommen, dass ich mittlerweile ein gutes Gespür für die immer wiederkehrenden Themen und ihre relative Häufigkeit besitze. Manche Fragen werden nur selten gestellt; ganz wenige sind einzigartig und auf eine wunderbare Weise eigenwillig oder anspruchsvoll. Aber andere Fragen tauchen mit so vorhersehbarer Regelmäßigkeit immer wieder auf, dass ich am liebsten stereotype Antworten nach dem Motto »wenn ich dafür jedes Mal einen Dollar bekommen hätte, könnte ich mir jetzt ein schönes Leben machen« geben würde.

Ich halte diese unvermeidlichen Fragen keineswegs für dumm; ganz im Gegenteil: Ich höre sie jedes Mal, wenn ich spreche, weil sie aus den innersten Sorgen, Interessen und Verblüffungen der Menschen stammen. Aber die Grundlage solcher Fragen ist häufig ein tiefes Missverständnis über das Wesen der Evolution. Die Menschen klammern sich sogar gerade deshalb an solche Themen, weil sie (wenn auch nur ganz vage) begreifen, dass zwischen der empirischen Welt und einer Formulierung, die in ihrer Vorstellung von der Evolutionstheorie notwendig oder unausweichlich erscheint, ein Widerspruch besteht. Die Lösung liegt aber nicht in einer Umgestaltung der Tatsachen, sondern darin, dass man sich zu einer begrifflichen Neuformulierung zwingt, welche die Fakten von einer Anomalie zu etwas Erwartetem macht.

Die beiden häufigsten Fragen (die eigentlich eine einfachere und eine raffiniertere Version der gleichen Überlegung darstellen) wurzeln in der falschen Annahme, Evolution sei gleichbedeutend mit kontinuierlichem Wandel, und Stabilität müsse deshalb als höchst rätselhafte Anomalie beurteilt werden. Die erste, weniger komplizierte Version ist die einfache Frage: »Wohin wird die Evolution des Menschen in Zukunft führen?«

Fragen sind nicht neutral; die Liste der Annahmen, von denen sie ausgehen, kann lang und kompliziert sein. Hier steht am Anfang die unausgesprochene Überzeugung, Evolution verlaufe immer in einer Richtung, und dann wollen wir natürlich besonders gern wissen, wohin ein solcher allumfassender Vorgang unser engstirniges kleines Ich führen wird. Darauf, so glaube ich, kann ich nur mit einer Gegenfrage antworten: »Warum sind Sie der Meinung, unsere Evolution müsse oder solle irgendwohin führen?« Anschließend versuche ich zu erklären, dass die Körperform des Menschen schon seit mehreren zehntausend Jahren gleich geblieben ist (und dass demnach alles, was wir Zivilisation nennen, ohne nennenswerte Veränderung der physischen Eigenschaften von Gehirn oder Körper aufgebaut wurde, ohne Wandlungen, die in den Fossilien erhalten bleiben könnten). Dann füge ich hinzu, Stabilität über Zeiträume von Hunderttausenden oder Millionen von Jahren sei die Norm, und man könne bei einer großen, erfolgreichen, geografisch weit verbreiteten Population mit nichts anderem rechnen. Evolution konzentriert sich häufig auf Ereignisse der Neubildung von Arten, und die spielen sich in der Regel nur in kleinen, isolierten Populationen ab. Die Menschen leben auf der ganzen Welt, wandern energisch von Ort zu Ort und haben die Gewohnheit, sich überall offenbar unaufhaltsam zu kreuzen – es gibt also keine Gelegenheit für Isolation und Artbildung (es sei denn, man wollte ein Science-Fiction-Szenario mit Kolonien im Weltraum konstruieren). Deshalb kann ich auf diese unvermeidlichste aller Fragen nur antworten: Wenn wir der Natur ihren Lauf lassen, werden wir uns wahrscheinlich nirgendwohin entwickeln (wohin die Reise mit kulturell bedingten Phänomenen wie der Gentechnik geht, ist allerdings völlig offen), und diese Stabilität ist nach der Evolutionstheorie auch zu erwarten (siehe Kapitel 24).

In ihrer verwickelteren Form wird die Frage von Menschen gestellt, die über die derzeitige, langfristige Stabilität bereits Bescheid wissen, die Situation als höchst anormal betrachten, darüber nachgedacht haben und zu einer möglichen Erklärung gelangt sind – und zwar zu einer Erklärung, die höchst sinnvoll wäre, wenn die falsche Gleichsetzung von Evolution und ständigem Wandel stimmen würde: »Ist die derzeitige Stabilität in der äußeren Form des menschlichen Körpers darauf zurückzuführen, dass die erbarmungslose Wirkung der natürlichen Selektion durch die Kultur unterdrückt wurde, sodass die Ungeeigneten nicht mehr ausgemerzt werden und der auf Anpassung ausgerichtete entwicklungsgeschichtliche Wandel blockiert ist?«

Auf diese Frage versuche ich eine zweiteilige Antwort zu geben. Zunächst entlarvte ich sie als Überbleibsel der altmodischen Eugenik mit ihrer falschen Annahme – dem Bollwerk der falsch benannten und abgehalfterten Lehre des »Sozialdarwinismus« –, der »Fortschritt« der Menschheit erfordere einen erbarmungslosen, offenen Kampf nach Art der Gladiatoren, dessen Sieger in Machtpositionen aufsteigen, während die Minderwertigen entweder an die Wand gestellt oder in die unteren Gesellschaftsschichten abgeschoben werden. Nach dieser Vorstellung fällt die Kultur der Natur in den Arm, weil sie den Ungeeigneten (durch Herstellung von Brillen, Hörgeräten, Rollstühlen und ähnlichen Hindernissen für die darwinistische Ordnung) das Überleben ermöglicht. Deshalb sammeln sich »schlechte« Gene an, und die Abhärtung durch Evolution kommt zum Erliegen.

Ich gebe zu: Dass eine so schlecht formulierte und gesellschaftlich so schädliche Argumentation sich so hartnäckig hält, ärgert mich. Gene, derentwegen die Augen eine Brille zur Korrektur brauchen, sind in keinem absoluten Sinn »schlecht«; sie verstärken zwar die Abhängigkeit von der Kultur (die das notwendige Hilfsmittel bereitstellen muss), aber die Menschen sind in ihrem Leben heute auch aus tausend anderen Gründen so unbedingt auf die Kultur angewiesen, dass ich mir nicht vorstellen kann, warum wir uns wegen dieser einen zusätzlichen Verbindung beklagen sollten. Für die Evolution kann es in meinen Augen allenfalls die Folge haben, dass die genetische Vielfalt unserer Spezies durch die »Aufweichung« der natürlichen Selektion ein wenig größer wird, aber darin kann ich höchstens etwas Neutrales oder Nützliches sehen.

Aber dann weise ich darauf hin, dass die ursprüngliche Frage von etwas ausgeht, das die Logiker als »nicht artikulierte wichtige Prämisse« bezeichnen und das wir normalen Menschen »unausgesprochene Unterstellung« nennen – und die gleiche Annahme gab auch den Anlass zu diesem Essay. Wenn wir davon ausgehen, dass die kulturelle »Aufweichung« zur Stabilität der menschlichen Spezies geführt hat, unterstellen wir (wenn auch unausgesprochen) von vornherein, dass entwicklungsgeschichtlicher Wandel in der Natur das Normale ist – und dass jedes Ausbleiben dieses Wandels eine besondere Erklärung erfordert. Wenn aber Stabilität in Wirklichkeit für Arten wie den *Homo sapiens* die Norm ist, gibt es keine Anomalie, und die ganze Frage löst sich in Luft auf.

Die Voreingenommenheit, die wir unserem Verständnis der Evolution mit der Lehre vom stetigen Wandel als definierende Norm aufzwingen, können wir auch einer anderen kulturellen Prüfung unterwerfen – dann brauchen wir uns nur mit der Presseberichterstattung über Entdeckungen zu befassen, die für erhebliche Zeiträume der Stasis im Stammbaum des Menschen sprechen. Werden solche Befunde als Bestätigung einer Erwartung geschildert oder als große Überraschungen? Mir ist schon seit langem aufgefallen, dass der Eindruck der Überraschung immer das Bild beherrscht, und ich entschloss mich, diesen Essay zu schreiben, weil ein besonders schönes Beispiel kürzlich in den Zeitungen und Magazinen der ganzen Welt zu finden war.

Am 31. März 1994 erschien auf der Titelseite von *Nature*, der führenden britischen Fachzeitschrift für Naturwissenschaften, die Abbildung eines verblüffend affenähnlichen fossilen Schädels eines Menschen, und darunter stand die Schlagzeile »Lucys Sohn«. Der Fachaufsatz im Inneren des Heftes stammte von William H. Kimbel, Donald C. Johanson und Yoel Rak; er trug die weniger reißerische Überschrift »Der erste Schädel und andere neue Funde von *Australopithecus afarensis* aus Afar in Äthiopien«.

Die Abstammungslinie der Menschen trennte sich vor ungefähr

sechs bis acht Millionen Jahren von der unserer nächsten Verwandten, der Schimpansen und Gorillas; der Zeitpunkt wurde nicht unmittelbar aus den Fossilien abgeleitet, sondern aus den genetischen Abständen zwischen den heute lebenden Arten. Die ersten gut datierten, allgemein anerkannten menschlichen Fossilien sind 3,9 Millionen Jahre alt und stammen aus bestimmten Gesteinsschichten in Äthiopien.* Alle fossilen Menschen aus der ersten Million Jahre unserer nachgewiesenen Vergangenheit (vor 3,9 bis 3,0 Millionen Jahren) gehören zu einer einzigen Spezies, die 1978 von D. C. Johanson, T. D. White und Y. Coppens den Namen *Australopithecus afarensis* erhielt. (*Australopithecus* bedeutet eigentlich »südlicher Affe«; die Bezeichnung erinnert an die ersten Exemplare späterer Arten, die man in den zwanziger Jahren des 20. Jahrhunderts in Südafrika fand; *afarensis* leitet sich von der äthiopischen Region Afar ab, wo die älteste Spezies entdeckt wurde.)

In den siebziger Jahren barg ein Team unter der Leitung von Don Johanson an der wichtigsten Fundstelle in Hadar fast 250 Fossilien dieser Spezies. Zu dem Schatz gehörte auch ein zu 40 Prozent vollständiges weibliches Skelett, das heute auf der ganzen Welt als »Lucy« berühmt ist – den Spitznamen gaben ihm seine Finder zu Ehren der Beatles und ihres bekannten, ein wenig geheimnisvollen Liedes über ein Rauschmittel, das in gewissen Kreisen früher einmal beliebt war. (Solche informellen, respektlosen Spitznamen zu prägen ist bei den Paläontologen eine beliebte Freizeitbeschäftigung, aber nur in den wenigsten Fällen finden sie Eingang in die Umgangssprache; ich möchte meine Leser nicht mit den Namen der verschiedenen Schnecken langweilen, die ich gesammelt habe.)

Die Natur spielt uns häufig grausame Streiche, und sei es auch nur, um unseren kleinen Zweig der Evolution in seine Schranken zu verweisen. Johansons 250 Fossilien stellen einen der reichhaltigsten Funde in der gesamten Paläontologie des Menschen dar. Unser Skelett besteht aus etwa 200 Knochen, und viele davon versteinern nur schlecht. Faszination und Information beziehen wir vor allem aus den Schädeln – nicht nur weil wir voreingenommen sind und den geistigen Fähigkeiten (oder ihrem Fehlen bei unse-

* In der Zeit, seit ich diesen Essay schrieb, wurde in Sedimenten in Äthiopien ein noch älterer mutmaßlicher Vorfahre der Menschen gefunden und als *Australopithecus ramidus* bezeichnet.

ren frühesten Vorfahren) traditionell ein übermäßiges Gewicht beimessen, sondern auch aus dem legitimeren Grund, dass der Schädel so kompliziert gebaut ist und deshalb so viele Aufschlüsse liefert. Bei einer derart großen Menge von Material hätte man auch mit einem oder zwei gut erhaltenen Schädeln gerechnet. Aber leider enthielt die großartige Sammlung keinen einzigen, ja nicht einmal ein wirklich gutes Schädelbruchstück. Lucy blieb kopflos. (Johanson und sein Team versuchten zwar, einen Schädel aus vielen Einzelteilen zusammenzusetzen, die man an weit voneinander entfernten Orten gefunden hatte, aber diese Rekonstruktion war so unvollständig und von Spekulationen geleitet, dass sie keine allgemeine Anerkennung fand.)

Außerdem lieferte das reichhaltige Material nicht nur neue, eindeutige Erkenntnisse, sondern es gab auch den Anlass zu mindestens ebenso vielen Fragen und Meinungsverschiedenheiten. Insbesondere die sehr unterschiedliche Körpergröße bei zwei Gruppen von Knochen, die zu den Funden gehörten, führte zu einer hitzigen Diskussion um zwei Deutungen: Stellen diese Gruppen die Männchen und Weibchen einer einzigen Spezies dar, oder verbergen sich hinter dem Namen *Australopithecus afarensis* vielleicht sogar *zwei* biologische Arten? Bei heutigen Menschen besteht zwischen den Armknochen von Männern und Frauen ein durchschnittlicher Längenunterschied von etwa elf Prozent, bei den beiden Gruppen, die zu *A. afarensis* gehören sollen, beträgt der entsprechende Unterschied durchschnittlich 22 bis 24 Prozent. Die Vertreter der »Zwei-Arten-Theorie« sind der Ansicht, eine solche Abweichung sei für den Geschlechtsdimorphismus einer einzigen Art zu groß, aber darauf erwidern die Anhänger der »Zwei-Geschlechter-Theorie« (und ich möchte nicht verhehlen, dass auch ich mich zu dieser Denkschule rechne): Bei vielen Primaten, so unter anderem bei den Gorillas, findet man einen ähnlichen oder noch größeren Unterschied zwischen den Geschlechtern, und auch andere, spätere Arten der Gattung *Australopithecus* weisen eine fast ebenso große Abweichung zwischen den Gruppen auf, die anerkanntermaßen die Geschlechter einer einzigen Spezies sind.

Wie man solche Kontroversen aus der Welt schaffen kann, liegt auf der Hand: Man muss den Lehnstuhl und die Polemik-Brutstätten der Fachveröffentlichungen verlassen, wieder ins Freiland gehen und nach weiteren Fossilien suchen. Diese ausgezeichnete Strategie verfolgten Johanson und seine Kollegen mehrere Jahre lang; der reiche Lohn waren 53 weitere Exemplare aus der Region Hadar, darunter der bestmögliche Fund: ein gut erhaltener männlicher Schädel, der, wie nicht anders zu erwarten, auf den Namen »Lucys Sohn« getauft wurde.

Zu meiner Begeisterung konnte ich feststellen, dass Kimbel, Johanson und Rak dem Schädel und ähnlichen Funden große theoretische Bedeutung beimaßen. Unter allen Fragen, die durch diese wichtigen Fossilien aufgeworfen wurden, betonten die drei Autoren als herausragende, interessanteste Erkenntnis, sie seien ein Beleg für einen längeren Zustand der Stasis bei *A. afarensis*. Dieser Beleg hat zwei Teile: Erstens war noch einmal bestätigt, dass es während der prägenden Phase von fast einer Million Jahren in dem fraglichen Gebiet nur eine (vermutlich irgendwo auf dem Stammbaum des Menschen angesiedelte) Spezies mit starkem Geschlechtsdimorphismus gab, und zweitens hatte man nun starke Anhaltspunkte, dass *A. afarensis* über den langen Zeitraum hinweg morphologisch stabil blieb. Im letzten Satz ihrer Zusammenfassung legen die drei Autoren beide Schlussfolgerungen dar: »Sie [die neuen Fossilien] bestätigen die systematische Einheitlichkeit von *A. afarensis* und stellen den umfassendsten Beleg für etwa 0,9 Millionen Jahre der Stasis bei der ältesten bekannten Hominidenart dar.«

Die neuen Funde sprechen für eine lange Stasis bei *A. afarensis*, weil sie die erdgeschichtliche Lebensdauer dieser Spezies in beide Richtungen ausdehnen. Zuvor deckten die eindeutig identifizierten Exemplare nur den kurzen Zeitraum zwischen der Zeit von vor 3,18 Millionen Jahren (die wahrscheinlichste Datierung für Lucy selbst) bis 3,4 Millionen Jahren (älteste Funde aus Hadar) ab. (Die berühmten, 3,5 Millionen Jahre alten Fußspuren von Laetoli – vermutlich von einem Männchen und einem Weibchen, die nebeneinander gingen – stammen wahrscheinlich ebenfalls von *A. afarensis*, aber Fußspuren, so aufregend sie auch sein mögen, sind nur Abdrücke und keine Knochen.) Der neu gefundene Schädel stellt mit seinem Alter von 3,0 Millionen Jahren das jüngste bekannte Exemplar von *A. afarensis* dar. Da die Knochen nicht von zuvor gefundenen, älteren Schädelbruchstücken zu unterscheiden sind, ist Lucys Sohn der Beweis für fast eine halbe Million Jahre der Stasis bei der ersten Spezies unseres eigenen, eigenständigen Evolutionsbusches.

Die Erweiterung in die entferntere Vergangenheit stützt sich auf wenig stichhaltige Vermutungen, aber auch sie stellt auf der Grundlage der beschränkten Indizien vorläufig unsere beste Schlussfolgerung dar. B. J. Asfaw beschrieb 1987 ein großes Knochenbruchstück aus dem charakteristischen, für die biologische Systematik wichtigen Stirnbereich eines Schädels (einschließlich der Brauenwülste), der aus dem deutlich älteren Gestein des nicht weit von Hadar entfernten Fundortes Belohdelie stammte. Er ordnete das 3,9 Millionen Jahre alte Schädelfragment vorläufig *A. afarensis* zu, aber sicher konnte er dabei nicht sein, denn Johansons wichtige Sammlung jüngeren Materials aus Hadar enthielt keinen gut erhaltenen Stirnknochen, den man zum Vergleich hätte heranziehen können. Deshalb geriet das Stirnfragment von Belohdelie mehrere Jahre lang in Vergessenheit. Bei dem neuen Schädel von Lucys Sohn dagegen ist die Stirn vollständig erhalten – und weicht nicht von dem 0,9 Millionen Jahre älteren Material aus Belohdelie ab. Zugegeben: Die Übereinstimmung im Stirnbereich ist kein Beweis für die Stasis des gesamten Skelettes, aber die Funde von Belohdelie sind das Einzige, was wir aus der Frühzeit von Lucy besitzen, und alle bisher verfügbaren Informationen sprechen für eine solche Stabilität.

Stichhaltige Belege aus großen Teilen des Skeletts weisen also darauf hin, dass *A. afarensis* fast eine halbe Million Jahre lang (auch das schon ein recht gewaltiger Zeitraum) im Zustand der Stasis lebte: von der Zeit der ältesten Funde aus Hadar vor 3,4 Millionen Jahren bis zu dem 3,0 Millionen Jahre alten Schädel von Lucys Sohn und den zugehörigen Knochen. Und das beschränkte Material von Teilen des Schädels lässt auch bis zurück zu den ältesten Funden von *A. afarensis* aus der Zeit von vor 3,9 Millionen Jahren keine morphologischen Veränderungen erkennen.

Die ersten Vertreter aus dem Evolutionsbaum der Hominiden verharrten also allen verfügbaren Belegen zufolge während ihrer gesamten nachgewiesenen Lebensdauer von fast einer Million Jahren im Zustand der Stasis. (Manchmal herrscht der falsche Eindruck, die Behauptung der Stasis stütze sich nur auf negative Belege oder auf das Fehlen nachweisbarer Veränderungen. Das Gegenteil ist richtig: Die Folgerung, es habe Stasis geherrscht, sollte sich auf den handfesten anatomischen Nachweis gründen, dass während beträchtlicher Zeiträume keine Veränderung stattgefunden hat. Man muss auch daran denken, dass die ältesten und jüngsten Exemplare nur die ersten und letzten sind, die man bisher gefunden hat, und dass sie nicht die gesamte Lebensdauer der Spezies repräsentieren. *A. afarensis* könnte durchaus noch länger stabil geblieben sein – aber jetzt spekuliere ich wieder auf Grund negativer Indizien, also sollte ich besser den Mund halten!)

Nature hatte bis zu dem Datum der offiziellen Publikation am 31. März ein Presseembargo über die Nachricht von Lucys Sohn verhängt, und solche fairen Abmachungen werden von den Journalisten eingehalten. Deshalb erschienen die Presseberichte über die Entdeckung alle auf einmal (die Reporter hatten genügend Vorlaufzeit gehabt, um ihre Artikel vorzubereiten) in den Zeitungen des 31. März oder 1. April (kein Scherz); für ein weltweites »Experiment« zu der Frage, ob der Bericht über die Stabilität auch gut informierte Menschen überrascht, weil sie Evolution mit ständigem Wandel gleichsetzen, konnte man sich also keine bessere Gelegenheit vorstellen.

Zu meiner Freude stellte ich fest, dass Lucys Sohn in zwei Artikeln tatsächlich unter dem Gesichtspunkt des unterbrochenen Gleichgewichts beschrieben wurde: Hier wurde die Stasis nicht als überraschende Anomalie dargestellt, die sich jeder vernünftigen Erklärung entzieht, sondern als ein Zustand, der nach der Theorie zu erwarten ist. Der *Miami Herald* schrieb: »Nach Angaben der Fachleute für die Entstehung des Menschen ... ist der neue Schädel ein überzeugendes Argument für die Theorie, dass die Evolution des Menschen auf der Erde in Wellen verlaufen ist, wobei lange Perioden der Stabilität durch plötzliche Phasen des Wandels unterbrochen wurden.« Und Giles Whitell schrieb in der Londoner *Times* unter der Überschrift »Schädelfund spricht für Evolutionssprünge«: »Der 3 Millionen Jahre alte Schädel ... spricht für die Ansicht, dass die Evolution kein allmählicher, sondern ein sporadisch ablaufender Vorgang war, zu dem lange Phasen ohne jeden Fortschritt gehörten ... *A. afarensis* gedieh unverändert fast eine Million Jahre lang.«

Aber in ihrer großen Mehrzahl bekundeten die Berichte schieres Erstaunen, dass das Abenteuer unserer Evolution mit einer Million Jahren der Stabilität begonnen haben soll. »Bemerkenswert« – das war sicher das am häufigsten auf die Stasis angewendete Adjektiv. (J. N. Wilford benutzte es in der *New York Times*, und R. C. Cowen schrieb im *Christian Science Monitor*: »Bemerkenswert an diesem 3 Millionen Jahre alten Fossil ist nicht sein hohes Alter, sondern dass es zu jung ist. Es ist 200000 Jahre jünger als die berühmte Lucy ... und eine Million Jahre jünger als das älteste Exemplar. Und doch sieht es genau wie diese Vorfahren aus.«) Tim Friend dagegen bevorzugte in *USA Today* das Wort »unerwartet«, und auch Mr. Cowen behauptete, der neue Schädel sei »erstaunlich«, weil er ein Beleg für die Stasis sei.

Am aufschlussreichsten sind die eher unterschwelligen sprachlichen Anhaltspunkte, welche die Erwartung (oder sogar den Glauben an den höheren Wert!) des ständigen Wandels verraten. Wer würde beispielsweise nicht spüren, wie Keay Davidson (im *San Francisco Examiner*) Lucys Stasis verächtlich macht – als hätten unsere frühesten Vorfahren nicht alle Tassen im Schrank gehabt, dass sie den Fortschritt so lange aufhielten: »Der Schädel unterstreicht die Überzeugung der Wissenschaftler, dass Lucy zu einer einzigen Spezies gehörte, die sich mindestens 900000 Jahre lang in Äthiopien herumtrieb und sich dabei kaum weiterentwickelte.« Noch aufschlussreicher ist ein Absatz von Boyce Rensberger in der *Washington Post*: Er zeigt sich überrascht, dass Lucys Gehirn wahrscheinlich nicht größer war als das der älteren Menschenaffen, obwohl sie fast eine Million Jahre nach der Abspaltung unserer Abstammungslinie vom Busch der Affen lebte. Hier begegnen wir der unausgesprochenen Unterstellung (einer weiteren »nicht formulierten wichtigen Prämisse«), dass eine Million Jahre nun wirklich mehr als genug Zeit sein sollten, damit sich in einer Welt des kontinuierlichen Wandels merkliche Veränderungen ansammeln – in einer Welt von Stasis und Unterbrechungen dagegen gibt es solche Erwartungen nicht, denn dann kann ein derartiger Zeitraum durchaus in eine Periode der Stabilität fallen. Rensberger schreibt: »Die Gehirnkapazität des neu entdeckten Schädels wurde noch nicht gemessen, aber man kann nicht damit rechnen, dass sie größer ist als bei einem Menschenaffen, obwohl das Geschöpf mindestens 900 000 Jahre nach der Zeit lebte, als seine Vorfahren sich vom Stammbaum der Affen abspalteten.«

Auch wenn man sich eine solche geänderte Sichtweise für das allgemeine Tempo des entwicklungsgeschichtlichen Wandels zu Eigen macht, kann die Stasis natürlich nur die eine Seite der Medaille sein, denn sonst gäbe es überhaupt keine Evolution mehr! Die andere, untrennbar damit verbundene Seite (die Unterbrechung im unterbrochenen Gleichgewicht) besteht aus gedrängtem Wandel in relativ kurzen Zeitabschnitten – aus Schüben der Neuorganisation in einer Welt mit allgemein relativ stabilen Systemen. Betritt man diese Welt in einem zufällig ausgewählten Augenblick, wird mit überwältigend großer Wahrscheinlichkeit gerade nicht viel Wandel im Gange sein. Betrachtet man aber die Gesamtheit der Jahrmillionen, so stellen diese Unterbrechungsphasen die Handschrift des historischen Wandels dar, auch wenn sie vielleicht nur ein oder zwei Prozent der Gesamtzeit ausmachen. Das Entscheidende in Erdgeschichte und Geologie ist der Maßstab.

Die Unterbrechungen im entwicklungsgeschichtlichen Wandel sind in der Regel Ereignisse der Artbildung durch Verzweigung; sie spielen sich meist in kleinen, isolierten Populationen in einem Zeit-

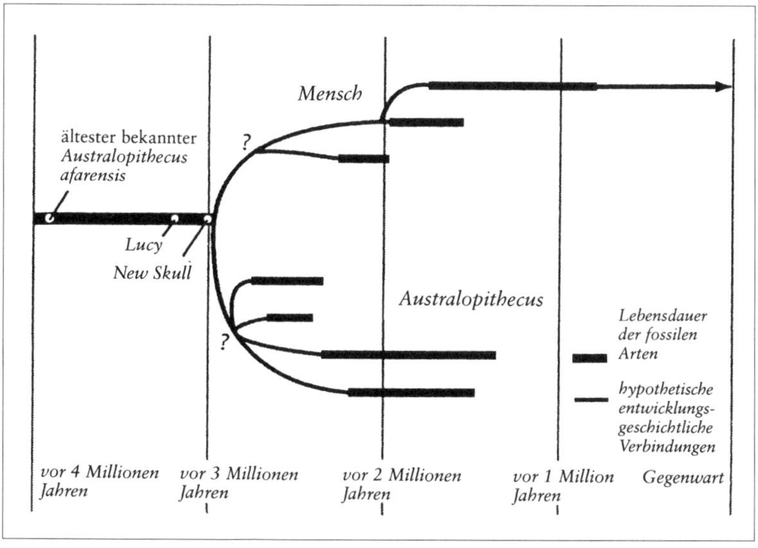

raum von vielen tausend Jahren ab, der nach dem unzureichenden Maßstab eines Menschenlebens unglaublich lang erscheint, auf der erdgeschichtlich angemessenen Skala der Jahrmillionen jedoch zu einem Augenblick zusammenschrumpft. (Zur Erinnerung: 10000 Jahre – ein Zeitraum, der die gesamte schriftlich belegte Menschheitsgeschichte umfasst – entspricht nur einem Prozent in Lucys eine Million Jahre langer Epoche der Stasis.)

So betrachtet, weisen die noch laufenden Untersuchungen für die Jahrmillionen nach Lucys Lebenszeit mit immer neuen Knochenfunden und Daten auf ein ansehnliches Gewirr schneller Artbildungsereignisse hin. Das Ergebnis waren mehrere weitere Arten der Gattung *Australopithecus* und auch die ersten Vertreter unserer eigenen Gattung *Homo*. Das hier wiedergegebene Schema, das Johansons Institute of Human Origins im Zusammenhang mit der Entdeckung von Lucys Sohn verbreitete, unterstellt bis zu sieben Verzweigungsereignisse für den begrenzten Zeitraum nach Lucys Verschwinden – eine Phase, die kürzer war als Lucys Stasis selbst.

Dieses Aufblühen des Evolutionsbusches dürfte in eine Zeit schneller, starker Schwankungen der Umweltbedingungen fallen, die in den höheren geografischen Breiten auch mit dem Beginn der Eiszeit verbunden war. Meine Kollegin Elisabeth Vrba von der Yale University brachte das Prinzip des unterbrochenen Gleichgewichts mit Hilfe solcher Indizien mit der Vorstellung in Einklang, dass die Artbildungsereignisse zeitlich nicht gleichmäßig verteilt sind, sondern sich in bestimmten Phasen zusammendrängen und von erheblichen Veränderungen der Umweltbedingungen begleitet sind – sie selbst spricht von der»Puls-Fluktuationshypothese«. In fast allen Presseberichten über Lucys Sohn war auch von diesem ergänzenden Aspekt der üppigen Artbildung die Rede, die auf die lange Vorherrschaft von *A. afarensis* folgte. Viele Artikel zitierten W. H. Kimbel, den ersten Autor des *Nature*-Aufsatzes: »Es gibt bei dieser Vormenschenart etwa eine Million Jahre lang keine erkennbaren Zeichen für eine Evolution; später jedoch brachte sie in einem Bruchteil dieser Zeit eine starke Verzweigung des Stammbaumes hervor.«

Ich habe diesen Essay mit der berühmtesten poetischen Metapher für den Wandel aus dem viktorianischen England eingeleitet.

Schließen möchte ich mit einem noch beliebteren Vers über Sprünge; er stammt von Tennysons Vorgänger als Hofdichter, William Wordsworth:

Mir hüpft das Herz, sobald ich schau
Des Regenbogens Glühn.
So war's, als meine Zeit begann,
So ist es jetzt, da ich ein Mann,
So sei es, wenn ich alt und grau,
Sonst nehm mich Gott dahin!
Vater ist das Kind dem Mann,
Ich wollt, es einte meine Lebenszeit
Ein Band natürlicher Frömmigkeit.

Verblüfft? Auf diesen unausgesprochenen Widerspruch hatte ich es angelegt. Wordsworth meint nur einen metaphorischen Sprung; das Gedicht handelt von der Hoffnung auf lebenslange Stabilität von ästhetischer Wahrnehmung und ethischem Wert. Die andere Seite – Leben als Unterbrechung – finden wir bei seinem Zeitgenossen William Blake:

Der Vater weinte, Mutter gellt'
So sprang ich in die raue Welt.*

Dualität mag ein begriffliches Gefängnis sein, aber wenn wir schon mit einer solchen geistigen Strategie leben müssen, können wir uns wenigstens die bestmögliche Gelegenheit schaffen, ein wenig von der Natur in ihrer Komplexität zu begreifen, indem wir unser Schicksal an die Zweiheit von Wandel und Stabilität binden. Nicht immer macht das Prinzip »langsam, aber sicher« das Rennen.

* Aus: William Blake, *Zwischen Feuer und Feuer,* München 1996.

Aussterben

11. Ein Dinosaurier im Heuhaufen

Die Modeindustrie lebt von unserem Bedürfnis, aus unserem engsten Intimbereich heraus eine Identität zur Schau zu stellen. Unter Akademikern, die einer alten Klischeevorstellung zufolge (in Wirklichkeit allerdings nicht immer) die Kunst der Schneider verachten, erfüllen Bürotüren die gleiche Funktion. Die Zugangswege zu Professoren sind mit Zeugnissen ihrer tiefsten Überzeugungen und wichtigsten Anliegen geschmückt. Als Berufsstand sagt man uns – wohl zu Recht – umständliche, tendenziöse Äußerungen nach, aber unsere Bürotüren verkörpern die freundlichere Version des Humors oder der Sinnsprüche. Das Rohmaterial für dieses Genre sind Karikaturen (mit Gary Larson als der unangefochtenen Nummer eins an den Türen von Naturwissenschaftlern) und Zitate von den Altmeistern des Faches.

Mir selbst ist es nie gelungen, die Klugheit eines anderen meinem Herzen oder meiner Seele so nahe zu bringen. Ich trage weiße T-Shirts, und obwohl ich das Vorwort zu einer *Far Side*-Sammlung* von Gary Larson geschrieben habe, würde ich niemals meinen Eingang mit seinem Scharfsinn in Verbindung bringen. Aber auch ich habe ein Lieblingszitat – eines, für das ich sterben würde, das man von den Dächern pfeifen könnte (auch wenn es sich nicht für die Beschriftung einer Tür eignet).

Diese Lieblingszeile – sie ist natürlich von Darwin – erfordert eine gewisse Erklärung. Die Geologie erlebte Ende des 18. Jahrhunderts eine Flut umfassender, meist aber sehr alberner »Theo-

* Auf Deutsch erschienen unter dem Titel *Die andere Seite* (Anm. d. Übers.).

rien der Erde« – umfangreiche Spekulationen über alles Mögliche, die in der Regel vom grünen Tisch stammten. Als Anfang des 19. Jahrhunderts in London die Gesellschaft für Geologie gegründet wurde, hatte man in diesem Genre allgemein eine Landplage erkannt, und die Gründungsmitglieder verboten in einer Überreaktion theoretische Diskussionen bei ihren Versammlungen. Geologen, so die neue Regel, sollten zunächst einmal durch unmittelbare Beobachtung die Tatsachen aus der Geschichte unseres Planeten feststellen – und dann, irgendwann in der Zukunft, wenn sich die gesammelten Erkenntnisse ausreichend verdichtet hatten, wollte man sich den Theorien und Erklärungen zuwenden.

Darwin, der ein so scharfsinniges Verständnis für fruchtbare Vorgehensweisen in der Naturwissenschaft hatte, wusste ganz instinktiv, dass Theorie und Beobachtung siamesische Zwillinge sind, die untrennbar zusammengehören und in ständiger Wechselbeziehung stehen. Man kann nicht erst das eine tun und das andere im Hintergrund warten lassen. 1861, in der Mitte seiner Berufslaufbahn, machte Darwin sich in einem Brief an Henry Fawcett Gedanken über die falschen Ansichten der früheren Geologen. Dabei umriss er seine eigene Vorstellung vom richtigen wissenschaftlichen Vorgehen in dem besten Einzeiler, der jemals zu Papier gebracht wurde. Der letzte Satz hat sich im Eingang zu meiner Seele unauslöschlich eingebrannt.

> Vor etwa 30 Jahren wurde viel darüber geredet, dass Geologen nur beobachten und nicht theoretisieren sollten; und ich weiß noch sehr gut, wie jemand sagte, unter solchen Umständen könne man ebenso gut in eine Kiesgrube gehen, die Kiesel zählen und die Farben beschreiben. Wie seltsam wäre es, würde irgendjemand nicht erkennen, dass jede Beobachtung für oder gegen eine Ansicht sprechen muss, damit sie von Nutzen sein kann!

Eigentlich sollte es auf der Hand liegen. Von Immanuel Kant stammt der berühmte Satz: »Gedanken ohne Inhalt sind leer, Anschauungen ohne Begriffe sind blind.« Die Welt ist kompliziert genug – warum also sollten wir versuchen, sie nur mit der Hälfte unserer Hilfsmittel zu begreifen? Lassen wir unseren Geist mit Ideen spielen! Lassen wir unsere Sinne Informationen sammeln!

Und lassen zwischen beiden die ohnehin unvermeidlichen Wechselwirkungen ablaufen (denn das Gehirn verarbeitet, was die Sinne aufgenommen haben, und ein körperloses Gehirn, das von allen äußeren Eindrücken abgeschnitten ist, wäre ein wahrhaft armseliges Instrument!).

Dennoch haben Naturwissenschaftler eine seltsame Neigung, die Tatsachen gegenüber der Theorie zu bevorzugen, den Inhalt gegenüber den Gedanken – und Darwin schrieb an Fawcett, um diesem merkwürdigen, aber höchst wirksamen Mythos entgegenzuwirken. Naturwissenschaftler streben oft eine Sonderstellung an, indem sie für sich eine einzigartige Form der »Objektivität« in Anspruch nehmen, die sich aus einer angeblich allgemein gültigen Vorgehensweise namens »*die* wissenschaftliche Methode« ergibt. Diese Objektivität erreichen wir, indem wir den Geist von allen vorgefassten Meinungen frei machen und dann einfach auf reine, unvoreingenommene Weise ansehen, was die Natur uns bietet. Das mag ein verführerisches Bild sein, aber es ist eine zweischneidige und eigentlich arrogante Behauptung, die letztlich polarisierend wirkt: Der Mythos der reinen Wahrnehmung stellt die Naturwissenschaftler auf einen Sockel über alle anderen bemühten Intellektuellen, die in den Beschränkungen von Kultur und Psyche gefangen bleiben müssen.

Aber in Wirklichkeit sind die Anhänger dieses Mythos weltfremd und beschränkt, denn die unglaubliche Komplexität der Natur lässt sich ohne Begriffe weder begreifen noch ordnen. »Jede Beobachtung muss für oder gegen eine Ansicht sprechen, wenn sie überhaupt von Nutzen sein soll.« Objektivität ist nicht die unerreichbare Leerung des Geistes, sondern die Bereitschaft, eine Reihe vorgefasster Meinungen aufzugeben – für *oder gegen* eine Ansicht, wie Darwin sagte –, wenn die Welt offensichtlich auf andere Weise funktioniert.

Starke Unterstützung erhält dieses darwinistische Thema der notwendigen Wechselwirkungen zwischen Theorie und Beobachtung durch die übliche Meinung der Naturwissenschaftler über den Wert neuer Theorien. Sicher, sie gefallen uns aus den üblichen »großen« Gründen – weil sie unser Weltbild ändern und uns veranlassen, die Dinge anders einzuordnen. Aber man kann jeden praktisch tätigen Naturwissenschaftler fragen, und man wird vermutlich immer zuerst eine andere Antwort bekommen: Wir sind viel zu sehr mit den Einzelheiten und Rhythmen unserer täglichen Arbeit beschäftigt, als dass wir häufig über letzte Fragen nachdenken könnten. Wir mögen originelle Theorien, weil sie neue, andere, gangbare Wege des Beobachtens eröffnen. Weil wir mit ihrer Hilfe andere Fragen stellen können, erweitern sie die Palette unserer Alltagstätigkeiten. Theorien zwingen uns, nach neuen Informationen zu streben, die nur als Befunde »für oder gegen« eine spannende Idee ihre Bedeutung erlangen. Daten sind die Schiedsrichter über die Theorie, aber die Theorie ist auch Anlass und Anregung, Daten zu erheben. Kant und Darwin – beide hatten Recht.

Ich mache mein persönliches Lieblingszitat hier zum Thema, weil mein Berufsstand, die Paläontologie, kürzlich Zeuge eines schönen Beispiels für dieses Prinzip wurde: Eine Theorie wurde durch Daten bestätigt, an deren Erhebung niemand gedacht hatte, bevor die Theorie selbst eine solche Überprüfung verlangte. (Man beachte den grundlegenden Unterschied zwischen der Notwendigkeit einer Überprüfung und der Garantie für das Ergebnis. Die Prüfung hätte ebenso gut fehlschlagen können, und dann wäre die Theorie zum Untergang verdammt gewesen. Gute Theorien geben Anlass, sie in Frage zu stellen, aber sie nehmen das Ergebnis nicht vorweg. In diesem Fall verlief die Prüfung zweimal erfolgreich, und das verlieh der Theorie neue Stärke.) Ironie des Schicksals: Gerade diese neue Theorie wäre Darwin selbst ein Gräuel gewesen, aber ich bin mir sicher, dass er als genialer, großzügiger Mann die Kröte sofort geschluckt hätte, wenn er im Gegenzug ein so schönes Beispiel für seine allgemeine Aussage über Theorien und Beobachtungen erhalten hätte und den Reiz einer solchen Idee voller interessanter Folgerungen hätte erleben können.

Seit den Anfängen der modernen Paläontologie wissen wir, dass während kurzer Abschnitte der Erdgeschichte ein beträchtlicher Prozentsatz des Lebendigen ausgestorben ist – beim größten aller derartigen Ereignisse, der Katastrophe am Ende des Perm vor etwa 225 Millionen Jahren, waren es bis zu 96 Prozent aller im Meer lebenden wirbellosen Tierarten. Dieses »Massenaussterben« erklärte man anfangs ganz buchstäblich und dem gesunden Menschenverstand entsprechend als Folge von Katastrophen, das heißt als wirklich plötzliche Vorgänge. Nachdem Darwins Theorie der allmählichen Evolution an die Stelle dieses früheren Katastrophenglaubens getreten war, versuchten die Paläontologen alle Belege für ein Massensterben durch eine Lesart abzumildern, die eher zu Darwins Vorliebe für das Langsame, Allmähliche passte. Leugnen konnte man die Perioden des verstärkten Aussterbens nicht – dazu waren die Belege zu stichhaltig –, aber man deutete sie jetzt als Vorgänge, die sich über längere Zeit erstreckten und in ihren Wirkungen weniger heftig waren, oder kurz gesagt als verstärkte Version der ganz normalen Abläufe, nicht aber als Folgen echter, seltener Katastrophen.

In seiner 1859 erschienenen *Entstehung der Arten* weist Darwin »die alte Meinung, dass von Zeit zu Zeit sämtliche Bewohner der Erde durch große Umwälzungen von der Erde weggefegt worden seien«, zurück – etwas anderes blieb ihm kaum übrig angesichts des extremen Bildes von der völligen Vernichtung und ihrer evolutionsfeindlichen Folgerung, das Leben müsse jedes Mal mit einer neuen Schöpfung wieder begonnen haben. Aber Darwins eigene Vorstellungen von allmählicher Entwicklung waren ebenso extrem und falsch: »Wir haben … allen Grund zur Annahme, dass Arten und Artengruppen ganz allmählich eine nach der andern zuerst von einer Stelle, dann von einer andern und endlich überall verschwinden.« Aber auch Darwin musste die offenkundigen Ausnahmen anerkennen: »In einigen wenigen Fällen jedoch … mag das Erlöschen verhältnismäßig rasch vor sich gegangen sein.«

Jetzt kommen wir zu der entscheidenden Ironie, die mich auf die Idee zu diesem Essay brachte. Solange Darwins gradualistische Ansicht über das Massenaussterben vorherrschte, konnte man mit paläontologischen Befunden nicht die Grundannahme des Gradualismus widerlegen, wonach das Aussterben nicht im gedrängten Verschwinden von Arten an einer zeitlichen Grenze bestand, sondern sich auf einen beträchtlichen Zeitraum vor dieser Grenze »verteilte«. Geologische Befunde sind immer höchst unvollständig, und nur ein winziger Bruchteil aller Lebewesen wird zu Fossilien. Das hat zur Folge, dass selbst ein plötzliches, gleichzeitiges Aussterben zahlreicher Arten sich in den Fossilfunden eher als allmähliche Abnahme zeigt. Diese Behauptung mag widersprüchlich klingen, aber betrachten wir einmal die folgende Argumentation:

Manche Arten sind sehr verbreitet und bleiben häufiger als Fossilien erhalten; in jedem Zentimeter der Gesteinsschichten findet man im Durchschnitt einige Exemplare von ihnen. Andere dagegen sind selten und versteinern nur schlecht, sodass wir ihren Fossilien vielleicht nur alle dreißig Meter begegnen. Wenn wir nun annehmen, dass alle diese Arten plötzlich und zur gleichen Zeit ausstarben, nachdem sich in einem Meeresbecken bereits Sedimente von 120 Metern Mächtigkeit abgelagert hatten: Rechnen wir dann damit, dass wir unmittelbare Belege für ein Massensterben finden, das heißt Fossilien aller Arten, und das in allen 120 Metern der Schichtung bis ganz zu ihrem oberen Ende? Natürlich nicht.

Die Schichten werden voller weit verbreiteter Arten sein, denn mit ihren Fossilien rechnen wir in jedem Zentimeter der Sedimente. Selbst wenn es seltene Arten aber bis ganz zum Ende der fraglichen Zeit gegeben hat, tragen sie nur etwa alle dreißig Meter einmal zu den Fossilien bei. Mit anderen Worten: Eine seltene Art kann durchaus während der ganzen Zeit gelebt haben, die den 120 Metern entspricht, und dennoch ist ihr letztes Fossil 30 Meter unter der oberen Grenze eingeschlossen. Dann nimmt man unter Umständen fälschlicherweise an, diese seltene Art sei bereits nach drei Vierteln des fraglichen Zeitraumes ausgestorben.

Nun können wir diese Argumentation verallgemeinern und behaupten: Je seltener die Art war, desto wahrscheinlicher ist es, dass ihr letztes Fossil in älteren Sedimenten gefunden wird, selbst wenn sie in Wirklichkeit bis zum oberen Ende hin gelebt hat. Sind alle Arten gleichzeitig ausgestorben, finden wir eine abgestufte, scheinbar gradualistische Reihenfolge des Verschwindens, wobei die seltenen Arten als erste nicht mehr vorhanden sind und die verbreiteten Formen als Fossilien bis zum oberen Ende erhalten bleiben. Dieses Phänomen – ein klassisches Beispiel für das alte Prinzip, dass Dinge nur selten das sind, was sie zu sein scheinen, und dass der wörtlich genommene äußere Schein häufig die Realität verschleiert – hat sogar einen Namen: Man bezeichnet es als Signor-Lipps-Effekt zu Ehren meiner beiden Paläontologenkollegen Phil Signor und Jere Lipps; die beiden zeigten als Erste mit allen mathematischen Einzelheiten, wie eine scheinbar allmähliche Abnahme in Wirklichkeit ein plötzliches, gleichzeitiges Verschwinden widerspiegeln kann.

Jetzt erkennen wir, wie stichhaltig Darwins Argument ist, dass

Theorien den Leitfaden für Beobachtungen bilden müssen. Unserem Mythos zufolge sterben alte Theorien, wenn sie durch neue Beobachtungen widerlegt werden. Aber nur allzu oft – ich würde sogar sagen: in der Regel – wirken Theorien wie eine Zwangsjacke: Sie lenken die Beobachtungen in Richtung ihrer Bestätigung und verhindern, dass ihnen widersprechende Daten erhoben werden. Solche Theorien können aus sich selbst heraus nicht widerlegt werden, weil wir die Beobachtungen, die ihnen widersprechen, überhaupt nicht in Begriffe fassen. Wenn wir für das Massenaussterben den darwinistischen Gradualismus als gegeben hinnehmen und uns deshalb überhaupt nicht klar machen, dass eine abgestufte Reihe des Verschwindens von Fossilien wegen des Signor-Lipps-Effekts in Wirklichkeit eine plötzliche Auslöschung widerspiegeln kann, werden wir niemals auf die Idee kommen, dass es überhaupt die Alternative eines katastrophalen Ereignisses gibt. Vielmehr werden wir uns selbstgefällig damit zufrieden geben, dass wir den gradualistischen Rückgang der Artenzahl mit »stichhaltigen« Daten belegt haben.

Neue Theorien machen mit dieser begrifflichen Schranke das Gleiche wie Harry Houdini mit buchstäblichen Fesseln. Wir übernehmen eine neue Theorie, machen die andersartigen Beobachtungen, die jede neue Sichtweise nahe legt, und können uns auf diese Weise befreien. Damit will ich keineswegs nur eine abstrakte Aussage machen oder Werbung für mein darwinistisches Lieblingsmotto betreiben. Zwei Kollegen, die mir besonders nahe stehen, veröffentlichten kürzlich zwei hübsche Beispiele, die genau das Gleiche besagen: Sie untersuchten Ammoniten und Dinosaurier während des letzten großen Aussterbens.

Wer die Presseberichterstattung über aktuelle wissenschaftliche Themen verfolgt, dem kann nicht entgangen sein, dass die Welt der Paläontologie (und die Titelseite des Nachrichtenmagazins *Time*) während der letzten zehn Jahre durch eine neue Katastrophentheorie des Massenaussterbens bereichert wurde. Im Jahr 1979 veröffentlichte eine Arbeitsgruppe mit Vater und Sohn Alvarez (Luis und Walter, Physiker und Geologe) sowie ihren Kollegen Frank Asaro und Helen Michel neue Überlegungen und bestätigende Daten, wonach der Einschlag eines Asteroiden oder Kometen aus dem Weltraum zu dem großen Massensterben an der Grenze von der Kreidezeit zum Tertiär geführt hat, dem letzten derartigen Ereignis, bei dem nicht nur die Dinosaurier, sondern auch etwa 50 Prozent aller im Meer lebenden Arten wirbelloser Tiere verschwanden.

Mit ihrer Idee traten sie eine hitzige Debatte los, die sich nicht auf einer Buchseite, in einem Essay oder auch in einem einzigen Buch zusammenfassen lässt. Nach meiner Überzeugung kann man aber mit Fug und Recht behaupten: Die Vorstellung vom Einschlag eines Himmelskörpers hat den Sturm glänzend überstanden, und ihre Stärke ist durch weitere Belege ständig gewachsen. Heute leugnet kaum noch ein Wissenschaftler, dass ein solcher Einschlag stattgefunden hat, und die Debatte dreht sich mittlerweile vorwiegend um die Frage, ob dieses Ereignis das Aussterben überhaupt erst ausgelöst hat (im Gegensatz zu der Vorstellung, dass es einem ohnehin im Gang befindlichen Prozess den letzten Schub verlieh) und ob auch andere Ereignisse des Massenaussterbens ähnliche Ursachen haben könnten.

Anfangs jedoch reagierten die meisten Paläontologen negativ (um es gelinde auszudrücken) – und Luis Alvarez, ein Musterbeispiel für das übliche Bild des selbstbewussten Physikers, war bereit, den Fehdehandschuh aufzunehmen. (Rückblickend betrachtet, hatte er außerdem fast in vollem Umfang Recht, deshalb sehe ich ihm seine Ausfälle gegen meinen Berufsstand nach. Und wenn ich einmal in mein eigenes Horn stoßen darf: Ich war einer der wenigen, die ihn von Anfang an unterstützten, aber nicht wegen der besseren Interpretation der Belege. Das katastrophale Aussterbeereignis passte schlicht und einfach gut zu meiner eigenwilligen Vorliebe für schnelle Abläufe, die aus der Diskussion um das unterbrochene Gleichgewicht erwachsen war – siehe Kapitel 7.) Immerhin hatten meine Kollegen seit hundert Jahren den darwinistischen Gradualismus vertreten, und wenn man die Fossilfunde vordergründig deutete, schienen sie für ein allmähliches Verschwinden der meisten Artengruppen vor der Grenze der beiden Epochen zu sprechen. Wie konnte ein Kometeneinschlag das Aussterben verursachen, wenn die meisten Arten ohnehin bereits tot waren?

Aber schon bald bewies die Theorie vom Einschlag eines Himmelskörpers ihre Stichhaltigkeit auf die erhabenste Weise, die man sich denken kann: Sie gab nach Darwins Kriterium den Anlass zu neuen Beobachtungen, die zu machen nach der alten Sichtweise niemandem eingefallen wäre. Die Theorie setzte, kurz gesagt, ihre eigene Überprüfung in Gang und zerriss die Zwangsjacke der früheren festgefahrenen Vorstellungen.

Meine Kollegen mögen der Hypothese von Alvarez mit unverhohlenem Eifer widersprochen haben, aber wir sind auch ehrliche Burschen: Als die Debatte immer heftiger wurde und weitere bestätigende Befunde ans Licht kamen, mussten die Paläontologen ihre bisherigen Überzeugungen in einem anderen Licht betrachten. Man kann viele neue Beobachtungen machen, aber konzentrieren wir uns hier einmal auf das einfachste, nahe liegendste und greifbarste Beispiel. Vor dem Hintergrund der neuen Vorstellung vom Kometeneinschlag und der plötzlichen Vernichtung gewann die Argumentation von Signor und Lipps an Gewicht, und die Paläontologen erkannten, dass eine katastrophale Auslöschung sich in den Fossilfunden als allmählicher Niedergang zeigen kann.

Wie also konnte man aus der Sackgasse herauskommen und entscheiden, ob der Anschein des allmählichen Verschwindens der Wirklichkeit entsprach? Dazu wurden viele Methoden vorgeschlagen und angewandt, manche davon recht raffiniert und mathematisch, aber warum sollte man es nicht auf dem direkten Weg versuchen? Wenn seltene Arten in Wirklichkeit bis zum Augenblick des Kometeneinschlages gelebt hatten, aber in den obersten Schichten nicht gefunden wurden, warum sollte man dann nicht einfach gründlicher suchen? Der Vergleich mit dem üblichen Klischee drängt sich auf. Wenn ich in einem Heuhaufen nach einer Nadel suche, indem ich zehn Hände voller Heu herausnehme, habe ich kaum eine Chance, das Gesuchte zu finden. Reiße ich aber den ganzen Haufen Halm für Halm auseinander, werde ich die Nadel entdecken. Und wenn ich wirklich jeden Zentimeter des Sedimentes an jedem bekannten Fundort durchstöbere, müsste ich letztlich auch die seltenste Art ganz in der Nähe der Grenzlinie finden – vorausgesetzt, sie hat wirklich so lange gelebt.

Das alles scheint auf der Hand zu liegen. Eigentlich kann ich nicht behaupten, man hätte eine solche Vorgehensweise vor der Hypothese von Alvarez nicht in Begriffe fassen können. Ich kann nicht davon ausgehen, dass die ideologischen Scheuklappen des Gradualismus es unmöglich machten, sich das Auseinanderreißen des Heuhaufens an Stelle des Durchsuchens einiger Hände voll überhaupt vorzustellen. Aber das Beispiel wird gerade deshalb so reizvoll, weil es so prosaisch ist. Ich könnte viele Fälle von originellen Theorien anführen, die eine ganz neue Welt des Beobachtens eröffneten – man denke nur an Galileis Teleskop und die vielen unglaublichen Phänomene, die es enthüllte. Die Theorie von Alvarez dagegen legte kaum mehr nahe als harte Arbeit.

Warum hatte man sich die Mühe vorher noch nicht gemacht? Paläontologen sind ein fleißiges Volk; wir haben eine Menge Fehler, aber Faulheit bei der Freilandarbeit gehört nicht dazu. Es macht uns Spaß, Fossilien zu finden – das war für die meisten von uns der Grund, den Beruf überhaupt zu ergreifen. Dass wir nicht jeden Zentimeter der Sedimente durchstöberten, lag an dem Einfachsten aller wissenschaftlichen Gründe. Das Leben ist kurz, und die Welt ist riesengroß; man kann nicht seine ganze Berufslaufbahn an einer einzigen Felswand verbringen. Das Entscheidende an der Naturwissenschaft besteht darin, intelligente Stichproben zu machen, statt an einer einzigen Stelle zu sitzen und noch das letzte Exemplar zu fassen zu bekommen. Und vor dem Hintergrund des darwinistischen Gradualismus entnahm man intelligente Stichproben nach der üblichen Methode: aus jedem Heuhaufen eine Hand voll.

Die damit erzielten Ergebnisse passten zu den Voraussagen der Theorie, und begriffliche Zufriedenheit (rückblickend könnte man sagen: Trägheit) stellte sich ein. Es gab keinen Anreiz für die mühsame Methode, einen ganzen Heuhaufen auseinander zu nehmen, was in der Naturwissenschaft eine recht ungewöhnliche Strategie wäre. Wir hätten so vorgehen können, aber wir taten es nicht und hatten auch keinen Grund dazu. Erst die Theorie von Alvarez machte es notwendig. Seine neue Idee zwang uns, anders zu beobachten. »Jede Beobachtung muss für oder gegen eine Ansicht sprechen, wenn sie überhaupt von Nutzen sein soll.«

Betrachten wir einmal zwei wichtige Beispiele, die bekanntesten Gruppen mariner und landlebender Tiere, die am Übergang von der Kreidezeit zum Tertiär ausstarben: Ammoniten und Dinosaurier. Beide wurden als herausragende Belege für das allmähliche Artensterben im Vorfeld des Überganges genannt. In beiden Fällen gab die Hypothese von Alvarez den Anlass, genauer hinzusehen und Zentimeter für Zentimeter zu suchen, und in beiden Fällen lieferten diese gründlicheren Untersuchungen den Beweis, dass sie bis zu der Grenze und demnach vermutlich bis zur großen Katastrophe lebten.

Die Ammoniten gehören zu den Kopffüßern, einer Gruppe der Weichtiere, die auch Tintenfische und Kraken umfasst. Mit ihrer spiralförmigen Schale ähneln sie stark ihren nächsten heute noch lebenden Verwandten, dem Perlboot oder Nautilus mit seinem gekammerten Gehäuse. Die Ammoniten waren eine verbreitete, vielfach sogar beherrschende Gruppe mariner Räuber, und ihre wunderschönen fossilen Gehäuse stehen bei Sammlern seit jeher hoch im Kurs. Sie entstanden in der Mitte des Paläozoikums und wären schon vor ihrem endgültigen Ende zweimal fast ausgestorben, nämlich bei den beiden großen Ereignissen des Artensterbens am Ende der Perm- und Triaszeit. Aber beide Male kamen eine oder zwei Abstammungslinien gerade noch davon. Am Übergang von der Kreidezeit zum Tertiär jedoch gingen alle ihre Arten zu Grunde, und mit ihnen verschwand, um Wordsworth in einem anderen Zusammenhang zu zitieren, »eine Pracht von der Erde«.

Mein Freund und Kollege, der Paläontologe Peter Ward von der University of Washington, ist einer der weltweit führenden Experten für Ammoniten und gleichzeitig ein energischer, engagierter Mann, der die Freilandarbeit liebt und sich nie an den Gesteinsformationen der Faulheit schuldig gemacht hat. Peter kümmerte sich anfangs kaum um Alvarez, vor allem weil seine Ammoniten offenbar allmählich dahinschwanden und an seiner Lieblingsfundstelle, den Klippen von Zumaya an der spanischen Biskayaküste, etwa zehn Meter unterhalb der Grenze völlig zu verschwinden schienen. Im Jahr 1983 schrieb Peter für den *Scientific American* einen Artikel mit dem Titel »The extinction of the ammonites«.* Darin stellt er fest, er sei ein Gegner der damals ganz neuen, umstrittenen Theorie von Alvarez, zumindest was die Ursache für das Verschwinden der Ammoniten betrifft:

* Auf Deutsch unter dem Titel »Nautilus und Ammoniten« in *Spektrum der Wissenschaft*, Dezember 1983 (Anm. d. Übers.).

Die fossilen Dokumente lassen jedoch vermuten, dass die Ammoniten nicht infolge einer solchen kosmischen Katastrophe ausstarben, sondern auf Grund tief greifender Veränderungen im Ökosystem der Meere während der späten Kreidezeit ... Untersuchungen an Fossilien des geologischen Aufschlusses bei Zumaya in Spanien legen jedoch nahe, dass auch sie schon lange vor dem vermuteten Meteoriteneinschlag ausgestorben waren.

Aber Peter, einer der klügsten und ehrlichsten Menschen, die ich kenne, räumte auch ein, dass solche »negativen Indizien« ihre Grenzen haben. Eine Schlussfolgerung auf Grund der Tatsache, dass man etwas nicht gefunden hat, hat den großen Vorteil, dass sie möglicherweise eindeutig zu widerlegen ist. Peter schrieb: »Dies ist zwar nur ein vorläufiger Befund, und er wäre durch die Entdeckung eines einzigen neuen Ammoniten sofort zu widerlegen.«

Ohne die Hypothese vom Einschlag eines Himmelskörpers hätte Peter keinen Grund gehabt, in den obersten zehn Metern der Schichtungen mit mehr Sorgfalt zu suchen. Das Aussterben war nach der herrschenden Vorstellung ein allmählicher Vorgang, und zehn Meter ohne Ammoniten erschienen absolut plausibel – warum hätte man also noch weiter graben sollen? Nachdem aber die Hypothese vom Kometeneinschlag eindeutig voraussagte, dass Ammoniten bis zur Grenze der Epochen gelebt haben, war eine genauere Untersuchung des zehn Meter dicken Heuhaufens notwendig. Auch 1986 verkündete Peter noch, die Arten seien nacheinander verschwunden: »Ammoniten ... sind anscheinend in diesem Meeresbecken weit vor der K/T-Grenze [das heißt vor der Grenze zwischen Kreide und Tertiär] verschwunden, was für ein eher gradualistisches Bild des Aussterbens an diesem Übergang spricht.«

Aber Peter und seine Mitarbeiter stöberten, durch Alvarez angeregt, den ganzen Heuhaufen durch (und sei es auch nur in der Hoffnung, sie könnten die Hypothese vom Kometeneinschlag widerlegen): »Der verbleibende Teil der Schichten aus der Kreidezeit wurde vollständig offen gelegt und energisch durchsucht.« Später, Ende 1986, fanden sie ein einziges Exemplar nur einen knappen Meter unterhalb der Grenze. Das Fossil war zerquetscht und sie konnten nicht mit Sicherheit feststellen, ob es sich um einen Ammoniten oder eine Art Nautilus handelte, aber der Fund zeigte, dass sogar eine noch genauere Suche notwendig war. (Da die Nautilus-Verwandten das Aussterben offensichtlich überlebt haben – den gekammerten Nautilus gibt es noch heute –, wäre ein fossiles Exemplar aus dieser Gruppe genau an der Grenze keine Überraschung gewesen.)

Im Jahr 1987 begann Peter mit einer viel nachdrücklicheren Suche, und nun zeigten sich die Ammoniten – die Exemplare waren sehr selten und meist schlecht erhalten, aber es gab sie eindeutig bis unmittelbar zu der Grenze. In einem Buch, das Anfang 1992 erschien, schrieb Peter: Aber überraschenderweise entdeckte ich an einem regnerischen Tag wenige Zentimeter tief in der Grenztonschicht vergraben das Bruchstück eines Ammoniten. Im Laufe der Zeit fanden wir dann noch weitere Exemplare in den höchsten Lagen der Kreide. Es schien also, als hätten Ammoniten die Apokalypse doch erlebt.

Dann unternahm er den nahe liegenden nächsten Schritt: Er suchte an anderen Stellen. Die Schichten von Zumaya enthielten Ammoniten ganz bis zum Ende, aber nicht in großer Zahl; die Gründe konnten statt mit der weltweiten Verbreitung auch mit den örtlichen Lebensbedingungen zu tun haben. Peter hatte auch in Abschnitten westlich von Zumaya gegraben und dort keine Ammoniten aus der späten Kreidezeit gefunden (ein weiterer Grund, warum er zuvor vom allmählichen Aussterben überzeugt gewesen war). Jetzt aber weitete er seine Freilandarbeit nach Osten in Richtung der Grenze zwischen Spanien und Frankreich aus. (Auch diese östlichen Abschnitte waren bekannt und hatten immer für Untersuchungen zur Verfügung gestanden, aber Peter brauchte den Anreiz durch Alvarez, um die richtigen Fragen zu stellen und die Notwendigkeit weiterer Beobachtungen zu erkennen.) Peter untersuchte zwei neue Abschnitte, der eine bei Hendaye auf der französischen Seite der Grenze, der andere ganz in der Nähe der mondänen Strände von Biarritz. Hier fand er knapp unterhalb der Grenzlinie, die das große Aussterben kennzeichnete, eine Fülle von Ammoniten. In seinem 1992 erschienenen Buch schreibt er:

Nach meinen Erfahrungen von Zumaya, wo jahrelanges Suchen nur spärliche Hinweise auf tierisches Leben zur Kreide-Tertiär-Wende erbracht hatte, war ich mehr als glücklich, als sich hier bei Hendaye gleich in der ersten Stunde ein Ammonitenabdruck im obersten Meter der Kreide auftat.

Uns Profis mögen die Ammoniten wichtig sein, aber die Fantasie der Öffentlichkeit wird von Dinosauriern beflügelt. Deshalb kamen die bekanntesten und umfassendsten Argumente gegen Alvarez von den meisten (allerdings nicht allen) Dinosaurierexperten: Sie behaupteten hartnäckig, die Riesentiere seien mit Ausnahme von vielleicht einem oder zwei Nachzüglern lange vor dem angeblichen Kometeneinschlag ausgestorben.

Ich weiß noch genau, wie die Dinosaurierfachleute ihren angeblich schlagenden Beweis anführten: die »Drei-Meter-Lücke«, leere Schichten zwischen dem letzten bekannten Dinosaurierknochen und der Grenze, die den Einschlag markiert. Und ich kann mich auch noch gut erinnern, wie Luis Alvarez vor Wut explodierte, und das ganz zu Recht (denn ich schämte mich ein wenig für meine Paläontologenkollegen und ihre sehr dürftige Argumentation). Schließlich ist der letzte Knochen nicht das letzte Tier, sondern nur ein Fund, aus dem wir auf das wahrscheinliche spätere Überleben der bisher nicht als Fossilien gefundenen Tiere schließen können. Wenn ein Freund 1000 Flaschen über Bord wirft, und ich finde später auf einer 100 Kilometer entfernten Insel eine davon, nehme ich auch nicht an, er habe nur eine ins Wasser fallen lassen. Wenn ich aber weiß, wann er geworfen hat, und wenn ich dann noch die Strömungen kenne, kann ich unter Umständen grob abschätzen, wie viele Flaschen ursprünglich über Bord gegangen sind. Die Wahrscheinlichkeit, dass ein einzelnes Tier zu einem Fossil wird, ist sicher noch viel geringer als die Chance, dass ich auch nur eine Flasche finde. Wissenschaft besteht immer aus klugen Vermutungen; übermäßiges Festhalten an Beobachtungen ist keine demütige Verbeugung vor den Belegen, sondern eine Illusion.

Wie bei Peter Ward und den Ammoniten, so bestand die beste empirische Strategie auch hier darin, mit dem Geschrei aufzuhören, ein großes Forschungsprojekt zu organisieren, den Heuhaufen auseinander zu nehmen und in jedem Zentimeter des

Gesteins aus der späten Kreidezeit nach Dinosaurierknochen zu suchen. Peter heißt auf lateinisch »Fels«, und vielleicht sind Männer mit diesem Namen deshalb für eine Laufbahn in der Paläontologie bestimmt. Ein anderer Peter, mein Freund und Kollege Peter Sheehan vom Milwaukee Public Museum, leitete mehrere Jahre lang ein solches Vorhaben. Ende 1991 veröffentlichte er die lange erwarteten Ergebnisse.

Dinosaurier sind fast immer seltener als Meereslebewesen, und deshalb muss man diesen Heuhaufen wirklich in einem großen Gebiet und Stück für Stück auseinander nehmen. Die National Science Foundation der USA und andere Wissenschaftsförderungsorganisationen stellen für Projekte dieser Größenordnung, die keine Aufsehen erregenden Experimente beinhalten, schlicht und einfach kein Geld zur Verfügung, ganz gleich, wie wichtig sie sind. Deshalb bediente sich Peter (Sheehan dieses Mal) klugerweiser einer ausgezeichneten Finanzierungsquelle, die man mit Ammoniten allein niemals hätte nutzen können. Ich möchte die Geschichte mit seinen Worten erzählen:

> Wir machten uns das seit langem bestehende Freiwilligenprogramm »Graben nach Dinosauriern« des Miwaukee Public Museum zu Nutze. In drei aufeinander folgenden Sommern waren jeweils 16 bis 25 sorgfältig ausgebildete und genau überwachte Freiwillige und zehn bis zwölf Angehörige des Personals in jeweils sieben zweiwöchigen Freilandprojekten beschäftigt. Jeder Freiwillige hatte vor allem die Aufgabe, in einem zuvor festgelegten Gebiet nach allen auf der Oberfläche sichtbaren Knochen zu suchen. Die Freiwilligen wurden nach Art einer »Suchkette« quer über die frei liegenden Gesteinsschichten eingesetzt, sodass alle wichtigen Stellen systematisch durchsucht wurden. Mit den Freilandteams arbeiteten Geologen zusammen, deren Aufgabe es war, die stratigraphischen Schichten zu vermessen und die Sedimenttypen zu identifizieren.

Eine effizientere Methode, einen geologischen Heuhaufen zu durchsuchen, kann ich mir nicht vorstellen. Peters Mitarbeiter brachten es auf insgesamt 15 000 Stunden Freilandarbeit und lieferten die erste ausreichende Stichprobe von Dinosaurierfossilien aus den obersten Gesteinsschichten der Kreidezeit. An ihrer Arbeitsstelle in der Hell Creek Formation in den US-Bundesstaaten Montana und North Dakota untersuchten sie jeden Gesteinshorizont einzeln; die besten Belege stammten aus Flussbetten und Überflutungsebenen. Sie unterteilten den gesamten Abschnitt in drei Teile, wobei der oberste sich bis an die Grenze erstreckte, die dem Einschlag entsprach, und gingen dann der Frage nach, ob in den drei Schichten eine stetige Abnahme zu beobachten war, sodass der Asteroideneinschlag schon eine dezimierte Tierwelt traf. Auch hier möchte ich ihre lapidare Erkenntnis, in der so viel angestrengte Arbeit zusammengefasst ist, für sich selbst sprechen lassen:

> Da zwischen dem unteren, mittleren und oberen Drittel der Formation keine nennenswerte Abweichung besteht, lehnen wir die Hypothese ab, dass der Teil des Ökosystems, zu dem die Dinosaurier gehörten, sich gegen Ende der Kreidezeit bereits im Niedergang befand. Diese Befunde stehen vielmehr im Einklang mit einem Szenario des plötzlichen Aussterbens.

Nun kann man immer noch sagen: »Na und? Dann hatte T. S. Eliot eben Unrecht: Manche Welten enden nicht mit einem Winseln, sondern mit einem Knall.« Aber dieser Unterschied ist gerade das Entscheidende, denn Knall und Winseln haben höchst gegensätzliche Folgen. Den richtigen Akzent setzt Peter Ward in seiner letzten Aussage über das nicht notwendige Verschwinden der Ammoniten:

> Es ist meine festgefügte Meinung, dass auch die Ammoniten [überlebt] hätten, wenn nicht jene Katastrophe vor 66 Millionen Jahren eingetreten wäre, die alle damals gültigen Lebensspielregeln außer Kraft gesetzt hat. In ihrer langen Geschichte haben die Ammoniten sonst alles überlebt, was die Umwelt ihnen zumutete. Vielleicht war es doch ein Objekt aus dem Weltraum und nichts Irdisches, was sie schließlich zur Strecke brachte.

Der wahre Banause kann nun immer noch erwidern: »Na und? Hätte es keinen Einschlag gegeben, wären Ammoniten und Nautilus-Verwandte noch am Leben. Was kümmert es mich? Bevor ich diesen Essay gelesen habe, hatte ich den Namen ›Nautilus‹ noch nie gehört.« Aber dann sollte man an die Dinosaurier denken, und es sollte einen kümmern. Hätte nicht der Himmelskörper ihre blühende Vielfalt zunichte gemacht, wären sie vielleicht heute noch am Leben. (Warum nicht? Es war ihnen 100 Millionen Jahre lang gut gegangen, und in der Erdgeschichte sind seitdem erst weitere 65 Millionen hinzugekommen.) Gäbe es die Dinosaurier noch, wären die Säugetiere mit ziemlicher Sicherheit klein und unbedeutend (wie während der hundertmillionenjährigen Herrschaft der Dinosaurier). Und wenn Säugetiere klein, in ihren Möglichkeiten beschränkt und nicht mit einem Bewusstsein ausgestattet sind, entstehen daraus sicher keine Menschen, die ihre Gleichgültigkeit zum Ausdruck bringen könnten. Oder die ihre Söhne Peter nennen. Oder die über Himmel und Erde staunen. Oder die über das Wesen der Wissenschaft und die richtige Beziehung zwischen Tatsachen und Theorie nachgrübeln. Sie wären zu dumm, es zu versuchen; zu sehr damit beschäftigt, sich die nächste Mahlzeit zu verschaffen und sich vor dem bösen *Velociraptor* zu verstecken.

12. *Jupiters Donnerkeile*

Eines Abends im Jahr 1847 schleppte Maria Mitchell aus Nantucket – unter anderen um der lautstarken Tischgesellschaft ihrer Eltern zu entfliehen – ihr Teleskop auf das Dach der Pacific National Bank (wo ihr Vater als Oberkassierer arbeitete) und entdeckte fünf Grad vom Polarstern entfernt einen Kometen. Nachdem sie damit als erste Amerikanerin einen Kometen gefunden hatte, kam Mitchell in den Genuss vieler Ehrungen, darunter ein goldener Orden des Königs von Dänemark; außerdem wurde sie als erste Frau überhaupt in die Amerikanische Akademie für Kunst und Wissenschaft in Boston aufgenommen.

(Mitchells Ernennungsurkunde hängt noch heute an der Wand ihres Geburtshauses in Nantucket und ist ein schmerzlicher, ambivalenter Anblick. Zwei Stellen sind durchgestrichen: Die vorgedruckte Anrede »Sir« wurde handschriftlich in »Madam« geändert, und die Bezeichnung »fellow« war durch »honorary member« ersetzt, was bedeutete, dass Mitchell kein Stimmrecht hatte. Unterzeichnet ist das Dokument von Asa Gray, einem berühmten Professor für Botanik der Harvard-Universität, der später zu einem der energischsten Befürworter Darwins wurde. Über neunzig Jahre mussten vergehen, bevor wieder eine Frau in die Institution aufgenommen wurde. Heute kann ich zu meiner Freude berichten – denn ich bin ebenfalls Mitglied, und das Gebäude der Akademie liegt von meinem eigenen Wohnhaus nur um die Ecke –, dass Menschen aller Typen, Geschlechter, Hautfarben und Herkünfte sich frei und gleichberechtigt in einer der ältesten akademischen Gesellschaften unseres Landes tummeln.)

Auch einige andere Frauen erbrachten zu jener Zeit, als ein Geschlecht fast völlig von den Naturwissenschaften ausgeschlossen war, großartige Leistungen in der Astronomie, aber die meisten verschafften sich ihre Stellung wie Caroline Herschel als Schwestern, Ehefrauen oder Töchter männlicher Astronomen. Maria Mitchell dagegen hatte allein Erfolg. William, ihr Vater, war Amateurastronom und verdiente sich seinen Lebensunterhalt zum Teil mit dem Einstellen von Schiffschronometern (eine lebenswichtige Tätigkeit in dem großen Walfängerhafen von Nantucket zu einer Zeit, als Schiffe die geografische Länge mit Hilfe mitgeführter, sehr genauer Uhren bestimmten). Aber William Mitchell war kein Berufswissenschaftler, und als Maria ihren Kometen entdeckte, arbeitete er vor allem als Oberkassierer einer Bank.

Maria Mitchell, die mangels Gelegenheit keinen Collegeabschluss machen konnte, wurde die erste Professorin für Astronomie in Amerika; sie unterrichtete von 1865 bis 1888 am Vassar College und förderte dort, am führenden Frauen-College der Vereinigten Staaten, sehr nachdrücklich die naturwissenschaftliche Ausbildung. Von den Universitäten Columbia, Hanover und Rutgers erhielt sie die Ehrendoktorwürde. Sie starb 1889. Im Jahr 1902 begründeten ihre Angehörigen und frühere Studentinnen in Nantucket die Maria Mitchell Association, eine Organisation, die sich astronomischen Beobachtungen und der naturwissenschaftlichen Ausbildung widmet.

Am 21. Juli 1994 hielt ich bei der Maria Mitchell Association die jährliche Ansprache. Ich forderte kein Honorar, äußerte aber eine dringliche Bitte: Nach meinem Abendvortrag wollte ich den Jupiter durch Maria Mitchells eigenes Teleskop sehen (es war nicht das Instrument, mit dem sie 1847 ihre Entdeckung gemacht hatte, denn das steht im Museum der Gesellschaft, sondern das noch funktionsfähige, von Alvin Clark aus Boston gebaute Fünf-Zoll-Spiegelteleskop, das Mitchell 1857 von der Organisation Women of America erhalten hatte).

Man mag mich verrückt nennen, aber in meinem Berufsleben als Paläontologe und Evolutionsforscher bin ich zu der Überzeugung gelangt, dass Verbindungen und die Rückkehr zu den ursprünglichen Quellen sowohl intellektuell als auch ethisch (oder ästhetisch) von allergrößtem Wert sind. Ich wollte den Jupiter an jenem Abend durch Maria Mitchells Teleskop sehen, weil sie die große amerikanische Pionierin der Kometenentdeckung gewesen war – und Jupiter wurde damals gerade nacheinander von mehr als 20 Bruchstücken des Kometen Shoemaker-Levy 9 bombardiert. Ich muss gestehen, dass es mir nicht gelang, die Einschläge auf der Jupiteroberfläche durch Maria Mitchells Teleskop auszumachen, denn der Jupiter war bereits hinter einer Baumgruppe untergegangen. Aber ich wartete geduldig, und schließlich sah ich den Planeten zwischen den Blättern aufblitzen. Mission ausreichend erfüllt. In der Zwischenzeit drängten sich alle Astronomiebegeisterten von Nantucket um den danebenstehenden Computer und starrten auf die neuesten Informationen über Shoemaker-Levy, die aus der ganzen Welt über das Internet hereinkamen.

Im März 1993 entdeckte mein Freund und Kollege Gene Shoemaker (der weltweit führende Experte für die geologischen Verhältnisse an Einschlagstellen) zusammen mit Caroline Shoemaker und David Levy eine gerade Reihe aus etwa 20 Kometenbruchstücken, die sich als Spur in der Nähe des Jupiter über etwa 200 000 Kilometer erstreckte. Wie sie feststellen konnten, hatte die Schwerkraft den ganzen Kometen zuvor auseinander gerissen, als er in nur 100 000 Kilometern Entfernung an der Oberfläche des Riesenplaneten vorüberflog. Außerdem erkannten sie – und jetzt wird es spannend –, dass alle diese Fragmente im Juli 1994 zwangsläufig auf den Jupiter stürzen mussten.

Welches Schauspiel, und welcher Zeitpunkt – genau am 25. Jahrestag der ersten Schritte von Neil Armstrong auf dem Mond. Aber dann griff in der Gemeinde der Astronomen eine Epidemie der kalten Füße um sich, und die Meinungsmacher der enttäuschten Erwartung waren deutlicher zu vernehmen. Sicher, so sagten sie, der Einschlag werde Ergebnisse von großem wissenschaftlichen Wert liefern, aber als Beobachter solle man nicht damit rechnen, etwas Aufregendes zu sehen. Die Bruchstücke würden vermutlich noch weiter auseinander gezogen und in den oberen Schichten der Jupiteratmosphäre vollständig verglühen. Oder vielleicht – über die Zusammensetzung von Kometen wissen wir sehr wenig – enthielten die Fragmente auch kaum mehr als Staub und Eis, nicht das Material, mit dem man Löcher in die Oberfläche eines Planeten reißen kann. Ein Autor prophezeite, die Blitze beim Einschlag würden so klein und schnell sein, dass jeder einzelne nur in einem einzigen Kamera-Bildpunkt der Raumsonde *Galilei* auftauchen würde, die sich in der Nähe des Jupiter befand. Der halboffizielle Bericht, der am 14. Juli, nur eine Woche vor dem Einschlag, in dem Fachblatt *Nature* erschien, lief unter der Überschrift »Komet Shoemaker-Levy 9: Die große Pleite steht bevor«.

Natürlich verstehe ich, warum man die Erwartungen dämpfen wollte. Es entspricht dem allgemeinen Ethos der Naturwissenschaften, vorsichtig zu sein, insbesondere bevor die Tatsache sich eingestellt hat – und die Astronomen hatten sich in den vorangegangenen Jahren schon zweimal übel den Mund verbrannt, beide Male an Kometen: Halley und Kohoutek waren im Verhältnis zu den Erwartungen der meisten Menschen wirklich eine Enttäuschung gewesen. Außerdem haben die Naturwissenschaftler nach wie vor einen Widerwillen dagegen, katastrophalen Ereignissen in der jüngeren Geschichte des Sonnensystems eine bedeutende Rolle zuzubilligen, insbesondere wenn es um die Erde und das Leben auf ihr geht. Hätte Shoemaker-Levy 9 nicht geknallt, sondern gewinselt, wäre dieses alte Vorurteil sicher bestätigt worden.

Wie wir heute wissen, lieferte Shoemaker-Levy 9 ein Superschauspiel; es übertraf bei weitem alle öffentlich geäußerten Erwartungen, sowohl was den erstaunlichen äußeren Anblick betraf als auch im Hinblick auf die Fülle wissenschaftlicher Daten, die uns noch auf Jahre hinaus beschäftigen werden. Ich schreibe diesen Essay am Wochenende nach den Einschlägen, und derzeit kann ich noch nicht einmal ansatzweise ein vernünftiges Urteil über Ursachen und Gründe abgeben, aber um den Unterschied zwischen einem Knaller und einem Reinfall zu erkennen, brauchen wir nur eine kurze Zusammenfassung der Phänomene.

Alle 21 Bruchstücke von Shoemaker-Levy 9 trafen den Jupiter auf dem gleichen Breitengrad seiner südlichen Halbkugel. Die Einschläge erfolgten während der Nacht auf dem Planeten und waren von der Erde aus nicht unmittelbar zu sehen. Aber Jupiter dreht sich nicht in 24, sondern in etwa neun Stunden einmal um sich selbst, und so rückten die fraglichen Stellen schnell ins Blickfeld: Sie bildeten eine gerade Kette kreisförmiger Schadstellen, manche davon größer als die ganze Erde! Wie lange sie erhalten bleiben werden und ob ihre dunkle Färbung durch Schatten oder entsprechende Substanzen entsteht (vorgeschlagen wurden schwarzer Kohlenstoff oder bestimmte Formen von Schwefel), wissen wir nicht. Ebenso wenig ist bekannt, wie tief die Bruchstücke in den Planeten eindrangen oder was »Eindringen« auf einem gasförmigen Planeten ohne feste Gesteinsoberfläche überhaupt bedeutet – aber weiß glühende Gase, die vermutlich aus dem Inneren des Jupiter stammten, brachen durch die Einschlaglöcher heraus »wie gewaltige Feuerbälle aus kosmischen Kanonen«, so eine Formulierung von Malcolm W. Browne in der *New York Times* vom 26. Juli.

Der größte Brocken des Kometen, Fragment G genannt, stürzte am 18. Juli um 3.30 Uhr morgens auf den Jupiter. Er ließ einen Feuerball aufblitzen, der für kurze Zeit heller war als der gesamte Planet. (So viel über die einzelnen Bildpunkte!) Das Fragment G dürfte fast 70 Kilometer weit in die Jupiteratmosphäre eingedrungen sein. Anschließend stieg über der Einschlagstelle eine Fahne aus überhitztem Gas etwa 2000 Kilometer über die Jupiteroberfläche auf und lieferte eines der aufsehenerregendsten Bilder der ganzen Woche.

Über Ausmaß und Kraft dieser größten Explosionen habe ich verschiedene Schätzungen gelesen; nach der vorsichtigsten Zahl, über die in wichtigen Zeitungen und Fachzeitschriften zu lesen war (*USA Today*, 22. Juli), hatte das Fragment G einen Durchmesser von etwa drei bis vier Kilometern, und die Gewalt seines Einschlages entsprach einer Explosionsenergie von etwa 6 Millionen Megatonnen TNT. Zusammen setzten die 21 Bruchstücke nach dieser Schätzung die gleiche Energie frei wie 40 Millionen Megatonnen TNT – das Fünfhundertfache aller Atomwaffen, die es auf der Erde gibt!

Dieser Vergleich mit den Megatonnen unserer gesamten nuklearen Arsenale jagte mir einen kalten Schauer über den Rücken und rief mir eine ähnliche Zahl ins Gedächtnis, die mit der entscheidenden Debatte der letzten zehn Jahre in der Paläontologie zusammenhängt und auch für die Thematik dieses Essays von Bedeutung ist. Im Jahr 1979 veröffentlichten Luis Alvarez und seine Mitarbeiter zum ersten Mal die Theorie, wonach ein Himmelskörper – ein Komet oder Asteroid mit einem Durchmesser von etwa zehn Kilometern – am Ende der Kreidezeit vor ungefähr 65 Millionen Jahren auf die Erde stürzte und eines der fünf großen Ereignisse des Massenaussterbens in der Geschichte des Lebendigen auslöste; es war das bisher letzte und – zumindest nach unserer engstirnigen Sichtweise – wichtigste, denn dabei starben die Dinosaurier aus, sodass die Säugetiere ihre Chance bekamen (Näheres im vorigen Kapitel).

Ich wusste damals nichts über die physikalischen Gesetze solcher Einschläge, und ich kann mich noch gut erinnern, dass ich anfangs stark an den Auswirkungen eines solchen Ereignisses zweifelte. Zwar war mir klar, dass ein herabstürzender Komet oder Asteroid ausgesprochen unangenehm für einen *Tyrannosaurus* sein musste, der unmittelbar in seiner Flugbahn stand, aber warum sollte ein zehn Kilometer großer Himmelskörper eine solche Katastrophe auf einem Planeten anrichten, dessen Durchmesser mehr als 12 000 Kilometer beträgt? Mit dieser naiven Skepsis befragte ich Luis Alvarez, den Physik-Nobelpreisträger, der sich mit der Bombe von Hiroshima befasst hatte und sicher über solche Fragen Bescheid wusste. Er brachte mich mit folgender Schätzung zum Schweigen: Ein Geschoss mit einem Durchmesser von zehn Kilometern würde auf der Erde mit einer Gewalt einschlagen, die zehntausendmal größer ist als die Sprengkraft aller Atomwaffen auf der Erde zusammen! Im Vergleich dazu war das Fragment G ein Klümpchen – aber es riss im Jupiter ein Loch von der Größe der Erde und ließ einen Feuerball entstehen, der so hell war wie der gesamte Planet. Wenn das Fragment G den riesigen Jupiter derart treffen konnte, wie sollten wir noch Zweifel an den katastrophalen Auswirkungen eines viel größeren Einschlages auf unserem viel kleineren Planeten haben?

Als Alvarez und seine Mitarbeiter ihre radikale Hypothese des katastrophalen Aussterbens zum ersten Mal äußerten, lehnten die meisten Paläontologen sie nachdrücklich und hämisch ab. Aber seit jener Zeit haben sich die Indizien für ein solches Ereignis praktisch zum definitiven Beweis verdichtet: Zuerst entdeckte man hohe Iridiumkonzentrationen in den Schichten, die das Aussterbeereignis kennzeichnen (Iridium fehlt in den Sedimenten irdischer Herkunft fast völlig, kommt aber in Kometen und Asteroiden in der für den Weltraum typischen Konzentration vor); dann fand man in den gleichen Sedimenten so genannten geschockten Quarz, eine ungewöhnliche Form dieses verbreiteten Minerals, die nach heutigem Wissensstand ausschließlich durch den hohen Druck bei einem Einschlag entsteht, aber nicht durch andere Vorgänge an der Erdoberfläche oder knapp darunter; und schließlich stieß man auf den unmittelbarsten Beleg, einen riesigen Krater passenden Alters mit einem Durchmesser von über 300 Kilometern vor der mexikanischen Halbinsel Yucatán.

Wenn eine interessante Theorie auf starke Ablehnung trifft, die sich mit beträchtlichem Nachdruck auch dann noch fortsetzt, wenn die Theorie im Wesentlichen belegt wurde, müssen wir nach tiefer liegenden Ursachen suchen, die in allgemeinen Einstellungen und Methoden wurzeln. In den Geowissenschaften war keine theoretische Vorliebe so stark und beherrschend wie Charles Lyells Lehre des Uniformitarianismus; im Mittelpunkt dieses komplizierten Ideengebäudes stand die Vorstellung, dass die immer gleichen, beobachtbaren Ursachen, die im Normalfall sehr langsam und allmählich wirken, alle großen Phänomene der Erdgeschichte auslösen können, einfach weil sich ihre winzigen Effekte in den gewaltigen geologischen Zeiträumen addieren. Willst du den Grand Canyon entstehen lassen, trage das Bett des Colorado River über lange Zeit hinweg Sandkorn für Sandkorn ab. Willst du die Erde mit neuen Tieren bevölkern, lösche alte Arten aus und lass in der Evolution eine neue Form nach der anderen entstehen, sodass ein Beobachter zu jedem einzelnen Zeitpunkt nichts bemerkt. Allerhöchstens Klima und Topografie können sich nach der uniformitarianistischen Sichtweise gelegentlich besonders schnell verändern, sodass in einer relativ kurzen Phase mehr Arten aussterben als sonst – aber zu einem wirklich katastrophalen Massenaussterben kann es danach nicht kommen. Lyell und Darwin argumentierten nachdrücklich, das so genannte Massenaussterben müsse sich in Wirklichkeit über mehrere Millionen Jahre hingezogen haben (während der falsche Eindruck eines plötzlichen Ereignisses durch die unvollständigen geologischen Überreste entstehe), und solche Episoden könnten ihre Ursachen nur in einer Verstärkung der ganz normalen Vorgänge haben.

Die Frage nach stetiger oder katastrophaler Veränderung ist eines der ganz großen Themen in der Naturwissenschaft, denn die Diskussion bezieht viele Fachgebiete ein und birgt gewaltige Konsequenzen für einige besonders tiefgründige Rätsel unseres Lebens. Betrachten wir einmal zwei solche inhaltsschwere Themen. Erstens: *Was ist das Wesen des Wandels?* Sind die Kultur des Menschen, das Leben, das physikalische Universum unendlich veränderlich? Unterliegen sie einem ständigen, in der Regel nicht wahrnehmbaren Wandel (die Sichtweise des Uniformitarianismus), oder sind die meisten Formen und Hervorbringungen durch stabile Strukturen gekennzeichnet, die sich nur selten in gedrängten Episoden des Überganges zwischen den stabilen Zuständen verändern, ausgelöst häufig durch katastrophale Störungen, auf die sich die vorhandenen Systeme nicht einstellen können? Und zweitens: *Was ist das Wesen der Kausalität?* Entstehen große Wirkungen einfach als Ausweitung kleinerer Veränderungen, deren ganz normale, deterministische Ursachen wir jeden Tag untersuchen können, oder bringen gelegentliche Katastrophen ein starkes Element der Zufälligkeit und Unvorhersagbarkeit in den Lauf der Erdgeschichte?

Der angesehene Geologe und Wissenschaftshistoriker William Glen vom United States Geological Survey im kalifornischen Menlo Park beschäftigt sich schon seit 15 Jahren mit der interessanten Frage, wie wissenschaftliche Revolutionen entstehen. Zunächst schrieb er ein ausgezeichnetes Buch (*The Road to Jamarillo*) über die nach vielfacher Ansicht größte Revolution der Geologie, seit man Ende des 18. und Anfang des 19. Jahrhunderts entdeckte, wie groß erdgeschichtliche Zeiträume sind: über die Entwicklung der Theorie der Plattentektonik und die darauf folgende Bestätigung, dass es die Kontinentalverschiebung tatsächlich gibt. In den letzten zehn Jahren hat Glen verfolgt, wie Alvarez' Asteroidentheorie von einer Ketzerei zur Lehrmeinung wurde und wie gleichzeitig der Glaube an Katastrophen allgemein wieder zunahm, insbesondere im Zusammenhang mit dem Massenaussterben (Näheres in seinem kürzlich erschienenen Buch *The Mass Extinction Debates: How Science Works in a Crisis*).

Eines Tages hatte Glen für mich eine echte Überraschung parat: Er sagte, die Debatte über das katastrophale Massenaussterben sei in seinen Augen möglicherweise für die Wissenschaftsgeschichte wichtiger als die Plattentektonik. So gern ich mich einer solchen Behauptung angeschlossen hätte – anfangs zuckte ich zurück und widersprach nachdrücklich, hatte ich doch lange Zeit das Glaubensbekenntnis der Geologen verinnerlicht, dass keine neue Theorie tiefer gehen konnte als die von der Plattentektonik: Die Erdoberfläche besteht aus dünnen, beweglichen Platten; an den unterseeischen Gebirgsrücken steigt neue Erdkruste auf, breitet sich aus, formt und verschiebt die Platten und taucht schließlich an den Subduktionszonen wieder ins Erdinnere.

Aber Glen erinnerte mich an die berühmte Aussage von Freud, die ich in diesen Essays schon häufig zitiert habe: Es ist das gemeinsame Merkmal aller wichtigen wissenschaftlichen Revolutionen, dass sie unsere arroganten Vorstellungen von der zentralen Stellung des Menschen im Kosmos eine nach der anderen vom Sockel stoßen (siehe Kapitel 24). Zumindest aber müssen große Revolutionen zentrale Ansichten über unser Leben oder die Funktionsweise des Universums verändern. Die Plattentektonik bedeutete einen grundlegenden Wandel der Vorstellungen über die physikalischen Verhältnisse auf der Erde, aber fundamentale Lehrmeinungen über das Leben der Menschen oder physikalische Kausalität änderten sich dadurch kaum. Zuvor glaubten wir, die Erdkruste könne sich auf und ab bewegen, sodass Gebirge und Ozeane entstehen; seither wissen wir, dass die Landmassen unseres Planeten auch waagerecht wandern können.

Aus der Theorie der katastrophalen Einschläge dagegen, so Bill Glens mit großem Nachdruck vorgetragene Argumentation, ergeben sich viel umfassendere Folgerungen, wenn sich solche Ereignisse nicht nur als Erklärung für ein paar seltsame Vorkommnisse wie das Aussterben zwischen Kreidezeit und Tertiär nachweisen lassen, sondern als allgemeines Merkmal für die Mechanismen der Erdgeschichte. Wenn Kollisionen nämlich erheblichen Einfluss auf die Gestaltung in geologischen Zeiträumen nehmen, steht die Katastrophentheorie zumindest auf einer Stufe mit dem zuvor beherrschenden oder fast ausschließlich geltenden Uniformitarianismus – und das ändert unsere grundlegenden Ansichten über das Wesen des Wandels sowie über die Kausalität im Allgemeinen. Außerdem trägt dieses mögliche Umdenken zu den Spannungen bei, die Freud als verletzend und befreiend zugleich bezeichnete, denn die Katastrophentheorie spricht für Zufall und Unvorhersagbarkeit in der Evolution aller Abstammungslinien einschließlich unserer eigenen, und das ist ein Thema, das viele von uns lieber nicht zur Kenntnis nehmen würden. Kein zufälliger Schuss aus dem Blauen vor 65,3 Millionen Jahren, keine Auslöschung der Dinosaurier, keine Vorherrschaft der Säugetiere, kein menschliches Leben heute – die uniformitarianistische Sichtweise dagegen steht viel besser im Einklang mit den überlieferten Ideen vom allmählichen Aufstieg und unaufhaltsamen Erfolg der Säugetiere.

Da ich an die Bedeutung von Initialereignissen glaube – was ich bereits in meinem Bericht über Maria Mitchells Teleskop deutlich gemacht habe –, entschloss ich mich nun, die ursprüngliche Definition der großen geologischen Zweiteilung auszugraben; ich wollte wissen, welche Bedeutung die Wiederauferstehung der Katastrophentheorie hat und welche Rolle Shoemaker-Levy 9 als Beitrag zu der Diskussion spielt. Die Begriffe »Uniformitarianismus« und »Katastrophismus« prägte der führende englische Wissenschaftsphilosoph William Whewell in einer Rezension (erschienen 1832 im *Quarterly Review*) über den zweiten Band der *Principles of Geology* von Lyell. Whewell schrieb:

> Waren die Veränderungen, die uns von einem geologischen Zustand zum anderen führen, im langfristigen Durchschnitt in ihrer Intensität einheitlich, oder bestanden sie aus Epochen der hektischen, katastrophenartigen Tätigkeit, die zwischen Perioden relativer Ruhe eingestreut waren? Diese beiden Ansichten werden wohl noch eine ganze Zeit lang die geologische Welt in zwei Lager teilen, welche man vielleicht als *Uniformitarianisten* und *Katastrophisten* bezeichnen könnte.

G. P. Scrope, einer von Lyells führenden Geologenkollegen, las die Rezension von Whewell und äußerte dann Lyell gegenüber in einem Brief die Vermutung, man könne die Zweiteilung leicht aufheben oder einen Kompromiss finden:

> Was die Diskussion angeht, von der er spricht, die, wie ich weiß, hier und da recht hitzig zwischen Ihnen als Uniformitarianist und den Katastrophisten tobt, so sehe ich nichts als eine eingebildete Trennlinie. Es ist nur eine Meinungsverschiedenheit über das Ausmaß, eine Angelegenheit von Mehr oder Weniger; ein

kleines Zugeständnis auf beiden Seiten, und Sie sind in vollkommener Herzlichkeit vereinigt.

Lyell wies diesen Vermittlungsversuch jedoch nachdrücklich zurück und blieb bei Whewells Zweiteilung. Er schrieb an den Philosophen, gab Scropes Meinung wieder und fügte dann seine eigene Begründung für eine prinzipielle Zweiteilung hinzu:

> An dieser Stelle kann ich mich um keinen Zoll bewegen, und zwar aus Gründen, welche ich in V. 3 [dem dritten Band seiner *Principles of Geology*, der im folgenden Jahr 1833 erscheinen sollte] darlegen werde. Natürlich ist es beim derzeitigen Stand unseres Wissens bis zu einem gewissen Grade eine Frage der Wahrscheinlichkeit, aber ich halte es grundsätzlich für äußerst wichtig, ob wir zu den Wahrscheinlichkeiten neigen, die wir in den letzten 3000 Jahren gesehen haben, oder zu jenen Möglichkeiten, welche nach meiner Überzeugung allen überwältigenden Belegen zufolge unzutreffend sind.

Mit anderen Worten: Warum soll man nie beobachtete Kräfte (die Katastrophen) erfinden, wenn die vorhandenen, langsam wirkenden Ursachen, die man seit über 3000 Jahren sehen kann, alle geologischen Vorgänge aller Zeiten zu Wege bringen können?

Wie energisch Lyell den Uniformitarianismus mit seinen Rektoren unterstützte, erkennt man vielleicht am besten in dem berühmten ersten Kapitel des dritten Bandes, das er vor dem Hintergrund von Whewells Rezension und seiner festgeschriebenen Zweiteilung verfasste. (In späteren Auflagen der *Principles of Geology* wurde der Inhalt dieses kurzen, siebenseitigen Kapitels auf frühere Abschnitte des Buches verteilt.) Der Katastrophismus, so Lyell, sei abzulehnen, weil er ein spekulatives System sei, das die Geologie zum Spielball unüberprüfbarer Vermutungen mache; der Uniformitarianismus dagegen stütze sich eindeutig auf die Beobachtung vorhandener Ursachen und werde die Geologie zu einer strengen, empirischen, ausgereiften Naturwissenschaft machen. Lyell war Anwalt von Beruf und ein großartiger Schriftsteller aus Berufung. Was die Überzeugungskraft seiner Prosa angeht, kam ihm kein späterer Autor gleich:

Nie war ein Dogma mehr darauf berechnet, der Trägheit Vorschub zu leisten und die scharfe Schneide der Neugier stumpf zu machen, als diese Unterstellung einer Diskrepanz zwischen früheren und heutigen Ursachen des Wandels. Sie rief einen Geisteszustand hervor, welcher im höchsten vorstellbaren Maße unvorteilhaft ist, wenn man objektiv die Belege für diese winzigen, aber unaufhörlichen Veränderungen wahrnehmen will, denen alle Teile der Erdoberfläche unterliegen ... Wir hören von plötzlichen, gewaltsamen Umwälzungen der Welt, vom augenblicklichen Aufsteigen der Gebirgsketten, von Ausbrüchen vulkanischer Energie ... Man erzählt uns auch von allgemeinen Katastrophen und einer Aufeinanderfolge von Überschwemmungen, von abwechselnden Phasen der Ruhe und Unordnung, vom Erfrieren der Erdkugel, von der plötzlichen Vernichtung ganzer Geschlechter von Tieren und Pflanzen sowie von weiteren Hypothesen, in welchen wir den alten Geist der Spekulation wieder belebt sehen, und auch den ausdrücklichen Wunsch, den gordischen Knoten nicht geduldig zu entwirren, sondern ihn zu durchschlagen.

Ich halte Lyells Argumentation schon seit langem für rhetorisch brillant, aber grundsätzlich unfair – und doch herrschte sie fast 150 Jahre lang und begrenzte so das Spektrum der anerkannten geologischen Hypothesen. Er vertritt die Ansicht, wir sollten die unmittelbare Beobachtung gegenüber jeder Form von Vermutungen – die er in seiner Rhetorik als »Spekulation« etikettiert – vorziehen. Damit entzieht er dem Katastrophismus die Grundlage nicht durch eine faire Überprüfung, sondern durch eine ungerechtfertigt eingeschränkte Definition. Wenn die Katastrophentheorie eine gewisse Berechtigung hat, wird die Erde gelegentlich von umwälzenden, heftigen Naturereignissen heimgesucht, die große, sehr plötzliche geologische Auswirkungen haben, aber das geschieht nur sehr selten und in großen Zeitabständen. Wenn die Phasen zwischen solchen Ereignissen sich in der Regel über Jahrmillionen erstrecken – wie es bei großen Kometeneinschlägen, die zu weltweitem Massenaussterben führen, der Fall sein muss –, während sich die von Menschen beobachteten heutigen Vorgänge auf wenige tausend Jahre beschränken, haben wir natürlich keine Aussichten, im

Laufe der Menschheitsgeschichte zu Zeugen solcher Katastrophen zu werden.

Wir können plausible Einflüsse nicht leugnen, nur weil wir sie nicht unmittelbar sehen. Naturwissenschaft beruht zu einem großen Teil auf scharfsinnigen, strengen Rückschlüssen und nicht allein auf passivem Beobachten. Bei vielen Phänomenen – beispielsweise bei Atomen und Schwarzen Löchern – waren wir uns unserer Sache ziemlich sicher, bevor wir die Technik entwickelt hatten, um sie sichtbar zu machen. Wie können wir eine Kraft ins Lächerliche ziehen, die wir seit 3000 Jahren nicht gesehen haben, wenn eine stichhaltige Theorie besagt, dass die kurzen Phasen ihrer Wirkung viele Millionen Jahre auseinander liegen? Warum finden wir uns nur so widerwillig damit ab, dass globale Katastrophen in der Geschichte der Erde und des Lebendigen eine große Rolle gespielt haben, wo wir doch kleinere Ereignisse, die sich viel häufiger abspielen, immer wieder beobachten konnten? Der Himmelskörper von Tunguska, ein Kometenbruchstück, das 1908 etwa 9000 Meter über Sibirien explodierte, mähte 2500 Quadratkilometer Wald ab und hätte die größte Katastrophe der Menschheitsgeschichte ausgelöst, wenn er auch nur in der Nähe eines Ballungsgebietes niedergegangen wäre. Dieses Objekt hatte nach stichhaltigen Schätzungen einen Durchmesser von etwa 100 Metern. Solche kleinen Brocken treffen die Erde in Abständen von einigen hundert oder tausend Jahren, sodass man sie als ungewöhnliche historische Ereignisse untersuchen kann. Dürfen wir von ihnen nicht auf die viel selteneren Riesengeschosse schließen, deren Durchmesser sich nach Kilometern bemisst? Sie treffen unseren Planeten nur in Abständen von zehn bis 100 Millionen Jahren, aber das hat dann weltweit gewaltige Auswirkungen, und die Häufigkeit ist immer noch so groß, dass etwa ein halbes Dutzend derartiger Volltreffer die Geschichte der Erde und des vielzelligen Tierlebens beträchtlich mitgestaltet hat.

Lyell setzte sich nachdrücklich dafür ein, dass Whewells Rezension in den angesehensten britischen Fachblättern erschien. Whewell selbst jedoch lobte zwar das Buch und gab eine ausgewogene Beschreibung von Lyells System, vertrat aber dann die Ansicht, der große Geologe habe seine uniformitarianistische Theorie unangemessen stark eingeschränkt und die Frage nach dem Katastrophismus sei im Prinzip weiterhin offen. Mit anderen Worten: Das Thema müsse durch wissenschaftliche Untersuchungen (Beobachtungen und Rückschlüsse) beigelegt werden und nicht durch eine vorgegebene Definition. Whewell verteidigte die Katastrophentheorie und schrieb anschließend an seine Definitionen im nächsten Absatz:

> Es erscheint uns ein wenig voreilig, nach Art der Uniformitarianisten zu unterstellen, dass die Kenntnisse, welche wir zurzeit über den Verlauf der physikalischen, die Erde und ihre Bewohner betreffenden Erscheinungen besitzen, bereits ausreichen und uns in die Lage versetzen, eine Klassifikation zu konstruieren, welche alles Vergangene in die Kategorien der Gegenwart einordnet. Da unser Wissen in Zeit, Raum und Art so beschränkt ist, wäre es ganz verwunderlich, wenn es uns alle Gesetze und Ursachen nahe gelegt hätte, von welchen die Naturgeschichte der Erde, im größten Maßstab betrachtet, beeinflusst wird – es wäre seltsam, hätte es uns nicht in Unkenntnis über einige der wichtigsten Auslöser gelassen, welche seit Anbeginn der Zeit tätig sind; kurz gesagt, über etwas, das sich in großen, weit voneinander entfernten Katastrophen ausdrückt.

Wir brauchten keinen Shoemaker-Levy 9, um den Katastrophismus auf dem unmittelbaren Weg der direkten Beobachtung zu belegen. Dass wir in den paar hundert Jahren, seit Technik und aufgeklärtes Denken uns als Verständnishilfsmittel zur Verfügung stehen, überhaupt Zeugen eines Ereignisses solcher Größenordnung wurden, war riesiges Glück. Aber durch Rückschlüsse aus seinen fossilen Hinterlassenschaften hatte das Geschoss aus der Kreidezeit sich bereits seit einigen Jahren bewiesen, bevor Jupiter den Shoemaker-Levy-Kometen in seine mörderischen Brocken zerlegte.

Demnach muss Shoemaker-Levy eine Gefälligkeit der Natur darstellen, ein Geschenk an uns als Belohnung für den richtigen Einsatz wissenschaftlicher Schlussfolgerungen, mit denen wir entgegen allen Vorurteilen unserer uniformitarianistischen Ausbildung mindestens eine globale Katastrophe (den Einschlag am Ende der Kreidezeit) nachweisen konnten. Fast scheint es, als wollte die Natur zu ihrem eigensinnigen, unbedeutenden Erdenkind sagen:

»Du hast dir richtig Mühe gegeben und schwierige Schlüsse gezogen. Gut gemacht, mein braver, treuer Diener! Jetzt sollst du eine kosmische Katastrophe gratis und mit eigenen Augen sehen, obwohl sich so etwas normalerweise nur alle paar tausend Jahre ereignet.«

Das alles ist natürlich eine Metapher. Ich bin nicht zum versponnenen New-Age-Jünger mutiert, und ich glaube nicht, dass die Natur nach irgendeinem Prinzip funktioniert, das auch nur entfernt unserem Begriff von Absicht ähnelt. Wir haben bei Shoemaker-Levy einfach eine Gelegenheit genutzt. Aber zum Schluss sollten wir an zwei weitere wirklich erstaunliche Ereignisse denken. Shoemaker-Levy ging auf dem Jupiter genau am 25. Jahrestag unserer ersten Mondlandung nieder. Erwidert die Natur die Anerkennung, die wir ihr mit unserem respektvollen Ausflug in ihre Domäne erwiesen haben, indem sie uns gerade in einem so bedeutungsträchtigen Augenblick etwas Wichtiges von sich lehrt? Und schließlich sollten wir der Natur danken, dass sie dieses Schauspiel auf einem weit entfernten Riesenplaneten inszeniert hat, der den Schlag leicht verkraftet, und nicht näher an unserer Heimat, wo ein ähnliches Ereignis uns das Schicksal der Dinosaurier bescheren könnte.

Teil IV
Über Schnecken

13. Poes größter Hit

Posthume Anerkennung mag gut für die Seele sein, aber den meisten Künstlern wäre ein wenig handfeste Unterstützung in der Zeit ihrer irdischen Bedürfnisse vermutlich lieber. Edgar Allan Poe (1809–1849) veröffentlichte 1827, als Achtzehnjähriger, sein erstes Werk *Tamarlane and Other Poems*. Er bezahlte selbst die Druckkosten und brachte nur 50 Exemplare heraus. Zwölf davon sind noch erhalten, und damit ist es die seltenste und teuerste aller amerikanischen Erstausgaben. Aber auch wenn die Auktionserlöse gewaltig sind: Bei seinem Erscheinen wurde Poes Büchlein weder literarische Aufmerksamkeit noch Verkaufserfolg zuteil.

Eine Quizfrage zu dem gleichen Thema: Welches Buch von Poe war als einziges so erfolgreich, dass es zu seinen Lebzeiten ein zweites Mal aufgelegt wurde? Die Antwort: *The Conchologist's First Book: or, A System of Testaceous Malacology, arranged Expressly for the Use of Schools*, erschienen 1839. Die Erstauflage kostete $ 1,75 und war in zwei Monaten vergriffen. Das führte 1840 zu einer zweiten, erweiterten Auflage, und 1845 folgte eine dritte. Für sämtliche anderen Werke Poes, vom *Haus Usher* bis zum *Mord in der Rue Morgue*, können wir nur den gesamten Wortschatz seiner berühmtesten Gestalt anstimmen, des Raben: Nimmermehr. Kein anderes seiner Bücher erschien zu Poes Lebzeiten ein zweites Mal.

Nicht immer brauchen wir uns zu wundern, wenn berühmte Menschen Leistungen vorweisen können, die weit vom Anlass ihres Ruhmes entfernt liegen. Heinrich VIII. schrieb ganz annehmbare Musikstücke; warum auch nicht – er hatte durchaus intellektuelle Neigungen und war in den verschiedenen humanistischen

Titelseite des preiswerten Lehrbuches von Edgar Allan Poe.

Künsten der Renaissance gut ausgebildet. Leonardo da Vinci konstruierte Furcht erregende Kriegsmaschinen; warum auch nicht – seinen adeligen Herrschern war an praktischen Fähigkeiten mehr gelegen als an seiner Malkunst. Aber in Edgar Allan Poes Leben weist nichts auf ein anhaltendes Interesse für Naturgeschichte hin. Wir können uns ausmalen, wie er betrunken und ohne einen Cent in der Tasche durch Philadelphia oder New York irrt, aber wer könnte das Bild eines Poe zeichnen, der durch die Wälder streift oder an der Küste entlang schlendert und dabei »Träume träumt, die kein Sterblicher jemals zuvor zu träumen wagte«? Seine verschiedenen literarischen Schöpfungen – der Rabe, der Affe aus der Rue Morgue oder die schwarze Katze – lassen nicht auf besondere zoologische Kenntnisse schließen. Seine Biografen versuchten mit großer Mühe, Mutmaßungen über die Quelle für Poes Interesse an Meeresschnecken anzustellen. (Einige äußerten die Vermutung, Poe habe den Naturforscher Edmund Ravenel kennen gelernt, als er 1827 und 1828 während einer Armeeübung in Charleston Harbor auf Sullivan Island stationiert war. Andere verweisen auf eine Beschreibung einiger Schneckenhäuser in einem Kapitel seiner Novelle *Die Erlebnisse des Arthur Gordon Pym*.) Wir können durchaus zu dem Schluss gelangen, dass *The Conchologist's First Book* ein »höchst wunderliches, seltsames Buch« ist, eine echte Anomalie im Leben eines Literaten.

Besser verstehen wir vielleicht, mit welchen Methoden und Motiven Poe den völlig vergessenen Bestseller seines Lebens schrieb, wenn wir uns die zweideutige Stellung von *The Conchologist's First Book* vor Augen führen: Es ist eigentlich ein Schwindel, aber der ist nicht schlecht gemacht. Poe brauchte nicht viele wissenschaftliche Kenntnisse, um der ihm zugedachten Rolle – teils als Namensgeber, teils als Literat und teils als Plagiator – gerecht zu werden. Poes Freund Thomas Wyatt hatte 1838 ein umfangreiches Buch über die Gehäuse der Weichtiere herausgebracht, das aber auch teuer war: Ein Exemplar kostete acht Dollar. Wie nicht anders zu erwarten, verlief der Verkauf schleppend, und Wyatt wollte gern eine gekürzte Ausgabe ohne kolorierte Abbildungen zu einem wesentlich niedrigeren Preis auf den Markt bringen. Aber Harper, sein Verleger, hatte Einwände: Er äußerte die durchaus vernünftige Besorgnis, die aufwändig hergestellte Ausgabe werde

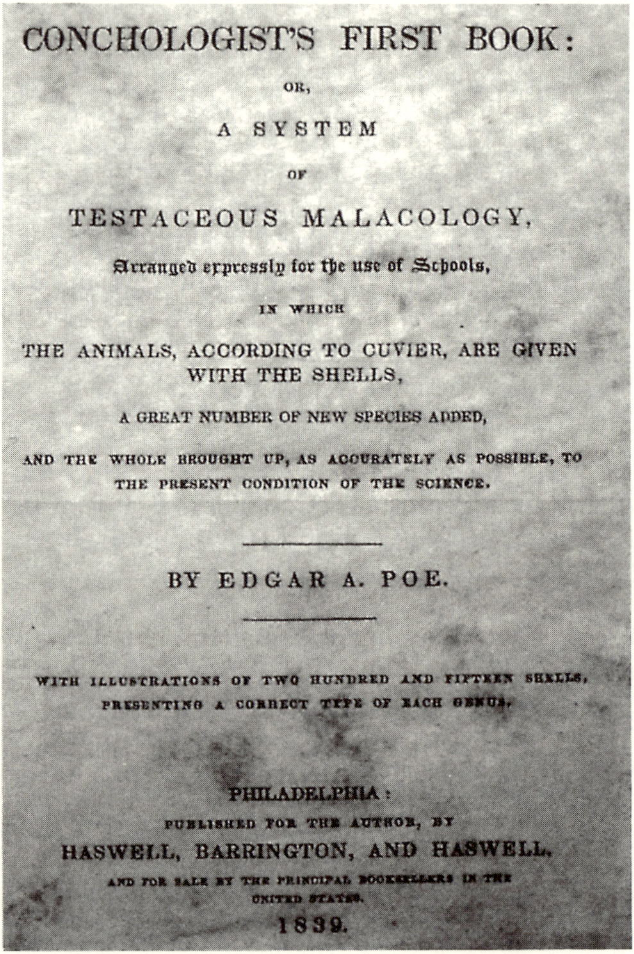

CONCHOLOGIST'S FIRST BOOK:

OR,

A SYSTEM

OF

TESTACEOUS MALACOLOGY,

Arranged expressly for the use of Schools,

IN WHICH

THE ANIMALS, ACCORDING TO CUVIER, ARE GIVEN WITH THE SHELLS,

A GREAT NUMBER OF NEW SPECIES ADDED,

AND THE WHOLE BROUGHT UP, AS ACCURATELY AS POSSIBLE, TO THE PRESENT CONDITION OF THE SCIENCE.

BY EDGAR A. POE.

WITH ILLUSTRATIONS OF TWO HUNDRED AND FIFTEEN SHELLS, PRESENTING A CORRECT TYPE OF EACH GENUS.

PHILADELPHIA:

PUBLISHED FOR THE AUTHOR, BY

HASWELL, BARRINGTON, AND HASWELL,

AND FOR SALE BY THE PRINCIPAL BOOKSELLERS IN THE UNITED STATES.

1839.

Die Titelseite nennt Poe als Alleinautor, obwohl das Buch ein Gemeinschaftsprojekt war.

dann völlig unverkäuflich werden. Wyatt wollte sein Vorhaben dennoch weiter verfolgen, gleichzeitig fürchtete er aber juristische Schritte, wenn die gekürzte Fassung unter seinem eigenen Namen erschien. Deshalb suchte er einen Strohmann, der ihm beim Verfassen des neuen Buches half und für einen geringen Obolus seinen Namen zur Verfügung stellte.

Für diese Rolle schien der arme Poe, der ständig pleite und häufig betrunken war, die ideale Besetzung zu sein. Andere erschütterten die Welt für dreißig Silberlinge, Poe dagegen erhielt offenbar 50 Dollar dafür, dass er auf der Titelseite stand und bei der Bearbeitung von *The Conchologist's First Book* half. (Die Einzelheiten der finanziellen Abmachungen sind in Vergessenheit geraten, aber ich habe den starken Verdacht, dass der anonyme Wyatt ein Auflagenhonorar für das erfolgreiche Produkt erhielt.)

Ich habe alle bekannten Poe-Biografien durchgesehen, und alle sind sich in ihrem starken Unbehagen wegen *The Conchologist's First Book* einig. Keine widmet der Episode mehr als eine oder zwei Seiten. F. T. Zumbach behauptet, es habe für Poes literarische Laufbahn nicht die geringste Bedeutung. Nach Ansicht von Julian Symons, der nicht nur Schriftstellerbiograf, sondern auch selbst ein Autor ausgezeichneter Kriminalromane ist, »setzte Poe seinen Namen unter ein Stück Lohnarbeit«. David Sinclair bezeichnet *The Conchologist's First Book* als »beschämende Lohnarbeit, zu der ihn nur die Verzweiflung getrieben haben kann«. Und Jeffrey Meyers etikettiert das Werk als Poes »gröbstes Stück Lohnarbeit«.

Ich möchte mit diesem Essay weder Poe von Schuld freisprechen noch die übliche Entstehungsgeschichte des *Conchologist's First Book* grundlegend neu schreiben. Nach heutigen Maßstäben und Urhebergesetzen säße Poe entweder (zusammen mit Wyatt und anderen Komplizen) im Gefängnis oder aber auf der Anklagebank, um auf die Überführung und eine gesalzene Strafe zu warten. Allerdings möchte ich die Ansicht vertreten, dass Poes Biografen keine Entschuldigungen finden müssen und *The Conchologist's First Book* nicht als seltsame, beschämende Anomalie behandeln sollten, die man am besten schweigend übergeht. Vielmehr hatte das Buch nach meiner Vermutung Erfolg, weil es auf kompetente und zumindest mäßig neuartige Weise einem Bedürfnis entgegenkam (so zweifelhaft die Umstände seiner Entstehung auch gewesen sein mögen); und wenn wir die Gründe für seinen Erfolg verstehen, erfahren wir außerdem etwas Interessantes über die Volksbildung im Amerika des 19. Jahrhunderts.

Wenn wir *The Conchologist's First Book* angemessen analysieren wollen, müssen wir zunächst einmal verstehen, wie die einzelnen Teile des Buches entstanden sind und welche Rolle Poe bei ihrer Zusammenstellung spielte. (Wie gesagt: Poes Name steht für die Anstrengungen eines ganzen Teams. Wyatt arbeitete mit Sicherheit an dem Buch mit, und auch andere dürften dazu beigetragen haben.) Die besten Anhaltspunkte liefern Poes eigene Aufzeichnungen – einer seiner typischen selbstbezogenen Briefe mit zweifellos schönfärberischer Tendenz, der aber, soweit ich es beurteilen kann, in seinen einzelnen Behauptungen der Wahrheit entspricht.

Poes Leben war kurz und mühsam (in Anlehnung an einen alten Scherz, den man gewöhnlich über Mozart macht, bin ich versucht zu sagen: Als Poe mein Alter erreichte, war er schon seit elf Jahren tot – und ich bin nach meinen eigenen Maßstäben noch ein Jüngling). Er schuf sich seine eigenen Teufel – die Kämpfe, die Beinahe-Duelle, die Alkoholexzesse, die endlose, entwürdigende Bettelei um Geld, die Schmähungen in der literarischen Auseinandersetzung. Er quälte sich selbst mit einer Zeile aus seinem berühmtesten Gedicht:

»Gibt es – gibt's in Gilead Balsam? – sag's mir – sag mir,
bitt dich sehr!«
Sprach der Rabe, »Nimmermehr.«*

Zu Poes vielen Problemen gehörten auch mehrere Anklagen wegen Plagiats (einige davon berechtigt), und die letzten zehn Jahre seines Lebens brachte er zum größten Teil damit zu, solche Anschuldigungen zurückzuweisen und juristisch zu verfolgen. Auch *The Conchologist's First Book* entging diesen Wirren nicht. Im Februar 1847 erfuhr Poe, eine Zeitschrift aus Philadelphia habe seinen Ausflug in die Naturgeschichte angezweifelt; darauf reagierte er mit einem Brief an George W. Eveleth:

> Was Sie mir über den Vorwurf des Plagiats durch die »Phil. Sat. Ev. Post« sagen, überrascht mich. Es ist das Erste, was ich davon höre ... Bitte lassen Sie mich alle Einzelheiten wissen, an die Sie sich erinnern können – ich muss den Anschuldigungen auf den

* Aus: Poe, *Werke IV*, Olten 1973.

Grund gehen – Wer ist der Redakteur der Zeitung? Wer gibt sie heraus? Usw. usw. – zu welcher Zeit wurde der Vorwurf ungefähr erhoben? Ich versichere Ihnen, er ist *völlig* falsch. Ich habe 1840 [hier irrt Poe sich um ein Jahr] ein Buch mit diesem Titel herausgebracht – The Conchologist's First Book … dieses Werk, so nehme ich an, ist gemeint. Ich habe es zusammen mit Professor Thomas Wyatt und Professor McMutrie aus Philadelphia verfasst – mein Name wurde auf das Buch gesetzt, weil er der bekannteste ist und der Auflage dienen sollte. Ich habe Vorwort und Einleitung geschrieben und aus Cuvier die Beschreibungen der Tiere usw. übersetzt. *Alle* Schulbücher sind in ihrer Machart zwangsläufig ähnlich. Schon die Titelseite gibt an, dass die Tiere »nach Cuvier« beschrieben sind. Es ist ein infamer Vorwurf, und ich werde dagegen vorgehen, sobald ich meine Rechnungen beim Mirror beglichen habe.

The Conchologist's First Book beginnt mit einem zweiseitigen »Vorwort«; zu Zweifeln an Poes Behauptung, er habe diesen Teil ganz allein geschrieben, gibt es keinen Anlass. Dann folgt eine »Einleitung« von vier Seiten – und hier beginnen die Schwierigkeiten. Einen großen Teil dieses Textes übernahm Poe aus der 1836 erschienenen vierten Auflage von *The Conchologist's Textbook* des Briten Captain Thomas Brown. Manche Biografen behaupten, das gesamte Kapitel sei eine Umschreibung oder sogar eine genaue Kopie des Textes von Brown. (F. T. Zumbach meint zum Beispiel, Poe habe fast Wort für Wort von Brown abgeschrieben.) Bei meinem eigenen Vergleich der beiden Bücher fand ich nur in drei Absätzen (etwa einem Viertel des Textes) umfangreiche »Übernahmen«. (Das entlastet Poe nicht, denn ein Plagiat ist wie eine Schwangerschaft: Es ist entweder passiert oder nicht – und bei Poe war es ganz sicher geschehen.)

Noch dichter wird das Gestrüpp mit den zwölf Abbildungen des nächsten Abschnittes. Die ersten vier – sie stellen die Teile der Schneckenhäuser dar – sind vollständig, Strichlein für Strichlein und Pünktchen für Pünktchen, von Brown geklaut. Keine Zweideutigkeiten, keine Täuschungsmanöver, keine Ausreden – sie sind schlicht und einfach gestohlen. Die folgenden acht Abbildungen zeigen die Gehäusegattungen in der Reihenfolge ihrer biologischen

Systematik, und dabei wird Brown nach einem interessanteren Prinzip kopiert, nämlich von hinten nach vorn: Browns letzte Abbildung ist bei Poe die erste (wobei die einzelnen Teile beträchtlich umgeordnet, gedreht und vertauscht wurden). Im weiteren Verlauf geht es bei Poe von vorn nach hinten und bei Brown von hinten nach vorn, bis zu Poes letzter Abbildung, die im Wesentlichen eine Wiedergabe von Browns erster ist.

Diese Anordnung fiel auch anderen auf, und sie äußerten sogar die Vermutung, Poe und Wyatt hätten nun bewusst versucht, das Plagiat zu tarnen. In Wirklichkeit hat es einen anderen, interessanteren Grund. (Warum sollten Poe und Wyatt hier etwas zu verbergen versuchen, nachdem sie die vier ersten Abbildungen unverändert übernommen hatten?) Browns Buch ist nach dem pädagogischen Schema des großen französischen Naturforschers Lamarck aufgebaut, der seine Beschreibungen immer entsprechend der Großen Seinskette anordnete, aber von oben nach unten und nicht, wie es meist üblich ist, von unten nach oben. Lamarck fing also beim Menschen an und endete bei den Amöben, nicht umgekehrt, wie man es sonst kennt. Brown richtete sich nach Lamarck und ging deshalb von den »fortgeschrittensten« Weichtieren aus, Poe und Wyatt dagegen befolgten die übliche Konvention und begannen mit den »primitivsten« Formen – daher die umgekehrte Reihenfolge.

In der Tatsache, dass Wyatt, Poe und Konsorten sich Brown als Opfer aussuchten, spiegelt sich das Wesen der betrügerischen oder zumindest leichtfertigen Methoden wider, nach denen sie ihre Billigausgabe eines Lehrbuches über Weichtiere verfassten. Der Schlüssel liegt in Glasgow, wo sich Browns Verlag befand. Zu Poes Zeiten gab es kein wirksames internationales Urheberrecht, und Veröffentlichungen aus anderen Ländern konnte man plagiieren und ausbeuten, ohne dass man sich vor juristischen Folgen zu fürchten brauchte (moralische Sanktionen gab es genau wie heute, aber Grundsätze ohne praktische Durchsetzung waren als Instrumente der Maßregelung nie besonders wirksam). Brown war Brite, und deshalb konnte man ihn hervorragend schröpfen. (Aus dem gleichen Grund brachten Gilbert und Sullivan genau 40 Jahre später ihre gesamte Theatertruppe nach Amerika, wo sie in New York *The Pirates of Penzance* uraufführten; damit wollten sie den Theaterpiraten die Schau stehlen, die mit dem früheren großen Bühnenerfolg der beiden, *H. M. S. Pinafore*, so viel Geld verdient hatten, ohne auch nur einen Cent an Lizenzgebühren zu bezahlen.) Poe muss zumindest geringfügige Schuldgefühle gehabt haben, denn unter den handschriftlichen Korrekturen in seinem Exemplar des *Conchologist's First Book* findet sich folgende Ergänzung der Anmerkungen: »Ich danke auch Mr. T. Brown, aus dessen hervorragendem Buch zahlreiche Anregungen stammen.«

Der nächste Abschnitt des *Conchologist's First Book*, eine zehn Seiten lange »Erläuterung der Gehäuseteile«, stammt ebenfalls wörtlich von Brown; mit ein paar winzigen Veränderungen wurden lediglich die Fachausdrücke vereinfacht und britische Besonderheiten beseitigt. Dann folgt der Hauptteil des Buches: etwa 120 Seiten, auf denen jede Gattung einzeln beschrieben wird – zunächst das Tier, dann das Gehäuse, und schließlich folgt eine Liste aller Arten der Gattung. Dieser Teil ist genauso aufgebaut wie Wyatts teureres Buch. Poe entnahm ihm offenbar die Erläuterungen zu den Gehäusen der Gattungen, und um sie mit einer anatomischen Beschreibung der Weichteile zu ergänzen, übersetzte er Passagen von Cuvier aus dem Französischen. (Dieser Beitrag und die dahinter stehende Überlegung sprechen, wie ich noch darlegen werde, für Poes Entlastung.) Am Ende des Buches steht ein Glossar, das offensichtlich von Wyatt beigesteuert wurde.

Plagiat? Ja, in einigen Teilen. Unverschämte »Lohnarbeit«? Da bin ich mir nicht so sicher – Poe selbst trug ein paar interessante Dinge zum Wert des Buches bei. Wie die Evolutionsforscher vielleicht besser als jeder andere wissen, sind historischer Ursprung und heutiger Nutzen zwei unterschiedliche Facetten eines biologischen Gebildes, und das eine muss mit dem anderen nicht unbedingt zu tun haben (ein häufiges Thema in diesen Essays). Die gleiche Unterscheidung sollten wir auch bei Poes Buch treffen. Ich möchte seine Entstehungsgeschichte nicht in Schutz nehmen, aber das Ergebnis war von echtem Nutzen (und trug zumindest ein Fünkchen des Neuen in sich) – und sein kommerzieller Erfolg war kein Zufall. Um diese berechtigten Gründe des Erfolges richtig einschätzen zu können, müssen wir zwei Fragen stellen: Warum griff Wyatt gerade auf Poe und nicht auf jemand anders zurück? Und an wen richtete sich das Buch?

1. POES ECHTE KOMPETENZ. Den Grund, warum er als »Strohmann« auserwählt wurde, nennt Poe in dem bereits zitierten Brief an Eveleth: »... mein Name wurde auf das Buch gesetzt, weil er der bekannteste ist und der Auflage dienen sollte.« Wenn wir diese Behauptung für bare Münze nehmen, haben wir einen interessanten (allerdings auch parteiischen) Beleg dafür, dass Poe ein gewisses Maß an literarischer Anerkennung erworben hatte und nicht der fürchterliche Versager oder das verkannte Genie war, als das er später so häufig dargestellt wurde.

Ich vermute aber, dass sich in der Wahl Poes auch Wyatts gute Urteilsfähigkeit für die benötigten Fähigkeiten widerspiegelt. *The Conchologist's First Book* ist ausdrücklich und ganz grundsätzlich so aufgebaut, dass es seinen Inhalt auf fortschrittliche, ja sogar ganz neuartige Weise wiedergibt. Dieses Thema wurde von keinem Poe-Biografen aufgegriffen, vermutlich weil die Gliederung so offenkundig »richtig« zu sein scheint, dass wir ihre Anwendung in Büchern aller Zeiten über Weichtiere als selbstverständlich voraussetzen. Aber so ist es nicht. Es war zu Poes Zeit eine ungewöhnliche Anordnung – und ich habe den Verdacht, dass Wyatt auf Poes Fähigkeiten angewiesen war, um die Reform umzusetzen.

»Mollusken«, der wissenschaftliche Name für den Stamm der Weichtiere, kommt von einem griechischen Wort für »weich« – die Tiere besitzen im Körperinneren keine harten Teile und scheiden als äußere Umhüllung ein kalkhaltiges Gehäuse aus. Sammler und Naturbegeisterte konzentrieren sich aus nahe liegenden Gründen meist auf das haltbare Gehäuse und nicht auf den Körper, der sich schnell zersetzt. Die Wissenschaft der Gehäuse und ihrer Einteilung läuft unter dem eigenständigen Namen »Konchologie« – daher der Titel von Poes Buch.

Im 19. Jahrhundert handelten die meisten populären Werke über Weichtiere ausschließlich von den Gehäusen. Das Gleiche galt auch sowohl für Wyatts teureres Buch als auch für das Werk von Brown, die Quelle von Poes Plagiat. Sogar Linné hatte seine Klassifikation der Mollusken nur auf die Gehäuse gegründet. Ein weiteres Beispiel ist das beliebte Buch über Weichtiere, von dem das nächste Kapitel handelt: *The Conchologist's Companion*, erschienen 1834 und damit ein Zeitgenosse des Werkes von Poe. Die Autorin Mary Roberts trennt gleich zu Beginn die wissenschaftliche Untersuchung von Tier und Gehäuse, und dann begründet sie, warum sie nur die Schalen behandelt und die Tiere selbst völlig außer Acht lässt: »Die elegante Wissenschaft der Konchologie, mein Freund, umfasst die Kenntnis, Einordnung und Beschreibung der hartschaligen Tiere; eine Wissenschaft, deren Grundlage nach Linné die innere Form und das Wesen der Gehäuse ist, ganz und gar unabhängig von dem Tier, welches die kalkige Umhüllung einschließt.« Und Thomas Brown fügte 1836 hinzu: »Ausschließlich auf die Form der Schale, nicht aber auf das darin wohnende Tier, gründet sich Linnés Einteilung der Konchologie.«

Auch wenn Wyatt und Poe bei Brown abschrieben, so verbesserten sie doch seine Gliederung, und das erforderte Anstrengungen, die mehr als nur die abfällige Bezeichnung »Lohnarbeit« verdienen. Ein Buchaufbau, der sich nur auf die Gehäuse stützt und ihre biologischen Erzeuger völlig außer Acht lässt, muss zu einer Übung in künstlichem Schubladendenken werden und ermöglicht keine angemessene Darstellung der Weichtiere und ihrer Lebensweise. Eine umfassende biologische Beschreibung muss über Tier und Gehäuse gemeinsam unterrichten. Zu dieser doppelten Erörterung entschlossen sich Wyatt und Poe – obwohl Wyatt sie in seinem teureren Buch nicht vorgenommen hatte –, und das nicht aus einer Laune heraus oder als kleine Ergänzung, sondern als grundlegendes Merkmal ihres neuen Werkes.

Poes zweiseitiges Vorwort ist kaum mehr als eine Begründung für diese charakteristische Vorgehensweise in dem neuen Buch. Zunächst nimmt er Definitionen vor und stellt die Malakologie, die biologische Erforschung aller Eigenschaften der Weichtiere, der Konchologie gegenüber, die sich ausschließlich mit den Gehäusen befasst. Dann erläutert Poe, er werde die gebräuchlichere Bezeichnung »Konchologie« beibehalten, als wichtige biologische Neuerung aber Tier und Gehäuse im Zusammenhang beschreiben:

> Die bekannten Werke über dieses Thema werden jedoch jedem, der in der Wissenschaft bewandert ist, zutiefst unvollständig erscheinen, insoweit nämlich die Beziehung zwischen Tier und Gehäuse mit ihrer gegenseitigen Abhängigkeit für die Untersuchung beider eine grundlegend bedeutsame Überlegung darstellt … Es gibt keinen stichhaltigen Grund, warum ein Buch

über Konchologie (um den üblichen Begriff zu gebrauchen) in seinem Verlauf nicht auch von Malakologie handeln sollte.

Um seiner Absicht weiteren Nachdruck zu verleihen, beschreibt Poe anschließend das »beherrschende Merkmal« des neuen Buches: Es solle »einen anatomischen Bericht über jedes Tier geben, zusammen mit einer Beschreibung des Gehäuses, welches es bewohnt«. (Nebenbei bemerkt: Die neueste, 1992 erschienene Poe-Biografie lässt diesen Aspekt völlig außer Acht. Sie erkennt nicht, welche begriffliche Reform hinter Poes Erläuterungen über die Namen der Fachgebiete [Malakologie/Konchologie] steht. Nach Ansicht des Autors »bot Poes langweiliges, pedantisches und haarspalterisches Vorwort die völlige Gewähr, jeden auch noch so leidenschaftlich interessierten Schuljungen zu quälen und abzuschrecken«.)

Aber wo fanden Poe und Wyatt die Beschreibungen der Tiere, wo doch weder Wyatts noch Browns Werk diese Informationen enthielt? Die Antwort: in Frankreich, der naturgeschichtlich mit weitem Abstand führenden Nation zu Beginn des 19. Jahrhunderts, und zwar in den Arbeiten des größten europäischen Anatomen Georges Cuvier. Hier kamen Poes besondere Fähigkeiten zum Tragen.

Soweit wir wissen, besaß Poe keinerlei Kenntnisse in Naturgeschichte, aber mit Sicherheit sprach er fließend französisch. Seine Mutter, eine Schauspielerin, war gestorben, als Poe gerade zwei Jahre alt war, und aufgewachsen war er in Richmond im Haus des wechselnd erfolgreichen Geschäftsmannes John Allan (von dem Poe auch seinen Mittelnamen hatte, obwohl er nie offiziell adoptiert wurde). Fünf entscheidende Jahre lang (1815–1820) lebte er in England und Schottland, wo er an strengen Schulen eine klassische Ausbildung erhielt und auch gründliche Französischkenntnisse erwarb. In Richmond setzte sich der energische Unterricht in alten und modernen Sprachen fort. Er besuchte private Vorbereitungsschulen und studierte dann 1826 ein Jahr lang an der University of Virginia, wo er vermutlich auch Thomas Jefferson kennen lernte, kurz bevor der große Staatsmann starb; dort wurde er von zwei früheren Präsidenten, nämlich James Madison (der Jeffersons Nachfolger als Rektor war) und James Monroe mehrere Stunden lang geprüft, und sie gaben ihm sowohl in den klassischen als auch in den modernen Sprachen die besten Noten. Kurz gesagt, beherrschte Poe das Französische wahrscheinlich weit besser als alle anderen, die an der Vereinfachung und Aktualisierung von Wyatts Buch mitwirkten.

Ich weiß nicht, wie viel Zeit Poe brauchte, um Cuviers Beschreibungen der Tiere zu übersetzen und in Wyatts konventionelleren Text über die Gehäuse einzufügen. Aber diese Tätigkeit stellt das entscheidende und sicher bewundernswerte Merkmal des *Conchologist's First Book* dar. Poe wusste, wie wichtig seine Aufgabe war und dass sie entscheidend dazu beitragen würde, das Buch zu einem Erfolg zu machen; in dem Brief an Eveleth schrieb er: »Ich habe Vorwort und Einleitung geschrieben und aus Cuvier die Beschreibungen der Tiere usw. übersetzt.« Ich behaupte nicht, Poe habe »nächtelang und bis zur Erschöpfung« über Cuviers Schriften gebrütet, aber die Übersetzung nahm eine gewisse Zeit in Anspruch, verlangte sprachliche Fähigkeiten, die in Wyatts Kreisen vielleicht nicht allzu häufig anzutreffen waren, und lieferte den entscheidenden Beitrag zum berechtigten Erfolg des Buches.

2. DIE ZIELGRUPPE. Warum war Wyatt so erpicht darauf, eine billigere Ausgabe seines schlecht verkäuflichen umfangreicheren Buches herauszubringen? Warum glaubte er, der neue Band werde ein Erfolg werden? Warum hielt er es für so wichtig, dass er sogar bereit war, den Vorteil der offenen Urheberschaft aufzugeben, um die Bedenken und den juristischen Arm seines ersten Verlegers zu umgehen?

Um diese Fragen zu beantworten, müssen wir die richtige Parallele zu dem am ehesten vergleichbaren Phänomen unserer Zeit herstellen: zu den Musikern, die Kassetten und CDs ihrer Werke mit sich herumschleppen und sie in den Pausen ihrer Konzerte verhökern. *The Conchologist's First Book* wurde vorwiegend nicht in Buchhandlungen verkauft (auch wenn es im Amerika des 19. Jahrhunderts viele davon gab). Wyatt zielte auf einen ganz bestimmten Markt – und dafür brauchte er ein wirklich preisgünstiges Produkt. Wer heute Wissenschaft populär machen will, unterrichtet in Schulen oder tritt in den Nachtsitzungen unserer Zeit auf – in den Radio-Talkshows am späten Abend. Im 19. Jahrhundert beteiligte sich die Entsprechung zu Jacques Cousteau oder David Attenborough am Wanderzirkus als reisender Dozent: Er trat in den verschiedenen Lyzeen, Atheneen, Kreisen von Buchliebhabern und (gewöhnlich getrennten) Clubs für Damen und Herren auf, die das Feuer der Gelehrsamkeit im Amerika des 19. Jahrhunderts in jeder nennenswerten Stadt am Leben erhielten. Ein solcher Reisender in Sachen Wissenschaft war Thomas Wyatt – und er brauchte ein Begleitbuch für seine häufigen, beliebten Vorträge über die Weichtiere. Ich möchte nicht behaupten, dass er ausschließlich oder auch nur überwiegend idealistische Motive hatte. Sein Bedarf setzte sich wahrscheinlich in Dollars für seine Taschen um. Die Vortragshonorare waren gering, und ihre Ergänzung durch energische Werbung und den Verkauf von Büchern an ein bereitwilliges Publikum war vermutlich gleichbedeutend mit dem Unterschied zwischen Armut und Wohlstand. (Den gleichen Grund hat die aufdringliche Ausweitung der Museumsläden in unserer Zeit.) Wie gesagt: Poe erhielt für ein wenig eigenen Text, ein wenig Übersetzung und die Überlassung seines Namens ein Pauschalhonorar, Wyatt dagegen wurde zweifellos nach Auflage honoriert.

Dennoch muss ich noch einmal auf den Unterschied zwischen Entstehungsursachen und Gründen der Nützlichkeit hinweisen. Wyatt hatte sich vermutlich fast ausschließlich wegen des Geldes mit Poe zusammengetan, aber die beiden vertraten mit ihrer Ansicht, man solle Tiere und Gehäuse gemeinsam beschreiben, eine gute, neuartige Idee, und sie erhoben die Konchologie von einer künstlichen Beschreibung in den Rang einer umfassenden biologischen Disziplin. Ihr Produkt war sicher wertvoll, auch wenn es nichts Hervorragendes oder Bahnbrechendes war (Poe besaß nämlich keine ausreichenden biologischen Kenntnisse, um seine übersetzten Tierbeschreibungen mit Wyatts alten Beschreibungen der Gehäuse in Zusammenhang zu bringen, und deshalb stellte er eigentlich nur eine Informationsquelle neben die andere).

Ich besitze ein Exemplar des *Conchologist's First Book*. (Etwas wie *Tamarlane and Other Poems* mein Eigen zu nennen, könnte ich mir nicht einmal im Traum leisten, aber Poes Schneckenbuch war ein Erfolg, und deshalb sind noch heute viele Exemplare zu erschwinglichen Preisen im Umlauf.) Bevor ich meine Recherchen für diesen Essay anstellte, hatte ich keine Ahnung, was hinter den umfangreichen Bleistiftkritzeleien in meinem Exemplar steckte.

Eine der unbedruckten Seiten am Ende des Buches trägt die Aufschrift »Vortrag bei den jungen Damen des Frauenseminars von Charlestown« (vermutlich ist damit die Siedlung östlich des Stadtzentrums von Boston gemeint, die mit einem »w« geschrieben wird, und nicht eine der Städte in South Carolina, West Virginia, Illinois oder Mississippi, die Charleston heißen und demnach mit einem Buchstaben weniger ausgestattet sind). Hinter der letzten Seite von Poes gemeinsamen anatomischen und konchologischen Beschreibungen hat der frühere Eigentümer vermerkt: »Ende der Vorträge von Prof. Wyatt über Konchologie« – das war der letzte Beweis auf meiner Suche nach einer Quelle (bevor ich diesen Essay schrieb, hatte ich nie etwas von Wyatt gehört, und deshalb hatte ich auch keine Ahnung, was die handschriftlichen Vermerke bedeuteten). Andere Randbemerkungen beschäftigen sich mit der Etymologie von Linnés Namen oder ergänzen Poes Latein mit den volkstümlichen Bezeichnungen. Der Eigentümer hatte beispielsweise »clam« (Klaffmuschel) unter die Gattung *Mya* und »muscle« statt »mussel« (Miesmuschel) unter die Gattung *Mytilus* geschrieben.

Ich weiß nicht, wie ich meine entscheidende Aussage anders ausdrücken soll als durch ein einfaches Eingeständnis von Gefühlen. Es ist für mich eine ungeheuer spannende Vermutung, dass Wyatt mein Exemplar von *The Conchologist's First Book* zu einem seiner Vorträge über Weichtiere mitnahm und das Buch dann an eine Frau verkaufte, die den Vortrag hörte und sich zahlreiche Notizen machte. Ich stelle mir gern vor, dass das Buch aus Wyatts eigener Hand in den Besitz von Ms. Charlestown überging, vielleicht im Austausch für zwei Dollar und zusammen mit einem Vierteldollar Wechselgeld. Man mag über meine Fantasie lächeln, aber die amerikanische Lyzeenbewegung war eine der wertvollsten Institutionen, die unsere ansonsten wenig intellektuelle Nation hervorgebracht hat (und die den Vorläufer der späteren populärwissenschaftlichen Vorträge und der übrigen Volksbildung unserer Zeit darstellt). Gleichzeitig war sie auch einer der wenigen Wege, auf denen Frauen sich damals überhaupt gemeinsam fortbilden konnten. *The Conchologist's First Book* war ein beachtlicher Beitrag zu diesen Bemühungen, und mein Exemplar stammt aus dem innersten Kern dieser guten Sache.

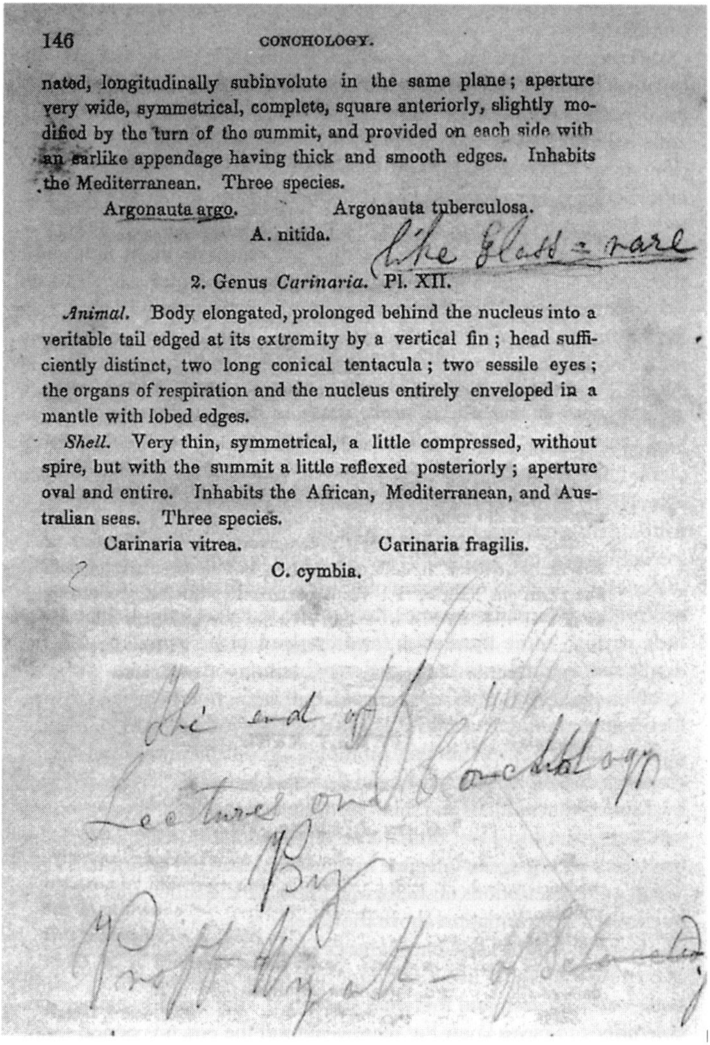

146 CONCHOLOGY.

nated, longitudinally subinvolute in the same plane; aperture very wide, symmetrical, complete, square anteriorly, slightly modified by the turn of the summit, and provided on each side with an earlike appendage having thick and smooth edges. Inhabits the Mediterranean. Three species.

Argonauta argo. Argonauta tuberculosa.

A. nitida.

like Glass = rare

2. Genus *Carinaria.* Pl. XII.

Animal. Body elongated, prolonged behind the nucleus into a veritable tail edged at its extremity by a vertical fin; head sufficiently distinct, two long conical tentacula; two sessile eyes; the organs of respiration and the nucleus entirely enveloped in a mantle with lobed edges.

Shell. Very thin, symmetrical, a little compressed, without spire, but with the summit a little reflexed posteriorly; aperture oval and entire. Inhabits the African, Mediterranean, and Australian seas. Three species.

Carinaria vitrea. Carinaria fragilis.

C. cymbia.

the end of Lectures on Conchology By Proff Wyatt —

»Prof. Wyatt« (Thomas Wyatt, der für das Schneckenbuch verantwortliche Fachmann) verkaufte dieses Exemplar wahrscheinlich nach einem seiner Vorträge für $ 1,75 an die erste Besitzerin.

Vor diesem Hintergrund möchte ich Poes berühmtestes literarisches Bild in einem anderen Licht betrachten, als der Dichter es beabsichtigte. Poe öffnet sein Fenster und lässt den Raben herein, der sich auf seine weiße Büste der Athene setzt und sie nie mehr verlässt:

> Und der Rabe rührt' sich nimmer, sitzt noch immer, sitzt
> *noch immer*
> auf der bleichen Pallas-Büste überm Türsims wie vorher.*

Poes Rabe ist eine düstere, tragische Belastung der Hoffnungen auf Seelenfrieden und aller Träume von Vollkommenheit. Aber betrachten wir die Verbindung einmal anders. Pallas Athene (gleichbedeutend mit der römischen Minerva), die reine Göttin der praktischen Vernunft und Beschützerin der Städte (und auch die Namenspatronin der griechischen Hauptstadt), war das Symbol des Urbanen, Zivilisierten – im Gegensatz zu Artemis, der Göttin der freien Natur. Stellt sie nicht Poe dar, oder zumindest seine unerfüllten Hoffnungen? (Athenes andere Namen *Pallas* und *Parthenos* – der Parthenon in Athen ist ihr Tempel – bezeichnen ihre Reinheit und Jungfräulichkeit. Poe nennt sie Pallas, und zweifellos sehnte er sich nach dem unbefleckten Leben, dessen Symbol sie war.) Der urbane Poe, der Städter, Sprachgelehrte, kein Anhänger der Naturgeschichte. Und der Rabe, das Symbol der ungebändigten Natur, das von außen aufgezwungen wird, sich aber unverrückbar in eine Verbindung der Gegensätze begibt: schwarz und weiß, Wissenschaft und Literatur, Natur und Kultur. Sollten wir über ihr Nebeneinander nicht jubeln?

* Aus: *Poe, Werke IV*, Olten 1973.

14. Die unsichtbare Frau

Nachdem Chruschtschow enthüllt hatte, dass Stalin mit seinen Vorgehensweisen alles andere als ein Heiliger war, revidierte die Sowjetunion ihre offizielle Lesart für die Geschichte der Kommunistischen Partei im 20. Jahrhundert. Ich besorgte mir ein Exemplar dieser Neuauflage und schlug als Erstes das Register auf, um das Neueste über Onkel Josip zu erfahren. Dabei musste ich feststellen, dass ihm das schlimmste aller Schicksale widerfahren war: Es gab ihn einfach nicht. Ich dachte bei mir: Man muss ihn ja nicht mögen, aber wie kann man die russische Geschichte des 20. Jahrhunderts erzählen, ohne ihn zu erwähnen? Die Hüter der offiziellen Berichte hatten sich des gleichen Mittels bedient wie all jene, die in der Geschichte immer wieder andere exkommuniziert, verbannt und geächtet hatten: Es gibt ein Schicksal, das schlimmer ist als Tod oder Folter, und dieses Schicksal heißt Vergessenheit – nicht das erklärliche Verblassen eines anständigen Lebens, das mit dem Verfall der historischen Aufzeichnungen aus dem Gedächtnis der Allgemeinheit verschwindet (dieser Tilgung werden wir fast alle zum Opfer fallen), sondern der Schrecken, zur Unperson zu werden, noch zu existieren (im wirklichen Leben oder in der Erinnerung), aber als nicht vorhanden übergangen zu werden.

Das gleiche Schicksal haben auch ganze Gruppen erlitten, und zwar häufig nicht durch gezielte Verbannung, sondern auf Grund allgemeiner Vorurteile. Ein wichtiges Beispiel stammt aus meinem eigenen Fachgebiet, der Rekonstruktion des Evolutionsverlaufs: In fast allen älteren Theorien über den »Aufstieg des Menschen« waren die Vorstellungen durch das gleiche Vorurteil eingeschränkt, das auch die Wortwahl bestimmte. Bevor der Feminismus für eine heilsame Ausweitung auf die gesamte Menschheit sorgte, führten fast alle Theorien unsere gemeinsamen Fähigkeiten – Sprache, Intelligenz und andere hoch geschätzte Eigenschaften des Geistes – ausschließlich auf die Tätigkeit der prähistorischen Männer zurück. Wir erfuhren, die Sprache sei entstanden, weil die Jagd nach großen Tieren (in den üblichen Rekonstruktionen eine rein männliche Tätigkeit) gute Koordination erforderte, und auch das Bewusstsein selbst war angeblich aus den komplexeren geistigen Funktionen erwachsen, die zum Verfolgen von Wild (eine weitere männliche Domäne) notwendig waren. Die Frauen blieben in solchen Theorien völlig unsichtbar – ich nehme an, sie saßen mit den Kindern in der Höhle (so werden sie auch in Zeichnungen und Museumsschaubildern dargestellt), aber ausdrücklich erwähnt werden sie in den Texten nicht.

Unterstützt wurde diese ideologisch begründete Unsichtbarkeit der prähistorischen Frauen durch sexistische Verhältnisse in verschiedenen Fachgebieten, die es den heute lebenden Frauen verwehrten, den prestigeträchtigsten Teil der Wissenschaft auszuüben: Forschung und Veröffentlichung. Erst in meiner Generation sind Frauen in nennenswerter Zahl wissenschaftlich tätig geworden. (Ich bin stolz darauf, dass mein eigenes Institut in den letzten Jahren immer mindestens 50 Prozent Doktorandinnen aufgenommen hat, aber ich muss einräumen, dass die erste weibliche Dozentin in unserem größten allgemeinen Kurs für Nichtwissenschaftler ihre Stellung erst Anfang der siebziger Jahre erhielt; sie ist heute eine angesehene Wissenschaftlerin an der Smithsonian Institution.)

Wenn geistig tätige Frauen sogar in unserer Zeit derart starken Beschränkungen unterlagen, kann man sich leicht vorstellen, wie viel enger die Grenzen im 19. Jahrhundert gefasst waren, der Zeit, von der dieser Essay handelt. In England waren die meisten wichtigen Wissenschaftsorganisationen den Frauen verschlossen. Die Geological Society of London ließ erst 1904 weibliche Mitglieder zu (ein Verbot, das auch T. H. Huxley beschämenderweise unterstützte), die Linnean Society 1905. Besser erging es den Frauen in der Botanik, denn dieses Fachgebiet eignete sich angeblich eher für den Geschmack und die Empfindsamkeit eines »schwachen Geschlechts«. Aber auch hier wurden sie aus Gründen der Diskriminierung nur begrenzt anerkannt; eine gleichberechtigte Entwicklung gab es nicht. D. E. Allen schreibt in der bewundernswerten Studie »Die weiblichen Mitglieder der Londoner Botanical Society von 1836 bis 1856«:

> In der Botanik konnte man die Regeln verletzen, denn sie hatte das große Glück, dass sie im Einklang mit den beiden damaligen Idealen der Weiblichkeit stand. Einerseits konnte sie sich als elegante Leistung tarnen und sich so die Gunst der im Wesentlichen adligen Gattung der »Blaustrümpfe« sichern, die geflissentlich einen unangestrengten Intellektualismus kultivierten. Und andererseits galt sie auch in jenen viel größeren Kreisen der Mittelschicht als akzeptabel, die sich dem neuen Idealbild einer sentimentalen Weiblichkeit verschrieben hatten: der »vollkommenen Dame« eines repressiven Protestantismus.

Aber auch wenn Frauen zugelassen wurden, spielten sie nur eine untergeordnete Rolle. Die Londoner Botanical Society begann 1836 mit etwa zehn Prozent weiblichen Mitgliedern, aber der Anteil sank und blieb in den zwanzig Jahren, in denen die Gesellschaft existierte, bei etwa fünf Prozent. Nur ein einziges Mal trug eine Frau zu den Tagungen der Gesellschaft einen Vortrag bei, aber sie präsentierte die Arbeiten nicht selbst, sondern bediente sich zu diesem Zweck eines männlichen Mitgliedes. Keine Frau wurde jemals in den Vorstand der Gesellschaft gewählt oder diente ihr als Funktionärin. Die weiblichen Mitglieder hatten bei den Tagungen zwar Stimmrecht, aber nur (so die Satzung) »nachdem sie zuvor den Sekretär schriftlich in Kenntnis gesetzt hatten, dass sie einen Gentleman, welcher Mitglied der Gesellschaft ist, für diese Gelegenheit zum Bevollmächtigten ernennen«. Und schließlich war die Botanical Society selbst eine umstürzlerische Organisation; die etablierten wissenschaftlichen Institutionen hielten ihr völliges Verbot für Frauen aufrecht. Allen schreibt:

> Die Botanical Society … gehörte zu jenem Wirrwarr kleinerer Organisationen, die nach und nach entstanden waren, um für die große Unterschicht der wissenschaftlich Interessierten zu sorgen, die trotz ihrer geistigen Leistungen aus gesellschaft-

lichen Gründen kaum damit rechnen konnten, in die großen Gesellschaften aufgenommen zu werden. Sie war, kurz gesagt, eine Organisation der Außenseiter. Und wie ihresgleichen zeigte sie das in einer selbstbewussten, liberalen Haltung, die fast an Radikalismus grenzte.

Naturwissenschaftlich interessierte Frauen mussten sich also auf ein enges Spektrum nebensächlicher Tätigkeiten beschränken, weit entfernt von den Zentren des Ansehens und der Neuerungen in Forschung und Veröffentlichung (oder im besten Fall als ihre Hilfskräfte). Frauen durften Werke illustrieren, die Männer geschrieben hatten. Die Abbildungen des Buches *Birds of Europe* von John Gould, das bei heutigen Bibliophilen in Seltenheit und Preis gleich nach Audubon kommt, wurden im wesentlichen von seiner Frau gezeichnet, die sich damit das größte Verdienst für den guten Ruf des Werkes erwarb – denn der erwuchs nicht aus dem Text, sondern aus den Bildern. Ein großer Teil der übrigen Abbildungen stammt übrigens von Edward Lear, einem der besten hauptberuflichen Wissenschaftsillustratoren in Europa, der heute aber vor allem wegen seiner Nonsens-Gedichte bekannt ist.

Frauen konnten biologisches Material sammeln, das sie dann den Männern zur Beschreibung und Veröffentlichung übergaben. Die entstehende britische Wirbeltier-Paläontologie des frühen 19. Jahrhunderts verdankte der wichtigsten Sammlerin jener und aller Zeiten – Mary Anning aus Lyme Regis – mehr als Buckland, Conybeare, Hawkins, Owen oder irgendeinem anderen Mann, der über ihre Ichthyosaurier und Plesiosaurier schrieb. Mrs. A. W. Griffiths aus Torquay, die größte Sammlerin von Meeresalgen, wurde von dem Mann, der damals das beliebteste Werk über die Botanik der Meeresküsten schrieb, in den höchsten Tönen gelobt: »Sie wiegt zehntausend andere Sammler auf; sie ist großartig.« Charles Kingsley behauptete, ohne sie gebe es kaum eine britische Meeresbiologie, und dann lobte er – man beachte die Wortwahl – »ihre männliche Forschergabe«. Und doch schreibt Lynn Barber in *The Heyday of Natural History, 1820–1870*, einer ausgezeichneten Darstellung der britischen Populärwissenschaft: »Eine Gattung und mehrere Arten von Tang sind nach ihr benannt, und sie wird von allen Autoren, die in viktorianischer Zeit über Meeresalgen schrieben, mit Respekt, ja fast ehrfürchtig erwähnt, aber sie veröffentlichte nichts unter ihrem eigenen Namen und lebt heute nur als Gegenstand des Dankes in den Vorworten anderer Urheber weiter.«

Der beste Weg an die Öffentlichkeit bestand für Frauen darin, dass sie populäre Bücher über Naturgeschichte schrieben – aber die mussten zu einem ganz bestimmten, charakteristischen Genre gehören: süßliche, sentimentale Lobpreisungen der natürlichen Gebilde als Beispiel für göttliche Güte sowie als Leitfaden für Frömmigkeit und richtiges Betragen der Menschen. Heerscharen von Frauen schrieben eine verblüffende Vielzahl solcher Bücher, die heute fast völlig vergessen sind, damals aber ein augenfälliges, einträgliches Grundprodukt des Verlagswesens waren. Diese Werke werden oft nur allzu vorschnell verächtlich gemacht. Selbst Lynn Barber schreibt in dieser Tradition der Herabsetzung einen scharfzüngigen Absatz in einem Kapitel, mit dem sie ansonsten ihre Geschlechtsgenossinnen lobt, weil sie sich trotz aller Hindernisse in der Wissenschaft durchsetzten:

> Ungezählte Scharen viktorianischer Damen verfassten offenbar Bücher, ohne jemals auch nur die geringste Forschung betrieben zu haben. Damen kamen gleich nach den Geistlichen als unermüdliche Produzentinnen populärer Werke über Naturgeschichte, über die sie bei jedem Wink mit einem Verlagsvertrag endlose Geschichten von sich geben konnten ... über treue Hunde, die ihr Herrchen vor allem Möglichen retteten, und über Elefanten, die niemals etwas vergaßen. Meist richteten sich solche Ergüsse an andere Damen oder an Kinder (an welche von beiden, ist häufig nur schwer zu sagen); ihre typischen Kennzeichen sind süßliche Sentimentalität ... und die Fähigkeit, beim geringsten Anlass in die Versform zu verfallen.

Ich möchte Barbers Beurteilung nicht in Frage stellen, aber nach meiner Überzeugung müssen wir das Genre ernster nehmen; die vielfältigen Gründe reichen vom Wissenschaftlichen (Aufschlüsse über die Geschichte der gesellschaftlichen und geistigen Auseinandersetzungen von Frauen) bis zum Ethischen (Respekt gegenüber unterdrückten Menschen, die unter aufgezwungenen Beschrän-

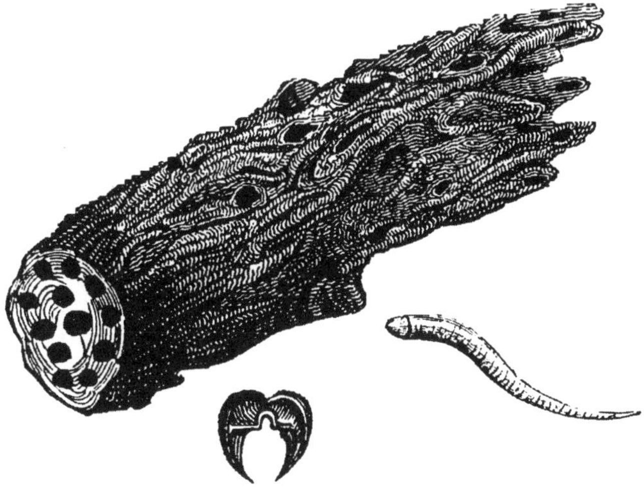

Schiffsbohrmuschel in einer Abbildung
aus *The Conchologist's Companion* von Mary Roberts.

kungen leiden und sich dagegen auflehnen, dabei aber selbst um den Preis, einer Klischeevorstellung zu entsprechen, eine Ausdrucksmöglichkeit für ihre kreativen Impulse finden müssen – Farbige, die eigentlich Opern mochten, aber in die ihnen allein zugängliche Welt der Popmusik abwanderten; Juden wie mein Großvater, die gern Künstler geworden wären, aber als qualifizierte Schneider endeten). Zu meiner Befriedigung kann ich feststellen, dass mehrere Wissenschaftlerinnen – insbesondere aus feministischen Kreisen und Programmen für Frauenstudien – heute diese unsichtbaren Frauen wieder entdecken, die im 19. Jahrhundert populäre Bücher über Naturgeschichte schrieben. Ich selbst besitze weder die Kenntnisse noch die Erfahrung, um einen professionellen Beitrag zu diesem Spezialgebiet zu leisten, aber ich möchte über ein persönliches Erlebnis berichten.

Kürzlich kaufte ich bei dem größten britischen Antiquariat für naturgeschichtliche Bücher – und zwar entschieden vom unteren Ende der Preisspanne im Katalog – *The Conchologist's Companion* von einer gewissen Mary Roberts, erschienen 1834. Weder von dem Buch noch von der Autorin hatte ich bis dahin etwas gehört, aber es fesselte mich, weil ich selbst auf Konchologie (die Wissenschaft von den Gehäusen der Weichtiere) spezialisiert bin und weil ich mehr über dieses einstmals wichtige, heute aber völlig in Vergessenheit geratene Literaturgenre erfahren wollte.

Als ich versuchte, Ms. Roberts auszugraben, stieß ich schnell auf das Schreckgespenst jeder wissenschaftlichen Beschäftigung mit Menschen, die von den Hütern des geistigen Ruhmes in unserer Gesellschaft für nebensächlich erklärt werden. Solche Menschen sind heute so gut wie unsichtbar. Zu ihren Lebzeiten hatte niemand etwas über sie geschrieben, und spätere Historiker machten sie nie zum Gegenstand ihrer Forschung. Als magere Anhaltspunkte bleiben uns häufig nur Kirchenbücher, Verlagsabrechnungen und Grabsteine.

Mary Roberts schrieb ein Dutzend Bücher über Naturgeschichte, von denen manche offensichtlich zu ihrer Zeit recht beliebt waren, aber in keiner biografischen Quelle beansprucht sie mehr als eine Spalte. Sie wurde 1788 als Tochter eines Kaufmannes und Quäkers in London geboren (eine religiöse Zugehörigkeit, die man bei Schriftstellerinnen im 19. Jahrhundert häufig findet). Im Jahr 1790 zog die Familie nach Gloucestershire, aber nach dem Tod ihres Vaters kehrte sie nach London zurück (und trat bei den Quäkern aus). Den Rest ihres Lebens wohnte sie am Londoner Brompton Square; sie heiratete nie und starb am 13. Januar 1864. Ansonsten konnte ich über ihr Leben absolut nichts herausfinden. Die häufigste Beobachtung, die in allen fünf Quellen erwähnt wird, ist die Tatsache, »dass sie häufig mit einer anderen Mary Roberts (1763–1828) verwechselt wird … die Hannah More eine ehrgeizige Gedichtsammlung widmete«). Das sind die zwangsläufigen Früchte der Unsichtbarkeit (und einer Namensgleichheit).

Die biografischen Quellen besagen auch über eine Liste der Titel hinaus so gut wie nichts über den Inhalt ihrer Tätigkeit – allerdings stehen diese Indizien möglicherweise zur Verfügung (auch wenn sie nicht leicht zu beschaffen sind, denn nur wenige Bibliotheken besitzen eine Sammlung populärer Schriften aus früheren Zeiten). Meine älteste Quelle, *A Critical Dictionary of English Literature* von 1870, bezeichnet Mary Roberts als »nützliche, populäre englische Autorin«. Die neueste, *The Feminist Companion to Literature in English* von 1990, stellt fest: »Obwohl sie für Kinder schrieb, benennt sie sehr sorgfältig ihre Quellen.« Sie schrieb einige Bücher, die nichts mit Naturwissenschaft zu tun haben, insbesondere ein Nachschlagewerk über das Leben berühmter Frauen mit dem Titel *Select Female Biography*, erschienen 1821, und 1823 ein Werk mit dem spannenden Titel *Sequel to an Unfinished Manuscript of H. Kirke White's to Illustrate the Contrast between the Christian's and the Infidel's Close of Life* (»Fortsetzung eines unvollendeten Manuskripts von H. Kirke White zur Verdeutlichung des Unterschiedes zwischen dem Lebensende eines Christen und eines Ungläubigen«). Am bekanntesten aber sind ihre etwa ein Dutzend naturhistorischen Werke (in chronologischer Reihenfolge): *The Wonders of the Vegetable Kingdom*; *Annals of My Village, being a Calendar of Nature for Every Month in the Year; Domesticated Animals considered with reference to Civilization and the Arts; Sister Mary's Tales in Natural History; The Seaside Companion; Wild Animals; Sketches of the Animal and Vegetable Productions of America; Ruins and Old Trees associated with Memorable Events in English History; Flowers of the Matin and Evensong, or Thoughts for those who rise early in prose and poetry; A Popular History of the Mollusca;* und (mein Lieblingstitel) *Voices from the Woodlands, descriptive of Forest-Trees, Ferns, Mosses and Lichens.*

The Conchologist's Companion, das lässt sich nicht leugnen, ist so konventionell, wie man es sich nur vorstellen kann – konservativ, im Trend seiner Zeit, angepasst und allen Erwartungen entsprechend, denen an seine allgemeine Machart ebenso wie solchen an den besonderen Stil weiblicher Autorinnen. (Ich bin mir durchaus des Widerspruches bewusst, wenn ich ein Buch aus einem untergeordneten Genre als inhaltlich »im Trend« bezeichne, aber Ideologie und Respekt sind zwei unterschiedliche Dinge, und wir alle kennen nur zu gut das Phänomen des Sklaven, der inbrünstig die Stimme seines Herrn nachahmt.)

Wegen der konventionellen Darstellung können wir besser jene übergeordnete Begriffswelt verstehen, der zufolge Gott die ganze Natur in all ihrer Schönheit und Harmonie geschaffen hat, um uns Seine Macht und Güte zu zeigen, und um die Krone dieser Schöpfung (uns selbst natürlich) mit einer Fülle von Nahrung, Brennstoff, Kleidung, Edelsteinen und Baumaterial auszustatten. Außerdem können wir durch eine genaue Beschreibung dieses Systems ganz unmittelbar und intuitiv begreifen, welch tief greifende geistige Umwälzung Darwin mit seiner Theorie der Evolution und natürlichen Selektion in Gang setzte.

Die Natur, so Mary Roberts, ist von Gottes Willen durchtränkt; jedes Lebewesen dient in Harmonie mit allen anderen dem Wohle des Ganzen:

> All die vielfältigen Teile der Natur sind wunderschön gestaltet, damit sie im Einklang tätig sein können. Wir erkennen die Hand Gottes in den niedrigsten und in unseren Augen oftmals verachtenswerten Geschöpfen; sie weist jedem Lebewesen seine Stellung zu und ordnet es auf so bewundernswerte Weise dem mächtigen Ganzen unter, dass jedes Teilchen der Materie, und jedes lebende Geschöpf, das kreucht, fleucht und sich auf Erden bewegt, im Dienste des allgemeinen Guten gebildet wird.

Gott, so heißt es weiter, ist so aufmerksam, dass er manche Tiere als Nahrung für andere erschaffen und mit Bedacht an zugänglichen Orten angesiedelt hat. Weichtiere gibt es unter anderem, damit höhere Lebewesen sich von ihnen ernähren können:

> Manche bewohnen Gräben und stehende Gewässer, wo sie jenen Vögeln, die häufig das Ufer aufsuchen, eine stetige Versorgung mit Nahrung gewähren; andere verzieren, zweifellos mit der gleichen wohlwollenden Absicht, Meerespflanzen an öden, sandigen Orten nahe dem Meer; ein großer Anteil bleibt verborgen in den Tiefen der Ozeane, wo sie den mit Flossen versehenen Tiergeschlechtern als Nahrung dienen; andere heften sich an treibenden Seetang und erfüllen reichlich die Bedürfnisse der Seevögel; und schließlich gibt es eine Fülle exotischer Schnecken in den wilden Gebieten der Erde, wo sie dem müden Reisenden häufig eine willkommene Erquickung sind.

Das Prinzip des allgemein Guten und der Teleologie verdeutlicht Roberts mit dem üblichen Mittel: Sie greift ein scheinbar gefährliches Lebewesen heraus und zeigt, wie es in Wirklichkeit zum Wohle des Ganzen (und insbesondere zum Nutzen für den Menschen) beiträgt. Muscheln, die sich ins Holz fressen und meist als Schiffsbohrermuscheln bezeichnet werden, scheinen gefährlich: Sie zerstören Schiffe, Hafenanlagen und Buhnen. Aber beim zweiten Hinsehen erkennt man einen übergeordneten Nutzen. Erstens bohren sie nämlich sehr vorsichtig, weil Gott vorgesehen hat, dass sie möglichst wenig Schaden anrichten sollen. Bei all meinen ehrgeizigen Bestrebungen, die Vergangenheit in ihren eigenen Begriffen zu betrachten und nicht vor dem Hintergrund heutigen Wissens lächerlich zu machen, muss ich doch einräumen, dass ich folgenden Absatz zum Brüllen fand: »Aber man beachte die schützende Fürsorge der Vorsehung. Die zerstörerische Tätigkeit dieser heimtückischen Tiere wird in großem Maße dadurch gemildert, dass sie das Holz meist in Richtung der Maserung durchlöchern.«

Da die Schiffsbohrermuscheln unter anderem Holzbalken und Pflanzenklumpen in Sägemehl verwandeln, verhindern sie auch, dass Flüsse verstopfen und das Land überschwemmt wird. Und schließlich (da musste ich noch lauter brüllen) stellen die Schiffsbohrermuscheln »eine Quelle beträchtlichen Reichtums für die Bewohner Schwedens dar, weil sie die Wachsamkeit der Niederländer nutzbar machen«. Denn wissen Sie, wegen der Schiffsbohrermuscheln sind die Holländer gezwungen, ihre Deiche und Schiffe ständig zu reparieren; das schafft »einen ständigen Bedarf an Eichenholz, Pech und Kiefern«, die vor allem aus Schweden geliefert werden – und demnach »sind diese scheinbar gefährlichen Schalentiere in Amsterdam ständig zum Wohle Stockholms tätig«. Daraus zieht Roberts den Schluss:

> Höre also auf, mein Freund, dieses Geschöpf als entschieden gefährlich zu betrachten ... Der Schöpfer hat ihm unter Seinen Werken eine wichtige Stellung zugewiesen. Das Böse, was es tut, wird durch ein wenig Achtsamkeit und Scharfsinn leicht verhindert; aber das Gute, das zu bewerkstelligen ihm aufgetragen ist, hat im mächtigen Maßstab der allgemeinen Natur eine unabsehbare Größe.

Alle Facetten der Natur verdeutlichen und preisen Gott, selbst jene, die einander zu widersprechen scheinen. Wir könnten glauben, der Schöpfer habe die hübschen Gehäusefarben zu Seiner (oder unserer) Freude geschaffen, aber in Wirklichkeit bilden sie rätselhafte Muster, mit denen die Weichtiere sich vor ihren Feinden tarnen:

> Aber warum, verehrter Naturforscher, haben sich deine Beobachtungen nicht weiter erstreckt? Hast du in diesen ... Gehäusen nichts anderes gesehen als ein Farbmuster, welches das Auge erfreut ... hast du nicht gesehen, dass der Allmächtige Schöpfer des Universums, ohne dessen Erlaubnis nicht ein einziges Haar von unserem Kopfe und kein einziger Sperling vom Himmel auf die Erde fällt und weder ein Schneckenhaus noch ein Kieselstein mit den Wogen an den Strand gespült wird ... sie mit diesen einfachen Farben ausgestattet und so Vorsorge gegen ihr schlichtes Aussterben, herbeigeführt durch die Verfolgung durch Seevögel und Raubfische, getroffen hat?

In anderen Absätzen erfahren wir jedoch, Gott habe die Farben ausschließlich aus Gründen der Schönheit geschaffen, und sie stünden als solche im Gegensatz zur nützlichen Form und Größe der Schneckenhäuser. Roberts spricht im Zusammenhang von Form und Verzierungen der Bohrmuscheln (Pholadidae) von Anpassung, die Farbe dient aber angeblich ausschließlich dem Schmuck: »Deshalb ist eine längliche Eiform die beste, die sie annehmen konnte; und darüber hinaus sind die Punkte, mit denen sie übersät und geschmückt ist, augenscheinlich dazu geschaffen, die Schale vor äußeren Verletzungen zu schützen ... Gleichzeitig bekundet eine große Vielfalt der Farbtöne, welch ungeteilte Aufmerksamkeit die Gottheit der Oberfläche und dem Schmuck ihrer Werke so stetig angedeihen lässt.«

Und schließlich ist die Natur nicht nur gut konstruiert und voller Schönheit, sondern sie strotzt auch von ethischen Lehren zur Verbesserung der Menschen. Die Metamorphose der Schmetterlinge ist das Symbol für die Befreiung der Seele vom irdischen Leib, und das Aufblühen einer Blüte stellt unsere Hoffnung auf seelische Erleuchtung dar: »Der Botaniker erkennt in der Entfaltung des Blütenkelches ... ein reizvolles Zeichen für die Erweiterung des menschlichen Geistes, welcher sich aus dem Zustand der Unkenntnis erhebt, ... und in der allmählichen Entwicklung einer Pflanze

Schneckengehäuse auf einer Abbildung aus *The Conchologist's Companion.*

sieht er das stetige Fortschreiten jeder moralischen Vortrefflichkeit.«

Roberts' konventionelle Denkweise passt voll und ganz zu ihrem strengen Festhalten an der Darstellungsweise, die man von Autorinnen dieses Genres erwartete. Wenn sie beispielsweise den Nutzen der Weichtiere für das Leben der Menschen erörtert, legt sie das Schwergewicht auf angeblich »weibliche« Themen des Schmuckes und nicht auf die »männliche« Domäne der unmittelbaren Lebenserhaltung. Ihre längsten Kapitel handeln von Perlen und Purpurfarbstoffen (die ursprünglich aus Schnecken gewonnen wurden), aber dass Muscheln und Schnecken vielen Menschen als Nahrung dienen, erwähnt sie kaum.

Wichtiger ist aber etwas anderes, und damit kommen wir unserem Drang, Urteile selbst über Jahrhunderte hinweg zu fällen, näher: Roberts behauptet unter Berufung auf die angebliche Hierarchie und Stabilität der Natur, jeder von uns müsse die ihm zugewiesene Rolle in der menschlichen Gesellschaft annehmen, selbst wenn wir zufällig als Frauen oder Angehörige der arbeitenden Klasse zur Welt gekommen sind und deshalb unter schweren Nachteilen leiden. Schließlich wird die letzte Belohnung uns in einer anderen, besseren Welt zuteil werden. Genau wie Gott jede Weichtierart für ihre eigene Umgebung gestaltet hat, so hat er auch »jedes einzelne Wesen seiner jeweiligen Handlungssphäre zugeordnet; und für uns wird es ein Glück sein, wenn wir unseren Teil der uns zukommenden Pflichten erfüllen, wie jene niederen Kreaturen die Zwecke erfüllen, für die sie in Übereinstimmung mit ihren jeweiligen Instinkten gestaltet wurden«. Später, in dem (zumindest für mich) unangenehmsten Absatz des Buches, lässt Mary Roberts Alexander Popes Werk *Vom Menschen* anklingen; sie vertritt die Ansicht, jede Veränderung der zugewiesenen Rangstufen werde den genau austarierten Apparat der Natur ins Wanken bringen:

> Dieser glänzenden, übergeordneten Struktur kann nichts hinzugefügt werden; ebenso kann man nichts von ihr hinwegnehmen, ohne in der Schöpfung eine Kluft zu erzeugen, welche, so wenig sie für uns wahrnehmbar sein mag, die allgemeine Harmonie der Natur nachhaltig beeinträchtigt. Alle Dinge wurden von Ihm gemacht, und ohne Ihn kann kein Ding erhalten bleiben; außerdem scheint es, als wolle Er uns durch die bewundernswerte Anordnung Seiner Geschöpfe lehren, dass die verschiedenen Stufen in der Gesellschaft ebenfalls durch Seine Vorsehung und zu unserem Besten gestaltet wurden.

Diese politisch konservativen Ansichten springen bei der Lektüre von *The Conchologist's Companion* sofort ins Auge. Noch verblüffender fand ich aber den umfassenden, tief sitzenden Sexismus: Roberts unterwirft sich der herrschenden Einstellung in ihrer Gesellschaft (die auch wir in unglückselig großem Umfang beibehalten haben) über die gegensätzlichen Ideale des abstrakten Ewig-Weiblichen und Ewig-Männlichen – und hier liegt nach meiner Überzeugung der Schlüssel, wenn man *The Conchologist's Companion* und andere Bücher dieses einst sehr einflussreichen Genres verstehen will. Ich habe den Verdacht, dass man das entscheidende, aber im Wesentlichen versteckte Thema am besten begreift, wenn man auf einen der wichtigsten englischen Essays in Briefform zurückgreift, ein Schriftstück, das viele von uns (zumindest in Auszügen) im Seminar Philosophie I gelesen haben und das den meisten später nie mehr in den Sinn gekommen ist: Die 1756 erstmals erschienene *Philosophische Untersuchung über den Ursprung unserer Ideen vom Erhabenen und Schönen* von Edmund Burke.*

Burke vertritt die Ansicht, unsere ästhetische Empfindung werde von zwei verschiedenen Kräften beeinflusst, die er als das Erhabene und das Schöne bezeichnet. Sie sind wirklich unterschiedlich – das eine ist nicht die Verneinung oder das Gegenteil des anderen. Das Erhabene (das Burke auch »das Großartige« nennt) wurzelt in unserem Selbsterhaltungsinstinkt und damit in der Angst. Zu seinen Themen gehören Weite, Dunkelheit, Höhe, Größe, Grobheit, Unendlichkeit, Festigkeit und Geheimnis. Das Schöne dagegen wurzelt in der Freude und ist mit unserem Erzeugerinstinkt verknüpft (der zur Erhaltung des Menschengeschlechts notwendig, aber nicht so elementar wie die Selbsterhaltung und das Erhabene ist). Themen des Schönen sind Kleinheit, Glätte, Formenvielfalt (aber nicht mit eckigen, sondern mit abgerundeten Übergängen), Empfindlichkeit, Durchsichtigkeit, fehlende Zweideutigkeit, Schwäche und leuchtende Farben.

* Eine persönliche Fußnote: Ich werde oft gefragt, warum ich seit über 20 Jahren ohne Pause jeden Monat diese Essays schreibe. Burkes *Untersuchung* gehört zu den großartigsten Werken, die jemals in unserer Sprache geschrieben wurden – trotz allem, was ich darin (neben wirklich ausgezeichneten Erkenntnissen) abstoßend finde. Mein Burke-Exemplar stand immer griffbereit im Bücherregal – es gehörte zum Band 24 meiner Ausgabe der Harvard Classics. Die ganze Ausgabe kaufte mein Großvater 1924, nachdem er sich entschlossen hatte, für sich selbst und seine Kinder die Gelegenheit zu höherer Bildung zu schaffen, die er selbst nie genossen hatte. Ich bezweifle, dass er jemals mehr als einen oder zwei Bände aufgeschlagen hat. Meine Mutter las in ihrer Kindheit mehrmals den Band über Äsop, Andersen und die Gebrüder Grimm. Ich selbst schoss in meiner Jugend mit Pfeil und Bogen auf die Bände – der Band 24 hat neun Löcher, die Zeugnis von meinen Erfolgen ablegen. Es war immer mein Lieblingsband, denn auf dem Buchrücken steht »Über die erhabene französische Revolution«. Ich selbst hätte diese Phase der Geschichte niemals mit einem solchen Attribut belegt, und deshalb war mir der Titel ein Rätsel. Wann ich auf die Idee kam, den Band einmal aufzuschlagen, weiß ich nicht mehr, aber ich kann mich noch gut daran erinnern, wie begeistert ich über die Entdeckung war, dass sich in dem Titel zwei verschiedene Werke mischten: Burkes Untersuchung über das Erhabene und seine Gedanken über die Revolution!

Solche Beständigkeit über Generationen und Entwicklungsphasen hinweg gibt unserem Leben Sinn und Struktur. Damals schoss ich mit Pfeilen; heute will ich lesen. Ich hätte das Buch jederzeit aus dem Regal nehmen und mir Burkes Untersuchung zu Gemüte führen können – aber ich tat es nie, und um ehrlich zu sein: ich bezweifle, dass ich inmitten aller verrückten, überspannten Alltagsgeschäfte jemals dazu gekommen wäre. Erst mein Entschluss, diesen Essay über die Naturgeschichte der viktorianischen Zeit zu schreiben, führte mich zu Burke; ich genoss die Vergünstigung, das große, einflussreiche Werk zu meinem Vergnügen und mit einer gewissen gereiften Urteilsfähigkeit zu lesen statt in der Hektik eines Seminars und in zu jungen Jahren. Für dieses Vorrecht bin ich zutiefst dankbar. Würde ich meine monatlichen Essays nicht schreiben, stünde Burke wahrscheinlich noch bei meinem Tod ungelesen im Regal.

Burke vertieft sich nicht in den Zusammenhang zwischen den üblichen, sexistischen Ansichten über das Männliche (Erhabene) und Weibliche (Schöne), aber dieser Gegensatz wurde zur Grundlage für den »tief sitzenden Sexismus«. So behauptet Burke zum Beispiel, Frauen würden den unausweichlichen Zusammenhang zwischen Schönheit und Schwäche instinktiv erkennen: »Frauen sind hierfür sehr empfindsam; aus diesem Grund lernen sie zu lispeln, schwankend zu gehen, Schwäche und sogar Krankheit vorzutäuschen. Bei alledem lassen sie sich von der Natur leiten.« Auch die angebliche Größe des männlichen Denkens und die ängstliche weibliche Mentalität führt er auf diese Unterscheidung zurück: »Das Erhabene ... schwelgt immer in großen und schrecklichen Dingen; [die Schönheit] in den kleinen und angenehmen ... Die Schönheit der Frauen ist in beträchtlichem Maße ihrer Schwäche oder Empfindlichkeit zu verdanken und wird noch verstärkt durch ihre Ängstlichkeit, eine Eigenschaft des Geistes, die dem analog ist.«

Ich behaupte: Das Wesentliche an Roberts' Buch und des Genres, das es repräsentiert, können wir nur dann begreifen, wenn wir uns diese klassische Unterscheidung zwischen dem Erhabenen und dem Schönen zu Eigen machen. Vor allem müssen wir zur Kenntnis nehmen, dass Roberts und ihre Geschlechtsgenossinnen die Grenze anerkannten und versuchten, nur schön, aber keineswegs erhaben zu sein – das heißt, sie wollten einen weiblichen Geist beweisen. (Ich möchte nachdrücklich darauf hinweisen, dass die gleiche Unterscheidung sowohl Ursache als auch Unterstützung für die schlimmsten Aspekte des Sexismus war – und man sollte daran denken, dass jede Befreiung von Unterdrückung die Kenntnis ihrer Gründe voraussetzt.)

Burkes Schönheitskriterien sind der Schlüssel, der *The Conchologist's Companion* unserem Verständnis öffnet (anstelle unseres Spotts, der vor allem aus Verwunderung erwächst). Begrifflich sind alle Themen vorhanden: Schablonenhaftigkeit, Ängstlichkeit, Eingeschränktheit, fehlende Überraschungen, abgerundete Übergänge. Selbst das äußere Erscheinungsbild verkündet keine Erhabenheit, sondern Schönheit. Solche Bücher von Frauen waren in der Regel klein – sie wurden in Formaten herausgebracht, die man im Verlagswesen als »Duodez« oder »Kleinoktav« bezeichnet, im

Gegensatz zum »Großoktav« oder »Quart«, das man bei männlichen Autoren bevorzugte. Auch die Schrift ist meist klein, und die Abbildungen sind besonders fein gearbeitete Stiche (siehe die Beispiele). Der Text selbst strahlt nicht grobe Kraft, sondern süßliche Sentimentalität aus, insbesondere im Dideldei der Knittelverse:

> Ach, wem Auge, Herz und Zunge nur –
> Wem Sehen, Fühlen, Sang gegeben –
> Der kann die Schönheit der Natur
> Nicht ohne höchste Wonn' erleben.

Die Wahl des Themas – die kleinen, bescheidenen Weichtiere – passt, wie Roberts nicht müde wird zu betonen, zu den Eigenschaften einer Schriftstellerin:

> In den stolzeren Formen der belebten Wesen, in der hoch aufragenden Zeder, dem Turm tragenden Elefanten, wirkt die Natur offenbar auf eine Weise, welche der Größe ihrer Gestaltungen entspricht; dagegen werden jene schwächlichen Wesen häufig übergangen, als verdienten sie die Aufmerksamkeit des Naturforschers nicht; und welche Zeichen der Nützlichkeit und Kraft, welche ausgezeichnete Vollkommenheit kann man doch an ihnen entdecken!

Selbst die Worte des Lobes, die Männer in wohlwollenden Rezensionen über die Bücher von Frauen gebrauchten, lassen den Maßstab erkennen: Es geht nicht um Ehrfurcht gebietende Erhabenheit, sondern um die Beschreibung des Schönen. *The Atheneum* (die Zeitschrift eines gebildeten Herrenclubs, der Darwin und Huxley zu seinen Mitgliedern zählte) lobte das zweite Buch von Mary Roberts über Konchologie als »nützliches und unterhaltsames Werk« (Ausgabe vom 22. November 1851, Seite 1224).

Eigentlich wollte ich den Essay an dieser Stelle beenden – mit ein paar Worten der Rechtfertigung für Ms. Roberts, in denen ich zwar ihre völlige Unterwerfung unter die Konventionen ihrer Zeit einräume, sie aber nicht allzu hart verurteile: Der kreative Drang kann so übermächtig und der Schmerz des selbst auferlegten

Schweigens so beherrschend werden, dass wir selbst die niederträchtigsten Einschränkungen in Kauf nehmen. (Als männlicher Weißer würde ich es auch nicht wagen, Stepin Fetchit oder Mantan Moreland zu kritisieren, weil sie die einzigen – entwürdigenden – Rollen spielten, die Hollywood farbigen Schauspielern damals zugestand. Ebenso werde ich über keine Frau herziehen, die schreiben wollte und nur veröffentlicht werden konnte, wenn sie sich nach den Burke'schen Schönheitsmaßstäben richtete.)

Aber nichts geht in unserer komplizierten Welt so fein säuberlich zu Ende. Beim erneuten Lesen und Nachdenken erkannte ich in Ms. Roberts noch etwas anderes. Jetzt fiel mir ein rebellischer Unterton auf – sehr leise, sicher, aber doch unverkennbar. Allmählich wurde mir klar, dass Mary Roberts die aufgezwungenen Normen nicht völlig verinnerlicht hatte und dass zwischen den Zeilen ihres kleinen, schönen Textes eine gewisse weibliche Wut schwelte.

Insbesondere ein Absatz erregte meine Aufmerksamkeit. Ms. Roberts greift häufig auf die übliche Redensart zurück, die Natur werde dem menschlichen Forscherdrang immer manche Geheimnisse vorenthalten, und wir sollten über unsere Kenntnisse keine zu hochtrabenden Behauptungen aufstellen. Wie es der üblichen Denkweise entsprach, schrieb sie diese verbleibenden Geheimnisse in der Regel einer männlichen Macht zu: dem allmächtigen Gotte und Schöpfer der Natur, im Gegensatz zu unserem vergleichsweise zwergenhaften Geist. (So schreibt sie beispielsweise: »In vielen Fällen sind wir nicht in der Lage, die Absichten Gottes im Hinblick auf den Aufbau Seiner Geschöpfe zu verstehen.«) In einer verblüffenden Passage jedoch nennt sie die *weibliche* Natur als Ursache der Einschränkungen – und den notwendigen Triumph dieser weiblichen Macht stellt sie ausdrücklich dem üblichen Bild gegenüber (dessen sich Bacon und viele spätere Autoren bedienten), wonach Wissenschaft männlich und aktiv ist, weil sie der passiven, weiblichen Natur ihre Kenntnisse entlockt (oder fast raubt):

> Es scheint, als habe die mütterliche Natur Spaß daran, die Weisheit ihrer Söhne zum Narren zu halten; und als wollte sie jenen, die stolz behaupten, der menschliche Verstand reiche zum Begreifen der Geheimnisse von Schöpfung und Vorsehung aus, nachdrücklich sagen: »So weit dürft ihr gehen, weiter nicht«;

selbst bei der Bildung eines Schneckenhauses oder seines unbedeutenden Bewohners wird euer arrogantes Gebaren ganz und gar gedemütigt.

Jetzt wusste ich, dass ich noch weiter in die verborgenen Motive und Gefühle von Mary Roberts vordringen musste. Deshalb machte ich in den Regalen der Widener Library (eigentlich nicht in den Regalen, sondern noch tiefer im Fegefeuer, nämlich im Magazin für selten gebrauchte Bücher und nach einer Lieferfrist von zwei Tagen – ein weiteres Zeichen für die Unsichtbarkeit des Genres) ihr paläontologisches Buch *The Progress of Creation* (Ausgabe von 1846) ausfindig.

Hier fiel mir bei aller Ähnlichkeit des langweilig-konservativen Inhalts sofort ein gewaltiger Unterschied auf. Hatte *The Conchologist's Companion* mich traurig gestimmt, weil es sich den Beschränkungen des Genres beugte, so wurde ich bei *The Progress of Creation* geradezu verrückt: Mit streitlustiger Beschränktheit hielt dieses Buch an eindeutig widerlegten religiösen Formulierungen fest. Mary Roberts schlägt in ihrem Buch über Geologie eine radikal-kreationistische Richtung ein und beharrt darauf, die Bibel wörtlich zu nehmen – einschließlich der Schöpfung in sechs Tagen zu je 24 Stunden und einem Gesamtalter der Erde von wenigen tausend Jahren. In Begriffen, die keinerlei Unsicherheit erkennen lassen, behauptet sie: »In diesem ganzen Buch habe ich immer im Auge behalten, dass Himmel, Erde und alles, was in ihnen ist, in sechs Tagen vollendet waren; und dass man keine auch noch so plausible Theorie zulassen kann, wenn sie im Gegensatz zu den göttlichen Schriften steht.«

Unter Berufung auf die Schriften der Katastrophentheoretiker behauptet sie, die Sintflut habe wirklich stattgefunden und habe mit einem Schlag alle geologischen Spuren entstehen lassen. Aber hinter dieser Argumentation steht entweder Unwissen oder Arglist. Im Jahr 1846 wussten alle ernst zu nehmenden Katastrophentheoretiker – auch die Männer, die Mary Roberts falsch zitiert –, dass jede Überschwemmung während der Menschheitsgeschichte nur die letzte Katastrophe in einer langen Reihe von Krisen darstellen konnte und dass diese Reihe sich über die gewaltigen Zeiträume der Erdgeschichte erstreckte.

Aber Mary Roberts mischt sich ein, ballt die Fäuste und holt zum Schlag gegen die größten männlichen Wissenschaftler Europas aus. Sie hält Mastodons für Fleischfresser und putzt Georges Cuvier, den Newton der Naturgeschichte, wegen seiner (nach heutiger Kenntnis richtigen) Ansicht herunter, dass diese Tiere sich von Pflanzen ernährten: »Zu den Bemerkenswertesten gehört das Mastodon, der Fleisch fressende Elefant von Ohio. Cuvier bezeichnet dieses Tier als Pflanzenfresser, aber das tut er sicher ohne Verstand.« Das ist völliger Unsinn aus Ms. Roberts' Feder – aber es ist erhabener Unsinn!

Was dachte Mary Roberts wirklich, als sie *The Conchologist's Companion* nach den Regeln für süßlich-empfindsame, unverfängliche Prosa verfasste? Hatte sie persönlich die gleichen konventionellen Ansichten über Gehorsam und Harmonie der Natur, die sie auch beschrieb? Fand sie sich mit den Beschränkungen ab, denen Frauen damals unterlagen, oder kochte es in ihrem Inneren, und sie behielt ihre Meinungen dennoch für sich? Dass die vorhandenen Unterlagen eine Antwort auf solche Fragen geben können, bezweifle ich – die konventionelle Geschichte, die vorwiegend von Männern geschrieben wurde, hat es geschafft, sie fast völlig unsichtbar werden zu lassen.

Die Fragen bleiben. Was ging hinter der Maske des Abfindens und der Konvention, die von den meisten naturgeschichtlichen Autorinnen anerkannt wurde, wirklich vor? Vielleicht sollten wir uns an eine der starken Frauen aus unserer Literatur halten: an Little Buttercup aus *H. M. S. Pinafore* von Gilbert und Sullivan. Sie will dem Kapitän mitteilen, dass die Dinge selten sind, was sie zu sein scheinen – und vielleicht auch, dass Frauen den Schmerz und Ärger seit eh und je unter einer Oberfläche des Abfindens verbergen:

Ich lass ihn, woher der Wind weht,
Niemals wittern – niemals wittern;
Wenn er merkt, wohin mein Kurs geht,
Mag er zittern – mag er zittern!

15. Linke Schnecken und rechtes Denken

Welch unsterblich Aug' und Hand
Hat dich in dein Maß gebannt?*

William Blakes bekannte Frage nach der Schöpfung des Tigers wirft eine entscheidende Frage auf, die wir ganz buchstäblich stellen können, auch wenn der Dichter eher metaphorische Absichten verfolgte: Warum herrscht bei anatomisch kompliziert gebauten Tieren meist Symmetrie vor, insbesondere das Prinzip der zweiseitig-spiegelbildlichen Konstruktion um eine Mittelachse, das auch für uns selbst gilt? Warum haben wir zwei gleichwertige Hälften, eine rechte und eine linke? Und warum faszinieren uns die kleinen Abweichungen – meist eher solche der Funktion und weniger der Form –, die in unserer Kultur eine so große Rolle spielen – das Übergewicht der Rechtshändigkeit und der Unterschied zwischen »rechtem« und »linkem« Gehirn?

Einige wichtige Gruppen von Lebewesen zeigen jedoch keinen zweiseitig-symmetrischen Grundbauplan, unter ihnen auch meine eigenen Lieblings-Forschungsobjekte, die Gastropoden oder Schnecken. Wenn man den weichen Körper einer Schnecke aus dem Gehäuse zieht und ausstreckt, ist er einigermaßen symmetrisch, aber das Gehäuse, in dem dieser Körper untergebracht ist, besteht aus einem Rohr, das in einer Richtung um eine Spiralachse herum gewunden ist. Damit dürfte das Schneckenhaus unter den so genannten höheren Tieren die bekannteste nicht zweiseitig-symmetrische Form sein.

* Aus: Blake, *Zwischen Feuer und Feuer*, München 1996.

Ein Rohr kann sich um eine senkrechte Achse herum in zwei Richtungen winden, die man als rechtsgängig und linksgängig bezeichnet. Hält man eine Schnecke in der üblichen Stellung – mit der Spitze nach oben und dem Ausgang (der Öffnung für den Körper) nach unten –, spricht man von einer rechtsgängigen Windung, wenn die Öffnung, von vorn gesehen, rechts von der Windungsachse liegt; befindet sie sich links, haben wir es mit einer linksgängigen Windung zu tun. (Das alles ist in der Abbildung viel deutlicher zu erkennen, als ich es mit Worten beschreiben kann. Die gleiche Konvention gilt übrigens auch für die Richtung von Schraubengewinden.)

Die Bezeichnungen sind völlig willkürlich: Schnecken wissen nichts von einer nach oben gerichteten Spitze und einer unten liegenden Öffnung (lebende Schnecken tragen ihr Gehäuse meist mehr oder weniger waagerecht über den Boden). Gibt man das Gehäuse mit der Spitze nach unten wieder (wie es in der französischen Tradition wissenschaftlicher Abbildungen seit jeher geschieht), liegt die Öffnung eines »rechtsgängigen« Exemplars links von der Spiralachse.

In Indien wird beispielsweise die Heilige Schnecke oder Dreifaltenbirne *Turbinella pyrum* als Symbol für Vishnu verehrt. (Im *Bhagavad Gita* bläst Vishnu in Gestalt seiner am höchsten gepriesenen Verkörperung Krishna auf der Schale der Heiligen Schnecke, um das Heer von Arjuna zum Kampf zu rufen.) Besonders geschätzt sind die äußerst seltenen linksgängigen Exemplare des Gehäuses – sie wurden früher in Gold aufgewogen. Die Hindus betrachten jedoch die Spitze als Unterseite des Gehäuses und bezeichnen deshalb diese seltene Form als »rechtsgedreht«. Vielleicht messen sie den seltenen Exemplaren nur deshalb einen so hohen Wert bei, weil sie nach der indischen Lesart einer willkürlichen Festlegung zur vorherrschenden Form der Händigkeit bei Menschen (und, so vermute ich, bei den Gottheiten in Menschengestalt) passen.

Ein Purist könnte es den Schnecken nachsehen, dass sie sich nicht an das Prinzip der Zweiseitigkeit halten, wenn sie stattdessen einer noch umfassenderen Symmetrie folgen und rechts- sowie linksgedrehte Spiralen in gleicher Anzahl hervorbringen würden. Aber auch nach diesem Kriterium sind die Schnecken verdreht und verkorkst: Rechtsgängige Gehäuse sind bei weitem zahlreicher als

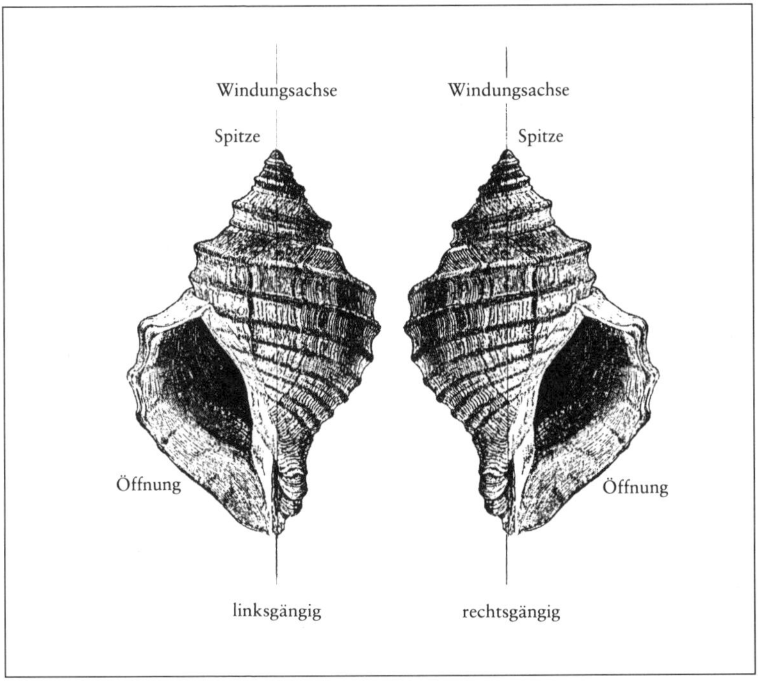

ihr linksgedrehtes Gegenstück, und zwar nicht nur bei der Heiligen Schnecke aus Indien, sondern bei praktisch allen Arten und Artengruppen. »Rechts« ist in der Sprache mit einer Fülle vorurteilsbeladener Begriffe verbunden, die von der rechtshändigen Mehrheit zu Ehren ihrer Vorherrschaft erfunden wurden. »Recht« bedeutet nicht nur im Deutschen »gesetzestreu«, sondern auch im Französischen ist *droit* sowohl das Recht als auch die rechte Seite. Linksgedrehte Schnecken dagegen sind »link« oder auf Französisch *gauche*. Ich frage mich auch, ob wir die ursprüngliche Entscheidung, die Spitze des Schneckenhauses als »oben« zu bezeichnen, nicht nur deshalb getroffen haben, damit wir die wesentlich häufigere Form »rechts« nennen können.

Die große Mehrzahl aller Schnecken bringt rechtsgedrehte Gehäuse hervor, bei den meisten Arten hat man jedoch auch einige linksgängige Exemplare gefunden. Von *Cerion* beispielsweise, der Landschneckengattung aus der Karibik, die der Gegenstand meiner eigenen Forschungsarbeiten ist, kennt man insgesamt nur sechs linksgängige Exemplare, obwohl Millionen von ihnen daraufhin überprüft wurden (während linksgängige *Turbinella*-Exemplare, wie bereits erwähnt, in Indien mit Gold aufgewogen wurden). Wenige Arten besitzen ausschließlich oder vorwiegend linksgedrehte Gehäuse, aber eng mit ihnen verwandte Spezies aus derselben Gruppe sind in der Regel ebenfalls rechtsgedreht. Oft bestrafen wir diese seltenen Formen, indem wir ihnen Namen geben, die zu ihrer Abweichung passen – so wurde beispielsweise die häufigste linksgängige Art aus dem Nordatlantik mit den wissenschaftlichen Bezeichnungen *Busycon contrarium* oder *Busycon perversum* belegt. Auch einige Artengruppen (insbesondere die Familie Clausiliidae) sind vorwiegend linksgedreht, aber hier sind ebenfalls alle anderen eng verwandten Gruppen rechtsgängig. Kurz gesagt, herrschen rechtsgedrehte Schnecken bei weitem vor (weit stärker als die Rechtshänder unter den Menschen), und zwar auf allen Ebenen: bei den Individuen einer Spezies, den Arten innerhalb einer Abstammungslinie und den Abstammungslinien innerhalb der größeren systematischen Gruppen.

An dieser Stelle wird jeder aufmerksame, neugierige Leser die nahe liegende Frage stellen: »Warum? Welchen Vorteil könnte die rechtsgängige Spirale gegenüber der andersherum gedrehten Form bieten?« Dazu kann ich nur sagen: Diese Frage ist sowohl berechtigt als auch hochinteressant – aber wir haben nicht die geringste Ahnung, wie die Antwort aussehen könnte. (Ich würde nicht einmal annehmen, dass man die Frage unter dem Gesichtspunkt eines mutmaßlichen Vorteils stellen sollte. Was die Funktion angeht, dürften die beiden Formen absolut gleichwertig sein, und die Vorherrschaft der rechtsgängigen Form wäre dann nur die historische Folge eines Ereignisses, das sich zufällig als Erstes abspielte.) Es tut mir Leid, dass ich bei einer so faszinierenden Frage kneifen muss, aber wenigstens kann ich zu dem gleichen Thema den größten aller naturhistorischen Prosaautoren zitieren, nämlich D'Arcy Thompson (aus seinem Buch *Growth and Form*, das 1917 erstmals erschien und im englischen Sprachraum noch heute aufgelegt wird): »Aber warum in der Windungsrichtung der Schnecken-Gehäuse auf der ganzen Welt in Vergangenheit und Gegenwart die eine Form so überwältigend häufiger ist als die andere, weiß niemand.«

Dieser Essay soll stattdessen, was die Windungsrichtung angeht, einen anderen Dreh erhalten: Sein Thema sind historische Abbildungen von Schneckengehäusen in zoologischen Abhandlungen. Ich möchte mit einem Bild beginnen, das ich anfangs für eine Anomalie und einen amüsanten Fehler hielt. Die Abbildung gibt eine Tafel aus einem berühmten, 1681 erschienenen Werk über Naturgeschichte wieder; es stammt von Nehemiah Grew, einem der besten britischen Ärzte und Zoologen seiner Zeit, und trägt den Titel *Musaeum Regalis Societatis, or a description of the natural and artificial rarities belonging to the Royal Society, whereunto is subjoyned the comparative anatomy of stomachs and guts.* (*Musaeum Regalis Societatis, oder eine Beschreibung der natürlichen und künstlichen Seltenheiten, welche der Royal Society gehören, unter Hinzufügung der vergleichenden Anatomie von Magen und Darm*; lange Titel waren damals sehr beliebt, und wir wollen den Anhang übergehen – er enthält bemerkenswerte Abbildungen von ausgestreckten Wirbeltierdärmen, die sich über die Seiten ringeln.)

Bemerkenswerterweise sind alle Schneckenhäuser auf Grews Stichen mit einer einzigen Ausnahme linksgängig. Die unten links dargestellte Ausnahme ist rechtsgedreht, wie wir es gewohnt sind. Wurde die Welt hier auf den Kopf gestellt? Die Gehäuse werden als »wilk« bezeichnet (in moderner Schreibung »whelk« ein verbreiteter englischer Name für Schnecken) – und fast alle *whelks* sind rechtsgedreht, auch die hier abgebildeten Arten. Die rechtsgängig gezeichnete Form verrät sich durch die darüber angebrachte Beschriftung »inverted wilk snail« (»umgedrehte *whelk*-Schnecke«). Mit anderen Worten: Die als »umgedreht« etikettierte Schnecke ist in Wirklichkeit eine seltene linksgängige Form, die nach einer alten Tradition mit einem abschätzigen Namen für Ungewöhnliches belegt wurde.

Dr. Grew hat seine Schnecken ganz offensichtlich spiegelbildlich zu ihrem tatsächlichen Aufbau drucken lassen. Anfangs nahm ich an, er habe schlicht einen Fehler begangen, und ich lachte darüber, dass er sich damit in eine Reihe mit anderen Schneckenexperten aus der gesamten Geschichte wissenschaftlicher Abbildungen stellte, denn der gleiche Irrtum unterläuft uns auch heute. In der zeitgenössischen Version, die moderner Technik entspringt, kann eine

Schnecke mit falsch herum gedrehtem Gehäuse auftauchen, weil das Foto von einem Negativ stammt, das versehentlich vor dem Drucken umgedreht wurde. Ein Experte, der gezielt darauf achtet, wird den Fehler bemerken, aber wir fehlbaren Sterblichen lassen einen so umfassenden Lapsus manchmal durchgehen – schließlich sieht eine verkehrt herum gedrehte Schnecke nicht fürchterlich falsch aus, solange man Blick und Geist nicht indirekt auf das Thema der Symmetrie richtet.

Jeder professionelle Schneckenfachmann kann eine ganze Liste derartiger Peinlichkeiten aufzählen. Ein sehr geschätzter und mittlerweile verstorbener Kollege, einer der weltweit führenden Schneckenexperten, veröffentlichte auf dem Umschlag seines beliebten Schneckenbuches ein Foto falsch herum gedrehter Gehäuse. Und ich muss eingestehen – welch großartige Entlastung nach so vielen Jahren, in denen ich dieses beschämende Geheimnis mit mir herumgeschleppt habe –, dass meine erste Veröffentlichung über Schnecken mehrere Fotos neu entdeckter embryonaler Schneckenhäuser einer wichtigen Gattung enthielt, die alle von verdrehten Negativen stammten. (Von einem Kollegen

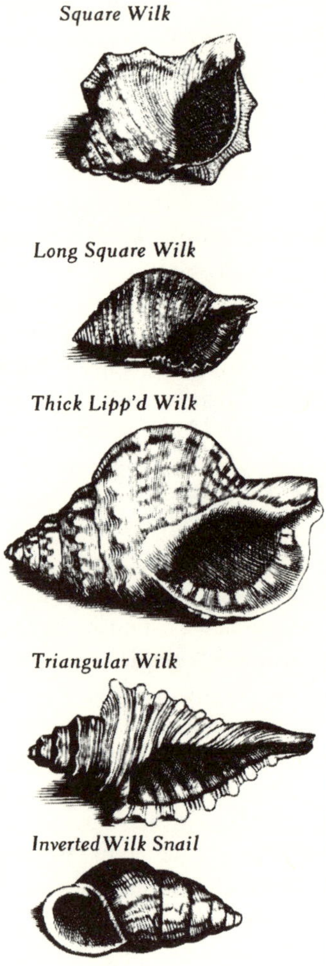

Abbildung aus Nehemia Grews Buch von 1681; nur die unterste Schnecke ist rechtsgängig dargestellt.

American Museum of Natural History.

erhielt ich einen liebenswürdigen, höchst diplomatischen Brief mit der Anfrage, ob diese rechtsgedrehten Schnecken tatsächlich linksgedrehte Vorstufen hätten; er drängte mich, einen derart wichtigen Befund gesondert zu veröffentlichen, und äußerte gleichzeitig die Vermutung – natürlich nur die Vermutung –, ich könnte vielleicht den alten Fehler des spiegelverkehrten Druckes begangen haben.) Baseballspieler unterscheiden zu Recht zwischen körperlichen Fehlern, die jedermann jederzeit unterlaufen können und kein Anlass zur Beschämung sind, und mentalen Fehlern – dumme Beurteilungen, Vergessen der Regeln –, die eigentlich niemals vorkommen sollten. Normale, keineswegs ehrenrührige Irrtümer im Faktischen lassen sich in der Naturwissenschaft nicht vermeiden, einem Gebiet, das von der Selbstkorrektur lebt und seinen eigenen Fortschritt zu Recht durch derartige Verbesserungen definiert. Ich habe nie einen Essay geschrieben und werde auch nie einen schreiben, ohne dieses Gegenstück zum körperlichen Fehler zu begehen. Aber eine Schnecke spiegelverkehrt zu drucken, ist ein mentaler Fehler. Da gibt es keine Ausrede.

So weit meine ersten Gedanken über Dr. Grews Fehler. Aber sobald ich mich an die erste Pflicht des Wissenschaftlers erinnerte – mich eines Urteils vor dem Hintergrund unserer säuberlich geordneten, als besser geltenden Gegenwart zu enthalten und mich so weit wie möglich in Zeit und Lebensumstände der betrachteten Person zu versetzen –, wurde mir klar, dass die Antwort so einfach nicht sein konnte. Alle Verfahren, nach denen Abbildungen in naturhistorischen Werken bis zum 19. Jahrhundert gedruckt wurden – Holzschnitt, Radierung auf Metallplatten, Lithographie –, erfordern, dass zunächst ein spiegelverkehrtes Bild hergestellt wird. Das heißt, der Graveur muss die Abbildung spiegelbildlich in seine Metallplatte ritzen, damit sie in der richtigen Anordnung auf das Papier gelangt, das auf die eingefärbte Platte gelegt und dann mit der Druckpresse angedrückt wird. Dass alle Drucker diese zentrale Regel ihres Berufes kannten, brauche ich nicht besonders zu betonen; es war die Grundlage ihrer Arbeit.

Ein Drucker, der eine normale rechtsgängige Schnecke abbilden wollte, musste also das Bild eines linksgängigen Gehäuses auf die Metallplatte bringen. Dr. Grews Drucker zeichnete die Schnecken aber so auf die Platte, wie er sie sah, und nicht spiegelverkehrt –

das Ergebnis ist ein spiegelverkehrtes Bild im Buch: Normale, rechtsgängige Schnecken sind linksgängig wiedergegeben, und das einzige linksgängige Gehäuse sieht wie ein übliches, rechtsgedrehtes aus.

Aber wie und warum konnte so etwas geschehen? Um die Folge eines einfachen, besonders dummen Irrtums kann es sich nicht handeln, denn der Graveur kannte mit Sicherheit seine Regeln und muss auch Buchstaben und Zahlen in der richtigen, spiegelverkehrten Anordnung auf seine Platte geätzt haben – schließlich sind Beschriftung und Nummerierung in der gedruckten Version richtig. Es drängen sich viele Szenarien auf, und für eine Beurteilung haben wir nicht genügend Anhaltspunkte. Vielleicht lieferte Grew seinem Drucker bereits spiegelverkehrte Skizzen, vergaß aber, ihm dies mitzuteilen; vielleicht lieferte Grew auch alle Skizzen auf einem einzigen Blatt Papier (ohne die Worte), und der Drucker machte dann den Fehler, die Skizze *recto* und nicht, wie es richtig wäre, *verso* auf der Platte zu befestigen (ich gehe davon aus, dass Graveure manchmal eine auf transparentem Papier gezeichnete Skizze unmittelbar auf ihrer Platte anbrachten und dann die Linien nachzeichneten).

Wir sollten aber auch eine grundlegend andere Hypothese in Betracht ziehen. Vielleicht dürfen wir nicht von unserer arroganten Gegenwart ausgehen und annehmen, diese »primitiven Menschen« des 17. Jahrhunderts hätten einen Fehler machen müssen, der mit heutigen, durch das Verdrehen eines Fotos entstehenden Irrtümern auf einer Stufe steht. Vielleicht sind die spiegelverkehrten Schneckenhäuser in den Abbildungen von Dr. Grew überhaupt kein Irrtum, sondern der Ausfluss einer Konvention, die man damals befolgte und heute aufgegeben hat.

Ich werde diese großzügigere Alternative am Ende meines Essays genauer begründen, aber als ich Grews Abbildung vor etwa zehn Jahren zum ersten Mal sah, kam ich noch nicht darauf. Ich speicherte die kleine »Tatsache« einfach in meinem geistigen Ordner für naturgeschichtliche Seltsamkeiten. Offenbar »etikettierte« ich sie mit »Grews lustiger Fehler«, denn die Möglichkeit, dass spiegelverkehrte Schnecken etwas anderes als ein wie auch immer entstandener Irrtum sein könnten, kam mir nicht in den Sinn.

Solche geistigen Ordner sind vor allem deshalb vorteilhaft und nützlich, weil sie im Gehirn lauern können (wo und wie dieses bemerkenswerte Organ die Informationen auch speichern mag), ohne das Denken und Planen in irgendeiner Form zu beeinträchtigen. Die Ordner sind einfach da, belasten einen nicht und warten darauf, dass irgendein Auslöser sie ins Bewusstsein befördert. (Aus diesem Grund bin ich ein Anhänger veralteter Methoden wie: Ich meine, man sollte den grundlegenden zeitlichen Ablauf der Menschheitsgeschichte auswendig lernen und die Klassiker, insbesondere Shakespeare und die Bibel, mit dem Ziel lesen, entscheidende Passagen im Gedächtnis zu behalten.) Ich liebe alte Bücher über Naturgeschichte, und aus beruflichen Gründen wandern meine Blicke darin zwangsläufig zu den Abbildungen von Schnecken. Deshalb wurde auf meinen Ordner mit dem »Grew-Fehler« in den letzten zehn Jahren einige Male zugegriffen, aber ich hatte dabei nie ein bestimmtes Vorhaben im Sinn, und was die spiegelverkehrten Bilder anging, hatte ich vorschnell eine falsche Schlussfolgerung gezogen. Erst nach drei oder vier zufälligen Wiederholungen wurde mir klar, dass es sich hier um ein lohnendes Thema handelte und dass ich meinen eigenen anfänglichen Irrtum korrigieren musste; jetzt erkannte ich die umfassendere Frage nach Wissenschaft und menschlicher Wahrnehmung, die eine solch banale Angelegenheit (die Darstellung der Drehrichtung von Schneckenhäusern) zu einem wertvollen Thema für einen Essay machte.

Ein paar Jahre später erwarb ich ein Exemplar der *Metallotheca* von Michele Mercati, mein persönliches Lieblingsbuch unter den schönen, wichtigen Werken über Naturgeschichte. Mercati (1541–1593) leitete die botanischen Gärten im Vatikan und wurde auch Kurator der päpstlichen Mineralien- und Fossiliensammlung, die unter der Leitung des kaiserlichen Papstes Sixtus V. aufgebaut wurde – seine Steuern ließen die vatikanischen Ländereien verarmen, während sich in Rom immer mehr Pracht entfaltete. (Mir gefällt auch der Name des Mannes – die fünfte Wiedergeburt eines Burschen namens »Sechs«; Sixtus I., eine Gestalt aus dem zweiten Jahrhundert, war der sechste Bischof Roms nach Petrus und nahm deshalb diesen Namen an.) Mercati stellte für einen Katalog der vatikanischen Sammlung eine Reihe großartiger Stiche her, aber das Werk erschien zu seinen Lebzeiten nie (vielleicht weil Sixtus V. im Jahr 1590 unerwartet starb). Die Druckplatten blieben aber in den riesigen Magazinen des Vatikans fast eineinhalb Jahrhunderte lang liegen, und schließlich, 1719, brachte J. M. Lancisi sie zusammen mit Mercatis Text und vielen neuen Stichen unter dem Titel *Metallotheca* heraus. (Wenn eine *Bibliothek* eine Büchersammlung ist, dann ist eine *Metallothek* eine Sammlung von Metallen und anderen Gegenständen aus dem Mineralreich.)

Die *Metallotheca* enthält zahlreiche Abbildungen fossiler Schnecken; das betreffende Kapitel trägt die Überschrift *Lapides Idiomorphi* (»Steine, die wie Lebewesen aussehen« – wie viele Gelehrte im 16. Jahrhundert, so deutete auch Mercati die Fossilien nicht als Überreste von Lebewesen, sondern als Ausdruck »formender Kräfte« im Gestein.) Und in allen diesen Abbildungen sind rechtsgedrehte Schnecken linksgedreht dargestellt (siehe Abbildung) – wir haben es also hier mit einer bewusst angewandten, allgemeinen Regel zu tun und nicht mit dem Fehler eines Einzelnen.

Aber Vermutungen haben ein zähes Leben, selbst wenn sie sich nie auf irgendetwas Sinnvolles stützen. Jetzt konnte ich die spiegelverkehrte Darstellung nicht mehr als einfachen Irrtum abtun,

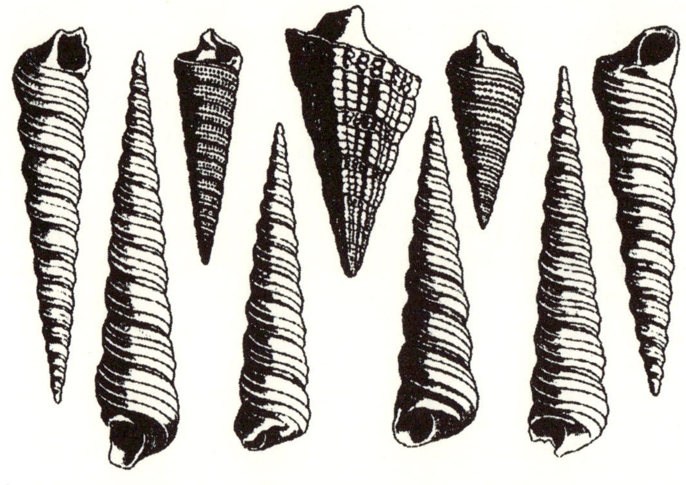

Die 1719 erschienene Ausgabe der *Metallotheca* von Michele Mercati gibt rechtsgedrehte Schneckenarten durchgängig linksgedreht wieder.

und deshalb zog ich mich mit meinem Fortschrittsglauben auf die nächste Verteidigungslinie zurück: Ich unterstellte, eine solche Gleichgültigkeit gegenüber den Tatsachen der Natur müsse eine seltsame Eigenart der schlechten alten Zeit darstellen (immerhin lebte Mercati weit entfernt im 16. Jahrhundert), und deshalb sei sie keiner großen geistigen Aufmerksamkeit wert. Wieder speicherte ich die Beobachtung in den hinteren Regalen, im Hinterzimmer meiner *Mentatheca*.

Seit jener Zeit haben weitere zufällige Begegnungen meine falsche Annahme völlig zerstört; in Werken, die vor 1700 erschienen waren, fand ich immer und immer wieder rechtsgängige Schnecken, die linksgängig abgebildet waren. Tatsächlich sind fast alle bildlichen Darstellungen aus dieser Periode spiegelverkehrt, und demnach fällt uns hier kein zufälliger Fehler auf, sondern eine allgemeine Konvention. Dagegen habe ich so gut wie nie eine spiegelverkehrte Abbildung beispielsweise aus Linnés Zeit (Anfang bis Mitte des 18. Jahrhunderts) oder später gesehen, außer als echten, seltenen Irrtum. Demnach – und das ist wirklich interessant – muss die nahe liegende Hypothese, erst die Fotografie habe die Veränderung mit sich gebracht, falsch sein. Warum die Konvention, Schnecken mit umgekehrter Drehrichtung darzustellen, später der Überzeugung Platz machte, man solle sie zeichnen, wie man sie sieht, weiß ich einfach nicht (aber ich hätte auf diese Frage liebend gern eine Antwort).

Ich möchte den Bericht über meine persönlichen Entdeckungen abkürzen: Zwei weitere Beispiele überzeugten mich endgültig, dass Schnecken in älteren Abbildungen absichtlich mit entgegengesetzter Windungsrichtung abgebildet wurden. Zunächst schlug ich in der »offiziellsten« Quelle nach, die das 16. Jahrhundert zu bieten hat: dem *Musaeum Metallicum* (einem anderen Bericht über eine wichtige Fossilien- und Gesteinssammlung) des italienischen Naturforschers Ulisse Aldrovandi (1522–1605), der in Konkurrenz zu seinem Schweizer Kollegen Conrad Gesner (1516–1565) in seinen großen Nachschlagewerken alle Kenntnisse seiner Zeit über Tiere zusammenfasste – Altes und Zeitgenössisches, Märchen und Beobachtungen, Mythen und Realität, Nutzen für den Menschen und natürliches Vorkommen. Meine Ausgabe von Aldrovandis posthum erschienenem Werk über Fossilien stammt von 1648 und

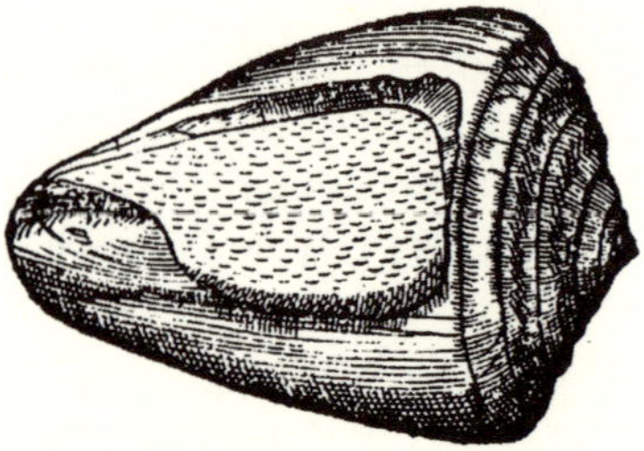

Eine rechtsgängige Schnecke, linksgängig wiedergegeben im *Musaeum Metallicum* des italienischen Naturforschers Ulisse Aldrovandi aus dem 16. Jahrhundert.

zeigt alle Schnecken linksgedreht, obwohl rechtsgängige Arten abgebildet sind (siehe Abb.).

Wer von dem Standardwerk noch nicht völlig überzeugt ist, kann auch einen Autor mit Spezialkenntnissen zu Rate ziehen. Deshalb befragte ich mein Exemplar von *De corporibus marinis lapidescentibus (Über versteinerte Körper aus dem Meer)* von Augostino Scilla, eines der großen paläontologischen Werke vom Ende des 17. Jahrhunderts. (Meine lateinische Ausgabe stammt von 1747, aber Scilla veröffentlichte das Buch erstmals in den siebziger Jahren des 17. Jahrhunderts auf Italienisch.) Ich entschloss mich, Scilla als letzten Beweis hinzuzuziehen, denn er war gelernter Maler, eine führende Gestalt des *seicento* in Sizilien, und stach seine Abbildungen selbst. Alle seine Schnecken sind rechtsgängige Arten, und alle gab er mit linksgedrehtem Gehäuse wieder. Wenn alle Standardwerke und angesehenen Künstler die Schnecken spiegelbildlich zu ihrem natürlichen Aussehen zeichneten, machten Autoren und Zeichner ganz offensichtlich keinen Fehler, sondern sie folgten einer allgemein anerkannten Konvention ihrer Zeit.

Aber warum herrschte in früheren Jahrhunderten eine Konvention, die unserer eigenen Praxis so fremd ist? Warum entschieden sich diese älteren Illustratoren, die Exemplare spiegelbildlich wiederzugeben, wo sie doch mit Sicherheit wussten, wie die Gehäuse in Wirklichkeit aussehen? Entwickelten sie diese Übereinkunft zur Vereinfachung des Lebens für einen Berufsstand, dessen Grundprinzip darin bestand, dass man in umgekehrter Anordnung stechen muss, um die gewünschte Orientierung drucken zu können? Und wenn es sich so verhielt, welche Erleichterung brachte dann die Praxis, Schnecken spiegelbildlich zu drucken? Ich nehme an, der Graveur konnte dann eine Zeichnung unmittelbar auf seine Platte heften und sie gut sichtbar übertragen, während er bei der üblichen Methode gezwungen war, die Zeichnung zunächst umzudrehen, sodass er sie nur durch das Papier hindurch betrachten konnte (aber ausreichend transparentes Papier stand sicher zur Verfügung, und ich frage mich, ob das übliche Verfahren wirklich eine große Beeinträchtigung bedeutete). Oder zeichneten die Graveure mechanisch eine ursprüngliche Abbildung in spiegelbildlicher Orientierung ab, um sie dann auf die Platte zu heften? Wenn das stimmt, würde ihnen die Konvention, spiegelbildlich zu drucken, einen zeitaufwändigen Arbeitsschritt ersparen. Oder projizierten die Zeichner das Bild unmittelbar auf die Platte, um es dann zu zeichnen? Aber dann könnte man mit einem weiteren Spiegel das umgekehrte Bild erzeugen – und ohnehin stachen die Drucker in der Regel spiegelverkehrte Abbildungen.

Was auch der Grund war – allein aus der Tatsache, dass es die Konvention gab, können wir nach meiner Überzeugung etwas Wichtiges lernen: Die begriffliche Welt der Zoologie maß der Drehrichtung eines Schneckenhauses in der Zeit vor dem 18. Jahrhundert nur eine geringe Bedeutung bei. Diese Menschen waren weder dumm noch primitiv. Wenn sie zur Erleichterung der Herstellung (oder aus einem anderen Grund, der für uns heute nicht ersichtlich ist) bereitwillig das opferten, was wir als »Genauigkeit« bezeichnen würden, müssen sie von dieser »Genauigkeit« eine ganz andere Vorstellung gehabt haben als wir. Die Entdeckung »versteinerter« Denkmuster anhand faszinierender Anhaltspunkte wie dieser kleinen, zuvor unbemerkten Veränderung der Illustrationspraxis gibt uns den intellektuellen Auftrieb, der Wissenschaftler motiviert.

Das größte Hindernis für solche Entdeckungen – es belastete anfangs auch meine eigenen Gedanken über das Thema und verhinderte jeden Fortschritt in Richtung einer geeigneten Lösung, nachdem ich meine ersten, richtigen Beobachtungen angestellt hatte – liegt in der beklagenswerten Gewohnheit, die uns das doppelte Vorurteil von Fortschritt und Objektivität aufzwingt. Wir unterstellen, wir würden heute alles besser machen als jemals in der Vergangenheit, und in unseren Verbesserungen spiegelt sich zunehmende Objektivität wider, weil wir alte Vorurteile ablegen und lernen, die Welt genauer zu betrachten. Deshalb interpretieren wir unsere Vorgänger – insbesondere wenn ihre Ansichten von

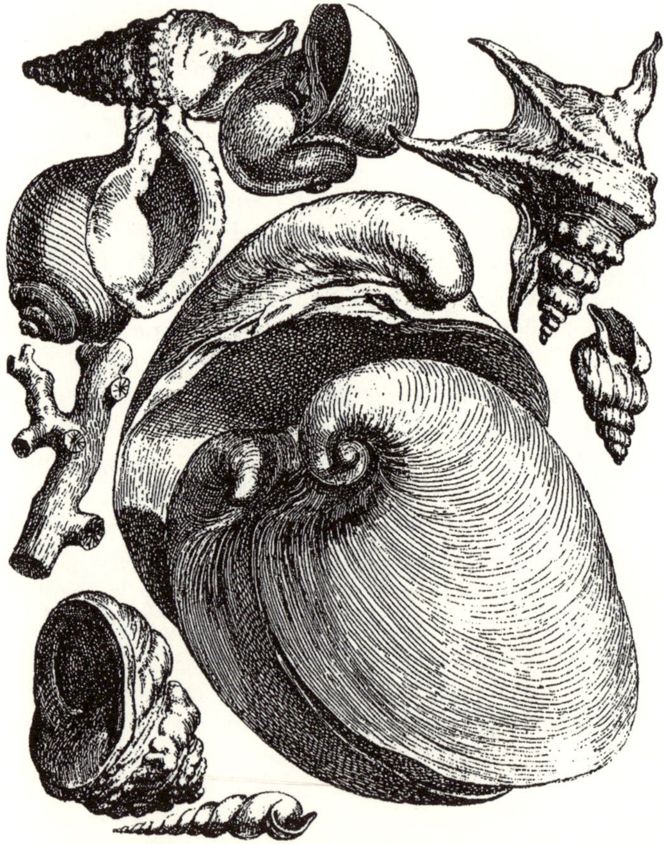

Rechtsgängige Schneckenarten, linksgedreht abgebildet in einem Buch über fossile Schnecken des Paläontologen Agostino Scilla aus dem 17. Jahrhundert.

unseren abweichen – so, als wären sie durch Voreingenommenheit und fehlende Kenntnisse unterlegen oder, kurz gesagt, als wären sie im Vergleich zu uns ganz schön unfähig. Wir nehmen sie nicht ernst, und in den Unterschieden zu uns sehen wir Unbeholfenheit und Irrtum. Wir können also nicht verstehen, aus welchen interessanten Gründen sich die Praxis in der Geschichte verändert hat, und wir können nicht die alten, in ihren eigenen Begriffen schlüssigen (und häufig auf einem faszinierend anderen Bild der Natur beruhenden) Systeme wieder entdecken, derentwegen frühere Vorgehensweisen so vernünftig waren.

Der Schlüssel liegt in diesem Fall in der Erkenntnis, dass ein scheinbarer Fehler der früheren Praxis in Wirklichkeit eine Konvention darstellt, die unseren heutigen Begriffen fremd ist, offensichtlich aber von unseren Vorgängern ganz bewusst aus bestimmten Gründen befolgt wurde. Nun müssen wir noch ein weiteres Hindernis überwinden, wenn wir die Vergangenheit einfühlsam betrachten (und auf diese Weise auch neue Erkenntnisse über die heutige Denkweise gewinnen) wollen. Selbst wenn wir verstehen, dass die spiegelverkehrte Darstellung von Schnecken kein Fehler, sondern eine Konvention war, sind wir unter Umständen (wegen des Fortschritts-Vorurteils) immer noch überzeugt, dass sich in der Geschichte der wechselnden Konventionen ein Weg zu einer genaueren Darstellungsweise widerspiegeln muss. Wir könnten beispielsweise die Ansicht vertreten, dass unsere Vorgänger zeichneten, was sie sehen wollten, während wir heute fotografieren, was tatsächlich vorhanden ist.

Zwei Argumente sollten uns davon überzeugen, dass die Geschichte keinen Weg von gestelzter Konvention zu schlichter Genauigkeit darstellt. Erstens habe ich mit vielen Berufsfotografen gesprochen, und alle bezeichneten die alte Behauptung, ihre Technik habe uns objektive Genauigkeit verschafft, wo zuvor nur subjektives Zeichnen möglich war, als falsch. Die technischen Verbesserungen der Fotografie schränkten zwar die früheren Möglichkeiten zu Verfälschungen ein. (In meinem Buch *Der falsch vermessene Mensch* habe ich nachgewiesen, wie einer der ersten Eugeniker seine Bilder von angeblich behinderten Menschen retuschierte, damit sie noch umnachteter aussahen. Die Fälschungen sind so grob, dass sich heute niemand, der ein Leben lang Erfahrungen mit guten Fotos hat, täuschen lassen würde. Aber 1912 kam er mit seinen Tricks durch, denn damals waren nur die wenigsten Menschen so erfahren, dass sie ein verfälschtes Foto erkennen konnten, und das Retuschieren war ohnehin eine allgemein anerkannte Methode, mit der man schlechte Aufnahmen in Ordnung brachte.) Aber durch andere technische Verbesserungen kann man heute nur umso einfacher und raffinierter alle möglichen Täuschungen mit Fotos begehen (man braucht nur daran zu denken, wie Woody Allen als Zelig oder Tom Hanks als Forrest Gump durch Fotomontagen künstlich in große geschichtliche Ereignisse des 20. Jahrhunderts eingeblendet wurden). Wer zieht die Bilanz aus Gewinn und Verlust? Warum soll man solche Veränderungen überhaupt als Gewinn und Verlust bezeichnen? Wir haben die Konventionen nicht zu Gunsten der Genauigkeit aufgegeben; wir haben uns nur andere Konventionen zu Eigen gemacht.

Zweitens – und das war das schlagende Argument, das mich zum Schreiben dieses Essays veranlasste – haben wir auch heute die Konvention der umgedrehten Abbildung nicht völlig aufgegeben. Ein höchst angesehenes Fachgebiet von der »vordersten Front« der Technologie bildet auch heute noch auf dem Kopf stehende Fotos ab, ganz ähnlich wie unsere Vorfahren bei ihren Schneckenzeichnungen rechts und links vertauschten. Wer weiß schon, dass die üblichen Fotos von Monden und Planeten auf dem Kopf stehen? (Wer an dieser Behauptung zweifelt, braucht nur einmal in einer klaren Nacht den Vollmond mit den Abbildungen in einem Astronomie-Lehrbuch zu vergleichen.) Natürlich sind moderne Astronomen ebenso wenig Dummköpfe wie die alten Schneckenzeichner. Sie geben Fotos verkehrt herum wieder, damit sie mit dem Anblick durch ein normales Refraktionsteleskop übereinstimmen. (Oder besser gesagt: Sie drucken die Fotos so, wie sie durch das Teleskop aufgenommen wurden. Unterscheidet sich diese Konvention von der, den naturgetreuen Anblick der Schnecke auf die Druckplatte zu gravieren und dann ein spiegelverkehrtes Bild auf das Papier zu drucken?)

Nach Ansicht der Astronomen steht die Mühe, Teleskopaufnahmen verkehrt herum zu drucken (damit sie das Objekt so zeigen, wie es am Himmel aussieht), in keinem Verhältnis zu einem eventuellen Nutzen. Man kann sogar argumentieren, die Kopf stehenden Fotos seien kein Vorteil, sondern würden Verwirrung stiften – denn von unserem Mond abgesehen können wir die besonderen Merkmale der Monde und Planeten mit bloßem Auge nicht erkennen, und deshalb kennen wir diese Himmelskörper eigentlich nur so, wie sie im Teleskop aussehen – auf dem Kopf stehend. Ich muss davon ausgehen, dass die Schneckenzeichner in alter Zeit die Windungsrichtung der Gehäuse ebenfalls für unwichtig hielten – und ich wüsste gern, warum. Außerdem würde ich gern erfahren, was den Wandel von einer allgemein anerkannten Konvention zum Verpönten auslöste.

Ich werde weder an dieser Stelle noch irgendwo sonst das uralte Rätsel der Erkenntnistheorie lösen können: Wie können wir die »Wirklichkeit« der Natur »kennen«? Stattdessen möchte ich zum Schluss einfach noch einmal auf eine Erkenntnis hinweisen, die bei Philosophen und selbstkritischen Naturwissenschaftlern allgemein anerkannt ist, die wir aber nur allzu oft auf eigene Gefahr missachten. Naturwissenschaftlicher Fortschritt besteht darin, dass wir ein immer angemesseneres Verständnis für die empirische Welt entwickeln, aber es gibt keine ursprüngliche, unberührte Realität, die »da draußen« liegt und von uns eingefangen werden kann, wenn unsere technischen Möglichkeiten sich verbessern und unsere Begriffe reifen. Der menschliche Geist ist ein atemberaubend gutes Hilfsmittel und entsetzliches Hindernis zugleich – und er muss sich zwischen Beobachtung und Verstehen einschalten. Deshalb »sehen« wir immer mit Unterstützung (oder Beeinträchtigung) durch die Konventionen. Beobachten ist stets eine Partnerschaft zwischen Geist und Natur, und wie jede gute Partnerschaft erfordert sie Kompromisse. Wir vertrauen darauf, dass der Geist durch eine echte äußere Realität geleitet wird; diese Realität muss ihrerseits von unseren unvollkommenen Sinnen ans Gehirn übermittelt werden, und diese Sinne wurden von einem atemberaubend komplizierten Vorgang namens Evolution zusammengebastelt.

Epilog

Durch eine große Stichprobe von 230 Essays weiß ich, welche davon zu den zahlreichsten und leidenschaftlichsten Reaktionen führen – und die Antwort erfüllt mich mit Bewunderung für die Schwächen und die gesunde Vernunft der Menschen. Auf Essays, in denen ich mich mit weit gefassten, beunruhigenden Themen beschäftige – mit der Bedeutung der Evolution für das menschliche Leben, mit der Beziehung (wenn es sie gibt) zwischen Naturwissenschaft und ethischen Werten –, erhalte ich relativ wenige Leserzuschriften. Schreibe ich aber über winzig kleine Rätsel, verblüffende Themen und möglicherweise nachprüfbare Lösungen, werde ich mit Kommentaren und leidenschaftlichen Behauptungen über eine endgültige Lösung überschüttet. Gebt uns jederzeit ein Körnchen Konkretes in diesem Tal der Tränen, diesem Reich der nervtötenden Unsicherheit; lasst den Berg der träumerischen Wolken und den mythischen Topf voller Gold am unerreichbaren Horizont.

Drei Essays führen meine Hitliste der Reaktionen an: erstens meine Aufforderung an die Leser (mit dem Versprechen eines Freiexemplars aller meiner zukünftigen Bücher als Belohnung), ein Minimal-Pangramm aus den 26 Buchstaben des Alphabets zu konstruieren, das heißt einen Satz ohne Abkürzungen oder Eigennamen, in dem jeder Buchstabe unseres Alphabets nur einmal vorkommt – siehe Kapitel 4 in *Bravo, Brontosaurus.* (Den Preis hat bisher niemand gewonnen, aber manche Leser haben viele Stunden über ihren Notizblöcken oder mit selbst geschriebenen Computerprogrammen zugebracht!) Zweitens der Bericht über eine verblüffende alte Legende, wonach Kolumbus ein Ei auf der Spitze balancierte, verbunden mit der Behauptung, die Geschichte sei in unserer Generation in Vergessenheit geraten – eine Unterstellung, die bei mindestens hundert Kennern nicht unbeantwortet blieb. (Später erachtete ich diese Geschichte als mittelmäßig, und deshalb nahm ich sie nicht in einen Sammelband auf – ich versuche nach Art des »Prairie Home Companion« zu erreichen, dass alle darin enthaltenen Essays wie die Schulkinder aus Lake Wobegon überdurchschnittlich sind.* Und drittens die Verwicklungen dieses Essays über das Warum und Wozu einer alten Konvention bei der Abbildung von Schnecken.

Ich erhielt eine Flut interessanter Vermutungen, warum die Graveure die Bilder von Schnecken bis Mitte des 18. Jahrhunderts so

* Der »Prairie Home Companion« ist eine Hörfunkserie mit Musik und Sketchen, die in den USA von vielen Radiostationen ausgestrahlt wird. Zentraler Bestandteil sind die Berichte aus Lake Wobegon, einer fiktiven Kleinstadt in Minnesota, wo – so eine Standardformulierung – »die Frauen stark, die Männer gut aussehend und alle Kinder überdurchschnittlich sind«. (Anm. d. Übers.).

in ihre Druckplatten schnitten, wie sie aussahen (und nicht umgekehrt), sodass das gedruckte Bild spiegelverkehrt war. Die meisten Briefschreiber äußerten den nahe liegenden (aber eindeutig falschen) Verdacht, den ich in dem Essay eigentlich zerstreuen wollte – ich hatte mich also nicht klar genug ausgedrückt und muss den entscheidenden Punkt noch einmal bekräftigen. Kurz gesagt, vermuteten viele Leser, die Graveure hätten sich diese Konvention genehmigt, weil sie ihnen das Leben leichter machte – wenigstens eine kleine Gruppe von Bildern brauchten sie nicht spiegelverkehrt auf ihren Druckplatten festzuhalten.

Diese Erklärung klingt plausibel, aber sie kann wirklich nicht stimmen. Spiegelverkehrt zu zeichnen, so schwierig es uns erscheinen mag, ist die grundlegende Alltagsarbeit jedes Graveurs; wie kann er sie nach vieljähriger Übung als Belastung empfinden? Um diesen Gedanken zu unterstreichen, möchte ich einen peinlichen Vorfall aus meiner eigenen Jugend schildern. Mein Onkel Mordie spielte seit fast einer Ewigkeit die erste Viola im Rochester Symphony Orchestra (selbst heute, wo er Mitte neunzig und längst pensioniert ist, geht es ihm noch ausgezeichnet). Als Jugendlicher erfuhr ich, dass die Noten für Bratschisten gewöhnlich im Bratschenschlüssel geschrieben sind, und der ist den meisten Hobbymusikern, die nur den Violin- und Bass-Schlüssel der Klaviermusik kennen, nicht vertraut. Mächtig stolz auf meine feinsinnige Entdeckung, wollte ich damit angeben, und deshalb fragte ich meinen Onkel: »Was ist das für ein Gefühl, im Bratschenschlüssel zu spielen?« Darauf brach er in Gelächter aus. Schließlich tat er seit etwa vierzig Jahren nichts anderes – und da sollte es sich seltsam anfühlen? Für die Berufsgraveure gilt das Gleiche.

Andere Leser machten Bemerkungen zu meiner Behauptung, die Definition einer Schnecke als rechts- oder linksgängig sei willkürlich. Sie wiesen darauf hin, dass wir uns der gleichen Konvention auch für Schrauben und andere Gerätschaften bedienen, und deshalb, so meinten sie, könne man bei ihrer Übertragung auf Schnecken nicht von Willkür sprechen. Aber diese Aussage verschiebt die Begründung nur um einen Schritt – denn bei Schrauben ist die Benennung als rechts- oder linksgängig ebenso willkürlich wie bei Schnecken. Ich danke meinen Lesern und habe einen Satz über Eisenwaren hinzugefügt.

Zumindest habe ich mich selbst überzeugt, dass es sich um ein interessantes, hartnäckiges Problem handelt. Zwei Monate nachdem ich den Essay geschrieben hatte, präsentierte ich den Inhalt als Vortrag auf einer Jahrestagung für Buchantiquare. Auf dem Programm der Veranstaltung stand eine Sitzung über Stiche und andere Abbildungsformen – und die Teilnehmer waren etwa fünfzig Fachleute für Drucktechniken bei antiquarischen Büchern. Sie waren nachhaltig verblüfft, und ich empfand höchste Genugtuung, aber eine gute Antwort hatte keiner parat.

Seither bin ich mit meinen Versuchen, die Absicht hinter den spiegelverkehrten Abbildungen von Schnecken zu ergründen, einen winzigen Schritt vorangekommen. Ich habe zwei Bücher gefunden – die in dem Essay beschriebene *Metallotheca* von Mercati und das 1622 erschienene *Musaeum Calceolarianum* von Ceruti, das ich letzten Monat gekauft habe –, in denen Schnecken auch auf einem großen Titelbild zusammen mit allen möglichen Museumsstücken zu sehen sind. Dort sind die Schnecken naturgetreu rechtsgängig abgebildet, denn sie stellen nur kleine Teile eines großen Stiches dar, der auf die normale Weise spiegelverkehrt graviert werden musste (und sei es auch nur, weil manche Museumsstücke auch Buchstaben und andere Beschriftungen aufweisen). Abbildungen einzelner Schnecken im Hauptteil beider Bücher zeigen dagegen linksgängige Gehäuse.

Der interessanteste Kommentar, der vielleicht den Weg zu einer Lösung weist, kam von einem meiner Lieblingswissenschaftler, dem führenden amerikanischen Molluskenexperten R. Tucker Abbott, heute Leiter des Schneckenmuseums von Sanibel Island. Ihm fiel bei meiner Suche nach der Begründung für die Konvention, Schnecken spiegelverkehrt abzubilden, Folgendes auf: »Vielleicht glaubte der Bursche, der die Abbildung in Holz schnitt oder in Kupfer stach, die Umkehrung (beim Drucken auf Papier) würde bei einem Schneckenhaus keine Rolle spielen.«

Eine Konvention auf der Grundlage, dass man sich *aktiv* nicht um etwas kümmert, erscheint durchaus sinnvoll; der Wandel im 18. Jahrhundert zu unserer heutigen Praxis, die Gehäuse naturgetreu abzubilden, würde dann eine bewusste Entscheidung zu Gunsten einer neuen Deutung der Natur widerspiegeln. Aber warum sollten die Graveure früherer Zeiten gerade den Schnecken gegenüber so gleichgültig gewesen sein? Das machte mich nachdenklich, und mir wurde klar, dass die Gleichgültigkeit möglicherweise weit über die Schnecken hinausging – ohne dass das gedruckte Produkt klare Anhaltspunkte dafür lieferte. Immerhin sind die meisten Lebewesen zweiseitig symmetrisch, sodass linke und rechte Hälfte (wie bei unserem eigenen Körper) Spiegelbilder sind. Vielleicht zeichneten die Graveure die meisten Lebewesen *recto*, aber die Folgen bemerken wir nur bei Schnecken und ein paar anderen asymmetrischen Arten. Eine solche allgemeine Praxis könnte durchaus der Bequemlichkeit gedient haben (während sie bei ein paar seltenen Schnecken allein nicht sinnvoll gewesen wäre).

Ich bekomme gern Leserbriefe, und deshalb möchte ich am Ende eine Aufgabe stellen. Tuckers Hypothese lässt sich überprüfen. Sehen Sie sich alte Stiche von anderen asymmetrischen Lebewesen an (beispielsweise Krebse mit nur einer großen Schere) und stellen Sie fest, ob auch diese Tiere bis zum 18. Jahrhundert *recto* gestochen und *verso* gedruckt wurden.

Teil V
Die Pracht der Museen

16. Dinomanie

I

Das übliche Zitat zu der wichtigen Erkenntnis, dass Taten in ferner Zukunft ungewollte Folgen haben können, stammt aus Macbeth' Monolog über den beabsichtigten Mord an König Duncan: »Wärs abgetan, so wies getan ist«, grübelt Macbeth, »dann wärs gut, man tät' es eilig.« Die Sache muss schnell erledigt werden, aber – noch wichtiger – man muss die Folgen in Grenzen halten. Ach wenn man doch, so Macbeth, »aussperren könnt aus seinem Netz die Folgen, und nur Gelingen aus der Tiefe zöge: Das mit *dem* Stoß. Einmal für immer, alles sich abgeschlossen hätte.« Aber er fürchtet, große Ereignisse müssten alle Geister einer Zukunft loslassen, die man nicht kennen kann: »Den blut'gen Unterricht, der, kaum gelernt, zurückschlägt, zu bestrafen den Erfinder.«

Ich bezweifle, dass Henry Fairfield Osborn an diese Zeilen dachte oder sich für seine Entdeckungen eine Zukunft voller Popularität ausmalte, als er 1924 in einem der üblichen, langweiligen Fachartikel drei Dinosauriergattungen beschrieb, die man kurz zuvor während der berühmten Wüste-Gobi-Expedition in der Mongolei gefunden hatte. In dem Aufsatz mit dem Titel »Drei neue Theropoden, *Protoceratops*-Zone, Zentralmongolei« lieferte Osborn die Benennung und Erstbeschreibung des »Schädels und Kiefers, einer Vorderklaue und der benachbarten Fingerglieder« eines kleinen, aber offensichtlich gelenkigen und geschickten Fleischfressers. Zu Ehren dieser mutmaßlichen Eigenschaften nannte er sein neues Lebewesen *Velociraptor lociraptor mongoliensis* – *Velociraptor* bedeutet »schneller Räuber«. *Velociraptor*, so schrieb Osborn, »war anscheinend ein lebhafter, flink beweglicher, Fleisch fressender Dinosaurier«. Die Zähne beschreibt er als »hervorragend angepasst an das plötzliche Reißen ... schnell beweglicher Beute ... Die lange Schnauze und der große Öffnungswinkel der Kiefer lassen darauf schließen, dass die Beute nicht nur lebendig, sondern auch von beträchtlicher Größe war.«

Osborn war der größte amerikanische Wirbeltierpaläontologe, aber er war auch der politisch konservative, gesellschaftlich angesehene, herrische Präsident des American Museum of Natural History in New York. Nach meiner Überzeugung wäre er höchst überrascht und alles andere als erfreut gewesen, wenn er erfahren hätte, dass sein Geschöpf siebzig Jahre später eine neue, weitaus umfassendere Stellung als wichtigster Dinosaurierheld (oder -bösewicht, je nachdem, auf welcher Seite man steht) in dem Kinohit *Jurassic Park* erlangen sollte.

Diese urzeitlichen Bestien haben die Öffentlichkeit schon immer fasziniert. Nur zehn Jahre nachdem Richard Owen 1840 den Begriff *Dinosaurier* geprägt hatte, steckte der Bildhauer Waterhouse Hawkins viel Mühe in eine Reihe lebensgroßer Modelle, die 1851 bei der Weltausstellung im Londoner Kristallpalast zur Schau gestellt werden sollten. (Der Kristallpalast brannte 1936 ab, aber Hawkins' Dinosaurier, die kürzlich mit einem Farbanstrich aufgemöbelt wurden, kann man noch heute in Sydenham südlich von London besichtigen.)

Aber die öffentliche Begeisterung für Dinosaurier war immer wechselhaft und nur von kurzer Dauer. Sie waren in *King Kong* zu sehen (dank Willis O'Brien und seiner großartigen Methode der Stop-Motion-Aufnahmen kleiner Modelle, die später vergrößert wurden). Wir betankten unsere Autos unter dem Zeichen eines riesigen grünen *Brontosaurus*, dem Logo der Mineralölfirma Sinclair (die auch zur New Yorker Weltausstellung von 1939 ein schönes Ausstellungsstück beisteuerte). Aber die Dinosaurier wurden nie zu einem allgemeinen kulturellen Standard, und in manchen Jahrzehnten nahm man die großen Tiere fast überhaupt nicht zur Kenntnis. Ich war schon Ende der vierziger und Anfang der fünfziger Jahre, als ich in New York meine Kindheit verbrachte, ein »Dinosaurierverrückter«. Kaum jemand kannte damals diese Geschöpfe oder kümmerte sich darum, und in der Arena der endgültigen beruflichen Entscheidung – dem Pausenhof in der Schule

– galt ich als Blödmann und Eigenbrötler. Man nannte mich »Fossil Face«, und der einzige Schulkamerad mit ähnlichen Interessen erhielt den Namen »Dino« (zu meiner Freude kann ich berichten, dass er sich heute beruflich ebenfalls mit Naturgeschichte befasst). Solche Spitznamen waren alles andere als lustig; sie taten weh.

In den letzten zwanzig Jahren aber haben sich die Dinosaurier eine anhaltende, kulturell umfassende Popularität erworben – vom freundlichen Barney, der jungen Zuschauern in einer Serie des Fernsehsenders PBS die richtigen Werte beibringt, bis zu blutrünstigen Ungeheuern, die für Filme eine höhere Altersbegrenzung erzwingen. Die Überflutung des öffentlichen Bewusstseins mit Dinosauriern bietet die Gewähr, dass kein Paläontologe im Gespräch mit Journalisten einem Thema ausweichen kann, das offenbar als das wichtigste der gesamten neunziger Jahre gilt: Warum sind Kinder von Dinosauriern so fasziniert?

Die Frage mag ein Allgemeinplatz sein, aber sie ist nach wie vor schlecht formuliert, denn in ihr vermischen sich zwei völlig verschiedene Themen. Das erste – der Jung'sche Archetyp, wenn man so will – ist die Suche nach dem allgemeinen Anlass, der die Kinderseele aufwühlt (und der zwangsläufig albernen Spekulationen unterliegt, daher meine Abneigung gegen die Frage). Ich weiß darauf keine bessere Antwort als den Ausspruch, den einer meiner Kollegen, ein Psychologe, prägte: Sie sind groß, wild und ausgestorben – oder mit anderen Worten aufregend gefährlich, aber in sicherer Entfernung.

Die meisten Fragesteller kommen nur bis hierher; sie halten die Frage für beantwortet, wenn sie sich in Sachen archetypische Faszination befriedigt fühlen. Aber das kann nicht der Kern der derzeitigen Dinosauriermanie sein, die in dem ungewöhnlichen Erfolg von *Jurassic Park* ihren Höhepunkt fand, und zwar aus einem nahe liegenden, seltsamerweise aber häufig übersehenen Grund: Dinosaurier waren vor vierzig Jahren genauso groß, wild und ausgestorben, aber nur wenige verschrobene Kinder und noch weniger professionelle Paläontologen scherten sich auch nur einen feuchten Kehricht um sie. Deshalb müssen wir die zweite Frage stellen: warum gerade jetzt und nicht früher?

Für diese weniger allgemeine, aber eher zu klärende Frage kann man sich zwei Antworten vorstellen – eine, von der ich mir wünschen würde, dass sie zutrifft (was aber fast nicht möglich ist), und eine zweite, die ich zutiefst bedauere (die aber mit ziemlicher Sicherheit stimmt). Als praktizierender Paläontologe würde ich gern glauben, die derzeitige Dinosauriermanie sei ein unmittelbares Ergebnis unserer Forschungsarbeiten und der vielen faszinierenden neuen Ideen, die unser Berufsstand im Zusammenhang mit den Dinosauriern erdacht hat. An die Stelle der langsamen, schwerfälligen, dummen, roboterhaften Giganten meiner Kindheit, die praktisch keinerlei Verhalten zeigten, sind wendige, lebhafte, möglicherweise warmblütige, hinreichend kluge Lebewesen mit komplexem Verhalten getreten. In meiner Jugend setzte man die riesigen Saurier in Teiche, weil sie nach Ansicht vieler Paläontologen so schwer waren, dass sie ihren Körper an Land nicht hätten tragen können. Heute schreiten sie, Hals und Schwanz ausgestreckt, über die Ebenen. In manchen Rekonstruktionen stellen sie sich sogar auf die Hinterbeine, um an hohe Pflanzen heranzukommen oder natürliche Feinde abzuwehren. (So sieht man sie auch in der ersten Szene mit einem *Brachiosaurus* aus *Jurassic Park* und in Form des lebensgroßen Fiberglasmodells eines *Barosaurus*, das kürzlich in der Rotunde des American Museum of Natural History aufgestellt wurde – die meisten meiner Kollegen sind allerdings überzeugt, dass eine solche Körperhaltung lächerlich und unwahrscheinlich ist.) Als ich ein Kind war, legten die Ornithopoden ihre Eier ab und gingen dann für immer ihrer Wege. Heute sind die gleichen Lebewesen geradezu das Idealbild des mütterlichen, fürsorglichen, politisch korrekten Dinosauriers. Sie bewachen ihr Nest, sorgen für die Jungen, bilden kooperierende Rudel und tragen so liebenswürdige, friedliche Namen wie *Maiasaura*, die »Erdmutterechse« (ganz im Gegensatz zu früheren Spitznamen wie *Pachycephalosaurus* oder »Dickschädelechse«). Selbst ihr Aussterben erscheint heute in einem interessanteren Licht. In meiner Jugend fielen sie einem ungenau beschriebenen »Klimawechsel« zum Opfer, heute haben wir eindeutige Belege, dass der Einschlag eines Himmelskörpers sie endgültig verschwinden ließ (siehe Kapitel 12).

Aber wie kann dieses freundlichere Bild der Dinosaurier zum Hauptgrund für die derzeitige Modeverrücktheit werden – wenn wir dem Jung'schen Thema überhaupt eine Bedeutung beimessen, war der Nährboden der Faszination immer vorhanden, auch in der schlechten alten Zeit mit dummen, schwerfälligen Dinosauriern (denn groß, wild und ausgestorben waren sie auch damals). Was lässt aus diesem Nährboden eine augenfällige, umfassende Dinosauriermanie sprießen? Die Antwort auf solche Fragen nach vorübergehenden oder immer wiederkehrenden Moden erwächst in der Regel aus der amerikanischsten aller Quellen: dem Erkennen und der Nutzung kommerzieller Möglichkeiten.

Als ich in New York heranwuchs, machte sich in der Jugendkultur alle ein bis zwei Jahre eine Jojo-Mode breit, die gewöhnlich etwa einen Monat lang anhielt. Ihr Auslöser waren keine technischen Weiterentwicklungen bei den Jojos (genau wie klügere Dinosaurier keine Dinosauriermanie auslösen). Entsprechend ist auch ein Jung'scher Nährboden für die Kontrolle über eine geregelte Drehbewegung keine Erklärung dafür, warum im Juli 1951 jedes Kind ein Jojo brauchte, im Juni 1950 aber nicht (genau wie die Dinosaurier immer zur Verfügung standen, aber nur manchmal ausgenutzt wurden).

Kurz gesagt, muss die Antwort im Kommerz liegen. Alle paar Jahre fand irgendjemand heraus, wie Jojos sich gut verkaufen lassen. Irgendwann vor etwa 20 Jahren wurde durch irgendeine Kombination von Kräften entdeckt, wie man den Jung'schen Nährboden in Gewinne aus einer Fülle von Produkten umsetzen kann. Dazu bedarf es nur eines kleinen Impulses, der den positiven Rückkopplungsmechanismus des menschlichen Herdentriebes in Gang setzt, sodass sich das Nachahmungsverhalten hochschaukelt (was bei Kindern, die über Taschengeld verfügen, besonders wirksam ist).

Ich wüsste nur allzu gern, woher dieser anfängliche Impuls kam (ein gutes Thema für Kulturhistoriker). Sollen wir ihn in der starken Erweiterung der Andenkenläden in Museen suchen, die von kleinen, durch Freiwillige betriebenen Verkaufsständen zu glitzernden, für die wirtschaftliche Gesundheit ihrer zunehmend kommerzialisierten Mutterinstitutionen unentbehrlichen Unternehmen wurden? Oder fesselte ein bestimmtes Produkt oder eine Gestalt irgendwann die jugendliche Fantasie ausreichend stark? Sollen wir nach einem bösen Geist suchen oder nur nach einer ersten, chaotischen Schwankung, die sich dann durch kulturelle Schleifen der positiven Rückkopplung verstärkte?

II

Unsere heutige Kultur bietet kein eindrucksvolleres Symbol, kein handfesteres Produkt der umfassend koordinierten Kommerzialisierung als die alljährlich erscheinenden »Kino-Kassenschlager« für die Sommersaison. Die Filme selbst sind schon beeindruckend genug, aber wenn man den zugehörigen Werbeapparat und die Flut der Gewinn bringenden Zubehörprodukte von Essensboxen über Kaffeetassen bis zu T-Shirts betrachtet, wirkt das ganze Unternehmen eher wie ein militärischer Blitzkrieg als wie ein Unterhaltungsangebot. Deshalb weiß jeder Amerikaner, der sich nicht gerade in einer steinzeitlichen Höhle versteckt hält, dass die Dinosauriermanie ihren Höhepunkt erreichte, als Steven Spielbergs Verfilmung des ausgezeichneten Romans *Jurassic Park* von Michael Crichton in die Kinos kam. Mir als Paläontologen bereitete das ein Wechselbad der Gefühle, wie es stärker nicht sein konnte – mit Staunen und Fluchen, Lachen und Stöhnen. Man kann der Bedeutung eines Ereignisses kaum größeren Tribut zollen als mit dem Eingeständnis, dass es unmöglich ist, ihm gegenüber gleichgültig zu bleiben.

John Hammond (ein Unternehmer, der im Buch mehr als nur einen Hauch des Bösen in sich trägt, im Film aber freundlich und nur übermäßig begeistert dargestellt wird) hat den ultimativen Freizeitpark gebaut (im Buch aus reiner Habgier, im Film aus gemischten, im Wesentlichen aber ehrenwerten Motiven): Nachdem er aus Mücken und anderen in Bernstein aus dem Mesozoikum eingeschlossenen Stechinsekten die DNA von Dinosauriern gewonnen hat, stellt er daraus wieder lebende Dinosaurier her. Ein großes Lob für Crichton, der für einen solchen unmöglichen Vorgang das klügste, realistischste Szenario entwickelte – Plausibilität ist für jede gute Science-Fiction unabdingbar. (Die Idee, das räumt Crichton ein, kursierte bereits seit einiger Zeit in paläontologischen Instituten.)

In der Realität hat die Idee mit dem Bernstein tatsächlich zu einigen Ergebnissen geführt: Man konnte DNA-Fragmente der eingeschlossenen Insekten selbst gewinnen, aber nicht solche aus dem Blut anderer Lebewesen, das sie gesaugt hatten! In der Fachzeitschrift *Science* gab eine Arbeitsgruppe meiner Kollegen unter Leitung von R. De Salle am 25. September 1992 bekannt, ihr sei die

Gewinnung mehrerer DNA-Bruchstücke (jedes davon noch nicht einmal 200 Basenpaare lang) aus einer 25 bis 30 Millionen Jahre alten, in Bernstein eingeschlossenen Termite gelungen. Eine weitere Veröffentlichung fand im Zusammenhang mit dem Kinostart von *Jurassic Park* statt: Am 10. Juni 1993 – in der Woche der Filmpremiere – berichtete das führende britische Fachblatt *Nature* über die Befunde einer anderen Arbeitsgruppe, die unter Leitung von R. J. Cano zwei geringfügig größere Molekülbruchstücke (315 und 226 Basenpaare) aus einem fossilen Rüsselkäfer isoliert hatte. Der Bernstein, in dem dieses Insekt eingeschlossen war, ist 120 bis 135 Millionen Jahre alt* – er stammt also nicht gerade aus der Jurazeit, aber aus der Kreide, der darauf folgenden erdgeschichtlichen Epoche, in der Dinosaurier ebenfalls die beherrschenden Landlebewesen waren (auch die meisten Dinosaurier in *Jurassic Park* sind in Wirklichkeit Arten aus der Kreidezeit!).**

Diese bemerkenswerte Vermischung von Populärem und Fachlichem ist nach meiner Überzeugung eines der interessantesten Nebenprodukte des *Jurassic-Park*-Phänomens – und ich halte es grundsätzlich für positiv. Wenn ein seriöses, angesehenes britisches

* Seit 1993, als ich diese Rezension über *Jurassic Park* schrieb, sind in der Fachliteratur zweimal Behauptungen aufgetaucht, man habe Dinosaurier-DNA entdeckt (natürlich nicht die vollständigen Baupläne für ein Lebewesen, sondern winzige Bruchstücke). Beiden Berichten stehe ich aber sehr skeptisch gegenüber (und die meisten meiner Berufskollegen teilen die Zweifel). Nebenbei bemerkt: Ich wäre keineswegs überrascht, sondern höchst erfreut, wenn man in naher Zukunft kleine Stücke echter Dinosaurier-DNA sicherstellen würde – aber dass irgendwo in den Fossilien das vollständige Programm zum Aufbau eines ganzen Lebewesens erhalten geblieben ist, bezweifle ich stark. Noch fragwürdiger finde ich die Behauptung aus dem Mai 1995, man habe Bakterien aus dem Magen 30 Millionen Jahre alter, in Bernstein eingeschlossener Bienen wieder belebt (auch wenn ich die dahinter stehende Theorie befürworte und auf ihre Bestätigung hoffe).

** Ich bitte um Nachsicht für meine banale, beruflich bedingte Nörgelei, aber von den Dinosauriern, die in *Jurassic Park* vorkommen, lebten nur zwei – der riesige Sauropode *Brachiosaurus* und der kleine *Dilophosaurus* – tatsächlich in der Jurazeit. Alle anderen waren in der darauf folgenden Kreidezeit zu Hause – eine durchaus hinnehmbare Vermischung, wenn man wie der Film davon ausgeht, dass man in jedem hinreichend alten Bernstein nach Dinosaurierblut suchen kann. Aber die Benennung sollte eigentlich nach dem Mehrheitsprinzip erfolgen – ich vermute allerdings, »Cretaceous Park« hätte nicht den gleichen Eindruck gemacht. Als ich Michael Crichton kennen lernte (lange bevor der Film fertig war), musste ich ihm die kleingeistige Frage meines Berufsstandes stellen: »Warum bilden Sie auf dem Umschlag von *Jurassic Park* einen Dinosaurier aus der Kreidezeit ab?« (Der Schutzumschlag des Buches – und heute auch das Logo des Films – zeigt nämlich einen *Tyrannosaurus rex*, der in der Kreidezeit lebte.) Über seine ehrliche Antwort war ich entzückt: »Du lieber Gott, darüber habe ich nie nachgedacht. Wir haben einfach mit ein paar Titelbildern herumgespielt, und dieses sah am besten aus.« Immerhin: Er nahm das Thema ernst, und ich stellte keine weiteren Fragen.

Fachblatt die Erscheinungstermine seiner Artikel an der Premiere eines amerikanischen Kinohits ausrichtet, haben wir eine vollständige Vereinigung erreicht. Museumsläden verkaufen den widerlichsten Dinosaurierkitsch. Filmfirmen heuern die besten Paläontologen als Berater an, um ihre Hervorbringungen realistischer erscheinen zu lassen. Orwells Schweine haben menschliche Stellvertreter gefunden, die auf zwei Beinen gehen – und »schon konnte man unmöglich wissen, wer was war« (auch ich weiß nicht mehr, wer anfangs das Schwein und wer der Mensch war – das heißt, wenn diese Kategorien überhaupt angemessen sind).

Wenn diese begrüßenswerten wissenschaftlichen Aktivitäten nun aber die Vorstellung vermitteln, man könne Dinosaurier tatsächlich nach Crichtons Beschreibung neu erschaffen, muss ich solchen Träumereien aller Anhänger vorzeitlichen Lebens (zu meinem Bedauern) eine kalte Dusche verpassen. Von Aristoteles stammt die weise Lehre, dass eine Schwalbe noch keinen Sommer macht – und ebenso wenig, könnten seine modernen Jünger hinzufügen, macht ein Gen (oder ein Bruchstück davon) ein Lebewesen. Man hatte nur die auffälligsten, am einfachsten zu gewinnenden oder in vielen Kopien vorhandenen Stücke fossiler DNA sequenziert – und wir haben keinen Grund zu der Annahme, dass auch nur annähernd das gesamte genetische Programm eines Organismus in dem Gestein aus alter Zeit erhalten geblieben ist. Bei der umfassendsten, eingehendsten Untersuchung fossiler DNA – der Sequenzierung eines vollständigen Chloroplastengens aus einem 20 Millionen Jahre alten Magnolienblatt (siehe Kapitel 30) – wurde überhaupt keine DNA aus dem Zellkern gefunden, und von dem analysierten Gen kommen in jeder Zelle zahlreiche Exemplare vor, sodass die Chancen auf eine Erhaltung entsprechend besser stehen. In den Untersuchungen an der Magnolie führten 90 Prozent aller Versuche, DNA zu gewinnen, zu überhaupt nichts. Die zuvor beschriebene, in Bernstein eingeschlossene DNA stammt aus dem Zellkern, enthält aber Basen aus den Genen für die so genannte ribosomale 16S- und 18S-RNA, die zu den häufigsten und am leichtesten zu findenden Abschnitten des genetischen Programms gehören.

DNA ist über erdgeschichtliche Zeiträume hinweg nicht stabil. Man kann Bruchstücke oder hier und da vielleicht auch ein ganzes

Gen finden, aber mit allen Kunstgriffen lässt sich aus ein paar Prozent einer genetischen Information kein ganzes Lebewesen rekonstruieren. Auch *Jurassic Park* nahm diese Einschränkung zur Kenntnis: In dem Film ersetzen Gentechniker die fehlenden Abschnitte im Dinosaurier-Programm durch die DNA heutiger Frösche. Aber dabei betrieben die Wissenschaftler von *Jurassic Park* ihren größten wissenschaftlichen Humbug, den einzigen, der Kritik verdient, weil er ein tief greifender philosophischer Fehler ist und nicht nur eine gewollte, oberflächliche Täuschung, die bewusst zur Ausschmückung der fiktiv-dramatischen Handlung vorgenommen wurde.

Eine gemischte Erbinformation, beispielsweise aus 80 Prozent Dinosaurier- und 20 Prozent Frosch-DNA, könnte niemals die Embryonalentwicklung eines funktionsfähigen Lebewesens steuern. Diese Form der Vereinfachung ist schlicht und einfach dumm. Ein Tier ist ein zusammengehöriges Ganzes und nicht die Summe seiner einzelnen Gene. Mit 50 Prozent der genetischen Informationen kann man nicht eine vollständige Hälfte eines Organismus aufbauen, sondern daraus entsteht überhaupt kein funktionierendes Lebewesen. Mit der einen oder anderen fehlenden Kleinigkeit könnten die Gentechniker möglicherweise zurechtkommen, aber große Löcher lassen sich nicht mit DNA einer ganz anderen Tierklasse stopfen. (Übrigens sind Frösche und Dinosaurier in der Evolution noch nicht einmal enge Verwandte: Ihre Abstammungslinien trennten sich im Karbon, mehr als 100 Millionen Jahre bevor die Dinosaurier entstanden. Ich vermute, Crichton wählte die Frösche, weil sie ein Bild des Primitiven heraufbeschwören und weil auch Dinosaurier aus alter Zeit stammen. Aber entwicklungsgeschichtliche »Nähe« bemisst sich nicht nach dem Aussehen, sondern nach dem Verzweigungszeitpunkt im Stammbaum des Lebens. Wenn überhaupt, hätten die Wissenschaftler von *Jurassic Park* auf die heutigen Vögel zurückgreifen sollen, die nächsten noch lebenden Verwandten der Dinosaurier.) Die Entschlüsselung eines DNA-Programms und seine Umsetzung in die Embryonalentwicklung eines Lebewesens ist der komplexeste Ablauf in der gesamten Natur. Damit diese einzigartige Evolutionssymphonie erklingen kann, sind alle erforderlichen Instrumente und Dirigenten notwendig. Man kann dabei nicht 20 Prozent einer Rockband hinzunehmen, die nach ihren eigenen Regeln ihre eigenen Melodien spielt, und dann noch auf Harmonie hoffen.*

Wenn ein Wissenschaftler nüchtern behauptet, dieses oder jenes sei nicht möglich, hat die Öffentlichkeit durchaus das Recht, Zweifel anzumelden: Es gibt in der Geschichte zahlreiche Beispiele für Ergebnisse, die als unmöglich bezeichnet wurden und die man später dennoch erreichte oder sogar bei weitem übertraf. Aber die Rekonstruktion von Dinosauriern nach der Bernstein-Methode gehört leider in eine andere, noch stichhaltiger begründete Kategorie wenig plausibler Argumente.

In den meisten Behauptungen, etwas sei unmöglich, spiegelt sich nur die mangelnde Fantasie der Wissenschaftler im Hinblick auf zukünftige Entdeckungen wider – es ist unmöglich, die Rückseite des Mondes zu sehen, weil man nicht dorthin fliegen kann, es ist unmöglich, ein Atom zu sehen, weil das Lichtmikroskop solche Größenordnungen nicht auflöst. Der Gegenstand war immer vorhanden: das Atom ebenso wie die Rückseite des Mondes. Uns fehlten nur die technischen Möglichkeiten, die zwar prinzipiell bestanden, in der Praxis aber nicht vorstellbar waren.

Wenn wir dagegen sagen, ein bestimmtes Gebilde aus der Geschichte – beispielsweise eine Dinosaurierart – könne nicht wiederhergestellt werden, berufen wir uns auf eine andere, wirklich unausweichliche Spielart des Unmöglichen. Wenn alle Informationen über ein historisches Ereignis verloren gegangen sind, sind die erforderlichen Daten einfach nicht mehr vorhanden, und das Ereignis lässt sich nicht rekonstruieren. Uns fehlt nicht die Tech-

* Wie mein Kollege Adam Wilkins mir erklärte, ist die Lage in Wirklichkeit sogar noch hoffnungsloser, und damit wird die Vereinfachung in *Jurassic Park* zu einem noch schlimmeren Fehler. Selbst aus 100 Prozent Dinosaurier-DNA allein könnte kein funktionsfähiges Lebewesen entstehen. Ein kompliziert gebautes, neu geborenes Tier ist kein automatisches Produkt seiner Erbinformation, denn diese muss auch in der für die Embryonalentwicklung geeigneten Umwelt wirken und mit ihr in Wechselbeziehung treten. Die Gene mögen zwar die Rolle des Bauleiters ausüben, aber sie sind nicht Maurer, Zimmermann oder Gipser. Bei Dinosauriern muss der Hauptteil des Materials im Ei der Mutter vorhanden sein. Außerdem – und das ist am wichtigsten – werden Lebewesen nicht nur von ihren eigenen Genen aufgebaut. Auch Gene der Mutter müssen bestimmte Substanzen und chemische Signale erzeugen, die der befruchtete Kern der Eizelle für seine ersten Teilungs- und Differenzierungsvorgänge braucht. Sind diese mütterlichen Genprodukte vor der Befruchtung nicht im Ei vorhanden, entwickelt sich kein Embryo. Die Gentechniker von *Jurassic Park* müssten also nicht nur die vollständige genetische Information des Dinosauriers selbst kennen, sondern auch die Zahl, Lage und Wirkung jener mütterlichen Gene, die zum Aufbau des richtigen Entwicklungsumfeldes notwendig sind.

nologie, mit der wir etwas sehen könnten, das tatsächlich vorhanden ist, sondern es mangelt uns an allen Informationen über den Gegenstand selbst, und aus dem Nichts kann keine Technologie ihn wiederherstellen. Angenommen, ich wollte den Namen jedes einzelnen Soldaten wissen, der in der Schlacht von Marathon gekämpft hat. Ich vermute, dass solche Aufzeichnungen schlicht und einfach nicht existieren und vermutlich auch nie existiert haben. Keine Technologie der Zukunft, und sei sie auch noch so raffiniert, kann Ereignisse nachvollziehen, wenn entscheidende Informationen fehlen. Und ich fürchte, genauso verhält es sich mit der Dinosaurier-DNA. Wir können vielleicht Gensynthesemaschinen bauen, die um ein Vielfaches leistungsfähiger sind als alles, was wir uns heute ausmalen. Aber wenn nirgendwo das vollständige Programm der Dinosaurier-DNA existiert, sondern nur hier und da das Bruchstück eines Gens, haben wir dieses spezielle historische Gebilde ein für alle Mal verloren.

III

Die Buchversion von *Jurassic Park* gefiel mir. Crichton konstruierte nicht nur das bestmögliche Szenario zur Herstellung von Dinosauriern, sondern er zog zur Begründung der Handlung auch auf interessante Weise die derzeit moderne Chaostheorie heran. Um die Befürchtungen seiner Gläubiger zu zerstreuen, führt John Hammond eine Reihe von Experten in den Jurassic Park, deren Unterstützung er sich sichern möchte. Zu seinem hochkarätigen Gremium gehören auch zwei Paläontologen und ein moralisierender, ketzerischer Mathematiker namens Ian Malcolm, der den geistigen und philosophischen Mittelpunkt des Romans bildet. Malcolm äußert – häufig, farbig und ausführlich – einen einzigen verheerenden Kritikpunkt, der sich auf sein Wissen über Chaos und Fraktale stützt: Das Sicherheitssystem des Parks muss versagen, weil darin viele pannensichere Vorrichtungen auf heikle, komplexe Weise koordiniert sind. Außerdem muss der Park auf unvorhersagbare, spektakuläre Weise zum Fehlschlag werden. Im Buch erklärt Malcolm:

> Das ist die Chaostheorie. Aber ich merke, dass niemand bereit ist, die Konsequenzen zu akzeptieren, die sich aus den mathematischen Gleichungen ergeben. Weil es nämlich höchst bedeutsame Konsequenzen für das menschliche Leben sind. Viel bedeutendere als die von Heisenbergs Unschärferelation oder Gödels Theorem, das im Augenblick in aller Munde ist ... Die Chaostheorie betrifft das Alltagsleben ... Ich habe das alles Hammond schon gesagt, lange bevor er hier auf dieser Insel den ersten Spatenstich getan hat. Sie wollen eine Horde prähistorischer Tiere klonen und sie auf einer Insel aussetzen? Schön. Ein netter Traum. Bezaubernd. Aber es wird nicht so laufen, wie Sie es sich vorstellen. Das Projekt ist inhärent unberechenbar ... Wir trösten uns mit der Vorstellung, dass eine plötzliche Veränderung etwas ist, das außerhalb der normalen Ordnung der Dinge abläuft. Für uns ist eine plötzliche Veränderung ein Unfall, wie bei einem Autounfall. Oder etwas, das wir nicht unter Kontrolle haben, wie etwa eine tödliche Krankheit. Wir können uns nicht vorstellen, dass plötzliche, radikale, irrationale Veränderungen zum Grundmuster unseres Lebens gehören. Aber genau so ist es. Und die Chaostheorie lehrt [es] uns ...*

Mit dem gleichen Argument – und nicht mit dem üblichen, leeren Geschwätz über »den Menschen, der Wege beschreitet, welche nicht Gottes Absicht entsprechen« (Hollywoods einziges Thema bei der Herstellung von Gruselfilmen, siehe Kapitel 4) – drängt Malcolm darauf, wir sollten uns angesichts solcher wissenschaftlichen Fähigkeiten selbst beschränken: »Und jetzt beweist die Chaostheorie, dass die Unberechenbarkeit in unser gewöhnliches Leben quasi eingebaut ist. Sie ist so alltäglich wie das Unwetter, das wir nicht vorhersagen können. [Das hat] der jahrhundertealten, großen Vision der Wissenschaft – dem Traum von der totalen Kontrolle – in unserem Jahrhundert den Todesstoß versetzt.«

Dieser Rückgriff auf das Chaos als zentrales Thema manövriert die gesamte Handlung des Buches in einen tödlichen theoretischen Widerspruch – den aber zu meiner Verwunderung damals offensichtlich kein Rezensent begriff. Die zweite Hälfte des Buches ist

* Aus: Michael Crichton, *Jurassic Park*, München 1993.

im Wesentlichen eine großartige, altmodische Verfolgungsjagd, in der die Überlebenden eine lange Reihe voneinander unabhängiger, entsetzlich gefährlicher Begegnungen mit Dinosauriern überstehen (und das auch noch ohne einen Kratzer). Nach der gleichen Argumentation, wonach komplizierte Abläufe nicht wie geplant zu Ende gehen – in diesem Fall bis zu dem literarisch notwendigen Ziel, dass zumindest einige der Helden überleben –, hätte eigentlich kein einziger *Homo sapiens* in dem Park sämtliche Ereignisse ohne Schaden durchleben können. Das sagt auch Malcolm: »Haben Sie eigentlich eine Vorstellung, wie unwahrscheinlich es ist, dass auch nur einer von uns diese Insel lebend verlässt?« Aber ich erkenne an, dass literarische Konventionen hier eine Verbiegung der Naturgesetze erfordern.

Ich hatte damit gerechnet, dass mir der Film noch besser gefallen würde. Der Dinosaurier-begeisterte Junge lebt immer noch in mir, und ich habe sie alle gesehen, von *King Kong* über *Eine Million Jahre vor unserer Zeit* bis *Godzilla*. Die bessere Handlung in Verbindung mit einer so gewaltig verbesserten Technik zur Darstellung von Monstern schien mir die Gewähr zu bieten, dass hier eine spektakuläre neue Niveauverbesserung erreicht wurde.

Die Dinosaurier selbst wurden den Erwartungen sicherlich gerecht. Als praktizierender Paläontologe bekenne ich mich zu einer seltsamen Belustigung über den umfangreichen Schlüsselroman. Ich erkannte fast alle provokativen oder exotischen Ideen meiner sämtlichen Kollegen wieder. Die Pflanzenfresser sind so niedlich und idyllisch. Die riesigen Brachiosaurier muhen einander an wie Kühe im Königreich des Friedens. Sie stellen sich auf die Hinterbeine, um die saftigsten Blätter zu finden. Die einzelnen Tiere der kleineren Arten helfen einander – bis hin zu so feinen Einzelheiten wie einer flüchtenden Herde von *Gallimimus*, bei der die erfahrenen älteren Tiere ihre Jungen zur Sicherheit in die Mitte nehmen.

Selbst die Fleischfresser sind auf ihre Weise postmodern. *Tyrannosaurus rex*, der große alte Maßstab für Furchterregendes, herrscht in aller Pracht über den Jurassic Park (und zwar in der zurzeit modernen Körperhaltung mit gesenktem Kopf, erhobenem Schwanz und einer fast parallel zum Boden ausgerichteten Wirbelsäule). Aber der Orden für Fleisch fressendes Heldentum geht eindeutig an den viel kleineren *Velociraptor*, Henry Fairfield Osborns mongolisches Schmuckstück. Verkleinerung und Vielfalt sind modern; riesenhafte Größe und die damit verbundenen Beschränkungen werden zu einer tragischen Schwäche. *Velociraptor* verkörpert alles, was man im modernen Wirtschaftsleben an einem harten Konkurrenten schätzt: Er ist bösartig, schlank, beweglich und intelligent. Er jagt in Gruppen und bedient sich dabei der alten militärischen Strategie, dass ein Tier frontal einen Scheinangriff startet, auf den die seitliche Attacke seines Komplizen folgt.

Spielberg konnte sich nicht durchringen, die Dinosaurier der volkstümlichen Kultur infrage zu stellen, was die Einzelheiten der Genauigkeit und der Spekulationen von Experten angeht; Kinohits müssen in einem gewissen Umfang mit dem Vertrauten spielen. Amüsanterweise erschien ihm aber die wirkliche Größe von *Velociraptor* – seine Körperlänge liegt bei knapp zwei Metern – zu gering für die gewünschten schrecklichen Effekte, und deshalb vergrößerte er ihn auf fast drei Meter, sodass er wieder in die Richtung der alten, ansonsten so wirksam infrage gestellten Klischeevorstellung geht. In seinen ersten Planungen experimentierte er mit grell bunten Modellen, wie einige meiner Kollegen sie mit der Argumentation bevorzugen, das vogelähnliche Verhalten müsse bei den kleineren Dinosauriern auch mit einer vogelähnlichen Färbung verbunden gewesen sein. Schließlich aber entschied er sich für den üblichen, düsteren Farbton der Reptilien (»immer das gleiche alte, ordinäre Dinosaurier-Scheißgrün«, jammerte einer meiner Doktoranden, der mit einem größeren Tribut an die Moderne gerechnet hatte).

Aber ich will nicht nörgeln. Die Szenen mit den Dinosauriern sind Aufsehen erregend. Intellektuelle schenken solchen technischen Zaubereien häufig entweder keine Aufmerksamkeit, oder – noch schlimmer – sie tun die »Special Effects« verächtlich als »nur mechanisch« ab. Ich finde solche kleinkarierte Engstirnigkeit empörend. Nichts kann komplexer sein als ein Lebewesen, und deshalb wird die genaue, glaubwürdige technische Rekonstruktion von Tieren zu einer der größten Herausforderungen aller Zeiten an den menschlichen Erfindergeist.

Das Gebiet hat eine lange, ehrenwerte Geschichte der stetig verbesserten Technik – und wer wollte es wagen, dieser Geschichte einen Platz in den Annalen der geistigen Leistungen zu verwehren? In einer alten Debatte unter Wissenschaftshistorikern geht es um die Frage, ob die meisten entscheidenden technischen Erfindungen aus praktischen Notwendigkeiten erwachsen (und zwar im Krieg häufiger als bei jeder anderen Tätigkeit) oder aus dem Herumspielen in möglichst großer Freiheit von pragmatischen Zwängen. Mein Freund Cyril Smith, der klügste Wissenschaftler und Humanist, den ich jemals kennen gelernt habe, setzte sich nachdrücklich für die zentrale Bedeutung von »Spielplätzen« als wichtigstem Gebiet für Neuerungen ein, die später gewaltige praktische Nützlichkeit gewinnen. (Nach seiner Überzeugung wurde beispielsweise der Flaschenzug erfunden oder zumindest beträchtlich verbessert, weil man Tiere aus unterirdischen Gruben in die Arena des Kolosseums von Rom heben wollte.) Ja, *Jurassic Park* ist »nur« ein Film – aber gerade deshalb hatten seine Produzenten die Freiheit (und das Geld), um die Rekonstruktionsverfahren und insbesondere die Computergrafik zu neuen Höhen eines erstaunlichen Realismus zu führen. Und noch einmal ja, diese Fortschritte sind von Bedeutung – sowohl unmittelbar aus ästhetischen Gründen als auch wegen zahlloser praktischer Möglichkeiten für die Zukunft.

Ursprünglich war Spielberg der Ansicht gewesen, die Computergrafik sei noch nicht weit genug entwickelt, und er müsse alle seine Dinosaurierszenen mit den faszinierenden Modellbauverfahren gestalten, die in Hollywood schon seit langem in Gebrauch waren, aber ständig verbessert wurden: Stop-Motion-Aufnahmen mit kleinen Modellen, Menschen in Dinosaurierkostümen, verschiedene Arten von Puppen, Roboter mit hydraulischen Vorrichtungen, die von Menschen an Steuerungskonsolen bewegt wurden.

Aber während der zweijährigen Entstehungszeit von *Jurassic Park* machte die Computergrafik große Fortschritte, und die Dinosaurier der spektakulärsten Szenen sind keine Modelle, sondern Zeichnungen – was natürlich bedeutet, dass die Schauspieler bei den eigentlichen Filmaufnahmen im leeren Raum agierten. Nachdem ich den Film gesehen hatte, erfuhr ich, dass meine beiden Lieblings-Dinosaurierszenen – die flüchtende *Gallimimus*-Herde und der letzte Angriff des *Tyrannosaurus* auf die beiden verbliebenen Exemplare von *Velociraptor* – vollständig im Computer erzeugt worden waren. (Der Effekt funktioniert nicht immer. Die allererste Szene mit Dinosauriern – als der Paläontologe Grant aus seinem Auto steigt und einem vom Computer erzeugten *Brachiosaurus* begegnet – ist die schwächste des ganzen Filmes. Grant befindet sich eindeutig nicht in dem gleichen Raum wie der Dinosaurier, und mir fiel dabei sofort Victor Mature ein, der in dem Film *Eine Million Jahre vor unserer Zeit* ähnlich schlecht zu seinen Tieren passt.)

Die Dinosaurier sind großartig, aber man sieht sie nicht lange genug. (Ja, ich weiß, sie sind viel teurer als menschliche Schauspieler.) Die Handlung für die Menschen wurde leider auf die schlimmste Sorte von unsinnigem Geschwätz reduziert und ist damit das genaue Gegenteil der Art, wie das Buch sich mit ernsthaften Themen auseinander setzt. Ich fürchte, Geldgier und der falsche Glaube, man müsse ein Massenpublikum »verdummen«, haben uns in diese Sackgasse der völligen Widersprüchlichkeit geführt. Wie grausam und pervers ist es da, dass wir andererseits höchst beeindruckende Fachkenntnis (und Millionen Dollar) in die Dinosaurier investieren und weder Kosten noch Mühe scheuen, um jedes Detail, jede nur denkbare Nuance höchst genau und realistisch darzustellen. Für diese Umsicht und Sorgfalt, für die Monate und Jahre, die in jedes Dinosauriermodell gesteckt wurden, die Entwicklung der Computergrafik für neue Anwendungsbereiche, das Bemühen, jede Einzelheit mit höchster Genauigkeit wiederzugeben, selbst für die winzigen Kleinigkeiten, die kaum jemand sieht, und die kleinen Geräusche, die erst recht kaum jemand hört, habe ich nichts als Lob übrig. Ich muss dabei an die mittelalterlichen Bildhauer denken, die ihre ganzen Fähigkeiten für unsichtbare Statuen auf Kirchendächern verwendeten, um Gott den besten Anblick zu bieten (was in moderner Übersetzung heißt: innere Befriedigung durch persönliche Bestleistung). Welche Ironie, dass wir einen Film mit alledem so hervorragend gestalten und dann die Handlung unter den Tisch fallen lassen, weil wir glauben, das Publikum werde sie ablehnen oder nicht begreifen, wenn ihre Verwicklungen über das Brummen eines Neandertalers oder das Brüllen eines Brontosauriers hinausgehen.

Ich mag einfach nicht glauben, dass Filme, die an der Kinokasse ein Erfolg werden sollen, bis auf den kleinsten gemeinsamen Nenner des allgemeinen Begreifens hinab dümmer gemacht werden müssen. Insbesondere in der Science-Fiction gibt es eine lange, ehrenwerte Tradition der Beschäftigung mit komplizierten philosophischen Fragen nach Zeit, Geschichte und dem Sinn des menschlichen Lebens in einem derart riesigen Kosmos. Wirklich anspruchsvolle Filme wie *2001 – Odyssee im Weltraum* von Clarke und Kubrick haben Geld eingespielt, Anhänger gefunden und die Menschen beeinflusst – und selbst massenhaft vermarktete Serien wie *Krieg der Sterne, Raumschiff Enterprise* und *Planet der Affen* stützen sich auf die gehaltvollen Themen, die dem Genre seit jeher als Kernstück seiner Handlungen dienen.

Aber der Film *Jurassic Park* hat Crichtons Buch ausgeschlachtet und sein interessantes, zentrales Thema der Chaostheorie ins Gegenteil verkehrt: in den üblichen, allgemeinen Hollywood-Einheitsbrei. Besonders schmerzlich spüren wir diesen Verlust in der Gestalt des Ian Malcolm, der das genaue Gegenstück zur Person des Buches ist. Er gibt sich zwar nach wie vor als Anhänger der Chaostheorie (als »Chaotiker«), aber er formuliert mit diesem Argument nicht mehr seine Kritik an dem Park. Stattdessen wird ihm die älteste Attacke, das abgedroschenste, vorhersehbarste Thema aller Hollywood-Monsterfilme seit *Frankenstein* (siehe Kapitel 4) in den Mund gelegt: Die Technik der Menschen darf den festgelegten, richtigen Lauf der Natur nicht stören; wir dürfen uns nicht in Gottes Domäne tummeln. Wie langweilig und enttäuschend! (Außerdem ist Malcolm in dem Film ein entsetzliches, voreingenommenes Ekel, was offenbar auch Spielberg erkennt: Er setzt die Gestalt ungefähr nach der Hälfte des Filmes mit einem gebrochenen Bein außer Gefecht).

Erstens haben wir dieses dumme Argument schon hundertmal gehört (glaubt Spielberg wirklich, sein Publikum könne keinen anderen Grund für Kritik an einem Dinosaurierpark begreifen?), und zweitens straft Malcolm mit seiner Berufung auf die alte Leier völlig seinen angeblichen Charakter und seine Grundüberzeugung Lügen: Seine filmische Argumentation stützt sich auf das genaue Gegenteil des Chaos, sodass sich obendrein noch ein riesiger Widerspruch ergibt. Zwei miteinander verbundene Schnitzer machen die Handlung völlig unlogisch.

Als Malcolm gegen die genetische Rekonstruktion früherer

Lebewesen Sturm läuft, fragt ihn Hammond, ob er wirklich zögern würde, den kalifornischen Kondor aus erhalten gebliebener DNA wieder zum Leben zu erwecken, falls der letzte Vogel aussterben sollte. Darauf erwidert Malcolm, in diesem Fall habe er keine Einwände, sondern er halte das für eine gute Tat, weil der Tod des Kondors ein von bösen Menschen verschuldeter Unglücksfall sei und kein Ausdruck des normalen Laufes der Natur. Dinosaurier dagegen, so meint er, dürfen wir nicht wiederherstellen, weil sie auf einem natürlichen, beabsichtigten Weg verschwunden sind. Sie hatten ihre Chance, und die Natur hat sie zum Aussterben vorgesehen. Aber die dahinter stehende Vorstellung, Gruppen von Lebewesen würden nacheinander in einer absichtsvollen, vorhersagbaren Reihenfolge auftauchen, gedeihen und sterben, widerspricht den grundlegenden Phänomenen der Chaostheorie und ihrer entscheidenden Erkenntnis, dass scheinbar unbedeutende Störungen große, sich addierende Wirkungen haben können, sodass lange historische Abläufe grundsätzlich nicht vorhersagbar sind. Wie kann ein Chaotiker überhaupt vom richtigen Lauf der Natur reden?

Und zweitens: Wenn die Natur sie zum Aussterben vorgesehen hat und wenn die später folgenden Säugetiere demnach eine so gewaltige Verbesserung darstellen, warum können die Dinosaurier von Jurassic Park dann jedem Säugetier den Garaus machen, selbst dem arrogantesten Primaten von allen? Man kann nicht beides haben. Wenn man den Dinosaurier-Revisionismus ernst nimmt und diese Tiere als kluge, begabte Lebewesen darstellt, die neben den Säugetieren durchaus bestehen können, kann man sich nicht andererseits gegen ihre Wiederbelebung wenden und so tun, als sei ihr Aussterben vorhersehbar und vorgesehen gewesen, weil das Leben sich in Richtung immer größerer Komplexität bewegte.

Da Malcolm also in Wirklichkeit das Gegenteil der Chaostheorie predigt, sich aber als Chaotiker bezeichnet und deshalb über die Theorie sprechen muss, wird die Beschäftigung des Filmes mit dem Chaos in der peinlichsten aller Szenen – Malcolms halbherzigem Werben um die Paläontologin – zu einer verkümmerten, bedeutungslosen Karikatur. Er greift nach ihrer Hand, lässt Wasser darauf tropfen und erklärt dann mit der Chaostheorie, warum wir nicht sagen können, auf welcher Seite der Tropfen hinunterlaufen wird! Wie sind doch die Helden gefallen und die Streitbaren umgekommen!

IV

Im Film fliegt John Hammond mit dem Hubschrauber zur Ausgrabungsstelle der beiden Paläontologen Ellie Sattler und Alan Grant, die seinem Park ihren »Segen geben« und seine Geldgeber beruhigen sollen. Sie sagen zunächst, sie könnten nicht auf die Insel kommen, denn sie seien gerade in der entscheidenden Phase der Bergung eines *Velociraptor*-Fossils und deshalb unabkömmlich. Hammond verspricht ihnen Forschungsgelder für drei Jahre, wenn sie ein Wochenende auf sein Gelände kommen. Und plötzlich meinen Grant und Sattler, kein anderer Ort auf der Welt könne besser sein; der *Velociraptor* kann warten (wie wenig sie doch wissen ...).

Diese Szene verkörpert beispielhaft die zweischneidigen Gefühle, die ich als Berufspaläontologe ganz allgemein im Zusammenhang mit dem *Jurassic-Park*-Phänomen und der Dinosauriermanie empfinde. Naturgeschichte ist und war immer eine brotlose Kunst. Unsere Arbeiten wurden nie aus sich selbst heraus oder um ihrer selbst willen finanziert. Immer waren wir auf Mäzene angewiesen und auf den Eindruck anderer, unsere Befunde seien nützlich. Wir katzbuckelten vor Prinzen, die ihre barocken Kuriositätenkabinette mit möglichst exotischen Stücken ausstatten wollten. Wir segelten auf den Schiffen der Kolonialmächte, die im Katalogisieren der Tier- und Pflanzenwelt ein Herrschaftsmittel sahen (so halfen wir auch dem Kapitän Bligh, Brotfrüchte aus Tahiti zur Ernährung der Sklaven in die Karibik zu bringen). In vielen – aber nicht allen – Fällen waren es aus unserer Sicht ehrenwerte Partnerschaften, aber das Sagen hatten wir nie. Ganz im Gegenteil: Wir mussten immer die Hand aufhalten.

Kaum eine andere Stellung ist so heikel wie die des Juniorpartners in Verbindungen, die auf eine derart unterschiedliche Größe und Machtverteilung gegründet sind. Die Machthaber brauchten unser Fachwissen, aber im Vergleich zu ihnen sind wir so klein, so leicht zu täuschen, so häufig durch Versprechungen zum Schweigen zu bringen (drei Jahre als Lebenstraum eines Paläontologen und eine kaum nennenswerte Steuerabschreibungsmöglichkeit für Hammond), so leicht zu vereinnahmen – wenn wir nicht darauf beharren, inmitten eines so andersartigen Riesenunternehmens unsere kleine Insel der intakten Werte und Interessen zu verteidigen. Wie sollen wir in der Fremde das Lied unseres Herrn singen?

Ich mache dem Prinzen, dem Kapitän oder ihren heutigen Entsprechungen – dem staatlichen Stipendiengeber, dem Lizenzgeber aus der Wirtschaft oder dem Erfolgsfilmproduzenten – keine Vorwürfe. Diese Leute wissen, was sie wollen, und in der Regel machen sie aus ihren Wünschen und Geschäften keinen Hehl. Es ist unsere eigene Aufgabe, unsere Identität zu wahren, uns nicht in Kompromissen zu verlieren oder einen Pakt des Schweigens oder der Duldung einzugehen. Es ist weniger eine moralische als vielmehr eine strukturelle Frage: Wir sind klein, aber unsere Ideen können große Auswirkungen haben. Lassen wir uns vereinnahmen, ohne unsere Besonderheit zu wahren, sind wir verloren.

Die kommerzielle Massenkultur ist so umfassend, so unendlich viel größer, als wir jemals sein können. Die Massenkultur zwingt selbst einen Spielberg und seinesgleichen zu Kompromissen. Er hat die Mittel, um seine großartigen Spezialeffekte vorzubereiten und zu filmen; aber ich kann nicht glauben, dass er mit gutem Gewissen einen gewaltigen Rummel um den ganzen lächerlichen Kitsch veranstaltet, der heute im Zusammenhang mit solchen Filmen koordiniert vermarktet wird – von Pommes frites im Maul eines Dinosauriers bei MacDonald's, verkauft an Kinder, die für die gewalttätigen Szenen des Films noch zu jung sind, bis zum Run auf Bernsteinringe in trendbewussten Juwelierläden –, und ebenso wenig kann ich mir vorstellen, dass er oder Michael Crichton mit dem farblosen, widersprüchlichen Drehbuch als verordnetem Ersatz für ein interessantes Buch wirklich zufrieden sind. Welche Kompromisse würden die gleichen kommerziellen Weltmächte dann erst von dem winzigen Fürstentum der paläontologischen Forschung fordern?

Ein gutes Symbol für unser Dilemma ist die missliche Lage der naturhistorischen Museen vor dem Hintergrund der kommerziellen Dinosauriermanie. In den letzten zehn Jahren sind fast alle größeren und kleineren Einrichtungen dieser Art zwei großen kommerziellen Versuchungen erlegen (was durchaus nicht immer unklug war): Sie verkaufen in ihren Andenkenläden eine Fülle wissenschaftlich wertloser, lächerlicher oder sogar erniedrigender Dinosaurier-Produkte, und sie veranstalten zu hohen Sondereintrittspreisen spezielle Ausstellungen mit farbenprächtigen Dinosaurier-Robotern, die sich bewegen und brüllen, aber (soweit ich es beurteilen konnte) nichts wissenschaftlich Bedeutsames über diese Tiere vermitteln. (Solche Ausstellungen könnten ein wunderbares Hilfsmittel der Bildung sein, wenn sie richtig beschriftet und mit traditionellem Material ergänzt würden; aber ich habe nie beobachtet, dass die Roboter mehr zeigten als ihre Farben und Geräuscheffekte, die beiden Eigenschaften der Dinosaurier, die aus nahe liegenden Gründen am stärksten im Bereich der Spekulation bleiben müssen.)

Wenn man meine Kollegen in der Verwaltung der Museen fragt, warum sie solche Eingriffe in ihre kostbaren, begrenzten Räumlichkeiten zulassen, erwidern sie: Die Roboterausstellung lockt große Besuchermassen in das Museum, und zwar vorwiegend Menschen, die sonst nie gekommen wären. Diese Leute könne man dann anleiten oder beschwatzen, sich auch die normalen Museumsstücke anzusehen, und das sei eine gewaltige Unterstützung der wissenschaftlichen Bildung, welche die Hauptaufgabe solcher Einrichtungen darstelle.

In der Logik dieser Argumentation kann ich keinen Fehler entdecken, aber ich fürchte, meine Kollegen bringen damit kein tatsächliches Ergebnis zum Ausdruck, sondern nur ihre Wünsche und Hoffnungen, und ich glaube, die meisten Museen arbeiten nicht einmal aktiv auf dieses Ziel hin. Wären die Aufsehen erregenden Ausstellungsstücke zwischen den lehrreichen Museumsstücken verteilt, würden sie als Sprungbrett für Bildungsprogramme benutzt (was manchmal auch geschieht), könnte man zu einem ausgewogenen Verhältnis von Geldgier und Lernen gelangen. Aber nur allzu oft sind die Publikumsmagneten in einem eigenen Gebäudeteil untergebracht (wo das höhere Eintrittsgeld leichter einzutreiben ist), und das Ergebnis wird in Wirklichkeit nur in Besucherzahlen und Einnahmen gemessen. Ein großes Museum setzte mehrere Jahre lang seinen ganzen weit verzweigten Spendensammelapparat ein, um einen neuen Gebäudeflügel zu finanzieren, und dann füllte man die Flächen mit einem riesigen Andenkenladen, einem modischen Restaurant und einem Omnimax-Kino, sodass die normalen Ausstellungsstücke der Missachtung und Verwahrlosung preisgegeben wurden. Ein anderes Museum wollte die Dinosaurier-Roboter als Köder einsetzen, um die Besucher in die Dauerausstellung zu locken. Wie sich aber herausstellte, passten die Maschinen nicht in die normalen Räumlichkeiten. Wurde die Show daraufhin abgesagt? Keineswegs. Man brachte die Roboter in ein anderes Gebäude am entgegengesetzten Ende des Geländes – und das normale Museum wurde von noch weniger Menschen besucht als zuvor.

Meine Argumentation lässt sich vielleicht folgendermaßen zusammenfassen: Institutionen haben ein Wesen – ein zentrales Ziel, über das sie ihre Seriosität und ihr Dasein definieren. Die Dinosauriermanie macht auf dramatische Weise einen Konflikt zwischen Institutionen mit unterschiedlichem Wesen deutlich: zwischen Museen und Themenparks. Museen sind dazu da, echte Gegenstände aus Natur und Kultur auszustellen – ja, sie müssen uns etwas lehren; und ja, sie können bei ihren lohnenden Bemühungen sicher alle möglichen Computergrafiken und anderen virtuellen Hilfsmittel heranziehen; aber Museen müssen am Authentischen festhalten. Themenparks dagegen sind turbulente Orte der Unterhaltung, und sie haben das Ziel, ihr Publikum mit den besten Ausstellungsstücken und Hilfsmitteln aus dem immer raffinierteren Arsenal der virtuellen Realität in Spannung und Angst zu versetzen, und sie auch etwas zu lehren.

Ich bin übrigens ein Anhänger von Themenparks, das heißt, ich spreche nicht als hochnäsiger Akademiker, der in einem staubigen Museumsbüro sitzt. Aber Themenparks sind in vielerlei Hinsicht das genaue Gegenteil der Museen. Wenn jede Institution das Wesen und die Stellung der anderen respektiert, wirft eine solche Gegenüberstellung keine Probleme auf. In Wirklichkeit sind die Themenparks jedoch der Bereich von Kommerz, Museen dagegen repräsentieren die Welt der Bildung – und der erste muss mit seiner Macht und Größe in jeder direkten Begegnung über den zweiten triumphieren. Der Kommerz wird immer die Museen für sich vereinnahmen, wenn die Bildungsverantwortlichen versuchen, wirtschaftliche Normen nachzuahmen und unmittelbare finanzielle Erlöse zu erzielen.

George Steinbrenner, ein Mann, den wir alle mit Vergnügen hassen, vertrat im Zusammenhang mit der wirtschaftlichen Seite großer Sportereignisse einmal die Ansicht: »Es geht ausschließlich darum, die Fans auf ihre Sitze zu locken.« Wenn wir kein anderes Ziel haben, als immer mehr Besucher anzuziehen und aus jedem Fan immer mehr Dollars herauszuziehen, können wir unsere Museen ebensogut in Themenparks verwandeln und den Andenkenladen mit Kaffeetassen voll stopfen. Aber dann sind wir wirklich verloren; denn wir sind zwangsläufig kleiner und nicht so »sexy« wie die Themenparks, besitzen aber andererseits keine Identität, durch die wir uns abheben könnten.

Wenn Museen sich auf Grund ihres Wesens und ihres Festhaltens am Authentischen zur Nebensächlichkeit, Mittellosigkeit und leeren Korridoren verdammen, ist unsere Aufgabe hoffnungslos. Aber glücklicherweise muss und sollte das nicht unser Schicksal sein. Wir haben ein großartiges Produkt, mit dem wir hausieren gehen können: echte Gegenstände der Natur. Wahrscheinlich werden wir nie so viel Besucher anlocken wie der Jurassic Park, aber eine große Zahl kommt tatsächlich, und zwar aus den richtigen Gründen. Glücklicherweise – und ich behaupte nicht, ich wüsste, warum – spricht Authentizität die Seele des Menschen an. Gipsabgüsse und Modelle sind heute so wenig vom Original zu unterscheiden, dass vermutlich nur ein ausgebuffter Fachmann die Abweichungen erkennt. Aber ein Abguss des Steins von Rosetta ist eben nur Gips (so faszinierend und lehrreich er auch sein mag), der Gegenstand selbst dagegen, das Original im Britischen Museum, hat etwas Magisches. Ein *Tyrannosaurus* aus Fiberglas verdient einen eingehenden Blick; aber die echten Knochen lassen es mir kalt den Rücken herunterlaufen, denn ich weiß, dass sie vor etwa 70 Millionen Jahren tatsächlich einem atmenden, brüllenden Tier als Stütze gedient haben. Sogar der durchtriebene John Hammond begriff dieses Prinzip und brachte den Museen dafür seinen höchsten Respekt entgegen. Er wollte den tollsten Themenpark der Weltgeschichte bauen – und das konnte nur gelingen, wenn er die virtuelle Realität der meisten Schaustücke aufgab und seinen eigenen Park mit echten, lebenden, aus authentischer DNA rekonstruierten Dinosauriern ausstattete. (Ich weiß die bewusste Ironie und die in der Realität von *Jurassic Park* eingeflochtenen Rekursionen durchaus zu schätzen – die besten Dinosaurier sind diejenigen, die in einem auf einen Roman aufgebauten Film vom Computer erzeugt wurden.)

Für uns Paläontologen ist *Jurassic Park* die größte Chance und zugleich der größte Albtraum – Anreiz für ein beispielloses Interesse an unserem Fachgebiet, aber auch Ursache einer Welle von Kommerz, die zum wahren Aussterben der Dinosaurier führen kann, weil sie diese Tiere von einer Quelle des Staunens in ein Klischee und eine Ware verwandelt. Werden wir die Kraft finden, der Sintflut zu widerstehen?

Dass wir Erfolg haben, ist nicht garantiert, aber wenn wir an unserem Wesen als Bewahrer des Authentischen festhalten, haben wir einen gewaltigen Vorteil. Derzeit mögen kommerzielle Dinosaurier das Bild beherrschen, aber sie müssen eine Randerscheinung bleiben, denn es gibt für sie über die unmittelbare Gewinnträchtigkeit hinaus keine Begründung. In dem Monolog, den ich zu Beginn dieses Essays zitiert habe, erkennt Macbeth, dass seine Pläne einer besonderen Schwierigkeit gegenüberstehen, weil er über seinen persönlichen Vorteil hinaus keine Rechtfertigung formulieren kann: »Ich habe keinen Stachel, / Die Seiten meines Wollens anzuspornen, / Als einzig Ehrgeiz, der, zum Aufschwung eilend, / Sich überspringt und jenseits niederfällt.« Auch das wird vorübergehen, und vermutlich kann keine Hervorbringung der Menschen die bleibende Kraft eines Dinosaurierknochens infrage stellen – denn der hat 65 Millionen Jahre gebraucht, um so zu werden, wie er ist.

17. Ein Hoch auf Museen mit Vitrinen

In der adretten Innenstadt von Dublin, im Herzen georgianischer Eleganz nicht weit von Trinity College und Old Parliament House, steht eine anatomisch richtige Statue von Molly Malone. Damit meine ich nicht Molly selbst (auf sie habe ich nicht besonders geachtet), sondern ihr berühmtes Darumherum. Sie trägt zwei Körbe, einen mit Mies- und einen mit Herzmuscheln – sie sind in ihrem bronzenen Zustand nicht ganz »alive, alive, o!«, wurden aber eindeutig als genaue Wiedergabe der jeweiligen Spezies gestaltet. Der Künstler nahm Rücksicht auf die zoologische Artenvielfalt und stellte die vollständige Naturgeschichte des irischen Nationalsongs dar. (Noch eine Anmerkung zu einer anderen Art der Vielfalt: Ich habe nie verstanden, warum das sonst so bewundernswert einheitliche Liedchen in seiner dritten Strophe zwei Zeilen enthält, die sich nicht reimen: »She died of a fever; and no one could save her.« Aber dann wurde mir klar, dass diese Worte sich in Irland tatsächlich reimen – genau wie »thought« und »note« in Yorkshire und deshalb auch bei Wordsworth.)

Nur ein paar Straßenecken von Molly entfernt, gleich rechts neben dem Dail (dem modernen Parlamentsgebäude der Republik Irland) steht das Dubliner Museum für Naturgeschichte. Seine Entstehung geht auf einen privaten Verein von vierzehn Bürgern zurück, der 1731 unter dem Namen »Dublin Society« gegründet wurde. Die erste öffentliche Ausstellung (vorwiegend landwirtschaftliche Gerätschaften) wurde 1733 im Untergeschoss des bereits erwähnten alten Parlaments eröffnet. George II. erteilte 1749 eine königliche Konzession, und seit 1761 gab das Parlament einen Zuschuss. Die wachsenden Sammlungen erforderten ein neues Gebäude, und nachdem die Regierung 1853 5000 Pfund bereitgestellt hatte, konnte das heutige Museum errichtet werden. Den Grundstein legte Lord Carlisle, der Vizekönig und Generalgouverneur von Irland, im März 1856. In bombastischem Ton, der sowohl viktorianischer Gepflogenheit als auch der Würde seines hohen Amtes entsprach, äußerte er die Hoffnung, »dass das an diesem Ort zu errichtende Bauwerk … mit seinen untereinander verwandten Abteilungen eine stets wachsende Heimstatt für die Mehrung nützlicher Kenntnisse und menschlicher Errungenschaften sein möge, ein offener Tempel für die kostbare Wissenschaft, Kunst und Gelehrsamkeit, an welchem zukünftige Generationen lernen, wie sie ihrem Schöpfer am besten huldigen und ihren Mitgeschöpfen die größten Wohltaten erbringen können.«

Alle diese Einzelheiten erfuhr ich aus einer hübschen Broschüre von C. E. O'Riordan mit dem Titel *The Natural History Museum Dublin*. Das Museumsgebäude fügt sich zwar mit seiner äußeren Architektur in das ältere georgianische Umfeld ein, im Inneren aber ist es ein Musterbeispiel des viktorianischen Stils. Am Eingang im Erdgeschoss begrüßen zwei in voller Größe aufgebaute, mit großartigen Geweihen ausgestattete Skelette des – fälschlich als »irischer Elch« bezeichneten – fossilen Hirsches *Megaceros giganteus* den Besucher (und ein drittes von einem geweihlosen Weibchen steht unmittelbar dahinter). Ansonsten beherbergt das Erdgeschoss vor allem eine sehenswerte Sammlung der irischen Tierwelt, die Stamm für Stamm und Familie für Familie geordnet ist (Vitrinen für »irische Rundwürmer« oder »irische Krebse« vermitteln mit Sicherheit den Eindruck einer bewundernswerten Vollständigkeit).

Das übrige Museum – die erste Etage und darüber zwei Galerien – ist offensichtlich noch stärker in der alten Art einer möglichst vollständigen, systematischen Darstellung gefangen. Gusseiserne Gerüste und Vitrinen aus dunklem Holz, die Hauptkennzeichen viktorianischer Ausstellungen, gibt es in Hülle und Fülle. Durch die Oberlichter strömt reichlich Licht herein und umflutet die Schatten der Vitrinen und ihres Inhalts. Zahllose Tierköpfe und Hörner schmücken die Wände, sodass man sich einen Augenblick lang fragt, ob man sich in einem Museum oder in der Trophäensammlung eines britischen Gentleman befindet.

Die Zusammenstellung wirkt so einheitlich, dass man das Ganze als Wirklichkeit gewordenen Bauplan im Kopf eines viktorianischen Museumsfachmanns unter der Ägide von John Ruskin ansehen könnte. In Wirklichkeit wurden die Sammlungen wie jedes lebendige Gebilde über viele Jahrzehnte hinweg vermischt, verschmolzen, neu geordnet und zusammengestoppelt – aber diese Jahrzehnte waren schon vor recht langer Zeit zu Ende! Die Hörner wurden erst in den dreißiger Jahren des 20. Jahrhunderts angebracht, aber bei den meisten anderen Ausstellungsstücken hat sich kaum etwas geändert, seit Königin Victoria und ihr Sohn Edward VII. über das Land herrschten – oder zumindest seit 1921, als die Bevölkerung Edwards Sohn George V. kalt stellte und den Freistaat Irland ausrief.

Auch O'Riordan, der peinlich genau über jede Veränderung des Standortes ausgestopfter Vögel oder meeresbewohnender Schalentiere berichtet, räumt für das 20. Jahrhundert einen Mangel an Veränderungen ein. Er beschreibt, wie man 1895 mit einer großen Umordnung begann, um den heutigen Aufbau mit den irischen Stücken im Erdgeschoss zu schaffen, während der weltweite Querschnitt durch die Linnésche Ordnung im ersten Stock und auf den Galerien untergebracht wurde. In seiner Broschüre heißt es: »Nachdem man 1906 zusätzliches Personal eingestellt hatte, kamen die Arbeiten mit den Wirbellosen auf der obersten Galerie schnell voran, sodass sie 1907 abgeschlossen waren. Seither gab es in der Ausstellung des oberen Stockwerks und der Galerien keine grundlegenden Veränderungen mehr.« Anschließend erwähnt er, wie die Ausstellung im Erdgeschoss 1910 um einige irische Elchschädel erweitert wurde, und dazu meint er: »Von relativ kleinen Veränderungen in Inhalt und Aufstellung der Sammlungsstücke abgesehen, sind Thema und Plan der Ausstellung seither gleich geblieben.«

In einer solchen Stabilität sehen wir häufig – und, wie ich darlegen werde, zu Unrecht – ein sicheres Zeichen der Stagnation, ja sogar des Verfalls und Untergangs. Zu unseren Vorstellungen, was »viktorianisch« bedeutet, gehören rußgeschwärzte Häuser, kalte, mit dunklem Holz vertäfelte Innenräume, abbröckelnde Farbe, abblätternde Tapeten und Regale voller verstaubter Nippsachen. Die klassischen Häuser aus spätviktorianischer Zeit beherbergen heute in vielen Städten entweder Bestattungsunternehmen oder Anwaltskanzleien – und beide Branchen sind nicht sonderlich beliebt.

Ich muss einräumen, dass mein erster Besuch im Naturhistorischen Museum von Dublin nicht dazu angetan war, diese Klischeevorstellung auszuräumen. Einen beträchtlichen Teil des Jahres 1971 verbrachte ich mit dem Zollstock in der Hand, weil ich Schädel und Geweihe irischer Elche vermessen musste. Dazu suchte ich die Landhäuser der Marquess of Bath und des Earl of Dunraven auf, und ich vermaß auch das misshandelte Männchen im kommerziell genutzten Bunratty Castle (nicht weit vom Flughafen Shannon) – nach dem »mittelalterlichen Festgelage« hatten betrunkene Nachtschwärmer dem armen Kerl eine dicke Zigarre zwischen die Kiefer gesteckt und Kaffeetassen an die Geweihspitzen gehängt. Aber die beste Sammlung befindet sich im Museum von Dublin: Neben den beiden Skeletten gibt es dort weitere fünfzehn Köpfe und Hörner, die oben an den Wänden des Erdgeschosses angebracht sind, jeweils einer über jeder größeren Vitrine.

Derselbe Dr. O'Riordan begrüßte mich herzlich und war mir ein guter Gastgeber; seine Sammlungsstücke waren das zentrale Element meiner Forschungen (die ich 1974 in der Fachzeitschrift *Evolution* veröffentlichte, nachdem sie in allgemeinerer Form schon 1973 als allererster Essay dieser Reihe erschienen waren – ein Nachdruck findet sich in meinem ersten Buch *Darwin nach Darwin*). Es waren großartige Exemplare, aber du liebe Güte, das Museum war damals ein schmuddeliger Ort. Wenig Licht, noch weniger Komfort, und überall Staub. Um die in großer Höhe angebrachten Köpfe zu vermessen, musste ich mich oben auf die Vitrinen setzen, und dort hatte sich der Staub seit vielen Jahren ungestört in dicken Schichten abgelagert. Ich glaube, da oben war kein lebendes Wesen mit irgendeinem Reinigungsinstrument gewesen, seit Leopold Bloom und Stephen Dedalus sich in der Nachtstadt begegneten (oder seit Molly Malone zum letzten Mal das Zeug verkaufte, das in der Ausstellung im Erdgeschoss als »Mollusken Irlands« beschriftet ist).

Vor dem Hintergrund solcher Erinnerungen sah ich meinem zweiten Besuch im September 1993 mit einem gewissen Bangen entgegen – die Fortschreibung der Verfallskurve gab keinen Anlass zu froher Erwartung. Die freudige Überraschung hätte größer nicht sein können. Man hatte an keinem Ausstellungsstück auch nur ein Jota geändert, aber das gesamte Umfeld war mit akribischer Genauigkeit in den ursprünglichen Zustand versetzt worden – nicht nur originalgetreu, sondern sogar liebevoll. Eine Armee von Besen war durch die Räumlichkeiten gegangen (ich denke dabei an den gewaltigen Klon, den Mickymaus in der Sequenz des »Zauberlehrlings« von *Fantasia* konstruiert), und man konnte, wie meine Großmutter sicher gesagt hätte, »vom Fußboden essen« (allerdings habe ich nie verstanden, warum alle meine älteren Verwandten diesen Ausdruck gebrauchten, denn ich konnte mir nicht vorstellen, warum jemand das Experiment machen wollte, ganz gleich, wie gründlich man vorher geschrubbt hatte). Die Oberlichter waren gereinigt, und Licht flutete durch die Räume. Das dunkle Holz der Vitrinen war repariert und poliert, und das Glas blinkte. Das raffinierte gusseiserne Gerippe des Gebäudes war von alter Farbe befreit und mit farbenfrohen Mustern verziert, die an die bunten viktorianischen Häuser in San Francisco erinnerten. Alles zusammen strahlte jetzt den Stolz auf seinen eigenen Stil aus – und endlich verstand ich ganz instinktiv, welche einheitliche, bewundernswerte Theorie dahinter stand, wenn ein klassisches viktorianisches Museum der Naturgeschichte als »Kabinett« bezeichnet wurde.

Zwei Faktoren – der eine ein Vorurteil, der andere eine Voraussetzung – hindern uns im Allgemeinen daran, eine Wertschätzung für viktorianische Ästhetik zu hegen. Erstens veranlasst uns unser selbstgefälliger Fortschrittsglaube, in jedem ihm widersprechenden Bild aus der Vergangenheit etwas Primitives zu sehen. Wenn also der moderne Trend einfache geometrische Formen und schmucklose, funktionale Räume bevorzugt, wird die viktorianische Vorliebe für üppige Pracht zum Gegenstand von Mitleid und Spott. (Ein altes japanisches Haus loben wir vielleicht, weil es die moderne Einfachheit vorwegnimmt, aber was fangen wir mit einem Regal voller Kuriosa an?) In dieser Verachtung kann man in einem gewissen Sinn eine gerechte Strafe sehen, denn die Menschen der viktorianischen Zeit hielten ihre eigene Kultur sehr selbstbewusst für den Gipfel des Fortschritts und behandelten die Vergangenheit häufig mit Herablassung. Aber unsere geradezu automatische

Verachtung alles Viktorianischen schwindet heute langsam dahin: Immer stärker setzt sich die Ansicht durch, man solle Altes erhalten, und die Postmoderne stellt Stilmischungen und Verzierungen in Architektur und Design wieder stärker in den Vordergrund.

Zweitens – und das ist noch wichtiger – wurde unser Bild des Viktorianischen nicht durch die Gegenstände selbst als Hervorbringungen ihrer eigenen Zeit geprägt, sondern durch ihr heutiges Aussehen, nachdem sie meist ein Jahrhundert der Missachtung und des Verfalls hinter sich haben. Diese Situation ist von geradezu perverser Ungerechtigkeit. Schließlich würde ich auch nicht zulassen, dass mein Bild von einem »Großvater« vom heutigen Zustand der sterblichen Überreste meines Großvaters in seinem Grab geprägt wird. Warum also verstehen wir unter viktorianisch ein baufälliges Haus mit kaputten Treppen, knarrenden Fußböden und abblätternder Farbe – eine Szenerie, die sich nur für die Addams Family oder als »Spukhaus« der örtlichen Jungmanager zu Halloween eignet?

Meine erste, höchst aufschlussreiche Erfahrung mit dem viktorianischen Stil, wie die Menschen seiner Zeit ihn kannten, befreit von den Verfallsspuren eines Jahrhunderts, machte ich 1976: Damals eröffnete die Smithsonian Institution zum 200. Geburtstag unseres Staates eine Kopie der Ausstellung, die in Philadelphia 1876 zum 100. Jahrestag stattgefunden hatte. Diese großartige Veranstaltung zeigte Werkzeuge, Medikamente, Gerätschaften für Haus und Hof, vor allem aber Apparate und Maschinen – alle funkelnagelneu, frisch gestrichen, vollständig funktionsfähig, mit allen Rädern, Dampfpfeifen und Ventilen. Besonders erinnere ich mich an eine Kiste mit Axtschneiden – alle blitzblank und scharf. Da erkannte ich, dass ich mir viktorianische Werkzeuge immer als rostig und stumpf vorgestellt hatte, ohne mir jemals die nahe liegende Tatsache vor Augen zu führen, dass sie unmittelbar nach ihrer Herstellung glänzend und funktionsfähig gewesen sein müssen. Immer wieder bin ich verblüfft, welche Macht vorurteilsbeladene Unterstellungen haben (so absurd sie auch sein mögen, und vor allem wenn sie durch ein geistiges Bild gestützt werden), sodass sie sogar ansonsten vernünftige Menschen wie mich vom logischen Denken abbringen.

Glasgow ist in meiner Erinnerung an den ersten Besuch 1961 die hässlichste Stadt der Erde, und von 1991, als ich ein zweites Mal dort war, habe ich sie als einen der hübschesten Orte im Gedächtnis. Glasgow ist, was öffentliche Gebäude und Geschäftshäuser angeht, die größte viktorianische Stadt der Welt; der Unterschied: Alle wichtigen Bauwerke der Innenstadt, die 1961 entsetzlich vom Ruß geschwärzt und auf vielerlei Weise verfallen waren, sind mittlerweile gereinigt und aufgemöbelt, wobei man vielfach auch Hauptadern des Verkehrsgewühls in Fußgängerzonen verwandelt hat. Ich war wie vor den Kopf gestoßen von der Pracht dieser Gebäude, jedes davon anders in Linienführung, Verzierungen und Bildhauerarbeiten, jedes im Wettstreit mit allen Übrigen, und jedes ein Teil eines einheitlichen Durcheinanders (nur wenn man sie gesehen hat, weiß man, dass diese sorgfältig gewählte Beschreibung kein Widerspruch in sich selbst ist). Bei meinem ersten Besuch des Londoner Natural History Museum war ich entsetzt – jeder Bogen seiner raffinierten, romanisch angehauchten Eingangshalle war dunkler und schmutziger als der andere –, aber die differenzierten Farben und würdigen Formen des gereinigten Gebäudes begeisterten mich. Die viktorianischen Glasfenster der kirchenähnlichen Memorial Hall der Harvard-Universität mit ihren weltlichen Darstellungen entgingen 25 Jahre lang meiner Aufmerksamkeit. Heute drücke ich diese großartigen Fenster, die von John La Farge und anderen großen amerikanischen Glaskünstlern gestaltet wurden und in ihrem neuen, gereinigten Zustand wirklich eine Pracht sind, jedem Besucher aufs Auge – die Memorial Hall ist die erste Station auf meiner persönlichen Besichtigungstour durch die Universität.

Dieser Liste viktorianischer Bauwerke, die man mit dem einfachen Mittel, die ursprünglichen Absichten ihrer Architekten und Gestalter wiederherzustellen, aus dem Elend zu neuer Pracht geführt hat, füge ich jetzt auch das Museum of Natural History in Dublin hinzu. Vor allem aber habe ich durch diese großartige Restaurierung etwas gelernt, das mir zuvor am Aufbau viktorianischer Museen noch nie aufgefallen war.

Die Ausstellung der Lebewesen in solchen Museen erfolgt nach Prinzipien, die der heutigen Praxis auffallend widersprechen, mit der Gedankenwelt der viktorianischen Zeit aber völlig im Einklang stehen: Heute stellen wir meist nur ein entscheidendes Exemplar oder einige wenige aus, die dann von einer seltsamen Mischung aus vordergründigen Blickfängern und nützlichen Erklärungen umgeben sind; das alles soll dazu dienen, dass der Besucher etwas lernt (bei möglichst ehrenwerten Hintergedanken) oder einfach nur verblüfft ist (auch dieses Ziel hat nichts Verwerfliches). Für die Menschen der viktorianischen Zeit waren die Museen ein Mikrokosmos ihrer nationalen Ziele der territorialen Expansion und des Glaubens an einen von wachsenden Kenntnissen vorangetriebenen Fortschritt; sie versuchten, auch noch das letzte Exemplar in ihren großartig überfüllten Vitrinen unterzubringen, um so den ganzen Umfang und das Wunder der weltweiten Artenvielfalt zu zeigen. (Mein Lieblingsbeispiel geht auf Lord Rothschild zurück, den reichsten und gründlichsten aller großen Sammler: Er zeigte Zebras und Antilopen in kniender Haltung oder sogar auf dem Rücken liegend, damit in den vom Boden bis zur Decke reichenden Vitrinen seines Museums in Tring eine weitere Reihe von Ausstellungsstücken Platz hatte.) Die üblichen viktorianischen Vitrinen (so auch viele in dem Museum von Dublin) besitzen unterhalb der hinter Glas ausgestellten Lebewesen mehrere Reihen verschlossener Holzschubladen für alle zusätzlichen Sammlungsstücke, die dann Personen mit beruflichen und anderen besonderen Interessen gezeigt werden.

Mir ist klar, dass diese Methode, noch das letzte Exemplar in die Vitrinen zu stopfen, eine fragwürdige Seite hat: Man zeigt die Beute eines aggressiven, militaristischen Imperialismus mit allen rassistischen und ökologischen Respektlosigkeiten, die dazugehören. Aber der Gerechtigkeit halber muss man anerkennen, dass dem auch ein Nutzen solcher üppigen Ausstellungen gegenübersteht, und der drückt sich nirgendwo so gut aus wie in den Worten des Psalms 104: »Herr, wie sind deine Werke so groß und viel! ... die Erde ist voll deiner Reichtümer.« Man kann einen Käfer (in der Regel kein echtes Exemplar, sondern ein vergrößertes Modell) in eine Vitrine setzen, mit bunten Computergrafiken und auf Knopfdruck beweglichen Vorrichtungen umgeben und dann behaupten, es gebe in keiner anderen Tiergruppe eine so große Artenvielfalt. Oder aber man füllt die gleiche Vitrine mit echten Käfern tausend verschiedener Arten – jede mit anderer Farbe, Form und Größe –

und erklärt dann, man habe versucht, alle in der Umgebung vorkommenden Typen zu zeigen.

Diese zweite Vorgehensweise bevorzugte man in viktorianischer Zeit – und auch mir ist sie lieber, denn ich finde nichts so spannend wie die Vielfalt der Natur als solche. Außerdem lebt das viktorianische Museums»kabinett« von der heiklen Spannung, die sich aus der (nicht immer glücklichen, denn es handelt sich um einen echten Konflikt) Vermischung zweier Traditionen aus noch älterer Zeit ergibt: der barocken Leidenschaft aus dem 17. Jahrhundert, seltsame, fehlgebildete, sonderbare und »preisgekrönte« (größte, kleinste, schönste, hässlichste) Exemplare in der »Wunderkammer« oder dem »Kuriositätenkabinett« älterer Sammler zur Schau zu stellen, und der Vorliebe Linnés sowie der Aufklärer des 18. Jahrhunderts, die eine systematische Ausstellung der regelmäßigen natürlichen Ordnung nach einem zusammenhängenden, umfassenden Taxonomieschema bevorzugten.

Theorie und Ästhetik derart umfassender Ausstellungen sind mir schon seit langem vertraut: Zeige alles und errege Staunen durch schiere Vielfalt. Aber bevor ich das stilecht restaurierte Inventar von Dublin gesehen hatte, war mir niemals klar gewesen, wie wirksam die Ausstattung eines Vitrinenmuseums zu diesem Ziel beitragen kann. Durch die gläserne Decke strömt Licht und schafft ein faszinierendes Wechselspiel von Helligkeit und Schatten, weil es nicht nur von den Ausstellungsstücken zurückgeworfen wird, sondern auch von den architektonischen Elementen – von eisernen Streben, hölzernen Geländern sowie dem dunklen Holz und dem blanken Glas der Vitrinen selbst. In dem gedrängten Inhalt der Vitrinen spiegelt sich die Masse der Lebewesen wider, während der Kontrast von dunklem Holz und blankem Glas die Vielgestaltigkeit der Geschöpfe im Inneren verstärkt. In der regelmäßigen Anordnung von Eisen und Vitrinen hallt die Ordnung der biologischen Systematik wider, der die Ausstellungsstücke zugeordnet wurden. Die gesamte Pracht ist ein Ganzes – organisch *und* architektonisch.

Ich schreibe diesen Essay, um dem Museum in Dublin meinen herzlichsten Glückwunsch auszusprechen, dass es die Erhaltung gewählt hat – eine Entscheidung, die nicht nur wissenschaftlich richtig ist, sondern auch ethisch begründet und ausgesprochen mutig. Nicht nur die Avantgarde hat den Mut für sich gepachtet; Prinzipientreue im wiederhergestellten Gestrigen gibt häufig Anlass zu ebenso viel Spott und verlangt die gleiche Tapferkeit. Die große Masse läuft nicht immer in einer bewundernswerten oder vertretbaren Richtung.

Mit ihrer Entscheidung, ein dynamisches Museum der Museen zu schaffen, nach dem alten Ideal die ganze Vielfalt der Natur zur Schau zu stellen und in ihren Innenräumen nach den viktorianischen Plänen die Architektur mit den Lebewesen in Einklang zu bringen, haben sich die Verantwortlichen in Dublin gegen den modernen Trend wissenschaftlicher Museen gestemmt, in denen weniger Ausstellungsstücke, eine stärkere Betonung des offen Pädagogischen und immer häufiger »interaktive« Ausstellungen (bei geeignetem Aufbau ein gutes, gedankenvolles Wechselspiel zwischen Besucher und Objekt, im schlechtesten Fall aber vordergründiger, lärmender, druckknopfbewegter Unsinn) die Norm sind.

Aber sosehr ich Vitrinen voller Vielfalt liebe, ich könnte die Entscheidung von Dublin nicht gutheißen, wenn diese Ausstellung der alten Art den gesamten für Naturgeschichte zur Verfügung stehenden Raum einnehmen würde. Immerhin haben wir seit dem letzten Jahrhundert etwas dazugelernt, und viele neuere Methoden haben sich bewährt, insbesondere wenn man Kinder an die Wissenschaft heranführen will. Aber in Dublin hat man eine liebenswerte Lösung gefunden. Das ursprüngliche Gebäude wurde durch die Restaurierung zu einem der schönsten, umfassendsten Museen im alten Stil mit seinen immer noch faszinierenden Vitrinen – nicht nur in einem Raum wird hier die Vergangenheit gezeigt, sondern in einem ganzen, völlig unversehrten Gebäude. Darüber hinaus aber hat man eine Straße weiter ein neues Gebäude für die notwendigen moderneren Erweiterungen eröffnet – und dort findet man heute die große zeitgenössische Leidenschaft, an der niemand vorbeikommt: eine Dinosaurier-Ausstellung.

Ich würde den alten Stil nicht verteidigen, wenn solche Museen mit ihren Vitrinen nur einer kostbaren Vergangenheit die Ehre erweisen würden. Vielmehr unterstütze ich das Idealbild einer möglichst vollständigen Ausstellung, weil es auch heute unentbehrlich und spannend ist, weil es wie zu allen Zeiten das Interesse (und auch das Staunen) jedes wissbegierigen Menschen wecken kann. Ich propagiere diese altmodischen Museen, weil sie auch heute so großartig sind. Vor allem bieten sie eine reichhaltige Vielfalt, wie es sie sonst nirgendwo gibt. Als ich beispielsweise das Museum in Dublin besuchte, hatte sich in den Räumlichkeiten ein Zeichenkurs der Universität eingefunden – jeder Student saß vor einem anderen Säugetier und skizzierte nach seinem Belieben.

Aber wenn meine Argumentation überzeugen soll, muss man über die unmittelbare, praktische Nützlichkeit hinaus einen zweiten Grund nennen. Diesen eher unterschwelligen, umstrittenen Gedanken drückte Oliver Sacks wunderschön in zwei Briefen aus, die er mir im Dezember 1990 und im September 1992 schrieb:

> Meine erste große Liebe war die Biologie. Als Jugendlicher verbrachte ich einen großen Teil meiner Zeit im Londoner Natural History Museum (noch heute gehe ich fast jeden Tag in den botanischen Garten und jeden Montag in den Zoo). Der Eindruck der Vielfalt – das Staunen über die unzähligen Lebensformen – hat mich seit jeher mehr gereizt als alles andere.

> Die Liebe zu den Museen war für mich und viele andere Jugendliche eine innige Leidenschaft. Erik Korn, Jonathan Miller und ich verbrachten praktisch unsere gesamte Freizeit im Natural History Museum, und jeder von uns erwählte sich eine andere Tiergruppe (oder wurde von ihr erwählt): Erik die Hohltiere, Jonathan die Vielborster, ich selbst die Kopffüßer. Noch heute sehe ich sie so lebhaft vor mir, als wäre es gestern gewesen: die staubige Vitrine mit einem *Sthenoteuthis carolii*, den das Meer 1925 an der Küste von Yorkshire angespült hatte. Ich habe keine Ahnung, ob diese Vitrine oder eine von den anderen, die wir so liebten, heute noch existiert – das alte Museum, die alte *Idee* des Museum, wurde hinweggefegt. Ich bin durchaus für interaktive Ausstellungen wie das Exploratorium in San Francisco, aber nicht auf Kosten der alten Museen mit ihren Vitrinen.

Aus keinem dieser drei Teenager wurde ein Berufszoologe (andere, die – wie ich im New Yorker Museum – des gleichen Geistes Kind waren, ergriffen allerdings diesen Beruf), aber alle haben es in ihrem Leben zu etwas gebracht, und zwar zumindest teilweise deshalb, weil sie sich eine Liebe zu Details und Vielfalt, wie sie von den Vitrinenmuseen genährt wurde, bewahrt und auf den jeweils gewählten Beruf übertragen haben. Erik Korn ist der beste englische Buchantiquar für naturhistorische Werke; Millers Tätigkeit in Medizin und Theater sowie Sacks' Leistungen in Neurologie und Psychologie sind allgemein bekannt. Insbesondere Sacks gründete die mitfühlende Menschlichkeit seiner einzigartigen Erkenntnisse über die individuelle Persönlichkeit – seine Wiederbelebung der alten medizinischen Methode der »Fallstudien« – auf seine alte Liebe zur zoologischen Systematik. In seinem Brief an mich fährt er fort: »Ich sehe meine Patienten (jedenfalls manche von ihnen) nicht nur als ›geschädigt‹, ›defekt‹ oder ›anormal‹, sondern zumindest teilweise auch als Lebensformen.« Die »altmodischen« Museumsausstellungen hatten tief greifende Wirkungen auf das Leben dreier hervorragend begabter und doch bemerkenswert unterschiedlicher Männer.

Deshalb muss ich zum Schluss einen Gedanken anbringen, der politisch höchst »unkorrekt« scheinen mag, aber einer nachdrücklichen Fürsprache wert ist. Nur allzu leicht und mit tragischen Folgen verwechseln wir unsere berechtigte Missbilligung für Elitedenken als aufgezwungene Einschränkung mit der Behauptung, man solle alle hervorragenden Begabungen durch Gleichmacherei auf einen kleinsten gemeinsamen Nenner der bestmöglichen Zugänglichkeit bringen. Ein Museum mit Vitrinen wird der Mehrzahl der Kinder vielleicht niemals »gefallen«. In einer vom Fernsehen beherrschten, geistfeindlichen Zeit brauchen die echten Mehrheiten unter Umständen Geräuscheffekte und blinkende Lichter – und ich habe nichts gegen solche Köder, wenn sie bei Kindern auch nur ein vorübergehendes Interesse an Naturwissenschaft wecken. Aber in jeder Schulklasse gibt es einen Sacks, einen Korn oder einen Miller, meist ein einsames Kind mit einer leidenschaftlichen Neugier auf die Natur und mit einem Eifer, der sich über äußeren Konformitätszwang hinwegsetzt. Verdient nicht auch dieser eine unter fünfzig seine Institutionen, seine verzauberten Orte wie die Museen mit ihren Vitrinen, die das seltene Feuer des Genies entzünden können?

Elitedenken ist widerwärtig, wenn es sich auf äußere, künstliche Abgrenzungen wie Rasse, Geschlecht oder soziale Schicht gründet. Und es ist nicht nur widerwärtig, sondern auch völlig falsch, denn der Funke des Genies verteilt sich nach dem Zufallsprinzip quer über alle grausamen Schranken unserer gesellschaftlichen Vorurteile hinweg. Zugang – und Ermutigung – müssen wir deshalb allen zuteil werden lassen; wir müssen unablässig wachen und unermüdlich aufmerksam sein, damit alle Kinder solche Gelegenheiten erhalten. Gerechtigkeit herrscht erst, wenn diese Art der Gleichberechtigung hergestellt ist. Aber wenn eine kleine Minderheit darauf anspricht und wenn das die besten, intelligentesten Angehörigen aller Rassen, Geschlechter und sozialen Gruppen sind, sollen wir ihnen dann den Höhepunkt ihres inneren Strebens verwehren, weil ihre Kollegen die Passivität und die blinkenden Lichter bevorzugen? Lassen wir ihre Blicke an Bücherbergen emporschweifen, und lassen wir wenigstens ein paar Museen die ganze Magie der natürlichen Vielfalt zur Schau stellen. Was ist falsch an dieser wahrhaft demokratischen Art von Elitedenken?

Als ich in Dublin war, besichtigte ich auch die St. Michan's Church mit ihrer wunderschönen, geschnitzten Orgel, auf der schon Händel bei der Dubliner Erstaufführung des *Messias* im Jahr 1742 spielte (auch wenn manche diese Behauptung infrage stellen) – Händel, der vier große Oden zur Krönung des Königs George II. schrieb; und derselbe König George stellte die königliche Charta aus, die schließlich zum Dubliner Museum für Naturgeschichte führte. Ich dachte an meinen Lieblingschor (nein, nicht das »Halleluja«) aus dem zweiten Teil des *Messias*, dem Händel einen reichhaltig-polyphonen Anfang und einen homophonen Schluss gegeben hat – eine liebenswürdige Parallele, so dachte ich, zu dem Wechselspiel zwischen der unglaublich bunten Vielfalt der Natur und der einheitlichen systematischen Ordnung mit ihrer entwicklungsgeschichtlichen Erklärung, zwei gegensätzliche Themen, die sich im Natural History Museum in Dublin so gut darstellen und verflechten. Und ich dachte an die Worte, in denen sich die edelste Mission der Lehrer ausdrückt: Die Grenzen des Wissens zu erweitern, und dann zu ernten – durch Gesang, durch Schreiben, durch Unterricht, durch Ausstellung. »Groß war die Menge der Boten ... Ihr Schall gehet aus in jedes Land, und ihr Wort an alle Enden der Welt.«

18. Evolution durch Gehen

Es gab viele große dramatische Konflikte zwischen Frauen und finsteren Mächten – man denke nur an Fay Wray und King Kong, Sigourney Weaver und den Alien oder – für diejenigen, die eher die hergebrachte Kultur bevorzugen – Portia und Shylock (der in seinem Antisemitismus noch beunruhigender ist als alle Gorillas oder parasitische Entfremdung, und das wird auch durch Portias Stellung als stärkste Feministin in dem Reigen nicht besser). Ich selbst gebe meine Stimme in diesem Genre aber nach wie vor Raquel Welch und den Antikörpern in dem Film *Phantastische Reise*. Die Schauspielerin gehört darin zu einem Wissenschaftlerteam, das auf die Größe von Mikroben verkleinert und einem Menschen injiziert wird. Sie verlässt das Fahrzeug und begibt sich auf einen »Weltraumspaziergang« im Körperinneren; dort muss sie sich mit einer Horde mörderischer Antikörper auseinander setzen, die in ihr zu Recht körperfremdes Material erkennen und ganz einfach ihre normale Abwehrfunktion erfüllen wollen.

Ich gebe Ms. Welch und den Antikörpern den Zuschlag, weil sie ein kleines, aber angesehenes Gebiet der Pädagogik verkörpern, das Emotionen zum Begreifen rationaler Erkenntnisse nutzt und deshalb nach meiner Überzeugung besonders wirksam ist: Menschen werden vergrößert oder verkleinert, damit man sie unmittelbar durch einen Prozess oder ein Phänomen schleusen und damit Vorstellungen deutlich machen kann. Ich selbst war beispielsweise einmal (ganz buchstäblich) ein Bauer in einer sehr großen Schachpartie – und ich verstand das Spiel tatsächlich besser, als ich unverdrossen vorwärts wanderte, mich schlau in der Diagonalen bewegte, um einen Bruder der anderen Farbe zu ermorden, und schließlich auf derselben Diagonale einem weit entfernten Läufer zum Opfer fiel.

Auf ganz ähnliche Weise wollen manche Museen auch das Herz begreiflich machen: Der Besucher wandert als Blutzelle durch Korridore, die als Hohlvene und Aorta gestaltet sind, und schließlich gelangt er in Räume, die den Vorhöfen und Herzkammern nachgebildet wurden. Auch abstraktere Beispiele können auf das gleiche Ziel ausgerichtet sein. George Gamow machte in *Mister Tompkins seltsame Reisen durch Kosmos und Mikrokosmos*, einem großartigen Klassiker der populärwissenschaftlichen Literatur, wunderschön die exotischen Gedanken von Relativitäts- und Quantentheorie deutlich, indem er sie die Kontrolle über normale Tätigkeiten der Menschen im Größen- und Zeitmaßstab unseres eigenen Körpers übernehmen ließ, statt über die winzigen Größenordnungen oder gewaltigen Geschwindigkeiten zu schreiben, die außerhalb unseres Erfahrungshorizontes liegen. (Seine Quanten-Tigerjagd ist beispielsweise eine herrliche Übung in Frustration: Die Schützen können nur auf ein Wahrscheinlichkeitsspektrum von Tigerpositionen zielen und das Beste hoffen.)

Mit diesem Essay möchte ich den neu eröffneten Saal für fossile Säugetiere des American Museum of Natural History loben. Ich bewundere die neue Ausstellung, weil sie sich des gleichen pädagogischen Prinzips bedient wie das Schachspiel mit menschlichen Figuren: Sie bringt uns entwicklungsgeschichtliche Stammbäume nahe, weil der ganze Saal als Stamm mit einer Reihe von Zweigen aufgebaut ist – sodass wir gewissermaßen den Kopf in den Beinen haben müssen und durch Gehen etwas lernen können. Außerdem hat man sich in diesem neuen Säugetieresaal für einen geometrischen Aufbau der Evolution entschieden, der unserem traditionellen Bild von der Geschichte des Lebendigen widerspricht und damit in ungewöhnlich großem Maßstab und auf ungewöhnliche, emotionale Weise ein Lieblingsthema dieser Essays und ein wichtiges Prinzip der Entwicklungsgeschichte deutlich macht: die zentrale Bedeutung von Bildern, Schemazeichnungen und anderen Formen der visuellen Darstellung für die Lenkung und Einschränkung unseres Denkens. Geistige Neuerungen erfordern häufig vor allem anderen ein neues Bild, das eine neue Theorie verkörpert. Primaten sind visuell geprägte Tiere, und wir können am besten in bildlichen oder geometrischen Begriffen denken. Worte sind in der Evolution ein Nachzügler.

Die Macht der Bilder als Beispiele oder Zusammenfassungen zentraler Begriffe unserer Kultur kann man am besten einschätzen, wenn man sich mit dem befasst, was ich gern als »kanonische Darstellungen« bezeichne, jenen Standarddarstellungen, die im Zusammenhang mit einer wichtigen Theorie oder Institution unseres Lebens eine Fülle von Assoziationen auslösen. Verstärkt wird die Bedeutung dieser kanonischen Darstellungen durch unsere sehr hoch entwickelte neurologische Fähigkeit, Bilder auf Grund kleiner Abweichungen der Form zu abstrahieren, zu verarbeiten und zu unterscheiden. Besonders gut gelingt uns das bei einfachen Formen mit charakteristischen Merkmalen und leicht erkennbarer Symmetrie – deshalb besteht die Fähigkeit des Karikaturisten in dem Wissen, wie jeder eine berühmte Gestalt an ein oder zwei übertrieben dargestellten Merkmalen erkennt.

Jetzt im Dezember, während ich diesen Essay schreibe, fallen mir zwei einfache zweiseitig-symmetrische Formen ein – der siebenarmige Leuchter als Halbkreis und der Weihnachtsbaum als gleichschenkliges Dreieck –, und dann auch ein weiteres Paar mit Radialsymmetrie – der Davidstern mit sechs Spitzen und der Stern von Bethlehem mit fünf. Mit welcher Macht werden solche einfachen Bilder sofort erkannt, und welche tiefen, ja sogar gefährlichen Gefühle rufen sie hervor (denn sie können uns ohne weiteres veranlassen, in Tränen auszubrechen oder in die Schlacht zu ziehen)! Wie verwirrend eine Abweichung von den kanonischen Darstellungen wirken kann, habe ich selbst erlebt. Als Jude ohne besondere Bindung an das Thema empfand ich instinktiv Unbehagen, als ich in byzantinischen Bildern zum ersten Mal einen Jesus ohne Bart sah. Das Unbehagen führte zu Nachdenken – ein weiterer Grund für die Macht der Bilder –, und mir fiel ein, dass wir über die äußere Erscheinung und damit auch über das tatsächliche Leben der historischen Gestalt Jesu herzlich wenig wissen. Und doch richteten sich Gebete und Absichten von Milliarden Menschen auf einen bärtigen, europäisch aussehenden Erlöser.

Alle wissenschaftlichen Theorien berufen sich zur Verdeutlichung (und häufig sogar zu Zwecken der Definition) auf kanonische Darstellungen, aber mein Fachgebiet, die Evolutionsforschung und die Geschichte des Lebendigen, ist darauf seit jeher mehr angewiesen als die meisten anderen, und deshalb interessiere ich mich so für dieses Thema. Verstärkt wurde meine Aufmerksamkeit durch die Tatsache, dass alle kanonischen Darstellungen in meiner Disziplin die gleiche umfassende, aber falsche Ansicht wiedergeben, die sich nicht auf fossile Funde stützt, sondern auf gesellschaftliche Traditionen und emotionale Hoffnungen: die Vorstellung vom Fortschritt als Organisationsprinzip. Diesen Fehler zu entlarven und zu korrigieren ist deshalb für Paläontologen von besonderer Bedeutung.

In ihrer kanonischen Darstellung präsentiert sich die Geschichte des Lebendigen als lineare Abfolge, die von etwas als primitiv und alt Geltendem ausgeht und beim *Homo sapiens* endet. Diese lineare Anordnung findet man in vielen Formen: als senkrechte Reihe mit zunehmender Komplexität (die berüchtigte Leiter des Fortschritts), als horizontale Reihe vom gebückten Affen zum aufrecht gehenden Menschen (der buchstäbliche »Marsch des entwicklungsgeschichtlichen Fortschritts«, der immer von links nach rechts dargestellt wird, wie wir auch lesen – das einzige Beispiel aus Israel, das ich jemals gesehen habe, eine Pepsi-Cola-Reklame aus jüngerer Zeit, zeigt sie allerdings von rechts nach links), als Anordnung von Ausstellungsstücken, an der wir in einem rechteckigen Museumssaal vorbeigehen, und als Reihenfolge der Kapitel in einem der üblichen Lehrbücher mit den Protozoen am Anfang und den Säugetieren am Schluss.

In einer ersten und sicherlich angebrachten Korrektur, für die ich mich in dieser Kolumne schon häufig ausgesprochen habe, können wir die Leiter unseres Bildes in einen Baum verwandeln und so der Wahrheit näher kommen, während wir gleichzeitig einige Vorurteile ablegen. Aber mit dieser grundlegenden topologischen Wandlung ist das Problem des Fortschrittsvorurteils noch nicht gelöst, und das hat ebenfalls mit den Bildern zu tun: Auch die üblichen Stammbäume stellen die Evolution mit ihren eigenen, raffinierteren geometrischen Hilfsmitteln als stetigen Fortschritt dar. Der traditionelle Evolutionsbusch ist ein »Kegel der zunehmenden Vielfalt«, ein auf dem Kopf stehender Weihnachtsbaum mit dem Stamm der gemeinsamen Abstammung in der Mitte, wenigen

Zweigen in der Nähe des unteren Endes (die jeweils den primitiven Vorläufer eines späteren Aufblühens symbolisieren) und einer ständig zunehmenden Zahl von Zweigen und horizontalen Ausdehnung bis zur üppigen Krone am oberen Ende des Baumes.

Nach den Bildunterschriften der meisten derartigen Abbildungen zu schließen, bedeutet das Wachstum von unten nach oben nur den Übergang von älteren zu jüngeren Phasen der Erdgeschichte, aber Aufwärts und Abwärts stehen in unserer Mythologie auch für Gut und Schlecht (schöne Blüten auf dünnen Zweigen contra schmutzige, knorrige Wurzeln; Gehirn contra Gedärm; Himmel und Hölle, Walhalla und Nibelheim) – das Oben im Baum wird deshalb in der Regel mit mehr Fortschritt gleichgesetzt, und der als Kegel der zunehmenden Vielfalt gezeichnete Lebensbaum erzählt dann wie die Fortschrittsleiter eine falsche Geschichte.

Wenn man Feuer mit Feuer bekämpfen muss, lässt sich dieser große Irrtum im Wesen unserer kanonischen Darstellung der Evolution nur dadurch beseitigen, dass wir ein zutreffenderes Bild entwickeln und bekannt machen. Der Baum an Stelle der Leiter bringt uns schon ein Stück voran, aber wie ich im vorangegangenen Abschnitt erwähnt habe, kann man auch Bäume auf eine eingeschränkte Weise zeichnen, sodass sie das zentrale Missverständnis des vorhersagbaren Fortschritts begünstigen. Wie können wir den Baum stattdessen wiedergeben, sodass er die Abstammungsbeziehungen mit ihrer entwicklungsgeschichtlichen Verwandtschaft verdeutlicht und gleichzeitig die Verwechslung von Aufwärtswachstum und Fortschritt vermeidet, sodass sich nicht mehr die Folgerung ergibt, Bäume müssten sich während ihres Wachstums immer in Richtung des Mehr und Besser entwickeln? Diese Suche nach einer neuen bildlichen Darstellung ist keine geringe Aufgabe, keine kleine Beigabe zu einem Ziel, das sich nur mit Worten erreichen lässt. Bilder tragen wesentlich zur Gestaltung der Gedanken bei, und die Suche nach einer grundlegend neuen Darstellung wird deshalb zu einem der wichtigsten Vorhaben, an die man sich als Wissenschaftler machen kann.

Mehrere Biologen haben versucht, mit neu entwickelten Darstellungen die Zufälligkeit und Unvorhersagbarkeit als zentrale Themen in der Geschichte des Lebendigen wiederzugeben (ein Beispiel findet sich auch in meinem Buch *Wonderful Life*). Heute möchte ich aber meine Kollegen am American Museum of Natural History beglückwünschen, denn sie haben die Aufgabe in dem neuen Zusammenhang eines Ausstellungssaales einen Schritt weiter vorangetrieben.

Wie Papier den Untergrund für die verschiedensten Bilder – Leitern, Märsche, Kegel der zunehmenden Vielfalt – abgeben kann, die alle den zentralen Fehler der Fortschrittsvorhersage widerspiegeln, so sind auch in den Räumen einer herkömmlichen Museumsausstellung die gleichen Vorurteile über die Geschichte des Lebendigen zu erkennen. Die meisten Museumssäle sind rechteckig, und der Besucherstrom bewegt sich vorwiegend entlang der Längsachse. In allen Ausstellungen über die Geschichte des Lebens, die ich in der ganzen Welt gesehen habe, ist der Raum nach einem von zwei Grundprinzipien gegliedert – und beide benutzen das Fortschrittsvorurteil als zentrales Prinzip zur Anordnung der Lebewesen, wenn auch oft unbewusst und ohne ausdrücklich darauf hinzuweisen.

Ein Lieblingsschema ist die Anordnung in zeitlicher Reihenfolge: Die ältesten Fossilien stehen an einem Ende des Saales, die jüngsten am anderen. In einer solchen Aufstellung spiegelt sich nicht zwangsläufig das Fortschrittsvorurteil wider (und sollte es auch nicht), denn erdgeschichtlich jung bedeutet nicht automatisch auch komplex, und die Bakterien beherrschen die Welt heute ebenso, wie sie es seit den Anfängen des Lebendigen getan haben (und es tun werden, bis die Sonne explodiert). In der zeitlichen Reihenfolge drückt sich das Fortschrittsvorurteil vielmehr deshalb aus, weil sie auf seltsam eingeschränkte, stark verzerrte Weise umgesetzt wird. Die Ausstellung beginnt mit einer Nische voller wirbelloser Tiere, dann folgen eine Vitrine mit fossilen Fischen sowie weitere mit Amphibien, Reptilien (einschließlich der Dinosaurier) und Säugetieren, und am Ende steht das Säugetier Mensch.

Dabei mögen alle Fossilien in zeitlicher Reihenfolge angeordnet sein, aber welch einseitige Auswahl ist es dennoch! Schließlich verschwanden die Wirbellosen nicht, als die Fische sich entwickelten, und sie stellten auch ihre Evolution nicht ein. Ebenso traten die Fische nicht auf der Stelle, nur weil eine seltsame Abstammungslinie an Land gekrochen war. Im Gegenteil: Die Entwicklung der Teleostei, der so genannten »höheren Knochenfische«, muss sogar (zumindest wenn man es an der Zahl der heutigen Arten misst) als wichtigstes Ereignis in der gesamten Evolution der Wirbeltiere gelten – mehr als die Hälfte aller modernen Wirbeltierspezies sind Teleostei. Aber diese große Tiergruppe entwickelte und verbreitete sich erst spät in der Erdgeschichte, als an Land bereits die Dinosaurier herrschten – deshalb wird ein derart wichtiges Ereignis entweder überhaupt nicht dargestellt oder in eine kleine Ecke am »schlechten« Ende des Saales verbannt.

Mit anderen Worten: Die zeitliche Reihenfolge wird nicht als Reihe repräsentativer Beispiele aus allen Tiergruppen im Lauf der Erdgeschichte verstanden, sondern als Wiedergabe des größten Fortschritts in den verschiedenen Epochen, wobei die zurückgebliebenen Gruppen für immer verschwinden, sobald ein neuer »Herrscher« auftaucht, selbst wenn die alten Abstammungslinien weiterhin blühten und neue Arten hervorbrachten.

Das andere verbreitete Aufstellungsschema folgt dem gleichen Prinzip, unternimmt aber noch nicht einmal den Versuch, sich mit der zeitlichen Reihenfolge zu verteidigen. Diese zweite Strategie verkündet schlicht und einfach, die Geschichte des Lebens sei ein modernes Lehrstück über die Entwicklung vom Niederen zum Höheren. Die Dinosaurier stehen vor den Säugetieren (obwohl beide Gruppen zur gleichen Zeit entstanden und die Säugetiere während der gesamten Herrschaft der Dinosaurier bereits lebten), weil Dinosaurier dumm, schwerfällig und primitiv waren; und die Säugetiere folgen ganz am Ende, weil wir das sind (oft werden kompliziertere Begründungen genannt, aber sie laufen zweifellos auf das Gleiche hinaus).

Wenn ich mir überlege, wie eine andere, intellektuell anspruchsvolle bildliche Darstellung aussehen könnte, fällt mir ein einfaches Hilfsmittel aus einem hervorragenden Buch ein, das auf mich eine verblüffende Wirkung hatte. Als ich mich in meiner Doktorandenzeit mit Wirbeltierpaläontologie befasste, arbeiteten wir mit dem Lehrbuchklassiker *The Evolution of Vertebrates* von Ned Colbert. Die verwirrende Reihenfolge seiner Kapitel über Wirbeltiere werde ich nie vergessen. Er widmete jeder der etwa zwanzig Wirbeltierordnungen einen Abschnitt und reihte sie hintereinander auf, wie es in einem Buch unumgänglich ist. Aber die Primaten einschließlich des Menschen handelte er nicht als Letzte ab, sondern an fünfter Stelle. Mit anderen Worten: Er beschrieb die Entstehung der Australopithecinen, das Auftauchen des *Homo erectus* sowie die Beziehungen zwischen Cromagnon und Neandertalern in Europa, *bevor* er auf die Evolution von Schweinen, Elefanten und Seekühen zu sprechen kam.

Das stürzte mich zunächst in Verwirrung, aber dann dachte ich genauer nach – und gelobt sei jeder Wissenschaftler, der den Nachwuchs so aus den Konventionen des Fachgebietes herausreißen kann. Warum wird der Mensch sonst immer zuletzt beschrieben? Immerhin sind wir zwar in erdgeschichtlich später Zeit entstanden, aber andere Säugetiergruppen sind noch jünger. Und in der Abfolge der Säugetier-Abstammungslinien stehen wir auch mit noch so viel anatomischer Fantasie nicht besonders weit hinten, denn wir besitzen noch viele Merkmale dieser Tiergruppe, die bei später entstandenen Gruppen verloren gegangen sind (so beispielsweise an Händen und Füßen fünf Finger beziehungsweise Zehen, deren Nägel ebenfalls noch erhalten sind).

Als Nächstes erkannte ich, was Colbert getan hatte – und sein einfaches Hilfsmittel war wirklich großartig. Er hatte seine Kapitel nicht nach einem späteren Maßstab der anatomischen »Leistung« geordnet (die meist aus der Sicht des Menschen falsch gedeutet wird), sondern *in der Reihenfolge der Abspaltung*. Die Linie der Primaten trennte sich schon recht früh von den übrigen Säugetieren, und deshalb muss das entsprechende Kapitel ziemlich am Anfang stehen, ganz gleich, wie sehr gewissen seltsamen Angehörigen dieser Gruppe später die Entwicklung eines bestimmten Organs zu beispiellosem Umfang gelang, was für sie selbst und die übrige Erde ein Vorteil sein kann oder auch nicht.

Der vierte Stock des American Museum of Natural History war der Tempel, der wichtigste magische Ort, das Allerheiligste meiner Jugend. Zum ersten Mal besuchte ich ihn als Fünfjähriger zusammen mit meinem Vater, und schon damals beschloss ich, mein Leben der Paläontologie zu widmen. In die Säle mit den Dinosauriern und fossilen Säugetieren ging ich während meiner ganzen Jugend bis zum Ende der Highschool fast jeden Monat. Dann verließ ich New York für die ersten Studienjahre, aber später kehrte ich zurück, um an dem Museum zu promovieren. Ich liebte die alten Räume, aber sie waren mittlerweile heruntergekommen und veraltet. Deshalb beklagte ich mich nicht, als man sie vor einigen Jahren schloss, um den Aufbau gründlich zu überdenken und neu zu gestalten.

Im Jahr 1994 wurden die beiden Säle mit fossilen Säugetieren wieder eröffnet. Mir gefällt nicht alles daran. Ich vermisse die mit Titanotheren voll gestopften Vitrinen. Aber im Zusammenhang mit den restaurierten Wandgemälden von Charles R. Knight, deren leuchtende Farben von einer dicken Schicht aus Firnis, Staub und Ruß befreit wurden, fällt mir als Vergleich nur Michelangelo und die Sixtinische Kapelle vor und nach der großen Reinigung ein. Bei allen Zweifeln in einzelnen Punkten bin ich jedoch rückhaltlos begeistert von dem theoretischen Konzept, das hinter der gesamten Ausstellung steht. Meine Kollegen haben es tatsächlich geschafft. (Als Autor ist man darauf trainiert, in einem solchen Zusammenhang niemals so unbestimmte Wörter wie »es« zu verwenden – aber hier ist es das große »Es«, das einzige »Es«). Sie haben alle Fossilien in einem ungewöhnlich dargestellten Abstammungsbaum angeordnet, der das Fortschrittsvorurteil zunichte macht. Diese neue Darstellungsform haben sie in riesigem Maßstab realisiert – wir können durch den Baum des Lebens spazieren und das neue Schema instinktiv durch Gehen verinnerlichen, statt es nur begrifflich durch Lesen in uns aufzunehmen. Kurz gesagt, haben sie Colberts radikale Idee aufgegriffen und die Fossilien nicht nach ihrem späteren »Erfolg« oder ihrer »Fortschrittlichkeit« aufgestellt, sondern in der Reihenfolge ihrer Abspaltung. Gruppen, die sich frühzeitig von den anderen trennten, stehen in dem Saal weiter vorn, selbst wenn sie (wie Fledermäuse und Ratten) erst später durch starke Aufspaltung eine beherrschende Stellung erlangten oder (wie die Primaten) Abstammungslinien hervorbrachten, die wir für besonders komplex oder hoch entwickelt halten. Seekühe und Elefanten stehen am Ende des Saales, Pferde in der Mitte und die Primaten ziemlich am Anfang.

Da ich in diesem Essay die Macht der Bilder rühme, kann ich auch diese Neuerung nicht nur mit Worten loben. Betrachten wir also einmal das Schema auf dem Faltblatt, das den Besuchern ausgehändigt wird. Eine auffällige dunkle Linie gibt an, wie man den Saal, der »den Säugetieren und ihren ausgestorbenen Verwandten« gewidmet ist, vorzugsweise besichtigen sollte. Die wichtigen Verzweigungspunkte, die mit 1 bis 6 nummeriert sind, geben entlang der Linie die zeitliche Reihenfolge wichtiger Ereignisse in der Geschichte der Säugetiere und ihrer Vorfahren an.

Die Verteilung dieser wichtigen Verzweigungspunkte geht auf eine Theorie und Philosophie der biologischen Systematik zurück, die in den letzten 25 Jahren für die meisten meiner Kollegen an dem Museum das Hauptinteressengebiet darstellt und zum Anlass für zahlreiche bedeutsame Forschungsarbeiten wurde. (Ich sollte hinzufügen, dass ich über diese Theorie, die *Kladistik*, nur recht wenig weiß. Ich mache hier also keine Reklame für mein eigenes Arbeitsgebiet.) Die Kladistik teilt die Lebewesen allein nach der Reihenfolge der Aufspaltung ihrer Abstammungslinien in eine verschachtelte Hierarchie ein.

Die neue, baumähnliche Darstellung, die sich aus den Aufspaltungen ergibt, nennt man Kladogramm (die Abbildung stammt aus dem Faltblatt für die Besucher). Die großen, aufeinander folgenden Verzweigungen werden dabei durch Merkmale definiert, die seit der vorherigen Aufspaltung entstanden sind und sich bei allen späteren Abstammungslinien wiederfinden (wer ein Faible für Fachsprache hat – und das Fachgebiet hat sich einen gotterbärmlichen Jargon zu Eigen gemacht: solche durch gemeinsame Abstammung entstandenen Merkmale bezeichnet man auch als »synapomorph«). Die ersten Säugetiere bildeten beispielsweise für den Embryo noch keine Plazenta, und einige moderne Gruppen – die Eier legenden Monotremata oder Kloakentiere (Schnabeltiere und Ameisenigel) sowie die Beuteltiere – sind Nachkommen dieser urtümlichen Geschöpfe. Die Plazenta entwickelte sich erst, als Kloaken- und Beuteltiere sich bereits vom Hauptstamm getrennt hatten, und alle später entstandenen Säugetiere besaßen sie. Die Plazenta ist also ein durch gemeinsame Abstammung entstandenes Merkmal der späteren Säugetiere, und deshalb haben Beutel- und Kloakentiere ihren Platz am Anfang des Museumssaales gefunden: Sie müssen vor dem Verzweigungspunkt stehen, der durch den Erwerb der Plazenta gekennzeichnet ist (Nummer 3 im Grundriss).

Um zu zeigen, wie man mit Hilfe solcher gemeinsamer Merkmale ein Schema der verschachtelten Verzweigungen erstellen kann, das sich ausschließlich auf die zeitliche Reihenfolge dieser Ereignisse und nicht auf einen angenommenen Fortschritt oder

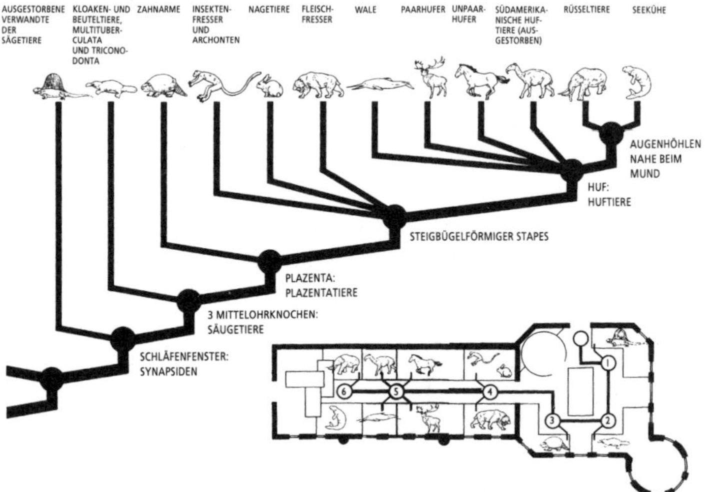

Unten: Grundriss der neuen Säle für fossile Säugetiere im American Museum of Natural History; oben, das Kladogramm, das der Ausstellung zu Grunde liegt.

Mammals and Their Extinct Relatives: A Guide to the Lila Acheson Wallace Wing, American Museum of Natural History.

höhere Komplexität bezieht, möchte ich das in dem Besucher-Faltblatt beschriebene Beispiel zitieren:

> Haie, Salamander, Eidechsen, Kängurus und Pferde besitzen ein Rückgrat aus einzelnen Wirbeln und gehören deshalb zu der großen Gruppe, die man Wirbeltiere nennt. Von den genannten Tieren haben nur Salamander, Eidechsen, Kängurus und Pferde vier Extremitäten. Sie sind also enger verwandt und gehören zur Gruppe der Vierbeiner. Innerhalb dieser Gruppe entwickeln sich Eidechsen, Kängurus und Pferde in wasserdichten Eiern, die entweder von der Mutter abgelegt werden oder in ihrem Körper verbleiben, bis das Junge geboren wird. Die wasserdichte Haut im Ei nennt man Amnion, und deshalb gehören Eidechsen, Kängurus und Pferde zur Gruppe der Amnioten. Nur Kängurus und Pferde bilden Milch für ihre Jungen und haben im Ohr drei Knochen, welche die Schallwellen übertragen. Sie sind innerhalb der Amnioten wiederum enger verwandt und gehören zur Gruppe der Säugetiere.

Im weiteren Verlauf können wir die Pferde wegen der Plazenta allen anderen Säugetieren zuordnen und die Kängurus auf einem älteren Zweig ansiedeln.

Geht man auf dem vorgeschlagenen Weg durch die beiden Säle mit den fossilen Säugetieren, bewegt man sich auf dem Hauptstamm des Kladogramms entlang. Eine Reihe aus sechs wichtigen, durch gemeinsame Abstammung entstandenen Merkmalen kennzeichnet die zeitliche Abfolge der Aufspaltungen und legt die in der Abstammung begründete Anordnung der kleineren, in größeren Ansammlungen eingebetteten Gruppen fest. Abstammungslinien, die sich vor der Entstehung eines neuen gemeinsamen Merkmals abgespalten haben, stehen in dem Museumssaal vor dem Knotenpunkt, der diesem Merkmal entspricht – wie in meinem Beispiel der Kloaken- und Beuteltiere, die man vor der Evolution der Plazenta findet. Auch diese Ausstellung leitet den Besucher durch die Geschichte der Säugetiere, aber nicht mit Hilfe einer Leiter des angeblichen Fortschritts, sondern auf Grund von sechs Merkmalen, die einen Stammbaum mit Verzweigungen definieren.

1. DAS SCHLÄFENFENSTER DER SYNAPSIDEN. Vor über 250 Millionen Jahren, gegen Ende des Paläozoikums, entwickelte eine Reptiliengruppe kurz hinter den Augenhöhlen eine Öffnung im Schädel. Dieses Merkmal, der »synapside Schädel«, entstand in der Evolution offensichtlich nur einmal, und alle späteren Lebewesen, die es besitzen, teilen ihr stammesgeschichtliches Erbe mit dem Vorfahren, bei dem das so genannte Schläfenfenster zum ersten Mal auftauchte. Man findet es bei allen Säugetieren (rund um die Öffnung setzen die Muskeln an, die den Unterkiefer schließen), und ebenso ist es bei älteren Gruppen vorhanden, die man früher zu den Reptilien zählte. Die berühmten Pelycosaurier (frühe Landtiere, wie *Dimetrodon*, die ein Segel auf dem Rücken trugen und in allen Kinder-Dinosauriersammlungen aus Haferflockenpackungen vorkommen) sind Synapsiden und stehen den Säugetieren deshalb stammesgeschichtlich näher als den Reptilien. Wenn wir die Pelycosaurier an den Anfang des Säugetiersaales stellen, weil sie zum ersten abgespaltenen Zweig nach der Entstehung des Schläfenfensters gehören, stellen wir damit keine Behauptungen über ihren überlegenen Körperbau oder ihre größere Komplexität auf (nach meiner Vermutung waren die eigentlichen Dinosaurier in Wirklichkeit in allen wichtigen Funktionen leistungsfähiger), sondern wir bestätigen nur ihre entwicklungsgeschichtliche Verbindung mit allen anderen Synapsiden einschließlich der Säugetiere.

2. **DIE MITTELOHRKNOCHEN.** Die beiden Knochen, die das Kiefergelenk der Reptilien bilden, wurden bei den Säugetieren immer kleiner und wanderten ins Mittelohr, wo sie als Malleus und Incus (Hammer und Amboss) zum Stapes (Steigbügel) hinzukamen, der bei den Reptilien der einzige Gehörknochen ist. Dieses sehr charakteristische Merkmal, das man auch bei Fossilien mit Sicherheit feststellen kann, markiert die Verzweigung zwischen den echten Säugetieren und ihren Vorfahren. Hier werden in dem neuen Saal die Kloaken- und Beuteltiere abgetrennt, weil sich bei ihnen zwar die drei Gehörknochen entwickelt hatten (Merkmal 2), nicht aber die Plazenta (Merkmal 3).

3. **DIE PLAZENTA.** Wie ich bereits erläutert habe, entstand die Plazenta nach der Abspaltung von Kloaken- und Beuteltieren, sodass alle späteren Säugetiere dieses gemeinsame Merkmal besitzen. Das Museum trennt hier die Ordnung der Zahnarmen (Edentata) ab, die zwar eine Plazenta (Merkmal 3) besitzen, nicht aber das Merkmal 4.

4. **DER STEIGBÜGELFÖRMIGE STAPES.** Bei Reptilien und frühen Säugetieren ist der Stapes ein einfacher Stab. Später jedoch, und zwar an diesem vierten Verzweigungspunkt, entwickelte sich in dem Knochen ein Loch (durch das ein wichtiges Blutgefäß verläuft), und alle späteren Säugetiere besitzen diesen nun wirklich steigbügelförmigen Steigbügel. An der zugehörigen Stelle in der Ausstellung (gleich nach dem Saal 1, am Anfang des zweiten Raumes) spalten sich alle Säugetiere mit steigbügelförmigem Stapes ab, die nicht das Merkmal 5 (den Huf) besitzen; damit ist auch ihre Stellung in der Reihe gesichert. An dieser Gabelung zweigen mehrere wichtige Gruppen ab, so die Raubtiere, Nagetiere, Fledermäuse und – man beachte den engstirnigen Hinweis auf eine begriffliche Revolution – die Primaten. Die menschlichen Fossilien sind also zu Recht am Anfang des zweiten Saales untergebracht, wo sie entsprechend ihrer stammesgeschichtlichen Stellung hingehören, und nicht ganz oben im Bild oder am Ende der Geschichte.

5. **DER HUF.** An einer späteren Stelle in der Vorfahrenreihe der nun folgenden Säugetiergruppen vereinigten sich die Zehen zu Hufen. Deshalb nehmen die großen Ordnungen der Huftiere den geräumigen mittleren Teil des zweiten Saales ein: die Unpaarhufer (Perissodactyla) wie Pferde, Nashörner und Tapire; die äußerlich sehr vielgestaltige Gruppe der Paarhufer (Artiodactyla) mit Kühen, Schweinen, Schafen, Ziegen, Giraffen, Hirschen, Antilopen und vielen anderen; eine Gruppe charakteristischer, ausgestorbener Formen aus Südamerika; und schließlich die Wale, die sich aus Hufe tragenden Vorfahren entwickelten, dieses Merkmal aber später aus nahe liegenden Gründen der Anpassung an das Meer wieder verloren.

6. **AUGENHÖHLEN IN DER NÄHE DES MAULS.** Das letzte auf gemeinsamer Abstammung beruhende Merkmal sind Augenhöhlen, die im Schädel nach vorn in die Nähe des Mauls gewandert sind – diese Eigenschaft definiert die stammesgeschichtliche Verbindung der Elefanten mit den Seekühen und ihren Verwandten.

In der neuen Darstellungsform, die sich auf ein anderes Kriterium für die Anordnung der Gruppen stützt, spiegelt sich ein gewaltiger begrifflicher Wandel wider: Früher stand der Mensch am Ende des Saales, weil man ihn für den Gipfel von Fortschritt und Komplexität hielt und nach dem beherrschenden Kriterium definierte: dem übertrieben großen Gehirn. Heute besetzen die Seekühe das Ende, weil sie mit den Elefanten ein einzigartiges Merkmal teilen, das sich erst spät entwickelte, und weil die großen Gruppen der Säugetiere nach der Reihenfolge ihrer stammesgeschichtlichen Abspaltung definiert werden.

Zwar bin ich über diese neue Darstellungsform begeistert, weil sie Bilder stürmt – sie durchbricht ganz buchstäblich die begriffliche Schranke, die uns die alten, kanonischen Zeichnungen mit dem Fortschritt als entscheidendem Merkmal der Entwicklungsgeschichte auferlegten –, aber ich muss auch dem Thema dieses Essays treu bleiben: Hinter jeder Darstellung steht eine Theorie; jede Darstellung kann deshalb die Beschränkungen früherer, unzutreffender Bilder aufheben, aber gleichzeitig bringt sie auch ihre eigenen (häufig unterschwelligen und unerkannten) Vorurteile ins Spiel. Die neue Darstellungsform gibt das Fortschrittsvorurteil auf, aber das strenge Festhalten an der Kladistik als Theorie der biologischen Systematik führt ebenfalls zu einigen unglücklichen Einschränkungen und Verzerrungen. Der Kladismus ist nämlich keine umfassende oder pluralistische Theorie, die sich sorgfältig um Ausgleich aller berechtigten Interessen bemüht, sondern sie vertritt eifersüchtig ein einziges, zugegebenermaßen entscheidend wichtiges Kriterium: die zeitliche Reihenfolge der Verzweigungen als einzig richtiges Prinzip, um die Verwandtschaftsbeziehungen zwischen den Lebewesen darzustellen.

Zwei Aspekte der Evolution, die in den Augen der meisten Fachleute (einschließlich meiner selbst) äußerst wichtig sind, müssen von kladistischen Darstellungen zwangsläufig an den Rand gedrängt oder sogar völlig übergangen werden: einzigartige Eigenschaften, die sich nur in einzelnen Abstammungslinien entwickelt haben, und Trends innerhalb der Gruppen, die nicht zu weiterer Verzweigung führen. Solche einzigartigen Eigenschaften, im Fachjargon Autapomorphien genannt, definieren keine Verzweigungspunkte, weil sie innerhalb einer einzigen Gruppe entstehen. Derartige Merkmale nehmen die Kladisten zwar zur Kenntnis, aber die neue Darstellungsform räumt ihnen keinen Raum und kein Bild ein. Und doch machen gerade solche Merkmale beim Laienpublikum und auch bei Experten einen großen Teil der Faszination aus, die von der Evolution ausgeht. Wir wüssten wirklich gern, was die Pelycosaurier mit ihrem Segel anstellten, die Säbelzahntiger mit ihren Zähnen, die Narwale mit ihrem einzigen Stoßzahn, die Schnabeltiere mit ihrem Schnabel, die Gürteltiere mit ihrem Panzer, und – ich wage es zu sagen – die Menschen mit diesem verdammten Gehirn, das mich aufrecht hält, sodass ich fünf Tage vor Weihnachten um vier Uhr morgens einen Essay schreibe. Und wir wollen nachhaltige Trends innerhalb der Gruppen verstehen: Wie steht es mit der berühmten Geschichte von den Pferden mit immer weniger Zehen und größeren Zähnen? Mit dem Verlust der Hintergliedmaßen bei den Walen? Mit der zunehmenden Gehirngröße beim Menschen? Auch darüber haben die Kladisten wenig zu sagen, denn für Wandlungen, die sich innerhalb einer einzigen Linie des Kladogramms abspielen, gibt es in ihrem System keine bildliche Darstellung.

Außerdem und vor allem können solche einzigartigen Merkmale und Trends in dem neuen Säugetiersaal nur (buchstäblich) am

Rande behandelt werden – die Eigenschaften der einzelnen Gruppen müssen abseits vom Hauptkorridor in den Winkeln und Nischen gezeigt werden, die den späteren Wandlungen der Entwicklungslinien nach ihrer Abspaltung vom Hauptstamm gewidmet sind. Die Darstellungsform, über die wir zunächst so begeistert waren, lenkt uns nun von berechtigten Interessen ab, indem sie einige besonders faszinierende Phänomene der Evolution zur Nebensache erklärt.

Aber ich will nicht nörgeln. Welche befreiende Umwälzung in Wissenschaft, Politik oder einem anderen Tätigkeitsbereich der Menschen trat jemals ohne Kinderkrankheiten oder in optimaler Ausprägung ein? Schließlich sind wir alle Evolutionsforscher, das heißt, wie glauben an Unvollkommenheit und Wandel. Die Jünger von Aristoteles wurden Peripatetiker genannt, weil »der wissende Meister« die Verbindung von Erkennen und Gehen zu schätzen wusste (die überdachte Wandelhalle in Aristoteles' Lyceum hieß *peripatos*). Und Emerson stellte mit seinem berühmten Plädoyer für eine typisch amerikanische Leistung den gleichen Zusammenhang her: »Wir gehen auf unseren eigenen Füßen … wir sprechen mit unserem eigenen Geist.« Freuen wir uns also über die großen Ausmaße dieses hervorragenden Versuchs, unseren geistigen Apparat auf Touren zu bringen, indem wir die historisch ältere und ebenso grundlegende Wandlung anwenden, die die Evolution des Menschen erst möglich machte: aufrechte Haltung und das Gehen auf zwei Beinen.

19. Das Rasumowsky-Duett

Ich wohne in einer kleinen Straße mit etwa zwanzig dicht bei dicht stehenden Häusern. Vermutlich haben die meisten meiner Nachbarn für das Gelände die gleiche mentale Geografie im Kopf wie ich – eine Aufteilung in Fahrbahn, Bürgersteige, Häuser und Gärten, wobei die wichtigsten taxonomischen Trennungen durch die Grundstücksgrenzen vorgegeben sind. Aber die Straße hat auch mehr Katzen als Menschen vorzuweisen – und ich weiß, dass diese Angehörigen der Mehrheit aller Säugetiere den Raum ganz anders einteilen. Auch sie haben eindeutig einen Sinn für Eigentum und Reviere, denn Angriffe, Gejaule und Kabbeleien unter ihnen gibt es jeden Tag, aber ihre Gliederung stimmt nicht mit den Grenzen der Menschen überein. Nach meiner Überzeugung könnten wir eine Menge über die Mentalität von Säugetieren lernen, wenn wir jemals den Katzen-Aufteilungsplan für die Crescent Street in die Hand bekämen. Ein potenzieller Informant lebt in meinem Haushalt, aber er versagt mir bisher hartnäckig jede Reaktion und Kooperation (und wird dennoch gefüttert!).

In einem stärker eingeschränkten zoologischen Rahmen könnte dieses wichtige Thema der verschiedenartigen geistigen Landkarten uns wichtige Einblicke in die Unterschiede menschlicher Kulturen, Epochen und Mentalitäten verschaffen – das hat uns schon die französische Historikerschule der *annales* gezeigt, die das Schwergewicht auf die wechselnden Gesetzmäßigkeiten des Alltagslebens legt und nicht Könige oder Eroberer, sondern arbeitende Männer und Frauen in den Mittelpunkt stellt. In der Schule lernte ich die übliche Geschichte mit Daten, Namen und Kriegen.

Meine geistigen Landkarten für Zeit und Geografie sind an den gängigen Linien ausgerichtet: zeitliche Unterteilungen nach Königen und Präsidenten, räumliche Abgrenzungen nach Staaten und Sprachen. Aber andere Systeme sind ebenso sinnvoll und für Menschen, deren Haupttätigkeiten andere Einteilungen verlangen, sicher von größerer Bedeutung.

Seeleute, so meine Vermutung, werden nicht die Flaggenstaaten, sondern Größe oder Funktion als Kriterium für die Einteilung von Schiffen bevorzugen (insbesondere da so viele Schiffe aus Steuer- und Zulassungsgründen die Flagge von Liberia oder Panama tragen). Meine *Cerion*-Schnecken erkennen die politische Trennung zwischen den Bahamas und den Turks- und Caicosinseln nicht an, denn diese Gebiete bilden eine klimatisch und geografisch einheitliche Region, die sich gut für die Lebensweise von Weichtieren eignet (ich dagegen hatte oft entsetzliche Schwierigkeiten bei der Beschaffung von Landkarten, die beide politischen Gebilde auf die gleiche Weise und in dem gleichen Maßstab wiedergeben). Mit diesem Essay möchte ich darauf hinweisen, wie künstlich die herkömmlichen Sprach- und Staatsgrenzen in der europäischen Geschichte sind – und dazu möchte ich eine Geschichte über Wissenschaftler und Künstler erzählen, die ihre Welt zu Beginn des 18. Jahrhunderts vielleicht nach ganz anderen Prinzipien des Protektionismus aufgeteilt hätten.

Viele Vorhaben – kleine Essays wie dieser, aber auch lebenslange Bemühungen – beginnen durch Zufall; nach Unerwartetem kann man schließlich nicht gezielt suchen. Vor ein paar Monaten kaufte ich ein altes Buch, vor allem weil es spottbillig war und eine solche Gelegenheit sich nicht noch einmal bieten würde. Der Autor Johann Gotthelf Fischer von Waldheim (1771–1853) kann keine Stellung in der Ruhmeshalle der allgemein bekannten Wissenschaftler sein Eigen nennen, aber im Herzen der Paläontologen nimmt er einen kleinen Ehrenplatz ein: Er gehörte zu jener Pioniergeneration, die zu der Zeit, als man die Zeittafel der Erdgeschichte aufstellte, eine grundlegende Ordnung für die Geschichte des Lebendigen festlegte. Zu Dank sind wir Gotthelf Fischer (um den kürzeren Namen zu nennen, den er selbst in der Mehrzahl seiner Veröffentlichungen verwendete) auch verpflichtet, weil er den modernen Begriff *Paläontologie* bekannt machte und vielleicht sogar erfand. (Ansonsten wären wir vielleicht bei einer der älteren, unaussprechlichen Alternativen wie *Oryktologie* hängen geblieben.)

Fischer wurde in der sächsischen Kleinstadt Waldheim geboren (deren Namen er dem seinen hinzufügte, als der russische Zar ihn 1817 in den Adelsstand erhob). Er studierte bei Cuvier, freundete sich mit Goethe an, begleitete die Gebrüder Humboldt auf ihren Reisen, lehrte an mehreren deutschen Universitäten und zog 1804 schließlich endgültig nach Russland, wo er Professor für Naturgeschichte und Direktor des naturhistorischen Museums der Universität Moskau wurde. Dieser letzte Schritt war durchaus nichts Ungewöhnliches: Mit seiner Emigration folgte Fischer einer verbreiteten Gewohnheit, die Russland seit Peter dem Großen (1672–1725) unterstützt hatte: Das Land wollte seine wissenschaftliche Rückständigkeit mit ausländischen Spezialisten und durch den Einkauf von Sammlungen aus anderen Ländern überwinden. (Peter baute ein eigenes Museum für Naturgeschichte auf – es ist teilweise noch heute in der St. Petersburger Kunstkamera zu sehen, dem Gebäude, das zu diesem Zweck errichtet wurde – und hatte dazu zwei wichtige holländische Sammlungen erworben.)

Ein weiterer Weg, auf dem ausländische Wissenschaftler und Professoren ins Land kamen, war der Ausbau der russischen Universitäten Ende des 18. und Anfang des 19. Jahrhunderts – das Zarenreich, das zuvor keine Hochschulen besessen hatte, konnte den Bedarf mit einheimischen Spezialisten nicht decken. Fischers Aufenthalt in Moskau, der 1804 begann, liegt zwischen dem Eintreffen der beiden bekanntesten deutschsprachigen Biologen, die nach Russland auswanderten – Peter Simon Pallas im Jahr 1786 (siehe nächstes Kapitel) und Karl Ernst von Baer 1834. (Beide lehrten in St. Petersburg. Pallas war in Berlin geboren, von Baer dagegen stammte aus einer alten preußischen Familie, die damals in Estland lebte. Von Baer, der größte Embryologe des 19. Jahrhunderts, war der wichtigste akademische »Fang« des Zarenreiches. Er entdeckte 1827 die menschliche Eizelle, gab aber die embryologische Forschung später auf und widmete sich während der Jahre in Russland erstaunlich vielfältigen, hochintelligenten Studien in Ethnologie, Anthropologie und Geomorphologie.)

Fischers Berufslaufbahn in Russland war bemerkenswert fruchtbar und erfolgreich. Er gründete dort drei Fachzeitschriften (die auf Französisch erschienen) und schrieb fast zweihundert Bücher und Aufsätze (die Mehrzahl ebenfalls in französischer Sprache). Das breite Spektrum seiner Veröffentlichungen deckte die gesamte Zoologie ab, das Schwergewicht lag aber auf Pionierarbeiten bei der Beschreibung russischer Insekten und aller Gruppen von Fossilien. Fischer war in der internationalen Wissenschaftlergemeinde allgemein anerkannt und wurde aktives oder Ehrenmitglied in etwa neunzig Institutionen und Akademien, so auch in der American Association of Arts and Sciences in Boston sowie in der American Philosophical Society in Philadelphia. 1847, bei der Feier zum fünfzigsten Jahrestag seiner Promotion, pries Alexander von Humboldt, der bekannteste lebende Wissenschaftler jener Zeit, seinen Kollegen Fischer mit den Worten »mein edler, ältester Freund«. In einem Brief an seine Freunde zu Hause in Waldheim beschreibt Fischer die Zeremonie. Er erwähnt die vorausfahrenden sechs Kutschen, fünf davon vier-, die sechste sechsspännig. Dann schildert er die Geschenke und Lobesreden, und schließlich endet er mit dem Eingeständnis: »Hier brachen mir die Thränen der Dankbarkeit aus meinen Augen.«

Das 1813 erschienene Buch, das ich gekauft habe, ist keines von Fischers paläontologischen Werken, sondern ein ausgezeichnetes Beispiel für ein Genre, das durch die Computertechnik ausgestorben ist: ein bibliographisches Nachschlagewerk für unterschiedliche Systeme zur Klassifizierung von Gegenständen – in diesem Fall aller Gattungen des Tierreiches. Linnés Einteilung der Tiergattungen dient dabei zwar als Rahmen, aber Fischer zeigt in einer Reihe ausgezeichneter Tabellen, Diagramme und Listen die Entsprechungen zwischen Linné und allen anderen wichtigen Systemen, die führende Zoologen – vorwiegend aus Frankreich und Deutschland – vorgeschlagen hatten. (Das optisch durchaus ansprechende Ergebnis sieht aus wie ein Vergleichsschema der synoptischen Evangelien oder verschiedener Bibelübersetzungen.) Auch wenn es sich wohl vorwiegend um eine bibliografische Arbeit handelt, erfahren wir aus Fischers Zusammenstellung viel historisch und theoretisch Interessantes. So haben Historiker beispielsweise häufig behauptet, Lamarcks *Philosophie zoologique*, seine 1809 geschriebene, wichtigste Darstellung der Evolution, sei weithin als dumme, spekulative Abhandlung betrachtet und nicht weiter zur Kenntnis genommen worden. Ein längeres Diagramm von Fischer zeigt jedoch eine *Tabula clarissimi Lamarck* (»Tabelle des hochberühmten Lamarck«), die Lamarcks Seinskette nur vier Jahre nach ihrem Erscheinen in voller entwicklungsgeschichtlicher Länge wiedergibt.

Der Titel von Fischers Buch zeigt, welche Zielgruppe und welchen Gebrauch er für das Werk im Auge hat: *Zoognosia: tabulis synopticis illustrata, in usum praelectionum Academiae Imperialis Medico-Chirurgicae Mosquensis* (Zoologisches Wissen: illustriert mit synoptischen Tafeln zum Gebrauch in den Vorlesungen der Kaiserlichen Akademie für Medizin und Chirurgie in Moskau). Insbesondere für Studenten, die keinen Zugang zu umfangreichen Bibliotheken und Sammlungen hatten, müssen solche einbändigen Nachschlagewerke sehr nützlich gewesen sein. (Mein eigenes Exemplar wanderte an einen abgelegeneren Ort, wo noch weniger Primärquellen zur Verfügung standen: Es war laut Fischers Eintragung »für die Gesellschaft für Künste und Wissenschaften von Kurland« – ein Herzogtum an der Ostsee im heutigen Lettland, das im 16. Jahrhundert polnisches Lehen wurde und 1795 nach der dritten polnischen Teilung an Russland fiel. Kurland erfreute sich im 17. Jahrhundert einer Blütezeit und besaß sogar so viel Macht, dass es sich in der Karibik [Tobago] und in Afrika [Gabun] ein kleines Kolonialreich aufbauen konnte.)

Ich lese in alten Büchern aus Monarchien gern die Widmungen – sie ehren unweigerlich einen (meist unbedeutenden) Ritter oder Herzog mit überschwänglichen Worten voller kriecherischer Unaufrichtigkeit; er wird als Licht des Universums gepriesen (zweifellos in der Hoffnung, ein paar Dukaten als Unterstützung für die weitere Arbeit zu erhalten). Diese alte Praxis verschafft mir selbst das Gefühl, ein ehrlicher, geradliniger Mensch zu sein, selbst wenn ich meinen eigenen Finanzierungsanträgen einen geringfügig übertriebenen positiven Dreh gebe. Fischers Widmung an den *Comes illustrissime, Domine Clementissime!* (Höchst erlauchter Graf, Mildtätiger Herr!) wirkte auf mich zunächst einmal wie ein weiteres Beispiel für das Normale in diesem Genre. Aber zwei Merkmale des Textes weckten mein Interesse und gaben den Anlass zu diesem Essay. Erstens erscheinen Fischers Klagen über die Behinderung seiner Forschung nachdrücklicher und extremer, als es üblich war – was man aus nahe liegenden Gründen leicht erkennt. Er schreibt, er widme dieses Buch dem erlauchten Grafen und würde ihm gern auch die naturhistorische Sammlung des Museums zueignen, aber *eheu, omnes perierunt, restant paucissime* (»leider ist alles vergangen, und nur das wenigste ist geblieben«). Anschließend stellt er die Frage, was geschehen werde, *post tot calamitates luctuosas casusque tristissimos, quos Musarum cultores Mosquensis experti sumus* (»nach so vielen bedauerlichen Unglücken und höchst traurigen Fällen, die wir Hüter der Musen Moskaus erdulden mussten«).

Ich schreibe diesen Essay zufällig am 4. Juli, und die lokalen Ereignisse in Boston sind wie dazu geschaffen, dem Anlass für Fischers Klagen besondere Dramatik zu verleihen. Wie jedes Jahr wird das Boston Pops Orchestra kurz vor Sonnenuntergang auf der Promenade am Charles River die *Ouvertüre 1812* von Tschaikowsky spielen, und bei den Kanonenschüssen (die den Abschluss dieses lautesten Stücks im klassischen Repertoire bilden) wird ein großartiges Feuerwerk einsetzen. Als ich klein war und in Patriotismus schwelgte, war mir schleierhaft, warum Tschaikowsky eine Ouvertüre zur Feier eines kleinen Scharmützels in einem amerikanischen Krieg geschrieben hatte, den wir noch nicht einmal gewonnen hatten. Später erfuhr ich, dass 1812 noch einige andere Ereignisse von einer gewissen Bedeutung stattgefunden hatten, vor allem – und ganz in Tschaikowskys Nähe – die Belagerung Moskaus durch Napoleon, gefolgt von seinem Rückzug und der entscheidenden Niederlage, für die nach einer alten Redensart die beiden größten russischen Generäle verantwortlich waren: November und Dezember. Napoleon war am 14. September nach Moskau gekommen und hoffte, er könne mit Zar Alexander schnell einen für ihn vorteilhaften Frieden aushandeln. Aber der Zar verhandelte nicht mit ihm, und – noch wichtiger – am Tag von Napoleons Ankunft war in Moskau ein Großbrand ausgebrochen, der schließlich mehr als zwei Drittel der Stadt zerstörte, sodass der Franzose seine Soldaten im Winter nicht mehr ernähren und unterbringen konnte. Das Feuer dürfte dazu beigetragen haben, dass Napoleon zum Rückzug gezwungen war und schließlich besiegt wurde, aber die Flammen legten auch den größten Teil Moskaus in Schutt und

Asche, so unter anderem die großen Bibliotheken und Museumssammlungen der Universität. Mit anderen Worten: Fischer war einer von vielen, die in der späteren Geschichte weitgehend namenlos blieben und einem entscheidenden Ereignis in der Entstehung der modernen Welt zum Opfer fielen.

Das zweite auffällige Merkmal von Fischers Widmung war die Person des erlauchten Grafen, um dessen Schirmherrschaft er – nicht sonderlich versteckt – nachsuchte, indem er die Widmung mit den Worten schloss: *in Te, Comes Illustrissime, spes omnis nostra collocata est* (»in Euch, höchst erlauchter Graf, setzen wir unsere ganze Hoffnung«). Die Widmung galt Alexis Kirillowitsch Rasumowsky, dem Minister für öffentlichen Unterricht.

Sprechen wir jetzt noch einmal von Musik, und gehen wir von Tschaikowsky eine oder zwei Generationen weiter in die Vergangenheit: Hier stoßen wir auf eine Verbindung zu Russland, die allen Liebhabern klassischer Musik bekannt ist. Beethoven widmete drei seiner berühmtesten Streichquartette (op. 59) einem Mann gleichen Namens. (Man bezeichnet sie sogar als Rasumowsky-Quartette, und in den beiden ersten sind russische Volksweisen verarbeitet). Natürlich fragte ich mich, welcher Zusammenhang zwischen Beethovens tatsächlichem und Fischers in Aussicht genommenem Mäzen besteht. Beethoven schrieb die Quartette 1806, und Fischer bemühte sich sieben Jahre später um Unterstützung – beide Ereignisse fallen also fast in die gleiche Zeit. Und wie so oft in unserer Welt der komplizierten Wechselbeziehungen stellte sich heraus, dass die Geschichte durchaus berichtenswert ist.

Beethovens Mäzen Andrej Kirillowitsch Rasumowsky war der Bruder von Fischers *Comes Illustrissime* – aber außer der Verwandtschaft hatten die beiden kaum etwas gemein. Ihre Geschichte beginnt zwei Generationen früher mit einem ukrainischen Kosaken namens Grigor Rosum, der zwei bemerkenswerte Söhne hatte. Auch hier war Musik der Anlass zum Erfolg. Einer seiner Söhne, Alexej Grigorewitsch Rasumowsky (1709–1771), wurde Sänger im St. Petersburger Hofchor. Er weckte die Aufmerksamkeit und später die Liebe der Prinzessin Elisabeth, die 1741 Zarin von Russland wurde. Die beiden heirateten 1742 heimlich. Sie hatten keine Kinder, und Alexej interessierte sich nur wenig für Staatsangelegenheiten. Er blieb aber der Liebling seiner heimlichen Ehefrau und gelangte dank ihrer Freigebigkeit zu gewaltigem Reichtum. Sein Bruder Kirill Grigorewitsch (1718–1803, der Vater der Rasumowsky-Brüder aus unserer Geschichte über Fischer und Beethoven, die deshalb beide Kirillowitsch hießen) war der Ehrgeizigere und Gebildetere von beiden. Er hatte fast zwanzig Jahre lang den Posten als Präsident der St. Petersburger Akademie der Wissenschaften inne, viel größere politische Macht (unter anderem die Befehlsgewalt über 100 000 Leibeigene) bezog er aber aus seiner Stellung als letzter Hetman Kleinrusslands (Herrscher der Ukraine). Seine beiden Söhne erbten also alle nur denkbaren Vorteile von Wohlstand und gesellschaftlicher Stellung.

Der jüngere Sohn – Andrej Kirillowitsch, Beethovens Rasumowsky (1752–1836) – war ein warmherziger, großzügiger, liberaler Mann und einer der großen europäischen Kunstmäzene. Sein Berufsleben verbrachte er als Diplomat in Mitteleuropa, wo er Frauen den Kopf verdrehte (besonders berüchtigt waren seine Bemühungen um die Königin von Neapel) und Geschäfte machte. Von 1790 bis 1799 und dann noch einmal von 1801 bis 1807 war er russischer Gesandter in Wien. Er blieb auch den Rest seines Lebens in Österreich und leitete 1815 die russische Delegation beim Wiener Kongress (wo Napoleons Hinterlassenschaften unter den Siegern aufgeteilt wurden, womit wir eine weitere Verbindung zu Fischer und der anderen Seite unserer Geschichte hätten). Wegen seiner Verdienste erhob der Zar (als Seine Majestät in Wien auf der Durchreise war) Andrej Rasumowsky vom Grafen zum Prinzen.

Rasumowskys größte Liebe (oder vielleicht die zweitgrößte nach den Frauen) war immer die Musik gewesen. Während seiner ersten Stellung als Sekretär der russischen Gesandtschaft in Wien hatte er sicher Mozart kennen gelernt, und vielleicht war er auch mit Haydn zusammengetroffen. Er war ein mehr als nur begabter Geiger und spielte häufig in einem Streichquartett, das er vor allem zu Beethovens Gebrauch gegründet hatte. Den größten Dienst erwies er der Musik aber als Mäzen. Paul Nettl schreibt in seiner *Beethoven Encyclopedia*:

Rasumowsky war der vielseitigste Mäzen seiner Zeit: Er unterstützte Künstler, Musiker und Maler. Seine Gemäldegalerie und seine musikalischen Abendgesellschaften waren in ganz Europa berühmt. Als gebildeter, liberaler, großzügiger Adliger und ausgezeichneter Gesprächspartner gehörte er zu den bekanntesten und angesehensten Aristokraten des späten 18. und frühen 19. Jahrhunderts.

Rasumowsky kannte und förderte Beethoven sicher schon 1796, denn sein Name taucht auf der Subskriptionsliste für die Trios des Komponisten (op. 1) auf. Als Beethoven zehn Jahre später die Rasumowsky-Quartette komponierte, wurde der russische Adlige nicht für hübsches Gesäusel, sondern für höchst umstrittene Musik zum Namenspatron – seine Unterstützung der künstlerischen Freiheit verdient also Respekt. Viele Musiker konnten die unkonventionelle Partitur nicht verstehen oder nicht verdauen. Als ein italienischer Virtuose sich bei Beethoven streitlustig erkundigte, ob dieser die Quartette tatsächlich für Musik halte, erwiderte der Meister: »Die sind nicht für Euch, sondern für eine spätere Zeit.« Auch seine fünfte und sechste Symphonie widmete Beethoven sowohl Rasumowsky als auch dem Prinzen Lobkowitz.

Der schönste Beleg für Rasumowskys hohe Meinung von Beethoven war das Streichquartett, das er 1808 gründete; es wurde von dem Geiger Schuppanzigh geleitet und stand dem Komponisten ständig zur Verfügung. Ein Zeitgenosse berichtet:

> Beethoven war … in der Einrichtung des Prinzen der unangefochtene Mittelpunkt; alles, was er komponierte, wurde sofort einstudiert und nach seinen Vorstellungen aufs Genaueste ausgeführt, wie er es wollte und nicht anders, mit leidenschaftlichem Interesse, Gehorsam und Hingabe, wie sie nur solche Bewunderer seines überragenden Genies hegen konnten.

Die glückliche Konstellation blieb bis 1816 bestehen; in diesem Jahr gab Rasumowsky eine riesige Silvestergesellschaft, mit der er nach dem Wiener Kongress seine Erhebung in den Prinzenstand feierte. Die 700 Gäste konnte er selbst in seinem geräumigen Palast nicht bewirten, und deshalb ließ er zusätzlich einen hölzernen Anbau errichten. Aber diese Konstruktion fing Feuer. Der Brand breitete sich auf den eigentlichen Palast aus, vernichtete die großartige Bibliothek und sämtliche Kunstwerke, und schließlich fiel ihm auch das berühmteste Zimmer des Prinzen zum Opfer: Der Raum mit Casanova-Statuen wurde zu Staub und Trümmern, als die Decke einstürzte. Seelisch und finanziell ruiniert, löste Rasumowsky das Quartett auf und schickte die Musiker in den Ruhestand.

Der ältere Sohn – Alexej Kirillowitsch, Fischers Rasumowsky (1748–1822) ließ fast alle bewundernswerten Eigenschaften seines Bruders vermissen. Die üblichen Quellen (nicht nur die *Soviet Encyclopedia*, der man Voreingenommenheit vorwerfen könnte, sondern auch objektivere, freundlicher gesonnene Darstellungen) beschreiben ihn als trägen, mürrischen, streitsüchtigen, anmaßenden und allgemein unangenehmen Menschen. Er heiratete die reichste Erbin Russlands, stellte ihr aber einige Jahre später, nachdem er den größten Teil ihres Vermögens durchgebracht hatte, die Koffer vor die Tür. Von seinen beiden Söhnen führte der eine ein höchst ausschweifendes Leben, der andere war regelrecht geistesgestört; über die beiden Töchter liest man Besseres – eine widmete sich der Einrichtung von Krankenhäusern für die Armen –, aber wegen sexistischer Quellen und anderer Beschränkungen ist über ihr Leben und Schicksal nur wenig zu erfahren.

Rasumowsky hasste das Leben bei Hofe und versuchte öffentlichen Aufgaben möglichst aus dem Weg zu gehen. Für Botanik und Naturgeschichte hatte er aber etwas übrig, und auf seinem Anwesen in Gorenski, nicht weit von Moskau, legte er einen wunderschönen botanischen Garten an, der auf Gebirgspflanzen spezialisiert war. Außerdem trug er die größte Sammlung naturhistorischer Bücher in Russland zusammen (unter anderem hatte er die Bibliothek von P. S. Pallas angekauft). Aber Rasumowsky nutzte dieses Potenzial kaum einmal zum Nutzen von Wissenschaft oder Öffentlichkeit. Ein zeitgenössischer (und wahrscheinlich nicht unparteiischer) Beobachter meinte dazu:

> Graf Alexej Kirillowitsch hat sich auf seinem Besitz in Gorenski eingeschlossen, um dort mit seinen Pflanzen zu vegetieren. Er geht mit seinem Wissen genauso um wie mit seinem riesigen Ver-

mögen – das heißt, alles bleibt bei ihm und bringt anderen keinen Nutzen.

Dennoch übernahm Alexej – in der Regel nach viel Überredung – tatsächlich einige Regierungsaufgaben, vor allem seit 1810 als Minister für Volksbildung (die Quellen beschreiben ihn dabei als zwar nicht unfähig, aber weitgehend untätig). In dieser Stellung setzte er sich für einige Reformen ein, insbesondere für die Abschaffung der körperlichen Züchtigung an den Schulen. Er trat aber nicht als Fürsprecher des Gebietes auf, das er angeblich so gern mochte – das Studium der Naturgeschichte, so meinte er, brauche in der Ausbildung von Staatsmännern und Politikern keinen Raum einzunehmen. Eine ähnliche Hände-weg-Politik verfolgte er gegenüber den russischen Universitäten. James T. Flynn schreibt in seinem 1988 erschienenen Buch *The University Reform of Tsar Alexander I*:

> Rasumowsky übernahm so wenig eine aktive Führungsrolle, dass es jeder Universität selbst überlassen blieb, ihre Fundamente und Entwicklung zu gestalten. Dieser Umstand verstärkte die Bedeutung der örtlichen Amtsträger und der jeweiligen lokalen Situation, während die Statuten und das Ministerium immer weniger wichtig waren.

Was nicht unbedingt schlecht ist.

Am bekanntesten wurde Rasumowsky als Vertrauter und Unterstützer des zutiefst konservativen Gesellschaftsheoretikers Joseph de Maistre, der heute vielleicht vor allem mit seinem Ausspruch in Erinnerung ist, Scharfrichter seien die Wächter der öffentlichen Ordnung. Maistre verließ Frankreich während der Revolution und lebte dann in der Schweiz, verbrachte aber als Gesandter des Königs von Sardinien auch viele Jahre in St. Petersburg. Dort lernte er Rasumowsky kennen, richtete seine Briefe über Volksbildung an den russischen Minister und veranlasste ihn, verschiedene konservative Lehren zu unterstützen, unter anderem eine verstärkte Pressezensur und eine stärkere Berücksichtigung des Religionsunterrichts in den Lehrplänen.

Kurz gesagt, traf Fischer offensichtlich eine entsetzlich schlechte Wahl, als er seine Hoffnungen auf Unterstützung für den Wiederaufbau der Moskauer naturhistorischen Sammlung und Bibliothek in Alexej Rasumowsky setzte. Und dessen umgänglicher, mit mehr Bürgersinn ausgestatteter Bruder war leider abwesend und spielte (ganz buchstäblich) in einem Wiener Quartett die zweite Geige. Dennoch denke ich, man muss sich in einer solchen Situation zunächst an den Minister für Volksbildung wenden und die Daumen drücken.

Wie groß Fischers Notlage wirklich war, erkennt man an einem außergewöhnlichen Brief, den er am 20. November 1812 an seinen deutschsprachigen Kollegen Nikolaus Fuss schrieb, den Sekretär der kaiserlichen Akademie der Wissenschaften in St. Petersburg (zitiert in der einzigen verfügbaren Biografie mit dem Titel *Leben und Wirken des Naturforschers Johann Gotthelf Fischer von Waldheim* von J. W. E. Büttner):

> Alle wissenschaftlichen Anstalten sind zerstört. Unsere Universität hat unendlich verloren, Bibliothek, Museum, von diesem habe ich so wenig, was in 20 Kisten in Eile von den besten Sachen gepackt werden konnte, hierher gebracht. Was ist das gegen das schöne Ganze! Ihr Fischer hat alles verloren.

Anschließend beschreibt Fischer die Zerstörung in ihren Einzelheiten. Von den fünftausend Büchern seiner Bibliothek konnte er nur fünf retten (weil sie sich zufällig gerade in seiner Kutsche befanden). Die kostbarsten Gegenstände gingen verloren, so ein fertiges Manuskript über Fossilien und sein persönliches Exemplar des *Systema naturae* von Linné mit den Randnotizen aus zwanzig Jahren. Fast alle naturhistorischen Sammlungen waren vernichtet; insbesondere beklagte Fischer den Verlust seiner wunderschönen Sammlung von Schädeln, Insekten und getrockneten Pflanzen. Außerdem büßte er »alle anatomischen Instrumente und mineralogischen Apparate« ein, aber auch 130 Kupferplatten für Radierungen, »darunter die große Tafel mit dem Mammutskelett«.

Aber im weiteren Verlauf seines Briefes an Fuss macht sich eine eigenartige Stimmung breit; Fischers Eifer und Optimismus kommen wieder zum Vorschein:

> Wir suchen uns mit dem Gedanken zu beruhigen, dass wir gesund sind, und dass es uns wohl an Brot nicht fehlen werde. Ich weiß nicht, ob ich meine Zoognosie werde endigen können, 9 Bogen sind davon gedruckt. [Zu meiner Freude beweist mein Exemplar – die fertige *Zoognosia* –, dass diese Befürchtung sich nicht erfüllte.] Ich arbeite an der lt. Ausgabe des Onomasticon Oryctognosiae. Die Arbeit macht mich am meisten alles Unglück vergessen und macht mich am glücklichsten.

Welches ehrenwerte, aufschlussreiche Kennzeichen eines echten Wissenschaftlers – er sucht Trost in der geistigen Arbeit und baut mit gewissenhafter Bemühung alles wieder auf, was durch den Unglücksfall zerstört wurde. An einen alten Freund, den Rektor seiner Schule in Waldheim, schrieb Fischer: »Ich habe zwar alles verloren, schätze mich aber gegen viele meiner Leidensgefährten immer noch glücklich, denn meine Kenntnisse sind mir geblieben, mit deren Hilfe erhoffe ich alles wiederzuerlangen.«

Dann wandte Fischer sich wegen organisatorischer und finanzieller Unterstützung an Rasumowsky. Der träge Minister unternahm nichts. Flynn schreibt:

> Weder Kutusow noch Rasumowsky half der Universität in den Unbilden der französischen Invasion von 1812. Rasumowsky tat es dem Ministerrat, der Armee und mehreren anderen Stellen gleich: Er gab Anweisung, die Universitäten sollten schließen oder geöffnet bleiben; sie sollten in Moskau bleiben oder evakuiert werden … sie sollten nach Moskau zurückkehren oder nicht zurückkehren, und so weiter.

Deshalb wandten Fischer und die anderen Professoren sich an die sicherste aller Hilfsquellen: ihre eigene Kraft zur Selbsthilfe. Sie fielen Freunden vor Ort mit der Bitte um Geld, Buchgeschenke und Nutzungsmöglichkeiten für Gebäude auf die Nerven; sie arbeiteten bis zum Umfallen; sie improvisierten; und nachdem sie schließlich sogar eine Art Flohmarkt abgehalten hatten, konnten die Professoren den Lehrbetrieb im September 1813 mit einer stark geschrumpften Zuhörerschaft von 129 Studenten wieder aufnehmen. Die Bibliothek war bis 1815 auf zwölftausend Bände gewachsen (an Stelle der zwanzigtausend, die den Flammen zum Opfer gefallen waren). Fischer selbst verwendete seine restliche Berufslaufbahn auf den erfolgreichen Wiederaufbau seiner großen Museumssammlungen – und zwar ohne dass Rasumowsky ihm geholfen hätte. Noch 1830 reiste er mit gezielten Plänen, Teile der 1812 zerstörten Sammlung zu ersetzen, nach Deutschland.

Wie sollen wir Europa demnach systematisch einteilen, um diese komplizierte Geschichte über die beiden Brüder, ihr unterschiedliches Temperament, ihre tatsächlichen und nicht verwirklichten Nutznießer richtig zu verstehen? Die üblichen Sprach- und Staatsgrenzen sind hier offensichtlich nicht von großem Nutzen. Fischer war Deutscher, arbeitete in Moskau und schrieb seine Veröffentlichungen vorwiegend auf Französisch. Er verfasste eine lateinische Widmung, weil er hoffte, der russische Adlige werde ihm beim Wiederaufbau dessen helfen, was das Feuer während der französischen Invasion zerstört hatte. Der Bruder des Adligen lebte zur gleichen Zeit in Österreich, lernte dort Mozart kennen und war dann jahrelang Beethovens bedeutendster Mäzen.

Ich weiß nicht, wie Studenten und Fachleute anderer Disziplinen diesen speziellen Kuchen zerteilen würden; ich kann es nur aus meiner Sicht als Naturwissenschaftler beurteilen. Meinem Berufsstand werden in der Öffentlichkeit oftmals die verschiedensten Sünden vorgeworfen, echte ebenso wie eingebildete: Arroganz, Bestechlichkeit, mangelndes Gespür für die ethischen Fragen bei der Anwendung unseres Wissens, Mauscheleien bei der Beschaffung von Forschungsmitteln ohne Rücksicht auf den damit verbundenen Werteverfall. Als Vertreter der Naturwissenschaft plädiere ich bei allen diesen Anklagen auf »hier und da geringfügig schuldig«. Naturwissenschaftler sind Menschen und als solche anfällig für alle Schwächen und Versuchungen des ganz normalen Lebens. Manche von uns sind moralisches Urgestein, andere ein schwankendes Rohr im Wind. Ich denke gern (obwohl ich es nicht beweisen kann), wir seien in verschiedenen Fragen, die für gute wissenschaftliche Praxis eine zentrale Rolle spielen, im Durchschnitt besser als die Angehörigen vieler anderer Branchen: Wir sind bereit, anerkannte Meinungen angesichts unbequemer Befunde zu ändern, widmen uns hingebungsvoll der Erstellung und Veröffentlichung möglichst guter und ehrlicher Berichte über die

Tatsachen der Natur und beurteilen unsere Kollegen nicht nach der Macht ihrer Stellung, sondern nach der Kraft ihrer Ideen.

In einem Bereich bin ich jedoch auf Grund ausreichender eigener Erfahrungen zuversichtlich, dass wir an einem Moralkodex festhalten, der in anderen Berufen nicht immer befolgt wird. Naturwissenschaft ist international. Wir tauschen Informationen aus, geben uns größte Mühe mit der gegenseitigen Verständigung und beklagen die Kleinkariertheit, die manchmal den Kontakt behindert. (Wie kann beispielsweise meine Wissenschaft der Paläontologie gedeihen, wenn es den Wissenschaftlern nicht freisteht, Fossilien aus ihrem Interessengebiet überall da zu sammeln, wo sie vorkommen?) Wir alle kennen zahlreiche Geschichten über herzliche, langjährige Zusammenarbeit von Wissenschaftlern aus Staaten, die es darauf abgesehen hatten, sich gegenseitig vom Angesicht der Erde zu bomben. Wir müssen so arbeiten, denn Wissen ist universell.

Chauvinismus richtet vielleicht keine ernsthaften Schäden an, wenn er sich als Boykott von Seidenprodukten, das inoffizielle Verbot deutscher Opern an der Met oder eine Kampagne zur Umbenennung einer Baseballmannschaft von Cincinnati Red in Redlegs äußert (ja, das alles hat es gegeben) – aber die Naturwissenschaft kann und darf keine Tatsache unterdrücken, nur weil sie von Kollegen in einem feindlichen Land entdeckt wurde. Fischer veröffentlichte seine *Zoognosia* nur ein Jahr nachdem die französische Aggression den Brand und damit die Vernichtung seines Lebenswerkes verursacht hatte, aber deshalb verbannte er die Systeme von Cuvier und Lamarck nicht aus seinem Buch – die beiden Franzosen waren die größten biologischen Systematiker seiner Zeit, und ihre Arbeiten reichten weit über die Zufälligkeiten ihrer nationalen Herkunft hinaus. Fischer verlor bei der Feuersbrunst von Moskau fast sämtliche Bücher und Sammlungsstücke, und dann brachte er den Rest seines Lebens damit zu, die Kollektion für zukünftige Studentengenerationen wieder zu vervollständigen. Dabei konnte er sich auf die Großzügigkeit einer großen Wissenschaftlergemeinde aus ganz Europa und der übrigen Welt verlassen, die Ersatz stiftete, verkaufte oder besorgte. Fischers Welt war nicht durch Staats- oder Sprachgrenzen eingeschränkt. Sein größtes Hindernis war ein träger, überheblicher Graf, ein Landsmann aus seiner Wahlheimat, der sich um nichts kümmerte, während der Bruder in Österreich zum Geburtshelfer für einige der großartigsten Musikwerke aller Zeiten wurde.

In der naturhistorischen Wissenschaft herrschte immer eine große internationale Solidarität, und gleichzeitig konnte sie nur wenig staatliche Unterstützung gewinnen. Das bemerkte auch Fischer, als Rasumowsky ihm nicht half und Wissenschaftler aus der ganzen Welt in die Bresche sprangen. Fischers eigener Name hätte ihm die Vorteile der Unabhängigkeit deutlich machen sollen. Der österreichische Rasumowsky lernte zunächst einen großen Musiker kennen, der unter seinen vielen Namen auch den besonders gewichtigen »Gottlieb« trug (getauft wurde er auf das griechische Theophilus, und später entschied er sich für die lateinische Entsprechung Amadeus). Alle drei bedeuten »Liebling Gottes« – und die himmlischen Mächte liebten Wolfgang Amadeus Mozart mit Sicherheit. Dem russischen Rasumowsky ging ein hervorragender Wissenschaftler namens Gotthelf auf die Nerven. Der Graf wies ihn ab, aber Fischer hatte mit seiner Hartnäckigkeit dennoch Erfolg – und zweifellos konnte es nicht anders sein: Wie Benjamin Franklin und viele andere uns gelehrt haben, hilft Gott nur jenen, die sich selbst helfen.

20. Vier apokalyptische Antilopen

George Washington starb am 14. Dezember 1799, nachdem er die üblichen Ratschläge eifriger Bewacher in den Wind geschlagen hatte und bei winterlicher Kälte und Schnee viel zu lange ausgeritten war. Mir hat es immer Leid getan, dass der große alte Mann Amerikas die 1800er Jahre um knapp drei Wochen verpasste (allerdings habe ich keinerlei Anhaltspunkte, dass ihm solche künstlichen Meilensteine etwas bedeuteten). Ich bekenne mich auch zu einem gewissen Gefühl der Bevorzugung und Freude, weil ich ein noch selteneres Ereignis miterleben darf: den Beginn eines neuen Jahrtausends.

Aber Washington war nicht der Einzige, der den zugegebenermaßen willkürlichen Übergang um ein Haar versäumte. Fast auf der anderen Seite des Globus, ein wenig östlich von Kapstadt in Südafrika, erschoss ein jagender Bure den allerletzten Blaubock; mit dieser Antilopenart war zum ersten Mal in historischer Zeit ein großes landlebendes Säugetier vollständig ausgerottet worden. (Vielleicht konnte die Spezies sich gerade noch durchmogeln: Manche Quellen nennen 1800 für den Tod des letzten Exemplars, aber die meisten sind sich mit dem Datum 1799 einig.)

Den Leiter einer Museumssammlung nennt man auch Kurator – nach dem lateinischen Wort *cura*, das ein großes Bedeutungsspektrum hat, von »Sorge« über »Verwaltung« bis zu »Herzschmerzen«, und alle diese Bedeutungen treffen zu verschiedenen Zeitpunkten zu (das kann ich beurteilen, denn ich bin dem Titel nach Kurator für die Paläontologie der Wirbellosen am Museum für Vergleichende Zoologie der Harvard University). Oft ist es eine

Der Blaubock in einer 1778 erschienenen Ausgabe der
Histoire naturelle von Buffon.
Rijksmuseum van Natuurlijke Historie, Leiden.

erhebende Tätigkeit, aber sie kann auch entsetzlich traurig sein, wenn es sich bei den Gegenständen in unserer Obhut um die Überbleibsel ausgestorbener Lebenskraft handelt – Reste, Bruchstücke und Produkte von Lebewesen, die heute noch gedeihen würden, wären sie nicht menschlicher Raublust zum Opfer gefallen. In solchen beklagenswerten Fällen können Kuratoren sich ereifern, denn oft besitzen wir die einzigen greifbaren Überreste einer Größe, die eigentlich noch unter uns weilen sollte. Wir schätzen das Tagebuch eines jungen Mädchens aus Amsterdam oder den Balkon eines Hotelzimmers in Memphis, weil es die Vermächtnisse von Anne Frank und Martin Luther King sind. Und wir empfinden Triumphgefühle bei der Entdeckung eines Gegenstandes, in dem ein Gerücht oder eine Erinnerung greifbare Gestalt annimmt.

Einmal konnte ich dank der Bemühungen meines Kollegen Paul Lombardo das Schulzeugnis von Vivian Buck aufspüren, die mit acht Jahren mitten in der Weltwirtschaftskrise gestorben war. Sie hatte eine Hauptrolle für die berüchtigte Entscheidung des Obersten Gerichtshofes aus dem Jahr 1927 gespielt, in der Zwangssterilisationen für rechtens erklärt wurden (siehe Kapitel 19 in meinem Buch *Das Lächeln des Flamingos*). Als Baby war sie auf Grund der Aussage einer Rotkreuzschwester, die sie eine Minute lang beobachtet hatte, als geistig behindert eingestuft worden – die erste Angehörige einer dritten Generation von angeblich Schwachsinnigen (ihre Mutter wurde im Gefolge des Prozesses sterilisiert). Das bescheidene Stück Papier aus ihrem letzten Lebensjahr belegt, dass sie zwar keine hervorragende, aber eine durchaus fähige Schülerin war – und dass man eine Fehldiagnose gestellt hatte. Ich war über die Entdeckung begeistert, aber dann fiel mir ein, dass Vivian Buck eigentlich noch am Leben sein könnte (sie starb an einer vermeidbaren, durch die Armut verursachten Kinderkrankheit) und sich dann auf ihre alten Tage vielleicht einer zahlreichen, gesunden Familie erfreuen würde. Ich freute mich (als Kurator) über den Gegenstand, trauerte aber gleichzeitig darüber, dass von einem so früh zu Ende gegangenen Leben so wenig geblieben war.

Kürzlich, bei der Besichtigung einer der weltweit schönsten zoologischen Sammlungen, wurde ich Zeuge eines weiteren Beispiels für dieses Prinzip. Leiden steht in den Niederlanden zu Amsterdam in einem ähnlichen Verhältnis wie Boston zu New York – es ist eine beträchtlich kleinere, aber ältere Stadt ohne das hektische Getriebe eines Geschäftszentrums, aber über alle Maßen reich an Universitäten und anderen Bildungseinrichtungen. Die Leidener Universität, 1575 von Wilhelm dem Schweiger gegründet, gehört zu den besten Hochschulen Europas. Ihr naturhistorisches Museum, das früher als *Rijksmuseum van Natuurlijke Historie te Leiden* unter königlicher Schirmherrschaft stand, besitzt eine der schönsten Sammlungen der Welt, und besonders bekannt ist sie für historische Stücke aus der Frühzeit der modernen Zoologie. Immerhin waren die Niederlande für kurze Zeit die mächtigste Handels- und Seefahrernation der Erde, und die Vereinigte Ostindische Compagnie überzog die Welt mit einem Geflecht von Handelsbeziehungen (wobei sie letztlich dem Leidener Museum einen großen Schatz zoologischer Ausstellungsstücke hinterließ).

Die Leidener Sammlungen sind in einer gewaltigen Bruchbude von Gebäude untergebracht, dessen großes, spiralförmiges Treppenhaus zum Vorbild für die optischen Tricks in einigen der bekanntesten Stiche von M. C. Escher wurde (Eschers Bruder war Geologe und arbeitete in Leiden). Die Sammlungsstücke befinden sich in hölzernen Vitrinen, die auf mehreren Stockwerken in langen Reihen hintereinande stehen. Überall hängt der echte Museumsgeruch, den die Fachleute auf der ganzen Welt kennen – Staub, Mottenkugeln und Formaldehyd. Der Anblick wäre eine Freude für jeden Anhänger des *film noir* – schräge Lichtstrahlen und lange Schatten ziehen sich durch alle Vitrinenreihen zugleich, denn die Zwischendecken bestehen nicht aus undurchsichtigem Beton, sondern aus Eisengittern wie in einer Fabrik. Weiter verstärkt wird der Eindruck verborgener Geheimnisse, wenn man weiß, dass das Leidener Museum mehrere Jahrzehnte lang nicht für die Öffentlichkeit zugänglich war (was sich bald ändern wird), sodass die Weltklasse-Sammlungen zur privaten Domäne eingeweihter Zoologen wurden.

Kürzlich hatte ich das Glück, dieses großartige Denkmal besichtigen zu können. Geführt wurde ich von meinen Kollegen Edmund Gittenberger, einem Experten für Weichtiere, und Chris Smeenk, der auf Säugetiere spezialisiert ist. Smeenk führte mich an den Vitrinenreihen entlang, vorüber an Tigern, Elefanten und Narwalen. Insbesondere aber steuerte er auf ein Stück zu, das zentrale Juwel des Diadems.

Schließlich hatte er den Schrank gefunden. Er öffnete die Tür und offenbarte ein nur geringfügig angefressenes (die Mottenkugeln dienen tatsächlich einem guten Zweck), schrecklich ausgebleichtes, ausgestopftes Exemplar einer mittelgroßen afrikanischen

Antilope mit den typischen geriffelten, schlicht nach hinten gebogenen Hörnern der Gattung *Hippotragus*. Sie umfasst heute noch zwei lebende Arten: die Pferdeantilope (*Hippotragus equinus*), die in den Steppen von Äthiopien bis Südafrika zu Hause ist, und die Rappenantilope (*Hippotragus niger*) mit ihren großartigen, bis zu eineinhalb Meter langen Hörnern, deren Heimat die stärker bewaldeten Gebiete von Kenia bis Südafrika sind. Das alte Exemplar in Smeenks Vitrine ähnelte keiner der beiden Arten, aber zuerst schien es mir, als hätte ich eine junge Rappenantilope vor mir. Deshalb zeigte mein Gesichtsausdruck nicht die erwartete Überraschung und Ehrfurcht; ich glaube, Chris war enttäuscht.

Ich hatte vergessen (wenn ich es jemals wusste), dass zur Gattung *Hippotragus* früher, und zwar noch in historischer Zeit, eine dritte Spezies gehört hatte: *H. leucophaeus*, der südafrikanische Blaubock. Vielleicht ist meine Unkenntnis verzeihlich, denn was die Rätselhaftigkeit angeht, reicht kein anderes großes Säugetier an diese Antilopenart heran. In lebender Form war die Spezies der abendländischen Wissenschaft noch nicht einmal fünfzig Jahre lang bekannt – sie wurde 1719 von einem Reisenden zum ersten Mal erwähnt, erst 1766 formal beschrieben und 1799 ausgerottet. Skelette gibt es nicht mehr, und nur vier ausgestopfte Exemplare zieren europäische Sammlungen. Smeenk hatte mir das am besten erhaltene und berühmteste davon gezeigt, eine kostbare Ikone (und die Erinnerung an eine Tragödie) für die Bruderschaft der Kuratoren.

Schon der erste, 1719 erschienene Bericht über den Blaubock enthält Hinweise auf das bevorstehende Unheil. Der deutsche Kaufmann Peter Kolb arbeitete in Kapstadt und war von 1705 bis 1712 viel in Südafrika unterwegs (das er »Hottentotten-Holland« nannte). Er stellte fest, Blaubockfleisch schmecke gut, sei aber ziemlich trocken, und da es saftigeres Wild gab, blieb die Art von der Jagd zu Ernährungszwecken weitgehend verschont. Kolb pries aber das schöne Fell und insbesondere den bläulichen Schimmer, dem das Tier seinen Namen verdankte. (Die ersten Berichte stimmen nicht ganz überein: Manche schreiben die blaue Farbe der Behaarung zu, andere der Haut darunter; einige behaupten, die Farbe verblasse nach dem Tod sehr schnell, andere widersprechen dem. Von den vier Exemplaren in den heutigen Museen zeigt kei-

Das Blaubock-Exemplar im Leidener Museum.
Rijksmuseum van Natuurlijke Historie, Leiden.

nes eine auffällige blaue Färbung.) Kolb schreibt, das Tier sei »wegen seiner himmelblauen Haare« besonders schön anzusehen. Seinem Bericht zufolge jagte man den Blaubock wegen des Fells, und außerdem – ein weiterer Nutzen – konnte man das nicht gerade optimale Fleisch an die Hunde verfüttern. Reisende und Naturforscher bemerkten den Niedergang des Blaubocks praktisch vom Tag seiner Entdeckung an. C. P. Thunberg klagte 1774, die Art werde immer seltener, und später berichtete H. Lichtenstein, das letzte bekannte Exemplar sei 1799 erschossen worden. Sofort folgte die Reue, und 1840 schrieb Captain W. Harris in seinem *Portrait of the Game and Wild Animals of South Africa*: »Für einen *leucophaea* würde ich gern einen Finger meiner rechten Hand geben.«

Nur acht Jahre nachdem Linné (in der 1758 erschienenen zehnten Auflage seines *Systema naturae*) das Binominalsystem zur

Benennung von Tieren festgeklopft hatte, fand der Blaubock durch die Arbeiten von Peter Simon Pallas (1741–1811) Eingang in das offizielle wissenschaftliche Schrifttum. Der junge deutsche Naturforscher hatte mehrere Jahre in den Niederlanden gelebt, die damals geradezu ein Mekka der besten zoologischen Sammlungsstücke waren. Seine umfangreiche Abhandlung über alle Säugetiere, die Pallas mit der Beschreibung des Blaubocks und anderer Arten aus niederländischen Sammlungen begonnen hatte, vollendete er nie, denn er erhielt einen Ruf als Professor für Naturgeschichte nach St. Petersburg, und dort nahm ihn bald eine ganze Reihe anderer Projekte in Anspruch, darunter die bedeutendste Abhandlung des 18. Jahrhunderts über geologische Stratigraphie und die ersten Untersuchungen gefrorener Mammuts. (Pallas' Person und seine herausragende Laufbahn sind ein gutes Beispiel für den grenzüberschreitenden Charakter der zugegebenermaßen kleinen, mit wenig Mitteln ausgestatteten wissenschaftlichen Welt im Europa jener Zeit. Bei relativ wenig Orten, in denen sie arbeiten konnten, mit wenigen Publikationsorganen und in den letzten Jahren des Lateinischen als lebendiger, gemeinsamer Sprache konnten Wissenschaftler sich über nationale Grenzen hinwegsetzen und in Verbindung bleiben – mehr darüber im vorigen Kapitel.)

Linné selbst hatte Pallas die wissenschaftlichen Weihen erteilt und bezeichnete ihn als *juvenem acutissimum in Entomologicis, ornithologicis et toto natura versatissimum* (»einen höchst intelligenten jungen Mann, der im Studium der Insektenkunde, Vogelkunde und der gesamten Natur sehr bewandert ist«) – kein schlechtes Aushängeschild für einen Grünschnabel von fünfundzwanzig Jahren. Wenigstens fand der Blaubock durch den Besten aus einer kommenden Generation Eingang in die Wissenschaft.

Da Südafrika damals gerade von den niederländischen Vorfahren der heutigen Afrikaander besiedelt wurde, gelangten zoologische Funde aus diesem Teil der Welt bevorzugt in niederländische Sammlungen. Pallas muss mehrere Blaubockfelle zu Gesicht bekommen haben: Er begann seine Beschreibung der neuen Spezies *Antilope leucophaea* mit den Worten *Huius plurimas vidi palles Promontoriae bonae Spei misas* (»Ich habe mehrere Häute dieser [Spezies] gesehen, die vom Kap der Guten Hoffnung geschickt wurden«). Pallas beschrieb den Blaubock in seiner 1766 erschienenen *Miscellanea zoologica.* (In jener Frühzeit der Zoologie, als man erst wenige Arten beschrieben hatte, war die Gattung umfassender definiert; alle Antilopen ordnete man einer einzigen Gattung *Antelope* zu – daher Pallas' Benennung für den Blaubock. Als immer mehr Antilopenarten in den Schriften auftauchten, wurde diese Kategorisierung zu schwerfällig, und spätere Systematiker teilten sie in mehrere neue, stammesgeschichtlich definierte Gattungen auf. Nun wanderte der Blaubock zusammen mit seinen engsten Verwandten, der Pferde- und Rappenantilope, in die neue Gattung *Hippotragus.* Übrigens wählte Pallas den Namen nicht nach der auffälligen blauen Färbung: *leucophaea* bedeutet »weißlichgrau« und bezieht sich auf einen abgegrenzten hellen Fleck unter den Augen.)

Dass der Blaubock so schnell ausstarb, lag eindeutig an den Menschen. Den Todesstoß versetzten ihm europäische Jäger, aber die einheimische Bevölkerung hatte bereits um 400 n. Chr. Hausschafe in dem Gebiet angesiedelt, und der daraus erwachsende Niedergang der Lebensräume zeichnete für die Spezies vermutlich ein unausweichliches Schicksal vor, nachdem Population und geografische Verbreitung zuvor schon aus Gründen, die nichts mit dem *Homo sapiens* zu tun hatten, stark geschrumpft waren. Wenn jemals eine biologische Art für den natürlichen Tod im Auf und Ab der Natur vorgesehen war, dann der Blaubock: Ihm hatte der unbarmherzige Sensenmann der Erdgeschichte den Tag schon vorherbestimmt. Keine anderen Arten sind dafür so anfällig wie jene, in denen sich eine beträchtliche Körpergröße (und eine deshalb kleine Population nach dem Prinzip »mehr Ameisen als Elefanten«) mit einer stark eingeschränkten ökologischen und geografischen Verbreitung verbindet. Über die Größe der Bestände zu der Zeit, als die Europäer den Blaubock kennen lernten, machen die Quellen unterschiedliche Angaben, aber die meisten Berichte sprechen von einem winzigen Verbreitungsgebiet in der Provinz Swellendam, das vielleicht in Ost-West-Richtung nur 100 und von Nord nach Süd 60 Kilometer maß; sein Mittelpunkt lag wohl etwa 160 Kilometer genau östlich von Kapstadt. Ein großes Säugetier mit so kleinem Verbreitungsgebiet kann nicht lange erhalten bleiben.

Da diese seltene, geographisch eingeschränkte Art so schnell vernichtet wurde, wissen wir über den Blaubock so gut wie nichts.

Zuverlässige Befunde über Ökologie und Verhalten in freier Wildbahn wurden nie gesammelt (Berichte von Reisenden sind lückenhaft, stammen oft aus zweiter Hand oder widersprechen sich); von einem zweifelhaften Schädel und ein paar Hornzapfen abgesehen, besitzen wir aus der Zeit der europäischen Besiedelung kein Knochenmaterial von Blauböcken (vermutlich gehören einige fossile Knochen zu der Spezies); die vier ausgestopften Häute in europäischen Museen sind so verblichen, dass sie keine Auskunft über die Färbung zu Lebzeiten geben. Der Blaubock trat ins Bewusstsein der abendländischen Wissenschaft und verschwand fast im gleichen Augenblick völlig von der Bildfläche.

Wenn das Leben dahin ist, müssen wir uns mit den zweitbesten Anhaltspunkten begnügen: mit Überresten und Produkten. Deshalb wechselte der Blaubock in die Domäne der Kuratoren. Wert wird oft nach Seltenheit definiert. Nach diesem Kriterium kann kaum etwas aus der Natur so kostbar sein wie ein Stückchen von einem Blaubock – und gesegnet ist der Kurator, der es vorzeigen kann. Erna Mohr führt in ihrer Monografie über den Blaubock alle Museumsobjekte vollständig auf – und ihre Liste umfasst gerade einmal drei Textzeilen.

Es gibt nur vier ausgestopfte Exemplare in den Museen von Stockholm, Wien, Leiden und Paris. Hornpaare finden sich in Uppsala, London und vielleicht im Albany Museum in Südafrika. Bei den Luftangriffen auf London im Jahr 1941 wurde ein großartiger Schädel mit Hörnern zerstört, der sich zuvor im Museum des Royal College of Surgeons befunden hatte. Das Museum in Glasgow beherbergt einen vollständigen Schädel mit Hornzapfen, der zu einem Blaubock gehören könnte (oder auch nicht). Sonst keine Felle; keine weiteren Knochen. (Pallas erwähnt in seiner Erstbeschreibung »mehrere Häute, die vom Kap der Guten Hoffnung geschickt wurden«; es dürfte demnach in niederländischen Sammlungen noch einige weitere Exemplare gegeben haben. Aber Zeit und Kriege ruinieren nicht nur unseren Körper, sondern auch unsere Arbeiten.) Deshalb versteht man ohne weiteres, warum der Blaubock im Leidener Museum mit so einzigartiger Ehrerbietung behandelt wird.

Hätte meine Begegnung mit Blauböcken sich auf das Exemplar in seiner Vitrine in Leiden beschränkt, hätte ich diesen Essay vermutlich nicht geschrieben – es ist eine gute Story, aber kein Aufhänger für allgemeinere Erkenntnisse oder umfassenderes Nachdenken. Aber Chris Smeenk erzählte mir noch mehr und gab mir zwei Artikel zu lesen – und daraus erfuhr ich etwas so Ergreifendes und Trauriges, dass ich mich weiter damit befassen musste. Mittlerweile, so Smeenk, diskutierte man darüber, ob unter den Exemplaren, die Pallas bei der wissenschaftlichen Benennung des Blaubocks gesehen hatte, eines der noch erhaltenen Stücke war, und wenn ja, welches. (Solche Fragen sollte man nicht als Schwelgen in Altertümlichkeiten abtun. Aus Gründen der Nachweisbarkeit bei der Zuweisung wissenschaftlicher Namen muss es für jede Spezies ein »Typusexemplar« geben, ein einziges erhaltenes Stück, das zum offiziellen Namensträger der jeweiligen Art wird. Solche Typen brauchen wir, weil sich später in vielen Fällen herausstellt, dass sich hinter einer benannten »Spezies« in Wirklichkeit mehrere echte biologische Arten verbergen. Für eine davon müssen wir dann den bisherigen Namen beibehalten, für die anderen werden neue Bezeichnungen geprägt. Aber welche Population soll weiterhin den alten Namen tragen? Nach den Nomenklaturregeln gehört dieser in alle Ewigkeit dem Typusexemplar – und die zugehörige Population behält ihre ursprüngliche Benennung.)

Seit über hundert Jahren waren die Kuratoren in Leiden davon ausgegangen, dass ihr ausgestopftes Exemplar eine der *plurimas pelles* (»mehreren Häute«) war, die Pallas für seine Definition von *Hippotragus leucophaeus* benutzt hatte. Da von den anderen Fellen keines mehr aufzuspüren war, wurde das Leidener Stück zum Typus – und damit unausgesprochen zum offiziellen, wichtigsten Exemplar der Spezies (ein weiterer Grund, warum Smeenk so stolz war, als er es mir zeigte). Erna Mohr hatte diese seit langem herrschende Annahme jedoch infrage gestellt und den Leidener Blaubock als Stück mit ungewisser Herkunft in den Bereich des Sterblichen zurückgeholt. Wenn man in der Welt der Kuratoren überhaupt von »kämpferischen Worten« reden kann, hatte sie damit einen Tiefschlag gelandet (einen *chmallyeh*, wie mein Großvater, ein echter Anhänger des Kampfsports, gesagt hätte); die Leidener Kuratoren schlugen zurück – und trugen den Sieg davon. Smeenk gab mir zwei Aufsätze seiner Kollegen A. M. Husson und L. B. Holthuis, die 1969 und 1975 in *Zoologische Mededelingen*, der

Hauszeitschrift des Museums, erschienen waren. Schon der Titel des ersten Artikels macht das Erstlingsrecht des dortigen Exemplars geltend: »Über den Typus von *Antelope leucophaea* Pallas, 1776, erhalten geblieben in der Sammlung des Rijksmuseum van Natuurlijke Historie, Leiden.«

Husson und Holthuis erkennen in dem Leidener Blaubock dasselbe Exemplar, das in der Ausgabe von Buffons *Histoire naturelle* aus dem Jahr 1788 abgebildet ist, dem zoologischen Standardwerk des 18. Jahrhunderts. Allein diese Übereinstimmung verleiht dem Leidener Blaubock besonderes Gewicht, denn Buffons Abbildung ist die einzige aus dem 18. Jahrhundert, die das ganze Tier zeigt (in zwei früheren Quellen sind nur Hörner oder der gehörnte Kopf zu erkennen, und Pallas hatte seiner Erstbeschreibung überhaupt keine Illustration beigefügt). Buffons Ausgabe von 1788 enthält auch eine gute Beschreibung über die Vergangenheit dieses Exemplars: Sein erster Besitzer war Dr. J. C. Klöckner gewesen, ein früherer Schiffsarzt im Ostindiendienst. Klöckner war mit seiner Geschicklichkeit im Ausstopfen von Tieren berühmt geworden und lebte zwischen 1764 und 1766, als Pallas seine Beschreibung veröffentlichte, in Amsterdam. Da wir wissen, dass auch Pallas in der Grachtenstadt tätig war und sich sicher um die Besichtigung aller wichtigen Sammlungen bemühte, hat er Klöckners Exemplar höchstwahrscheinlich gesehen – womit der Leidener Blaubock zu einer der *plurimas pelles* in Pallas' ursprünglicher Beschreibung wurde, und damit war er als einzig nachweisliches Stück aus der anfänglichen Gruppe der Typus der Spezies.

Wie Buffons Verleger berichtet, ging das Stück in den Besitz des jungen Patriziers J. C. Sylvius in Haarlem über und gelangte nach dessen Tod 1776 an die Holländische Wissenschaftsgesellschaft in derselben Stadt. Buffons Exemplar, das Pallas gesehen hatte, endete also schließlich in Haarlem. Für Buffons Abbildung diente das Leidener Exemplar mit Sicherheit als Vorbild, aber um den endgültigen Beweis zu führen, müssen wir noch eine eindeutige Verbindung zwischen der letzten Heimstatt des Stückes in Haarlem und seinem heutigen Aufenthaltsort in Leiden herstellen. Hier verlor sich die Spur – bis Husson und Holthuis die Entdeckung machten, die den Zusammenhang festklopfte.

Das entscheidende Indiz fand P. Tuin, ein Bibliothekar des

Amsterdamer Zoos, und er gab die Information an Husson und Holthuis weiter. Tuyn bemerkte im *Opregte Haarlemsche Courant* vom 5. April 1842 eine Anzeige, in der eine Auktion mit Teilen der zoologischen Sammlung der Holländischen Gesellschaft angekündigt wurde – und der Text ließ erkennen, dass sich auch der Blaubock unter den Stücken befand, die versteigert werden sollten. Daraufhin gruben Husson und Holthuis in den Archiven des Leidener Museums, und tatsächlich fanden sie einen Stapel Rechnungen, die das Museum am 31. Mai 1842 seiner Geld gebenden Behörde, dem Innenministerium, eingereicht hatte (das Museum erfreute sich der königlichen Schirmherrschaft). Die Rechnungen belegen, dass Dr. H. Schlegel, damals Kurator für Säugetiere in Leiden, zu der Auktion nach Haarlem gereist war und zwei Antilopen gekauft hatte, darunter den Blaubock, der sich noch heute in der Museumssammlung befindet. Von den entscheidenden Rechnungen fiel mir besonders eine auf, die Quittung für den Fahrpreis von Haarlem nach Leiden: »Für den Ladebalken fl. 2,00, für die Antilopen fl. 0,60. Für die Lieferung fl. 0,85. Für Verzehr fl. 0,75. Für den Kauf der Antilopen fl. 47,10. Insgesamt fl. 51,30.«

Warum gerade dieses Detail mich so bewegte, weiß ich nicht. Bedenken wir einmal, welch intime Gegebenheiten man in einem solchen Fall aufspüren kann – einen Dreiviertel Florin (der Vorläufer des niederländischen Gulden) für Bier und Würstchen, um die Transportarbeiter bei Laune zu halten, während sie den Blaubock von Haarlem nach Leiden brachten. Aber der Blaubock als lebendes, sich entwickelndes, natürliches Etwas ist dahin – ausgestorben, bevor wir wussten, was er am liebsten fraß, wie seine Stimme klang, wie sein Fell gefärbt war. Wenn Kraft und Wesen verschwinden, bleibt uns nichts anderes übrig, als über Kleinigkeiten und Überreste zu diskutieren. Wir weinen über Anne Franks Tagebuch; wir knien je nach Glaubensrichtung ehrfürchtig vor einem Stückchen vom Zehenknochen des Großen Buddha oder vor einem Gefäß mit dem verflüssigten Blut des heiligen Januarius (das in New York den Anlass für das alljährliche, großartige Fest auf der Mulberry Street bildet) – stellen wir also über das angebliche Wunder nicht zu viele Fragen! Wir müssen uns für das Mittagessen der Ladearbeiter interessieren, denn Bier und Würstchen sind das einzige Bindeglied zu etwas Schönem, das wir verloren haben.

Kuratoren mögen die Wächter des Zweitbesten sein, aber wenn das Lebendige durch die Missetaten der Menschen verloren gegangen ist, kann es danach nichts Edleres mehr geben als die getreuliche Erhaltung und genaue Dokumentation der oft beklagenswerten Überreste.

Diese Traurigkeit gebiert Respekt für unseren späteren Eifer und Drang, etwas zu erhalten – zu wenig und zu spät für den Blaubock, aber vielleicht eine Lehre, wenn wir den relativen Wert einer gesunden Spezies mit einer 150 Jahre alten Quittung vergleichen. Ein unbekanntes Element im Periodensystem wird eines Tages entdeckt oder hergestellt – die Phänomene derart einfacher, von Gesetzen beherrschter Systeme erfreuen sich der Vorhersagbarkeit und Wiederholbarkeit. Sind aber alle Belege für etwas Historisches verloren, können wir nicht rekonstruieren, was wir nicht bewahrt haben – denn wir haben einen Teil der einzigartigen Fülle der Natur für alle Zeiten ausgelöscht. Der Blaubock wäre um ein Haar nicht nur aus Afrika, sondern auch aus der Erinnerung getilgt worden. Aber wir kannten die Spezies ein paar Jahre lang während eines Teils eines Jahrhunderts, und wir haben ein paar Reste und Aufzeichnungen gerettet – schäbige, bunt gemischte Bruchstücke, die aber auch etwas Magisches und deshalb selten Kostbares haben, sind sie doch die einzigen Zeugen für einen frühen Verlust in einer Reihe, die heute immer länger wird. Sie blicken uns aus Leiden, Paris, Wien und Stockholm an. Vier apokalyptische Antilopen, die schweigend zusehen, wie vielen anderen wir noch das gleiche traurige Schicksal bereiten werden.

Teil VI

Die vielen Gesichter der Eugenik

21. Was kann das denkende Schilf von der kernlosen Pflaume lernen?

Es gibt eine typisch amerikanische Form der Genialität: hohe persönliche Intelligenz, verbunden mit Selbstdarstellung und einem Berg harter Arbeit. Wir können feststellen, dass zwischen diesen drei unverzichtbaren Zutaten unterschiedliche Gleichgewichte bestehen: Barnum als Prototyp der Selbstdarstellung, Edison als Musterbeispiel für Fleiß (wie in seinem zu Recht berühmten Ausspruch, Genie sei ein Prozent Inspiration und neunundneunzig Prozent Transpiration). Das ausgewogenste Verhältnis aller drei Faktoren finden wir vielleicht bei Luther Burbank (1849–1926). Er wollte die amerikanischen Wüsten zu Weideland machen und züchtete zu diesem Zweck eine stachellose Kaktusart als Rinderfutter. Er kreuzte zwei von selbst entstandene Mutanten – die eine ohne Stacheln auf den Blättern, die andere ohne Dornen an den jungen Sprösslingen –, aber vollständig konnte er die Stacheln nicht beseitigen. Immerhin aber rieb er bei öffentlichen Auftritten seine Wange an einem »Schaukaktus«, der durch frühere Vorführungen längst alle Stacheln eingebüßt hatte und völlig glatt war.

Dennoch wurde Burbank mit seinen Erfolgen zum größten Pflanzenzüchter der amerikanischen Geschichte. Mit einer erstaunlichen Serie von Triumphen schuf er sich den Ruf als Magier, der einen Zauberstab für Verwandlungen besaß – eine Übertreibung, die Burbank mit seinem Gespür für Öffentlichkeitswirksamkeit zu seinem großen Vorteil auszunutzen lernte. Als junger Mann entwickelte er in seinem Heimatstaat Massachusetts die Burbank-Tomate, und mit den Einnahmen finanzierte er sein Lebenswerk, ein größeres Unternehmen in Kalifornien. Hier »schuf« er kernlose

Pflaumen, weiße Brombeeren, den (fast) stachellosen Kaktus, das Shasta-Riesengänseblümchen, den Feuermohn und die Burbank-Rose.

In solchen Triumphen spiegeln sich die beiden anderen Bestandteile amerikanischer Genies wider. Was die Intelliganz angeht, so hatte Burbank einen konkurrenzlos guten Blick für allerkleinste, nützliche Abweichungen. Er konnte ein Gänseblümchenfeld oder eine Pflaumenplantage mustern und sah sofort die Pflanze, die einen geringfügigen Vorteil zur Verbesserung der Sorte besaß. In der ganzen Branche arbeitete niemand im gleichen Maßstab und mit so unermüdlicher Energie wie Burbank. Aber trotz allen Aufhebens um seine Person wirkte er keine Wunder. Er holte aus der Natur nichts Neues heraus, sondern wandte einfach nur fleißiger – und zwar weitaus fleißiger als alle anderen – die beiden altbewährten Methoden der Pflanzenzüchtung an: Kreuzung und Selektion. Mit unfehlbarem Blick und beispiellosem Urteilsvermögen mischte er in den Hybridnachkommen die erwünschten Eigenschaften von zwei oder mehr Pflanzen und stellte so neue Sorten her. Dann baute er ein ganzes Feld mit den Hybriden an und hielt dabei stets Ausschau nach dem seltenen Exemplar, das alle vorteilhaften Merkmale in sich vereinigte und die unerwünschten unterdrückte. Um beispielsweise die kernlose Pflaume zu züchten, kreuzte er produktive, reichlich Früchte (mit dem üblichen Stein) tragende Sorten mit der *prune sans noyau* (Pflaume ohne Samen), einer seltsamen Linie, die in Frankreich seit dem 16. Jahrhundert bekannt war, wegen ihrer wenigen kläglichen Früchte aber als nutzlos galt. Mit immer neuen Runden der Kreuzung und Selektion, die sich über mehr als zehn Jahre hinzogen, gelang Burbank schließlich die Zucht großer Früchte ohne harten Stein.

In das Klischee des Volkshelden passte Burbank auch noch in anderer Hinsicht: Er schrieb sehr wenig und nährte seinen Ruhm lieber mit bewährten Produkten sowie mit gelegentlichen orakelhaften Ankündigungen. Natürlich gab er Kataloge heraus, um seine gärtnerischen Errungenschaften zu vermarkten, und er schrieb auch ein paar kurze Artikel für Landwirtschaftszeitschriften. Aber sein längster und meistbeachteter Aufsatz, der 1906 in dem Magazin *The Century* erschien und 1907 in Form eines kleinen Buches noch einmal aufgelegt wurde, handelte von einem anderen Thema:

von der Eugenik. Der verblüffende Titel des Bändchens reizt meine Neugier schon seit langem: *The Training of the Human Plant* (»Die Ausbildung der Menschenpflanze«). Wir dürfen zu Recht den Verdacht haben, dass das »fremde« Thema von Burbanks längstem schriftlichen Werk letztlich doch nicht allzu weit von seinen sonstigen Interessen entfernt ist.

In diesem Essay werde ich zwar den Details von Kartoffel- und Rosenzucht nicht völlig aus dem Weg gehen, aber vor allem möchte ich zwei Fallstricke offen legen, über die wir bei wissenschaftlichen (und anderen) Überlegungen häufig stolpern: irreführende Kategorien und falsche Analogie. Mit dem zweiten Thema werde ich mich im Rahmen der Analyse von Burbanks Artikel befassen, aber als Beispiel für das erste – die falsche Kategorieneinteilung – wollen wir unsere übliche Einstellung gegenüber der Eugenik betrachten.

Die Eugenik gilt in der Regel als falsche Ideologie der politisch Konservativen – und das aus zwei Hauptgründen. Erstens hatte sie zum Ziel, die Kreuzung der Menschen (zwangsweise oder freiwillig) zu kontrollieren und so durch eine Verbesserung der Erbmerkmale die Gesellschaft zu reformieren – und der Glaube an die Vererbung ist das Musterbeispiel für eine konservative Denkrichtung (die Menschen bekommen bei der Geburt, was sie verdienen; man sollte nicht versuchen, daran mit staatlichen Vorschriften oder Geldern etwas zu ändern). Und zweitens war der wichtigste Jünger einer extremen Form der Eugenik, nämlich Adolf Hitler selbst, kaum liberaler Vorurteile verdächtig (siehe Kapitel 23).

Aber die Eugenikbewegung lässt sich nicht so einfach in eine einzige, eindeutige politische Schublade stecken (und ich frage mich auch oft, wie gut »rechts« und »links«, »liberal« und »konservativ« sich eigentlich als Etiketten für Paare gegensätzlicher Schubladen eignen). Die Anhänger der Eugenik waren zu Beginn des 20. Jahrhunderts eine vielgestaltige, mächtige Bewegung. Kaum eine andere Gruppe, die einen einzigen Namen trug, war in jeder anderen Hinsicht so buntscheckig. Politik schafft immer seltsame Allianzen, aber im Spektrum derer, die die Eugenik unterstützten, muss es zu einigen legendären Kissenschlachten gekommen sein, bevor das Licht ausgeschaltet wurde. Die Bewegung umfasste die ganze Palette von starrköpfigen Anhängern der Vererbung, die Behinderte, Kranke und sogar Arme sterilisieren wollten, bis zu den Idealisten der Fabian Society, die kluge, freundliche Menschen dazu veranlassen wollten, mehr Kinder zu bekommen. Wer noch einen Rest Zuneigung zu der falschen Gleichsetzung von Eugenik und ewiggestrigem Konservativismus hegt, sollte sich eine entscheidende Tatsache vor Augen führen. Als der Oberste Gerichtshof der USA der amerikanischen Eugenikbewegung ihren größten Sieg verschaffte, indem er 1927 die Zwangssterilisationen geistig Behinderter für rechtens erklärte, stimmten alle liberalen Richter zu; die einzige abweichende Meinung in dem Votum von acht zu eins stammte vom konservativsten Mitglied der Kammer, einem Katholiken, der die Ansichten seiner Kirche über die Kontrolle der Fortpflanzung vertrat.

Ich erwähne diese politische Vielfalt, weil Luther Burbanks Buch wahrscheinlich den einflussreichsten Beleg für ein Phänomen darstellt, das es ohne die falsch hergestellten Verbindungen gar nicht geben könnte: liberale Eugenik. Mit der Wahl seines Titels »Die Ausbildung der Menschenpflanze« bereitete Burbank den Boden für seinen großen und letztlich falschen Vergleich, und gleichzeitig steckte er das »liberale« Feld ab, weil er das Schwergewicht nicht auf strenge, unveränderliche Erbeigenschaften legte, sondern auf die Bedeutung von Umwelteinflüssen während des Lebens.

Burbanks Abhandlung ist ein strenger, ausführlicher, Punkt für Punkt vorgenommener Vergleich zwischen seiner Vision für die Verbesserung der menschlichen Gesellschaft und seinen Methoden (wie er sie verstand) zur Entwicklung neuer Pflanzensorten. (Burbank besaß bei all seiner zuversichtlichen Selbstdarstellung auch eine seltsam bescheidene Ader: Einen entscheidenden Aspekt seiner eigenen Fähigkeit, Pflanzen zu verändern, schrieb er fälschlich den inneren Mechanismen der Natur zu. Wie wir noch sehen werden, liegt der Fehler seiner eugenischen Argumentation sowohl in dem falschen Vergleich mit der Pflanzenzüchtung als auch in seinem fehlenden Verständnis für die Gründe seiner eigenen gärtnerischen Erfolge.)

Die Abhandlung beginnt mit einer Empfehlung, die sich aus Burbanks eigenem ersten Schritt bei der Herstellung neuer Pflanzensorten ableitet, bei seinen konservativeren Gesinnungsgenossen in der Eugenikbewegung aber zu Tobsuchtsanfällen geführt haben muss. Er hatte seinen allgemeinen Ruf als Zauberer gewonnen, weil man glaubte, er könne praktisch nach Belieben echte Neuerungen erzeugen. In Wirklichkeit führte er fast alle »neuen« Merkmale durch gezielte Einkreuzung ein – das heißt, er fügte nützliche Merkmale aus anderen Sorten durch Bastardbildung hinzu. Entsprechend sah Burbank auch im Amerika seiner Zeit ein Land, das eine in der Menschheitsgeschichte einmalige Gelegenheit für Verbesserungen bot. Die Freiheitsstatue hob ihre Fackel neben dem goldenen Tor, und Ellis Island wurde von einer großen Welle europäischer Einwanderer überflutet. Burbank versah sein erstes Kapitel mit der Überschrift »Die Vermischung der Rassen« und begann dann mit einer offenen Analogie:

> Schon immer beeindruckt mich die Ähnlichkeit zwischen der Organisation und Entwicklung pflanzlichen und menschlichen Lebens ... mittlerweile sehe ich in der Kreuzung der Arten und einer klug gelenkten Selektion ein großes, wirksames Instrument, mit dem wir das Pflanzenreich auf einem stetig aufwärts führenden Weg umgestalten können ... Jetzt möchte ich mich vor allem darauf konzentrieren, dass sich in den Vereinigten Staaten heute eine Gelegenheit bietet, das zu beobachten und – wenn wir klug sind – zu unterstützen, was man nach meiner Überzeugung mit Fug und Recht als die großartigste Gelegenheit aller Zeiten betrachten kann, aus der gewaltigen Mischung der durch Einwanderung hierher gelangten Rassen die beste Rasse zu entwickeln, welche die Welt jemals gekannt hat.

Das war vor dem Hintergrund des damaligen Zeitgeistes ein atemberaubend radikaler Vorschlag. Die Konservativen in der Eugenikbewegung und an anderen Stellen zogen gegen kaum etwas so leidenschaftlich zu Felde wie gegen die Einwanderung – unser lebenskräftiger, tugendhafter und intelligenter Bestand an »Einheimischen« (womit nicht die echten amerikanischen Ureinwohner gemeint waren, sondern die Nordeuropäer) sollte nicht durch Kreuzung mit den minderwertigen Horden, die jetzt aus Süd- und Osteuropa hereinbrachen, in Richtung von Schwachsinn und Unfähigkeit verdünnt werden. (Meine eigenen Vorfahren kamen in dem Jahrzehnt des Erscheinens von Burbanks Buch aus Ungarn, Polen und Russland – ich gestehe also eine gewisse persönliche Empfindlichkeit in dieser Frage ein.) Diese »Nativisten« wollten die Welle der Einwanderung auf ein Rinnsal schrumpfen lassen und vor allem diejenigen, die schon im Land waren, von der Rassenmischung abhalten. Lasst die Neuankömmlinge doch in Fabriken und Ausbeutungsbetrieben arbeiten; lasst die Juden meine Kleider schneidern, die Italiener meine Haare frisieren und die Irin meinen Fußboden putzen; aber haltet sie von meinen Söhnen und Töchtern fern. Wie Burbanks Ideen über den Nutzen der Kreuzung in solchen Kreisen ankamen, kann man sich vorstellen.

Übertreiben möchte ich nicht. Ich bin mir nicht sicher, wie weit Burbank wirklich gehen wollte. Er spricht sich eindeutig für eine Mischung verschiedener *europäischer* Abstammungslinien aus, ist aber auffällig zurückhaltend, wenn es um Menschen anderer Hautfarben geht (hier liegt nach meiner Vermutung die unausgesprochene Grenze seines Radikalismus in einer derart rassistischen Zeit). Außerdem war Burbank kein Anhänger der Gleichberechtigung im heutigen Sinn. Er erkannte ureigene Unterschiede in Wert und Temperament der europäischen Bevölkerungsgruppen an (und zwar mit der traditionellen Gegenüberstellung von stämmigen Nordeuropäern und emotional geprägten Bewohnern des Mittelmeerraumes), befürwortete aber dennoch ihre Vermischung, damit die verschiedenen Vorteile sich in einer überlegenen Gruppe vereinigen konnten:

> Man bedenke nur, auf welches Material wir zurückgreifen können! Da ist der kraftvolle, aggressive Norden, gemischt mit dem überschwänglichen, beschwingten, eher impulsiven Süden. Wiederum haben wir die Verschmelzung eines kalten, phlegmatischen und eines quecksilbrigen, lebhaften Temperaments. Und doch auch die Vereinigung großer, angeborener Geistesstärke, ob entwickelt oder nicht, mit körperlicher Kraft, aber einem minderwertigen Geist.

Aber die Vermischung, so Burbank, kann für die Verbesserung der Menschen nur ein Anfang sein, genau wie die Bastardbildung im Garten der erste Schritt bei der Herstellung einer neuen Sorte ist. Vermischung als solche führt zuvor getrennte Merkmale in einer einzigen Abstammungslinie zusammen und schafft so das Rohmaterial. Belässt man es dabei, ohne anschließend zu selektionieren, führt die Vermischung zum Chaos, und alles wird nur noch schlimmer:

> Die bloße Kreuzung von Arten, die nicht von Selektion, kluger Aufsicht, intelligenter Pflege und äußerster Geduld begleitet ist, wird wahrscheinlich nicht zu etwas deutlich Besserem führen und kann sogar gewaltigen Schaden anrichten. Unorganisierte Bemühungen sind in ihrer Zielrichtung oft höchst nachteilig.

Wie sollte die Eugenik also nach dieser riesigen, umfassenden Vermischung der europäischen Abstammungslinien weitergehen? Da Burbank seinem Buchtitel zufolge und auch tatsächlich die Menschen mit den gleichen Methoden verbessern wollte wie seine Pflanzen, musste sich auch die weitere Entwicklung nach seinen gärtnerischen Richtlinien abspielen. Burbank umriss für die Verbesserung von Pflanzen ein vierstufiges Verfahren und übertrug dann das Ganze auf seine Vision von einer Fortentwicklung der Menschen. Die Pikanterie in Burbanks Geschichte (und auch der logische Fehler seiner Argumentation über Eugenik) liegt in unserer heutigen Erkenntnis, dass er ein viel besserer Pflanzenzüchter war, als er selbst – der begeisterte Selbstdarsteller – jemals geglaubt hatte! Er gelangte tatsächlich mit nur zwei seiner Schritte zu allen erwünschten Merkmalen, aber er glaubte, die Natur komme ihm mit zwei weiteren – in Wirklichkeit nicht existierenden – Vorgängen zu Hilfe. Und ironischerweise gründete er den menschenfreundlichen, »liberalen« Kern seines Eugenikprogramms auf diese eingebildeten Vorgänge – während seine wirkliche Vorgehensweise in der Pflanzenzucht nach seinen eigenen moralischen Werten jede Übertragung auf die Verbesserung der Menschen verbot, womit seine ganze auf Analogie gestützte Argumentation hinfällig wurde.

Burbank fasst seine Vier-Stufen-Methode zusammen und vertritt gleichzeitig ihre Übertragung auf die menschliche Gesellschaft:

Es gibt kein einziges wünschenswertes Merkmal, das man, wenn es einer Pflanze fehlt, nicht in sie einkreuzen könnte. Man kann sich jede beliebige Verbesserung einer Blume, einer Frucht oder eines Baumes aussuchen: Durch Kreuzung, Selektion, Kultivierung und Hartnäckigkeit kann man dieses erwünschte Merkmal unwiderruflich anbringen.

Betrachten wir einmal einen nach dem anderen die vier Schritte:

1. **KREUZUNG.** Wie bereits erwähnt, bewirkte Burbank keine Wunder der Neuentstehung. Er führte in alte Sorten neue Merkmale ein, indem er sie mit anderen Linien kreuzte, die diese Merkmale bereits besaßen. Genau wie durch solche Bastardbildung das Rohmaterial für die gärtnerische Verbesserung entsteht, sollte die Mischung der Einwanderer auch zu den besten Menschen Amerikas führen.

2. **SELEKTION.** Durch Kreuzungen erweitert sich nur das Spektrum der Abwandlungen bei den Nachkommen, sie schaffen aber allein keine Veränderung. Ein solcher großer Wandel – den man »Verbesserung« nennt, wenn er dem Vorteil der Menschen dient – erwächst aus der Selektion: Man zerstört die meisten Pflanzen und züchtet zukünftige Generationen nur aus den wenigen, die zufällig die gewünschte Merkmalskombination besitzen. Die unbewusste, natürliche Form dieses Vorganges ist das, was Darwin als »natürliche Selektion« bezeichnete. Ob natürlich oder gärtnerisch: Die Selektion wirkt immer sehr streng. Viele werden gerufen, und nur wenige sind auserwählt. Eine schnelle Verbesserung erfordert, dass fast alle Individuen von der Fortpflanzung ausgeschlossen bleiben, und das sicherste Mittel, um das zu erreichen, ist der Tod (bei Menschen könnten Sterilisation, Ehelosigkeit und andere Entsprechungen allerdings ausreichen). Der Gärtner jätet; die Natur beseitigt ganz allgemein. Die Übertragung dieses krassen Vorganges aus dem moralfreien Bereich der Natur war – nach meiner Überzeugung völlig zu Recht – der tödliche Fehler aller herkömmlichen Eugenikprogramme. Die Selektion ist in der Natur der wichtigste Weg, um genetische Veränderungen in Populationen herbeizuführen, aber wenn man ihn auf den ethisch geprägten Bereich der menschlichen Gesellschaft anwendet, muss er untragbar grau-

sam und autoritär werden (denn irgendjemand muss die Rolle des obersten Unkrautjäters spielen).

3. **KULTIVIERUNG.** An der segensreichen Wirkung der Kultivierung – das heißt guter Umgebungsbedingungen – für die Erhaltung von Gesundheit und Kraft einer einzelnen Pflanze zweifelt niemand. Aber welche Bedeutung können gute Umgebungsbedingungen für die genetische Verbesserung haben, wenn in einer mendelschen Welt keine während des Lebens erworbenen guten Eigenschaften an die Nachkommen weitergegeben werden? (Durch richtige Kultivierung bleibt eine Pflanze so kräftig, dass sie sich fortpflanzen kann, aber dieser Aspekt der Umwelt ist nur eine Voraussetzung für die Selektion, verschafft den Umgebungsbedingungen jedoch keine eigenständige Stellung für die Verbesserung.) Aber Burbank war Lamarckist. Nach seiner Überzeugung konnten Eigenschaften, die durch gute Pflege während des Lebens erworben wurden, auf die Nachkommen übergehen – und durch diese Übertragung, so glaubte er, könnten sich Verbesserungen Generation für Generation in stetigen Schritten ansammeln.

4. **HARTNÄCKIGKEIT.** Nach der lamarckistischen Lehre verstärkt Hartnäckigkeit als Erweiterung der Kultivierung den entwicklungsgeschichtlichen Wandel. Lamarckistische Fortschritte stellen sich in kleinen Schritten ein, und der Züchter (oder die Natur) muss seine segensreiche Tätigkeit über Generationen hinweg unermüdlich fortsetzen. Mendelsche Eigenschaften kommen von innen; ein Gen wird durch schlechte Umweltbedingungen nicht verdünnt (durch extrem schlechte Behandlung kann ein Lebewesen natürlich zu Grunde gehen, und dann ist das Experiment zu Ende). Nach der lamarckistischen Theorie dagegen können Merkmale sich durch generationenlange Missachtung auflösen, genau wie sie durch gute Aufzucht eine nach der anderen aufgebaut wurden.

Mit den Kategorien 3 und 4 sind wir beim Kernpunkt und der besonderen Eigenart von Burbanks eugenischer Argumentation – und bei seinem entscheidenden Fehler. Burbank glaubte an eine falsche Theorie, was seine eigene Wirkung anging. Bei der Züchtung seiner Pflanzen half ihm kein lamarckistischer Einfluss. Die Natur arbeitet nicht nach seinem Wunschdenken, sondern nach mendelschen Prinzipien. Burbank züchtete seine Pflanzen ausschließlich nach darwinistischen Gesetzmäßigkeiten, das heißt nach den beiden ersten Kategorien seiner eigenen Liste: Durch Kreuzung mischte er in den Hybrid-Nachkommen die mendelschen Eigenschaften verschiedener Sorten, und durch Selektion sammelte und verstärkte er die gesuchten Merkmale. Aber diese Kunst der Züchtung beherrschte er so unglaublich gut, so viel besser als alle anderen – und diese nicht in vollem Umfang erkannten Leistungen veranlassten ihn zu der falschen, aber unerschütterlichen Überzeugung, die Natur müsse ihm noch auf andere Weise geholfen haben! Er konnte nicht glauben, dass er alles selbst erreicht hatte, einfach indem er so streng und in so großem Maßstab selektionierte.

Was das Ausmaß der Selektion und die gewaltige Größe seiner Opfer anging, war Burbank sicher auffallend eifrig. Er vernichtete ganze Felder mit Pflanzen, um die eine zu finden, deren Weiterzucht sich lohnte (und gleichzeitig entwickelte er den schärfsten Blick der Welt, um die beste zu finden). Als Zeugnis seiner Fähigkeiten möge ein Augenzeugenbericht genügen. Die Quelle ist besonders interessant und enthält sogar eine gewisse Ironie: Es ist der große niederländische Botaniker Hugo de Vries, einer der drei Wissenschaftler, die Mendels Arbeiten wiederentdeckten. (De Vries kam zweimal nach Kalifornien und war begeistert von Burbanks praktischen Fähigkeiten, gleichzeitig aber wie vor den Kopf gestoßen von seiner Halsstarrigkeit, mit der er an Lamarck festhielt, während Mendels Lehren – mit de Vries als wichtigstem Vorreiter – ihren Siegeszug antraten):

> Seine Methoden sind Hybridbildung und Selektion im weitesten Sinn und im größten Maßstab. Ein charakteristisches Beispiel für seine Methoden möge ausreichen, um eine Idee von der Arbeit zu vermitteln, die zur Erzeugung einer neuen Rasse von höchster Leistungsfähigkeit notwendig ist. Vierzigtausend Brombeer- und Himbeerhybride wurden erzeugt und herangezüchtet, bis die Früchte reiften. Dann wurde aus der gesamten Menge eine einzige Varietät als beste ausgewählt. Sie ist heute unter dem Namen »Paradox« bekannt. Alle anderen wurden mit ihren reifenden Beeren herausgerissen, auf einen dreieinhalb Meter breiten und fünf Meter hohen Haufen geworfen und

angezündet. Von dem teuren, langwierigen Experiment blieb nichts außer der einen Elternpflanze der neuen Varietät.

Das Schwergewicht in Burbanks *Training of the Human Plant*, der Nährboden seiner »liberal« gefärbten Eugenik, liegt im Vergleich mit der (leider illusorischen) dritten und vierten Phase seiner angeblichen Züchtungsvorschrift: Kultivierung und Hartnäckigkeit. Burbank plädiert für ein gesundes Umfeld in der Kindheit und zieht auch dafür seinen üblichen Vergleich mit den Pflanzen heran:

> Will man eine Pflanze kultivieren und daraus etwas Besseres, Edleres entwickeln, so darf man sie nicht hassen, sondern man muss sie lieben; man darf sie nicht misshandeln, sondern muss zärtlich zu ihr sein; fest, aber niemals grob. Ich verschaffe Pflanzen … die bestmögliche Umwelt. Mit einem Kind sollte man es genauso machen, wenn es sich in der richtigen Weise entwickeln soll. Gebt den Kindern Musik, gebt ihnen Bilder, lasst sie lachen.

Burbanks Formel für gute Kindererziehung ist streng idyllisch – das leidenschaftlich romantisierende Bild eines sauberen Landes ohne geistigen Druck (Burbank war gegen formellen Schulunterricht vor dem zehnten Lebensjahr und betonte immer wieder einen einzigen Vorschlag als Anfang oder sogar Patentrezept für alle Reformen):

> Jedes Kind sollte seine Sandburgen haben, seine Heuschrecken, Wasserwanzen, Kaulquappen, Frösche, Schildkröten, Holunder- und Walderdbeeren, Eicheln, Kastanien, Bäume zum Klettern, Bäche zum Planschen, Seerosen, Murmeltiere, Fledermäuse, Bienen, Schmetterlinge, verschiedene Haustiere, Wiesen, Kiefernzapfen, Steine zum Rollen, Sand, Schlangen, Heidelbeeren und Hornissen; jedem Kind, dem diese Dinge vorenthalten wurden, wurde der beste Teil seiner Erziehung vorenthalten. Indem die Kinder mit alledem wohlvertraut werden, gelangen sie in eine enge Harmonie mit der Natur und ihren natürlichen, umfassenden Lehren.

Kein Reformer würde es versäumen, sich für eine gute Kindererziehung einzusetzen. Aber Burbanks Buch ist eine eugenische Abhandlung, eine Argumentation zu Gunsten *genetischer* Verbesserungen. Deshalb muss er die Ansicht vertreten, eine gute Erziehung habe unmittelbaren erblichen Nutzen für zukünftige Generationen – in Mendels Welt eine Absurdität. Aber wie bereits erwähnt, war Burbank ein Anhänger der lamarckistischen Vererbungstheorie, und deshalb befürwortete er eine beispielhafte Erziehung nicht nur wegen des offenkundigen Vorteils für die direkten Nutznießer, sondern auch und insbesondere wegen ihrer lamarckistischen Auswirkungen auf zukünftige Generationen einer genetisch verbesserten Bevölkerung. Gute Umweltbedingungen sorgen also nach Burbanks Auffassung für eine bessere Natur der Nachwelt:

> Vererbung ist nicht das düstere Gespenst, für das manche Menschen sie halten – unbarmherzig und unwandelbar, die Verkörperung des Schicksals selbst ... Meine eigenen Studien haben mich zu der sicheren Erkenntnis geführt, dass Vererbung nur die Summe aller früheren Umweltbedingungen ist, oder mit anderen Worten: Die Umwelt ist der Architekt der Vererbung; und auch einer anderen Tatsache bin ich mir sicher: Erworbene Eigenschaften werden weitergegeben und – darüber hinaus – wurden alle Eigenschaften, die weitergegeben werden, ursprünglich erworben.

Aber wie steht es dann mit dem flüchtig gestreiften zweiten Faktor, dem Schreckgespenst jeder »liberalen« Eugenik, dem Burbank seine großen Erfolge der Pflanzenzucht in Wahrheit zu verdanken hatte – der darwinistischen Selektionskraft? Wie kann man von genetischer Verbesserung reden, ohne gleichzeitig bereit zu sein, die Fortpflanzung der als ungeeignet Geltenden zu verhindern? Und wie kann man sich eine Eugenik beim Menschen überhaupt nur ausmalen, wenn die Verbesserung genauso ablaufen soll wie in der Natur oder im Garten, wo unbestreitbar die überwältigende Mehrzahl aller Individuen in die Kategorie des Entbehrlichen fällt und ausgemerzt wird?

Dieses Thema umschifft Burbank in seiner Abhandlung. In

einem Absatz räumt er ein, er würde gesetzliche Eheverbote für »Ungeeignete« bevorzugen – eine recht verblüffende Ausnahme von seinem allgemeinen Eintreten für die bürgerlichen Freiheiten, wenn man über die ethisch widerwärtige Frage nachdenkt, wer unter das Gesetz fallen soll und wer zu entscheiden hat: »Wenn möglich, wäre es am besten, die Eheschließung der körperlich, geistig und moralisch Ungeeigneten in allen Staaten der Union völlig zu verbieten.«

Ansonsten aber äußert Burbank sich kaum über diese größte Frage von allen. Er spürt das ethische Dilemma und nimmt ausnahmsweise Abstand von der Analogie zu Natur und Pflanzenzucht. Wie steht es mit körperlicher Schwäche? »Sollen wir, wie manche schon seit den Tagen Spartas meinen, dafür eintreten, dass Schwächlinge vernichtet werden? Nein.« Dann spricht er die schwierigste Frage an: »Wenn es aber um die geistig Minderbemittelten geht – ja, das ist die schwerste Frage von allen! – was soll mit ihnen geschehen?« Und dieses eine Mal siegt der Anstand über die Logik seiner eigenen Argumentation. Hier macht Burbank eine Ausnahme und gesteht ein, dass sein umfassender Vergleich hinkt:

> Im Falle der Menschen, in denen das Licht der Vernunft nicht brennt, jener, die offensichtlich nie etwas anderes als eine Last sein können: Sollen sie aus der Rasse getilgt werden? Man gehe zur Mutter eines schwachsinnigen Kindes, dann bekommt man die Antwort. Nein; hier muss die Analogie zu Ende sein.

Aber Burbank fand einen Ausweg – keine Ideallösung, aber eine praktikable Möglichkeit, mit der seine liberale Version der Eugenik erhalten blieb. Die Moral der Menschen, so meinte er, muss den Prozess der Verbesserung verlangsamen, denn die gewaltigen Opfer, die jede wirksame Selektion verlangt, können wir nicht ertragen. Wenn aber die Vererbung lamarckistisch ist, können wir den Ungeeigneten durchaus gestatten, zu leben und sich sogar fortzupflanzen; dennoch ist es möglich, einen – wenn auch langsameren – Fortschritt sicherzustellen. Denn eine gute Umwelt erzeugt Verbesserungen, und diese Vorteile werden in Form einer veränderten Vererbung weitergegeben. Kümmert euch über ausreichend viele Generationen hinweg um die Ungeeigneten, dann werden auch sie schließlich genetisch wertvoll werden:

> Wenn gewisse erbliche Neigungen fast unauslöschlich verwurzelt sind, muss die Umwelt einen harten Kampf ausfechten, um bei dem Kind eine Änderung zu bewirken; aber dass durch die Umgebung eine Änderung zuwege gebracht werden kann, wissen wir alle. Das einzelne Individuum mag solchen Einflüssen gegenüber zunächst halsstarrig sein, aber wiederholte Anwendung derselben verändernden Kräfte in aufeinander folgenden Generationen wird das Gewünschte in dem Kind schließlich ebenso hervorbringen wie in der Pflanze. Niemand kann sagen, welch großartige Folgen für das Wohl der Rasse sich vielleicht erreichen lassen, wenn man anormale Kinder heranzieht und in normale Menschen verwandelt.

Meine Ausführungen mögen langwierig gewesen sein, aber die Moral der Geschichte ist kurz und eindeutig. Die Natur, ob in freier Wildbahn oder in der Pflanzenzucht, funktioniert nicht nach lamarckistischen, sondern nach darwinistischen Prinzipien. Erworbene Merkmale werden nicht vererbt, und eine erwünschte Verbesserung ist die Folge strenger Selektion, wobei die große Mehrheit aus dem weiteren Ablauf der Fortpflanzung ausgeschlossen wird. Burbank konnte neue Sorten erzeugen, aber nicht die Regeln verändern. Er arbeitete in Wirklichkeit mit umfangreicher Hybridzüchtung und kompromissloser Selektion, aber seine eigenen Erfolge verleiteten ihn fälschlich zu der Annahme, die Natur habe seine Bemühungen mit lamarckistischer Vererbung unterstützt. Der lamarckistische Aspekt wird zum Grundstein für seine liberale Eugenik, die sich auf die *genetischen* Wirkungen guter Umweltbedingungen stützt. Der Fehler des Lamarckismus lässt die gesamte Argumentation hinfällig werden.

Aber durch das ganze Unternehmen zieht sich ein noch tiefer gehender Fehler, und hier ist Burbanks Abhandlung nur ein Beispiel, das in einer langen Tradition steht: der Versuch, das moralische Verhalten der Menschen durch Nachäffen der Natur zu gestalten. Burbank hatte Unrecht, was die Wirkungsweise der Natur angeht. Aber auch wenn er sich hier nicht geirrt hätte, wären seine Bemühungen nicht weniger fehlgeleitet gewesen. Die Tatsachen der Natur sind nicht unsere Ethik und können es nicht sein. Wir müssen wissen, wie die Natur funktioniert, um uns selbst zu verstehen und unsere Möglichkeiten und Grenzen in einer schwierigen Welt zu erkennen, aber warum sollte ein Vorgang, der Lebewesen ohne ausgeprägte Ethiksysteme dreieinhalb Milliarden Jahre lang gelenkt hat, alle Antworten auf eine Spezies geben, die erst vor einem entwicklungsgeschichtlichen Augenblick entstanden ist und dann durch Einführung so neuer, interessanter Begriffe wie Recht und Gerechtigkeit die Regeln geändert hat?

In *Evolution and Ethics*, seinem berühmten, 1893 erschienenen Essay über die Moralfreiheit der Natur, lobt Thomas Henry Huxley den Darwinismus wegen seiner Wirksamkeit, und dabei spricht er vom »Kampf ums Dasein, der in der kosmischen Natur ein so bewundernswertes Werk getan hat«. Aber dann fügt er eilig hinzu: »Der kosmische Prozess hat nicht das Geringste mit ethischen Zielen zu tun.« Er schließt mit der Feststellung, die menschliche Vernunft habe die Wahl: Sie könne der Natur folgen oder aber entscheiden, dass richtige Ethik etwas anderes verlangt, um dann die zerbrechliche Gabe des Geistes als einzigen Weg zur Überlegenheit zu nutzen: »Kraft seiner Intelligenz unterwirft der Zwerg den Titan seinem Willen. In jeder Familie, in jedem Staatswesen hat sich das gezeigt: Der kosmische Prozess wurde beim Menschen durch Gesetz und Sitte eingeschränkt und auf andere Weise verändert.«

Als Huxley seinen Essay schrieb, war Burbank in Kalifornien fleißig bei der Arbeit, aber Darwins Kettenhund hatte keine Pflanzen im Sinn, als er die Ansicht vertrat, menschliche Intelligenz schließe die Natur als Schiedsrichter in ethischen Fragen aus. Dennoch kann ich begeistert berichten, dass Huxley in unbewusster Nähe zu Burbank eine botanische Metapher gebrauchte – die noch dazu ein großer Klassiker ist –, um seine wichtigste Aussage zu belegen, eine Botschaft, die heute nicht weniger aktuell ist:

> Die Geschichte der Zivilisation berichtet ausführlich, mit welchen Schritten es den Menschen gelungen ist, im Kosmos eine künstliche Welt aufzubauen. Der Mensch mag ein schwankendes Rohr im Wind sein, aber er ist, wie Pascal sagt, ein denken-

des Rohr: In ihm liegt ein Kapital an Energie, das intelligent arbeitet und jenem, welches das Universum durchzieht, so ähnlich ist, dass es den kosmischen Prozess beeinflussen und abwandeln kann.

22. Die rauchenden Trümmer der Eugenik

Sorgen Baptistenprediger für Trunkenheit in der Öffentlichkeit? Diese merkwürdige Frage werfe ich auf, weil eine alte, berühmte Aufstellung für die zweite Hälfte des 19. Jahrhunderts eindeutig einen engen Zusammenhang zwischen der Zahl der Prediger und den Festnahmen wegen Trunkenheit in den Vereinigten Staaten erkennen lässt.

Um den Fehlschluss in meinem ersten Satz zu erkennen, braucht man keinen Doktortitel in Logik. Korrelation ist nicht das Gleiche wie Kausalität. Der unbestreitbare Zusammenhang zwischen Predigern und Betrunkenen könnte bedeuten, dass das Höllenfeuer eine Anregung zum Alkoholgenuss darstellt; er könnte auch die (vernünftigere) gegenteilige Vermutung nahe legen, dass zunehmendes Trinken in der Öffentlichkeit den Einsatz von mehr Predigern verursacht. Es gibt aber noch eine andere Möglichkeit, und die ist in diesem speziellen Fall mit ziemlicher Sicherheit richtig: Danach besteht zwischen Predigern und Trinken überhaupt kein Kausalzusammenhang, sondern ihre gleichzeitige Zunahme spiegelt nur eine gemeinsame Verbindung zu einem dritten, in Wirklichkeit bestimmenden Faktor wider. Das stetige Wachstum der amerikanischen Bevölkerung gegen Ende des 19. Jahrhunderts führte zur Zunahme vieler tausend Phänomene, die von der Gesamtzahl abhängen, ansonsten aber nichts miteinander zu tun haben – und dazu gehören sowohl Festnahmen wegen Trunkenheit als auch die Anwerbung von Geistlichen. Diese Geschichte ist seit langem das übliche Beispiel, mit dem Lehrbücher den Unterschied zwischen Korrelation und Kausalität verdeutlichen.

Aber man kann mit guten Prinzipien auch schlechte Argumente begründen. Ich habe in diesen Essays schon oft behauptet, nur großen Denkern dürften große Irrtümer unterlaufen – und damit meine ich, dass solche Fehler, so groß und bedeutungsschwer sie auch sein mögen, regelmäßig nicht dümmlich und peinlich, sondern vielschichtig und lehrreich sind. Dieser Essay handelt von den beiden größten Irrtümern, die der Schutzheilige meines Fachgebietes, der Evolutionsbiologie, im 20. Jahrhundert beging.

Die meisten Leser, die nicht gerade Fachleute sind, werden den Namen Sir Ronald Aylmer Fisher (1890–1962) vermutlich nicht kennen, denn er schrieb nichts für ein Laienpublikum, und auch vielen professionellen Naturforschern bleiben seine Fachveröffentlichungen mit ihrem anspruchsvollen mathematischen Anstrich verschlossen. Aber kein anderer Wissenschaftler war als Begründer der modernen Evolutionstheorie bedeutender als er, insbesondere weil es ihm gelang, die mendelsche Genetik mit Darwins natürlicher Selektion in Einklang zu bringen. Sein 1930 erschienenes Buch *The Genetical Theory of Natural Selection* wurde zum Grundstein für das Gebäude des modernen Darwinismus. Fisher errichtete es mit mathematischen Methoden, und nach Ansicht der meisten Biologen (ich selbst bin allerdings in mehrfacher Hinsicht anderer Meinung) ist das von ihm begründete Fachgebiet – die Populationsgenetik – das Kernstück der Evolutionstheorie. Fisher war auch einer der weltweit angesehensten Statistiker; er erfand das Verfahren der »Varianzanalyse«, das heute in der Statistik eine ebenso zentrale Stellung einnimmt wie das Alphabet in der Orthographie. Kurz gesagt, war Fisher der Babe Ruth der Statistik und Evolutionstheorie.

Aber Babe schlug auch oft daneben, und ebenso machte Fisher ein paar Fehler von Oberligaqualität. Die meisten meiner Kollegen kennen die beiden entscheidenden Irrtümer, mit denen ich mich in diesem Essay befasse, aber in der höflichen Gesellschaft von Berufskollegen redet man nicht darüber. Der eine wird als belanglose Laune aus Fishers alten Tagen abgetan, den anderen übergeht man meist stillschweigend, obwohl er mehr als ein Drittel von Fishers wichtigem Buch aus dem Jahr 1930 in Anspruch nimmt.

Während seiner letzten Lebensjahre verwendete Fisher erhebliche Zeit und mehrere Veröffentlichungen auf den Versuch, den

Kausalzusammenhang zwischen Rauchen und Lungenkrebs zu entkräften. Der vergnügte Pfeifenraucher Sir Ronald leugnete nicht, dass man eine echte Korrelation zwischen Rauchen und Lungenkrebs gefunden hatte, aber nach dem Lehrbuchbeispiel mit Predigern und Betrunkenen stellte er die Behauptung in Frage, es gebe zwischen beidem eine unmittelbare Kausalbeziehung. Er stellte die beiden anderen logischen Möglichkeiten in den Raum, genau wie die Bücher es bei Baptisten und Säufern taten. Erstens könne Krebs zum Rauchen führen und nicht umgekehrt. Diese von vornherein wenig plausible Idee ist selbst als abstraktes, der Mutmaßung dienendes Argument nur schwer zu begründen, aber Fisher fand eine Möglichkeit.

Als Raucher pries Fisher die beruhigende Wirkung des Tabaks. Außerdem erkannte er, dass Krebs sich über Jahre hinweg entwickelt und dass die späteren Patienten mehrere Jahre lang in einem »Krebs-Vorstadium« leben. Er nahm an, die Lunge werde vielleicht während dieses Vorstadiums chemisch gereizt, und die betreffenden Personen rauchten dann, um sich psychische Erleichterung von einer unerkannten körperlichen Beeinträchtigung zu verschaffen. Ein wenig weit hergeholt, aber nicht unlogisch. Im Jahr 1958 schrieb Fisher:

> Ist es demnach möglich, dass Lungenkrebs – genauer gesagt, der dem Krebs vorausgehende Zustand, den es geben muss und bei jenen, die später den voll ausgeprägten Lungenkrebs bekommen, bekanntermaßen auch gibt – eine der Ursachen für das Rauchen von Zigaretten ist? Ich denke, man kann das nicht ausschließen … Zu dem Krebs-Vorstadium gehört in einem gewissen Umfang eine geringfügige chronische Entzündung …
> Geringfügige Reizungen – eine kleine Enttäuschung, eine unerwartete Verzögerung, eine sanfte Zurückweisung, eine Frustration – ist häufig von dem Hervorziehen einer Zigarette begleitet, und auf diese Weise verschafft man sich einen geringen Ausgleich für die kleinen Widrigkeiten des Lebens. Wenn jemand also an einer chronischen Entzündung bestimmter Körperteile leidet (ein Zustand, der keine bewussten Schmerzen entstehen lässt), kann dies durchaus häufiger mit Rauchen verbunden sein, oder jemand raucht lieber, anstatt nicht zu rauchen …

einem solchen armen Burschen die Zigaretten wegzunehmen wäre fast so, als würde man einem Blinden den weißen Stock entwenden.

Fisher erkannte aber auch, dass die zweite Alternative für den Zusammenhang zwischen Rauchen und Lungenkrebs – dass beide unabhängig voneinander von einem dritten, echten kausalen Faktor abhängen – wesentlich plausibler und vielversprechender war. Und er hatte keine Zweifel, was für ein Faktor das höchstwahrscheinlich war: genetische Veranlagung. Er schrieb: »Ich für mein Teil halte es für wahrscheinlicher, dass eine gemeinsame Ursache die Erklärung liefert ... die nahe liegende gemeinsame Ursache, an die man sofort denkt, ist der Genotyp.« Mit anderen Worten: Gene, die einen Menschen anfällig für Lungenkrebs machen, könnten auch zu Verhaltensweisen und Persönlichkeitseigenschaften führen, die das Rauchen begünstigen. Auch diese Argumentation ist zweifellos logisch; Gene können vielfältige Auswirkungen haben, und zwar sowohl auf den Körper als auch auf das Verhalten. Um ein offenkundiges Beispiel zu nennen: Mehrere Formen der geistigen Behinderung stehen in keiner kausalen Verbindung mit körperlichen Merkmalen, die mit ihnen zusammen auftreten. Der untersetzte Körperbau bei Menschen mit dem Down-Syndrom ist nicht die Ursache der geistigen Behinderung (oder umgekehrt).

Nach weiteren 25 Jahren können wir rückblickend sagen: Fisher hatte eindeutig Unrecht, und das mit tragischen Folgen. Rauchen ist eine unmittelbare, starke Ursache von Lungenkrebs – und damit der Grund, dass viele hunderttausend Menschen jedes Jahr vorzeitig sterben. Dennoch kann ich Fisher nicht bei der Logik seiner Argumentation packen: Korrelation ist nicht Kausalität, und die Tatsache der Korrelation allein macht für die Ursachen die drei von ihm beschriebenen Szenarien möglich. Hätte Fisher seine Einwände gegen die Verurteilung des Rauchens nur als Mahnung zur Vorsicht wegen fehlender schlüssiger Befunde formuliert, würden wir ihm heute keinen Vorwurf machen. (Man kann in unserer komplizierten Welt nicht immer Recht haben; unter mehreren plausiblen Schlüssen, die man aus einer richtig aufgebauten Argumentation zieht, den falschen zu wählen ist nichts Unehrenhaftes.) Aber in Fishers Fall haben wir Gründe, seine Motive und seine Objektivität in Frage zu stellen – und deshalb können wir über seine falsche Schlussfolgerung auch ein Urteil fällen.

Fisher bot seine Aussage mit der üblichen wissenschaftlichen Rhetorik dar. Er behauptete, er habe die Belege objektiv gegeneinander abgewogen und nicht auf ein bestimmtes Ergebnis hingearbeitet. Angeblich hatte er die Frage ausschließlich im wissenschaftlichen Geist der Vorsicht und Wahrheitsliebe aufgeworfen. Fisher nennt ausdrücklich drei Argumente, warum man sich bei einem gesellschaftlich so belasteten Thema, bei dem es möglicherweise um Leben oder Tod geht, besonderer Gewissenhaftigkeit befleißigen müsse.

1. Viele Millionen Menschen haben Spaß am Rauchen. Ohne schlüssige Beweise sollten wir es nicht wagen, ihnen die Freude zu vergällen. In der elitären Sprache eines universitären Würdenträgers (Fisher war Balfour-Professor für Genetik in Cambridge und am Ende seiner Laufbahn auch Präsident des Gonville and Gaius College) verteidigte er die psychische Gesundheit der normalen Raucher:

> Immerhin ist eine große Zahl der Raucher auf der Welt nicht sehr klug und vielleicht nicht mit starkem Geist begabt. Es ist eine heimtückische Gewohnheit, die sich schwer durchbrechen lässt, und deshalb würde es in vielen, vielen Fällen etwas auslösen, das ein Psychologe als schwerwiegenden Konflikt erkennen würde … Da man hier in den Seelenfrieden und die Gewohnheiten anderer eingreift, scheint mir, dass man die wissenschaftlichen Belege – das genaue, ohne Emotionen festgestellte Gewicht der Befunde – sehr sorgfältig überprüfen sollte.

Noch nachdrücklicher äußerte er sich in einem Brief an das *British Medical Journal* vom 6. Juli 1957; darin vergleicht Fisher die Behauptungen der raucherfeindlichen Kräfte mit einem klassischen Fall von Panikmache: »Die ›gelbe Gefahr‹ der modernen Zeit ist sicher nicht das milde, beruhigende Kraut, sondern die organisierte Schaffung eines Zustandes hektischer Unruhe.«

2. Wenn wir aufgeregt behaupten, Rauchen sei eine Ursache von Krebs, und wenn sich diese Aussage dann als falsch erweist, gerät das gesamte Gebiet der Statistik in Misskredit. In einem weiteren Brief an das *British Medical Journal* (3. August 1957) plädiert Fisher für Vorsicht zum Schutz der Wissenschaft:

> Die Statistik hat sich in der medizinischen Forschung einen Platz von bescheidener Nützlichkeit erworben. Diesen kann sie nur verdienen und behalten, wenn sie völlig unparteiisch ist ... Mir widerstrebt die Aussicht, dass diese Wissenschaft jetzt durch einen katastrophalen, offensichtlichen Schnitzer in Misskredit gerät.

3. Bei Unsicherheiten sind vor allem weitere Forschungen notwendig. Verfrühte Schlussfolgerungen sind ein Hindernis für neue Untersuchungen. In einem dritten Brief, dieses Mal an *Nature*, die führende britische Fachzeitschrift für Naturwissenschaftler, schrieb Fisher (30. August 1958): »Derzeit entwickelt sich eine beträchtliche Propaganda, mit der man die Öffentlichkeit überzeugen will, dass Zigarettenrauchen gefährlich ist.« Schon in seinem Brief vom August 1957 hatte Fisher die Gefahren einer solchen Kampagne benannt: »Übermäßige Zuversicht, dass man die Lösung bereits gefunden habe, ist das wichtigste Hindernis für gründlichere Forschungsarbeiten.«

Fishers letzte Aussage über die weiteren Forschungsarbeiten wurde für ihn selbst ein Schuss nach hinten – ein ironisches Beispiel, wie wichtig und wahr sie ist. Zur Begründung seiner Vermutung, dass Rauchen keinen Krebs verursacht, führte Fisher zwei schlecht belegte Datensammlungen an: eine seltsame Behauptung, wonach Menschen, die inhalieren, durch den gleichen Umfang des Rauchens weniger Krebs bekommen als solche, die das nicht tun, und eine rätselhafte Beobachtung, dass der Lungenkrebs bei Männern stärker zugenommen hatte als bei Frauen, obwohl die Zahl der rauchenden Frauen schneller gestiegen war.

Die Daten über das Inhalieren stammten aus sehr schlecht aufgebauten Fragebögen. Die meisten Befragten wussten wahrscheinlich noch nicht einmal, was das Wort »inhalieren« bedeutet, und kreuzten einfach aus Verwirrung »nein« an. Spätere Untersuchungen zeigten eine starke positive Korrelation von Krebs und Inhalieren, wenn alle anderen Faktoren gleich bleiben. Was Männer und Frauen angeht, war Fishers Argumentation solide, aber die Daten waren falsch. Die immer schneller steigende Lungenkrebshäufigkeit bei Frauen gilt heute als eines der stichhaltigsten Indizien für einen Kausalzusammenhang.

Dass Fisher in dieser traurigen Geschichte negativ zu beurteilen ist, liegt weder an der Logik seiner Argumentation (die trotz der auf unzureichenden Daten beruhenden falschen Schlussfolgerung stichhaltig war) noch an seinen richtigen Worten der Warnung, sondern an der eindeutigen Erkenntnis, dass er sich selbst nicht seiner Kritik entsprechend verhielt. Fisher bearbeitete die Frage von Rauchen und Krebs offensichtlich nicht mit der Unvoreingenommenheit, die er als notwendige Voraussetzung jeder guten wissenschaftlichen Tätigkeit propagierte. Er zeigte eine ganz offenkundige Neigung, den Kausalzusammenhang zwischen Rauchen und Krebs zu leugnen – obwohl er andererseits immer und immer wieder behauptete, die Belege für die auch von ihm eingeräumte Korrelation erlaubten keine Bevorzugung einer der drei möglichen Interpretationen. Verräterisch sind zwei Aspekte in seinen Veröffentlichungen. Der erste ist die Sprache. Betrachten wir nur einmal das kleine zuvor zitierte Beispiel. Er fordert eine Argumentation, die »frei von Emotionen« und »völlig unparteiisch« ist. Gleichzeitig etikettiert er aber die Behauptung, Rauchen verursache Krebs, als »Propaganda«, als einen vermutlich »katastrophalen, offensichtlichen Schnitzer« und als Grund »hektischer Unruhe«, die zur »gelben Gefahr der modernen Zeit« geworden sei.

Das zweite ist sein Umgang mit den damals verfügbaren, begrenzten Befunden. Fisher erkannte praktisch ohne Fragen oder Kritik die zuvor erwähnten unzureichenden, aber entlastenden Daten über das Inhalieren und die Krankheitshäufigkeit bei Männern und Frauen an – obwohl beide schon bald darauf widerlegt werden sollten. Dann schob er einige noch zweifelhaftere Daten vor, die angeblich mit seiner Lieblingsmeinung im Einklang standen, dass sowohl Krebs als auch Rauchen unabhängig voneinander auf eine gemeinsame genetische Veranlagung zurückgehen. In zwei Untersuchungen wurde das Rauchverhalten ein- und zweieiiger Zwillinge untersucht. Dabei stellte sich heraus, dass eineiige Zwillinge häufiger die gleiche Einstellung (ja oder nein) zum Rauchen haben als zweieiige. Da eineiige Zwillinge aus einer einzigen Eizelle hervorgehen und deshalb das gleiche genetische Programm besitzen, während zweieiige sich aus zwei Eizellen entwickeln und einander genetisch nicht näher stehen als ein normales Geschwisterpaar, zog Fisher den Schluss, die größere Ähnlichkeit bei eineiigen Zwillingen müsse auf eine starke genetische Grundlage des Rauchverhaltens hinweisen.

Aber diese Folgerung ist sowohl möglicherweise falsch als auch für Fishers Argumentation im Wesentlichen bedeutungslos. Erstens könnte die größere Ähnlichkeit eineiiger Zwillinge im Rauchverhalten höchstens auf eine genetische Veranlagung für die Einstellung gegenüber dem Tabak hindeuten; solche Daten sagen aber überhaupt nichts über die genetischen Grundlagen von Krebserkrankungen oder einen möglichen Zusammenhang der beiden potenziellen Veranlagungen aus. Außerdem beweisen Fishers Daten noch nicht einmal seine erste Behauptung, es gebe eine genetisch bedingte Neigung zum Rauchen. Seine Erklärung stellt eine mögliche Interpretation der Daten dar, aber es gibt eindeutig auch eine andere, und diese Alternative zieht er kaum in Erwägung. Eineiige Zwillinge sehen gleich aus und werden häufig so erzogen, dass ihre verblüffende Ähnlichkeit in den Vordergrund tritt; man zieht sie gleich an, sie lernen, gegenseitig zu Stellvertretern zu werden, und so weiter. Vielleicht führt diese größere Ähnlichkeit in der Erziehung auch zu einer höheren Wahrscheinlichkeit, dass sich das gleiche Rauchverhalten entwickelt.

Hätte Fisher die Frage wirklich unvoreingenommen untersuchen wollen, wäre er nicht umhingekommen, alle diese Möglichkeiten in Betracht zu ziehen. Wir müssen also den Schluss ziehen, dass er mit einer eindeutigen Vorliebe, ja sogar mit einer Mission in die Schlacht zog: Er wollte die Behauptung, Rauchen sei die Ursache, widerlegen und die Alternativerklärung einer gemeinsamen genetischen Veranlagung vertreten. Deshalb müssen wir tiefer graben und die Frage stellen, warum Fisher eine so eindeutig vorgefasste Meinung hatte. Dabei fallen zwei Faktoren auf, der eine vordergründig und praktisch, der andere langfristig und theoretisch.

Der unmittelbare Grund ist leicht festzustellen und lässt sich nur schwer leugnen: Fisher wurde 1956 bezahlter wissenschaftlicher Berater im ständigen Ausschuss des Verbandes der Tabakindustrie. Er wehrte sich aber vehement gegen jeden Verdacht, dies könne seine Objektivität beeinträchtigen; sein Argument: Er werde seine Seele nicht für das Trinkgeld verkaufen, das er dort erhielt. Welch widersprüchliche Verpflichtungen eine solche Beschäftigung mit sich bringt, mögen höhere Mächte beurteilen; ich möchte es hier bei der Feststellung belassen, dass wir im Allgemeinen und mit guten Gründen die Unparteilichkeit der Institutionen als Voraussetzung für eine echte Objektivität des Geistes ansehen.

Intellektuell anregender ist der tiefer liegende Grund, denn mit seiner Hilfe können wir uns in die Vergangenheit bis zu Fishers erstem großen Irrtum vorarbeiten und so eine wichtige Kontinuität seines Lebens und seiner Karriere offen legen. Fisher war während seines ganzen Lebens ein nachdrücklicher Befürworter der Eugenik, das heißt der Vorstellung, wir könnten Leben und Kultur der Menschen verbessern, wenn wir Strategien zur genetischen Verbesserung durch selektive Kreuzung anwenden – entweder indem wir Personen, die genetisch als besonders geeignet gelten, zum Zeugen von Kindern veranlassen (positive Eugenik) oder indem wir die Fortpflanzung der angeblich Ungeeigneten verhindern (negative Eugenik). Ich muss von vornherein betonen, dass ich Fisher nicht wegen besonderer Schandtaten in diesem Bereich herausgegriffen habe. Früher sprach sich die große Mehrheit der Genetiker für irgendeine Form der Eugenik aus, zumindest bis Hitler so überdeutlich zeigte, wie ein erbarmungsloses Programm der negativen Eugenik funktionieren kann (siehe das nächste Kapitel). Darüber hinaus war Fishers eigenwillige Version, wie wir noch sehen werden, politisch relativ gutartig und im Wesentlichen von positiver Färbung. Die Eugenik hatte eine große, buntscheckige Anhängerschar, darunter mit Sicherheit Faschisten, aber auch idealistische Sozialisten und überzeugte Demokraten (siehe das vorige Kapitel).

Die Grundlage von Fishers Sympathie für die Eugenik war seine lebenslange, starke Vorliebe für genetische Erklärungen des Verhaltens, und die ließ ihn sicher auch stark zu der Auffassung neigen, sowohl Rauchen als auch Krebs könnten mit den genetischen

Unterschieden zwischen den Menschen zu tun haben. Die gleiche Vorliebe für genetische Erklärungen gab auch den Anlass zu seinem größeren, umfassenderen ersten Fehler: seiner allgemeinen Theorie des Rassenverfalls (und einer möglichen eugenischen Rettung), die er in seinem großen Werk präsentiert, der 1930 erschienenen *Genetical Theory of Natural Selection.*

Genau wie die meisten meiner Kollegen über Fishers spätere, peinliche Arbeiten zum Rauchen hinweggehen, so schenken sie auch den eugenischen Kapiteln in der Bibel unseres Berufsstandes wenig oder gar keine Beachtung. Evolutionsforscher mögen kaum etwas über Fishers Bemühungen zur Entlastung der Tabakindustrie wissen, aber können sie über mehrere Kapitel in einem Standardwerk hinwegsehen, das in der Bibliothek jedes Experten steht? Ein führendes Buch über die Geschichte der Populationsgenetik sagt über Fishers eugenische Kapitel nicht mehr als das Folgende: »In den abschließenden fünf Kapiteln übertrug er seine genetischen Vorstellungen auf menschliche Populationen.«

Wir räumen nicht gern ein, dass auch unsere Heiligen ihre Schwächen hatten. Vielleicht ist es meinen Kollegen peinlich, dass ein wirklich großes Werk, die abstrakte und theoretische Grundlage unseres Fachgebietes, auch praktische Ansichten über die Gesellschaft enthält, die den meisten von uns sowohl zutiefst fehlerhaft als auch politisch unannehmbar erscheinen. Vielleicht neigen wir dazu, die eugenischen Kapitel als unglückseliges, entbehrliches Anhängsel eines großartigen Werkes mit ganz anderem Charakter zu betrachten. Aber eine solche Abqualifizierung lässt sich nicht rechtfertigen. Die eugenischen Kapitel sind keine Petitesse am Ende; sie machen mehr als ein Drittel des Buches aus. Außerdem beharrt Fisher ausdrücklich darauf, diese Kapitel leiteten sich unmittelbar aus seiner Theorie ab und man könne sie nicht von seinen abstrakteren Schlussfolgerungen trennen. Er behauptet, er habe die Kapitel nur aus Gründen der Bequemlichkeit in dieser Form zusammengefasst und er habe die eugenischen Vorstellungen stattdessen auch über das ganze Buch verteilen können. Fisher schreibt: »Die Folgerungen, die den Menschen betreffen, sind keinesfalls von den allgemeineren Kapiteln zu trennen.«

Durch die ganzen fünf eugenischen Kapitel zieht sich eine einzige, allerdings verwickelte Argumentation: Hoch entwickelte

Zivilisationen zerstören sich selbst durch »die gesellschaftliche Förderung der relativ Unfruchtbaren« – das heißt, wer in die herrschenden Klassen aufsteigt (die »besseren Kreise«, die für erfolgreiche Regierungsarbeit so unentbehrlich sind), hat leider weniger Kinder, und zwar nicht nur aus Gründen der gesellschaftlichen Entscheidung (die rückgängig zu machen wäre), sondern wegen einer genetisch bedingten geringeren Fruchtbarkeit. Die Oberschicht dezimiert sich demnach selbst, bis sie gesellschaftlich geschwächt ist und zerfällt. Wem diese Behauptung zunächst einmal wenig plausibel erscheint, der sollte Fishers sechs gedanklichen Schritten folgen. Wie beim Rauchen, so ist die Argumentation auch hier von makelloser Logik (in dem eng gefassten, fachlichen Sinn, dass sie aus den Voraussetzungen folgt), und doch ist sie völlig falsch und fast absurd, weil die entscheidenden Voraussetzungen nicht stimmen.

1. Alle großen Zivilisationen machen einen Kreislauf von anfänglichem Gedeihen bis zum Niedergang und Zerfall durch. Zwar kann eine ausgelaugte Rasse schließlich einer Eroberung zum Opfer fallen, aber die Ursache des Niederganges kommt von innen und ist von vornherein angelegt. Der wichtigste Grund, dass sie am Ende versagt, muss in einer vorhersagbaren Schwächung der Eliten liegen. Kann man diesem Niedergang entgegenarbeiten und der Größe mehr Stabilität verleihen? Fisher schreibt: »Die Tatsache, dass frühere Zivilisationen untergegangen sind, ist die offenkundigste in der ganzen Geschichte … die unmittelbare Ursache des Zerfalls muss in der Degeneration oder Dezimierung der herrschenden Klassen liegen.«

2. Als Nächstes erwähnt Fisher den seit langem bekannten, gut dokumentierten Zusammenhang zwischen Familiengröße und gesellschaftlicher Stellung in den modernen Staaten des Westens, aber er interpretiert ihn falsch. Ärmere Familien haben mehr Kinder, die Elite dagegen ist relativ wenig fruchtbar, weil die Angehörigen der höheren Klassen später heiraten, nach der Eheschließung weniger Kinder bekommen und zu einem höheren Prozentsatz Junggesellen oder alte Jungfern bleiben. Diese relative Unfruchtbarkeit der Oberschicht, so Fisher, führt zu ihrer Dezimierung und damit schließlich zum Niedergang der Zivilisation,

weil die Gruppe der Fähigen nicht wieder aufgefüllt wird. Fisher schreibt: »Die Geburtenrate ist unter dem Ärmeren weitaus höher als in den wohlhabenden Klassen, und dieser Unterschied hat sich in den letzten Generationen verstärkt.«

Interessanterweise lehnt Fisher auf dieser Grundlage die beiden häufigsten anderen Erklärungen für den Rassenverfall ab, die von Eugenikern seiner Zeit vertreten wurden. Erstens leugnet er, dass nur die höheren Klassen durch gefährliche Vermischung bedroht sind. Die Abnahme der Fruchtbarkeit stellt sich nach seiner Überzeugung allmählich ein und beschränkt sich nicht auf die herrschende Elite, sondern zieht sich durch die gesamte gesellschaftliche Hierarchie. Er schreibt: »Die mangelnde Fortpflanzung ist kein besonderes Merkmal angesehener Familien oder geistig Höherstehender, sondern eine abgestufte Eigenschaft, die sich in regelmäßigem Gefälle von der Spitze bis zum Boden der gesellschaftlichen Skala erstreckt.«

Und zweitens lehnt Fisher auch das häufig vertretene Argument ab, das die unglückseligsten moralischen und politischen Folgen hatte: dass überlegene Zivilisationen durch die Vermischung mit minderwertigen Gruppen zerfallen. Sein Widerspruch folgt unmittelbar aus seinen Ansichten über die Evolution – diese Verbindung ist der beste Beweis, dass Fishers Kapitel über die Eugenik integraler Bestandteil seiner allgemeinen Evolutionstheorie sind und dass man die beiden Teile seines Buches nicht trennen kann, wobei die Theorie gelobt und die Eugenik peinlich berührt verschwiegen wird. Der Mittelpunkt des Buches ist eine Aussage, die man heute »Fishers grundlegendes Theorem der natürlichen Selektion« nennt: »Die Geschwindigkeit, mit der die Eignung eines Lebewesens zu einem beliebigen Zeitpunkt zunimmt, ist gleich seiner genetischen Schwankungsbreite in der Eignung zu diesem Zeitpunkt.« Oder, grob gesagt: Die Geschwindigkeit der Evolution durch natürliche Selektion ist direkt proportional der Menge an nutzbaren genetischen Abweichungen, die in einer Population vorhanden sind. Oder, noch gröber: Genetische Variationen sind etwas Gutes, wenn man die Evolution beschleunigen will. Da die eugenische Verbesserung eine wirksame Evolution erfordert, ist also alles, was den Umfang nutzbarer Variationen vergrößert, höchst wünschenswert. Die Rassenmischung ist nach Fishers Ansicht eine leistungsfähige Methode zur Steigerung der Variationsbreite, und deshalb musste er ihren potenziellen Nutzen anerkennen. (Einem allgemeinen Vorurteil seiner Zeit folgend, leugnete Fisher nicht, dass manche Rassen allgemein überlegen seien. Die Rassenmischung, so meinte er, könne also die durchschnittliche Qualität der Menschen vermindern. Dennoch würde aber das Spektrum der Variationen sich verbreitern, selbst wenn der Mittelwert sank, und die natürliche Selektion könne dann zu Verbesserungen führen, weil sie die seltenen Individuen an dem erweiterten oberen Ende begünstige.)

3. Nun könnte man glauben, die Elite habe ausschließlich aus gesellschaftlichen Gründen weniger Kinder (besserer Zugang zu Verhütungsmitteln, Verschieben von Schwangerschaften wegen Beruf oder Ausbildung, mehr Formen der Freizeitgestaltung, die ohne umfangreiche Familie größeren Spaß machen); in Wirklichkeit aber, so Fisher, hat der Zusammenhang vorwiegend genetische Ursachen – die Oberschicht ist aus Gründen der Veranlagung weniger fruchtbar.

Diese Behauptung ist der Kern von Fishers Eugenik. Er argumentiert, die geringe Fruchtbarkeit der modernen Elite sei kein ständiger Zustand aller Gesellschaften, sondern eine gefährliche, relativ neue Entwicklung. In »primitiven« Sozialstrukturen haben die Herrschenden im Allgemeinen *mehr* Kinder. (Den wichtigsten Grund für diese frühere, positive Korrelation – die herrschenden Männer hatten Geliebte und mehrere Ehefrauen – übergeht Fisher diskret, nach meiner Vermutung vor allem deshalb, weil er solche Praktiken ethisch ablehnt, von den geliebten alten Zeiten aber eine gute Meinung haben wollte!) Er schreibt: »Angehäufter Reichtum war normalerweise dazu bestimmt, eine zahlreiche Nachkommenschaft zu ernähren.«

Aber in der »fortgeschrittenen« Zivilisation hat sich dieser alte, biologisch gesunde Zusammenhang umgekehrt. Heute hat die Elite weniger Kinder, und zwar nach Fishers Überzeugung vorwiegend aus Gründen einer genetisch bedingten relativen Unfruchtbarkeit. Wie ist es zu diesem tragischen Richtungswechsel gekommen? Die traurige Situation, so Fisher, könnte eingetreten sein, weil sich in »höheren« Kulturen eine vorhersehbare Neigung einstellt, weniger fruchtbare Menschen gesellschaftlich stärker zu fördern, sodass sich in der Oberschicht die Ursache ihrer späteren

Dezimierung breit macht. Aber wo könnte eine solche Tendenz ihren Ursprung haben?

4. Menschen, die (in einer Demokratie, die solche Veränderungen erlaubt) aus den unteren in die höheren Schichten aufsteigen, tun das auf Grund ihrer genetischen Überlegenheit und der Vorteile, die sie auf diese Weise in Intelligenz und Geschäftstüchtigkeit erlangen. Aber leider sind gerade diese Menschen in der Regel auch weniger fruchtbar. Fisher argumentiert hier genau nach dem gleichen Schema wie später bei seinen Behauptungen über das Rauchen. Leistungsfähigkeit führt nicht zur Unfruchtbarkeit, und Unfruchtbarkeit erzeugt auch keine hohe Intelligenz. Zwischen beiden ergibt sich vielmehr ein Zusammenhang, weil beide Merkmale unabhängig voneinander mit einem schädlichen Umstand verknüpft sind, der sich nur in »fortgeschrittenen« Kulturen einstellt. Damit ein Mann überhaupt aufsteigen kann, muss er starke, genetisch bedingte Fähigkeiten besitzen. (Fisher formuliert dieses Argument in Übereinstimmung mit dem umfassenden Sexismus seiner Zeit ausdrücklich für Männer.) Stammt ein Mann aber aus einer großen Familie (und hat er demnach eine Neigung zu hoher Fruchtbarkeit geerbt), hat er geringere Aufstiegschancen, weil seine Familie ärmer ist (in ihr sind bei sonst gleichen Voraussetzungen mehr Mäuler zu stopfen) und weil er weniger Zugang zu guter Ausbildung hat. Kommt ein Mann mit den gleichen Fähigkeiten aber aus einer kleinen Familie (mit erblicher geringer Fruchtbarkeit), sind seine Aufstiegschancen besser. Durch diesen nichtkausalen Zusammenhang von Begabung und Unfruchtbarkeit ergibt sich der wichtigste Grund für den Verfall der Zivilisation: die gesellschaftliche Förderung relativ unfruchtbarer Menschen.

Aus diesen Tatsachen, so Fisher, erwächst eine Tragödie nach der anderen. Die unteren Schichten verfallen, weil sie ihre begabtesten Mitglieder verlieren; die höheren Klassen sinken durch die Unfruchtbarkeit dieser aufgestiegenen Personen ab. Die Gesellschaft geht den Bach hinunter. Fisher versuchte, sich der Entwicklung zumindest mit einem kleinen persönlichen Beitrag entgegenzustemmen: Er hatte eine große Kinderschar.

5. Jetzt musste Fisher sich mit einem Problem in der Logik seiner Argumentation auseinander setzen. Angenommen, die höheren Schichten waren so unfruchtbar: Müssten dann nicht Aufsteiger

aus den unteren Klassen dazu beitragen, die Lücken zu schließen, selbst wenn diese neu Hinzugekommenen weniger fruchtbar waren als ihre Genossen, die auf den unteren Stufen blieben? Hier folgte Fisher einer seltsamen Argumentation, die Francis Galton als Erster vertreten hatte: Danach heiraten Männer, die auf Grund ihrer Fähigkeiten aufsteigen, in der Regel besonders unfruchtbare Frauen aus der Oberschicht, sodass ihre eigene Fortpflanzungsfähigkeit »verdünnt« wird. Solche Männer, die ihre eigenen Vorzüge kennen (und schlau genug sind, sie auszunutzen), ehelichen häufig reiche Erbinnen, wenn sich die Gelegenheit bietet (denn diese Männer brauchen dringend finanzielle Stärkung, damit sie ihre nicht unerheblichen Fähigkeiten nutzen können). Eine Erbin ist aber häufig besonders unfruchtbar, denn sie ist vielfach die einzige Tochter in einer Familie ohne männliche Nachkommen. Fisher klagt: »Damit gehören die Kinder relativ unfruchtbarer Eltern und besonders befähigter Männer in dieselbe Klasse, und ihre Heirat war die Folge der gemeinsam auftretenden Sterilität und Fähigkeiten.«

Analysiert man diese köstlich absurde Argumentation im Hinblick auf die verborgenen – sexistischen und sonstigen – Annahmen, die ihr zu Grunde liegen, so erkennt man, wie illusorisch Fishers Behauptung ist, er sei völlig unparteiisch und gehorche nur der Logik seiner Argumente sowie dem Diktat der empirischen Daten. Nur Männer steigen aus den unteren Klassen auf. Unfruchtbarkeit ist die Bürde und Schuld der Frauen. Mit anderen Worten: Die Männer kommen voran, und die Frauen ziehen dann den ganzen Familienstammbaum nach unten.

6. Schließlich fasst Fisher die schädlichen Auswirkungen der genetisch bedingten negativen Korrelation zwischen Kinderzahl und gesellschaftlicher Stellung zusammen:

> Wenn also die unteren gesellschaftlichen Ränge fruchtbarer sind, müssen wir uns mit der paradoxen Situation auseinander setzen, dass die biologisch erfolgreichen Mitglieder unserer Gesellschaft sich vorwiegend unter ihren gesellschaftlichen Versagern finden, und dass ebenso die Klassen derer, die wohlhabend und gesellschaftlich erfolgreich sind, im Ganzen die biologischen Versager darstellen, die sich nicht für den Kampf ums

Dasein eignen und dazu verdammt sind, je nach ihrem gesellschaftlichen Rang mehr oder weniger schnell aus dem Bestand der Menschen ausgemerzt zu werden.

Wenn diese zerstörerische negative Korrelation durch die gesellschaftliche Begünstigung der Unfruchtbarkeit verursacht wird, liegt die einzige Hoffnung auf Umkehr und Rettung in einer Politik, die auf gesellschaftliche *Förderung* der *fruchtbareren* Menschen abzielt. Fisher befürwortete Geldzahlungen und andere Belohnungen bei der Geburt von Kindern, sodass Menschen aus unteren Schichten, die sowohl begabt als auch fruchtbar seien, gesellschaftlich aufsteigen könnten – wie ich bereits zu Anfang sagte, eine relativ gutartige Form der Eugenik.

Die vielen falschen Annahmen, die Fishers Argumentation hinfällig werden lassen, brauche ich wohl nicht im Einzelnen zu erläutern. Ich möchte nur festhalten, dass sich in ihnen der gleiche Fehler – die unkritische Anerkennung genetischer Vermutungen – widerspiegelt, der auch seine späteren Behauptungen über das Rauchen ad absurdum führte. Warum soll man annehmen, dass Menschen, die gesellschaftlich aufsteigen, dies zum größten Teil auf Grund ihrer genetischen Ausstattung tun? Und selbst wenn es so sein sollte: Warum unterstellt man, dass die allgemein bekannte negative Korrelation zwischen Kinderzahl und gesellschaftlicher Stellung die Folge einer unterschiedlichen *genetisch bedingten* Fruchtbarkeit ist – insbesondere wenn so viele ausgezeichnete, nahe liegende nichtgenetische Begründungen geradezu nach Aufmerksamkeit schreien (auch wenn Fisher sie nur beiläufig erwähnt und lächerlich macht), darunter, wie bereits erwähnt, die längere Schulzeit, spätere Eheschließung und einfacherer Zugang zu Verhütung und Abtreibung. Die erste genetische Annahme (biologische Ursachen für sozialen Aufstieg) erscheint nicht ganz so unplausibel, auch wenn sie nicht bewiesen ist; die zweite jedoch (genetische Ursachen für die geringere Kinderzahl in der Oberschicht) wirkt so unwahrscheinlich, dass sie fast ans Absurde grenzt. Dennoch erfordert Fishers Behauptung, dass beide Annahmen stimmen – denn wenn wir aus genetischen Gründen gesellschaftlich aufsteigen, dann aber wegen rein gesellschaftlicher Ursachen weniger Kinder haben, bricht seine Argumentation zusammen, weil es keine »gesellschaftliche Förderung der Unfruchtbarkeit« mehr gibt.

Nun können wir Fishers Eugenik freundlich betrachten und sagen: Seine genetischen Vermutungen richteten keinen Schaden an, denn sosehr er es in der Presse und vor dem Parlament auch versuchte, seine Empfehlungen hatten keine praktischen Folgen. Aber falsche genetische Hypothesen über Verhalten und gesellschaftliche Stellung der Menschen haben großes politisches Gewicht. Sie stellen die bestmögliche Waffe für alle Konservativen dar, die den Betroffenen die Schuld für alle behebbaren gesellschaftlichen Missstände oder Ungleichheiten geben. Schadstoffbelastete Arbeitsplätze? Untersucht die Arbeiter und feuert diejenigen, die genetisch zu negativen Reaktionen neigen. Den Angehörigen ethnischer Minderheiten stehen keine ausreichenden Chancen offen? Dann haltet dagegen, dass diese Menschen von Natur aus unterlegen sind und deshalb bereits eine ausreichende Zahl von Plätzen besetzen. Der genetische Fehlschluss ist generell – und er lässt sich fast überall für das nur allzu verbreitete, beklagenswerte gesellschaftliche Ziel einspannen, einen ungerechten Status quo aufrechtzuerhalten.

Wir können Fishers Eugenik als relativ harmlos entschuldigen, aber bei seiner prinzipiell ähnlichen Kampagne gegen den Kausalzusammenhang zwischen Krebs und Rauchen verbietet sich eine ähnliche Großzügigkeit. Joan Fisher Box schrieb eine gute Biografie über ihren Vater, die nur durch einen durchaus verständlichen Hang zur Heiligenverehrung geschmälert wird. Darin beschreibt sie, wie viel Spaß die Pro-Raucher-Kampagne Fisher machte, als sei sie ein harmloses kleines Spiel, in dem eine kleine Nervensäge gegen machtvolle Interessen antritt. Aber ihr letzter Absatz lässt einem – nach meiner Vermutung unbeabsichtigt – das Blut in den Adern gefrieren:

> Im Jahr 1958 griff Fisher in die Diskussion um Befunde aus den Vereinigten Staaten ein, die im Zusammenhang mit den erwarteten Prozessen gegen Tabakhersteller wegen gesundheitlicher Schäden durch ihre Produkte standen. Anfang 1960 besuchte er die Vereinigten Staaten auf Einladung einer Anwaltsfirma, die einen amerikanischen Tabakproduzenten vertrat. Der Prozess

begann im April des gleichen Jahres. Andere Verfahren wurden entweder nicht angestrengt oder hatten keinen Erfolg, und der juristische Druck auf die Zigarettenhersteller ließ eine Zeit lang nach.

Und das, Freunde, bedeutet viele, viele Tote – weil der Druck, das Rauchen aufzugeben und die Werbung einzuschränken, sich verminderte. Fisher war vielleicht nur ein winziges Rädchen in einem großen Apparat, den die Tabakindustrie anwarf, aber er leistete seinen Beitrag. Charles Lamb schrieb einmal einen humorvollen Zweizeiler:

Was, o Tabak, täte ich
außer Sterben nicht für dich?

Schlechte, vorurteilsbeladene Argumente können schlimme, ja sogar tödliche Folgen haben.

23. Kein Stich von allen schmerzte so wie der

Betrachten wir einmal die folgende völlig unspektakuläre Beschreibung eines immer wieder erfreulichen Zeitvertreibs: Ausruhen nach des Tages harter Arbeit – Rauchen und Trinken am Kamin.

> Ich erinnere mich, dass —— und ich am Ende dieser —— Konferenz sehr gemütlich am Ofen saßen und ich dann —— zum ersten Mal rauchen sah und dachte, »—— raucht heute«; ich hatte ihn nie zuvor rauchen sehen. »Und er trinkt Brandy«; ich hatte ihn all die Jahre zuvor nicht trinken sehen ... Wir saßen alle wie Kameraden beieinander. Nicht um geschäftlich miteinander zu sprechen, sondern um nach langen Stunden der Anstrengung auszuruhen.

Und jetzt spielen wir »Lückenfüllen«. Der Mann, der eine Ausnahme von seiner üblichen Enthaltsamkeit machte, um den Erfolg zu feiern? Reinhard Heydrich, Chef der Nazi-Geheimpolizei (Gestapo) und Stellvertreter des »Reichsführers SS« Heinrich Himmler. Der Ort, wo der gemütliche Kamin stand? Das Haus der Wannsee-Konferenz vom 20. Januar 1942, auf der die »Endlösung der Judenfrage« vorbereitet werden sollte – die systematische Ermordung von elf Millionen Menschen (so Heydrichs eigene Schätzung) und die Auslöschung eines ganzen Volkes. Der Berichterstatter, der sich an die beschriebene Abschlussszene erinnerte? Adolf Eichmann, ein weiterer Teilnehmer und Verfasser des Wannsee-Protokolls, jenes ungeheuerlichen Schriftstücks, in dem die harte Arbeit des Tages zusammengefasst war.

Der äußerst grausige Inhalt des Wannsee-Protokolls wird durch seine beschönigende, weitschweifige Sprache noch unterstrichen. Tötung und Mord werden an keiner Stelle direkt erwähnt, und »Völkermord« hört sich (wenn das zutiefst Hasserfüllte sich überhaupt noch steigern lässt) in der dumpfen, aber unmissverständlichen Beschreibung als »Endlösung« noch schlimmer an. Aber später im Kriegsverbrecherprozess erinnerte sich Eichmann, dass die mündlichen Diskussionen direkter nicht hätten sein können: »... ich weiß, dass die Herren beisammengesessen sind und da haben sie eben in sehr unverblümten Worten – nicht in den Worten, wie ich sie dann ins Protokoll geben musste, sondern in sehr unverblümten Worten die Sache genannt – ohne sie zu kleiden ... Es wurde von Töten und Eliminieren und Vernichten gesprochen.«

In seiner umständlichen ersten Hälfte beziffert das Wannsee-Protokoll die jüdische Bevölkerung Europas auf etwa elf Millionen, und dann gibt sie einen Überblick über die beiden ersten Stufen des Vorgehens, die als wenig erfolgreich und unzureichend beurteilt werden. Zunächst probierten Hitler und seine Komplizen es mit der »Zurückdrängung der Juden aus den einzelnen Lebensgebieten des deutschen Volkes« – sprich Pogromnacht, Einziehung von Vermögen, Terrorismus. Die zweite Stufe zielte auf die physische Beseitigung: »die Zurückdrängung der Juden aus dem Lebensraum des deutschen Volkes.« Aber wie Eichmann im Wannsee-Protokoll schreibt, stieß die Auswanderung auf zu viele Hindernisse, sodass sie nicht schnell genug vonstatten gegangen war: »Die finanziellen Schwierigkeiten, wie Erhöhung der Vorzeige- und Landungsgelder seitens der verschiedenen ausländischen Regierungen, fehlende Schiffsplätze, laufend verschärfte Einwanderungsbeschränkungen oder -sperren, erschwerten die Auswanderungsbestrebungen außerordentlich.«*

Nun also auf zu einer dritten (und wahrhaft endgültigen) »Lösung« – bringt sie alle um. (Wie schon viele andere festgestellt haben, liegt der grausige Aspekt von Wannsee-Konferenz und -Protokoll, die der Einleitung und Umsetzung dieser dritten Strate-

* Alle Zitate aus dem Wannsee-Protokoll sind entnommen aus: Tuchel, Johannes, *Am Großen Wannsee 56–58 – Von der Villa Minoux zum Haus der Wannsee-Konferenz*. Publikationen der Gedenkstätte Haus der Wannsee-Konferenz, Bd. 1. Edition Hentrich, Berlin 1992, ISBN 3-89468-026-1. Dieses Buch enthält eine Faksimile-Wiedergabe des Protokolls.

gie dienen sollten, weder in Heydrichs Fähigkeit, einen derart großen Maßstab des Bösen überhaupt in Begriffe zu fassen, noch in Eichmanns Neigung, die Pläne in beschönigender Bürokratensprache zu formulieren, sondern in dem peinlich genauen, gezielten Aufbau einer ausgefeilten Logistik für ein derart umfangreiches Unternehmen – der sorgfältigen Berechnung von Zahl und Volumen der benötigten Eisenbahnwaggons, der Einrichtung von Todeslagern an den Knotenpunkten der Transportwege, den komplizierten Bemühungen, die wahre Absicht zu verheimlichen, indem der Völkermord als Umsiedlung und Zwangsarbeit getarnt wurde.)

Dann kommt Eichmann auf den neuen Plan zu sprechen: »Anstelle der Auswanderung ist nunmehr als weitere Lösungsmöglichkeit nach entsprechender vorheriger Genehmigung durch den Führer die Evakuierung der Juden nach dem Osten getreten.« (In Wirklichkeit hatte Hitler bereits eine solche Strategie angeordnet.) Anschließend beschreibt Eichmann den erzwungenen Transport in den Tod, getarnt als Umsiedlung zum Zweck der Arbeit:

> Unter entsprechender Leitung sollen nun im Zuge der Endlösung die Juden in geeigneter Weise im Osten zum Arbeitseinsatz kommen. In großen Arbeitskolonnen, unter Trennung der Geschlechter, werden die arbeitsfähigen Juden straßenbauend in diese Gebiete geführt, wobei zweifellos ein Großteil durch natürliche Verminderung ausfallen wird … Im Zuge der praktischen Durchführung der Endlösung wird Europa von Westen nach Osten durchgekämmt … Die evakuierten Juden werden zunächst Zug um Zug in so genannte Durchgangsghettos verbracht, um von dort aus weiter nach Osten transportiert zu werden … Es ist beabsichtigt, Juden im Alter von über 65 Jahren nicht zu evakuieren, sondern sie einem Altersghetto – vorgesehen ist Theresienstadt – zu überstellen.

Manche Lager – insbesondere Auschwitz – waren sowohl Orte des Mordes als auch Gefängnisse für Zwangsarbeiter (was nur eine langsamere Form des Todes war). Andere aber waren schlicht und einfach Gaskammern – Treblinka, Chelmno, Sobibor, Belzec. Die Verantwortlichen der Endlösung hatten nie die Absicht, ihre »Tarngeschichte« des Abtransports zur Zwangsarbeit in die Tat umzusetzen. Wir haben manchmal einen falschen Eindruck von der Zahl der Menschen, die unmittelbar in den Tod getrieben wurden beziehungsweise in den Lagern durch Hunger und Zwangsarbeit starben – auch wenn man bei einer derart grausigen Alternative kaum von besser oder schlechter reden kann. In Auschwitz überlebten mehrere tausend Menschen, und viele von ihnen haben ihre Lebensgeschichte erzählt. Die reinen Todeslager sind weniger bekannt, weil praktisch niemand übrig blieb und sich erinnern konnte. In Belzec überlebten zwei Menschen, in Chelmno drei (M. Gilbert, *Endlösung*). Bei der Endlösung ging es immer nur um Mord – ausschließlich und unverhohlen.

Natürlich habe ich dieser beispiellosen Geschichte der menschlichen Grausamkeit nichts hinzuzufügen. Ich bin weder Dichter noch Historiker, und ich war nicht dabei. Warum greife ich das Thema in einer Essayserie über Naturgeschichte und Evolutionstheorie auf? Die Antwort findet sich in der zweiten Hälfte des Wannsee-Protokolls – dem Teil des Dokuments, der selten erörtert und fast nie zitiert wird. Meine Begründung liegt auch in Hitlers Missbrauch von Genetik und Evolutionsbiologie als Kernstück seiner Pläne, die er von Anfang an, seit dem Erscheinen von *Mein Kampf* 1925, ausdrücklich benennt.

Soweit man Hitlers bösartige Gedanken überhaupt als »Theorie« bezeichnen kann, bettete er seine Argumentation unverblümt in den Wahn von der rassischen Reinheit ein, die für ein Herrenvolk in einer Welt der natürlichen Selektion notwendig sei. Die Arier seien eine große Nation gewesen, aber ihr sei durch Rassenmischung die Kraft entzogen worden, und dies sei von der heimtückischen, liberalen Propaganda der jüdischen Parasiten gefördert worden, die die Welt beherrschen oder sich zumindest von der höheren Moral der arischen Tugenden nähren wollten. Hitler schreibt in *Mein Kampf*:

> Der Arier gab die Reinheit seines Blutes auf und verlor dafür den Aufenthalt im Paradiese, den er sich selbst geschaffen hatte. Er sank unter in der Rassenvermischung, verlor allmählich immer mehr seine kulturelle Fähigkeit, bis er endlich ... den Unterworfenen und Ureinwohnern mehr zu gleichen begann als seinen Vorfahren ... Die Blutsvermischung und das dadurch

bedingte Senken des Rassenniveaus ist die alleinige Ursache des Absterbens alter Kulturen; denn die Menschen gehen nicht an verlorenen Kriegen zugrunde [eine Anspielung auf Deutschlands Niederlage im Ersten Weltkrieg], sondern am Verlust jener Widerstandskraft, die nur dem reinen Blute zu Eigen ist. Was nicht gute Rasse ist auf dieser Welt, ist Spreu.*

(Ich zitiere hier aus der ersten vollständigen Übersetzung von *Mein Kampf* ins Englische,** die John Chamberlain und andere 1939 in den Vereinigten Staaten herausbrachten, um vor dem Feind zu warnen, mit dem wir uns bald würden auseinander setzen müssen. Meine Eltern kauften das Buch, bevor mein Vater in den Krieg zog. In meiner Jugend starrte ich den Band im Regal meiner Eltern immer wieder an, und gelegentlich nahm ich ihn heraus – mehr um den Schauer bei der Berührung des Bösen zu erleben als aus einem Lesebedürfnis heraus. Als mein Vater vor einigen Jahren starb und meine Mutter mir seine Bibliothek anbot, war das vertraute Buch mit dem blutroten Einband unter den wenigen Gegenständen, die ich behalten wollte. Es heute in die Hand zu nehmen und zum ersten Mal daraus zu zitieren, vermittelt mir ein unheimliches Gefühl der Verbindung mit meiner Vergangenheit, und es ruft in mir eine verschwommene Erinnerung aus meinem dritten Lebensjahr wach, als der Zweite Weltkrieg nach meinem Gefühl ein Kampf zwischen meinem Papa und einem bösen Mann namens Hitler war.)

Während die erste (und häufig zitierte) Hälfte des Wannsee-Protokolls ein leichtfertiger, beschönigender Bericht über den Völkermord in Arbeits- und Todeslagern ist, handelt es sich bei der zweiten, sehr detaillierten (und normalerweise übersehenen) Hälfte um eine ausführliche Abhandlung über Genetik und Rassenmischung – die Beweggründe liegen angesichts von Hitlers Vorstellungen über Eugenik auf der Hand. Aus der Sicht des Führers würde der Mord an elf Millionen Menschen das Judenproblem nicht lösen, wenn viele Deutsche, die durch Mischehen teilweise jüdische Vorfahren hatten, verunreinigtes Blut in sich trugen. Eine wirkliche

* Aus: Adolf Hitler, *Mein Kampf*, 85.–94. Auflage, 1934, S. 324.
** Die Anmerkung in Klammern bezieht sich auf die englische Originalausgabe des Buches von Gould. Das deutsche Zitat ist Hitlers Originaltext (Anm. d. Übers.).

Endlösung erforderte für solche »Mischlinge« besondere Regeln und Vorgehensweisen. Töten wir die anderen und reinigen wir uns selbst. Die beiden Hälften des Protokolls stehen durch die krankhafte Logik von Hitlers Rassenlehre in engem Zusammenhang. Eichmanns überleitender Satz stellt in möglichst undurchsichtigem Bürokratendeutsch fest:

> Im Zuge der Endlösungsvorhaben sollen die Nürnberger Gesetze [die Vorschriften der Nazis über eugenische Eheschließungen und Sterilisation] gewissermaßen die Grundlage bilden, wobei Voraussetzung für die restlose Bereinigung des Problems auch die Lösung der Mischehen- und Mischlingsfragen ist.

Auf den dann folgenden Seiten über die Mischung der Rassen zeigt sich eine Form des Wahns, die sich von Eichmanns erster Hälfte über den Völkermord im Osten unterscheidet. Der erste Teil des Protokolls schwelgt in der beispiellosen Boshaftigkeit des schöngeredeten Massenmordes; die zweite Hälfte folgt der knallharten Logik einer bis zum Ende durchdachten völligen Wahnvorstellung, und dabei bezieht sie alle Einzelheiten ein. Nur ein einziges Mal zuvor hatte ich beim Lesen eines offiziellen staatlichen Dokuments ähnliche Gefühle erlebt: als ich (in der Zeit der alten Regierung, vor der Ära von Nelson Mandela) den Jahresbericht der südafrikanischen Kommission zur Einteilung der Rassen studierte; auch dort bemühte man eine bruchlose Logik, um im Sinne der strengen Apartheid für jeden einzelnen Menschen eine Schublade zu finden.

Ich brauche wohl nicht besonders zu betonen, dass jeder derartige Versuch von Anfang an vor einem unlösbaren Dilemma steht: Die Menschen haben sich mit allen Abstufungen der Mischung vielfach gekreuzt, sodass es »Reinheit« als Lösung nicht gibt. Ist jeder mit den leisesten Spuren von Judentum unter seinen Vorfahren ein Jude (was den größten Teil der Bevölkerung verdammen würde), oder erwächst die Rettung aus jedem arischen Beitrag (was für verrückte Eiferer viel zu viel Nachsicht bedeuten würde)? Deshalb bedienten sich Heydrich, Eichmann und Konsorten des üblichen argumentativen Kunstgriffs, um ein bruchloses Kontinuum, in dem es keinen Punkt für eine überzeugende Trennung gibt, aufzuteilen: Sie wählten willkürlich eine Grenzlinie und taten dann so, als sei diese eine auf der Hand liegende Tatsache der Natur.

Im Wesentlichen behauptet das Protokoll, Personen mit einem rein jüdischen und einem rein arischen Elternteil seien Juden; solche mit einem Anteil von einem Viertel (Nachkommen eines »Mischlings 1. Grades« und eines Ariers) dagegen seien Deutsche. Aber diese ordentliche kleine Regel erfordert in den Grenzbereichen gewisse Abstufungen. Auf der einen Seite konnten »Mischlinge 1. Grades« dem Todesurteil entgehen, wenn sie nach der Eheschließung mit einer Person deutschen Blutes bereits Kinder hatten (aber nicht, wenn aus einer solchen Verbindung keine Nachkommen hervorgegangen waren), oder wenn für sie »von den höchsten Instanzen der Partei und des Staates bisher auf irgendwelchen Lebensgebieten Ausnahmegenehmigungen erteilt worden sind«.

Und selbst diese Hoffnung auf Linderung war mit zwei Vorbehalten versehen: Erstens musste jede Ausnahmegenehmigung im Einzelfall erteilt werden, und zwar nur für »grundsätzliche Verdienste des in Frage stehenden Mischlings selbst«. Und zweitens musste jeder der so Verschonten eine kleine Geste als Gegenleistung erbringen: »Der von der Evakuierung auszunehmende Mischling 1. Grades wird – um jede Nachkommenschaft zu verhindern und das Mischlingsproblem endgültig zu bereinigen – sterilisiert.« Aber keine Angst: »Die Sterilisierung erfolgt freiwillig.« Man bedenke jedoch die Alternative: »Sie ist aber Voraussetzung des Verbleibens im Reich.« Ein Teilnehmer der Konferenz machte in diesem Zusammenhang eine scharfsinnige Beobachtung: »SS-Gruppenführer Hofmann steht auf dem Standpunkt, daß von der Sterilisierung weitgehend Gebrauch gemacht werden muß; zumal der Mischling, vor die Wahl gestellt, ob er evakuiert oder sterilisiert werden soll, sich lieber der Sterilisierung unterziehen würde.«

Andererseits konnte aber jeder angeblich noch genehme Mischling 2. Grades zum Völkermord »abgestellt« werden, wenn einer der drei Gründe vorlag, an denen eine unannehmbare Rassenschädigung zu bemerken sein sollte: »(a) Herkunft des Mischlings 2. Grades aus einer Bastardehe (beide Teile Mischlinge).« (Offensichtlich brauchte ein Kind mindestens einen rein arischen Elternteil, um in die Domäne der Seligen zu gelangen.) »(b) Rassisch besonders ungünstiges Erscheinungsbild des Mischlings 2. Grades, das ihn schon äußerlich zu den Juden rechnet. (c) Besonders schlechte polizeiliche und politische Beurteilung des Mischlings 2. Grades, die erkennen läßt, daß er sich wie ein Jude fühlt und benimmt.«

In der Grauzone dazwischen verdammte eine Eheschließung zwischen zwei Personen mit gemischtem Blut alle – Eltern und Kinder – zum Untergang. Selbst ein eigentlich hinnehmbarer Mischling 2. Grades musste (samt allen Kindern) sterben, wenn er eine Person mit zur Hälfte jüdischen Vorfahren heiratete: »Ehen zwischen Mischlingen 1. Grades und Mischlingen 2. Grades. Beide Elternteile werden ohne Rücksicht darauf, ob Kinder vorhanden sind oder nicht, evakuiert bzw. einem Altersghetto überstellt, da etwaige Kinder rassenmäßig in der Regel einen stärkeren jüdischen Bluteinschlag aufweisen als die jüdischen Mischlinge 2. Grades.« Was kann krankhafter sein als ein Wahn, der sich seine eigene, ausgefeilte Kategorieneinteilung schafft – oder erleben wir hier nur den ordnungsliebenden Geist des kleinkarierten Bürokraten, angewandt nicht auf Akten im Büro, sondern auf Menschenleben?

Der unglaublichste Missbrauch der Evolutionsbiologie findet sich in dem Protokoll aber nicht in dieser langatmigen Systematisierung von genetischem Unsinn, sondern mitten in dem wichtigsten Absatz über die Handlungsanweisungen. Ich habe die Worte bereits zitiert, dabei aber etwas ausgelassen, was ich jetzt ergänzen möchte. Eichmann spricht von der Deportation in den Osten und von der harten Arbeit im Straßenbau, die zum Tod der meisten Verschleppten führen werde. Dann fährt er fort (und damit schließe ich die zuvor gelassenen Lücken): »Der allfällig endlich verbleibende Restbestand wird, da es sich bei diesem zweifellos um den widerstandsfähigsten Teil handelt, entsprechend behandelt werden müssen, da dieser, eine natürliche Auslese darstellend, bei Freilassung als Keimzelle eines neuen jüdischen Aufbaues anzusprechen ist.«

Das besonders Entsetzliche an diesen Zeilen – die ohnehin in wohl nicht mehr steigerbare Bösartigkeit eingeflochten sind – ist vielleicht nicht auf den ersten Blick zu erkennen. Aber was kann schrecklicher sein als Gewalt gegenüber dem eigenen Kind, die Perversion des Edelsten im Leben eines Menschen zu bösartigen Zwecken? Ich bin Evolutionsbiologe, sowohl von meiner Ausbildung her als auch mit einem Vierteljahrhundert der praktischen Tätigkeit. Charles Darwin ist der ewige Held meines Fachgebietes – und die wenigsten Berufe können einen so scharfsinnigen, bewundernswerten und genialen Menschen als ihren Gründer und stetigen Ideengeber benennen. Darwin versah seine Theorie des entwicklungsgeschichtlichen Wandels natürlich mit einem eigenen Namen: natürliche Selektion oder Auslese. Die Geschichte des Missbrauchs seiner Theorie ist fast ebenso lang wie ihr rechtmäßiger Stammbaum. Mit bauernfängerischen darwinistischen Unsinnsformulierungen wurden alle Arten der gesellschaftlichen Ausbeutung gerechtfertigt – Arm und Reich, technisch fortgeschritten und traditionell, imperialistisch und einheimisch, Sieger und Besiegte im Krieg. Diese Geschichte kennt jeder Evolutionsforscher nur allzu gut, und wir tragen ein gewisses Maß an gemeinsamer Verantwortung für die unkritische Faszination, die viele von uns bei solchen ungerechtfertigten Erweiterungen empfinden. Aber in den meisten Fällen erfolgte eine solche falsche Ausnutzung unserer Kernformulierung ohne unser Wissen oder gegen unseren Willen.

Ich kenne die Geschichte seit dem Beginn meines Berufslebens. Ich kann ganze Listen solcher missbräuchlicher Verwendungen herunterrasseln, die man zusammenfassend als »Sozialdarwinismus« bezeichnet (siehe mein Buch *Der falsch vermessene Mensch*). Aber bis zum 50. Jahrestag der Wannsee-Konferenz, der meine Neugier weckte und mich veranlasste, zum ersten Mal Eichmanns Protokoll zu lesen, hatte ich nichts von diesem nicht mehr steigerbaren Höhepunkt der falschen Vereinnahmung gewusst – und die Erkenntnis traf mich wie ein plötzlicher Tiefschlag, insbesondere da ich mir vor der Lektüre des Dokuments vorgenommen hatte, mich durch nichts erschrecken zu lassen. *Natürliche Auslese* war zu jener Zeit die übliche deutsche Übersetzung für Darwins »natural selection«. Was für ein Gedanke, dass die Schlüsselformulierung meiner beruflichen Welt in so perverser Verdrehung das Kernstück in der wichtigsten Handlungsanweisung des bösartigsten Schriftstücks aller Zeiten bildet! Konnte es ein eindrucksvolleres Symbol für den Missbrauch geben? Es ist sicher das literarische Gegenstück zu der Vorstellung, die eigene Tochter sei in einem Kerker gefesselt und werde von sadistischen Vergewaltigern bewacht.

Dass die Formulierung in ihrer falschen Anwendung so lächerlich verdreht wird, spielt dabei kaum eine Rolle; wir können es kaum wagen, Eichmanns Argumentation die Ehre einer Widerlegungsmöglichkeit angedeihen zu lassen. Die natürliche Selektion ist in der Natur der Prozess des unterschiedlichen Fortpflanzungserfolges, ganz gleich, wie ein solcher Vorteil erreicht wird (manchmal tatsächlich durch Beherrschung der Artgenossen, oft aber auch durch Kooperation zum gegenseitigen Nutzen). Was könnte unnatürlicher sein und weniger mit Darwins Vorgang zu tun haben als der genau geplante Mord und die Aushungerung mehrerer Millionen Menschen durch menschliche Technik?

Hier könnte ich diesen Essay einfach schließen und die Hände meines Berufsstandes von jeder nur vorstellbaren Verantwortung reinwaschen. Das Wannsee-Protokoll mit all seinem Schrecken wäre genauso verfasst und umgesetzt worden, wenn Eichmann nicht Darwins Formulierung zur Rechtfertigung und Ausschmückung seiner wichtigsten Empfehlung verwendet hätte. Und ohnehin ist Eichmanns Sprachgebrauch in beiden Kernpunkten eine perverse Fehlinterpretation Darwins: Ein natürliches Prinzip wird fälschlich auf das ethische Verhalten der Menschen angewandt, und eine Aussage über unterschiedlichen Fortpflanzungserfolg wird in eine scheinbare Bewertung des Massenmordes als natürlich umgemünzt. Über den zweiten Fehler schreibt Darwin in einer Schlüsselpassage seiner *Entstehung der Arten*:

> Es sei vorausgeschickt, dass ich diese Bezeichnung [Kampf ums Dasein] in einem weiten und metaphorischen Sinne gebrauche, der die Abhängigkeit der Wesen voneinander, und (was noch wichtiger ist) nicht nur das Leben des Individuums, sondern auch die Erhaltung der Nachkommen in sich schließt. Mit Recht lässt sich sagen, dass zwei hundeartige Tiere in einer Zeit des Mangels um Nahrung und Dasein miteinander kämpfen. Aber es lässt sich auch sagen, eine Pflanze kämpfe am Rand einer Wüste mit der Dürre ums Dasein.

Darwin kennzeichnete den Kampf ums Dasein ausdrücklich als Metapher, aber in den meisten Versionen des 19. Jahrhunderts (auch in Darwins eigenen Erläuterungen) werden vor allem die offene Konkurrenz und der Sieg durch Töten betont – in einem Zeitalter der aggressiven ethnographischen wie industriellen Expansion und Eroberung sicher ein reizvolleres Bild als die Vorstellung von friedlicher Kooperation.

Hitler hat die falsche Übertragung auf den Menschen nicht erfunden. Darwinistische Bauernfängerei diente schon im Ersten Weltkrieg als offizielle Begründung für die militärischen Eroberungen Deutschlands (auch unsere Seite bediente sich häufig der gleichen Argumente, wenn auch weniger eifrig und systematisch). William Jennings Bryan (siehe Kapitel 28 in meinem Buch *Bravo, Brontosaurus*) wurde sogar erst zum Gegner der Evolutionstheorie, nachdem er Darwins tatsächliche Formulierung mit dem empörenden Missbrauch in Deutschland verwechselt hatte, der ihn so tief beunruhigte.

Viele Wissenschaftler sprachen sich immer wieder gegen eine solche falsche Anwendung aus, aber andere – vermutlich die Mehrheit – schwiegen (und genossen vielleicht das auf falschem Weg gewonnene Ansehen), und einige förderten die Vereinnahmung ihres Fachgebietes aus den unterschiedlichsten Motiven, unter anderem aus falsch verstandenem Patriotismus oder der Aussicht auf unmittelbare persönliche Vorteile heraus. Mehrere englische und amerikanische Eugeniker äußerten anfangs offenes Lob für Hitlers Gesetze zur Zwangssterilisation und Einschränkung von Eheschließungen – bis ihnen klar wurde, worauf der Führer in Wirklichkeit hinauswollte. Die deutschen Gesetzestexte lehnten sich stark an Vorschriften über die eugenische Sterilisation an, die damals in mehreren US-Bundesstaaten galten und 1927 vom Obersten Gerichtshof der USA ausdrücklich gebilligt wurden. Unter deutschen Evolutionsforschern erhob sich kein Chor des Protestes gegen Hitlers Missbrauch der Theorie von der natürlichen Selektion, der bis auf das Jahr 1925 und *Mein Kampf* zurückgeht. Das Wannsee-Protokoll ist die logische Fortsetzung der folgenden Hetze aus *Mein Kampf* mit ihrer ausdrücklichen, falschen Parallele zur Natur am Ende und ihrer Forderung nach Beseitigung und Sterilisation der angeblich Ungeeigneten:

> Der Kampf um das tägliche Brot [in der Natur] läßt alles Schwache und Kränkliche, weniger Entschlossene unterliegen …

> Immer aber ist der Kampf ein Mittel zur Förderung der Gesundheit und Widerstandskraft der Art und mithin eine Ursache zur Höherentwicklung derselben. Wäre dieser Vorgang ein anderer, würde jede Weiter- und Höherentwicklung aufhören und eher das Gegenteil eintreten. Denn da das Minderwertige der Zahl nach gegenüber dem Besten immer überwiegt, würde bei gleicher Lebenserhaltung und Fortpflanzungsmöglichkeit das Schlechtere sich so viel schneller vermehren, dass endlich das Bessere zwangsläufig in den Hintergrund treten müsste. Eine Korrektur zugunsten des Besseren muss also vorgenommen werden. Diese aber besorgt die Natur, indem sie den schwächeren Teil so schweren Lebensbedingungen unterwirft, dass schon durch sie die Zahl beschränkt wird, den Überrest aber endlich nicht wahllos zur Vermehrung zulässt ... [Hatte Eichmann diese Passage im Sinn, als er für die Endlösung den gleichen zweistufigen Vorgang befürwortete – lasst sie durch »schwere Lebensbedingungen« bis auf einen Überrest verhungern, und bringt die Übrigen dann um?] Indem der Mensch versucht, sich gegen die eiserne Logik der Natur aufzubäumen, gerät er in Kampf mit allen Grundsätzen, denen auch er selber sein Dasein als Mensch allein verdankt. So muss sein Handeln gegen die Natur zu seinem eigenen Untergang führen.*

Das beste Mittel des Wissenschaftlers gegen eine solche falsche Vereinnahmung besteht in der Kombination von zwei scheinbar sehr unterschiedlichen Eigenschaften: Wachsamkeit und Demut. Wachsam sollten wir sein, wenn der Missbrauch eine wirksame Bedrohung darstellt (wir brauchen nicht jedem Spinner zu antworten, der einen Brief an die Lokalzeitung schreibt – das erlaubt unsere Zeit nicht –, aber wie können wir zwischen dem jungen Hitler und »noch so einem Verrückten« unterscheiden?); und in Demut sollten wir erkennen, dass Naturwissenschaft keine Antworten auf ethische Fragen gibt und dazu auch prinzipiell nicht in der Lage ist.

Wissenschaft kann Informationen als Material für ethische Entscheidungen liefern, aber das »Soll« der Ethik lässt sich logischerweise nicht durch das »Ist« der Naturtatsachen festlegen – und sie

* Aus: Adolf Hitler, *Mein Kampf*, 85.–94. Auflage, 1934, S. 312–314.

sind der einzige Aspekt der Realität, über den die Naturwissenschaft ein Urteil fällen kann. Als Wissenschaftler kann ich die angeblichen genetischen Begründungen für die Bösartigkeit der Nazis als Unsinn entlarven. Aber wenn ich mich gegen die Politik der Nazis wende, muss ich das als normaler Bürger tun – als Mensch. Das Recht, mich in moralischen Fragen zu engagieren, verschafft mir meine Zugehörigkeit zur Spezies *Homo sapiens* – es ist ein Recht jedes Menschen, der jemals auf Erden gewandelt ist, und die Verantwortung aller, die dazu in der Lage sind.

Wenn wir einmal diesen tiefsten Sinn einer wahren Weltgemeinschaft begriffen haben – den gleichen Wert aller als Angehörige eines Ganzen, der Spezies *Homo sapiens*, unabhängig von persönlichen Missgeschicken und Unfähigkeiten –, könnte sich Jesajas Vision erfüllen: Die menschlichen Wölfe würden friedlich bei den Lämmern wohnen, und »man wird nirgends Sünde tun noch freveln auf meinem ganzen heiligen Berge«. Wir sind erblich belastet, biologisch ebenso wie kulturell, und das verschafft uns die Fähigkeit zu unendlicher Freundlichkeit wie auch zum unaussprechlich Bösen. Was ist Ethik anderes als das Bemühen, das erste nutzbar zu machen und das zweite zu unterdrücken? Darwins Seelenverwandter, der große Amerikaner, der am gleichen Tag geboren wurde, sagte im Wesentlichen das Gleiche mit den berühmten Worten seiner Antrittsrede; er hielt sie im März 1861, als er noch die Hoffnung hatte, das Land vor den Schrecken des Bürgerkrieges bewahren zu können. Lincoln forderte uns auf, an die frühere Einheit von Norden und Süden zu denken, den besseren Teil unseres Wesens auf diese Erinnerung anzuwenden und die Zerstörung zu vermeiden. Erweitern wir diese Hoffnung auf alle Angehörigen der einzigen menschlichen Spezies:

> Die geheimnisvollen Saiten der Erinnerung, die sich von jedem Schlachtfeld und jedem Grab eines Patrioten zu jedem lebenden Herzen und Herd dieses weiten Landes erstrecken, werden den Chor der Einheit lauter schallen lassen, wenn sie – was sicher geschehen wird – wiederum von den besseren Engeln unserer Natur angeschlagen werden.

Epilog

Ich glaube, ich habe noch nie einen so ernsten Essay geschrieben, in dem ich nicht einmal den Versuch unternehme, ein wenig Humor einfließen zu lassen. Wie sonst kann man sich bei diesem tragischsten aller vorstellbaren Themen verhalten? Dennoch verlangt eine alte literarische Tradition, dass man – zur Linderung und im Sinne der Vielfalt, nach der unser emotionales Wesen strebt – ein wenig Leichtigkeit einbringt, insbesondere in einer solchen Situation der nachhaltigen Trauer. Deshalb scherzt Hamlet mit dem Totengräber über den armen Yorick, und Puccini führt die drei Höflinge Ping, Pang und Pong als komische Abwechslung ein, während Turandot nacheinander mehrere Feinde enthauptet.

Aus dem gleichen Grund, und mit dieser historisch ehrenhaften Entschuldigung, möchte ich in vollem Umfang einen bemerkenswerten Brief zitieren, den die Redaktion von *Natural History* von einer Leserin als Reaktion auf die ursprüngliche Fassung des vorliegenden Essays erhielt:

> Als langjähriges Fakultätsmitglied, das um die richtige Anwendung der englischen Sprache besorgt ist, beunruhigte mich der Titel* des letzten Aufsatzes von Stephen Jay Gould. Dann gelangte ich zu dem Schluss, irgendetwas in dem Artikel werde erklären, warum er den doppelten Superlativ verwendet hat. Als sich diese Annahme als unbegründet erwies, konnte ich nur den Schluss ziehen, dass jemand einen Witz machen oder Briefe von Lesern wie mir provozieren wollte. Habe ich Recht? Ich werde Ihre Zeitschrift weiterhin mit Vergnügen lesen, aber ich hoffe, Sie werden uns nicht noch ein Mal derartige Schockerlebnisse bereiten.

Ich antwortete, ich hätte sowohl ihren springenden Punkt als auch ihre Sorge verstanden, aber obwohl ich eigentlich nicht gern den schwarzen Peter weitergäbe, weil nach meiner Überzeugung jeder selbst die Konsequenzen seines Handelns tragen muss, gehe ihre Beschwerde doch eigentlich an Mr. Shakespeare!

* *The Most Unkindest Cut of All* (so der Titel im amerikanischen Original; Anm. d. Übers.).

If you have tears, prepare to shed them now …
Look, in this place ran Cassius' dagger through;
See what a rent the envious Casca made;
Through this the well-beloved Brutus stabb'd …
Judge, O you gods, how dearly Caesar loved him!
This was the most unkindest cut of all.

Wofern ihr Tränen habt, bereitet euch,
Sie jetzo zu vergießen …
Seht, welchen Riss der Tück'sche Casca machte!
Hier stieß der vielgeliebte Brutus durch …
Ihr Götter urteilt, wie ihn Cäsar liebte!
Kein Stich von allen schmerzte so wie der.

Antonius in *Julius Cäsar*;
Übersetzung von August Wilhelm Schlegel

Teil VII

Evolutionstheorie, Evolutionsgeschichten

Theorie

24. Können wir Darwins Revolution vollenden?

In einer sehr klugen, häufig zitierten Aussage fasste Sigmund Freud das gemeinsame Merkmal aller großen wissenschaftlichen Revolutionen zusammen: »Zwei große Kränkungen ihrer naiven Eigenliebe hat die Menschheit im Laufe der Zeiten von der Wissenschaft erdulden müssen.« Mit anderen Worten: Große Revolutionen zerschmettern die Sockel, auf die wir uns in unserer kosmischen Arroganz gestellt haben. Dann nennt Freud die beiden bedeutsamsten Brüche: erstens den kosmologischen Wechsel vom geozentrischen zum heliozentrischen Weltbild, als die Menschheit erkannte, dass unsere Erde nicht das Zentrum des Universums ist, sondern nur ein Staubkorn in einem Weltraum von kaum vorstellbarer Größe, und zweitens Darwins Entdeckung der Evolution, die dem Menschen das Privileg einer gesonderten Schöpfung raubte und ihn in die Tierwelt einordnete. Anschließend wies Freud darauf hin, die Entdeckung und Erhellung des Unbewussten – zum größten Teil sein eigenes Werk – könne einen dritten Sockel zerstören, weil damit unsere Vorstellungen von einem rationalen Geist über den Haufen geworfen wurden.

Diese Aussage legt ein Kriterium nahe, mit dem man die Vollendung wissenschaftlicher Revolutionen feststellen kann: das Zerschmettern der Sockel selbst. Die Revolution ist nicht vollzogen, wenn die Menschen den durch sie erzwungenen physikalischen Umbau des Universums anerkannt haben, sondern erst wenn sie begreifen, was dieser Umbau für die Zurückstufung ihrer selbst im Kosmos bedeutet. Die Neuordnung des physikalischen Universums und die Neubewertung der Stellung des Menschen sind tatsächlich zwei getrennte Phänomene; am besten versteht man den Unterschied mit Hilfe einer alten geistigen Vorgehensweise, die in der zeitgenössischen Kultur einen verblüffenden neuen Namen erhalten hat: Spin-Doctoring oder Meinungsmache.

Spin-Doctoring – eine Kunst, die Politiker seit ältester Zeit am besten beherrschen – besteht darin, eine traurige Tatsache hinzunehmen und gleichzeitig eine Interpretation zu liefern, die sich völlig auf den angeblich alle dunklen Wolken begleitenden Silberstreif stützt. Der Dr. Pangloss in Voltaires *Candide*, sicher der größte Meinungsmacher der abendländischen Literatur, sagt zum Beispiel über die unabsichtlich aus der Neuen Welt nach Europa übertragene Syphilis, sie sei zwar unerfreulich, aber unter dem Strich stehe doch alles zum Besten, denn aus Amerika kämen schließlich auch so großartige Produkte wie die Schokolade.

Ich denke, wir können sagen, dass Freuds erste Revolution in diesem Sinn des Zerschmetterns von Sockeln abgeschlossen ist. Alle denkenden Menschen erkennen an, dass wir auf einem nebensächlichen Steinbrocken am Rand einer von unzähligen Millionen Galaxien leben – und niemand versinkt anscheinend aus diesem Grund in kosmischer Angst oder verzweifelt am Sinn des menschlichen Lebens. (Vielleicht sind wir einfach im Laufe der Jahrhunderte damit zurechtgekommen, denn die neue Kosmologie erschien durchaus nicht immer so wenig bedrohlich, und wir haben Galileis Leidensweg nicht vergessen. Viele frühe Versionen des heliozentrischen Weltbildes behielten den Sockel bei, indem sie unseren persönlichen Stern, die Sonne, in die Mitte eines begrenzten Universums stellten.)

Aber nachdem ich mein ganzes Berufsleben damit zugebracht habe, die Evolution in Öffentlichkeit und Fachkreisen zu erklären und zu verteidigen, bin ich überzeugt, dass Freuds zweite Revolution eine geistige Straßensperre bisher nicht überwinden konnte. Die Evolutionstheorie liegt immer noch in der Rumpelkammer unserer mangelnden Bereitschaft, den Folgerungen des Darwinismus für die kosmische Domäne des *Homo sapiens* ins Auge zu sehen. Die physikalische Neugestaltung, der erste Schritt einer freudschen Revolution, hat stattgefunden: Alle denkenden Menschen erkennen die biologische Tatsache unserer Abstammung aus dem Tierreich an. Aber das zweite Stadium, die geistige Annäherung an das Zerschmettern des Sockels, hat noch kaum begonnen. Das Bild der Evolution in der Öffentlichkeit war so von Meinungsmache geprägt, dass wir eine Interpretation für die Bedeutung des Menschen aufrechterhalten konnten, die sich in vielen entscheidenden Aspekten kaum von dem übertriebenen Zustand als angebliche Produkte einer direkten Schöpfung nach Gottes Ebenbild unterscheidet. (Dabei spreche ich noch nicht einmal von der soziologisch bedeutsamen Tatsache, dass viele Millionen Amerikaner – in anderen westlichen Industrienationen allerdings nur sehr wenige – die Evolution überhaupt nicht anerkennen und sich weiterhin an die wörtliche Lesart des ersten Buches Mose halten, wonach alles Leben in wenigen Tagen von jeweils 24 Stunden erschaffen wurde. Die Beobachtung, dass manche Menschen nicht einmal Freuds ersten Schritt vollziehen können, weist besonders nachdrücklich auf die besonderen Ängste und inneren Widerstände hin, die diese Revolution in uns hervorruft.)

Um zu erkennen, warum die darwinistische Revolution so schwer hinzunehmen ist und deshalb die im freudschen Sinne am wenigsten vollständige bleibt, bedarf es keines großen philosophischen oder kulturellen Scharfsinns. Nach meiner Überzeugung hat sich keine andere ideologische Umwälzung der Wissenschaftsgeschichte so stark und unmittelbar auf unsere Ansichten über unseren eigenen Sinn und Zweck ausgewirkt. (Manche wissenschaftlichen Revolutionen waren zwar im Hinblick auf die physikalische Umgestaltung ebenso folgenschwer und umwälzend, haben aber schlicht und einfach nicht einen solchen Reiz für die menschliche Seele. Durch die Plattentektonik zum Beispiel haben sich unsere Anschauungen über Geschichte und Dynamik der Erde gründlich verändert, aber nur die wenigsten Menschen machen den Sinn ihres Lebens zu einem großen Teil von der Frage abhängig, ob Europa und Amerika früher einmal zusammenhingen oder nicht und ob die Kontinente auf dünnen Platten liegen, die über die Erdoberfläche schwimmen, während an den ozeanischen Gebirgsrücken neuer Meeresboden hochsteigt.)

Was ich für den Sockel zerschmetternden Inhalt der darwinistischen Revolution halte, möchte ich in der folgenden Aussage zusammenfassen, die man sich wie ein Hare-Krishna-Mantra mehrmals am Tag vorsingen sollte, damit sie umso tiefer in die

Seele eindringt: Menschen sind nicht das Endergebnis eines vorhersehbaren Evolutionsfortschritts, sondern ein zufälliger kosmischer Nachzügler, ein winzig kleiner Zweig an dem unglaublich üppigen Busch des Lebens, der, würde er ein zweites Mal aus dem Samen heranwachsen, mit ziemlicher Sicherheit nicht noch einmal diesen Zweig oder überhaupt einen Zweig mit einer Eigenschaft, die wir Bewusstsein nennen könnten, hervorbringen würde.

Alle klassischen Formen der Meinungsmacher in Sachen Evolution dienen dazu, die radikalen, unerwünschten Folgen dieses Mantras zu vermeiden. Dabei konzentriert man sich auf zwei verschiedene Themen: auf den *Vorgang* der Evolution als Theorie und Mechanismus, und auf ihren *Verlauf* als Beschreibung der Geschichte des Lebendigen. Was den Vorgang angeht, versucht die Meinungsmache, die Evolution als von ihrem Wesen her fortschrittlich darzustellen, als arbeitete sie auf ein »höheres« Gutes hin, indem sie »für« biologische Arten, Lebensgemeinschaften und ähnliche Gruppen (und nicht nur zum Vorteil einzelner Lebewesen) tätig wird, sodass erwünschte Ziele wie harmonische Ökosysteme und gut gestaltete Organismen erreicht werden. Im Zusammenhang mit dem Verlauf deutet die Meinungsmache die Geschichte des Lebendigen als stetiges Fließen, dessen sinnvolle Richtung auf immer komplexere, mit größerem Gehirn ausgestattete Wesen zielt, sodass wir die späte Evolution des *Homo sapiens* als höchste bisher verwirklichte Stufe eines vorhersehbaren Fortschritts deuten können.

Wie können wir am besten deutlich machen, dass das Spin-Doctoring diese umfassende, unheilvolle Wirkung hatte und dass das Verständnis der Öffentlichkeit für die Evolution durch Vorurteile eingeschränkt ist, welche die Vollendung der darwinistischen Revolution in Freuds entscheidendem Sinn des Zerschmetterns von Sockeln verhindern? Nun, ich bin in New York aufgewachsen und auch heute noch das Musterbeispiel eines leidenschaftlichen New Yorkers. Auch nach 25 Jahren in Boston feuere ich noch die Yankees an, und meine geistige Landkarte der Vereinigten Staaten entspricht im Wesentlichen dem berühmten *New-Yorker*-Titelbild von Steinberg, auf dem die Fifth Avenue das Land praktisch zweiteilt und der Hudson River an der Grenze zwischen Nevada und Kalifornien liegt. Die Vereinigten Staaten sind zu vielgestaltig, als dass eine allgemein anerkannte Medienquelle – wie vielleicht die BBC in Großbritannien oder der *Osservatore Romano* im Vatikan – den Puls der Bildungskultur spüren könnte. Aber man möge dem engstirnigen New Yorker zugestehen, dass die *New York Times* in seinen Augen dieser Stellung von allen amerikanischen Medienorganen vielleicht am nächsten kommt.

Ich möchte deshalb die Vermutung äußern, dass ein Überblick über Kommentare aus der *New York Times* uns einen Eindruck von der Deutung der Darwin'schen Evolution verschaffen kann. Insbesondere sind mir drei Texte aufgefallen, die vergangenes Jahr in dem Blatt erschienen sind und jeweils ein entscheidendes Element der manipulierten Meinung darstellen, obwohl alle drei versichern, Evolution *müsse* so und nicht anders funktionieren. Zusammengenommen machen diese drei Artikel deshalb nach meiner Ansicht besonders überzeugend deutlich, wie tief wir im Sumpf der Meinung stecken, Evolution sei ein sinnvoller, vorhersehbarer Vorgang, der sich stetig auf ein erwünschtes Ziel zubewegt, weil er dem Nutzen der Gruppen und Lebensgemeinschaften dient.

1. EVOLUTION FÜR DAS ALLGEMEINWOHL. Am 4. Juni 1944 begannen die Alliierten mit einer groß angelegten Offensive, die man ohne Zynismus als eine der größten historischen Bemühungen um das weltweite Wohl der Menschen bezeichnen kann. Am 50. Jahrestag des »D-Day«, dem 6. Juni 1994, pries die *New York Times* diese Invasion in mehreren Artikeln auf der Titelseite; abgedruckt wurden auch die Bekanntgabe der Landung durch General Eisenhower und der eigene lobende Leitartikel des Blattes von damals. Am gleichen Tag stand in der Leserbriefspalte ein allgemeinerer Kommentar über die Arbeit für das Gemeinwohl – es war die Antwort auf einen zuvor erschienenen Artikel im Wissenschaftsteil der Dienstagsausgabe; darin war die Frage aufgeworfen worden, wie sexuelle Fortpflanzung dem Fortpflanzungserfolg einzelner Lebewesen dienen könnte.

Evolution nützt der Spezies als Ganzem

Leserbrief

... Die Frage, warum die sexuelle Fortpflanzung in der Evolution entstanden ist, sollte man nicht aus der Sicht des Individuums stellen ... sondern aus dem Blickwinkel der ganzen Spezies. Da die sexuelle Fortpflanzung ständig Mutationen einbringt, die einzelne Exemplare einer biologischen Art schädigen können, ist der Vorteil, den dieses Einschleusen neuen genetischen Materials in den Genpool mit sich bringt, ein entwicklungsgeschichtliches Plus für die Spezies ... Diesen Punkt haben Sie nicht erkannt. Evolution ist kein gutes Geschäft für einzelne Männchen oder Weibchen, sondern ein gutes Geschäft für die Spezies.

Zu meinem Bedauern muss ich dem Verfasser mitteilen, dass er den springenden Punkt nicht erkannt hat. Darwins Theorie der natürlichen Selektion handelt im Kern von Vorteilen (»guten Geschäften«, wenn man so will), die den Individuen und ausdrücklich nicht der Spezies zugute kommen. Diese Erkenntnis, die der Intuition widerspricht – dass nicht »höhere« Gruppen wie die biologische Art, sondern einzelne Organismen die Einheiten und Ziele der natürlichen Selektion sind –, ist das Kernstück von Darwins radikaler Idee, und gleichzeitig erklärt sie zum größten Teil, warum es uns so schwer fällt, seine folgenschweren Gedanken zu begreifen und zu verinnerlichen. Natürliche Selektion kann auch der Spezies nützen, aber solche »höheren« Vorteile ergeben sich ausschließlich als Folgerungen oder Nebeneffekte aus dem Mechanismus, der die natürliche Selektion verursacht: dem unterschiedlichen Fortpflanzungserfolg von *Individuen.*

Warmherzige, verschwommene Ideen von einer unmittelbaren Wirkung zum Wohl der Spezies sind eine klassische Strategie der Meinungsmache, und sie behindern seit mehr als einem Jahrhundert ein echtes Verständnis für die natürliche Selektion. Würde die Evolution gezielt für biologische Arten tätig, könnten wir die Stoßkraft von Darwins Radikalismus häufig abmildern. Der Wechsel von Gottes offenem Wohlwollen *gegenüber* den Arten zur unmittelbaren Wirkung der Evolution *auf* die Arten ermöglicht eine weiche Landung, wenn man dem Kreationismus abschwören und zum Anhänger der Evolution werden will – der Schwerpunkt des »höheren« Wohls als Daseinsberechtigung bleibt unverändert.

In Wirklichkeit reißt Darwins Theorie der natürlichen Selektion diese Stütze kompromisslos ein. Sie ist eine Theorie des nicht mehr steigerbaren Individualismus. Darwins Mechanismus beruht auf dem unterschiedlichen Fortpflanzungserfolg von Individuen, die zufällig bestimmte Eigenschaften besitzen, deshalb in einer sich wandelnden örtlichen Umgebung besser zurechtkommen und mehr überlebende Nachkommen hinterlassen. Der Vorteil für die Spezies ergibt sich hier in dem gleichen paradoxen, indirekten Sinn, in dem auch Adam Smith' wirtschaftliche Theorie des »laissez faire« zu einer geordneten Wirtschaft führt, weil sie dem Einzelnen die Freiheit lässt, sich allein um seinen persönlichen Profit zu bemühen – die Überschneidung ist kein Zufall, denn Darwin bezog seine Theorie der natürlichen Selektion zum Teil durch kreative Ideenübertragung aus den Überlegungen von Smith.

Wenn wir einzelnen Firmen die Freiheit geben, zu ihrem eigenen Nutzen tätig zu werden, so Smith, verdrängen die erfolgreichsten Unternehmen einerseits ihre unfähigen Konkurrenten, und andererseits halten sie einander im Gleichgewicht, sodass eine geordnete Wirtschaft entsteht. Aber diese Ordnung erwächst nur als Nebeneffekt aus der Tätigkeit einer »unsichtbaren Hand«, um Smith' unvergessliche Formulierung zu gebrauchen; direkte Kausalität liegt ausschließlich im Wettbewerb unter den Individuen. In Darwins Welt ist es ganz ähnlich: Die natürliche Selektion wirkt nur zum Wohl der Individuen und ihres Fortpflanzungserfolges (der Firmen und ihrer Gewinne in der Analogie zu Smith); als Nebeneffekte entstehen gut gestaltete Lebewesen und ausgewogene Ökosysteme.

Über die Schönheit und Radikalität von Darwins entscheidender Vorstellung können wir alles Mögliche behaupten, aber woher wissen wir, dass seine Idee stimmt? Wie können wir erkennen, dass die Natur darwinistisch ist und nicht durch ein anderes System von Evolutionskräften gestaltet wird?

Wir sind von überzeugenden Beweisen umgeben, aber diese einfache, weit reichende Frage wurde in der populären Literatur kaum einmal aufgeworfen und wird deshalb bisher weitgehend unterschätzt. Am Anfang steht ein gewisser Widerspruch: Der Beweis für den darwinistischen Charakter der Natur liegt nicht in den besten, klassischen Beispielen von Lebewesen, die im Sinne einer optimalen biologisch-mechanischen Funktion gestaltet sind – nicht in der aerodynamischen Vollkommenheit der Vogelflügel oder der Stromlinienform eines Fisches. Darwins natürliche Selektion, die dem Fortpflanzungserfolg der Individuen dient, könnte zwar zu solchen hervorragenden Konstruktionen führen, aber das gleiche Ergebnis könnte auch eine andersartige Evolutionskraft liefern, die dem Wohl ganzer Arten dient. Gute Flügel nutzen sowohl der Spezies als auch dem einzelnen Vogel. Um nachzuweisen, dass die Natur darwinistisch funktioniert, brauchen wir Phänomene, deren Ursachen nur dem Individuum nutzen, nicht aber der biologischen Art.

Solche Phänomene gibt es in Hülle und Fülle: Organe und Hilfsmittel, die das Individuum in der sexuellen Konkurrenz um Partner und Paarungsgelegenheiten gegen andere Individuen derselben Spezies einsetzt. Solche Organe können für die Spezies nicht nützlich sein, denn sie helfen nur den Individuen, gegen ihre Artgenossen aus derselben Population zu kämpfen, bieten aber der Spezies im Wettbewerb gegen andere Arten keine Unterstützung. Außerdem sind solche Organe häufig kompliziert und teuflisch klug konstruiert; sie sind nicht nur vordergründige Launen der Natur, sondern stellen eine gewaltige »Investition« an Evolutionsenergie dar. Offensichtlich richten sich also die kausalen Anstrengungen der Evolution zu einem großen Teil auf den Aufbau solcher Organe, die dem individuellen Nutzen dienen.

Ein klassisches Beispiel ist der Schwanz des Pfaus. Dieser farbenprächtige, leuchtende, gleichzeitig aber hinderliche Körperteil verschafft dem Vogel keinerlei biologisch-mechanischen Nutzen (sondern ist in dieser Hinsicht vermutlich sogar ein echter Nachteil). Aber in der entscheidenden darwinistischen Tätigkeit, möglichst viele Gene an zukünftige Generationen weiterzugeben, konkurrieren die Pfauenmännchen mit Hilfe ihres auffälligen Schwanzes untereinander um die Aufmerksamkeit der Weibchen. Der leuchtende Schwanz hilft dem einzelnen Männchen in der Konkurrenz mit seinen Geschlechtsgenossen; der Spezies nützt er nichts. Im Gegenteil: Der üppige Schwanz beeinträchtigt wahrscheinlich sogar die Aussichten der Spezies auf ein langes Leben in der Erdgeschichte – und deshalb kann er nur entstehen, wenn die Evolution zum Vorteil des Individuums tätig wird. Aber selbst dieses klassische Beispiel ist nur ein indirekter Beweis: Der Schwanz steigert den Fortpflanzungserfolg nicht selbst, sondern nur indirekt, indem er die Weibchen beeindruckt oder andere Männchen einschüchtert. Es gibt aber eine Vielzahl angepasster Merkmale, die beim Fortpflanzungsakt selbst gezielt dem Wohl des Individuums dienen. So umklammert beispielsweise das Männchen unter Umständen mehrere Wochen oder Monate lang das Weibchen und sorgt so dafür, dass nur seine eigenen Samenzellen und keine anderen die Eier befruchten können. (Dieses seltsame Phänomen, das man bei Fröschen als Amplexus bezeichnet, bringt der Spezies keinen Nutzen, aber es fördert mit Sicherheit den Fortpflanzungserfolg des anhänglichen Männchens.)

In der unendlich vielfältigen Welt der Insekten findet man Tausende von verblüffenden Beispielen (Einzelheiten in dem bemerkenswerten Buch *Sexual Selection and Animal Genitalia* von W. G. Eberhard). So »greifen« beispielsweise die Männchen vieler Arten in die Vulva des Weibchens und ziehen Samenzellen aus einer früheren Paarung heraus, bevor sie ihre eigenen ablegen. Andere scheiden nach der Paarung einen Genitalpfropfen (den Keuschheitsgürtel der Natur nach vollzogenem Akt) in die Vulva aus, eine harte Substanz, die jede weitere Kopulation mit anderen Männchen verhindert. Solche Fälle von »Spermienkonkurrenz« (wie Fachleute das Phänomen nennen) können in der Evolution nur entstehen, wenn die natürliche Selektion nicht der Spezies, sondern dem Individuum dient.

2. SINNVOLLE RICHTUNG. Ein weiterer Leserbrief an die *New York Times*, der sich ebenfalls auf einen Artikel aus dem Wissenschaftsteil bezieht, macht auf unterschwellige Weise einen wichtigen Aspekt der Meinungsmache über den Verlauf (im Gegensatz zum Mechanismus) der Evolution deutlich. Der Verfasser wendet sich gegen einen Bericht über die Theorie und dort insbesondere gegen die Aussage, die Dinosaurier seien in einer globalen, durch den Einschlag eines Körpers aus dem Weltraum (siehe Kapitel 11) ausgelösten Katastrophe zu Grunde gegangen:

Dinosaurier und Schicksal

Leserbrief

Im Wissenschaftsteil vom 3. Januar berichten Sie über eine Theorie, wonach die Dinosaurier ausstarben, nachdem ein Asteroid in das schwefelreiche Gestein der heutigen mexikanischen Halbinsel Yucatán eingeschlagen war, sodass ein Dunst aus Schwefelsäure jahrzehntelang das Sonnenlicht fern hielt. Wäre das Gestein nicht so schwefelreich gewesen, so sagen Sie, »hätten die Dinosaurier den Einschlag durchaus überleben können, und dann hätte die Evolution einen anderen Verlauf genommen«.

In Wirklichkeit war das Verschwinden der Dinosaurier das Ereignis, das den Verlauf der Evolution veränderte. Wären sie nicht hinweggefegt worden, hätte die Evolution sich auf dem gleichen Weg fortgesetzt, den sie auch in den vorangegangenen 150 Millionen Jahren eingeschlagen hatte.

Ich möchte hier nicht die unscharfe Formulierung der *New York Times* über den »Verlauf der Evolution« verteidigen, aber der Briefschreiber leidet unter dem falschen Eindruck, die Geschichte des Lebendigen folge einem eindeutigen Weg, und Katastrophen könne man nur als Unterbrechungen dieses sinnvollen, kontinuierlichen Ablaufes deuten. Ich kann in dem, was das Blatt am 3. Januar berichtete, nichts Falsches entdecken. Hätte der Einschlag nicht stattgefunden, wären die Dinosaurier vermutlich am Leben geblieben, und dann wäre die Evolution in den letzten 65 Millionen Jahren anders verlaufen, als es tatsächlich der Fall war (und zwar, wie ich sofort hinzufügen möchte, auf einem Weg, der die Säugetiere weiterhin als kleine Lebewesen in den Ecken und Winkeln der Dinosaurierwelt gekannt hätte, was die Entstehung einer sonderbaren Gruppe bewusstseinsbegabter großer Säugetiere und letztlich auch die Erfindung der *New York Times* verhindert hätte).

Der Irrtum des Briefschreibers liegt in der Annahme, eine Evolution, die nicht in irgendeiner Form gestört wird, müsse auf einem Weg verlaufen, der sich sinnvoll bis in eine unendliche Zukunft fortsetzt. Aber einen solchen Weg gibt es nicht. Der Verlauf der Evolution ist keine Straße, deren Richtung man vorhersagen könnte, sondern nur das Gesamtergebnis zufälliger Ereignisse. Wie soll der Weg ausgesehen haben, den die Evolution 150 Millionen Jahre lang vor der Unterbrechung am Ende der Kreidezeit gegangen war? Zunächst einmal beinhaltet dieser Zeitraum von 150 Millionen Jahren das Massenaussterben am Ende des Trias, das ebenso heftig war (und vielleicht ebenso von einer Katastrophe ausgelöst wurde) wie das spätere Ereignis, das die Dinosaurier hinwegfegte. Evolution ist ganz grundsätzlich und in jeder Größenordnung von der gleichen Unvorhersagbarkeit. Im Rückblick können wir nachvollziehen, was sich während dieser 150 Millionen Jahre abgespielt hat, und vielleicht können wir die Ergebnisse auch unter dem Gesichtspunkt der Evolution erklären. Aber vorher hätten wir das Ergebnis nicht voraussehen können, ebenso wie wir nicht am 19. April 1775 hätten von der Concord Bridge schauen und wissen können, dass Eisenhowers Streitkräfte 170 Jahre später das Deutschland der Nazis besiegen würden. Es gibt keinen Weg der Evolution, der immer gleich verläuft, solange er nicht von äußeren Einflüssen unterbrochen wird.

3. STETIGES FLIESSEN. Nachdem es sich bei meinen beiden ersten Beispielen um Briefe handelte, die fälschlich Kritik an Artikeln im Wissenschaftsteil der *New York Times* übten, möchte ich mich jetzt um journalistische Ausgewogenheit bemühen und einen Fehler im Sinne des Spin-Doctoring entlarven, den ein Artikel desselben Blattes am 14. März 1995 enthielt.

Durch diesen Bericht veranlasst, erhielt ich später etwa ein Dutzend Bitten um Interviews und Kommentare; danach zu urteilen, erregte er offenbar großes Interesse, und den meisten Lesern kam er seltsam, fesselnd und überraschend vor. Ich lehnte alle Interviews mit der Begründung ab, der Artikel sei richtig und habe einen wichtigen Aspekt der Evolution dargestellt – aber das darin beschriebene Ergebnis entspreche vollkommen den Erwartungen und der Lehrmeinung; überraschend war es nur, wenn man ein durch Meinungsmache verfälschtes Bild von der Evolution hatte.

Der von William K. Stevens verfasste Artikel trug den Titel »Evolution des Menschen dürfte ins Schwanken geraten«. Er begann mit folgendem Einleitungssatz: »Die natürlichen Evolutionskräfte verlieren heute nach Ansicht der Fachleute weitgehend die Fähigkeit, die Spezies Mensch zu formen, und diese Erkenntnis wirft die quälende Frage auf, wie die Menschheit sich weiterentwickeln wird. Geht die menschliche Evolution zu Ende, und folgt nun eine lange Reifephase, in deren Verlauf sich der *Homo sapiens* kaum noch verändert?« (Ach, wie ich das »nach Ansicht der Fachleute« liebe, diesen allgemeinen, anonymen Appell an die Autorität!) Dann berichtete der Artikel zutreffend über die Tatsache, dass die Anatomie des Menschen sich während der letzten 100 000 Jahre nicht mehr nennenswert gewandelt hat. Die Cromagnon-Menschen, die vor 20 000 bis 30 000 Jahren die großen Höhlen Europas ausmalten, zeigen keine Unterschiede uns gegenüber.

Interessante Fehleinschätzungen sind häufig nicht ohne weiteres zu erkennen; vielfach stützen sie sich auf versteckte Annahmen, die nicht ausgesprochen werden und vermutlich nicht einmal ins Bewusstsein dringen. Als professioneller Evolutionsforscher kann ich an der Stabilität der Menschen während der letzten 100 000 Jahre ganz und gar nichts Überraschendes finden (siehe Kapitel 9 und 10). Dieser Zeitraum war zwar nicht ganz so kurz, dass man ihn als Augenblick der Evolution bezeichnen könnte, aber er stellt einen ganz schön kleinen Abschnitt der Erdgeschichte dar. Die meisten Arten sind während ihrer entwicklungsgeschichtlichen Lebensdauer stabil. Insbesondere große, erfolgreiche, gut angepasste, bewegliche, geografisch weit verbreitete Arten neigen zu derartiger Dauerhaftigkeit, denn die Evolutionsereignisse finden gedrängt in Phasen der Artbildung durch Aufspaltung kleiner, isolierter Populationen statt. Der *Homo sapiens* erfüllt alle diese Voraussetzungen für Stabilität – warum also sollen wir uns über das beschriebene Ergebnis wundern? Und warum löste Stevens' Artikel so heftige, erstaunte Reaktionen aus?

Ich kann daraus nur schließen, dass die durch Meinungsmache verfälschte Ansicht über die Geschichte des Lebendigen sich eine Evolution ausmalt, in der die Arten sich in einem ständigen Fluss der Verbesserung und Anpassung befinden. Besonders wenn es um unsere eigene Art geht, neigen wir dazu, ein solches Ergebnis zu erwarten. Immerhin sind wir aus Vorfahren mit kleinem Gehirn hervorgegangen, und wir haben unsere herausgehobene Stellung durch die Vergrößerung des Schädels erlangt. Sollte sich diese Entwicklung, die doch in uns angelegt ist, nicht auch während der

Phase unserer größtmöglichen Verbreitung und Erfolge fortsetzen? Ist nicht etwas Seltsames passiert, wenn wir uns wirklich stabilisiert haben, und muss dieses Etwas unserem biologischen Wesen nicht durch unsere kulturellen Entdeckungen auferlegt worden sein? Nein, nein, tausendmal nein. Unsere Stabilität entspricht der Lehrmeinung – zumindest der Lehrmeinung eines ganz und gar revolutionären Darwinismus mit zerschmettertem Sockel.

Räumen wir diese drei Fehler aus, können wir die Evolution begreifen: Ihre Ursache ist kein Prinzip, das großzügig zum Wohl der Spezies oder irgendeiner anderen »höheren« natürlichen Einheit tätig wird, sondern der Wettbewerb unter den Individuen um Fortpflanzungserfolg. In der Geschichte des Lebendigen erkennen wir dann eine nicht vorhersehbare Folge vorwiegend zufälliger, für alle Unterbrechungen zugänglicher Abläufe auf ganz zufälligen Wegen. Und in erfolgreichen Arten sehen wir dann keine Einheiten, die in ständigem Fließen nach Verbesserung streben, sondern Inseln der vorübergehenden Stabilität.

Wie der erste Fehler in der *New York Times* am 50. Jahrestag des D-Day erschien, so war der letzte dort am 14. Mai 1995 zu lesen, dem Tag, an dem das Blatt zum 50000. Mal erschien. Der Chefredakteur beging das Ereignis mit der typischen gedämpften Begeisterung einer Zeitung, die sich bis heute weigert, eine Witzseite zu drucken. Arthur Ochs Sulzberger, Vorstandsvorsitzender der New York Times Company, schickte seinem Personal eine Notiz: »Am besten können wir feiern, indem wir dafür sorgen, dass die 50001. Ausgabe die beste Zeitung ist, die wir herstellen können.« Bravo, Mr. Sulzberger! Nicht das süßliche Motto des Glaubens – jeden Tag werde ich in jeder Hinsicht immer besser – macht die Mühen der letzten hundert Jahre wett, sondern nur das wahre Heldentum des Spielers, der gegen ein Casino mit unbegrenzten Mitteln antritt: Bleib da, so gut und solange du kannst. Nicht Niedertracht, sondern nur Aufklärung dient dazu, uns auf unsere wahre Größe zu stutzen. Denn wenn wir die Sockel zerschmettern, sorgen wir für einen Hauch von Freiheit für unsere wahre entwicklungsgeschichtliche Besonderheit: für den menschlichen Geist. Ob Wahrheit uns frei macht, weiß ich nicht, aber ich glaube, dass unsere einzigartige Geistigkeit mit dieser Art der Seelennahrung gedeiht, ganz gleich, wie sehr die verlorenen Illusionen schmerzen.

25. Der Spaltpilz unter uns

Wenn ein Tier entkörperlichte Unsterblichkeit erlangt, weil es in eine allgemeine Redewendung einfließt, würdigen die Menschen damit in der Regel sein Verhalten: Wir wachen wie Falken über unseren Besitz, stürzen uns wie Stiere auf unsere unbedarften Konkurrenten, hetzen unsere Gegner wie Hunde oder ziehen uns angesichts widriger Umstände in unser Schneckenhaus zurück. Pflanzen und andere festgewurzelte Lebewesen dagegen zeigen kein derart breites Spektrum offenkundiger Verhaltensweisen; in unseren botanischen Redewendungen stützen sich die Metaphern deshalb auf Wachstum und Aussehen. Betrachten wir einmal die beiden bekanntesten Beispiele, in denen vergleichbare Phänomene mit ganz unterschiedlicher Bedeutung genannt werden – das eine drückt in der Regel unsere Freude aus, das andere unsere Befürchtungen: Kunst und Wohlstand *erblühen*; Steuern und Gewaltverbrechen *schießen wie Pilze aus dem Boden*. In diesem Unterschied spiegelt sich offensichtlich ein Grundprinzip unserer Kultur und Legenden wider. Wir lieben die bunten Blüten der »höheren« Pflanzen, die entweder im Sonnenlicht leuchten oder wie Edelsteine im Waldesdunkel liegen. Aber vor den schwammigen Fruchtkörpern der »niederen« Pilze, die im Nasskalten wachsen und in krebsartiger Formlosigkeit auf verrottendem Holz wuchern, ekeln wir uns. (Selbst einen farbigen Pilz finden wir in der Regel nicht hübsch, sondern unheimlich.) Ich erinnere mich noch gut an eine Schulhofstichelei, mit der unbeliebte Klassenkameraden in meiner Jugend häufig auf grausame Weise bedacht wurden: »Ein Pilz ist unter uns!« Und dieser Ausspruch führte immer zu der ritualisierten Erwiderung: »Bring ihn um, bevor er sich vermehrt.«

Nehmen wir dieses Bild vom unkontrollierten, schädlichen Pilzwachstum mit unserer allgemeinen Vorliebe für Superlative zusammen – in diesem Fall für das Größte und Dauerhafteste –, verstehen wir ohne weiteres den Presserummel, den ein Fachartikel von M. L. Smith, J. N. Bruhn und J. P. Anderson auslöste; der Aufsatz, der am 2. April 1992 in *Nature* erschienen, trug den Titel »Der Pilz *Armillaria bulbosa* gehört zu den größten und ältesten Lebewesen der Erde«. Am gleichen Tag berichtete die *New York Times* auf ihrer ersten Seite über die Entdeckung; der Artikel trug den noch einprägsameren Titel »Pilz von 14 Hektar gilt als größtes Lebewesen der Welt«.

Das vielzellige Leben teilen wir in drei große Organismenreiche ein: Tiere, Pflanzen und Pilze. Wie steht der neu entdeckte *Armillaria* nun im Vergleich zu den Weltmeistern der beiden anderen Reiche da? Die Blauwale, mit Abstand die größten Tiere, die jemals gelebt haben (sie stellen sowohl den *Ultrasaurus* als auch den *Supersaurus* aus der Welt der Dinosaurier in den Schatten), können dreißig Meter lang und ebenso viele Tonnen schwer werden. (Übrigens: Da Walweibchen größer werden als die Männchen, war das größte Tier aller Zeiten zweifellos weiblichen Geschlechts.) Bei weitem größer als Wale sind die Mammutbäume – ihre Masse erreicht manchmal über tausend Tonnen (der größte Teil davon allerdings lebloses Holz), von ihrer Höhe, die sich nach Hunderten von Metern bemisst, und ihrem Alter von mehreren tausend Jahren gar nicht zu reden.

Armillaria bulbosa lebt in den Mischwäldern Europas und des östlichen Nordamerika in und um Baumwurzeln. Ein Klon geht jeweils aus einer einzigen befruchteten Spore hervor und breitet sich dann durch ungeschlechtliche Vermehrung aus. Die Grundeinheit dieses Wachstums ist die Hyphe, ein Pilzfaden, der den Grundbaustein vieler Pilzarten bildet. Bei *Armillaria* bilden die Hyphen dann seilartige Bündel, die man Rhizomorphen nennt. Da die Rhizomorphen unterirdisch (nämlich in den Baumwurzeln und um sie herum) wachsen und sich ausbreiten, sieht der menschliche Beobachter von dem verwobenen, verborgenen Geflecht nichts außer den räumlich getrennten Pilzen, die hier und da durch den Waldboden brechen.

Da wir fälschlicherweise jeden Pilzkörper für ein eigenständiges lebendes Gebilde halten, blicken wir unter Umständen auf das Revier eines solchen *Armillaria*-Klons, ohne dass uns etwas Besonderes auffällt: Wir bemerken die unterirdischen Zusammenhänge nicht und glauben, die Spezies bestehe aus einzelnen, völlig getrennten Individuen – aus einer Population mehrerer unscheinbarer Lebewesen. Aber Smith und seine Kollegen fanden in einem Wald bei Crystal Falls auf der nördlichen Halbinsel von Michigan eine Fläche von etwa vierzehn Hektar, unter der sich die verwobenen Rhizomorphen eines einzigen *Armillaria*-Klons hinzogen. Auf Grund der besten Befunde über die Wachstumsgeschwindigkeit der Rhizomorphen schätzten sie das Alter auf mindestens 1500 Jahre – vermutlich ein zu niedriger Wert, denn eine Zeit lang wurde die Ausbreitung durch benachbarte Klone behindert, die Berechnung geht jedoch von stetiger Erweiterung aus. Das Gewicht der Rhizomorphen im Boden schätzen die Autoren auf etwa zehn Tonnen, aber in dieser Zahl ist ein großer Teil der Masse – die Teile des Klons, die an schwierig zu untersuchenden Stellen wachsen – noch nicht enthalten; dazu gehören beispielsweise die Bereiche innerhalb der Baumwurzeln und in Tiefen von mehr als fünfzehn Zentimetern, aber auch – vielleicht noch wichtiger – die vielen feinen Hyphen, die sich von den Rhizomorphen in Boden und Holz der Umgebung erstrecken. Nach den Schätzungen von Smith und Kollegen dürfte das Gesamtgewicht des Klons ihren Wert mindestens um das Zehnfache übertreffen, das heißt, es liegt in Wirklichkeit eher bei hundert Tonnen.

Dieses Musterbeispiel eines *Armillaria*-Klons wiegt also wohl so viel wie ein Blauwal (allerdings erheblich weniger als ein Mammutbaum), und sein Alter dürfte in der gleichen Größenordnung wie das der ältesten Bäume liegen. Der Anspruch des »Allerersten und Meisten« muss sich auf das zusätzliche Kriterium der flächenmäßigen Ausbreitung stützen – mit anderen Worten: auf die Pilze, die aus dem Boden schießen. Vierzehn Hektar ergeben, selbst wenn sie noch so verstreut sind, ein gewaltiges Lebewesen. Da kann selbst der durch B-Movies berühmt gewordene *The Blob* nicht mithalten.

Da Eile häufig mit Weile einhergeht, betont die erste Welle von Berichten über wissenschaftliche Befunde meist oberflächliche Aspekte, und die eigentlich interessanten begrifflichen Fragen treten in den Hintergrund. Wie jeder andere, so kann auch ich mich von Behauptungen über das höchste Alter, die riesigsten Abmessungen oder das größte Gewicht fesseln lassen. Ich weiß, dass Robert Wadlow fast zwei Meter siebzig groß war, dass Robert Earl Hughes mehr als 450 Kilo wog und dass Herr Izumi aus Japan noch seinen 120. Geburtstag erlebte. Der *Armillaria*-Klon aus Michigan hält zwar nicht den Gewichts- und vielleicht auch nicht den Altersrekord, aber in meiner geistigen Liste kommt er als Lebewesen mit der größten Fläche vor. Ihre tiefere Faszination bezieht die Geschichte allerdings von woanders: aus der verblüffenden Art, wie das unterirdische Pilzgeflecht uns zwingt, uns mit der entscheidenden biologischen (und philosophischen) Frage nach der richtigen Definition des Individuums auseinander zu setzen.

Zunächst einmal liegt das wirklich Neue der Untersuchung von Smith, Bruhn und Anderson nicht in der Entdeckung von etwas so Großem, sondern in der Festlegung der Kriterien, mit denen man die Stellung eines derart gewaltigen Gebildes als Individuum überprüfen kann. Große, zusammenhängende Matten aus Pilz-Rhizomorphen im Boden kannte man schon seit langem. Zuvor konnte man aber nicht mit Sicherheit feststellen, ob ein derartiges Pilzgeflecht auf einen einzigen Ursprung zurückgeht. Pilzsporen gibt es allüberall (das wissen wir aus leidvollen Erfahrungen mit Brotschimmel). Ein einziger Pilz kann einige Tage lang mehrere Millionen fruchtbare Sporen pro Stunde produzieren. Wenn so viele Sporen, jede davon gleichbedeutend mit einem Klon, auf den Waldboden fallen – warum soll man dann annehmen, dass ein großes Rhizopodengeflecht aus einer einzigen davon hervorgegangen ist und demnach von seiner Abstammung her als Individuum anzusehen ist? Warum geht man nicht davon aus, dass derart riesige Rhizopodenmatten aus den angehäuften Nachkommen mehrerer Sporen (also vieler verschiedener Eltern) bestehen, die sich dann verwoben und verflochten haben, oder mit anderen Worten: dass es sich nicht um ein Einzelwesen, sondern um ein Rudel handelt?

Sporen sind sicher allgegenwärtig, aber ein ständiger Sporenregen bietet noch keine Gewähr, dass sie sich zu gewaltigen Ansammlungen verflechten – Lebewesen besitzen immunologische Mechanismen, mit denen sie ihr Selbst vom Nichtselbst unterscheiden und Verbindungen abwehren (auch benachbarte Korallenkolonien in einem wachsenden Riff verschmelzen in der Regel nicht), und nach der darwinistischen Theorie ist der Wettbewerb zwischen verschiedenen genetischen Einheiten innerhalb einer Spezies eine wichtige Triebkraft im Spiel des Lebens. Die Frage, ob große Pilzmatten aus einer einzigen Spore oder vielen Quellen hervorgegangen sind, galt deshalb lange als offen und hochinteressant.

Heute kann man derartige Probleme mit genetischen Untersuchungen klären. Smith und Kollegen analysierten aus verschiedenen Teilen der *Armillaria*-Matte zunächst die so genannten Paarungstyp-Gene, die über die Verträglichkeit bei Kreuzungen bestimmen, und mehrere Abschnitte der Mitochondrien-DNA. Sowohl die Paarungstyp- als auch die Mitochondriengene sind bei der Spezies *Armillaria bulbosa* sehr vielgestaltig, aber in allen Proben aus der Pilzmatte von Michigan zeigte sich die gleiche Anordnung. Diese Übereinstimmung ist ein Beweis für enge genetische Verwandtschaft, beweist aber allein noch nicht, dass es sich um ein einziges Individuum handelt: Woher soll man wissen, ob die Matte von durch starke Inzucht entstandenen Geschwistern oder von einer einzigen Spore abstammt? Aber dann wies ein weiterer genetischer Test auf einen einzigen Gründer hin. Wiederholte Inzucht führt bei den Nachkommen zu einer deutlich verminderten genetischen Vielfalt – das ist vermutlich der »tiefere« Grund für unsere Verbote und Tabus gegenüber Verwandtenehen. Gene, die innerhalb eines Individuums vielgestaltig sind (und als »heterozygot« bezeichnet werden, weil väterliches und mütterliches Exemplar sich unterscheiden), werden durch ständige, über viele Generationen fortgesetzte Paarung zwischen nahen Verwandten allmählich immer einheitlicher. Smith und Kollegen untersuchten charakteristische »Marker« aus mehreren DNA-Sequenzen heterozygoter Gene von verschiedenen Stellen des Pilzgeflechts, fanden dabei aber keine Verminderung der Variabilität – ein Zeichen, dass die ganze Matte einen einzigen Ursprung hatte und kein inzestuöses Gemisch mehrerer eng verwandter Unterklone darstellt.

Aber dieser elegante Nachweis, dass das Pilzgeflecht von Michigan aus einer einzigen Quelle stammt, warf natürlich die interessantere, folgenschwerere Frage nach der Definition des Individuums auf – die, wie wir noch sehen werden, für die Anwendung der darwinistischen Theorie auf die Natur von entscheidender Bedeutung ist. Das *Armillaria*-Geflecht von Michigan ist ungeschlechtlich aus einer einzigen Spore herangewachsen, aber entspricht ein solches über vierzehn Hektar ausgebreitetes Gebilde unserer üblichen Alltagsdefinition eines Einzelwesens? Mit dieser Frage befasste sich Clive Brasier in einem Kommentar, der zusammen mit dem Originalaufsatz von Smith, Bruhn und Anderson am 2. April in *Nature* erschien:

> Die von Smith *et al.* geäußerte Vermutung, es [das Geflecht von Michigan] verdiene die Anerkennung als eines der größten Lebewesen, vergleichbar mit Blauwalen oder Mammutbäumen, fordert eine genauere Untersuchung heraus. Blauwal und Mammutbaum zeichnen sich durch ein relativ genau vorherbestimmtes Wachstum innerhalb festgelegter Grenzen aus, für ein Pilzmycel dagegen gilt das nicht.

Mit anderen Worten: Ein Wal ist ein Wal, mit Flossen und Schwanz, die Pilzmatte von Michigan dagegen breitet sich einfach aus. Außerdem können wir nicht mit Sicherheit behaupten, dass sie tatsächlich ganz und gar zusammenhängend bleibt. Vielleicht lösen sich kleinere Stücke, die dann physisch von der Hauptmasse getrennt sind; eine abgerissene Walflosse ist aber kein kleiner Wal, sondern nur totes Fleisch. Zu Recht gelangt Brasier zu dem Schluss:

> Während also die Bezeichnung [des Geflechts von Michigan] als Rekord-Genotyp [eigenständiges genetisches System] gesichert erscheint, hängt seine Einstufung als Rekord-Lebewesen davon ab, wie man die Regeln interpretiert.

Welche Definition der Individualität sollten wir uns also zu Eigen machen, und warum ist das nicht nur ein Spiel um Begriffe, sondern eine wichtige Frage der biologischen Theorie? Das Kriterium eines einzigen genetischen Ursprungs, auf den ein physisch ununterbrochenes Wachstum folgt, stellt einen guten ersten Ansatz dar, aber das Pilzgeflecht von Michigan wirft ein zentrales Problem auf, das auch bei vielen anderen Lebewesen deutlich wird, beispielsweise bei Grashalmen und Bambusrohren (auch wenn sich in der Frage vermutlich nur eine unglückselige Engstirnigkeit widerspiegelt, weil wir aus dem Wesen unseres eigenen Körpers zu Unrecht ein Kriterium für alle Lebensformen ableiten).

Die Individuen, die für uns den Regelfall darstellen, sind abgegrenzte Gebilde mit definierter Form – ein Wal, ein Baum, eine Küchenschabe, ein Mensch. Nach dem gleichen Prinzip möchten wir auch einen Grashalm, ein Bambusrohr oder einen Pilz als Individuum bezeichnen. Aber wenden wir einmal das vorgeschlagene Kriterium des physischen Zusammenhanges und des einheitlichen genetischen Ursprunges an. Ein Bambusrohr sieht so aus, dass wir es unter anderen Umständen als vollständige Pflanze bezeichnen würden, aber möglicherweise gehen sämtliche Rohre eines Feldes aus einem gemeinsamen System unterirdischer Ableger hervor, die alle zusammenhängen und durch ungeschlechtliches Wachstum aus einem einzigen Samen entstanden sind. Ist dann das einzelne Bambusrohr nicht nur ein Teil dieses größeren Individuums, wie die *Armillaria*-Pilze nur die sichtbaren Fruchtkörper eines unterirdischen Ganzen sind? (Bambusrohre sind riesige Grashalme, das gleiche Argument gilt also auch für unseren Rasen.)

Diesem Problem, dass Teile wie einzelne Individuen aussehen, begegnen Botaniker öfter als Zoologen (eine Kolonie aus Korallentieren wirft allerdings genau die gleiche Frage auf). Deshalb hat sich in der Botanik eine besondere Terminologie für solche zweideutigen Fälle entwickelt – für Teile, die man in der Umgangssprache als vollständige Lebewesen ansehen würde, obwohl sie nach der genetischen Definition nur Organe eines größeren Ganzen sind. Botaniker bezeichnen den morphologisch gut abgegrenzten Teil – den Grashalm, das Bambusrohr oder den Pilz – als *Ramet*, das ganze zusammenhängende System – die unterirdischen Ableger, das Rhizomorphengeflecht mit den gelegentlich auftretenden Pilzknospen – als *Genet*. Mit anderen Worten: Das umgangssprachliche Individuum ist ein Ramet, das genetische ein Genet. Mit dieser Terminologie ist das begriffliche Problem der Definition von Individualität nicht gelöst, sondern man hat nur Namen geprägt und damit den klassischen Fall einer echten Zweideutigkeit anerkannt.

Noch weiter klaffen umgangssprachliche und genetische Definition auseinander, wenn man weiß, dass bei Anwendung des genetischen Kriteriums manchmal nicht einmal mehr das entscheidende Merkmal der physischen Verbundenheit gilt. Der Zoologe Dan Janzen schrieb 1977 einen provozierenden Artikel über das Thema, der den Untertitel »Was ist eine Blattlaus?« trug. Viele Blattlausarten machen nur einmal im Jahr eine sexuelle Kreuzung durch. Die aus dieser Vereinigung hervorgehenden Weibchen erzeugen die folgenden Generationen durch Parthenogenese, das heißt ohne Befruchtung. Die so entstandenen (ausnahmslos weiblichen) Nachkommen sind genetisch sowohl mit ihren Schwestern als auch mit der Mutter identisch (abgesehen von wenigen Neumutationen). Oder anders ausgedrückt: Die ungeschlechtlich entstandenen Nachkommen einer Mutter bilden einen Klon genetisch gleichartiger Körper – und von einer Urmutter können letztlich Millionen Blattläuse abstammen. (Irgendwann bringen die weiblichen Nachkommen dann auch ein paar Männchen hervor, und es kommt wieder zur Befruchtung – aber das ist eine andere Geschichte.)

Wie sollen wir diese vielen Blattlauskörper eines einzigen parthenogenetisch entstandenen Klons nennen? Nach allen umgangssprachlichen Kriterien sind sie Individuen. Sie sehen wie andere eindeutige Insektenindividuen aus – wie Küchenschaben, Marienkäfer oder Grillen. Wie jedes normale Insekt haben sie sechs Beine und einen Mund. Aber sie gehören zu einem einzigen genetischen System, denn sie sind alle durch eine Art vegetatives Wachstum aus einem einzigen Ursprung (der Gründermutter) hervorgegangen. Der ganze Klon getrennter Blattlauskörper ist gleichbedeutend mit den Rohren eines Bambusfeldes oder den Pilzen des *Armillaria*-Geflechts, nur fehlen ihnen die unterirdischen Verbindungen. Mit anderen Worten: Die Blattlauskörper sind die auseinander gerissenen Rameten eines einzelnen Genets. Warum also, so Janzens Argumentation, bezeichnen wir die Blattläuse nicht als Teile und den gesamten Klon als ein einziges »EI« oder »Evolutionsindividuum«? Aus dieser Neudefinition ergeben sich einige verblüffende Folgerungen; Janzen stellt fest (und vielleicht muss man das Zitat zweimal lesen, um sich in seinen ungewöhnlichen gedanklichen Rahmen hineinzufinden):

Jedes EI wächst durch Parthenogenese schnell heran, und immer wieder werden Stücke (Blattläuse) von Parasiten (die man in den üblichen Erörterungen als … Räuber bezeichnen würde) abgefressen. Ein ganzes EI wird nur selten Opfer eines Räubers (das heißt gefressen), denn zu den Gesetzmäßigkeiten seines Wachstums gehört es, dass es sich auf der Oberfläche der Pflanzen in seinem Lebensraum verteilt, und zwar als so dünne Schicht, dass ein potenzieller natürlicher Feind es kaum einmal vollständig aufspürt.

Bevor diese Abfolge von Zweideutigkeiten noch verwirrender wird, möchte ich eine andere Vorgehensweise und eine Lösungsmöglichkeit vorschlagen. Begriffe definiert man am besten im Zusammenhang einer erklärenden Theorie. »Schwerkraft« mag in der Umgangssprache unterschiedliche Bedeutungen haben, aber die wechselnden wissenschaftlichen Definitionen in den Formulierungen der Theorie durch Newton und Einstein beschreiben das Wesen der Schwerkraft als wissenschaftliche Vorstellung. Entsprechend ist in der darwinistischen Theorie, der herrschenden Lehre für das Verständnis der Natur, auch der Begriff *Individuum* von zentraler Wichtigkeit, und er hat eine wissenschaftliche Bedeutung. Sollten wir nicht diese theoretische Definition als vorrangige biologische Bedeutung anerkennen? (Die Umgangssprache dürfte zwar in eine andere Richtung gehen, aber die Wissenschaft kann und sollte nicht den gesamten alltäglichen Sprachgebrauch bestimmen.)

Darwins zentrale Aussage lautet: Die natürliche Selektion wirkt auf *Individuen*, die (natürlich im übertragenen Sinn und ohne bewusste Absicht) um den Fortpflanzungserfolg kämpfen. Individuen, die mehr überlebende Nachkommen hinterlassen, verschaffen sich einen darwinistischen Vorteil, und auf diese Weise verändern sich Populationen. Schön und gut, aber wie sollen wir das »Individuum«, das an einem solchen Kampf teilnimmt, definieren? Darauf gibt Darwin eine eindeutige Antwort: Individuen sind Lebewesen – das heißt Körper im herkömmlichen Sinn (mit gewissen Nuancen für zweideutige Fälle wie Pilze und Blattläuse). Die natürliche Selektion wirkt auf Lebewesen – auf einzelne Löwen, die um einen begrenzten Bestand von Zebras kämpfen, auf einzelne Bäume, die mit anderen im Wettbewerb um Licht stehen.

Diese zentrale Bedeutung der ganz normalen Lebewesen im umgangssprachlichen Sinn spielte für Darwins radikale neue Ansicht über die Natur eine entscheidende Rolle (Näheres im vorangegangenen Kapitel): Er strebte ganz bewusst danach, die tröstliche, übliche Vorstellung von einer eigentlich wohlwollenden Natur über den Haufen zu werfen, in der ein Schöpfer unmittelbar für gut gestaltete Lebewesen und harmonische Ökosysteme sorgt. Es war ein köstlicher Gedanke: Die »wohlwollenden« Ergebnisse entstehen nur als Nebeneffekte eines Mechanismus, der »unterhalb« der göttlichen Aufsicht tätig wird und kein anderes »Ziel« verfolgt als die egoistische Fortpflanzung der Individuen – das heißt, die Lebewesen kämpfen um ihren eigenen Fortpflanzungserfolg und sonst nichts.

Darwins abstrakte Formulierung von Individuen, die um ihren eigenen Fortpflanzungserfolg kämpfen, ist bis heute anerkannt, aber was die Vorstellung vom Individuum angeht, gab es ein beträchtliches Umdenken. Für Darwin war nur das Lebewesen ein Individuum oder eine »Einheit der Selektion«. Aber welche Eigenschaften muss ein Gebilde besitzen, damit es als Darwinsches Individuum tätig werden kann – und sind Lebewesen die einzigen derartigen Gebilde in der Natur? Fünf solcher Eigenschaften können wir angeben: Ein *Individuum* muss einen eindeutigen Anfang (Geburtszeitpunkt) und ein eindeutiges Ende (Todeszeitpunkt) besitzen und in der Zeit dazwischen so stabil sein, dass man es als abgegrenztes Gebilde erkennen kann. Diese ersten drei Eigenschaften reichen aus, um das »Individuum« in einem ganz abstrakten Sinn zu definieren. Aber damit es am darwinistischen Prozess des Fortpflanzungswettbewerbs teilnehmen kann, muss es zwei weitere Merkmale besitzen: Ein darwinistisches Individuum muss Nachkommen hervorbringen, und diese Nachkommen müssen durch ein Prinzip der Vererbung entstehen, das für Ähnlichkeiten zwischen Kindern und Eltern sorgt, gleichzeitig aber auch gewisse Unterschiede zulässt.

Darwin hatte sicher Recht mit seiner Ansicht, dass herkömmliche Lebewesen (und auch *Armillaria*-Matten und Blattlausklone) diese fünf Eigenschaften besitzen: Für Geburt und Tod gibt es genau definierbare Zeitpunkte, sie sind während ihres Lebens ausreichend stabil, sie bringen Nachkommen hervor, und diese Nachkommen ähneln den Eltern, wobei Abweichungen möglich sind. Lebewesen können also Einheiten der Selektion sein.

Wie steht es aber mit Gebilden, die umfassender oder kleiner sind als ganze Lebewesen? Was ist mit den Genen »unterhalb« und den biologischen Arten »oberhalb« des einzelnen Organismus? Die Gene betrachten wir in der Regel als *Teile* und Arten als *Ansammlungen*, aber vielleicht spiegeln sich in dieser herkömmlichen Ansicht unsere beschränkte Sicht auf unser eigenes Leben und die daraus erwachsende Voreingenommenheit wider. Vielleicht sind nicht nur Körper, sondern auch Gene und Arten ebenso gute darwinistische Individuen. Immerhin werden Arten geboren, wenn eine Population isoliert wird und sich von dem Ausgangsbestand abspaltet. Zweifellos sterben Arten, wenn sie aussterben. Die meisten Arten sind während ihrer erdgeschichtlichen Lebensdauer recht stabil. Auch Gene besitzen die fünf entscheidenden Eigenschaften Geburt, Tod, Stabilität, Fortpflanzung und Vererbung mit der Möglichkeit von Veränderungen.

Individualität geht also über *Armillaria*-Matten oder Blattlausklone hinaus und umfasst verschiedene Ebenen der biologischen Organisation – und zwar so unterschiedliche Ebenen, dass wir sie auf Grund der engstirnigen Annahme, nur Lebewesen könnten Einheiten der Selektion sein, in der Regel als Teile oder Ansammlungen bezeichnen. Auch Gene und Arten sind darwinistische Individuen, und die Selektion kann auch auf diese größeren und kleineren Gebilde wirken. Die natürliche Selektion wirkt häufig sogar gleichzeitig auf mehrere Ebenen der stammesgeschichtlichen Hierarchie – auf die Gene und Zelllinien »unterhalb« der Lebewesen ebenso wie auf die Populationen und Arten »darüber«. Auf allen diesen Ebenen gibt es echte darwinistische Individuen – und diese hierarchische Definition liefert uns die große, umfassende, eigentliche biologische Bedeutung des Begriffs *Individuum*.

Wenn die Selektion gleichzeitig auf mehrere Arten und Ebenen von Individuen wirkt, funktioniert die Evolutionstheorie nicht so, wie Darwin es sich vorstellte. Statt vollkommener Anpassung werden Gleichgewicht und Rückkopplung zur Quelle zeitweiliger Stabilität. Bunte Federn sind für einen einzelnen Pfau etwas Großartiges, aber letztlich (in erdgeschichtlichen Zeiträumen) schaden sie der individuellen biologischen Art *Pavo cristatus*. Das Gehalt von

José Canseco ist für ihn und seine Familie fantastisch, aber von zweifelhaftem Wert für das langfristige Bestehen eines Individuums namens Oberliga-Baseball.

Natur ist nicht die innere Harmonie eindeutig definierter Einheiten. Sie existiert auf vielen Ebenen, die untereinander in Wechselwirkung stehen und sich an ihren Grenzen verwischen. Nicht einmal auf einer einzigen Ebene, nämlich der der organischen Körper, können wir eine eindeutige Definition für das »Individuum« formulieren – das zeigen uns die Matten von *Armillaria* und die Klone der Blattläuse. Darüber hinaus aber gibt es, darwinistisch gesprochen, auf mehreren Ebenen der stammesgeschichtlichen Hierarchie echte, funktionierende Individuen – nicht nur die Organismen, sondern auch Gene und Arten. Und welche Faszination geht davon aus, dass ein solches Gewirr unterschiedlicher Individuen sein Geflecht der Wechselbeziehungen aufbaut und so durch darwinistische Evolution die Geschichte des Lebens entstehen lässt! Singt demnach die Natur selbst Walt Whitmans »Lied von mir selbst«?

Ich widerspreche mir?
Nun gut, dann widerspreche ich mir.
(Ich bin weit, ich fasse Massen.)

26. Von Schnecken und Maßstäben

Der Psalmendichter fragte: »Was ist der Mensch, dass du seiner gedenkst?« Nach der Natur oder dem Wesen des Menschen suchen wir – zweifellos vergeblich –, seit wir in unserer Evolution so viel Kognitionsfähigkeit entwickelt haben, dass wir die Frage stellen können. Man braucht nur an die vielfältigen klassischen Antworten zu denken, die jeweils einen zentralen Bestandteil des menschlichen Ganzen hervorhoben. »Ein vernünftiges Tier«, sagte Seneca in Anspielung auf einen Aspekt unseres geistigen Lebens. »Ein politisches Tier«, behauptete Aristoteles, der sich auf unsere sozialen Instinkte konzentrierte. »Ein Name, welcher jeder Nation gehört … eine Seele mit vielen Zungen«, schrieb Tertullian und wies damit auf unsere Einheitlichkeit in der Vielfalt hin. Und man sollte auch nicht die berühmte Definition vergessen, die Platon zugeschrieben wird und sich auf unser Aussehen im Vergleich zu anderen Wirbeltieren stützt: »ein ungefiederter Zweibeiner«. (Der Legende zufolge rupfte der Zyniker Diogenes einen Hahn und brachte ihn in die Akademie mit den Worten: »Hier habt ihr Platons Menschen.« Daraufhin erhielt die alte Definition einen Zusatz: »mit breiten, flachen Nägeln«.) Alles in allem bevorzuge ich die berühmte, viel jüngere Definition von Blaise Pascal, der unsere erhabene Schwäche betonte: »ein denkendes Schilfrohr«.

Ein Einzeiler kann niemals alles umfassen, aber meine Lieblingscharakterisierung hat zumindest den Vorteil, dass sie in einer einzigen Beschreibung alle zuvor genannten Elemente einschließt – unsere sozialen Bedürfnisse, unsere kognitiven Fähigkeiten, unsere einzigartige Stellung unter den Tieren und unsere Einheitlichkeit inmitten der Vielfalt. Menschen sind Geschichtenerzähler.

Wir kondensieren die Verwicklungen unserer Welt in Geschichten; um den Wirren unseres Lebens und der offenkundigen Sinnlosigkeit oder Grausamkeit unserer Umgebung eine gewisse Ordnung zu verleihen, konstruieren wir Erzählungen, die das Ganze mit einem Sinn durchtränken. Diese Neigung zum Geschichtenerzählen sichert uns eine Lösung, aber sie birgt auch eine Gefahr, öffnet sie doch Verzerrungen und falschen Deutungen Tür und Tor. Unsere Lieblingsgeschichten entfalten sich nämlich auf genau festgelegten, begrenzten Wegen (die wir Epik, Mythen und Sagen nennen und die häufig in den verschiedensten Kulturen eine geradezu gespenstische Ähnlichkeit aufweisen), und oft versuchen wir, eine weitaus vielfältigere Natur in diese vertrauten, erbaulichen Kanäle zu lenken.

Da alle Entdeckungen aus einer Wechselwirkung zwischen Geist und Natur erwachsen, müssen nachdenkliche Wissenschaftler sich genau mit den vielen Voreingenommenheiten auseinander setzen, in denen sich unser gesellschaftliches Umfeld ebenso widerspiegelt wie unser Zeitabschnitt in der politischen und geografischen Geschichte. Sie müssen sich der Grenzen bewußt sein, die uns durch einen in den gewaltigen Zeiträumen der Evolution bewährten geistigen Apparat aufgezwungen werden (soweit wir überhaupt hoffen können, sie von innen heraus zu begreifen).

Wir sind stark auf offenkundige Vorurteile gesellschaftlicher oder politischer Art eingeschworen. Auf welche Weise der Rassismus unsere Ansichten über die Vielfalt der Menschen verzerrt hat oder wie der Kreationismus einst ein angemessenes Verständnis für die Geschichte des Lebendigen verhinderte, begreifen wir ohne weiteres. Viel weniger erkennen wir aber die komplizierteren, dabei jedoch ebenso einschränkenden Vorurteile, die aus unseren eher allgemein gültigen Eigenschaften erwachsen und deshalb häufig verborgen bleiben, weil es bei ihnen zwischen den Kulturen und gesellschaftlichen Schichten keine nennenswerten Abweichungen gibt. In diese weniger sichtbare Kategorie würde ich unsere Neigung anordnen, die komplexe Realität in Geschichten mit beschränkten Themen und Ergebnissen einzuordnen. Eine solche Neigung bezeichne ich als »erzählerische Voreingenommenheit«

(siehe Kapitel 16 in *Bravo, Brontosaurus*). Anton Tschechow schrieb einmal, man dürfe kein geladenes Gewehr auf die Bühne bringen, wenn niemand daran denke, es abzufeuern. Ein gutes Drama erfordert sparsame, absichtsvolle Handlungen, sinnvolle Verbindungen zwischen möglichen Ursachen und tatsächlichen Wirkungen. Das wirkliche Leben ist ein viel größeres Durcheinander. Während der meisten Zeit geschieht überhaupt nichts (siehe Kapitel 9). Millionen Amerikaner (darunter viele Hitzköpfe) besitzen ein Gewehr (das in vielen Fällen auch geladen ist), aber glücklicherweise dreht die große Mehrzahl von ihnen während der meisten Zeit nicht durch. Das Leben ist meist ein Warten auf Godot und kein Nachladen, um in die Bresche zu springen.

Eine besondere Möglichkeit zu Verzerrungen bietet eine Kategorie von Geschichten, in denen sich die übliche Form gesellschaftlich-politischer Vorurteile mit einer tiefer liegenden erzählerischen Voreingenommenheit verbindet. Unsere üblichen Erklärungen für historische Abläufe orientieren sich in der Regel an dem wichtigsten gesellschaftlich-politischen Thema des abendländischen Lebens seit dem Ende des 17. Jahrhunderts: an der Idee vom Fortschritt, aus der die Entwicklung vom Kleinen zum Großen, vom Einfachen zum Komplizierten, vom Primitiven zum Höherentwickelten folgt – ein Ideal von ständigem Wachstum und Erweiterung. Nehmen wir dann noch unsere allgemeineren Vorlieben beim Geschichtenerzählen hinzu, unsere erzählerische Voreingenommenheit zu Gunsten bruchloser Übergänge zwischen Stadien und kausal einheitlicher Wandlungskräfte, erhalten wir das übliche Motiv unserer historischen Berichte: den absichtsvollen, in einer Richtung orientierten, sinnvollen Wandel. Angesichts der Tatsache, dass so viele nach diesem Muster gestrickte Erzählungen – die Prozession des urzeitlichen Lebens vom Einzeller zum Menschen oder Marx' Theorie der historischen Stadien, die sich auf ein kommunistisches Ideal zubewegen – versagt haben und nicht angemessen sind, müssen wir uns allmählich fragen, wie oft die Natur sich überhaupt herablässt, sich auch nur ansatzweise unseren Wünschen für ihren Aufbau anzunähern.

Ohnehin sind unsere üblichen historischen Erzählungen vom sinnvollen Fortschritt keine bloßen Abstraktionen, sondern heuristische Hilfsmittel, die stark dazu beitragen, dass Wissenschaftler in einer ganz bestimmten Richtung voranschreiten. Insbesondere zwingen solche Geschichten geradezu zu der Vorstellung, man könne komplexe Systeme am besten verstehen, wenn man nach einem einfacheren Zustand, einem früheren Stadium oder einer primitiveren Form sucht, damit diese dann als verständliches Modell für eine verwickeltere, über unser derzeitiges Begriffsvermögen hinausgehende Realität dient (untersuche mein Erbsenbeet, und du verstehst eines Tages die gesamte Landwirtschaftsökonomie). Darwin betrachtete die Taubenzucht einiger hundert Jahre und stellte dann sein Modell für die Geschichte des Lebendigen über die Jahrmillionen hinweg auf; die Anthropologen früherer Generationen durchsuchten die Welt mit ihrer nicht nur ansatzweise rassistischen Sprache nach »primitiven« Völkern, die mit ihren einfachen Handels- und Sozialbeziehungen stellvertretend für die ersten Stadien der abendländisch-städtischen Gesellschaft stehen sollten. Diese auf andere Weise komplizierten, nichtabendländischen Kulturen sind für sich allein faszinierend; und das Gleiche gilt, ob man es glaubt oder nicht, auch für Tauben. Ereignisse, die sich in kleinem Maßstab oder über kurze Zeit hinweg abspielen, sollte man als solche untersuchen. Aber sie in einer Erzählung über zunehmende Komplexität als Frühstadien zu interpretieren kann sich als Fehler erweisen, denn oft besteht keine Kontinuität der Ursachen. Kleine, kurze Dinge unterscheiden sich oft beträchtlich von großen, langen und sind nicht nur kleine Brüder, die sich auf dem Weg zu einem verwickelteren Menschsein befinden.

Um dieses Thema – die falsche Interpretation des weniger Komplizierten als primitiven Vorläufer – deutlich zu machen, möchte ich aus meiner eigenen Berufslaufbahn eine Geschichte über eine wissenschaftliche Fehleinschätzung erzählen. 1969 fuhr ich zum ersten Mal auf die Insel Curaçao (die zu den Niederländischen Antillen gehört und vor der Küste Venezuelas liegt), um die Landschnecke *Cerion uva* zu untersuchen (warum ich mir aus dem großen Verbreitungsgebiet von *Cerion* gerade diese abgelegene Insel aussuchte, werde ich später erklären). Genau 25 Jahre nach meinem ersten Besuch, 1994, reiste ich erneut nach Curaçao (auch über den Zweck dieses Besuchs werde ich später berichten – Essays sind Geschichten, und deshalb darf ich die literarischen Hilfsmittel der Vorankündigung und kleiner Rätsel benutzen).

Curaçao ist ein Land der Mischungen und Kontraste. Als niederländische Insel vor dem spanischen Südamerika und kakteenbestandene Wüste in den karibischen Tropen hat die Insel ihre so unterschiedlichen Facetten zu einer eigenständigen Kultur verschmolzen. Ein Beispiel ist die anormale Mischung aus Erdöl und Sonne. Geologie und Geografie haben das Schicksal von Curaçao bestimmt. Der Rand der Insel besteht aus hartem, festem Kalkstein (der früher ein Korallenriff war – Curaçao wurde von tektonischen Kräften aus dem Meer emporgehoben); ihr Inneres ist mit weichem, krümeligem Vulkangestein bedeckt. Deshalb besitzt sie viele große, strategisch wichtige Häfen: Enge Durchfahrten im harten Kalkstein, die sich durch Festungen (oder in früheren Zeiten sogar mit schweren Ketten, die man zwischen den dicht benachbarten Ufern spannte) leicht verteidigen lassen, öffnen sich in große Becken, die durch Erosion des weichen Vulkangesteins entstanden sind. Nachdem man im nahe gelegenen Venezuela Erdöl entdeckt hatte, entstand die heutige Wirtschaft der Insel, die (da sie als niederländisches Territorium politisch stabil war und hervorragende Häfen besaß) einen sicheren Ort für die Weiterverarbeitung und Verschiffung darstellte. Aber zusammen mit der zweiten wirtschaftlichen Säule, dem Tourismus, ergibt sich eine seltsame Mischung. Als Besucher kann man den Kontrast ohne weiteres riechen: Der Ostpassat weht die Abgase der Raffinerien am Schottegat entlang über die prächtigen neuen Hotels der Piscaderabaai.

Auch die Bevölkerung Curaçaos ist eine vielsprachige Mischung, in der sich die Realitäten und Übel eines solchen karibischen Schmelztiegels widerspiegeln. Der europäische Teil besteht vorwiegend aus niederländischen Beamten und Geschäftsleuten, spanischen und portugiesischen Siedlern und jüdischen Händlern. Die jüdische Gemeinde von Curaçao, die älteste der westlichen Hemisphäre, reicht bis ins 17. Jahrhundert zurück, als die portugiesische Inquisition Brasilien erreichte und eine lebhafte Gemeinde sephardischer Juden vertrieb; diese flüchteten sich in Häfen, die von den liberalen Niederländern kontrolliert wurden – manche gingen nach New York (dem damals niederländischen Neu-Amsterdam) und wurden zu den ersten jüdischen Bewohnern der späteren Vereinigten Staaten, die meisten aber blieben im benachbarten Curaçao. Die Gemeinde Mikve Israel hält ihre

Gottesdienste noch heute in einer eleganten, 1732 erbauten Synagoge ab, der ältesten, die auf der Westhalbkugel ununterbrochen genutzt wurde (Juden aus Curaçao waren in den sechziger Jahren des 18. Jahrhunderts auch an der Einrichtung des ältesten nordamerikanischen Tempels beteiligt, der Touro-Synagoge in Newport in Rhode Island). Für mich war es eine Ehre, und ich empfand nicht wenig Ehrfurcht, als ich am Freitagabend-Gottesdienst teilnehmen konnte und daran dachte, dass Menschen meines Erbes in dieser Neuen Welt des ständigen Wandels an derselben Stelle seit über 250 Jahren die gleichen Gebete sprachen.

Der größere afrikanische Bevölkerungsteil kam unfreiwillig nach Curaçao: als Leibeigene im brutalen System der Plantagensklaverei. In diesem großen, vielgestaltigen Menschengemisch entwickelte sich eine lokale Kreolensprache namens Papiamentu, die nur von den wenigen hunderttausend Bewohnern Curaçaos sowie der Nachbarinseln Aruba und Bonaire gesprochen wird. *Papiamentu* bedeutet in dieser Sprache »sprechen« – der Name erinnert also an die übliche Praxis von Kulturen, die als Bezeichnung für sich selbst ihren eigenen, allgemeinen Begriff für »Mensch« verwenden. Mehrere Merkmale dieser faszinierenden Sprache bilden meine ersten beiden Beispiele aus Curaçao für den Fehler, das weniger Komplexe mit Primitivem oder historisch Früherem gleichzusetzen.

Die Plantagenbesitzer stellten ihr Sklavenpersonal – einerseits natürlich aus Gründen der Verfügbarkeit, andererseits aber auch als bewusste Strategie zur Verhinderung einer Solidarität, die zu Aufständen hätte führen können – aus unterschiedlichen Sprachgruppen zusammen, damit sich kein geheimes Verständigungssystem in einer »unbekannten« Eingeborenensprache entwickeln konnte. Die Sklaven hörten als einzige gemeinsame Sprache die ihrer Besitzer und Aufseher. Deshalb entwickelten sie neue Sprachen auf dieser europäischen Grundlage, aber auch mit Einflüssen aus Afrika und durchsetzt mit syntaktischen Merkmalen, die sich eher von den allgemeinen Merkmalen der menschlichen Grammatik ableiteten (und sich in diesem Schmelztiegel der Erfindungen durchsetzen konnten) als aus dem unmittelbaren historischen Hintergrund ihrer Urheber. Solche so genannten Kreolensprachen entstanden während der letzten 500 Jahre überall auf der Welt; Derek

Bickerton, ein Fachmann für solche Sprachen (und insbesondere für die Version auf den Hawaii-Inseln, die sich sehr schnell entwickelte, nachdem die Ausweitung der Zuckerindustrie zur Einwanderung von Arbeitern aus so unterschiedlichen Gebieten wie China, Japan, Korea, Portugal und den Philippinen geführt hatte), schrieb in seinem vielfach gerühmten Buch *Roots of Language* (das mir wie auch sein Schwesterwerk *Language and Species* als Quelle für diesen Essay diente):

> Die Entstehung der Kreolensprachen war eine unmittelbare Folge der kolonialistischen Expansion Europas. Zwischen 1500 und 1900 entwickelten sich ... kleine, autokratische, streng in Schichten eingeteilte Gesellschaften, die meist Monokulturen (in der Regel Zucker) betrieben; sie bestanden aus einer herrschenden Minderheit aus einem europäischen Staat und einer großen Masse von (vorwiegend nichteuropäischen) Arbeitern, die sich in den meisten Fällen aus vielen verschiedenen Sprachgruppen rekrutierten ... Allgemein geht man davon aus, dass die Sprecher verschiedener Sprachen zunächst hilfsweise irgendeine Form einer Kontaktsprache entwickelten, ein so genanntes *Pidgin*, das keiner von ihnen als Muttersprache hatte, und dass diese Sprache mit geeigneten Erweiterungen schließlich zur Muttersprache (dem *Kreolisch*) der heutigen Gemeinschaft wurde. Diese Kreolensprachen unterschieden sich in den meisten Fällen so stark von den Sprachen der ursprünglichen Kontaktsituation, dass man sie als »neue« Sprachen betrachten kann.

In *Language and Species* definiert Bickerton den Unterschied zwischen dem ursprünglichen Pidgin und der späteren Kreolensprache. »Zwischen einem Pidgin und der zugehörigen Kreolensprache klafft, was die formale Struktur angeht, eine gewaltige Kluft. Ein Pidgin ... ist strukturlos, das Kreolisch dagegen zeigt Strukturen wie jede andere natürliche Sprache der Menschen.«

Als ich zum ersten Mal nach Curaçao kam, war ich vom Papiamentu fasziniert, und ich versuchte, ein wenig von seiner Struktur zu lernen (mein Dank gilt dabei vielen Einheimischen und insbesondere dem *Papiamentu Textbook* von E. R. Goilo, das als Quelle für die Mehrzahl der folgenden Beobachtungen diente). Grundlage des Papiamentu sind das Spanische und Portugiesische mit einer starken Beimischung von Niederländisch – schon das eine Vermischung romanischer und germanischer Quellen, die in Redewendungen wie *Danki Dios* (»Gott sei Dank« mit germanischem Dank an eine römische Gottheit) zum Ausdruck kommt.

Über diese ohne weiteres erkennbare Vermischung hinaus liegt das offenkundigste, charakteristischste Merkmal des Papiamentu in der vereinfachten Logik seiner Grammatik und Syntax. Wer sich lange Jahre mit den komplizierten Fällen, Konjugationen, Deklinationen, Pluralbildungen und Geschlechterendungen der Substantive und Verben in den meisten europäischen Sprachen herumgeschlagen hat, freut sich ganz besonders über die vereinfachte, abgespeckte Struktur des Papiamentu. Die Stämme der Verben beispielsweise ändern ihre Form nie, weder in verschiedenen Zeiten noch in Abhängigkeit vom übergeordneten Satzteil. *Bai* heißt »gehen« im Infinitiv und Imperativ, in Vergangenheit, Gegenwart und Zukunft, und unabhängig davon, ob du, wir, ich oder sie die Bewegung ausführen. In Vergangenheit und Zukunft wird diese allgemeine Form lediglich durch ein Adverb abgewandelt. In der Zukunft heißt es *lo* nach einem portugiesischen Wort, das »später« bedeutet – *lo mi bai* (»ich werde gehen«) bedeutet wörtlich »später gehe ich«. Die Vergangenheit wird durch *a* angezeigt. Goilo führt diese Form auf ein grammatikalisches Überbleibsel des spanischen Vergangenheits-Hilfsverbs *ha* zurück, aber Bickerton vertritt die Ansicht, es sei ein Adverb, das an die allgemeine Form angehängt wird, und stamme von dem portugiesischen *ja* (»schon«), sodass *mi a bai* (»ich ging«) wörtlich »ich gehe schon« bedeutet. Interessanterweise findet man die einzige wichtige Ausnahme von der Regel, dass der Verbstamm sich nicht ändert, bei dem nur selten gebrauchten Partizip: Hier haben sich die spanischen Endungen *ando* und *endo* erhalten, beispielsweise in *sabiendo* für »wissend«. Noch interessanter ist eine Beobachtung, an der man erkennt, welchen Einfluss die Grammatikstruktur einer Ausgangssprache auch in ihren Überresten noch behält: Die wenigen Verben niederländischen Ursprungs nehmen nicht die spanische Partizipform an und haben keine erkennbare Endung dieses Typs, aber bei ihnen – und nur bei ihnen – ändert sich der Verbstamm in der Vergangenheit durch Hinzufügen des niederländischen *ge* (*skop* heißt »treten«, aber ein früherer Tritt heißt *geskop*). Welch faszinierende Mischung aus neuartiger logischer Vereinfachung und historischen Unterschieden aus der Vergangenheit!

Bei den Substantiven gibt es keine Geschlechts- oder Pluralformen. *Buki* ist ein Buch oder hundert Bücher. Lässt sich die notwendige Unterscheidung nicht aus dem Zusammenhang ableiten, fügt man ein *nan* (das Personalpronomen für »sie«) hinzu, um die Mehrzahl zu kennzeichnen. *E buki* ist also ein Buch, und *dies buki* sind zehn Bücher, aber »die Bücher« können auch *e buki nan* sein (wörtlich »das Buch sie«). Manchmal ist die Logik wirklich überzeugend. Im Papiamentu gibt es kein Wort für »Sohn« oder »Tochter«, sondern *yiu* ist das Kind einer Familie (im Gegensatz zu *mucha*, dem Kind im Allgemeinen); entsprechend ist *yiu hombrer* (»Kind Mann«) »dein Sohn«, und *yiu muhé* (»Kind Frau«) ist »deine Tochter«. Ebenso ist *ruman* ein Geschwister, *ruman hombrer* ist »dein Bruder«, und *ruman muhé* ist »deine Schwester«.

Früher sahen westliche Wissenschaftler, eingeschränkt durch Fortschrittsgeschichten und das gesellschaftlich-politische Vermächtnis des Rassismus, in solchen nicht-abendländischen Sprachen von Analphabeten häufig ein primitives Stadium (oder eine degenerierte Rückentwicklung) in einer Entwicklungsgeschichte, die zu den modernen indoeuropäischen Sprachen führt. Ein Beispiel findet sich in einem Standardwerk aus dem 19. Jahrhundert, das seine Anregung aus der darwinistischen Revolution bezog, dem 1875 erstmals erschienenen Buch *Life and Growth of Language* von William Dwight Whitney. (Whitney war Professor für Sanskrit an der Yale University; schon der Titel seines Buches verkündet die neue Entwicklungslehre und stellt dabei ganz offen den Vergleich mit dem fortschreitenden, vorherbestimmten Wachstum von Kindern an.) Whitneys gesellschaftlich-politische Voreingenommenheit zeigt sich darin, dass er die heutigen »primitiven« Sprachen als Übergangsstadien zwischen einer angenommenen menschlichen Ursprache und der größtmöglichen Komplexität beispielsweise seines eigenen modernen Englisch einstuft:

> Wenn wir davon ausgehen, dass er [der primitive Mensch] sie [die Elemente der Zivilisation] aus spärlichen Anfängen heraus nach und nach hervorgebracht hat … gibt es keinen Grund,

warum wir dasselbe nicht auch für die Sprache unterstellen sollten ... Selbst in den heutigen Sprachen gibt es, ebenso wie in den heutigen Kulturstadien im Allgemeinen, große Unterschiede der Abstufung. Auf Englisch kann man unendlich viele Dinge sagen, die sich auf Fidjijanisch oder Hottentottisch nicht ausdrücken lassen; und zweifellos kann man auch auf Fidjijanisch oder Hottentottisch vieles sagen, was sich in den allerersten menschlichen Sprachen nicht ausdrücken ließ.

Aber werfen wir auch einmal einen Blick auf Whitneys abstraktere, vorwiegend literarische oder von Geschichten geprägte Voreingenommenheit zu Gunsten einer allmählichen Folge aufwärts führender Stufen (»unsere gesamten Kenntnisse über das spätere Sprechen geben uns Anlass zu der Überzeugung, dass es sich um einen langsamen Vorgang handelte«) und einer ununterbrochenen Kausalität im Allgemeinen (»kein Bericht über den Ursprung der Sprache ist wissenschaftlich, wenn er keine bruchlose Verbindung zur späteren Sprachgeschichte herstellt, die ein Teil dieser Vergangenheit ist«).

Angesichts solcher Vorgaben sollten wir uns nicht wundern, dass Linguisten die Kreolensprachen früher mit Verachtung straften (»Jahrhunderte lang von der Hauptströmung der Linguistik missachtet und übersehen als degenerierte Hervorbringung nichtweißer Analphabeten«, wie der Umschlag von Bickertons *Roots of Language* feststellt) oder sie mit herablassendem Interesse als primitives Kauderwelsch betrachteten, an dem die entwicklungsgeschichtlichen Wurzeln der Sprache deutlich werden (»jene [Theorien], die die Kreolensprachen von den kindlichen Nachahmungen gönnerhafter europäischer Vereinfachungen ableiten wollten«).

Wenn wir aber solche Voreingenommenheiten fallen lassen und unsere Fragen anders formulieren, können wir die Kreolensprachen begrifflich in einem neuen Licht betrachten – nicht als etwas Einfaches und Urtümliches, als primitives Stadium eines fortschreitenden Ablaufes, sondern als etwas Einzigartig-Anderes, als potenzielle Quelle für Erkenntnisse über Struktur und Wesen der Sprache im Allgemeinen. Wie gut Bickertons Theorie über die Entstehung der Kreolensprachen begründet ist, kann ich nicht beurteilen (und mir ist klar, dass seine Ansichten unter den Linguisten umstritten sind), aber seine Hypothese macht ein wichtiges Prinzip deutlich: Was weniger offensichtlich komplex ist, kann durch diesen Unterschied eine allgemeine Erkenntnis liefern, statt nur durch Primitivität unsere eigene, von literarischer Voreingenommenheit gefestigte Stellung zu heben.

Pidginsprachen sind nach Bickertons Überzeugung grobe, einfache Anpassungen an Kommunikationsbedürfnisse und besitzen nur wenig linguistische Strukturen – die von ihnen abgeleiteten Kreolensprachen dagegen entwickeln die gesamte formale Komplexität einer echten Sprache (ohne die offensichtlichen Kinkerlitzchen wie Konjugation, Deklination usw.). Wie also entstehen Kreolensprachen, und das auch noch so schnell, nämlich meist in einer einzigen Generation? (Diese überraschende Erkenntnis über die rasche Entwicklung ist gut belegt, insbesondere auf Hawaii: Dort begann die Einwanderung zahlreicher Sprachgruppen und damit auch die Entstehung des Pidgin erst 1876, als neue Steuergesetze der Vereinigten Staaten die kostenlose Einfuhr von Zucker aus Hawaii gestatteten; die Kreolensprachen bildeten sich zwischen 1910 und 1920.)

Bickerton vertritt, kurz gesagt, die Ansicht, die Kreolensprachen würden von Kindern erfunden: Sie hören um sich herum das Pidgin und reichern diese Grundlage mit der Universalgrammatik an, die nach Noam Chomskys Theorie der generativen Grammatik in allen Menschen durch die Evolutionsvergangenheit unseres Gehirns genetisch angelegt ist. Wenn Bickerton Recht hat, sind die Kreolensprachen – als bekannte, neue Sprachen, die man zurückverfolgen kann und die zahlreiche Strukturen besitzen, oft aber bis auf das nackte Skelett der universellen Merkmale abgespeckt sind – der beste Beleg für die Existenz und das Wesen dieser kostbarsten, definierenden Eigenschaft des Menschlichen, für das Kernstück jeder sinnvollen Vorstellung von der Natur des Menschen. Wenn Kinder auf einen Schlag eine Kreolensprache schaffen können, während ihre Eltern nur das strukturlose Pidgin sprechen, müssen die formalen Eigenschaften von Sprache sich von innen heraus als gemeinsames Erbteil aller Menschen entwickeln – »aus dem Mund von Kleinkindern …« Bickerton schreibt in *Language and Species*:

> Was sich in Hawaii abspielte, war der Übergang von einer Protosprache zur Sprache in einer einzigen Generation. Darüber hinaus zeigte die Grammatik der so entstandenen Sprache die größte Ähnlichkeit weder mit den Sprachen der hawaiianischen Einwanderer noch mit dem Hawaiianisch der Einheimischen, und auch nicht mit dem Englischen, das politisch die beherrschende Stellung einnahm, sondern vielmehr mit der Grammatik anderer Kreolensprachen, die sich in weit entfernten Gegenden der Welt entwickelt hatten. Diese Tatsache spricht dafür, dass die Kreolensprachen den ungewöhnlich direkten Ausdruck eines Spezies-spezifischen biologischen Merkmals darstellen, nämlich der Fähigkeit zur Schaffung einer Sprache ohne eindeutiges Vorbild, an dem man ihre Eigenschaften auf die gleiche »normale« Weise wie andere Dinge lernen könnte.

Anschließend erinnert Bickerton daran, dass diese wertvolle Erkenntnis verloren gehen könnte, wenn wir uns allzu fest an die politisch korrekte Vorstellung klammern, dass »alle Sprachen gleich sind« (in Komplexität oder Wortschatz), und deshalb die tatsächlich größere Einfachheit der Kreolensprachen übersehen. »Weniger komplex« muss nicht »primitiv« im abwertenden Sinn bedeuten; es kann auch »auf das Wesentliche reduziert« heißen (ein japanisches Haus im Vergleich zu einem viktorianischen Schlösschen), sodass die allgemein gültigen Konstruktionsprinzipien ans Licht kommen. Alle menschlichen Sprachen – auch die Kreolensprachen – besitzen die gesamte Komplexität der Universalgrammatik, aber manche haben mehr Kinkerlitzchen, mehr Ausschmückungen und Verzierungen als andere – und die »reineren« Kreolensprachen lassen deshalb die universellen Grundprinzipien leichter erkennen. »Kreolensprachen«, schreibt Bickerton, »sind alles andere als ›primitiv‹, außer in dem Sinn von ›ursprünglich‹, und damit vermitteln sie uns den Zugang zu dem wesentlichen Urgestein, auf das unser Menschsein sich gründet.«

Als ich mich bei meinem letzten Besuch auf Curaçao erneut mit dem Papiamentu befasste und gleichzeitig meine Gedanken über den Fehler entwickelte, Geschichten zu erzählen und dabei weniger Komplexes mit Primitivem oder Früherem gleichzusetzen, wurde mir klar, dass die Insel mir zwei Beispiele liefern konnte: eines aus der Landessprache, das andere (wie ich ein wenig peinlich berührt erkannte) aus meinen eigenen Untersuchungen an den Landschnecken der Gegend. Ich bin stolz auf meine Arbeiten in Curaçao, aber heute ist mir klar, dass ich mit den Forschungen aus dem falschen Grund begann. Ich fuhr auf die Insel mit der Vorstellung, die Aufklärung eines einfachen Systems werde Aufschlüsse über die komplizierteren Verhältnisse auf anderen karibischen Inseln liefern. Auf den Niederländischen Antillen fand ich viele Phänomene, die für sich selbst betrachtet interessant waren, und ich legte eine alte Debatte auf eine Weise bei, die mich zutiefst befriedigte und bis dahin verwirrenden Beobachtungen einen vollkommen logischen Sinn verlieh. Aber den Schlüssel zur größeren Komplexität an anderen Stellen entdeckte ich nirgendwo – und die Hoffnung darauf gründet sich nach meiner heutigen Auffassung eher auf die Listen einer Scheherezade als auf die Botschaften der Natur.

Die Landschnecke *Cerion* kommt überall auf den Inseln der nördlichen Karibik vor, und zwar in einer unglaublichen Formenvielfalt. Allein auf Kuba und den Bahamas wurden Hunderte von Arten beschrieben (von denen allerdings nur ein kleiner Teil echte Arten sind). An den Grenzen der geografischen Verbreitung ist die Vielfalt jedoch stärker eingeschränkt – am Nordende der Keys von Florida lebt nur eine einzige Spezies (*Cerion incanum*), und am Ostrand der Virgin Islands ist es ebenfalls nur eine (*Cerion striatellum*). Die drei Inseln Aruba, Bonaire und Curaçao bilden die weit entfernte, abgelegene Südgrenze und können wiederum nur mit der Spezies *Cerion uva* aufwarten.

Da die Niederländer zu den ersten Kolonialherren gehörten und eifrige Sammler waren, wurde *Cerion uva* sogar zum Typus (das heißt zur ersten eingeordneten Spezies) der gesamten Gattung, und die Quelle des Namens, den Linné selbst ihr gab, könnte ehrenvoller nicht sein (siehe Kapitel 31). *Cerion uva* ist also schon seit langem bekannt und wurde eingehend studiert. Zwei besonders wichtige Untersuchungen aus dem 20. Jahrhundert, die sich auf umfassende Sammlungen von allen drei Inseln stützten, gelangten zu gegensätzlichen Schlussfolgerungen. Im Jahr 1924 nahm der amerikanische Zoologe H. B. Baker bruchstückhafte statistische Analysen vor, die sich auf die Erfahrungen nach raffinierten und beharrlichen, allerdings auch subjektiven Beobachtungen stützten, und äußerte dann die Ansicht, man könne die Populationen der drei Inseln an kleinen, aber immer wiederkehrenden Unterschieden in Größe und Form der Gehäuse erkennen. Außerdem behauptete er, auch die Gehäuse aus dem Osten und Westen von Curaçao wiesen signifikante Unterschiede auf (das hantelförmige Curaçao war zu Zeiten eines höheren Meeresspiegels in zwei getrennte Inseln gespalten). Der niederländische Zoologe P. W. Hummelinck dagegen gelangte 1940 nach der Vermessung vieler hundert Exemplare zu dem entgegengesetzten Befund, und sein Schüler W. de Vries bestätigte diese Ergebnisse 1974 mit einer noch umfangreicheren Studie. Hummelinck und de Vries konnten zwischen den Inseln und Regionen keine einheitlichen Unterschiede nachweisen, wohl aber eine große Variationsbreite in Abhängigkeit von Boden-, Wind-, Sonnenlicht- und Niederschlagsverhältnissen.

Als ich Ende der sechziger Jahre mit meinen Arbeiten begann, hatte man mit Hilfe der wichtigsten modernen Hebamme, des Computers, gerade die nötigen Hilfsmittel für angemessenere statistische Analysen entwickelt, die viele Messungen an jedem einzelnen Exemplar in die Berechnungen einbezogen (eine Gruppe von Methoden, die man als multivariate Analysen bezeichnet). Baker, Hummelinck und de Vries hatten ihre Variablen, gezwungen durch die Macht der Gewohnheit und die beschränkten technischen Mittel, nacheinander oder höchstens paarweise untersucht (bivariate Analyse). Da ein Schneckenhaus aber ein strukturelles Ganzes mit zahlreichen messbaren Eigenschaften ist, konnte man mit der multivariaten Analyse nach meiner Überzeugung die Diskussion um sinnvolle regionale Abweichungen (Baker) oder buntscheckige lokale Unterschiede ohne allgemeine Gesetzmäßigkeit (Hummelinck und de Vries) ein für alle Mal entscheiden.

Wieder fuhr ich auf alle drei Inseln, und wieder sammelte ich Hunderte von Exemplaren. Ich vermaß (oder vielmehr hatte ich, wie ich zugeben muss, einen fleißigen Assistenten, der das tat) 19 Variablen an jeweils 20 Schnecken aus insgesamt 135 Stichproben – insgesamt über fünfzigtausend Messwerte, die dann verschiedenen multivariaten Analysen unterworfen wurden (mein bester Aufsatz über das Thema erschien 1984 in dem Fachblatt *Systematic Zoology*). Dank der neuen, leistungsfähigen statistischen Verfahren konnte ich die Meinungsverschiedenheiten auf eine interessante Weise beilegen. Beide Seiten hatten verschiedene Aspekte eines faszinierenden Ganzen gesehen. Die von Baker beschriebenen Schwankungen im großen Maßstab mit vier Regionen – Aruba, Bonaire, der Westen und Osten Curaçaos – konnte ich durchaus erkennen. Ich fand aber auch die Ursache der lokalen Abweichungen innerhalb der Regionen, die mit den unmittelbaren Umweltbedingungen zusammenhingen und von Hummelinck und de Vries nachgewiesen worden waren.

Interessanterweise konnte man die beiden Bestandteile der Variation auf den rechtwinkligen Achsen (die sowohl buchstäblich als auch mathematisch voneinander unabhängig sind) trennen. Nahezu die gesamte Formenvielfalt dieser sehr vielgestaltigen Spezies ließ sich unter zwei unabhängige Faktoren subsumieren, die jeweils eine eigene biologische Ursache hatten und sich in unterscheidbaren, während des Lebens der Schnecke durch bestimmte Wachstumsprinzipien entstandenen Eigenschaften des Gehäuses widerspiegelten. Dass ich ein so elegant einfaches, sinnvolles Prinzip entdeckt hatte, erfüllte mich mit Stolz; ich glaube, ich war noch nie mit einer empirischen Untersuchung so zufrieden, so erfreut darüber, dass ich aus einer offenkundigen Komplexität, die alle früheren Fachleute vor ein Rätsel gestellt hatte, das zugrunde liegende Prinzip destillieren konnte.

Aber was meine ursprünglichen Absichten betraf, war die Studie ein völliger Fehlschlag. Ich war nach Curaçao geflogen, weil man als Wissenschaftler nach meiner Überzeugung das Einfache begreifen musste, bevor man sich mit der komplizierteren Version eines Problems befasste. Eigentlich wollte ich die gewaltige Vielfalt von *Cerion* auf den Bahamas enträtseln, wo man Hunderte von Arten benannt hatte. Curaçao hielt ich für ein Klein Bahama. Wenn ich die Formenvielfalt auf einer Insel mit nur einer Spezies analysieren konnte, so mein Gedanke, dann würde ich auch wissen, wie ich mit hundert Arten auf einer ganzen Inselgruppe umzugehen hatte.

Nun, ich glaube, die Analyse auf Curaçao ist mir meinen Absichten entsprechend gelungen. Aber für meine Fragestellung auf den Bahamas waren die Arbeiten kaum von Nutzen. Curaçao ist eben keine Miniversion von Nassau. Die Variationsbreite innerhalb einer Spezies sagt nichts darüber aus, wie man mit den Wechselbeziehungen zwischen verschiedenen Arten umgehen muss. Der Unterschied zwischen meinem Nachbarn und mir verrät nicht durch einfache Übertragung etwas über die Kluft zwischen mir und einem Schimpansen. Die heutigen Kreolensprachen sind keine jüngere Version der alten, anerkannten Sprachen; die Abweichungen innerhalb von *Cerion uva* sind kein Vorbild für die Beziehungen zwischen mehreren *Cerion*-Arten in einem größeren Gebiet. Nicht alle Ebenen sind durch ununterbrochene Kausalbeziehungen verbunden; das Kleine addiert sich nicht immer bruchlos zum Größeren. Aber das Kleine kann für sich betrachtet interessant sein und uns etwas über die Welt im Allgemeinen lehren; das Papiamentu und die anderen Kreolensprachen legen wahrscheinlich die universellen Eigenschaften aller Sprachen offen, und *Cerion uva* erlaubt es uns vielleicht, die Ursachen entwicklungsgeschichtlicher Variationen innerhalb stabiler Arten zu analysieren.

Die üblichen Geschichten über fortschreitende Komplexität und ununterbrochene Kausalbeziehungen führten dazu, dass die Linguisten früherer Zeiten die Kreolensprachen falsch deuteten (oder überhaupt nicht zur Kenntnis nahmen), und mich veranlassten sie aus dem falschen Grund zur Untersuchung von *Cerion uva*. Aber um diese Fehler zu korrigieren, können wir nicht das Geschichtenerzählen vermeiden – diese Möglichkeit ist uns durch unser Wesen (die »menschliche Natur«) verschlossen. Stattdessen müssen wir uns stärker der Geschichten bewusst werden, die unseren Methoden und der Auswahl unserer Forschungsthemen zugrunde liegen, und wir müssen lernen, die Beschränkungen und Vorurteile zu erkennen, die durch jede einzelne Geschichte geschaffen werden. Vor allem aber sollten wir das Spektrum möglicher Geschichten erweitern, denn die Auswahl unter 1001 Nächten vermittelt einen viel weiteren Horizont, als wenn man jeden Abend das Märchen von Aschenputtel (oder eine andere Geschichte des Wechsels von Armut zu Reichtum) erzählt.

Bei meinem letzten Besuch auf Curaçao nahm ich an einer Tagung zu Ehren des 70. Geburtstages des Mathematikers Benoit Mandelbrot teil, der die fraktale Geometrie erfunden hat. Angesichts meines Berichts über die fehlgeschlagenen Bemühungen auf der Insel war es eine Ironie des Schicksals: Gerade die Fraktale erzählen eine andere Geschichte, und die bietet einen Ausweg aus der Falle der Gleichsetzung von klein mit einfach oder primitiv. Fraktale Kurven sind selbstähnlich – das heißt, sie ändern sich in verschiedenen Maßstäben nicht. Das Musterbeispiel für eine natürliche Fraktale ist die Küstenlinie Nordamerikas: Ihre Länge lässt sich nicht mit Sicherheit angeben – was man misst, hängt davon ab, welchen Maßstab man wählt, und in allen Maßstäben hat sie die gleiche Grundform. Versuche ich, um jedes Sandkorn herum zu messen, wird sie eigentlich unendlich lang. Messe ich nur die erkennbaren Windungen auf einer Karte, die den Abschnitt von Florida bis Maine auf einem 30 oder 60 Zentimeter langen Blatt Papier wiedergibt, ist die gesamte Länge ebenso groß wie auf einer ähnlich großen Karte des Acadia-Nationalparks, auf der man jede Landzunge einbezieht, oder auf einer Zeichnung von ein paar Metern des Strandes von Acadia, auf der man um jeden Kieselstein misst. In einer solchen fraktalen Welt nimmt kein Maßstab eine höhere oder niedrigere Stellung ein. Der Strand ist nicht einfacher als die ganze Uferlinie, und der Strand ergibt auch nicht durch seine Erweiterung den gesamten Küstenverlauf.

Ich habe mit einer berühmten Zeile aus dem achten Psalm begonnen (und im Zusammenhang mit den Kindern, die Kreolensprachen erschaffen können, flüchtig eine andere Stelle zitiert). Am Ende sollte ich die Einleitung zu meiner ersten Aussage wiedergeben: »Wenn ich sehe die Himmel, deiner Finger Werk, den Mond und die Sterne, die du bereitet hast: was ist der Mensch, dass du seiner gedenkst?«

Wer bin ich, dass ich König David kritisiere, der den Riesen erschlug und so traurigen Tribut für zweifelhafte Handlungen bezahlte, als er seinen Freund Jonathan und seinen Sohn Absalom verlor? Aber tappt David nicht in dieselbe Falle, wenn er sich fragt, warum Gott sich mit den kleinen Menschen abgeben soll, wo er doch Sterne und Firmament erschaffen hat? Wenn die Menschen nur eine Ebene in einem vorwiegend fraktalen Universum besetzen, sind wir wie Galaxien – aber auch die Amöbe, die wir mit dem letzten Glas Wasser geschluckt haben, und die Milben, die durch unsere Augenbrauen krabbeln, sind wie wir.

Geschichten

27. Leviathan und seine Vergangenheit

Die Landschaft jeder Karriere umfasst ein paar kleinere Senken und gewöhnlich auch ein oder zwei tiefere Täler – für jedes Tor einen verschossenen Elfmeter, für jeden einseitigen Sieg von Agincourt ein Blutbad von Antietam. Darwins *Entstehung der Arten* enthält großartige Erkenntnisse und hervorragende Gedankengänge, aber auch dieses Meisterwerk ist nicht frei von bemerkenswerten »Klöpsen«. Am peinlichsten für Darwin wurde der folgende Absatz, den er in späteren Auflagen seines Buches kürzte und im Wesentlichen beseitigte:

> In Nordamerika sah Hearne den schwarzen Bär vier Stunden lang mit weit geöffnetem Munde im Wasser umherschwimmen, um fast nach Art der Wale Wasserinsekten zu fangen. Wenn die Versorgung mit Insekten gleich bleibt und wenn in der Gegend noch keine besser angepassten Konkurrenten vorhanden sind, kann ich selbst in einem so extremen Fall keine Schwierigkeit für eine Rasse von Bären erkennen, welche von der natürlichen Selektion in Bau und Gewohnheiten stärker dem Wasser angeglichen werden, mit einem immer größeren Mund, bis schließlich ein Geschöpf hervorgebracht wird, welches so gewaltig wie ein Wal ist.

Warum bereitete diese Passage Darwin später so viel Verdruss? Seine hypothetische Beschreibung mag reine Spekulation und Vermutung sein, aber das Szenario ist durchaus nicht völlig absurd. Darwins Unbehagen erwuchs nach meiner Überzeugung daraus, dass er sich nicht einer vor allem soziokulturellen wissenschaftlichen Norm unterwarf. Naturwissenschaftliche Erkenntnisse gründen sich angeblich auf Tatsachen und Informationen. Spekulationen sind zwar nicht völlig tabu und manchmal in Ermangelung eines Besseren sogar notwendig. Aber wenn ein Wissenschaftler eine wirklich neuartige, umfassende Theorie vorlegt – was Darwin tat, als er die natürliche Selektion als wichtigsten Evolutionsmechanismus bezeichnete –, muss er mit besonders guten Belegen aufwarten, und erfundene, hypothetische Fälle schaffen keine ausreichende Begründung für entscheidende Schlussfolgerungen.

Dass die natürliche Selektion (oder die menschliche Entsprechung, die gezielte Züchtung) im kleinen Maßstab – beispielsweise bei der Erzeugung von Hunderassen oder Weizensorten – wirkt, war offensichtlich. Aber konnte man mit dem gleichen Vorgang auch die größeren Wandlungen erklären, die unseren Begriff der Evolution während ihrer ganzen Zeitdauer ausmachen, wie den Übergang von den Abstammungslinien der Reptilien zu Vögeln und Säugetieren oder die Entstehung des Menschen aus einer Vorläuferpopulation von Menschenaffen? Für solche umfangreicheren Veränderungen konnte Darwin kaum unmittelbare Belege anführen, und das hatte eine Reihe altbekannter und vielfach beklagter Gründe, hinter denen die höchst bruchstückhaften Fossilfunde standen.

In den Jahren nachdem *Die Entstehung der Arten* erschienen war, kamen mehrere großartige Belege hinzu, insbesondere 1861 durch die Entdeckung des *Archaeopteryx*, eines Urvogels mit einer Fülle von Reptilienmerkmalen, und durch die ersten Funde menschlicher Fossilien gegen Ende des 19. Jahrhunderts. Aber in seiner ersten, 1859 erschienenen Auflage hatte Darwin kaum etwas anzubieten, und diese Informationslücke versuchte er mit hypothetischen Märchen über schwimmende Bären zu schließen, die schließlich zu Walen werden – eine Fantasie, die mit ihrer offenkundigen Lächerlichkeit mehr Probleme bereitete, als dass sie als Verdeutlichung nützlich gewesen wäre. Schon zwei Jahre nachdem Darwin seine Geschichte vom walgewordenen Bären zu Papier gebracht hatte, klagte er gegenüber einem Freund: »Es ist zum Lachen, wie oft ich wegen dieses Bären angegriffen und falsch wiedergegeben wurde« (Brief an James Lamont, 25. Februar 1861).

Das angebliche Fehlen der Zwischenformen bei den Fossilfunden ist bis heute die grundlegende Falschinformation des Anti-Evolutionismus. Sicher, solche Übergangsformen sind selten, aber das hat zwei stichhaltige Gründe, einen geologischen (die lückenhaften Fossilfunde) und einen biologischen (den episodenhaften Ablauf des entwicklungsgeschichtlichen Wandels nach dem Prinzip des unterbrochenen Gleichgewichts und den Wandel innerhalb kleiner Populationen mit begrenzter geografischer Verbreitung). Dennoch haben die Paläontologen mehrere ausgezeichnete Beispiele für Zwischenformen und ihre Aufeinanderfolge entdeckt, mehr als genug, um jeden unvoreingenommenen Skeptiker davon zu überzeugen, dass die Stammesgeschichte des Lebendigen echt ist.

Die ersten »landlebenden« Wirbeltiere besaßen noch sechs bis acht Finger an jeder Extremität (die mehr einer Fischflosse als einer Hand ähnelte), eine Schwanzflosse und ein Seitenlinienorgan, mit dem sie Erschütterungen unter Wasser wahrnehmen konnten. Besonders gut ist der anatomische Wandel von den Reptilien zu den Säugetieren an der anatomischen Entwicklung der Kiefergelenke zu den Gehörknöchelchen belegt. Der Kiefer der Säugetiere besteht nur aus einem Knochen, bei den Reptilien dagegen haben sich im hinteren Teil des Kiefers mehrere kleine Knochen erhalten. An einer wunderhübschen Abfolge von Zwischenstufen können wir verfolgen, wie diese Knochen der Reptilien immer kleiner wurden und schließlich aus dem Kiefer verschwanden oder verdrängt wurden, wobei die Gelenkknochen der Reptilien eine bemerkenswerte Wanderung in das Mittelohr der Säugetiere vollzogen (und dort zu Hammer und Amboss wurden). Wir haben sogar die Übergangsform gefunden, die nach Ansicht vieler Kreationisten schon theoretisch nicht vorstellbar ist – denn wie sollen Kieferknochen zu Gehörknöchelchen werden, wenn die Zwischenformen mit einem nicht befestigten Kiefer leben müssen, bevor sich das neue Gelenk bildet? In Wirklichkeit hat die Spezies, die diesen Übergang darstellt, ein doppeltes Kiefergelenk: Sie besitzt sowohl die alte anatomische Struktur der Reptilien (Quadratum und Articulare) als auch die neue Verbindung der Wirbeltiere (Squamosum und Dentale)! Nun konnte das alte Gelenk verschwinden, wobei seine Knochen ins Ohr wanderten, und das neue sorgte nach wie vor für die richtige Verankerung des Kiefers.

Aber unsere kreationistischen Widersacher lassen ja niemals zu, dass Tatsachen eines ihrer Lieblingsargumente entkräften: Sie weigern sich, klein beizugeben, und behaupten weiterhin, es gebe *keinerlei* Übergangsformen. Die vorhandenen Beispiele nehmen sie nicht zur Kenntnis, und stattdessen piesacken sie uns mit den zugegebenermaßen vielen Fällen, in denen sie fehlen. Darwins alte Aussage über die Entstehung der Wale ist einer ihrer Dauerbrenner: Wenn Darwin einen schwimmenden Fantasiebären erfinden musste und wenn die Paläontologen ihn nicht retten konnten, indem sie eine Zwischenform mit funktionsfähigen Beinen und Bewegungsmöglichkeiten an Land fanden, muss Jonas' Geißel auch die evolutionsgläubigen Heiden verschlingen. Wieder soll Gottes Drohung an Hiob erklingen: »Kannst du den Leviathan fangen mit der Angel?« (Der biblische Leviathan wird meist als Krokodil gedeutet, aber eine andere Lesart bevorzugt den Wal.)

Alle kreationistischen Bücher, die ich im Regal stehen habe, führen das tatsächliche Fehlen und die angebliche Unvorstellbarkeit von Übergangsformen zwischen landlebenden Säugetieren und Walen an. Alan Haywood schreibt beispielsweise in *Creation and Evolution*:

> Den Wal erwähnen die Darwinisten kaum einmal, denn er stellt sie vor eines ihrer unlösbaren Probleme. Sie glauben, der Wal müsse sich irgendwie aus einem gewöhnlichen, Land bewohnenden Tier entwickelt haben, das ins Meer ging und die Beine verloren hat ... Ein Landsäugetier, das im Begriff stand, ein Wal zu werden, hätte zwischen allen Stühlen gesessen – es hätte sich weder für das Leben an Land noch für ein Dasein im Meer geeignet und hätte keine Überlebensaussichten gehabt.

Duane Gish, der eifrigste Vorreiter des Kreationismus, vertritt in seinem farbigeren Stil die gleiche Argumentation (*Evolution: The Challenge of the Fossil Record*):

> Es gibt in den Fossilfunden schlicht und einfach keine Übergangsformen zwischen den Meeressäugern und ihren angeblichen landlebenden Vorfahren ... Es ist ganz unterhaltsam, von Kühen, Schweinen oder Büffeln auszugehen und sich dann aus-

zumalen, wie die Zwischenstufen ausgesehen haben könnten. Beginnt man bei einer Kuh, kann man sich sogar eine Abstammungslinie vorstellen, die wegen eines funktionsunfähigen Euters vorzeitig ausstarb.

Das »wissenschaftlichste« (eigentlich sollte ich sagen: am besten aufgemachte) kreationistische Buch ist *Of Pandas and People* von P. Davis, D. H. Kenyon und C. B. Thaxton. Dort steht im Wesentlichen das gleiche, allerdings in eher akademischem Jargon:

> Das Fehlen der Fossilien eindeutiger Übergangsformen zeigt sich besonders deutlich an den Fossilfunden von Walen ... Wenn die Wale tatsächlich landlebende Vorfahren hatten, sollte man damit rechnen, dass Fossilien von Übergangsformen gefunden werden. Warum? Weil die anatomischen Unterschiede zwischen Walen und landlebenden Wirbeltieren so groß sind, dass zahllose Zwischenformen in den urzeitlichen Meeren paddeln und schwimmen mussten, bevor der Wal in seiner heute bekannten Form auftauchte. Bisher wurden solche Übergangsformen aber nicht gefunden.

Drei große Gruppen der Säugetiere sind zur Lebensweise ihrer Vorfahren im Meer zurückgekehrt (und kleinere Abstammungslinien aus mehreren Säugetierordnungen – beispielsweise Fluss- und Seeotter – sind zumindest halb an das Wasser angepasst, und das in bemerkenswert großem Maße): die Unterordnung Pinnipedia (Robben, Seelöwen und Walrosse) aus der Ordnung Carnivora (zu der unter anderem auch Hunde, Katzen und Darwins Bären gehören) und zwei ganze Ordnungen – die Sirenia (Dugongs und Seekühe) und die Cetacaea (Wale und Delphine). Ich muss gestehen, dass ich das Argument der Kreationisten, man könne sich keine Übergangsformen vorstellen, nie begriffen habe, denn aus diesen Gruppen kann man eine ausgezeichnete Reihe anatomischer (allerdings zugegebenermaßen nicht stammesgeschichtlicher) Zwischenstufen ableiten. Otter besitzen im Wasser bemerkenswerte Fähigkeiten, verfügen aber über voll funktionsfähige Gliedmaßen für das Landleben. Seelöwen sind eindeutig an das Wasser angepasst, watscheln aber auch auf dem Trockenen noch so geschickt herum, dass sie auf Eisschollen, in ihren Paarungsgebieten und in der Zirkusarena ganz gut zurechtkommen.

Natürlich muss ich einräumen, dass der Übergang zu den Seekühen und Walen nicht durch einfache Fortschreibung dieses Prinzips zu bewerkstelligen ist, denn diese ausschließlich im Wasser lebenden Tiere bewegen sich mit einer kräftigen, waagerecht angeordneten Schwanzflosse fort und besitzen überhaupt keine sichtbaren Hinterextremitäten mehr – und wie kann sich bei einer Abstammungslinie aus der üblichen Ausstattung der Säugetiere ein flacher Schwanz zum Antrieb entwickeln, während die normalen Hinterbeine gleichzeitig so völlig verschwinden? (Die Sirenia haben alle Überreste der Hinterbeine verloren; die Wale besitzen vielfach noch winzige, längliche Becken- und Beinknochen, die in der Muskulatur der Körperwand eingebettet sind und sich äußerlich nicht auf den Körperbau auswirken; Knochen von Füßen oder Fingern sind aber nicht vorhanden.)

Der Verlust der Hinterbeine sowie die Entwicklung von Flossen und Paddeln bei den Walen gelten deshalb als klassisches Beispiel für eine angebliche Hauptschwierigkeit der Evolutionstheorie: die fehlenden Fossilien von Zwischenformen für wichtige anatomische Wandlungen oder sogar für die Unmöglichkeit, sich Aussehen oder Funktionsweise einer solchen verbindenden Form überhaupt vorzustellen. Als Darwin versuchte, die Evolution der Wale zu beschreiben, nannte er keine unmittelbaren Belege, aber er erkannte das Problem und konstruierte ein vielfach kritisiertes Märchen von schwimmenden Bären. Die heutigen Kreationisten bedienen sich weiterhin dieses Beispiels und weisen auf die fehlenden Zwischenformen aus dem angeblichen (und wie sie sagen würden: unmöglichen) Wechsel vom Land zum Meer hin.

Goethe lehrte uns, diejenigen zu lieben, die nach dem Unmöglichen streben. Aber Plinius der Ältere, der später an seiner Neugier starb, weil er dem Vesuv im unglücklichsten Moment zu nahe kam, drängte darauf, man solle Unmöglichkeit als etwas Relatives betrachten: »Wie viele Dinge gelten doch als völlig unmöglich, bis sie schließlich tatsächlich bewirkt werden.« Ausgerüstet mit solchen Weisheiten aus der Menschheitsgeschichte, kann ich mit absoluter Begeisterung berichten, dass unsere meist störrischen Fossilfunde es auf beispielhafte Weise geschafft haben. Während der letzten fünfzehn Jahre haben neue Entdeckungen aus Afrika und Pakistan die paläontologischen Kenntnisse über die Frühgeschichte der Wale auf großartige Weise erweitert. Die peinliche Lücke der Vergangenheit wurde durch eine Fülle neuer Belege geschlossen – und durch die schönste Reihe fossiler Übergangsformen, auf deren Entdeckung ein Evolutionsforscher nur hoffen kann. Es stimmt: Wir haben den Feind getroffen, und jetzt gehört er uns. Und wie um dem Schlag gegen die Kreationisten noch eins draufzusetzen, kamen die Entdeckungen allmählich und nacheinander – jedes Mal ein bisschen, Schritt für Schritt, von einem vorläufigen Indiz vor fünfzehn Jahren bis zu einem bemerkenswert direkten Befund Anfang 1994. Die Geistesgeschichte folgte der Stammesgeschichte des Lebendigen und überbrückte die Lücken eine nach der anderen. Betrachten wir einmal die vier wichtigsten Ereignisse in chronologischer Reihenfolge.

FALL EINS. *Entdeckung des ältesten Wals.* Seit Leigh Van Valen es 1966 nachwies, waren die Paläontologen sich ziemlich sicher, dass die Wale von den Mesonychiden abstammen, einer urzeitlichen Gruppe ursprünglich Fleisch fressender, schnellfüßiger Säugetiere mit breitem Größenspektrum und vielfältigen Verhaltensweisen – vom Fischfang an Flussufern bis zum Zermalmen der Knochen von Aastieren. Die Wale müssen in der Epoche des Eozän vor etwa 50 Millionen Jahren entstanden sein, denn Gesteinsschichten aus dem späten Eozän und Oligozän enthalten bereits ausschließlich Wasser bewohnende Tiere dieser Gruppe, die jede Art von Übergangsstadium eindeutig hinter sich haben.

Im Jahr 1983 berichtete mein Kollege Phil Gingerich von der University of Maryland zusammen mit N. A. Wells, D. E. Russell und S. M. Ibrahim Shah über die Entdeckung des ältesten Wals. Zu Ehren des Landes, in dem er heute zu Hause war – der Fundort befand sich in 52 Millionen Jahre alten Sedimenten aus dem mittleren Eozän in Pakistan –, nannten sie ihn *Pakicetus*. Was seine Stellung als Zwischenstufe angeht, hätte man von dem begrenzten verfügbaren Material kaum mehr erwarten können, denn gefunden wurde nur der Schädel. Die Zähne ähneln, wie nicht anders zu erwarten, stark denen der landlebenden Mesonychiden, aber der Schädel gehört mit einem Merkmal ums andere eindeutig zur entstehenden Abstammungslinie der Wale.

Sowohl die Anatomie des Schädels und insbesondere des Bereichs um die Ohren als auch der daraus erkennbare Lebensraum des Tieres belegen die Zwischenstellung. In den Ohren der heutigen Wale findet man umgewandelte Knochen und Verbindungsgänge, die im dichten Medium Wasser das Richtungshören ermöglichen. Außerdem haben sich bei den heutigen Walen vergrößerte Nebenhöhlen entwickelt, die sich mit Blut füllen können und so beim Tauchen für den Druckausgleich sorgen. Diese beiden Merkmale fehlen in dem *Pakicetus*-Schädel, das heißt, der erste Wal konnte weder tief tauchen noch die Richtung von Geräuschen im Wasser wirksam wahrnehmen.

J. G. M. Thewissen und S. T. Hussain bestätigten 1993 diese Schlussfolgerungen und fügten im Zusammenhang mit der anatomischen Zwischenstellung des *Pakicetus*-Schädels weitere Einzelheiten hinzu. Die heutigen Wale hören zu einem großen Teil mit den Kiefern: Die Schallwellen wandern durch den Kieferknochen in ein »Fettpolster« (hier hat die Fachliteratur ausnahmsweise einmal keinen eigenen Begriff geprägt, sondern sie bedient sich für diese Struktur des guten alten Wortes aus der Umgangssprache) und von dort zum Mittelohr. Landlebende Tiere dagegen nehmen den größten Teil des Schalls durch die Ohröffnung auf (die man als »äußeren Gehörgang« bezeichnet, was mit umständlicheren Worten das Gleiche bedeutet). Da die vergrößerte Kieferöffnung für das Fettpolster bei *Pakicetus* fehlt, hörte dieser frühe Wal vermutlich auf dem gleichen Weg wie seine landlebenden Vorfahren. Gingerich gelangt zu dem Schluss: »Mit seinem Gehörmechanismus ähnelt *Pakicetus* den Landtieren offenbar stärker als irgendeiner Gruppe heute lebender Meeressäuger.«

Und was den Ort der Entdeckung angeht: Gingerich und Kollegen fanden *Pakicetus* in Fluss-Sedimenten an den Rändern eines früheren Meeres – ein idealer Lebensraum für die ersten Stadien eines solchen entwicklungsgeschichtlichen Überganges (und eine gute Erklärung dafür, dass *Pakicetus* keine spezialisierten Merkmale für das Tauchen besaß – er lebte in Flussmündungen und den angrenzenden flachen Meeresteilen). Meine Kollegen beurteilten den Fund als »Amphibienstadium im allmählichen entwicklungsgeschichtlichen Übergang der primitiven Wale vom Land ins Meer … *Pakicetus* war gut dafür ausgestattet, sich unter der Oberfläche flacher Meere von Fischen zu ernähren, aber ihm fehlten die Anpassungen des Gehörs, die für das ausschließliche Leben im Meer notwendig sind.«

Fazit: Was die Suche nach Zwischenstufen angeht, kann man von dem begrenzten Material der ausschließlich gefundenen Schädelknochen kaum mehr erwarten. Aber das bleibt eine schwerwiegende Einschränkung, und die Ergebnisse sind deshalb nicht schlüssig. Über Extremitäten, Schwanz oder Körperform von *Pakicetus* wissen wir nichts, und deshalb können wir bei diesen Merkmalen, die für jede allgemein übliche Vorstellung von einem Wal entscheidend sind, kein Urteil im Hinblick auf die Stellung als Übergangsform treffen.

FALL ZWEI. *Entdeckung der ersten vollständigen Hinterextremität eines fossilen Wals*. Den berühmtesten Fehler in der Frühzeit der amerikanischen Paläontologie beging Thomas Jefferson, als er gerade einmal nicht mit anderen Tätigkeiten beschäftigt war, die in der Regel als wichtiger gelten: Er identifizierte die Klaue eines fossilen Faultieres fälschlich als die eines Löwen. Mein Preis für den zweitschlimmsten Fehler geht an R. Harlan, der 1834 ein im Meer lebendes fossiles Wirbeltier in dem Fachblatt *Transactions of the American Philosophical Society* als *Basilosaurus* oder »Königsechse« benannte. Harlans Tier ist in Wirklichkeit einer der ersten Wale. Richard Owen, der größte englische Anatom, korrigierte Mr. Harlan noch im gleichen Jahrzehnt, aber der Name blieb hängen – und muss nach den offiziellen Regeln der zoologischen Nomenklatur beibehalten werden. (Linnés Benennungssystem ist ein Hilfsmittel zur Informationsgewinnung, aber es garantiert keine angemessenen Bezeichnungen. Die Regeln verlangen, dass jede Spezies einen eigenen Namen hat, sodass man Befunde eindeutig mit einem immer gleichen Etikett versehen kann. Die ursprünglich vergebenen Namen erweisen sich später vielfach zwangsläufig im wahrsten Sinne des Wortes als ungeeignet, und das hat den kaum verwunderlichen Grund, dass Wissenschaftler häufig Fehler machen und dass alte Vorstellungen durch neue Entdeckungen abgewandelt werden. Würden wir jedes Mal den Namen ändern, wenn wir über eine Spezies neue Erkenntnisse gewinnen, müsste die Taxonomie im Chaos versinken. *Basilosaurus* bleibt also immer *Basilosaurus*, weil Harlan sich bei der Vergabe des Namens an die Regeln gehalten hat. Auch wir selbst werden nach Auschwitz nicht zum *Homo horribilis* oder nach Tonya Harding zum *Homo ridiculosis*, sondern wir bleiben jetzt und für alle Zukunft, die wir uns selbst gestatten, trotz aller Zweifel *Homo sapiens.*)

Der durch zwei Arten repräsentierte *Basilosaurus* – die eine aus den Vereinigten Staaten, die andere aus Ägypten – ist nach wie vor der »Standard« und das bekannteste Beispiel für einen frühen Wal. Schon früher hatte man einige Bruchstücke von Becken- und Beinknochen gefunden, aber an ihnen war nicht zu erkennen, ob *Basilosaurus* funktionsfähige Hinterbeine besaß, das entscheidende Merkmal für unsere übliche Vorstellung von einer im anatomischen und funktionellen Sinn zufrieden stellende Übergangsform.

Im Jahr 1990 berichteten Phil Gingerich, B. H. Smith und E. L. Simons über die Ausgrabung und Untersuchung mehrerer hundert Teilskelette der ägyptischen Spezies *Basilosaurus isis*, die etwa fünf bis zehn Millionen Jahre nach *Pakicetus* lebte. Eine besonders spannende Entdeckung war dabei das erste vollständige Skelett von Wal-Hintergliedmaßen, das jemals gefunden wurde – ein wunderhübsches, elegantes (und aus mehreren Teilfunden zusammengesetztes) Gebilde mit dem gesamten Becken, allen Beinknochen (Oberschenkel, Schien- und Wadenbein, ja sogar die Kniescheibe) sowie fast allen Fußknochen und den Knochen von drei erhaltenen Zehen.

Mit diesem bemerkenswerten Fund, so schien es, war der Nachweis der Übergangsformen endgültig festgeklopft, aber es blieb ein kleines Problem. Die Extremitäten sind elegant gebaut, aber winzig klein (siehe Abbildung S. 476) – sie machen nur drei Prozent der Gesamtlänge des Tieres aus. Anatomisch sind sie vollständig, und sie ragten auch aus der Körperwand heraus (im Gegensatz zu den wirklich rudimentären Hintergliedmaßen der heutigen Wale), aber diese Minibeine können zur Fortbewegung keinen nennenswerten Beitrag geleistet haben, und nur das wäre der funktionelle Nachweis der Zwischenstellung. Gingerich et al. schreiben: »Die Hintergliedmaßen von *Basilosaurus* waren im Verhältnis zur Körpergröße offensichtlich zu klein, als dass sie beim Schwimmen hilfreich gewesen wären, und an Land konnten sie den Körper unmöglich tragen.« Die Autoren sind tapfer bestrebt, sich eine mögliche Funktion für diese kleinen Gliedmaßen auszudenken, und gelangen schließlich zu der Spekulation, sie könnten »als Führung bei der Kopulation gedient haben, die für einen lang gestreckten Meeressäuger ansonsten schwierig gewesen wäre«. (Ich halte solche Raterei für unnötig und sogar unklug. Wir brauchen die Existenz einer Struktur nicht zu rechtfertigen, indem wir eine mutmaßliche darwinistische Funktion erfinden. Alle Organismen besitzen rudimentäre Merkmale, die nur geringen oder überhaupt keinen Nutzen haben. Strukturen, die im stammesgeschichtlichen Übergang ihre Nützlichkeit verloren haben, verschwinden in der Evolution nicht über Nacht.)

Fazit: Großartig und spannend, aber nichts Endgültiges, nichts, was Kreationisten aufgeben lassen würde. Die Gliedmaßen sind zwar vollständig, aber zu klein, als dass sie (wenn sie in diesem speziellen Fall überhaupt funktionierten) die Aufgabe echter Zwischenstufen – das heißt die Fortbewegung an Land und im Wasser – erfüllen könnten. Ich möchte hier keine Kritik an *Basilosaurus* üben, sondern nur darauf hinweisen, dass dieses Lebewesen die Brücke bereits überschritten hatte (wobei es aber noch ein aufschlussreiches Überbleibsel der anderen Seite besaß). Wir müssen also nach einem früheren Bewohner der Brücke selbst suchen.

FALL DREI. *Knochen von Hintergliedmaßen mit der richtigen Größe. Indocetus ramani* ist ein früher Wal, den man in den Sedimenten flacher Meere in Indien und Pakistan findet. Im Alter steht er zwischen dem *Pakicetus*-Schädel und den Hinterextremitätenknochen von *Basilosaurus* (den beiden zuvor beschriebenen Funden). 1993 berichteten P. D. Gingerich, S. M. Raza, M. Arif, M. Anwar und X. Zhou über die Entdeckung von Beinen dieser Spezies, und die hatten eine beträchtliche Größe.

Gingerich und Kollegen fanden Beckenknochen sowie die Enden von Oberschenkelknochen und Schienbein, aber keine Fußknochen; zur Rekonstruktion der vollständigen Extremität und ihrer Gelenke reichten die Belege nicht aus. Die Beinknochen sind größer und konnten ihre Aufgabe wahrscheinlich sowohl an Land als auch im Meer erfüllen (insbesondere das Schienbein unterscheidet sich in Größe und Komplexität kaum von dem gleichen Knochen des verwandten, ausschließlich an Land lebenden Mesonychiden *Pachyaena ossifraga*). Die Autoren gelangen zu dem Schluss: »Das Becken zeigt ein großes, tiefes Acetabulum [die

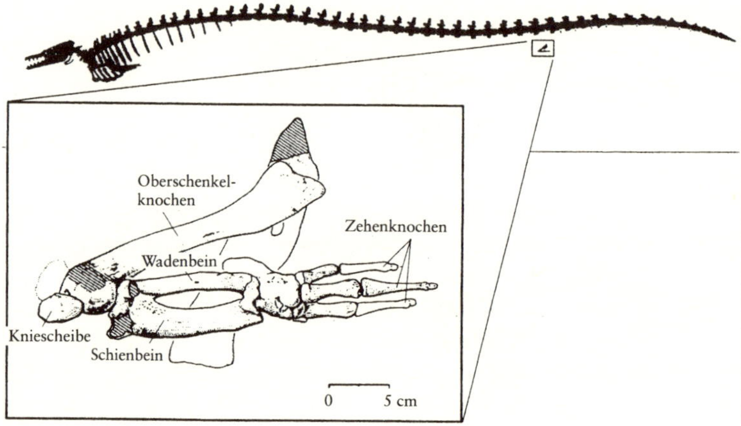

Basilosaurus isis, ein 15 Meter langer Wal aus dem Eozän, gefunden im Zeuglodon-Tal in Ägypten. Die winzigen Hintergliedmaßen sind vergrößert dargestellt.

Hüftgelenkspfanne zur Befestigung des Oberschenkels], der körpernahe Teil des Oberschenkelknochens ist kräftig gebaut, das Schienbein ist lang ... Zusammengenommen weisen alle diese Beobachtungen darauf hin, dass *Indocetus* sein Körpergewicht an Land wahrscheinlich tragen konnte und mit ziemlicher Sicherheit amphibiotisch lebte, wie es den Deutungen zufolge auch *Pakicetus* im frühen Eozän tat ... Nach unserer Vermutung wechselte *Indocetus* wie *Pakicetus* ins Meer, um sich von Fischen zu ernähren, aber um sich auszuruhen und um seine Jungen zur Welt zu bringen und großzuziehen, kehrte er auf das trockene Land zurück.«

Fazit: Fast geschafft, aber nicht ganz. Wir brauchen besseres Material. Alle richtigen Merkmale sind jetzt vorhanden, insbesondere Beinknochen der richtigen Größe und Komplexität. Notwendig sind aber mehr und besser erhaltene Fossilien.

FALL VIER. *Große, vollständige, funktionsfähige Hinterbeine für Land und Meer – das fehlende Glied der Kette wird gefunden.* Die ersten drei Entdeckungen, die man alle innerhalb von zehn Jahren machte, kennzeichnen sicher einen immer erfolgreicheren paläontologischen Ansatz zur Beantwortung einer alten, ungelös-

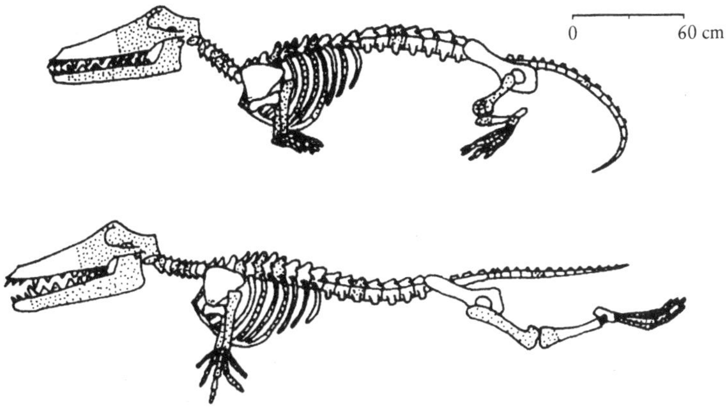

Ambulocetus, ein fossiler Wal aus Pakistan, in zwei verschiedenen Rekonstruktionen; oben: stehend; unten: nach einem Schwimmstoß.
Verändert nach Science, vol. 263, 14. Januar 1994.

ten Frage. Wenn man erst einmal weiß, wo man suchen muss, und wenn dann noch nachdrückliches Interesse große Aufmerksamkeit weckt, folgt häufig kurz danach etwas sehr Zufriedenstellendes. Deshalb war ich hoch erfreut, als ich in der *Science*-Ausgabe vom 14. Januar 1994 einen Artikel von J. G. M. Thewissen, S. T. Hussain und M. Arif las: »Fossile Belege für die Entstehung der Fortbewegung im Wasser bei urtümlichen Walen.«

Thewissen und Kollegen hatten in Pakistan ein bemerkenswertes Skelett einer neuen Walart gefunden; es war in Sedimente eingebettet, die 120 Meter höher lagen als die Fundschicht von *Pakicetus* (und demnach ein wenig jünger waren). Es war zwar nicht vollständig, aber weit besser erhalten als alle früheren Funde des gleichen Alters: Entscheidende Teile waren noch vorhanden und zeigten eine echte Übergangsform zwischen Land und Meer. Mit der Wahl des Namens *Ambulocetus natans* (wörtlich »schwimmender Gehwal«) taten die Entdecker kund, wie aufregend der Fund in ihren Augen war.

Ambulocetus natans wog etwa 300 Kilo und war damit so groß wie ein stattlicher Seelöwe. Der erhaltene Schwanzwirbel ist verlängert, ein Hinweis, dass *Ambulocetus* noch den langen, dünnen Schwanz der landlebenden Säugetiere besaß und ihn nicht in die breite, der Fortbewegung dienende Struktur umgewandelt hatten, (bei den heutigen Walen ist der Schwanz verkürzt und hat sich zu einer auffälligen, waagerechten Flosse entwickelt, die das wichtigste Antriebshilfsmittel des Tieres darstellt). Leider wurden keine Beckenknochen gefunden, aber die meisten Bestandteile eines großen, kräftigen Hinterbeins konnte man bergen, darunter einen vollständigen Oberschenkelknochen, Teile von Schien- und Wadenbein, ein Sprungbein (aus dem Fußgelenk), drei Mittelfuß- und mehrere Zehenknochen. Wörtlich schreiben die Autoren: »Die Füße sind riesig.« Der vierte Mittelfußknochen ist beispielsweise etwa 17 Zentimeter lang. Interessanterweise endet der vorderste Knochen der Zehen wie bei den Vorfahren, den Mesonychiden, jeweils in einem kleinen Huf.

Außerdem erlaubt uns die so gewonnene Fülle neuer Erkenntnisse nicht nur Rückschlüsse auf die Form dieser Wal-Zwischenstufe, sondern wir können mit ziemlicher Sicherheit auch etwas über seine Fortbewegung und Lebensweise aussagen (was in den ersten drei Fällen unmöglich war – *Pakicetus* ist nur ein Schädel, *Basilosaurus* hatte die Brücke bereits überschritten, und *Indocetus* ist zu bruchstückhaft). Die vorderen Gliedmaßen waren kleiner als die hinteren und nur zu begrenzten Bewegungen in der Lage. Die Vorderbeine, so die Autoren, »dienten vermutlich wie bei den rezenten Cetaceae [den heutigen Walen im normalen Sprachgebrauch] zum Manövrieren und Steuern während des Schwimmens, übten aber im Wasser kaum eine Vortriebskraft aus«.

Die heutigen Wale bewegen sich mit kraftvollen Schlägen ihrer waagerechten Schwanzflosse durch das Wasser – eine Art der Fortbewegung, die durch starke, wellenförmige Bewegungen der biegsamen Wirbelsäule möglich wird. Bei *Ambulocetus* hatte sich die Schwanzflosse noch nicht entwickelt, aber das Rückgrat besaß die erforderliche Flexibilität. Thewissen et al. schreiben: »*Ambulocetus* schwamm mit wellenförmigen, dorsoventralen [Bauch-Rücken-] Biegungen der Wirbelsäule; dies erkennt man an der Form des Lendenwirbels.« Die wellenförmige Bewegung wirkte dann mit den großen Paddelfüßen zusammen (und trieb sie an), sodass die Füße den Hauptteil des Vortriebs erzeugten. Zum Abschluss des

Artikels schreiben Thewissen et al.: »Wie die modernen Wale schwamm er mit einer Auf- und Abbewegung der Wirbelsäule, aber die wichtigsten Antriebsflächen bildeten wie bei den Robben die Füße. Demnach ist *Ambulocetus* eine entscheidende Zwischenstufe zwischen Landsäugern und marinen Cetacaea.«

Ambulocetus war auf dem Trockenen kein Ballett-Tänzer, aber es gibt keinen Grund zu der Annahme, diese Tiere hätten sich an Land weniger gut fortbewegen können als Seelöwen, die es ebenfalls schaffen, wenn auch nicht sehr elegant. Die seitlich ausgestreckten Vordergliedmaßen dürften vorwiegend der Stabilität gedient haben; den Vortrieb lieferten vor allem das Strecken des Rückens und das anschließende Beugen der Hinterbeine – ebenfalls ganz ähnlich wie bei den Seelöwen.

Fazit: Die habgierigen Paläontologen, die gewöhnlich mit Bruchstücken zu tun haben und daraus ein Ganzes rekonstruieren, sind nie zufrieden (ein paar Beckenknochen wären zum Beispiel für den Anfang ganz nett), aber auch wenn man mir einen Blankobogen Papier und einen Blankoscheck gegeben hätte, hätte ich als theoretische Zwischenform nichts Besseres und Überzeugenderes als *Ambulocetus* zeichnen können. Die Dogmatiker, die mit Wortspielereien Weiß zu Schwarz und Schwarz zu Weiß machen, werden sich nie von irgendetwas überzeugen lassen, aber *Ambulocetus* ist genau das Tier, das nach den Behauptungen der Kreationisten theoretisch unmöglich sein soll.

Manche wissenschaftlichen Entdeckungen sind spannend, weil sie frühere Erwartungen verändern oder ins Gegenteil verkehren, andere weil sie etwas seit langem Vermutetes, bisher aber nicht Belegtes elegant bestätigen. Unsere aus vier Fällen bestehende Geschichte, die mit *Ambulocetus* ihren Höhepunkt findet, gehört in diese zweite Kategorie. Die aufeinander folgende Entdeckung der Musterbeispiele von Zwischenstufen in der Evolution der Wale stellt einen Triumph in der Geschichte der Paläontologie dar. Ich kann mir kein besseres Beispiel vorstellen, das man in populären naturwissenschaftlichen Darstellungen verwenden könnte, keinen befriedigenderen, weil intellektuell begründeten Sieg über die immer noch vorhandenen kreationistischen Gegner. Deshalb präsentiere ich die Geschichte in dieser Essayreihe mit Entzücken und Erleichterung.

Ich muss aber eingestehen, dass dieser Teil der Geschichte mich nicht als Wissenschaftler und Evolutionsbiologen am meisten fesselt. Es soll nicht übersättigt oder dogmatisch klingen, aber *Ambulocetus* kommt unseren Erwartungen an eine Übergangsform so nahe, dass seine Entdeckung einem Berufspaläontologen nicht das größte aller wissenschaftlichen Vergnügen verschaffen kann: Überraschung. Als Beispiel für die Öffentlichkeit wie auch als gesellschaftlich-politischer Sieg mögen die Übergangsformen der Wale die Geschichte des Jahrzehnts darstellen, aber die Paläontologen zweifelten ohnehin nicht an ihrer Existenz und hatten nicht das Gefühl, eine entscheidende Theorie werde durch ihr weiteres Fehlen zusammenbrechen. Wir füllen das Gerippe unserer Erwartungen gerne mit Fleisch (oder ziehen ihnen gern Knochen ein, um genauer zu sein), aber dieses Vergnügen steht erst an zweiter Stelle hinter der intellektuellen Begeisterung bei Überraschungen.

Ich selbst war deshalb weit mehr durch einen anderen Aspekt von *Ambulocetus* gefesselt, der allgemein weder in fachlichen noch in populären Berichten große Aufmerksamkeit fand. Die Anatomie dieser Übergangsform macht nämlich ein unentbehrliches Prinzip der Evolutionstheorie deutlich, das nur selten erörtert oder auch nur ausdrücklich formuliert wird, aber für jedes Verständnis der faszinierenden historischen Komplexität der Natur eine zentrale Rolle spielt.

In unserer darwinistischen Tradition konzentrieren wir uns zu engstirnig auf die anpassungsorientierten Formen der Lebewesen und zu wenig auf die Launen und Seltsamkeiten, die in jedem Tier auf Grund seiner Geschichte festgeschrieben sind. Von der raffinierten, optimalen Aerodynamik eines Vogelflügels oder der unglaublich täuschenden Nachahmung eines toten Blattes durch einen Schmetterling sind wir – und zwar völlig zu Recht – so überwältigt, dass wir uns nicht oft genug fragen, warum die natürliche Selektion sich gerade auf *dieses* Optimum festgelegt hat – und nicht auf ein anderes aus einer ganzen Reihe nicht realisierter Alternativen. Mit anderen Worten: Wir lassen uns von der guten Gestaltung blenden und beenden unsere Untersuchung, sobald wir die Frage »wie kann dieses Merkmal so gut funktionieren?« beantwortet haben – obwohl wir in Wirklichkeit auch die Fragen des Historikers hätten stellen sollen: »Warum *dieses* und nicht *jenes*?«

oder »warum *dieses* gerade hier und *jenes* bei einem verwandten Lebewesen, das woanders zu Hause ist?«

Um das Musterbeispiel für die Meeressäuger zu nennen: Die beiden ausschließlich im Wasser lebenden Ordnungen Sirenia und Cetacaea schwimmen, indem sie mit ihrer waagerechten Schwanzflosse auf und ab schlagen. Da die beiden Gruppen getrennt aus landlebenden Vorfahren entstanden sind, hat sich auch die horizontale Schwanzflosse zweimal unabhängig entwickelt. Art und Leistungsfähigkeit dieser Fortbewegung im Wasser wurden durch viele hydrodynamische Untersuchungen belegt, aber die Wissenschaftler geben sich nur allzu oft damit zufrieden, ihr Staunen über die technische Leistung auszudrücken, statt die ebenso faszinierende Frage des Historikers zu stellen. Fische schwimmen genau auf die entgegengesetzte Weise – sie beziehen den Vortrieb ebenfalls von ihrem Hinterende, aber mit einer senkrecht gebauten Schwanzflosse, die von rechts nach links schlägt (Robben halten ihre Hinterfüße ebenfalls senkrecht und bewegen sie beim Schwimmen von einer Seite zur anderen).

Beide Prinzipien funktionieren gleichermaßen gut; beide dürften also »optimal« sein. Aber warum bevorzugten die Fische der Urzeit das eine System, die ins Wasser zurückkehrenden Säugetiere dagegen die rechtwinklig angeordnete Alternative? Wir geben uns nicht gern damit zufrieden, mit den Schultern zu zucken und zu sagen: »Sechs ins eine Lager, ein halbes Dutzend ins andere.« Beides erfüllt seinen Zweck, und welche Möglichkeit die Evolution wählt, wird in jedem Einzelfall vom Zufall bestimmt. »Zufälligkeit« ist ein wichtiges, tief greifendes Prinzip von großer Nützlichkeit und hohem Wert, aber in der Umgangssprache bezeichnet es manchmal einfach eine Ausrede, so auch in diesem Fall. Für den »großen Plan der Dinge« dürfte es keine Rolle spielen, ob die optimale Wirkung senkrecht oder waagerecht erreicht wird, aber in jedem Einzelfall tritt die eine oder andere Lösung aus einem bestimmten Grund auf. Diese Gründe sind wahrscheinlich für jede einzelne Abstammungslinie andere, und sie sind an die Geschichte gebunden – das heißt, sie haben mit keinem großen Prinzip der Gesetzmäßigkeit oder Vorhersagbarkeit in der gesamten Geschichte des Lebendigen zu tun; aber örtlich begrenzte Gründe gibt es, und sie sollten sich auch feststellen lassen.

Wenn dieses Thema in der Evolutionstheorie überhaupt diskutiert wird, läuft es unter der Bezeichnung »mehrfache Anpassungsgipfel«. Dafür hat man mehrere Standardbeispiele entwickelt, aber kaum eines davon ist wirklich belegt; meist handelt es sich um Hypothesen ohne paläontologische Unterstützung. (Mein Kollege Dick Lewontin führt beispielsweise in unserer gemeinsamen Einführungsvorlesung über Evolutionsbiologie gern folgenden Fall an: Manche Nashornarten besitzen zwei Hörner, andere nur eines. Beide Formen dürften für alles, was Nashörner mit ihrem Horn tun, den gleichen Nutzen haben, sodass es keine Rolle spielt, welchen Weg die Entwicklung eingeschlagen hat. Zwei Hörner und ein Horn dürften vergleichbare Lösungen sein, das heißt mehrfache Anpassungsgipfel. Dann weist Lewontin darauf hin, dass es für die Entscheidung zwischen einem und zwei in jedem Einzelfall einen Grund geben muss, dass die Erklärung wahrscheinlich aber in historischen Zufälligkeiten liegt und nicht in abstrakten Voraussagen, die sich auf ein allgemeines Prinzip der Optimierung stützen. So weit, so gut. Die Launen der Geschichte bevölkern die Erde mit einer Vielfalt nicht vorhersagbarer, aber sinnvoller und gut funktionierender anatomischer Konstruktionen, und gerade das macht die Evolution als Thema so faszinierend. Weiter kommen wir bei den Nashörnern aber nicht, denn wir haben keine Befunde, durch die wir verstehen könnten, warum in jedem Einzelfall gerade dieser Entwicklungsweg eingeschlagen wird.)

Ich mag die Geschichte von *Ambulocetus* besonders gern, weil dieser Wal im Übergang handfeste Erkenntnisse über die Gründe geliefert hat, warum bei einem der besten Beispiele für mehrfache Anpassungsgipfel ein bestimmter Entwicklungsweg gewählt wurde. Warum entwickelte sich bei beiden Ordnungen ausschließlich im Meer lebender Säugetiere die Lösung der waagerechten Schwanzflosse? In früheren Diskussionen wurde das durchaus plausible Argument vertreten, das besondere Erbe der landlebenden Vorfahren habe dafür die anatomischen Voraussetzungen geliefert. Insbesondere laufen viele Säugetiere (im Gegensatz zu anderen an Land lebenden Wirbeltieren) und vor allem zahlreiche wendige, schnell bewegliche Fleischfresser mit einer Auf- und Abbewegung der Wirbelsäule (man braucht sich nur einmal einen jagenden Tiger und die wellenförmige Bewegung seines Rückgrats vorzustellen). Säugetiere, die sich im Wasser nicht besonders wohl fühlen – beispielsweise paddelnde Hunde –, halten den Rücken meist starr und bewegen sich nur, indem sie mit den Beinen rudern. Halb im Wasser lebende Arten dagegen, die sich durch Schwimmen ihren Lebensunterhalt verschaffen, wie insbesondere der Flussotter *Lutra* und der Seeotter *Enhydra*, bewegen sich im Wasser durch kräftige Biegungen der Wirbelsäule in der hinteren Körperhälfte fort. Diese senkrechten Biegungen treiben als solche (aber auch weil sie den Schwanz nach oben und unten bewegen) den Körper voran, und außerdem sorgen sie für eine paddelnde Vorwärts- und Rückwärtsbewegung der Hinterbeine.

Bei den ausschließlich im Meer lebenden Säugetieren dürfte sich die waagerechte Schwanzflosse also entwickelt haben, weil die ererbte, nach oben und unten (aber nicht nach rechts und links) biegsame Wirbelsäule diesen Weg seit der Vergangenheit an Land vorgezeichnet hatte. Ein solches Szenario erschien schon bisher durchaus plausibel: Es erhielt begrenzte, symbolische Unterstützung von den heutigen Ottern, war aber an den Vorfahren der Wale oder Sirenia nicht unmittelbar zu belegen. Diesen direkten Beleg liefert *Ambulocetus* auf höchst elegante Weise – sein fossiles Skelett enthält alle Teile des Puzzles.

Aus einem Schwanzwirbel kann man schließen, dass *Ambulocetus* den langen, dünnen Schwanz der Säugetiere besaß; die horizontale Flosse hatte sich bei ihm noch nicht entwickelt. Die Wirbelsäule zeigt auch, dass der Wal im Übergang die Säugetiereigenschaft der Biegsamkeit nach oben und unten bewahrt hatte – und von den großen Hinterbeinen wissen wir, dass eine wellenförmige Bewegung des Rückens wie bei den heutigen Ottern den Vortrieb für die kräftigen, paddelnden Füße lieferte.

Thewissen und Kollegen zogen aus diesen Tatsachen die richtige Schlussfolgerung über die Evolution, und damit lieferten sie großartige Belege, die einen klassischen Fall mehrfacher Anpassungsgipfel mit paläontologischen Daten untermauerten: »*Ambulocetus* zeigt, dass die wellenförmige Bewegung der Wirbelsäule sich früher entwickelte als die Schwanzflosse ... Die Cetacaea machten ein Stadium durch, in dem sich die paddelnde Bewegung der Hinterextremitäten mit der wellenförmigen Bewegung der Wirbelsäule verband, und damit ähnelte sie der Fortbewegung der schnell schwimmenden Otter im Wasser.« Mit anderen Worten: Die horizontale Schwanzflosse entstand, weil die Wale ihre charakteristische Bewegung der Wirbelsäule vom Land ins Wasser mitgenommen hatten.

Die Geschichte schlägt aus einer Vielzahl theoretischer Alternativen einen ganz bestimmten Weg ein. Shakespeare stellt in seinem letzten Theaterstück fest: »... was jetzt geschah, ein Vorspiel ist, doch [ob] uns das Künft'ge obliegt?« Aber die jetzigen Augenblicke errichten keine solche Trennwand zwischen einer Vergangenheit, die uns formt, und einer Zukunft, die wir unter Kontrolle haben. Der Arm der Vergangenheit reicht vorwärts durch uns hindurch in eine unsichere Zukunft, die wir nicht vollständig festlegen können.

Epilog

Diesen Essay schrieb ich im Rausch der Begeisterung während jener Woche im Januar 1994, als Thewissen und Kollegen ihre Entdeckung der eindeutigen Wal-Übergangsform *Ambulocetus* veröffentlicht hatten. Da die Vorlaufzeit vom Verfassen bis zur Erstveröffentlichung dieser Essays in der Zeitschrift *Natural History* drei Monate beträgt, erschien »Leviathan und seine Vergangenheit« im April 1994, vervollständigt durch das zentrale Thema einer chronologisch geordneten Geschichte in vier Stadien.

Dabei fällt mir ein altes Spiritual ein: »Sometimes I Get discouraged, and think my work's in vain. But then the Holy Ghost revives my soul again.« (»Manchmal bin ich mutlos, und ich denke, meine Mühen sind umsonst. Doch der Heilige Geist gibt meiner Seele neues Leben.«) Ich bin eigentlich ein recht fröhliches Gemüt, aber jeder braucht hin und wieder eine Aufmunterung. Wenn es für Wissenschaftler einen »Balsam in Gilead« (der Titel des Liedes) gibt, dann hat dieses Elixier, dieser eingeflößte Heilige Geist, die Gestalt neuer Entdeckungen. Genau in der Woche, als mein Essay erschien, veröffentlichten Phil Gingerich und Kollegen ihre Beschreibung einer weiteren fossilen Wal-Zwischenstufe, eine fünfte Geschichte in dieser großartigen Abfolge entwicklungsgeschichtlicher und paläontologischer Bestätigung. (Für mich war es ein sonderbares Gefühl, dass mein Essay am Tag seiner Geburt zum alten Eisen gehörte, aber spannende Naturwissenschaft ist immer von Anfang an veraltet – und ich wusste, dass ich für mein nächstes Buch diesen Epilog schreiben konnte!)

Gingerich und Kollegen entdeckten und benannten *Rodhocetus kasrani*, einen neuen fossilen Wal aus dem Eozän, den sie in Pakistan gefunden hatten. (*Rodho* bezeichnet den lokalen Namen für die Gegend und *kasrani* die Gruppe aus dem Volk der Baluchi, die dort zu Hause ist.) Der schätzungsweise drei Meter lange *Rodhocetus* lebte vor etwa 46,5 Millionen Jahren; damit ist er drei Millionen Jahre jünger als *Ambulocetus* (der unmittelbare Beleg, der als Fall 4 das Kernstück des Essays bildet) und ungefähr ebenso alt wie *Indocetus*, der Fall 3 meiner Geschichte. Knochen von den Vordergliedmaßen wurden nicht gefunden, und aus dem Rückgrat fehlen die Schwanzwirbel, aber der Schädel ist ebenso vollständig erhalten wie – vielleicht noch wichtiger – die gesamte Wirbelsäule vom Hals bis zum Schwanzansatz. Ebenso entdeckte man große Teile des Beckens und als entscheidenden Beleg für die Übergangsstellung einen vollständigen Oberschenkelknochen, aber keine anderen Teile der Hinterextremitäten.

Was *Rodhocetus* bedeutet und auf welch dankenswerte Weise er unsere Geschichte über »harte« Belege für die Zwischenstellung in der Evolution der Wale aus ihren landlebenden Vorfahren erweitert, wird an Indizien aus den drei großen Kategorien paläontologischer Daten deutlich: Form (Anatomie), Lebensraum (Umwelt) und Funktion.

FORM. Drei anatomische Merkmale von *Rodhocetus* fielen mir besonders auf: Erstens liefert die ausgezeichnet erhaltene Wirbelsäule gute Hinweise auf eine Zwischenstellung, denn in ihr mischen sich verbliebene Eigenschaften aus einer Vergangenheit an Land mit anderen, die für das neue Dasein im Wasser hinzugekommen sind. Die hohen Dornfortsätze der vorderen, unmittelbar hinter dem Hals gelegenen Brustwirbel dienten als Verankerung für Muskeln, die bei Landtieren den Kopf nach oben halten (eine Funktion, die wegen des Auftriebs im Wasser nicht notwendig ist; die Wale entwickelten sich aus den Mesonychiden, einer Gruppe von Landtieren mit besonders großem Kopf). Auch die unmittelbare Gelenkverbindung des Beckens mit dem Kreuzbein (dem angrenzenden Teil der Wirbelsäule) ist sowohl für *Rodhocetus* als auch für die Landtiere (bei denen die Schwerkraft diese zusätzliche Verstärkung verlangt) charakteristisch, bei den heutigen Walen kommt sie aber nicht vor. Gingerich und Kollegen gelangen zu dem Schluss: »Es handelt sich hier um primitive Merkmale von Säugetieren, die an Land ihr Gewicht tragen müssen, und beide weisen darauf hin, dass *Rodhocetus* oder ein unmittelbarer Vorläufer noch teilweise auf dem Trockenen lebte.«

Andere Eigenschaften der Wirbelsäule zeigen aber eine Anpassung an das Schwimmen: die kurzen Halswirbel, die dem Vorderende des Körpers mehr Steife verleihen (was für das Zerteilen des Wassers nützlich ist, wenn das Hinterende des Körpers den Vortrieb liefert), und insbesondere die nahtlose Flexibilität der hinteren Wirbel (die Kreuzbeinwirbel sind bei den meisten großen Landsäugern verschmolzen, sowohl bei den heutigen Walen als auch bei *Rodhocetus* haben sie dagegen keine Verbindung), ein wichtiges Konstruktionsmerkmal, das beim Schwimmen mehr Schub nach vorn ermöglicht. Darüber schreiben Gingerich und Kollegen: »Dies sind abgeleitete, der Fortbewegung im Wasser dienende Merkmale der späteren Archaeocaeta [Urwale] und der heutigen Wale.«

Noch wichtiger für die Aussage dieses Essays über die abgestuften Zwischenformen, die während der letzten 20 Jahre nacheinander entdeckt wurden, ist das zweite Merkmal: *Rodhocetus* ist etwa drei Millionen Jahre jünger als das Musterbeispiel *Ambulocetus* (ein Meeressäuger, dessen Gliedmaßen auch für die Fortbewegung an Land groß genug waren) und beträchtlich älter als die späteren Wale, die den Übergang zur ausschließlich marinen Lebensweise bereits hinter sich gebracht hatten (*Basilosaurus*, mein zweiter Fall, mit seinen gut ausgebildeten, aber winzigen Hintergliedmaßen, die ihre Funktion an Land nicht mehr erfüllen konnten und vermutlich auch im Wasser keine großen Aufgaben hatten). Die spannendste neue Entdeckung dieses Falles Nummer 5 aber ist der Oberschenkelknochen: Er hat etwa zwei Drittel der Länge des gleichen Knochens bei dem älteren *Ambulocetus*; damit war er (vermutlich) an Land noch funktionsfähig, aber nach 3 Millionen weiteren Jahren der Evolution bereits geschrumpft.

LEBENSRAUM. Als erster Wal lebte *Rodhocetus* in richtigem,

recht tiefem Meerwasser. Der älteste Wal überhaupt, der *Pakicetus* in meinem Fall Nummer 1, war rund um Flussmündungen zu Hause; *Ambulocetus* und *Indocetus* (Fall 3 und 4) bewohnten sehr seichte Meeresteile. Interessanterweise geht das reine Meeresumfeld von *Rodhocetus* mit einer stärkeren Schrumpfung der Hintergliedmaßen einher: *Indocetus* war ein Zeitgenosse von *Rodhocetus*, besaß aber größere Oberschenkelknochen, vergleichbar in ihrer Länge mit denen des älteren *Ambulocetus*. (Die Körpergröße aller drei Tiere war ungefähr gleich.) Nach diesen zugegebenermaßen begrenzten Befunden nahm die Größe der Gliedmaßen im Laufe der Zeit ab, und bei Walen, die in einer reinen Meeresumwelt lebten, ging die Schrumpfung schneller. (*Rodhocetus* unternahm vielleicht schon keine Ausflüge aufs Trockene mehr; der ältere *Ambulocetus* mit seinem größeren Oberschenkel dagegen bewohnte mit ziemlicher Sicherheit sowohl das Land als auch das Wasser.) Jedenfalls zeigt sich an den Zeitgenossen *Rodhocetus* (kürzere Oberschenkel, tieferes Wasser) und *Indocetus* (längere Oberschenkel, Lebensraum in seichteren Gewässern), welche Vielfalt in der Evolution der Wale herrschte. Evolution ist, wie ich – für manche Leser zweifellos bis zum Punkt der Langeweile – immer nur wiederholen kann, keine Leiter, sondern ein üppig verzweigter Busch.

FUNKTION. Die Schwanzwirbel von *Rodhocetus* fehlen, und deshalb können wir nicht sicher sagen, ob sich bei diesem Wal bereits eine Schwanzflosse entwickelt hatte. Aber die Befunde an der hervorragend erhaltenen Wirbelsäule – insbesondere die nicht verschmolzenen Kreuzbeinwirbel, die, so die Worte von Gingerich et al., »die lumbokaudale [von vorn bis hinten reichende] Wirbelsäule bruchlos flexibel machen« – weisen stark auf eine dorsoventrale [Rücken-Bauch-]Biegung am Hinterende des Körpers hin – die Voraussetzung für die Schwimmweise der heutigen Wale (bei der die Schwanzflosse, die sich durch Biegungen der Wirbelsäule auf und ab bewegt, den Vortrieb liefert). Über diesen Befund freute ich mich besonders, denn ich hatte meinen Essay mit einer kleinen Abhandlung über mehrfache Anpassungsgipfel und die Bedeutung des historischen Erbes geschlossen, die sich an den waagerechten beziehungsweise senkrechten Schwanzflossen der Wale und Fische zeigen – beide Lösungen funktionieren gleichermaßen gut, aber die Wale beschränkten sich auf die weniger nahe liegende Alternative, weil sie aus landlebenden Vorfahren entstanden sind, deren Wirbelsäule sich beim Laufen krümmen konnte. Gingerich und Kollegen stellen abschließend fest: »Dies weist darauf hin, dass die charakteristische Schwimmweise der Wale mit der dorsoventralen Wechselbewegung des sehr muskulösen Schwanzes sich ungefähr während der ersten drei Millionen Jahre nach dem ersten Auftreten der Archaeocaeta entwickelte.«

Eine Randbemerkung zum Schluss: Zur Wissenschaftssoziologie gehört vieles, was mir nicht gefällt, aber loben wir auch einmal das, was wir gut machen. Wissenschaft ist im Idealfall begeistert und energisch international (siehe Kapitel 19), und ich empfinde nichts als Vergnügen über die Liste der Autoren, deren Forschung in einem amerikanischen Labor sich auf Freilandarbeit in Asien stützte und von der geologischen Behörde Pakistans unterstützt wurde: Philip D. Gingerich, S. Mahmood Raza, Muhammad Arif, Mohammad Anwar und Xiaoyuan Zhou. Ein Bravo euch allen! Auch der erste Satz des Artikels musste mir einfach auffallen: »Die frühe Evolution der Wale ist gekennzeichnet durch Schädel- und Skelett-Teile von fünf Archaeocaeta aus der Zeit des Ypresien (frühen Eozän) ...« Auch die geologische Zeittafel ist international, denn die Fossilfunde aus aller Welt bilden das Schema, zu dem man das Alter der Gesteine in Beziehung setzt. Deshalb kann sich herausstellen, dass eine Sedimentschicht in Pakistan eine Zeit repräsentiert, die ihren Namen nach dem Ort der blutigsten Schlacht im Ersten Weltkrieg erhielt – nach dem gefürchteten Ypern (oder »Wipers«), wie britische Soldaten den Ort des Blutbades aussprachen).

Genug der schwermütigen, sentimentalen Gedanken. Zum Schluss möchte ich das Schema des Essays auf den neuen Fall – *Rodhocetus* – anwenden:

FALL FÜNF. Begonnen und beendet.

Fazit: Beweis mit Glanz und Gloria gelungen.

28. *Eine besondere Zuneigung zu Käfern*

Wie der Herr die ganze Welt in Seinen Händen hält, so streben wir danach, ein ganzes Thema in einer einzigen, witzigen Formulierung einzufangen. Der zitierfähige Einzeiler ist eine feste Größe in der Kultur und durchaus keine Neuerung unserer modernen Ära mit ihren Klangfetzen. Wie könnten wir die ewigen Wahrheiten von Natur und Menschsein begreifen, wenn wir Sam nicht mehr bitten würden, es noch einmal zu spielen, oder wenn wir nicht wüssten, dass der Ball rund ist und ein Spiel 90 Minuten dauert?

Der meistzitierte Einzeiler aus der Evolutionsbiologie fängt auf großartige Weise die entscheidende Tatsache ein, dass das Lebendige von überschäumender Vielfalt und Zusammensetzung ist. Nach der älteren Tradition, die von Darwin über den Haufen geworfen wurde, kann man sowohl auf Gottes Existenz als auch auf seine Güte schließen, indem man die von ihm erschaffenen Lebewesen studiert. Diese »Naturtheologie« beherrschte die britische Zoologie zumindest von Robert Boyle Ende des 17. Jahrhunderts bis zu William Paley in der Generation unmittelbar vor Darwin (siehe Kapitel 9 in *Eight Little Piggies*). Die Naturtheologen suchten Gottes Handschrift nicht nur in der guten Gestaltung der Lebewesen, sondern insbesondere auch im Aufbau der Natur, der angeblich die Überlegenheit und beherrschende Stellung des Menschen widerspiegeln sollte.

Die Evolutionstheorie bildete zu dieser arroganten Tradition der Naturtheologie ein machtvolles Gegengewicht; ihre Anhänger argumentierten schon frühzeitig und häufig, die unbestrittene Ordnung der Natur sei weder nach unseren Begriffen gütig (sondern »rot an Zähnen und Klauen« – siehe Kapitel 5), noch habe sie uns bei ihrer Entstehung im Sinn gehabt oder ans Ruder gestellt. Der Gott, der sich hinter dem tatsächlichen Aufbau der Natur verberge, sei möglicherweise keine höhere Macht, die unserer Anbetung wert sei.

An dieser Stelle der Diskussion wird fast jeder Evolutionstheoretiker zur Verdeutlichung und Unterstützung auf unseren üblichen Einzeiler zurückgreifen. J. B. S. Haldane (1892–1964), der Urheber der Formulierung, gehörte zu den Begründern des modernen Darwinismus (Näheres in seinem 1932 erschienenen Buch *The Causes of Evolution*) und war auch ein angesehener Mann des Wortes. Ich zitiere die berühmten Worte aus der üblichen Quelle – nicht aus einem Werk von Haldane selbst, sondern aus einer Fußnote auf der ersten Seite des am häufigsten gelesenen Aufsatzes über moderne Evolutionsbiologie: »Homage to Santa Rosalia, or why are there so many kinds of animals?« (*American Naturalist*, 1959) von G. Evelyn Hutchinson, der größten Ökologin der Welt und der einzigen britischen Biologin im 20. Jahrhundert, die Haldane in Intelligenz und Witz gleichkam. Hutchinson schrieb:

> Es gibt eine möglicherweise nicht belegte Geschichte über den angesehenen britischen Biologen J. B. S. Haldane. Er befand sich einmal in Gesellschaft mehrerer Theologen und wurde gefragt, welche Schlüsse er aus seiner Erforschung der Schöpfung über das Wesen des Schöpfers ziehen könne. Darauf soll Haldane erwidert haben: »Er hatte offenbar eine außerordentliche Zuneigung zu Käfern.«

Eine reizende Formulierung, aber äußerte Haldane sie tatsächlich, und wenn ja, wann, wo und unter welchen Umständen? Die übliche Quelle macht das Problem deutlich – sie ist keine Originalarbeit mit Verfasserangabe, sondern ein Bericht aus zweiter Hand, der ganz ehrlich als »möglicherweise nicht belegt« bezeichnet wird. Haldane war ein scharfsinniger, produktiver Autor, aber noch beredter war er am Bartresen – und großartige Äußerungen aus diesem Bereich enden meist entweder als Kritzelei auf durchweichten Papierservietten oder als verschwommene Erinnerungen inmitten des folgenden (und folgerichtigen) Katers.

Haldanes Zeile – die außerordentliche Zuneigung zu Käfern –

ist heute so berühmt und allgemein üblich, dass wir die Quelle wirklich gern dingfest machen würden. Aber nichts ist so schwer greifbar wie eine elegante Standardformulierung, denn in ihrer großen Mehrzahl werden solche Bonmots entweder falsch wiedergegeben oder falsch zugeschrieben (siehe *Nice Guys Finish Seventh: False Phrases, Spurious Sayings and Familiar Misquotations* von meinem alten Collegekumpel Ralph Keyes). Humphrey Bogart sagte (als Rick in *Casablanca*) nie »Play it again, Sam« (auch wenn Woody Allen dieses übliche falsche Zitat später ganz gezielt zum Titel eines Films machte).

Dank einer liebenswerten, wenn auch ein wenig schrulligen englischen Tradition – des langwierigen, leidenschaftlichen Austausches von Leserbriefen über die kleinsten Einzelheiten nebensächlicher Themen – verfügen wir heute sowohl über die beste Lösung, die wir uns wünschen können, als auch über einen Katalog der üblichen Fehler, derentwegen Standardzitate so schwer dingfest zu machen sind. Das Geschrei begann mit der *Nature*-Ausgabe vom 5. Oktober 1989, in der mein Freund, der Oxforder Professor Bob May, von einer Tagung über die Wechselbeziehungen zwischen Ameisen und Pflanzen berichtete; seine Überschrift spielte auf Haldanes Zitat an – sie lautete »an inordinate fondness for ants« (»Eine außerordentliche Zuneigung zu Ameisen«). Mays Artikel begann mit den Worten: »Haldanes bekannteste Bemerkung, Gott habe ›eine außerordentliche Zuneigung zu Käfern‹, wurde bei einem Essen in Balliol durch die Frage von Jowett provoziert, was er bei seinen Untersuchungen über die Gottheit erfahren habe.« Diese Behauptung löste einen Sturm der Entrüstung aus – die Gründe werde ich sofort darlegen –, und die Leserbriefspalten in *Nature*, der führenden britischen Fachzeitschrift für allgemeine Naturwissenschaften, sowie in *The Linnean*, dem Mitteilungsblatt der Londoner Linnean Society, strotzten von leidenschaftlichen Ausbrüchen.

Wenn ich die Geschichte der altbekannten Zeile zurückverfolge, dann nicht im Interesse einer altertümlichen Pedanterie, sondern weil ein solches Unternehmen sich reichlich auszahlen kann, wenn wir dadurch etwas über entscheidend wichtige, häufig unerkannte Voreingenommenheiten in unserer Denkweise und unserer Art des Geschichtenerzählens lernen. Die Fehler, die beim Zitieren und der

Zuschreibung allgemein bekannter Bonmots immer wieder begangen werden, sind kein Zufall, sondern sie unterliegen einer eindeutigen, plausiblen Gesetzmäßigkeit. Grundsätzlich handelt es sich meist um Ausschmückungen, die zu drei Kategorien gehören: falsche Zuschreibung zu berühmteren Personen; Umformulierung, die ein Zitat prägnanter oder eindringlicher macht; und eine veränderte Darstellung der Umstände, die das relativ Prosaische lustiger oder heldenhafter erscheinen lässt. Haldanes Satz über die Käfer ist ein Musterbeispiel für alle drei Fehlerkategorien.

WER HAT ES GESAGT? Haldane war so berühmt, dass man ihn von dem »Magneteffekt« – der gezielten Wanderung guter Zitate in besser bekannte Münder – freisprechen kann. Kein Biologe seiner Generation hätte das Zitat durch Übernahme einer falschen Urheberschaft bemerkenswerter machen können. Aber jeder englische Einzeiler über Evolution muss schließlich zu dem Autor mit dem besten Prosastil unseres Berufsstandes wandern: zu Thomas Henry Huxley. In meinem Archiv habe ich vier Quellen, die die Zeile mit den Käfern fälschlich Huxley zuschreiben (mit diesem Essay gehe ich seit über zehn Jahren schwanger), und der gleichen Fehler dürfte auch zum Anlass für den Schnitzer geworden sein, der die neueste Runde der einschlägigen Diskussion in *Nature* und *The Linnean* in Gang setzte: die Behauptung von Bob May, Haldane habe den Satz gegenüber Benjamin Jowett in Balliol geäußert.

Jowett war in seiner Generation der größte humanistische Gelehrte Englands. Seine Belesenheit und Arroganz als Leiter des Balliol College spiegeln sich in einem Zweizeiler wider, der in den Annalen der humorvollen Verse eine bedeutende Stellung einnimmt:

> Ich bin der Rektor dieser heil'gen Hallen.
> Was ich nicht weiß, das kann nicht unter Wissen fallen.

Der fromme, konservative Jowett hätte das ideale Ziel für Haldanes Bemerkung abgegeben – aber es gibt ein kleines Problem. Jowett starb 1893, als Haldane noch nicht einmal seinen ersten Geburtstag gefeiert hatte. (In meinem Philosophie-Einführungskurs am College wurde immer noch Jowetts Übersetzung von Platons *Staat* verwendet.) In unsere Geschichte muss Jowett durch die fälschliche Verbindung des Zitats mit Huxley gelangt sein (der sein Zeitgenosse war und 1895 starb), und vielleicht auch durch Haldanes Vater, der selbst ein berühmter Physiologe war.

Bob May gehört nicht der englischen Oxford-Cambridge-Oberschicht an, sondern ist Australier. Aber nachdem er von dieser Generationenverwechslung erfahren hatte, gab er eine großartig schelmische und segensreiche kurze Antwort, die am 26. Oktober 1989 in *Nature* erschien: »Die profanen Beschränkungen von Zeit und Raum gelten für Geschichten über Oxford nicht.«

UNTER WELCHEN UMSTÄNDEN? Wie May feststellt, erfordern gute Geschichten die Verwandlung des Profanen in etwas Liebenswürdiges, Amüsantes oder Dramatisches. Wie wir noch sehen werden, äußerte Haldane die berühmte Zeile mehrmals, allerdings immer nur unter Freunden. Aber die Geschichte gewinnt gewaltig an Gewicht, wenn man die Zeile als spontane Replik auf einen gezielten Angriff oder die Frage eines angesehenen Gegners darstellen kann. Die meisten Versionen fügen deshalb dieses verbreitete Element des Mythos hinzu. May bediente sich des Schattens von Jowett als Hintergrund. Hutchinson berichtet, Haldane habe die Zeile als Antwort auf eine detaillierte Frage von Theologen geäußert. A. J. Cain, ein weiterer angesehener britischer Biologe, der Haldane gut kannte, schrieb 1987: »Es war nicht Huxley, sondern Haldane, und der erzählte mir die Geschichte selbst ... Irgendein ehrwürdiger Dummkopf fragte ihn, was man aus der Erforschung der Schöpfung über die Werke des Schöpfers schließen könne ... und darauf gab er die vernichtende Antwort ›eine außerordentliche Zuneigung zu Käfern‹.«

MIT WELCHEN WORTEN? Die Flut der Leserbriefe in *Nature* und *The Linnean* bestätigte Haldane als Urheber unseres schönsten Einzeilers; zumindest hat man keine frühere Version entdeckt. Außerdem können wir ziemlich sicher sein, dass Haldane den Satz nicht als Antwort oder spitze Erwiderung in einer Situation äußerte, die eine »gute Geschichte abgibt« – zumindest hat sich kein Opfer oder Zeuge gemeldet. Aber während wir dieses Problem der Personen und Umstände als geklärt ansehen können, bleibt die grundlegende Frage, was Haldane tatsächlich sagte, schwer greifbar. Haldane war ein großer Schriftsteller und Autor mehrerer populärer Bücher mit wissenschaftlichen Essays (die meisten davon aus seiner Kolumne in der kommunistischen Zeitschrift *Daily Worker* – ein weiterer faszinierender Aspekt seiner unorthodoxen Laufbahn, den ich mir aber für einen anderen Essays aufsparen möchte). Offensichtlich gefiel ihm sein Bonmot über die Käfer, sodass er es in zwanglosen Unterhaltungen und öffentlichen Ansprachen häufig verwendete. Aber es wurden nie Indizien gefunden, dass er die Zeile jemals niedergeschrieben hätte – und deshalb wissen wir auch nicht genau, was er eigentlich gesagt hat (oder ob er die Formulierung abwandelte).

Eine Fassung, die einer »offiziellen« Version vielleicht am nächsten kommt, erwuchs aus den Leserbriefen der jüngsten Zeit. Am 7. April 1951 sprang Haldane für einen erkrankten Kollegen – den großen Physiker J. D. Bernal – ein und hielt einen Vortrag bei der British Interplanetary Society. Seine Randbemerkungen wurden nicht veröffentlicht, aber ein Bericht über den Vortrag, verfasst von A. E. Slater, dem Sekretär der Gesellschaft, erschien im Band 10 des *Journal of the Interplanetary Society*, einem Organ, das man nicht in jeder Stadtbibliothek finden wird, vom Zeitungsstand an der Ecke ganz zu schweigen (ein weiterer Grund für den verspäteten Beleg für Haldanes Bemerkung). Ich möchte die ganze Stelle zitieren:

> Dann kam Professor Haldane auf die Frage nach Leben auf anderen Planeten zu sprechen; er entschuldigte sich, dass er als Biologe zu einem Thema abschweifte, über das wir einen Vortrag von einem Physiker erwartet hätten. Er erwähnte drei Hypothesen:
> (a) dass Leben übernatürlichen Ursprungs ist;
> (b) dass es aus anorganischen Stoffen entstanden ist; und
> (c) dass das Leben ein Bestandteil des Universums ist und nur aus bereits vorhandenem Leben hervorgehen kann.
> Die erste Hypothese, so sagte er, solle man durchaus ernst nehmen, und er werde das im weiteren Verlauf tun. Aus der Tatsache, dass es auf der Erde 400 000 Käferarten gibt, aber nur 8000 Arten von Säugetieren, zog er den Schluss, der Schöpfer – wenn es ihn gebe – müsse eine besondere Vorliebe für Käfer haben.

Na gut. Aber sind damit nun die kostbarsten Worte in dem üblichen Zitat verloren gegangen? Sagte Haldane tatsächlich »besondere Vorliebe« (*special preference*) und nicht das viel hämischere, ironische »außerordentliche Zuneigung« (*inordinate fondness*)? Ist die übliche Version wieder einmal ein Beispiel für ein »aufgemotztes« Zitat? Oder lag es nur daran, dass der Sekretär der Interplanetary Society sich falsch erinnerte oder die Formulierung in der alten britischen Tradition des Understatement abschwächte? Oder sagte Haldane bei verschiedenen Gelegenheiten unterschiedliche Dinge? Wir werden es nie erfahren, aber ein Brief in *The Linnean* (August 1992) von Haldanes Freund Kenneth Kermack stellt unsere Zuversicht, dass die übliche Version stimmt, wieder her:

> Ich habe meine Erinnerungen mit Hilfe von Doris [Kermacks Frau] überprüft, die Haldane ebenfalls gut kannte; in Wirklichkeit sagte er: »Gott hat eine außerordentliche Zuneigung zu Käfern.« J. B. S. H. selbst hatte eine außerordentliche Zuneigung zu der Behauptung – er wiederholte sie häufig. Und in den meisten Fällen fügte er hinzu: »Gott hat eine außerordentliche Zuneigung zu Sternen und Käfern.« ... Haldane ging es um etwas Theologisches: Gott hat wahrscheinlich Schwierigkeiten, Sein Bild wiederzugeben, und Seine 400 000 Versuche mit dem vollkommenen Käfer stehen im krassen Gegensatz zu der schlampigen Erschaffung des Menschen. Wenn wir dem Allmächtigen von Angesicht zu Angesicht gegenüberstehen, wird er einem Käfer (oder einem Stern) ähneln und nicht Dr. Carey [dem Erzbischof von Canterbury].

Man kann es sich also aussuchen. Entweder entscheidet man sich für die eher langweilige »besondere Vorliebe« nur für Käfer, oder man schließt sich der witzigeren »außerordentlichen Zuneigung« mit allen himmlischen Hinzufügungen an. Mit dem Titel dieses Essays habe ich mit einer Mischung einen Kompromiss geschlossen.

Aber wie steht es mit den Tatsachen hinter der Formulierung? Wie außerordentlich ist Gottes Zuneigung, wie besonders seine Vorliebe für die Coleoptera? Wie viele Käferarten leben auf der Erde? Und was, bitte, sollen wir mit der Zahl anfangen?

Wie der Insektenexperte Nigel E. Stork vom Britischen Museum kürzlich in einer neuen Zusammenfassung der Daten berichtete, liegt die Gesamtzahl aller offiziell benannten Tier- und Pflanzenarten (nicht mitgerechnet die vielgestaltigen Organismenreiche der Pilze, Bakterien und sonstigen Einzeller) derzeit bei etwa 1,82 Millionen. Mehr als die Hälfte davon (nämlich 57 Prozent) sind Insekten – und fast die Hälfte aller benannten Insektenarten sind Käfer. Die Käfer stellen also etwa 25 Prozent aller benannten Arten aus dem Tier- und Pflanzenreich – dass sie damit ein aussichtsreicher Gegenstand für die außerordentliche Zuneigung des Schöpfers sind, kann nach meiner Überzeugung niemand bestreiten.

Aber diese Zusammenstellung der vorhandenen Namen ist nur der Anfang, die Spitze des sprichwörtlichen Eisberges. Nach einhelliger Meinung aller biologischen Systematiker wurde die große Mehrzahl aller Spezies auf der Erde noch nicht entdeckt und benannt. Mein Kollege Edward Wilson schreibt in seinem Buch *Der Wert der Vielfalt*:

> Wie viele Arten von Organismen leben auf der Erde? Wir wissen es nicht, wir kennen nicht einmal die annähernde Größenordnung. Es könnten zehn Millionen, aber auch 100 Millionen sein. Noch immer werden alljährlich viele neue Arten entdeckt. Und bei 99 Prozent der bereits entdeckten Arten beschränkt sich unser Wissen auf ihren wissenschaftlichen Namen, eine Handvoll Exemplare in einem Museum und eine bruchstückhafte Beschreibung ihres Körperbaues in wissenschaftlichen Zeitschriften. Es ist ein Märchen, daß Biologen die Champagnerkorken knallen lassen, wenn eine neue Art entdeckt wird. Unsere Museen quellen über von Exemplaren neuer Arten. Wir haben nicht die Zeit, um mehr als einen Bruchteil der alljährlich neu hinzukommenden Arten zu beschreiben.

Wie außerordentlich ist demnach die Zuneigung der Natur zu den Käfern, wenn wir uns nicht auf die armseligen veröffentlichten Befunde verlassen, sondern die tatsächliche Zahl zu schätzen versuchen? Dann verstärkt sich die Stellung der Käfer beträchtlich – nicht nur wegen der offenkundigen Zunahme der absoluten Artenzahl, sondern vor allem weil ihre Vorherrschaft im Verhältnis zu anderen, das heißt ihr Anteil an der Gesamtzahl der Arten, größer wird. Die Käfer gehören nämlich wegen ihrer Größe und ihrer bevorzugten Lebensräume zu den am wenigsten umfassend gezählten biologischen Gruppen.

Eine vollständige Erfassung aller Arten wird ihre Zahl nicht durch die Bank gleichmäßig wachsen lassen: Manche Gruppen haben wir wahrscheinlich fast vollständig erforscht, in anderen haben wir mit dem Zählen gerade erst begonnnen. Die weltweite Gemeinschaft der Vogelliebhaber war beispielsweise so eifrig – und die Gegenstände ihrer Beschäftigung sind meist so auffällig –, dass wir für die Zahl der benannten rund neuntausend Vogelarten keine große Zunahme mehr erwarten. Der Zustrom neuer Spezies ist hier zu einem winzigen Rinnsal geschrumpft – jedes Jahr kommen höchstens eine oder zwei Arten hinzu. Ähnlich verhält es sich mit den etwa viertausend Säugetieren: Sie sind zwar nicht so sorgfältig katalogisiert wie die Vögel, aber auch bei ihnen wird es keine große Zunahme mehr geben.

Käfer dagegen sind klein und meist unauffällig – und die Tatsache, dass manche Arten als Schädlinge in der Landwirtschaft von sich reden machen, führt nicht zur Entdeckung der großen Mehrheit, insbesondere weil die meisten Käfer nur begrenzte geografische Verbreitungsgebiete in kleinen Lebensräumen der üppigsten und am wenigsten erforschten Ökosysteme der Erde haben: in den tropischen Regenwäldern. (Wenn wir uns klarmachen, wie viele Arten in diesem Bereich noch unbekannt sind, und wenn wir wissen, wie viele davon Tag für Tag verloren gehen, weil die Menschen in ihrer Habgier und meist um kurzfristiger Profite willen diese reiche Umwelt roden, können wir vielleicht besser einschätzen, warum die Umweltbewegung sich zu Recht auf die tropischen Regenwälder konzentriert, obwohl diese Lebensräume von den meisten unserer unmittelbaren Sorgen und Wohnorte so weit entfernt zu sein scheinen.)

Einen Anhaltspunkt für die mutmaßliche Zahl der Käferarten erhalten wir, wenn wir die niedrigsten und höchsten Schätzungen für die Tier- und Pflanzenwelt der Erde zu Grunde legen. Für diese große Spannbreite nennt Ed Wilson die Zahlen 10 und 100 Millionen. Ich selbst habe Schätzungen zwischen 1,87 und 80 Millionen allein für die Insekten gelesen, und wenn diese etwa die

Hälfte der Gesamtzahl stellen, gelangt man zu 3,5 bis über 150 Millionen Arten von Tieren und Pflanzen.

Diese kleine biologische Branche der Schätzungen hat ihre Grundlage in den bemerkenswerten Arbeiten des amerikanischen Insektenfachmanns Terry Erwin, die Anfang der achtziger Jahre veröffentlicht wurden. (Erwin lieferte als Erster eine vernünftige, quantitative Schätzung für die unglaubliche, nicht katalogisierte Artenvielfalt der tropischen Regenwälder – ein unentbehrlicher Beitrag sowohl zum biologischen Wissen als auch zu den Strategien der Umweltschutzbewegung.) Im Jahr 1982 legte er eine überraschende Zahl vor, die man anfangs kaum glauben mochte, die aber mittlerweile allgemein anerkannt ist und in unzähligen Lehrbüchern und Zeitungsartikeln genannt wird. Erwin gelangte zu dem Schluss, dass allein in den tropischen Regenwäldern 30 Millionen Arten von Gliederfüßern zu Hause sind – und die Grundlage für diese Schätzung waren die Käfer.

Erwin kam zu seiner Zahl nicht mit einem Taschenrechner, den er gemütlich im Lehnstuhl bediente, sondern durch harte Freilandarbeit. Als Erstes erkannte er, dass die bisher beschriebenen Insekten auf den Bäumen der Regenwälder nur einen traurig kleinen Anteil der unglaublich vielgestaltigen Lebensgemeinschaft darstellen, die dort in den luftigen Höhen der Tropen zu Hause ist. Aber wie kann man als Wissenschaftler alle (oder auch nur die meisten) Arten in einem großen tropischen Baum erfassen, wenn doch so viele davon selten, unauffällig und in ihren Lebensgewohnheiten regelrechte Heimlichtuer sind? Zu diesem Zweck bediente Erwin sich eines drastischen Verfahrens: Er nebelte ganze Bäume mit Wolken eines starken Insektizids ein und sammelte alles, was herunterfiel. (Das soll nicht belehrend oder spöttisch klingen; es handelt sich sowohl begrifflich als auch von der Muskelkraft her um harte, schwierige wissenschaftliche Arbeit. Wie klettert man auf einen Baum, um ihn einzusprühen? Wie sammelt man die Schätze ein, die man dabei erhält? Woher weiß man, dass man den größten Teil der Arten gefunden hat, obwohl manche davon tief in der Rinde sterben und nicht herabfallen? Und vor allem: Wie identifiziert man die Fülle der bis dahin unbekannten Formen, insbesondere da niemand ein Experte für alle Gruppen sein kann?)

Seine Zahl von 30 Millionen erreichte Erwin durch Hochrechnung der Käferzahl auf tropischen Bäumen einer einzigen Art namens *Luehea seemannii*. Seine Argumentation umfasst acht Schritte, und wenn man sich mit ihr befasst, kann man ansatzweise einschätzen, wie schwierig das Vorhaben ist und warum es ein so breites Spektrum von Schätzungen gibt.

1. Während aller drei Jahreszeiten, die man im Regenwald von Panama kennt, sprühte Erwin 19 Bäume der Spezies *Luehea seemannii* ein, um sich eine Vorstellung von den Abweichungen zwischen einzelnen Bäumen und den Jahreszeiten zu verschaffen.

2. Die Gesamtzahl der so gefundenen Käferarten ermittelte er mit etwa 1200.

3. Nun ordnete Erwin jede Art einer von vier »Gilden« zu, ökologischen Funktionen in ihren Lebensräumen: Pflanzenfresser, Pilzfresser, Räuber und Aasfresser.

4. Wenn man von den Käfern auf einem Baum auf alle Insekten eines Waldes schließen will, stellt sich ein entscheidendes Problem: Man muss wissen, wie viele der gefundenen Käfer ausschließlich auf einer Baumart leben und wie viele vielseitiger sind. (Würden beispielsweise alle 1200 Käfer ausschließlich auf *Luehea* leben, wäre die Gesamtzahl der Käferarten im Wald 1200-mal so groß wie die Zahl der Baumarten. Leben dagegen alle 1200 Käfer auf sämtlichen Bäumen des Waldes, beträgt die Gesamtzahl der Käferarten 1200, basta.) Die Einteilung in Gilden nahm Erwin vor, um dieses Ausmaß der »Endemie« (die hier als Beschränkung auf eine einzige Baumart definiert war) zu ermitteln. Für seine vier Gilden der Pflanzenfresser, Pilzfresser, Räuber und Aasfresser gelangte er zu geschätzten Zahlen von 20, 10, 5 und 5 Prozent.

5. Nun wandte er diese Endemieindizes auf die 1200 von *Luehea* gesammelten Käferarten an und gelangte so zu der Schätzung, dass 163 Arten sich mit ihrem Leben ausschließlich auf diese Baumspezies beschränken.

6. Die Vielfalt der tropischen Bäume beläuft sich weltweit auf etwa 50 000 Arten. Wenn 163 einen vernünftigen Durchschnitt für die Zahl endemischer Käferarten je Baumart darstellt, beherbergen tropische Bäume insgesamt 50 000 x 163 = 8 150 000 Käferarten.

7. Da Käfer etwa 40 Prozent aller Gliederfüßerarten ausmachen,

dürften auf tropischen Bäumen etwa 20 Millionen Arten von Gliederfüßern zu Hause sein.

8. Diese Abschätzung der tropischen Artenvielfalt bezieht sich nur auf Arten in den Baumkronen. Im weiteren Verlauf vertritt Erwin die Ansicht, die dort lebenden Formen seien möglicherweise etwa doppelt so zahlreich wie die am Boden lebenden Arten – damit kamen noch einmal 10 Millionen Gliederfüßer vom Waldboden hinzu, und die endgültige Schätzung belief sich auf 30 Millionen.

Die niedrigeren und höheren Zahlen von 1,8 und 80 Millionen Gliederfüßerarten im Regenwald stützen sich auf andere Daten oder auf abweichende Schätzungen auf Grund der gleichen Zahlen, die Erwin für seine Hochrechnung verwendete; seine empirischen Befunde nach dem Einsprühen der *Luehea*-Bäume werden dadurch nicht in Frage gestellt. Nigel Storks hohe Schätzung von 80 Millionen ergibt sich beispielsweise, weil zwei von Erwins Zahlen abgewandelt wurden, sodass die geschätzte Artenzahl erheblich anstieg. Nigel ist überzeugt, dass Käfer viel weniger als 40 Prozent aller Gliederfüßerarten in den Baumkronen stellen. Sein bevorzugter Wert von 20 Prozent lässt die geschätzte Gesamtzahl der Gliederfüßerarten im Regenwald sofort auf das Doppelte ansteigen. Außerdem vertritt Stork die Ansicht, Erwin habe den Anteil der Arten in den Baumkronen gegenüber dem Waldboden zu hoch geschätzt, und nachdem er für die Zahl der Bodenbewohner einen höheren Prozentsatz annimmt, gelangt er zu der noch größeren Gesamtschätzung von 80 Millionen Arten.

Die niedrigste Zahl von 1,87 Millionen findet sich in einem 1991 erschienenen Fachartikel von I. D. Hodkinson und D. Casson. Der Titel ist eine Parodie auf Haldanes Bonmot: »A lesser predilection for bugs: Hemiptera (Insecta) diversity in tropical rain forests« (»Eine geringere Vorliebe für Wanzen: die Vielfalt der Hemiptera [Insecta] in den tropischen Regenwäldern«). »Hemiptera« ist der wissenschaftliche Name für die Ordnung der Wanzen, das englische Wort *bugs* des Originals bezeichnet aber in der Umgangssprache auch alles, was krabbelt. Die Wanzen, und nicht die Käfer, dienten Hodkinson und Casson für ihre weltweite Schätzung, und ihr hintersinniger Titel ist doppeldeutig: Die Wanzen sind in der Natur nicht annähernd so artenreich wie die Käfer, und auch die

Schätzung der Autoren für die gesamte Vielfalt der Gliederfüßer fällt viel niedriger aus als die meisten anderen, die in letzter Zeit aufgestellt wurden.

Während Erwin von den Käfern auf neunzehn Bäumen hochrechnete, stützten sich Hodkinson und Casson auf »die eingehende Untersuchung der Wanzenfauna (Hemiptera) eines mäßig großen, topographisch vielgestaltigen Gebietes im tropischen Regenwald von Sulawesi Utara, Indonesien«. Ganz grob betrachtet, gingen Hodkinson und Casson nach den gleichen Überlegungen vor wie Erwin. Sie sammelten in Sulawesi 1690 Wanzenarten und stellten fest, dass 62,5 Prozent davon bisher nicht bekannt waren. Wenn die 500 beschriebenen Baumarten Sulawesis 1056 neue Arten lieferten (die Gesamtzahl von 1690 Arten, multipliziert mit 62,5 Prozent für den Anteil der neu entdeckten Formen), sollte die weltweite Zahl von 50 000 tropischen Baumarten hundertmal so vielen neuen Wanzenarten entsprechen, also 105 600. Nimmt man dann noch die 81 700 bereits beschriebenen Arten hinzu, ergibt sich für die ganze Erde eine Schätzung von 187 300 Wanzenarten. Und da Wanzen rund zehn Prozent aller Insektenspezies ausmachen, beläuft sich der weltweite Bestand an Insekten auf ungefähr 1,87 Millionen Arten.

Wie können zwei Schätzungen, die sich auf den gleichen Gedankengang stützen, zu so unterschiedlichen Zahlen gelangen? Die Logik der Schlussfolgerungen ist, wie alle an derartigen Arbeiten Beteiligten nur allzu gut wissen, mit vielen Wenns versehen, denn Schlussfolgerungen sind nur dann stichhaltig, wenn die Voraussetzungen stimmen – und warum sollten die endemischen Käfer auf Bäumen einer Art in Panama oder die Wanzen in einem kleinen Gebiet Indonesiens ein Muster oder einen Durchschnittswert für die Abschätzung der Tierwelt auf der ganzen Erde darstellen? Erwins Schätzungen könnten viel zu hoch liegen, weil seine Baumarten möglicherweise mehr Insekten beherbergen als die meisten anderen (dann wird man mit einer Zahl, die sich allein von diesen Bäumen ableitet, die weltweite Vielfalt gewaltig überschätzen) oder weil er die Zahl der Käfer, die ausschließlich auf einer Baumart vorkommt, viel zu hoch angesetzt hat (die häufigste und stichhaltigste Kritik an seiner Schätzung). Die Schätzungen von Hodkinson und Casson dagegen könnten viel zu niedrig liegen, weil ihr indonesisches Untersuchungsgebiet vielleicht relativ artenarm ist oder weil sie nicht die umfassende Sammelmethode des Einsprühens von Bäumen verwendeten und deshalb einen beträchtlichen Teil der Artenvielfalt nicht erfassten.

In jedem Fall haben wir aber mit Sicherheit erfahren, dass die Zuneigung der Natur zu den Käfern noch viel außerordentlicher sein muss, als es die einfache Zahl von 400 000 offiziell benannten Arten (Haldanes ausdrücklich erwähnte Grundlage für sein Bonmot) vermuten lässt. Die großen Schwierigkeiten bei der Abschätzung der tatsächlichen Artenzahl auf der Erde und die beträchtlichen Unterschiede zwischen den Zahlen, zu denen die besten Fachleute gelangen, vermitteln uns auch eine Ahnung davon, wie köstlich wenig wir über die Naturgeschichte unseres Planeten wissen. Wenn das nächste Mal jemand sagt, biologische Systematik sei ein langweiliges Gebiet, denn man müsse auf der bereits gut bekannten Erde nur noch wenige Einzelheiten klären, sollten wir ihm ins Gesicht lachen.

Bei all dieser Unkenntnis sollten wir uns aber mit zwei zusammenhängenden Eigenschaften der Natur trösten: Erstens ist unsere Welt unglaublich seltsam und deshalb höchst faszinierend (das ist nach meiner Überzeugung die entscheidende Aussage von Haldanes Formulierung: Letztlich muss hinter der beispiellosen Vielfalt einer Gruppe, die kaum einmal unsere Aufmerksamkeit weckt, ein Sinn stehen); und zweitens mag die Welt noch so bizarr und fremdartig sein, immer bleibt die Natur für den Geist des Menschen grundsätzlich begreifbar.

Zum Schluss sollte ich diese beiden Grundprinzipien mit Hilfe ihrer Standard-Einzeiler festklopfen. Einstein bejahte die Möglichkeit, die Komplexität der Natur zu verstehen, mit einer theologischen Metapher, die gleich nach Haldanes Bonmot über die Käfer kommt: »Raffiniert ist der Herrgott, aber boshaft ist er nicht.« Und die Freude über die Seltsamkeiten der Natur können wir nicht besser ausdrücken als mit einer berühmten Zeile eines gewissen J. B. S. Haldane – wobei wir diesmal wissen, was er sagte, weil er es aufschrieb (in *Possible Words*, 1927): »Das Universum ist nicht nur sonderbarer, als wir vermuten – es ist sonderbarer, als wir überhaupt vermuten *können*.«

29. *Wenn Könige Einsiedler sein können, sind wir alle Affenonkel*

Wir lernen aus unseren Fehlern, am meisten vielleicht aus den besonders beschämenden. Deshalb beginne ich mit einer Geschichte auf meine eigenen Kosten. Vor vielen Jahren erzählte mir eine meiner Studentinnen über den Bruder ihres Vaters, einen schwer behinderten Mann mit dem Geist eines Kindes. Als sie ihn »mein Onkel« nannte, stutzte ich (glücklicherweise sagte ich nichts, sodass die Beschämung über meinen Irrtum bis heute in meinem Inneren verschlossen blieb). Ich sagte mir: »Onkel sind kluge Menschen, die kostenlos (nicht immer wertvolle) Ratschläge geben und einen zu Baseballspielen mitnehmen; wie kann jemand, der so eingeschränkt ist, ein Onkel sein?« Dann gab ich mir (ebenfalls metaphorisch) einen Tritt und setzte den Gedankengang fort: »Er ist der Bruder ihres Vaters; deshalb ist er schlicht und einfach ihr Onkel; *Onkel* ist keine Bezeichnung für Handlungen mit einer bestimmten Funktion, sondern der Name einer familiengeschichtlichen Verwandtschaftsbeziehung; er ist ebenso gut ein echter Onkel wie jeder andere Mann auf Erden.«

Auch in der Evolution sind Verwandtschaftsbeziehungen vorwiegend nicht funktioneller, sondern stammesgeschichtlicher Art. Wir alle wissen, dass Wale wegen ihrer gemeinsamen Abstammung Säugetiere sind und keine Fische, obwohl sie wie diese im Ozean schwimmen. Stammesgeschichtliche Nähe ist durch die Stellung in einer Abfolge von Verzweigungen definiert, durch die Gemeinsamkeit der Abstammung (*propinquity of descent*), wie Darwin sie nennt. In Aussehen und Verhalten mag ich mehr meinem Vetter Bob als meinem Bruder Bill ähneln, aber familiengeschichtlich

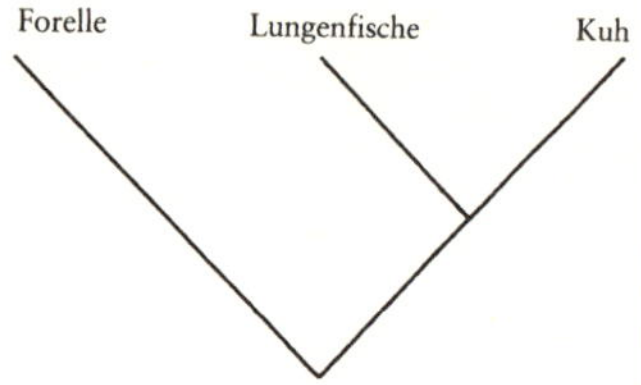

Diagramm von Mark Abraham

steht mir Bill dennoch näher. Funktion und Aussehen müssen in keiner engen Beziehung zur Gemeinsamkeit der Abstammung stehen. Um ein klassisches Beispiel zu nennen: Die stammesgeschichtliche Verwandtschaft zwischen Forelle, Lungenfischen und Kühen ist nach übereinstimmender Ansicht aller Evolutionsexperten in der Abbildung zutreffend wiedergegeben. Die landlebenden Wirbeltiere spalteten sich von der Abstammungslinie der frühen Fische an einer Stelle ab, die nahe bei den Vorfahren der heutigen Lungenfische liegt. Wenn wir demnach eine Einteilung ausschließlich auf Grund der Abstammung vornehmen wollen, müssen wir Lungenfische und Kühe in einer Gruppe zusammenfassen, die von den Forellen getrennt ist. Viele Menschen haben bei dieser Vorstellung ein ungutes Gefühl, weil sich in unserer üblichen Einteilung funktionelle und rein stammesgeschichtliche Beziehungen vermischen. Wir sagen vielleicht: »Ein Lungenfisch sieht wie ein Fisch aus, schwimmt wie ein Fisch, verhält sich wie ein Fisch, und (vermutlich – ich hatte nie das Vergnügen) schmeckt er auch wie ein Fisch. Also ist er ein Fisch.« Mag sein; aber was die Abstammung angeht, steht er den Kühen näher.

Ich möchte diese theoretische Frage der Klassifikation hier nicht weiter verfolgen – wer sich besonders dafür interessiert, sollte sich allerdings merken, dass das Thema heute in der Wissenschaft der biologischen Systematik als Diskussion um den »Kladismus« eine große Rolle spielt. Die Kladisten befürworten eine ausschließlich stammesgeschichtliche (das heißt an der Reihenfolge der Verzweigungen orientierte) Klassifikation, die herkömmlichen Vorstellungen von Ähnlichkeit in Funktionen oder biologischer Stellung keinerlei Beachtung schenkt. Für diesen Essay brauchen wir uns nur zu merken, dass stammesgeschichtliche und funktionelle Ähnlichkeit unterschiedliche Begriffe sind und dass wir uns schrecklich täuschen können, wenn wir sie fälschlicherweise gleichsetzen – insbesondere wenn wir auf Grund ähnlichen Aussehens oder Verhaltens eine Nähe der Verzweigungsstellen (Gemeinsamkeit der Abstammung) unterstellen.

(Es tut mir Leid, aber ich muss einen weiteren didaktischen Absatz einfügen: Wenn wir einen Wal als Fisch bezeichnen, begehen wir schlicht den Fehler, das Phänomen der »konvergenten Evolution« misszuverstehen. Die fischähnlichen Merkmale der Wale entwickelten sich eigenständig und unabhängig in einer Abstammungslinie, die von ausschließlich landlebenden Wirbeltieren ausging. Dagegen sind die Gemeinsamkeiten von Forellen und Lungenfischen echte entwicklungsgeschichtliche Hinweise auf eine gemeinsame Abstammung. Dennoch sprechen diese Ähnlichkeiten nicht dafür, dass die stammesgeschichtliche Verbindung zwischen Lungenfischen und Forellen enger ist als die zwischen Lungenfischen und Kühen, weil solche Merkmale *allen* frühen Wirbeltieren gemeinsam sind; gemeinsame Abstammung ist dagegen durch gemeinsame, *später* entstandene Merkmale gekennzeichnet. Ich würde beispielsweise das Merkmal »fünf Finger« nicht verwenden, um Menschen und Hunde in eine, Robben aber in eine andere Gruppe zu stellen, denn Hunde und Robben stehen sich stammesgeschichtlich als Angehörige der Ordnung Carnivora [Fleischfresser] näher. Die fünf Finger sind ein gemeinsames Merkmal aller frühen Säugetiere; solche Eigenschaften helfen uns nicht dabei, Einteilungen innerhalb der *späteren* Evolution der Säugetiere vorzunehmen.)

Wer diese Belehrung nun abstrakt und langweilig findet, dessen Geduld möchte ich mit einer hübschen Geschichte belohnen, die sogar noch besser wird, wenn man sich das Vorangegangene gemerkt hat. Unter Funktionsgesichtspunkten würde man einräumen, dass die Kluft zwischen einem König in seinem Schloss und einem Einsiedler in seiner Hütte größer kaum sein kann. Aber wie ich gerade dargelegt habe, muss zwischen der Ähnlichkeit von Funktion und Abstammung kein enger Zusammenhang bestehen. Unsere Märchen sind voller Geschichten von Bettler und Edelmann: Arme werden zu Königen, und Frösche verwandeln sich in Prinzen. Aller Reichtum der Welt schließt nicht die Möglichkeit aus, dass der engste Vetter eines Königs zum schäbigsten Einsiedler im ganzen Land wird.

Stellen wir nun einmal Könige und Einsiedler, die auch hier aus-

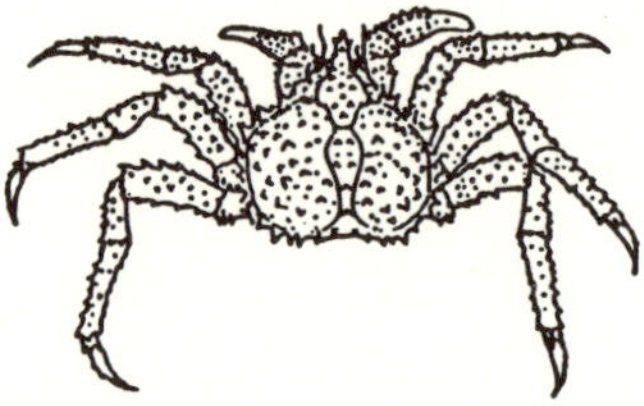

Eine Königskrabbe, stark verkleinert.
Nature, vol. 355, 1992, S. 540.

drücklich so heißen, in der Welt der Krebse einander gegenüber. In diesem zugegebenermaßen begrenzten Bereich könnte man kaum zwei offenkundig unterschiedlichere Tiere finden. Die Königskrabbe (*Paralithodes camtschatica*), ein Größen-Spitzenreiter der gesamten Sippschaft, lebt in der Arktis und den Gewässern der nördlichen gemäßigten Breiten an der Nordspitze von Vancouver Island, rund um Alaska, hinüber nach Sibirien und am Rand des östlichen Pazifik bis hinunter nach Japan. Um noch einmal meine Formulierung über die Lungenfische aufzugreifen: Die Königskrabbe sieht aus wie ein Krebs, bewegt sich wie ein Krebs, verhält sich wie ein Krebs und schmeckt sicher auch wie ein Krebs – in Alaska bildet sie die Grundlage einer florierenden »Fischereiindustrie« (der korrekte Begriff, auch wenn er taxonomisch in diesem Fall eigentlich nicht zutrifft), die in ihrer Blütezeit Anfang der sechziger Jahre etwa 80 000 Tonnen im Jahr lieferte, sodass ihre Erlöse 40 Prozent des Gewinns aus dem lukrativen Lachshandel erreichten. (Der starke Rückgang in jüngerer Zeit könnte auf Parasitismus, Krankheiten oder Überfischung – da ist sie wieder, unsere chauvinistisch, auf Wirbeltiere fixierte Begrifflichkeit – zurückzuführen sein.) Das größte jemals gefangene Exemplar hatte eine Beinspannweite von knapp eineinhalb Metern und wog mehr als zehn Kilo. Ein Gewicht von fünf Kilo und eine Spannweite von einem Meter sind in der Branche nichts Ungewöhnliches.

Im krassen Gegensatz dazu stehen die unscheinbaren Einsiedlerkrebse, eine große Gruppe verwandter Formen, zu der etwa 800 Arten aus mehr als 80 Gattungen gehören. Die meisten sind zwei bis fünf Zentimeter lang und leben zusammengerollt in einem leeren Schneckenhaus (aus dem sie schließlich herauswachsen, sodass sie es gegen ein größeres Modell »eintauschen« müssen). Aber so ausgeprägt die Unterschiede in Größe und Lebensweise auch sein mögen, noch unähnlicher sind sich Königskrabben und typische Einsiedlerkrebse in ihrer Körperform. Eine Königskrabbe sieht wie ein ganz normaler Krebs aus: Ihr Karapax (der äußere Panzer) ist breit und flach, trägt vorn zwei Klauen und ist hinten mit drei Paaren langer, widerstandsfähiger Beine ausgestattet (die meisten Krebse besitzen hinter den Klauen vier Beinpaare).

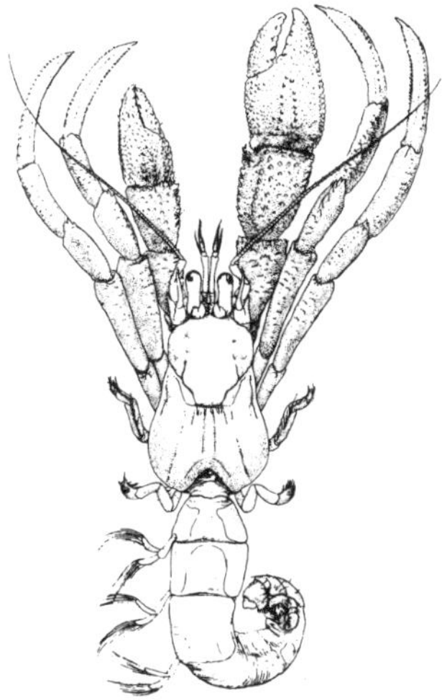

Ein typischer Einsiedlerkrebs mit rechtsgedrehtem Hinterleib.

British Museum (Natural History) Zoology, vol. III, no. 3, 1916, S. 115.

Dagegen ist mir schleierhaft, wie jemand überhaupt auf die Idee kommen konnte, die Einsiedlerkrebse als Krebse zu bezeichnen. Krebse sind eine von drei großen Kategorien – die beiden anderen sind Hummer und Garnelen – in der übergeordneten Gruppe mariner Schalentiere, die man auch Decapoda nennt. (Die Arthropoda oder Gliederfüßer, der größte aller Tierstämme, umfasst drei große Gruppen: die Krebstiere oder Crustacea, die Uniramia, zu denen Insekten, Hundert- und Tausendfüßer gehören, und die Scherenfüßer oder Chelicerata mit Spinnen, Skorpionen und Schwertschwänzen.) Die echten Krabben gehören zur Ordnung Brachyura (»Kurzschwänze«). Ihr charakteristisches Merkmal ist ein kurzes, schmales Abdomen (Hinterende), das an der Körperrückseite umgeklappt und gegen die Unterseite gepresst ist. Der flache, breite Krebspanzer entspricht nur dem vorderen Körperabschnitt eines Hummers oder einer Garnele. Bei diesen ist das Hinterende, die Freude aller Gourmets, weit nach hinten ausgestreckt, bei den Krabben dagegen verschwindet es aus dem Blickfeld (und bleibt als Überrest unter den Körper geklappt). Man nehme den vorderen Teil eines Hummers, mache ihn flacher und ziehe ihn nach beiden Seiten auseinander, bis er breiter als lang ist, lasse den Schwanz schrumpfen und verstecke ihn unter dem übrigen Körper – und voilà, schon hat man einen Kurzschwanzkrebs. (Vor dem Hintergrund dieses Gedankenexperiments werden die Verwandtschaftsbeziehungen zwischen den drei großen Gruppen der Decapoda klarer.)

Warum also bezeichnen wir die Einsiedlerkrebse überhaupt als Krebse? Von ihrer Abstammung her gehören sie nicht zu den Brachyura, sondern sie bilden eine eigene Gruppe namens Anomura im Niemandsland zwischen den herkömmlichen Garnelen und anderen Decapoda. Ihr Körper ist wie bei den Garnelen verlängert. Sie besitzen hinter den vorderen Klauen nur ein kräftiges Beinpaar (zwei weitere, stark zurückgebildete Paare weiter hinten dienen dazu, das Tier in seinem »geliehenen« Gehäuse festzuhalten). Und was am wichtigsten ist: Das Abdomen ist nicht verkleinert oder unter den Körper geklappt, sondern recht stark gewunden und verlängert, deutlich abgewandelt und gut an Schneckenhäuser angepasst. Das Hinterende eines Einsiedlerkrebses ist weich und enthält keinen Kalk, sodass es noch besser in das Gehäuse gleiten kann. Außerdem ist es nach einer Seite gewunden wie die Hülle, die ihm als Unterschlupf dient. Die wichtigste systematische Unterscheidung zwischen den Einsiedlerkrebsen orientiert sich sogar an der unterschiedlichen Windungsrichtung des Abdomens: nach links (von oben gesehen) bei den selteneren Coenobitoidea, nach rechts bei der verbreiteten Feld-Wald-Wiesen-Form (oder vielleicht sollte ich eher »Strand-und-Küsten-Form« sagen) Paguroidea. Warum also bezeichnet man diese Tiere als *Krebse*? Würde »Garnelen« nicht besser zu ihrem Aussehen passen?

Andererseits haben die Fachleute auch schon lange den Verdacht, dass die Königskrabben ebenfalls keine echten Brachyura sind, sondern dass diese Riesen aus Alaska (sowie andere Angehörige ihrer Familie, der Lithoideae) die engsten Verwandten der Einsiedlerkrebse sind. Aber wie können sich bei einer solchen Gemeinsamkeit der Abstammung so unterschiedliche Formen und Funktionen entwickeln? Und wie kam man angesichts solcher Unterschiede überhaupt auf die Idee einer gemeinsamen Abstammung? Es wurden drei Argumente angeführt, die vielleicht nicht völlig überzeugen, aber sehr stichhaltig sind:

1. Das Abdomen ausgewachsener Königskrabben ist zwar wie bei den echten Krabben in der Größe vermindert und unter den Körper geklappt, aber es ist asymmetrisch geformt und erinnert

damit eher an das Hinterende der Einsiedlerkrebse. Auch einige andere anatomische Merkmale der erwachsenen Tiere lassen auf die Nähe zu den Einsiedlerkrebsen schließen. So bezeichnet man beispielsweise die große Gruppe mit Krabben, Hummern und Garnelen als Decapoda, das bedeutet »Zehnbeiner«. Bei den echten Krabben ergibt sich mit dem Klauenpaar am Vorderende und vier dahinter liegenden Beinpaaren die vollständige Ausstattung mit zehn Extremitäten. Bei den Einsiedlerkrebsen dagegen folgen, wie bereits erwähnt, hinter den Klauen nur zwei Paare mit kräftigen Beinen, während die beiden letzten Paare zu kleinen Auswüchsen zurückgebildet sind, die das geborgte Schneckenhaus festhalten. Bei den Königskrabben ist das erste Paar der zurückgebildeten Beine sekundär vergrößert und bildet hinter den Klauen ein Paar kräftiger Extremitäten; das zweite Paar liegt aber klein und unauffällig unter dem Körper.

2. Diese vereinzelten Ähnlichkeiten in der Form der erwachsenen Tiere hätten aber allein nie als stichhaltige Begründung ausgereicht. Das Zutrauen in die seltsame Verbindung von Königen und Einsiedlern wuchs jedoch, als man tief greifende, umfassende Ähnlichkeiten bei den Larvenformen der beiden Gruppen entdeckte.

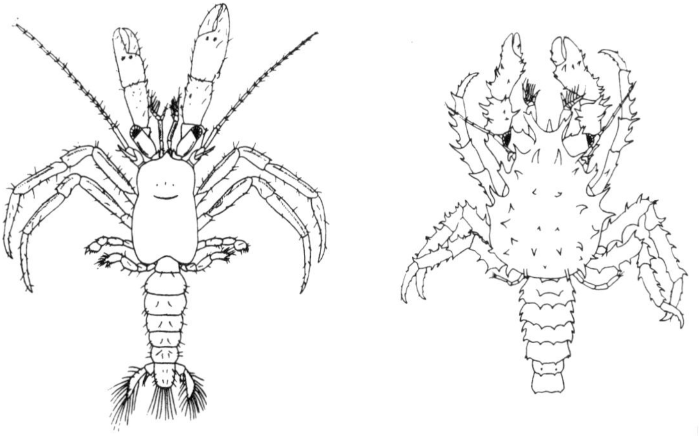

Späte Larvenstadien des Einsiedlerkrebses *Pagurus bernhardus* (links) und seiner Verwandten, der Königskrabbe *Lithodes maia* (rechts).

Proceedings of the Zoological Society of London, vol. 128, 1957, S. 221 und 247.

Ausgewachsene Tiere sind häufig so stark spezialisiert und differenziert, dass die meisten Spuren ihrer Abstammung verborgen oder verschwunden sind. Larven oder Embryonen haben dagegen im Frühstadium häufig noch die alte Form der Entwicklung beibehalten, unter anderem weil der komplizierte Weg vom Ei zum erwachsenen Tier kaum Spielraum für nennenswerte Abwandlungen lässt, zum Teil aber auch weil die Umwelt der Larve vielfach stabil bleibt, während sich die Lebensumstände der erwachsenen Form ändern. Dieses häufige (aber keineswegs unabänderliche) Phänomen der stabilen Larvenform bezeichne ich gern als »*Sacculina*-Prinzip«, was (wie könnte es anders sein) an einen berühmten Parasiten unter den Krebsen erinnert. *Sacculina* ist als ausgewachsenes Tier kaum mehr als ein formloser Klumpen von Fortpflanzungsgewebe im Körper des Wirtes, aber die frei lebenden Larvenstadien zeigen noch eindeutige Merkmale ihrer Vorfahren, der Ruderfußkrebse.

Die Abbildung stammt aus einem wegweisenden Artikel von MacDonald und Kollegen aus dem Jahr 1957. Sie zeigt späte Larvenstadien von *Pagurus bernhardus*, einem verbreiteten Einsiedlerkrebs, und *Lithodes maia*, einem kleineren Verwandten der Königskrabben. Manche Unterschiede der ausgewachsenen Formen sind bereits zu erkennen (das Hinterende hat aber noch nicht die Asymmetrie angenommen): Bei dem Vetter der Königskrabbe haben sich beispielsweise die charakteristischen Stacheln und das dritte Beinpaar hinter den Klauen gebildet. Aber in diesem frühen Entwicklungsstadium überwiegen die Ähnlichkeiten eindeutig gegenüber den Unterschieden.

3. Am faszinierendsten und allgemeinsten ist aber das Argument, dass die konvergente Evolution zur krabbenähnlichen Form sich bei den Decapoda mehrfach wiederholt. Ich möchte keine Spekulationen über die Vorteile oder Einfachheit einer solchen Umwandlung anstellen, sondern nur das mehrfache Auftreten erwähnen. Man drücke den Panzer flach und ziehe ihn seitlich in die Breite; man verkleinere den Hinterleib und klappe ihn unter den übrigen Körper – schon ist ein krabbenähnliches Tier entstanden. Diese Entwicklung kommt so häufig vor, dass sie im Englischen sogar einen besonderen Namen hat, die der berühmte britische Zoologe L. A. Borradaile ihr 1916 beilegte: Sie wird als *carciniza-*

tion (umgangssprachlich »Verkrebsung«) bezeichnet. (Man sollte daran denken, dass man auch Krebs erzeugende Substanzen als Carcinogene bezeichnet und dass der Krankheitsname Krebs an die zentrale Gewebemasse und die klauenartigen Ausläufer vieler Tumore erinnert.)

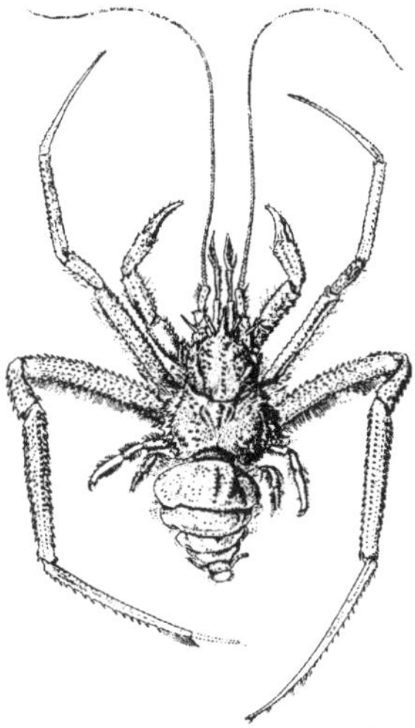

Der teilweise verkrebste Tiefsee-Einsiedlerkrebs Probeei mirabilis. Der Hinterleib ist nur schwach gewunden, und die kräftigen Beine eignen sich zum Gehen.

Viele stammesgeschichtliche Linien der Einsiedlerkrebse haben die Verkrebsung durchgemacht. Bei manchen geschah das nur teilweise, und da sie auf halbem Wege stehen geblieben sind, liefern sie wichtige Erkenntnisse über den gesamten Vorgang. Betrachten wir beispielsweise einmal die Abbildung des teilweise verkrebsten Einsiedlerkrebses *Probeebei mirabilis*, der von dem dänischen Zoologen Torben Wolff 1961 richtig klassifiziert wurde. Der Hinterleib ist noch asymmetrisch und nach rechts verdreht, besitzt aber bereits sekundäre Kalkeinlagerungen. Die beiden Beinpaare hinter den Klauen sind stark entwickelt, sodass sie zum ungehinderten Gehen dienen können, und setzen nicht vorn (an der richtigen Stelle, damit sie aus einem Schneckengehäuse ragen können), sondern seitlich an. Die Gründe der Abwandlungen sind in diesem Fall grundsätzlich klar. *Probeebei* lebt im tiefen Wasser vor der Küste von Costa Rica (Wolffs Exemplare stammten aus einer Tiefe von mehr als 3000 Metern). In solchen Tiefen stehen Schneckengehäuse (und andere potenzielle Behausungen) nur selten zur Verfügung, und dieser Krebs ist zur freien Lebensweise seiner Vorfahren zurückgekehrt.

Wenn man verstehen will, warum die Verkrebsung so häufig auftritt, sind zwei weitere Fälle von besonderem Interesse. *Porcellanopagurus*, Borradailes ursprüngliches Untersuchungsobjekt, entwickelt einen verkürzten, ziemlich symmetrischen Hinterleib. Aber dieses Tier benutzt auch kein Schneckenhaus, sondern eine Muschelschale als Schutz – und um unter eine solche mehr oder weniger flache Platte zu passen, braucht man keine Windungen. Der große Krebs *Birgus latro*, der auf den Pazifikinseln als »Palmendieb« bekannt ist, lässt bei seinem Wachstum ebenfalls viele Aspekte des gleichen Vorganges erkennen. Die erwachsenen Tiere leben ausschließlich an Land und sehen wie Krabben aus, in ihrer Jugend aber besitzen sie einen verdrehten Hinterleib und bewohnen Schneckengehäuse an der Küste.

Wenden wir uns nun einmal von diesen teilweise verkrebsten Abstammungslinien der Einsiedlerkrebse vier allgemeinen Fällen vollständiger Verkrebsung bei den Decapoda zu. Am erfolgreichsten waren natürlich die echten Krabben (Brachyura) selbst mit Tausenden von Arten und weltweiter Verbreitung. Aber ein begrenztes Spektrum von Einsiedlerkrebsen wurde auch zu Vorfahren von drei weiteren Gruppen vollständig verkrebster Tiere. Zwei davon, die Lomisidae und die Porcellanidae (Porzellankrabben), sind bei Nichtfachleuten kaum bekannt, und die Lithoididae, zu denen (neben 52 weiteren Arten aus 16 Gattungen – die meisten viel kleiner und in kalten Gewässern zu Hause) auch die Königskrabbe gehört.

Wenn noch Zweifel an der engen Verwandtschaft von Einsiedlerkrebsen und Königskrabben bestanden, so wurden sie in jüngster Zeit zerstreut; überzeugende neue Beweise lieferte nämlich die elegante, 1992 erschienene Studie »Evolution of king crabs from hermit crab ancestors« (»Evolution von Königskrabben aus Vorfahren aus der Gruppe der Einsiedlerkrebse«) von C. W. Cunningham, N. W. Blackstone und L. W. Buss.

Die Studie, die im Institut meines Freundes und Kollegen Leo Buss von der Yale University durchgeführt wurde, nutzte die derzeit laufende Revolution der biologischen Systematik, die durch die technischen Fortschritte der jüngsten Zeit und die dadurch geschaffene Möglichkeit, DNA billig und schnell zu sequenzieren, ausgelöst wurde (siehe das nächste Kapitel). Die herkömmliche Systematik schlägt sich mit relativ wenigen Merkmalen von Morphologie, Physiologie und Verhalten herum, die oft frustrierend stark der konvergenten Evolution unterliegen. Durch die Sequenzierung von DNA und RNA dagegen werden Hunderte oder Tausende neuer Merkmale zugänglich (nämlich die Reihenfolge der Bausteine in den Nucleotidketten, die häufig in der Evolution sehr stabil bleibt). Auch solche molekularbiologischen Befunde sind natürlich nicht frei von Konvergenz und anderen Formen der Verfälschung, aber sie bieten eine Fülle neuer Indizien.

Buss und Kollegen sequenzierten einen Teil eines wichtigen Gens, das ribosomale RNA codiert, und fanden 108 »phylogenetisch informative« Positionen – ein gewaltiger Zuwachs in der Zahl nützlicher, für die Klassifikation verwendbarer Merkmale. Sie entwickelten ein Schema der Ähnlichkeiten für alle paarweisen Vergleiche zwischen zwölf Arten von Einsiedlerkrebsen und Königskrabben sowie einen dreizehnten, entfernteren Verwandten, der zur Verankerung des Stammbaumes dienen sollte (und in der Fachsprache als *outgroup* bezeichnet wird; zu diesem Zweck benutzten sie das Salzkrebschen *Artemia salina*). Dann wandten sie auf dieses Schema der Ähnlichkeitsverhältnisse verschiedene allgemein übliche Verfahren zum Bau von Stammbäumen an. Mit den beiden beliebtesten derartigen Methoden gelangten sie grundsätzlich zu

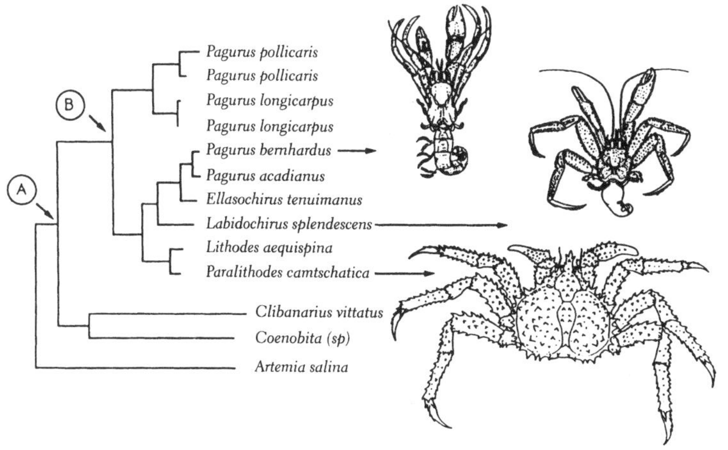

Schema der Verwandtschaftsbeziehungen zwischen Einsiedlerkrebsen und Königskrabben; nach einem Artikel von Cunningham, Blackstone und Buss.

Nature, vol. 355, 1992, S. 540.

dem gleichen Ergebnis; die eine, Distanzanalyse genannt, bezieht nur das gemessene Maß der Gesamtähnlichkeit in die Berechnung ein, die andere dagegen wird als Sparsamkeitsprinzip bezeichnet und konstruiert Stammbäume mit einer möglichst geringen Zahl von Evolutionsschritten. Dass beide das gleiche Ergebnis lieferten, lässt das Vertrauen in die Befunde stark anwachsen.

Das bemerkenswerte, höchst zufrieden stellende Forschungsergebnis ist in der Abbildung wiedergegeben, die unmittelbar aus dem Originalaufsatz stammt. Wie erwartet, trennte sich *Artemia* an der ältesten Verzweigungsstelle von den zwölf anderen Arten. Die nächste Aufspaltung (bei A in dem Schema) entspricht der herkömmlichen Einteilung in Krabben mit linksgedrehtem Hinterleib (die beiden unteren Arten) und ihren rechts herum gewundenen Vettern. Die große obere Gruppe von zehn Arten enthält die normalen, allgemein bekannten Einsiedlerkrebse der Gattung Paguridae. Die nächste Aufspaltung (B) stellt eine grundlegende geografische Trennung innerhalb der Paguridae dar.

Damit sind wir an der wirklich bemerkenswerten Stelle: bei den beiden unteren Arten in der oberen Ansammlung – der Königskrabbe (*Paralithodes camtschatica*) und ihrem engen Verwandten *Lithodes aequispina*. Betrachten wir jetzt einmal die Arten in den beiden großen Untergruppen der größeren Gruppe, die durch die Trennung der rechts- und linksgewundenen Formen an der Stelle A gebildet wird. Die obere Untergruppe entspricht den Arten der Gattung *Pagurus*, zu der die normalen Einsiedlerkrebse der Lehrbücher und der meisten Küsten gehören. Konzentrieren wir uns aber auf die untere Untergruppe, so stellen wir fest, dass sich dort neben den beiden Arten aus der Linie der Königskrabben ebenfalls zwei Arten der Gattung *Pagurus* finden. Mit anderen Worten: Nach dem richtigen Kriterium – der gemeinsamen Abstammung – sind Königskrabben mit den Einsiedlerkrebsen so nahe verwandt, dass sie sich erst *innerhalb* einer eng begrenzten stammesgeschichtlichen Gruppierung abgespalten haben, und diese Gruppierung war in Form und Verhalten so verbreitet, dass alle Arten der Lehrbuchgattung *Pagurus* zugeordnet wurden!

Aus der Form des Baumes können wir auch eine vernünftige Schlussfolgerung über den Zeitpunkt ableiten, zu dem sich die Königskrabben von den Abstammungslinien der normalen Einsiedlerkrebse abspalteten. Für den Punkt A, die Aufspaltung der links- und rechtsgewundenen Einsiedlerkrebse, kann man anhand unabhängiger fossiler Belege die Zeit von vor 73 bis 78 Millionen Jahren annehmen. Die geografische Trennung der Gebiete mit rechtsgewundenen Einsiedlerkrebsen (Punkt B) spielte sich vor 35 bis 40 Millionen Jahren ab, geschätzt wiederum auf Grund unabhängiger geologischer und paläontologischer Befunde. Durch Ausweitung der Berechnung in die jüngere Zeit gelangt man für die Abspaltung der Königskrabben von der Gattung *Pagurus* auf einen Zeitpunkt von vor 13 bis 25 Millionen Jahren – eine recht große Zeitspanne, die aber (nach geologischen Maßstäben) für die abgelaufene Evolutionstätigkeit nicht sonderlich lang ist.

Noch ein Punkt am Rande, bevor ich diese elegante Studie verlasse. Kreationistische Kritiker erheben häufig den Vorwurf, man könne die Evolution nicht überprüfen, und deshalb sei sie eigentlich überhaupt kein richtiger Gegenstand der Naturwissenschaft (genauer befasse ich mich im nächsten Kapitel mit diesem wichtigen Thema). Eine solche Behauptung ist rhetorischer Unsinn. Wie kann man eine bessere Überprüfung als diese fordern, die sich auf eine sehr riskante Voraussage stützt? Die Verbindung zwischen Königskrabben und Einsiedlerkrebsen widerspricht der Intuition und wurde auf Grund klassischer morphologischer Belege postuliert (die Argumente habe ich in diesem Essay bereits als Punkte 1 bis 3 im Einzelnen dargelegt). Überprüft wurde die Voraussage dann durch die davon völlig unabhängigen Daten des DNA-Sequenzvergleichs – und die bestätigten sie mit Glanz und Gloria, ja sie zeigten zwischen Königskrabben und den Abstammungslinien der Einsiedlerkrebse sogar eine noch engere Verwandtschaftsbeziehung, als man zuvor vermutet hatte.

Für mich ist diese Geschichte von Königskrabben und Einsiedlerkrebsen eine der elegantesten, die ich in letzter Zeit in der Evolutionsbiologie kennen gelernt habe: eine großartige Kombination aus einer faszinierenden, der Intuition widersprechenden Geschichte, einer vielschichtigen Sammlung strenger, überzeugender Daten zur Unterstützung, und einer Lehre von verblüffend allgemeiner Gültigkeit (über den Unterschied zwischen stammesgeschichtlicher Nähe und der funktionellen Bedeutung von Ähnlichkeit – und über die überwältigende Bedeutung der stammesgeschichtlichen Verwandtschaft). Aber kann ich auch einen naheliegenden Einwand entkräften, den sicher viele Leser erheben werden? Ja, ich begreife die Geschichte, aber Krebse interessieren mich nicht besonders. Sie kommen in meinem Leben einfach nicht besonders oft vor, warum soll ich mich also darum kümmern? Dieser Zurückhaltung möchte ich mit einem anderen Beispiel für genau das gleiche Phänomen der Evolution begegnen – einem Beispiel, dem man schlicht und einfach nicht gleichgültig gegenüberstehen kann.

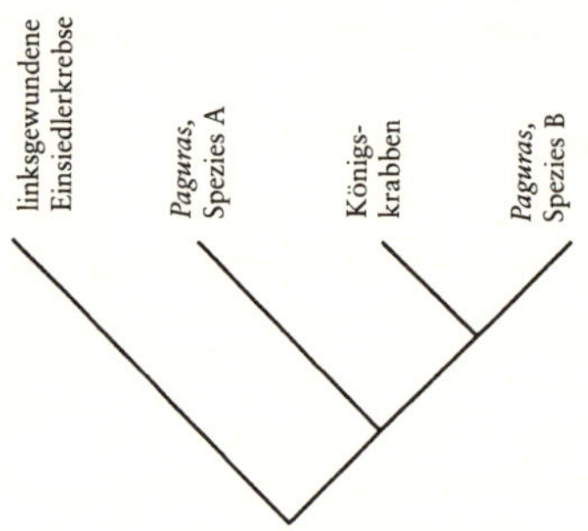

Diagramm von Mark Abraham

Die Abbildung gibt die überraschenden Erkenntnisse über die Krebse wieder. Die Königskrabben zweigen von der Linie der Einsiedlerkrebse im Bereich der Gattung *Pagurus* ab, zu der die ganz normalen Einsiedlerkrebse gehören. Wer hätte gedacht, dass sich in einer so kleinen Region der Stammesgeschichte ein so großer Unterschied entwickeln konnte? Wer hätte sich ausmalen können, dass Königskrabben und Einsiedlerkrebse nach dem wichtigsten aller Evolutionskriterien – der Gemeinsamkeit der Abstammung, das heißt der stammesgeschichtlichen Entfernung – einander so nahe stehen?

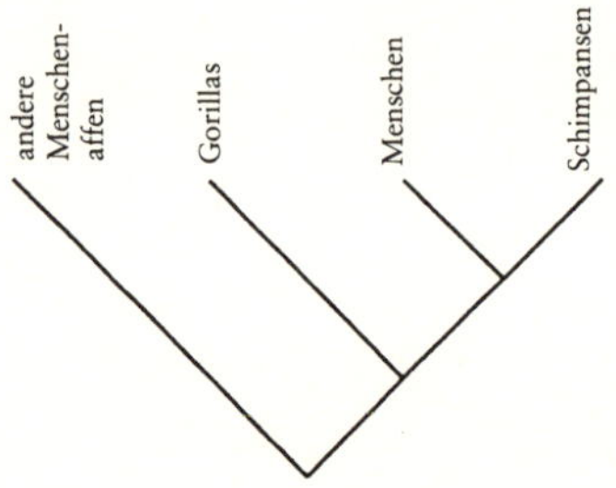

Diagramm von Mark Abraham

Ich zeige jetzt genau das gleiche Diagramm noch einmal. In Lage und Anordnung der Verzweigungen habe ich nichts verändert. Allerdings habe ich andere Namen eingesetzt, denn ich möchte jetzt unsere derzeitigen Kenntnisse über die Verwandtschaftsbeziehungen der so genannten »höheren Primaten« darstellen. Die Stammesgeschichte der Menschen und unserer nächsten Verwandten unter den Primaten entsprechen genau der Geschichte von der gemeinsamen Abstammung der Königskrabben und Einsiedlerkrebse!

Darwin vermutete zu Recht, dass Schimpansen und Gorillas unsere nächsten Verwandten sind, und kaum ein Wissenschaftler hatte daran seither noch Zweifel. Aber Darwin und bis vor kurzer Zeit fast alle anderen nahmen an, dass die größte stammesgeschichtliche Nähe unter diesen drei Arten zwischen Schimpansen und Gorillas besteht – was nur vernünftig wäre angesichts der offenkundigen Ähnlichkeit zwischen den beiden Menschenaffen und unserer offensichtlich deutlich getrennten Stellung. (Aber wie gesagt: funktionelle und stammesgeschichtliche Ähnlichkeit müssen nicht übereinstimmen!) Die Indizien sind zwar noch nicht vollständig und werden nach wie vor heftig diskutiert, aber die meisten Informationen aus jüngster Zeit lassen darauf schließen, dass wir Unrecht hatten: Wahrscheinlich bilden Schimpansen und Menschen das Paar, das sich stammesgeschichtlich am nächsten steht, und die Gorillas haben sich ein wenig früher abgespalten.

Herkömmlicherweise ordnet man Schimpansen und Gorillas in die Familie Pongidae ein, und die Menschen bilden eine eigenständige Familie namens Hominidae. Wenn mein Diagramm aber stimmt, sind die Menschen *innerhalb* des Bereiches der Pongidae entstanden und können deshalb keine getrennte Familie darstellen, es sei denn, wir bekennen uns zu der stammesgeschichtlichen Absurdität, zwei weiter voneinander entfernte Formen (Schimpansen und Gorillas) in einer Familie zusammenzufassen und eine dritte (die Menschen), die einer der beiden ersten näher verwandt ist, auszuschließen. Ich kann sicher nicht behaupten, ich sei mit meinem Onkel näher verwandt als mit meinem Bruder, aber genau diese Aussage machen wir mit der Ansicht, Schimpansen stünden den Gorillas näher als den Menschen – siehe die dritte Abbildung mit der gleichen Anordnung.

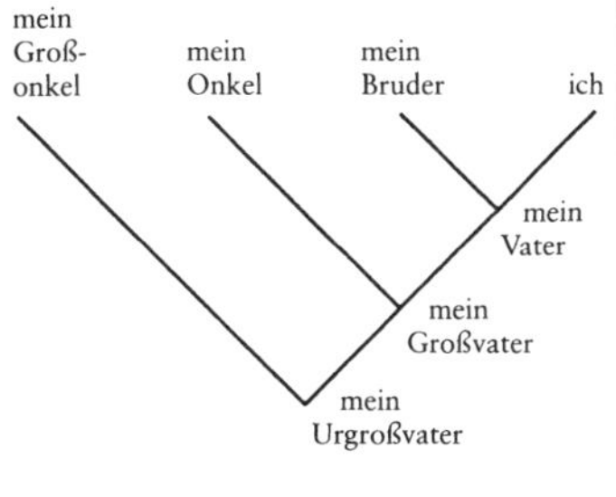

Diagramm von Mark Abraham

Genau das Gleiche besagen Einsiedlerkrebse und Königskrabben. Unser Instinkt legt uns nahe, die beiden Gruppen in der Klassifikation zu trennen und damit ihre tief greifenden Unterschiede in Form und Funktion anzuerkennen. Aber was die Abstammung angeht, sind die Königskrabben im Bereich der Einsiedlerkrebse entstanden, ja sogar in der sehr beschränkten Region der Lehrbuchgattung *Pagurus*! Wie können wir dann die Königskrabben in eine systematische Gruppe stellen und die Einsiedlerkrebse in eine andere? Und wie können wir die Menschen weiterhin in eine prächtige Alleinstellung erheben, während wir Schimpansen und Gorillas zur Familie Pongidae zusammenfassen?

Natürlich können wir zu Recht die Frage stellen, wie sich in einem so begrenzten Bereich der Stammesgeschichte derart auffällige Unterschiede entwickeln konnten. Aber häufig täuscht die äußere Erscheinung, und die zu Grunde liegenden Abweichungen sind nicht besonders groß (oder vielleicht handelt es sich auch tatsächlich um tief greifende Unterschiede, und die Evolution war in den Abstammungslinien von Königskrabben und Menschen stark beschleunigt). Kleine Veränderungen, die sich zu Beginn des Wachstums ereignen, können später eine Lawine von Folgen nach sich ziehen und in der Summe zu großen Wirkungen führen. Vielleicht ist die Verkrebsung letztlich keine sonderlich große Abwandlung – der Panzer wird flacher und breiter, der Hinterleib schrumpft und wird eingeklappt. Vielleicht können alle diese Veränderungen als Folgen einer einzigen, koordinierten Abweichung im Wachstum entstehen. Immerhin macht, wie bereits erwähnt, auch *Birgus latro* während seines Wachstums eine solche Veränderung durch – er wohnt als Jungtier mit gewundenem Hinterleib in einem Schneckengehäuse, die ausgewachsene Form dagegen ist verkrebst und lebt frei. Auch die beträchtliche Größe der Königskrabben, so eindrucksvoll sie sein mag, muss keine große entwicklungsgeschichtliche Abwandlung darstellen. Sobald nicht mehr die Notwendigkeit besteht, ein Schneckengehäuse als Unterschlupf zu finden, ist die Größe keiner Beschränkung mehr unterworfen. Alle verkrebsten, frei lebenden Einsiedlerkrebse dürften die Fähigkeit zu erheblich verstärktem Wachstum besitzen.

Ähnliches gilt auch für die Menschen: Unterscheiden wir uns wirklich so stark von den Schimpansen, wie wir voller Zuversicht und Arroganz immer behaupten? Im Aussehen natürlich (reduzierte Behaarung und aufrechte Körperhaltung wirken sich optisch stark aus). In der Gehirnkapazität zweifellos auch (Schimpansen mögen noch so schlau sein, sie werden niemals über die stammesgeschichtliche Stellung der Königskrabben nachgrübeln). Aber die grundlegenden biologischen Unterschiede müssen so groß nicht sein: kräftigere, gestreckte Beine, ein größeres Gehirn. Die Folgen waren gewaltig und haben in der gesamten Geschichte des Lebendigen nicht ihresgleichen; aber ich bin mir nicht sicher, ob die topologischen und genetischen Wandlungen so tief greifend waren. Folgen sind Wirkungen, und Wirkungen darf man nicht mit Erzeugungskräften und morphologischen Ergebnissen gleichsetzen. Kleine Veränderungen können gewaltige Effekte haben.

Menschen, die guten Willens und intelligent sind, erkennen unsere Verwandtschaft mit großen und kleinen Affen ohne weiteres an. Vom Kopf her kennen wir die Verbindung, aber mit dem Bauch, mit unserem intuitiven Verständnis, haben wir diese entscheidende Erkenntnis nie aufgenommen – vor allem weil wir fälschlich unterstellt haben, zwischen funktionellem und stammesgeschichtlichem Abstand müsse ein enger Zusammenhang bestehen. Wenn Menschen den Schimpansen so wenig ähneln, dann müssen wir wirklich ganz anders sein, ganz gleich, welche Verwandtschaft zwischen uns besteht. Wenn wir aber begreifen, dass die stammesgeschichtliche Entfernung als Maß der Evolution die erste Stelle einnimmt, und wenn wir verstehen, dass die äußere Erscheinung als Anzeichen für grundlegende Unterschiede eine Illusion sein kann, werden wir sicher auch unseren gewaltigen (aber auch armseligen) Vorteil anders beurteilen. Könige können Einsiedler sein und Menschen die engsten Geschwister der Schimpansen.

Die funktionsorientierte Sichtweise erfolgt nach dem Motto: *Der Mensch ist, was er isst.* Aber als Evolutionsforscher müssen wir die historische Definition hinnehmen: Man ist, was man war und was man mit den nächsten stammesgeschichtlichen Verbindungen gemeinsam hat. Wir sollten in Verwandtschaftsverhältnissen denken. Wir werden ein wenig freier, ein wenig aufgeklärter, ein wenig eher bereit, mit allen unseren lebenden Verwandten für die Erhaltung unseres Planeten zu arbeiten, wenn wir wirklich wissen, warum jeder Einzelne von uns ein Affenonkel ist.

30. Magnolien aus Moskau

Bis nach Moskau musste ich fahren, um meine Liste der fünfzig Staaten zu vervollständigen – genauer gesagt: nach Moscow, Idaho. Als Kind hatte ich nur im Nordosten der Vereinigten Staaten gelebt. Zwischen zwanzig und dreißig kam ich mehr herum, als Dreißiger schaffte ich es bis zu den Außenposten Hawaii und Alaska, und mit über vierzig füllte ich fast alle Lücken – Montana als 48. und Missouri als 49. Staat. Aber Idaho hatte ich immer verpasst, manchmal nur um ein paar Meilen (beispielsweise wenn ich in den Yellowstone-Nationalpark fuhr). Eine Einladung, zu meinem Fünfzigsten die Fünfzig voll zu machen, konnte ich also nicht ablehnen, und ich hielt mit Vergnügen einen Vortrag an der University of Idaho in Moscow. Während ich noch über den tieferen Sinn der doppelten Fünfzig grübelte, fürchtete ich mich vor irgendeinem entsetzlichen Ereignis, das sich abspielen könnte, sobald ich auf der Fahrt vom nächstgelegenen Flughafen – Spokane in Washington – die Staatsgrenze überschritt. Vielleicht würde Gott mir befehlen, das Gebet Simeons anzustimmen: »Herr, nun lässt du deinen Diener in Frieden fahren« – und mich dann tot umfallen lassen. Aber ich vermute, er kümmert sich nicht besonders um künstliche Grenzen in seinen weitläufigen Ländereien (oder vielleicht passt er auch einfach nicht in jedem Augenblick auf mich auf). Ehrlich gesagt: Das westliche Idaho sieht genauso aus wie der angrenzende Osten von Washington.

Moscow – das klingt sicher wie ein Überrest von Radikalismus. Während der McCarthy-Hysterie der fünfziger Jahre müssen sie dort ziemlich viel Ärger gehabt haben. Die örtliche Pizzeria heißt humorvoll Karl Marks's. (Der Name der Stadt hat nur entfernt etwas mit Russland zu tun. Ende des 19. Jahrhunderts hatte der örtliche Posthalter das Namensrecht, und er gab der Ansiedlung diese Bezeichnung, weil das Landschaftsbild der Gegend ihn an seine Heimat in Pennsylvania erinnerte – im Gebiet rund um ein Dorf, das ebenfalls Moscow hieß, in diesem Fall wohl wirklich wegen einer Verbindung mit Osteuropa.)

In Wirklichkeit wirkt Moscow wie das genaue Gegenteil gefährlicher, abweichender ausländischer Wertvorstellungen. Was könnte stärker dem Klischeehaft-Applepie-Amerikanischen entsprechen als eine Kleinstadt, die sich als »Trockenerbsen- und Linsenhauptstadt« der Vereinigten Staaten anpreist und deren »Skyline« von Getreidesilos neben den Bahngleisen beherrscht wird? Die sommerlichen Ferienkurse an der Universität haben Themen wie »Kuchenbacken zum Fest«, »Gemüseeinlegen zum Fest«, »Zucht von Riesenkürbissen« und, für die wirklich Risikofreudigen und Abenteuerlustigen, »Weinprobe in Spokane«, der nächstgelegenen Stadt nennenswerter Größe.

Bei einem loyalen, lebenslangen Stadtbewohner des Ostens wie mir, einem New Yorker noch dazu, können solche Beobachtungen leicht die schlimmste Form der Engstirnigkeit auslösen, jenen charakterlosen Hochmut, mit dem man die eigene Unsicherheit in den Rang einer angeblichen Überlegenheit erhebt und jedes Verständnis für andere Lebensgewohnheiten und Gefilde im Keim erstickt. Eine anständige Schüssel Linsensuppe und ein ordentliches Stück Kuchen beim Erntedankfest sind mir allemal lieber als der größte Teil der langweiligen, unverständlichen, selbstverliebten Diskussionen, die in den geistigen Zentren der Städte für tiefsinnig gehalten werden. Außerdem verkehren wir Städter aus den traditionellen Eliteuniversitäten des Ostens die Situation ins Gegenteil, wenn wir glauben, wir steckten in anregenderen Debatten als unsere Kollegen an abgelegenen Colleges in den einzelnen Staaten. In Wirklichkeit reden die wenigsten von uns an der Harvard University viel mit unseren Kollegen, insbesondere mit jenen, deren Fachgebiete von unserer eigenen, unmittelbaren Arbeit auch nur ein kleines Stück entfernt sind. Wie im Wahn beschäftigen wir uns mit unseren eigenen übermäßigen Verpflichtungen; wir machen uns nicht die Mühe, so etwas wie ein dauerhaftes Netzwerk intellektueller

Diskussionen mit Kollegen an anderen Orten zu unterhalten, und sei es auch nur, weil wir an einem Knotenpunkt sitzen und unsere Gesinnungsgenossen aus der ganzen Welt irgendwann zu uns kommen, wenn wir nur lange genug warten.

Die Akademiker von Moscow, Idaho dagegen müssen alles an Ort und Stelle bewerkstelligen. Besucher sind nicht sonderlich häufig, und geistige Anregung muss von innen kommen. Das Gleiche habe ich abseits der Zentren an vielen Orten beobachtet. Lubbock im Westen von Texas zum Beispiel ist vielleicht der abgelegenste Ballungsraum der ganzen Vereinigten Staaten (Texas ist tatsächlich so groß wie in den Erzählungen, und Lubbock liegt näher bei Denver als bei Houston). Ich bewundere meine Kollegen an der Texas Tech University sehr für ihren Bienenstock voller geistiger Tätigkeit – Seminare, Diskussionsgruppen, Lektürekurse, lokale Veranstaltungen –, den sie ausschließlich durch ihre eigenen Bemühungen geschaffen haben. Dieses Lob kann ich jetzt in vollem Umfang auch auf Moscow erweitern.

Ein weiterer Vorteil relativ abgelegener Orte besteht darin, dass Besucher wirklich willkommen sind und warmherzig empfangen werden. Ich hielt einmal eine angesehene Vorlesungsreihe an der Yale University; niemand behandelte mich dort schlecht (und alle Vorträge waren gut besucht), aber eigentlich wusste man auch nicht so recht, was man mit mir anfangen sollte. Alle hatten viel zu tun, und ich komme ohnehin auch aus anderen Gründen oft genug nach New Haven. Also hielt ich meine Vorträge, fuhr anschließend sofort wieder zum Bahnhof und stieg in den Zug zurück nach Boston. In Moscow merkte ich einfach, dass die Leute sich wirklich über meine Anwesenheit freuten, und ein besseres Gefühl kann man als Besucher gar nicht haben.

Als besonderes Zeichen der Gastfreundschaft nahmen meine Gastgeberin Valerie Chamberlain und andere Geologen mich auf eine Exkursion zum wertvollsten Fundort ihrer Gegend mit (wobei »Gegend« eine Autofahrt von mehreren Stunden bedeutete): zu 17 bis 22 Millionen Jahre alten Sedimenten eines Sees aus dem Miozän, die in der Nähe der Kleinstadt Clarkia zu Tage liegen. Bei Freilandarbeit im Westen denkt man an die Quälerei auf einem Pferd (oder auf dem kleinstmöglichen Reittier namens Schusters Rappen), auf dem man mit einer Flasche Wasser pro Tag die Berge hinauf- und hinunterzieht. Der Wert eines Fundortes hat angeblich damit zu tun, wie schwierig er zu erreichen ist. Das ist natürlich romantisches Geschwafel. Die Einfachheit des Zuganges ist kein Maß für die Wichtigkeit. Die berühmten Teergruben von La Brea liegen ganz in der Nähe der Innenstadt von Los Angeles. Um zu den Sedimenten von Clarkia zu gelangen, biegt man bei der Buzzard's Roost Trophy Company von der Hauptstraße ab, und dann fährt man noch 50 Meter bis zu dem Fundort. Francis und Vicky Kienbaum, die Eigentümer und Betreiber der Firma, gaben ihrem Anwesen auch eine richtige Adresse – 85th and Plum; wie sie mir erklärten, liegt es nämlich 85 Meilen von Spokane entfernt und »ganz draußen (*plum out*) in der Mitte des Nirgendwo«.

Die Sedimente entdeckte Francis Kienbaum 1971, als er sein Gelände mit dem Bulldozer bearbeitete, um eine (heute als Fossil Bowl bekannte) Rennstrecke für Schneemobile zu bauen. Das Familienunternehmen, das Trophäen herstellt, war anfangs als Kostendämpfungsmaßnahme gedacht und lieferte den Gewinnern der Rennen die Symbole ihres Sieges – aber später kamen die anderen üblichen Kunden hinzu: Bowlingclubs, Baseballvereine der unteren Liga und so weiter. Die Oberteile aus nachgebildetem Metall (sprich Kunststoff) – die Männlein, die Bowlingkugeln werfen, Baseballschläger schwingen oder laufen – kaufen die Kienbaums auch heute noch zu, aber die hölzernen Sockel produzieren sie selbst auf einer großartigen Sammlung restaurierter, altertümlicher Fräs- und Holzbearbeitungswerkzeuge. (Ich bin jedes Mal gefesselt, wenn ich auf Menschen treffe, deren Berufe die meisten Menschen niemals auch nur in Erwägung ziehen, obwohl sie in unserem Leben gelegentlich vorkommen. Immerhin vertrete auch ich ein Fachgebiet – die Paläontologie –, an das die meisten Menschen kein einziges Mal denken. Im Flugzeug führte ich einmal ein bemerkenswertes Gespräch mit einer Frau, die Schaufensterpuppen für Kaufhäuser verkaufte – eine umfangreichere, ernsthaftere Branche, als man sich vielleicht vorstellt, mit Fachzeitschriften, pikantem Klatsch und Tratsch, und einem breiten Produktspektrum: teuere Kollektionen für Yuppie-Boutiquen, billigere für die Discountläden, Farbe und Größe je nach den lokalen Gegebenheiten.)

Heute kann die Familie Kienbaum von dem reichlich vorhandenen Holz der umgebenden Wälder leben, aber ihre großartige Entdeckung aus dem Jahr 1971 erweitert unsere Kenntnisse über die Botanik der Gegend um 20 Millionen Jahre in die Vergangenheit. Kienbaum bemerkte Blätter, die sich als dünne schwarze Schicht vom Gestein lösten und vom Wind davongetragen wurden; als er erkannte, dass sie nicht zu den heute in dem Gebiet heimischen Baumarten gehörten, informierte er das geologische Institut in Moscow. Glücklicherweise war Charles L. Smiley (bei Freunden und Kollegen »Jack« genannt), ein Fachmann für Paläobotanik, sofort zur Stelle und machte sich begeistert an die Arbeit. Seither haben Jack Smileys Arbeiten sich immer um die Fundstelle von Clarkia gedreht, und er konnte eine eindrucksvolle, internationale Reihe von Fachleuten gewinnen, die den Schatz zusammen mit ihm erforschen.

Fossile Blätter von urzeitlichen Seeböden sind keine Seltenheit (man findet an der Stelle auch in geringerer Zahl Insekten und Fische sowie zahlreiche mikroskopisch kleine Formen). Berühmt und einzigartig ist in Clarkia die außergewöhnlich gute Erhaltung der Fossilien. Die Schichten sind mit Wasser getränkt und hervorragend eingebettet. Mr. Kienbaum empfing uns bei unserer Besichtigung und brach mit seinem Bulldozer große Stücke heraus. Jack Smiley gab mir ein paar Brocken und sagte, ich solle die Schichten spalten und nach Blättern suchen. Ich rechnete damit, dass ich jetzt nach einem großen Meißel und einem Geologenhammer greifen musste, um das Gestein auf die übliche Weise abzuschlagen. Aber stattdessen erhielt ich ein ganz normales Küchenmesser, und man sagte mir, ich solle parallel zu den Schichten schneiden, als sei der Block eine riesige Torte aus sieben Teiglagen. Ich lachte ungläubig, denn ich halte nichts davon, lächerlich klägliche Werkzeuge zu schwierigen Arbeiten zu benutzen (das Erbe eines Monats, den ich als Jugendlicher in Frankreich bei einem »Arbeitseinsatz« verbrachte, womit gemeint war, dass wir mit Hämmern ein paar außerordentlich widerstandsfähige, offenbar für tausend Jahre gebaute Kasernen abreißen sollten).

Nun ja, das Stück sah wie ein großer Stein aus, aber es ließ sich spalten wie Blätterteig. Das Gestein zerfiel säuberlich in den Schichtebenen und gab an jeder Bruchfläche eine Fülle von Blättern frei. Jetzt sah ich mit eigenen Augen, was meine Kollegen seit zwanzig Jahren so faszinierte: Die Blätter wirkten so frisch wie an dem Tag, als sie in den See gefallen waren. Sie hatten noch die ursprüngliche Farbe – meist Grün, vielfach aber auch ein herbstliches Rot oder Braun. Nachdem sie ein paar Minuten an der Luft getrocknet waren, oxidierten sie und wurden vor meinen Augen zu einem schwarzen Film. Diese schnelle Veränderung an der heutigen Luft ist ein Zeichen, dass die Blätter nie mit Sauerstoff in Berührung gekommen sind, seit sie versanken. Sie müssen in ein stehendes Gewässer gefallen sein, wurden dann schnell von sauerstofffreien Ablagerungen bedeckt und blieben während der ganzen seither vergangenen 20 Millionen Jahre begraben und voller Wasser.

Der See von Clarkia entstand, als ein Lavastrom ein Flusstal verschloss, sodass sich ein schmales, etwa 30 Kilometer langes und von Wäldern umgebenes Gewässer bildete. Während seiner Lebensdauer von ungefähr 1000 Jahren füllte sich der See ganz allmählich, und dabei entstand eine etwa drei Meter dicke Abfolge von Sedimenten. Die Zusammensetzung der Pflanzenwelt lässt eindeutig darauf schließen, dass das Klima viel wärmer war als heute: Bei vielen Bäumen handelt es sich um enge Verwandte von Formen, die heute viel weiter südlich in den Feuchtgebieten und Hochebenen der Appalachen leben (beispielsweise Virginische Sumpfzypresse, Tupelobaum und Magnolie). Interessanterweise kommen einige Gattungen aus Clarkia heute ausschließlich in Ostasien vor, ein Hinweis, dass diese Wälder des warm-gemäßigten Klimas früher viel weiter verbreitet waren; als die Erde später abkühlte (und in den Kreislauf der Eiszeiten eintrat), schrumpften sie, sodass manche Gattungen nur weiter westlich in Asien überlebten, während andere in den östlichen Gebieten Nordamerikas erhalten blieben. Unter den asiatischen Gattungen in den Sedimenten von Clarkia erregte die Sumpfzypresse *Metasequoia* das größte Interesse, denn diese Form wurde zuerst als Fossil gefunden, und erst später entdeckte man in einigen abgelegenen Tälern Zentralchinas auch lebende Exemplare.

Eine derart originalgetreue Erhaltung setzt mehrere ungewöhnliche Umstände voraus. (Ich kann kaum das spannende, unheimliche Gefühl beschreiben, einen 20 Millionen Jahre alten Stein zu spalten und darin ein Blatt mit unveränderter Herbstfärbung zu finden!) In diesem Fall sorgten drei glückliche Gegebenheiten gemeinsam dafür, dass die fossilen Blätter so frisch aussehen wie an dem Tag, als sie von den Bäumen fielen. Erstens wurden viele Blätter vom Wind unmittelbar in den See geweht; sie legten keine langen Wege zurück, auf denen sie sich verändert hätten oder zertrümmert worden wären. Zweitens gab es am Boden des stehenden Gewässers keinen Sauerstoff und damit auch keine Lebewesen, die für die Zersetzung der Blätter hätten sorgen können. Sie wurden schnell von dem feinkörnigen Sediment bedeckt und eingeschlossen. Und drittens war das Gestein seither immer sauerstofffrei und mit Wasser gesättigt. Wenn wir die Steine heute spalten, setzen wir die Blätter zum ersten Mal dem Sauerstoff aus – und in nur ein bis zwei Minuten verwandelt sich ein leuchtendes Herbstrot in einen trockenen, schwarzen Film: In einem einzigen Augenblick läuft ab, was in 20 Millionen Jahren noch nicht einmal begonnen hatte.

Natürlich erkannten Smiley und seine Kollegen diese großartige, außergewöhnliche Erhaltung sofort. Sie veröffentlichten mehrere Fachartikel über die Einzelheiten der Zellstrukturen (darunter Organellen wie Zellkerne und Chloroplasten), die in den alten Blättern, Früchten, Samen und Stämmen noch zu erkennen waren. Dann wurde es auch anderen Wissenschaftlern allmählich klar: Wenn die ursprüngliche Form so im Detail erhalten bleiben konnte, würden die Blätter vielleicht auch Aufschlüsse über manche Aspekte der ursprünglichen chemischen Vorgänge geben. Mein Kollege Karl Niklas von der Cornell University, ein hervorragender Paläobotaniker, berichtete daraufhin (zusammen mit einer Reihe von Mitarbeitern) Ende der siebziger und Mitte der achtziger Jahre in mehreren Veröffentlichungen über bemerkenswerte Einzelheiten der »Fossilchemie«, die sich in der langen Zeit im Gestein ebenso wenig verändert hatte wie die äußere Form.

Diese wissenschaftlichen Arbeiten waren das Vorspiel zum neuesten Kapitel in der Ruhmesgeschichte von Clarkia, zu der ersten Entdeckung, welche die großartigen Fossilien ins internationale Rampenlicht und ins Interesse der Öffentlichkeit rückte (wir Berufspaläontologen hatten uns von Anfang an über die urzeitlichen Pflanzen gefreut): Aus den Chloroplasten in den Blättern der beiden Gattungen *Magnolia* und *Taxodium* (der Sumpfzypresse) konnte man die DNA gewinnen und sequenzieren. (Ich habe alle wichtigen Presseberichte über diese Entdeckung gelesen. Sie beschreiben die Ergebnisse im Allgemeinen richtig, führen aber häufig in die Irre, weil sie nichts über die Vorgeschichte aussagen. Man könnte glauben, die Blätter seien erst gestern entdeckt worden, und dann habe man sie in eine Wundermaschine eines modernen molekularbiologischen Labors gesteckt, aus der hinten eine Kette von DNA-Basenpaaren herauskam. Naturwissenschaft lebt von der Kontinuität; Naturwissenschaft erfordert endlose Geduld; Wissenschaft besteht, so Edisons berühmtes Bonmot, mehr aus Transpiration als aus Inspiration. Ohne Francis Kienbaums Bulldozer, Jack Smileys beispiellose Kenntnisse in traditioneller biologischer Systematik und Karl Niklas' Fähigkeiten in der chemischen Analyse hätten wir die DNA nie gewinnen können. Außerdem bedeutet eine DNA-Sequenz recht wenig, wenn sie nicht durch ebenso wichtige Daten aus anderen Fachgebieten gestützt wird, die meist nicht so glamourös und »modern« sind wie die Molekularbiologie.)

Aus alten Lebewesen wurde schon früher DNA gewonnen, aber nichts davon würde einem echten Paläontologen mehr als ein leichtes Räuspern entlocken. Ägyptische Mumien, Quaggas (Verwandte des Zebras, die vor etwa 100 Jahren ausstarben), ja sogar eingefrorene Mammuts haben bereits DNA geliefert. Vor Clarkia hielt ein 13 000 Jahre altes Faultier den Rekord. Mit dem Wechsel von 13 000 zu über 13 Millionen Jahren haben wir den Zeitraum, über den DNA erhalten bleiben kann, um mehr als das Tausendfache erweitert. Ein so gewaltiger Zugewinn löst inmitten des Staunens zwangsläufig auch Zweifel aus. Viele Biologen waren zuvor der Ansicht gewesen, DNA könne im besten Fall wenige Millionen Jahre überleben, bevor sie abgebaut wird; deshalb zweifelten manche Kollegen die Befunde von Clarkia anfangs an (heute sind aber, so weit ich weiß, alle zufrieden). Nur die außerordentlich gute Erhaltung der Blätter von Clarkia – das mehrfach wiederholte Hauptthema dieses Essays – ließ diesen unmöglichen Traum Wirklichkeit werden.

Der erste Bericht – er stammte aus dem Institut von Mike Clegg an der University of California in Riverside – erschien am 12. April 1990 in *Nature* (»Chloroplast DNA Sequence from a Miocene *Magnolia* species«, von E. M. Golenberg und sechs weiteren Autoren). Golenberg und Kollegen sequenzierten ein Fragment von 820 Basenpaaren aus der DNA eines Chloroplastengens namens *rbc*L der in Clarkia vorkommenden Gattung *Magnolia latahensis*. (Der größte Teil der DNA befindet sich in den Chromosomen des Zellkerns. Kleine DNA-Programme liegen aber auch in den Mitochondrien – den »Kraftwerken« der Zelle – und in den Chloroplasten, in denen die Photosynthese stattfindet.)

Noch zehn Jahre früher wäre eine solche Entdeckung nicht möglich gewesen. Die heutigen Möglichkeiten, DNA schnell zu gewinnen und zu sequenzieren, verdanken wir der umwälzenden neuen Methode der Polymerasekettenreaktion (*polymerase chain reaction*, PCR): Mit ihr kann man winzige DNA-Mengen isolieren und vermehren. Aber trotz PCR hätte man in den Fossilien von Clarkia wahrscheinlich keine DNA gefunden, besäßen die Chloroplasten nicht zwei nützliche Eigenschaften. (Aus den Zellkernen und Mitochondrien der Blätter konnte man bisher keine DNA gewinnen.) Erstens enthält jede Zelle viele Chloroplasten. Und zweitens sind die Chloroplasten in Clarkia aus nicht geklärten Gründen viel besser erhalten als alle anderen Zellorganellen. (In einem Artikel von 1985 berichteten K. J. Niklas, R. M. Brown Jr. und R. Santos, wie sie in den Sedimenten von Clarkia eine Zufallsstichprobe von 2300 Zellen untersuchten. Chloroplasten waren in 90,1 Prozent der Zellen vorhanden, Mitochondrien in 26,0 Prozent und Zellkerne nur in 4,3 Prozent.) Wenn also in Clarkia überhaupt DNA erhalten geblieben ist, bieten die Chloroplasten dafür die besten Voraussetzungen.

Als Golenberg und Kollegen diese Sequenz von 820 Basenpaaren mit dem gleichen Abschnitt der eng verwandten, heute lebenden Art *Magnolia macrophylla* verglichen, fanden sie nur an siebzehn Stellen eine Abweichung. Die Art dieser Unterschiede bestätigt eine wichtige Erkenntnis über die Evolution der DNA (sie kommt zwar nicht überraschend, aber es ist immer angenehm, wenn alte DNA den direkten Beleg liefert). An jeder Position in einer DNA-Kette kann eine von vier Basen stehen (A, C, G oder T, das heißt Adenin, Cytosin, Guanin oder Thymin), und zwei solche Ketten sind in der DNA-Doppelhelix umeinander gewunden, wobei die Basen sich paarweise gegenüberstehen. Jeweils drei Basen codieren eine Aminosäure, und eine Kette aus Aminosäuren bildet ein Protein, den Baustein lebender Materie. An der dritten Position ist der DNA-Code »redundant«, das heißt, eine Abweichung in der dritten Position einer Dreiergruppe führt meist nicht dazu, dass nun anhand dieses »Tripletts« eine andere Aminosäure eingebaut wird; die meisten Abwandlungen in der ersten oder zweiten Position dagegen bedeuten, dass sich die codierte Aminosäure ändert. Einen Basenaustausch, der die Aminosäure nicht verändert, bezeichnet man als »stumme Mutation«, weil sie den chemischen Aufbau des Lebewesens unverändert lässt, und die natürliche Selektion, die ja auf das ganze Lebewesen wirkt, nimmt solche DNA-Veränderungen nicht zur Kenntnis. Da die natürliche Selektion über die Evolutionsgeschwindigkeit bestimmt und da die Stabilität gut angepasster Konstruktionen weit eher die Regel ist als der Wandel (siehe Kapitel 9), sorgt die Selektion fast immer für die Beibehaltung der vorhandenen Gestaltungen. Demnach sollten stumme Mutationen (die nicht der natürlichen Selektion unterliegen) weitaus häufiger vorkommen als »nichtsynonyme« Veränderungen in der ersten und zweiten Position, die zu einer anderen Aminosäure und damit zu einer Abwandlung des Proteins führen. Durch die Befunde an *Magnolia* wird diese Erwartung eindrucksvoll bestätigt. Von den siebzehn Unterschieden zwischen der Magnolien-DNA aus Clarkia und der entsprechenden Sequenz einer heute lebenden Art sind dreizehn stumm, und nur vier verändern die Aminosäure.

Die zweite, 1992 veröffentlichte Untersuchung – »An *rbc*L sequence from a Miocene *Taxodium* (bald cypress)« von P. S. Soltis, D. E. Soltis und C. J. Smiley – bietet weitere Daten und noch mehr unmittelbare Erkenntnisse über die Evolution. Soltis und ihre Kollegen entschlüsselten eine Sequenz von 1320 Basenpaaren aus dem *rbc*L-Gen der Chloroplasten einer Clarkia-Sumpfzypresse. (Das gesamte Gen besteht aus 1431 Basenpaaren, das heißt, die fossile Sequenz ist nicht nur ein Bruchstück, sondern fast vollständig.) Im Vergleich der fossilen Sequenz mit ihrem Gegenstück aus der heutigen Art *Taxodium distichum* fanden sie nur elf veränderte Basenpaare – und in allen Fällen handelte es sich um einen stummen Austausch an der dritten Position. Die Aminosäuresequenz von *rbc*L ist also bei der Sumpfzypresse seit 20 Millionen Jahren unverändert geblieben! Außerdem verglichen sie die Sequenz ihrer 1320 Basenpaare mit dem gleichen Gen aus drei anderen Gattungen, die sich systematisch und morphologisch immer weiter von der Sumpfzypresse entfernten; dabei fanden sie eine genaue Übereinstimmung zwischen dem Ausmaß der DNA-Veränderungen und dem mutmaßlichen entwicklungsgeschichtlichen Abstand. Die Sumpfzypresse *Metasequoia*, die in der Ähnlichkeit an nächster Stelle kommt, unterscheidet sich von dem fossilen *Taxodium* durch 38 ausgetauschte Basenpaare, von denen 29 stumm und acht nichtsynonym sind.

Verblüffend sind die unterschiedlich starken Abweichungen – noch nicht einmal ein Prozent der Basenpaare bei *Taxodium*, mehr als zwei Prozent bei *Magnolia*. Vielleicht verläuft die Evolution von *Magnolia* einfach schneller, aber die beiden Fälle sind eigentlich nicht vergleichbar, und *Taxodium* dürfte aufschlussreicher sein. Bei *Magnolia* unterscheiden sich die fossile und die moderne Art, und wir können nicht mit Sicherheit davon ausgehen, dass die moderne Art ein direkter Nachkomme ist und nur um ein einziges Artbildungsereignis von *Magnolia lathaensis* aus Clarkia entfernt steht; vielleicht stellen die beiden Arten im Stammbaum von *Magnolia* nicht Mutter und Tochter dar, und dann würde sich in dem Unterschied von zwei Prozent ein nicht genau geklärter entwicklungsgeschichtlicher Abstand widerspiegeln. Das moderne *Taxodium* dagegen dürfte dieselbe Art sein, zu der auch die Blätter von Clarkia gehören. Mit anderen Worten: Bei *Taxodium* haben wir es mit einer ununterbrochenen, unverzweigten Entwicklungslinie – einer echten, über 20 Millionen Jahre reichenden Kontinuität – zu tun, und der geringere Prozentsatz der Veränderungen ohne jeden Austausch von Aminosäuren dürfte Ausdruck der tatsächlichen entwicklungsgeschichtlichen Stabilität sein.

Durch die Untersuchung fossiler DNA wird die traditionelle Paläontologie sichtbarer Fossilien keineswegs überflüssig. Das hat zunächst einmal einen nahe liegenden (aber nicht ausreichend gewürdigten) philosophischen Grund: DNA-Code und Lebewesen sind ganz unterschiedliche biologische Objekte. Das Gen ist nicht »grundlegender« als das Lebewesen und steht auch dem »Wesen des Lebendigen« nicht näher, was immer man auch darunter verstehen mag. Lebewesen besitzen in ihrer DNA eine Information, und sie besitzen eine äußere Form und ein Verhalten. Beide sind gleichermaßen fundamentale Bestandteile des Daseins. Die DNA baut noch nicht einmal unmittelbar das Lebewesen auf, sondern sie muss auf dem Weg über eine komplizierte innere Umwelt der Embryonalentwicklung sowie über die äußere Umwelt der Umgebungsbedingungen wirken. Kern und Wesen des Menschseins werden wir auch nach Abschluss des Human-Genom-Projekts nicht kennen.

Zweitens – und das ist der praktische Grund – ist die aus den Blättern von Clarkia gewonnene DNA eine kostbare Seltenheit und nicht der Vorbote einer allgemeinen Umwälzung. In fast allen geologischen Formationen, in denen Fossilien erhalten bleiben, wird DNA schnell abgebaut. Nur die außergewöhnliche, hervorragende Erhaltung der Blätter von Clarkia machte es möglich, dass man Moleküle findet, die normalerweise nicht derart lange überleben können. Und selbst bei dem Material von Clarkia ist die Gewinnung von DNA schwierig und gelingt nur in Ausnahmefällen. Über Misserfolge wird in wissenschaftlichen Veröffentlichungen üblicherweise nicht berichtet (siehe Kapitel 9); um das vollständige Bild zu zeichnen, muss man herumfragen. Ich stellte die nötigen Nachforschungen an und erfuhr dabei, dass die DNA-Gewinnung weder ein Spaziergang noch ein Patentrezept ist. In ihrer großen Mehrzahl liefern die abgekratzten fossilen Blätter überhaupt nichts, sodass die ganze Prozedur langwierig, aufwändig und frustrierend wird. Außerdem hat man in Clarkia bisher nur Chloroplasten-DNA gefunden, und Chloroplasten sind an diesem Fundort viel besser erhalten geblieben als alle anderen Organellen. Am instabilsten sind leider die Zellkerne, und in ihnen befindet sich der größte Teil der DNA. Wir stehen nicht im Begriff, das gesamte genetische Programm einer fossilen Magnolie zu sequenzieren.

Sind die Berichte über die DNA von Clarkia nichts als eine naturhistorische Einzelfallgeschichte, eine Episode, die sich weder erweitern noch verallgemeinern lässt? Keineswegs: Die Entdeckung dieser uralten DNA wirft für die Evolutionstheorie mehrere tief greifende Fragen auf; sie liegen auf einer so grundsätzlichen Ebene, dass die Fachleute sich in ihrer täglichen Arbeit meist kaum darum kümmern, aber in einer Essayserie für das allgemeine Lesepublikum müssen sie den Kernpunkt bilden. Die Sequenzierung fossiler DNA ist vor allem einer der besten Belege, die wir überhaupt für die Tatsache der Evolution anführen können.

Unsere kreationistischen Widersacher werfen uns vor, die Evolution sei ein unbewiesener und unbeweisbarer Popanz, eine weltliche Religion, die sich als Wissenschaft tarne. Vor allem behaupten sie, Evolution lasse keine Voraussagen zu, mache sich selbst niemals der Überprüfung zugänglich und müsse deshalb nicht als falsifizierbare Wissenschaft, sondern als Dogma gelten. Das ist Unsinn. Wir machen ständig riskante Voraussagen und überprüfen sie; unser Erfolg ist kein Dogma, sondern ein äußerst wahrscheinlicher Hinweis auf die grundlegende Wahrheit der Evolution. Wie in jeder historischen Wissenschaft beziehen sich die meisten Voraussagen auf eine unbekannte Vergangenheit. Wenn ich beispielsweise Fossilien im (550 bis 225 Millionen Jahre alten) Gestein aus dem Paläozoikum sammle, sage ich jedes Mal voraus, dass ich keine fossilen Säugetiere finden werde – denn die Säugetiere entwickelten sich erst im darauf folgenden Trias (die Kreationisten dagegen, die an eine junge Erde glauben und behaupten, Gott habe das Leben in sechs Tagen zu je 24 Stunden erschaffen, müssten in allen Schichten mit Säugetieren rechnen). Würde ich in Schichten aus dem Paläozoikum dennoch fossile Säugetiere finden, insbesondere spät entstandene Formen wie Kühe, Katzen, Elefanten und Menschen, hätte ich unsere Evolutionstheorie in die Pfanne gehauen.

Eine entscheidende Voraussage aus dem ganz anderen Fachgebiet der biologischen Systematik lautet: Die gut abgesicherten Evolutionsschemata der Klassifikation und Stammesgeschichte sollten in ihren groben Umrissen durch jedes neue, unabhängige Kriterium bestätigt werden. Für die Bäume der Wälder verfügen wir über eine vernünftige Einteilung, die sich auf Linnés bewährte Kriterien der äußeren Morphologie von Blättern und Blüten mit ihren komplizierten Formen und Strukturen stützt. Im Verhältnis zu dieser anerkannten Systematik stellen die biochemischen DNA-Sequenzdaten einen völlig unabhängigen Bereich neuer Belege dar.

Wir sagen voraus, dass ein an Hand von DNA-Ähnlichkeiten konstruierter Evolutionsstammbaum mit der herkömmlichen, auf der Morphologie basierenden Klassifikation übereinstimmen sollten. Kreationisten dagegen sollten solche Ähnlichkeiten nicht erwarten, denn Gott kann tun, was Ihm gefällt. Warum sollten ganz unterschiedliche Kriterien das gleiche, angeblich nicht vorhandene

Muster entwicklungsgeschichtlicher Verzweigungen widerspiegeln? (Natürlich kann man behaupten, Gott habe sich entschlossen, eine solche Übereinstimmung zu schaffen, aber dann erhält Er eine sinnlose Allmacht – das heißt, Er wird wandelbar und man kann jede nur vorstellbare Behauptung auf Ihn zurückführen, sodass Er jegliche Macht verliert, eine eindeutige Handlung zu verdeutlichen, an der man das Wesen Seiner einzigartigen Wege und Kräfte erkennen könnte.) Ich finde es spannend, dass wir 20 Millionen Jahre alte DNA wiedergewinnen können und dass die Sequenzen so gut mit den durch die Anatomie von Blättern und Blüten ermittelten entwicklungsgeschichtlichen Verwandtschaftsverhältnissen übereinstimmen. Wie könnte man einen besseren Beleg anführen, wie eine Voraussage glänzender bestätigen als mit Veränderungen in fossiler DNA, die ganz und gar mit den unabhängigen Befunden an der äußeren Anatomie übereinstimmen?

Die Arbeiten von Clarkia tragen auch dazu bei, dass wir die wahre Beziehung der gegenseitigen Verstärkung und Achtung verschiedener Teildisziplinen der Evolutionsforschung besser verstehen. Molekularbiologie liegt im Trend und wächst ständig; das Sammeln von Fossilien und ihre Pflege in den Museen dagegen erscheinen vielen Menschen (und leider auch der Presse) als verstaubt und vorsintflutlich. Aber die DNA ist kein Heiliger Gral, und die Sequenz der Basenpaare im Chloroplastengenom einer Magnolie ist für die Spezies nichts Grundsätzlicheres als die Form und Zellstruktur ihrer Blätter.

Der traurigste Aspekt dieser Zwei-Klassen-Gesellschaft sind der Selbsthass und die Unterwürfigkeit der Betroffenen. Verachtete Gruppen machen häufig Witze über sich selbst. Landbewohner richten sich nach der Meinung der Städter und vertreten nicht ihre eigenen berechtigten Interessen. Dieser Kultur der Armut verfallen häufig auch meine eigenen Kollegen, die sich in den Sammlungen der Museen mit ganzen Lebewesen beschäftigen. Nur allzu oft verbeugen wir uns vor den Götzen der teuren, molekularbiologischen Forschung, und allmählich sind auch wir der Meinung, die tollen Jungs sollten alle neuen Gebäude und Forschungsmittel bekommen; wir bitten fast um Verzeihung, dass es uns überhaupt gibt, verlangen nichts und geben uns zufrieden, solange die Mächtigen nicht unsere Stellen streichen, um Mittel für die Erweiterung eines

Parkplatzes oder ein neues Verwaltungsgebäude frei zu bekommen.

Wir müssen selbstbewusster werden. Unsere Arbeit ist genauso modern und genauso wichtig wie alle anderen Teile der Evolutionsforschung. Aus molekularen Daten über die Unterschiede zwischen Menschen und Schimpansen mögen wir schließen, dass unser letzter gemeinsamer Vorfahre vor sechs bis acht Millionen Jahren lebte; aber nichts an den modernen Genen liefert Aufschluss darüber, wie dieser Urahn aussah. Um solche entscheidenden Erkenntnisse zu gewinnen, brauchen wir Fossilien (die wir noch nicht haben). Wir können DNA aus den Blättern von Clarkia gewinnen, aber die großartige rote Herbstfärbung vieler Funde spiegelt das gleiche Phänomen in einem ganz anderen Maßstab wider – die außergewöhnlichen geologischen Umstände, durch die sowohl Farbe als auch chemische Struktur erhalten blieben. Ein großes Lob für Mike Clegg mit seiner PCR und seiner üppigen Laborausstattung. Ein ebenso großes Lob für Jack Smiley mit seinem Küchenmesser an der Fundstelle.

Damit laufen die beiden Gedankengänge dieses Essays schließlich zusammen. Ich hörte in Idaho zu viele Witze über Rückständigkeit und Unwichtigkeit. Bei meinen Kollegen in den Museen begegnen mir zu viel Resignation und Selbsthass. Genug der Entschuldigungen. Museen sind unsere geistige (und emotionale) Zierde (siehe die Essays im Teil 5) – und Idaho stand auf meiner Liste an 50. Stelle, weil jeder verständige Mensch sich das Beste bis zum Schluss aufhebt.

Teil VIII

Linné und Darwins Großvater

31. Die erste Demaskierung der Natur

Ich kann mir keinen engeren Kontakt zwischen zwei Menschen vorstellen – mit einem Abstand von nur einem winzigen Millimeterbruchteil – als den zwischen den Gestalten auf Vorder- und Rückseite eines Geldscheins. Natürlich wissen wir, dass jedes herabfallende Blütenblatt das ganze Universum widerhallen lässt und die entferntesten Galaxien beeinflusst; deshalb kann es solchen dichteren Gegenüberstellungen nicht an tieferer Bedeutung mangeln.

Als ich kürzlich in Schweden war, begegnete mir zu meiner Freude die in Europa allgemein übliche Praxis, auf Banknoten keine ununterbrochene Parade von Staatslenkern abzubilden, sondern Naturwissenschaftler – zwei schwedische Geldscheine schmückt Linné, in Italien ist Galilei zu sehen, und die alte englische Pfundnote zeigte Newton Rücken an Rücken mit der Königin. (Die Vereinigten Staaten ehren Jefferson und Franklin auf die gleiche Weise, aber nach meiner Überzeugung nicht in erster Linie wegen Paläontologie oder Elektrizität.) Ein Rätsel gab mir jedoch die Gegenüberstellung auf dem 50-Kronen-Schein auf: Warum stehen (wie man in Abbildung S.538 erkennt) Linné und König Gustav III. in dieser größtmöglichen Nähe (wenn man die Banknote gegen das Licht hält und beide Gestalten gleichzeitig betrachtet, scheinen sie einander sogar anzusehen)?

Vordergründig betrachtet, liegt der Zusammenhang nahe: Beide Männer waren berühmte Schweden und Zeitgenossen; Linné lebte von 1707 bis 1778, und Gustav III., 1746 geboren, regierte von 1771 bis 1792. Zwischen ihnen bestanden keine engen persön-

50
SVERIGES
RIKSBANK
50
FEMTIO KRONOR
1989
9031078835
50
50

50
CARL VON LINNÉ
50
50

chen Bindungen, aber mit Sicherheit mochten und schätzten sie einander. Der Naturwissenschaftler fühlte sich in der Atmosphäre der schwedischen Aufklärung wohl, die von dem König mit seinen künstlerischen Neigungen energisch gefördert wurde (er arbeitete an der Schaffung einer Oper mit, war aber an Staatsangelegenheiten offiziell nicht beteiligt); der junge König, der sich in seinem Ansehen und einer endlosen Kette von Ehrenbezeigungen sonnte, war von Schwedens berühmtestem Naturforscher und Gelehrten sehr angetan. Nachdem Linné 1774 einen Schlaganfall erlitten und seinen legendären Arbeitseifer verloren hatte, schickte Gustav ihm eine Pflanzensammlung aus Surinam, verpackt »in ein Fass voller Geist«. Der Legende zufolge verließ Linné sofort das Bett, ging wieder an die Arbeit und beschrieb die zweihundert Arten, die Seine Majestät ihm hatte zukommen lassen. Als der Naturforscher vier Jahre später starb, rühmte Gustav ihn vor dem schwedischen Parlament: »Ich habe einen Menschen verloren, der seinem Vaterland als wertvoller Bürger zur Ehre gereichte und auf der ganzen Welt gepriesen wurde.«

Aber das Prinzip der Blütenblätter und Galaxien lehrt uns, dass die beiden Männer auch durch einen tieferen Zusammenhang verbunden sein müssen, durch etwas Liebenswürdiges und regelrecht Hermeneutisches – und das habe ich gefunden!

Als Erstes müssen wir fragen: Wo begegnet Gustav III. der Mehrzahl anständig gebildeter Menschen (wie dir und mir), deren Kenntnisse über Skandinavisches in der Regel eine große, beklagenswerte Lücke zwischen Thor und Ingrid Bergman aufweisen? Die Antwort lautet natürlich: bei Giuseppe Verdi. Gustav III. ist die Hauptperson der Oper *Ein Maskenball* (*Un Ballo in Maschera*). König Gustav III. wurde am 16. März 1792 angeschossen und tödlich verwundet, als er im Stockholmer Opernhaus an einem mitternächtlichen Maskenspiel teilnahm. Der Attentäter Jakob Johan Anckarström, Vertreter einer Verschwörung von adligen Gegnern der Reformen Gustavs, wurde festgenommen, vor Gericht gestellt, überführt, ausgepeitscht und dann enthauptet, nachdem ihm zuvor die mörderische Hand, mit der er die Pistole gehalten hatte, abgehackt worden war.

Diese großartige Oper wird heute meist vor dem richtigen zeitlichen und geografischen Hintergrund in Schweden inszeniert. Bei der Uraufführung 1859 war das anders. Kurz zuvor war ein Anschlag auf Napoleon III. verübt worden, und die stets wachsamen Zensoren in Neapel verfügten, Verdi müsse den Ort der Handlung ändern und den König in einen niedrigeren Rang versetzen, damit der Opernabend keinen potenziellen Attentäter auf böse Ideen brachte. Für Verdi waren solche amtlichen Eingriffe durchaus nichts Neues. Eine ähnliche Verordnung hatten die Zensoren in Venedig sieben Jahre zuvor auch für seine Oper über einen Narren namens Triboulet am Hof Franz I. von Frankreich erlassen. (Die Oper kennen wir heute unter dem Namen des umbenannten Narren Rigoletto, und der französische König wurde zu dem italienischen Grafen herabgestuft, der »La Donna è mobile« singt.)

Dieses Mal gelang Verdi die Maskerade noch besser: Er verlegte die Handlung ausgerechnet in meine heutige Heimatstadt Boston – und damit wurde seine Oper zur anachronistischen regionalen Antwort auf Puccinis spätere Oper *Das Mädchen aus dem goldenen Westen* (*La Fanciulla del West*). Gustav III. wurde umgemodelt, an einen anderen Ort versetzt und zum mythischen Riccardo, »Gouverneur von Boston« einer unbestimmten Kolonialzeit degradiert. (Boston hatte nie einen Gouverneur, Massachusetts allerdings wohl; der Gedanke an einen glitzernden Maskenball im Opernhaus dieser puritanischen Stadt ist aber bis heute ein Anlass unendlicher Belustigung.) Die Verschwörer verwandelten sich in zwei Schurken namens Samuele und Tommaso, die, wie wir traurig feststellen müssen, üblicherweise als Indianer oder Farbige inszeniert werden.

Gustav III. begegnet uns also meist in einer doppelten Maskerade: erstens ganz buchstäblich maskiert auf dem Ball (wo Anckarström einen halben Akt braucht, um ihn zu finden), und zweitens maskiert durch Verdi, der ihn um die halbe Welt transportierte und zum Gouverneur herabstufte. Heute kenne ich die tiefere Verbindung zu Linné: Auch die Natur war doppelt maskiert, als sie ihm begegnete, und obwohl es ihm nur gelang, die erste Verkleidung zu lüften (für die zweite brauchten wir Darwin), müssen wir in der Enthüllung einer ganz neuen Welt eine größere Herausforderung sehen als im Aufspüren eines Königs inmitten der Masse von Feiernden.

Linné wird unter Biologen mit Sicherheit anerkannt und geehrt.

Er entwickelte ganz generell das System der Binominalnomenklatur zur Benennung und Einteilung der Lebewesen, das ohne nennenswerte Veränderung bis heute in Gebrauch ist. Ganz engstirnig betrachtet, gab er auch uns unseren Namen *Homo sapiens*. Dennoch bin ich überzeugt, dass wir Linné gänzlich unterschätzen, wenn wir ihn am falschen Maßstab der wachsenden wissenschaftlichen Kenntnisse messen. Wir kennen ihn als großen Organisator von Informationen, aber in einem wichtigen Sinn auch als den, der den Irrtum festschrieb – denn er glaubte, er habe die von Gott geschaffene Ordnung klassifiziert und nicht (wie wir heute wissen) die Produkte eines stammesgeschichtlichen, durch den Wandel der Evolution entstandenen Systems. Manche Autoren stuften ihn deshalb sogar als rückschrittlich ein, denn Linnés kreationistische Ansichten machten einen älteren traditionellen Volksglauben an die Wandelbarkeit zunichte; dieser gilt fälschlich manchmal als natürlicher Vorläufer der Evolutionstheorie, der von den Linné-Anhängern erstickt wurde. (In Wirklichkeit war in dieser älteren Volkstradition mehr von Monstrositäten und seltsamen Bastarden zwischen nur lose verwandten Arten die Rede als von Systemen, die durch Naturgesetze geordnet wurden. Fabeln über die Verwandlung von Tieren und die Berichte von Reisenden über seltsame Geschöpfe in weit entfernten Ländern können nicht als Vorbild für Evolutionstheorien herhalten.)

In diesem übervereinfachten Bild des wissenschaftlichen Fortschritts bewegen wir uns auf einem Weg der wachsenden Kenntnisse, und der Leitfaden ist eine zeitlose Methode aus genauem Beobachten und erbarmungsloser Logik. Ihren klassischen Ausdruck fand diese Ansicht im Vorwort eines Buches, das auf jeder kurzen Liste der Kandidaten für das größte populärwissenschaftliche Werk aller Zeiten stehen sollte: *The Crayfish* von T. H. Huxley, seine großartige Monographie über die Frage, wie man noch die abgelegensten naturwissenschaftlichen Prinzipien vermitteln kann, indem man ein einziges Beispiel – in diesem Fall die Anatomie und Physiologie eines allgemein bekannten Tieres – in allen Einzelheiten darlegt.

Zu Beginn erklärt Huxley: »Naturwissenschaft ist schlicht gesunder Menschenverstand im besten Sinn, das heißt, mit strenger Genauigkeit beim Beobachten und unbarmherzig gegenüber logischen Fehlern.« Dann legt er dar, wie die Erforschung der Lebewesen die gleichen drei Stadien durchgemacht hat wie alle Naturwissenschaften im Laufe ihrer Entwicklung: In der ersten wurden Informationen gesammelt, ohne dass es einen theoretischen Leitfaden gab (diesen ersten Schritt bezeichnet Huxley als *Naturgeschichte*, definiert als »genaues, aber zwangsläufig unvollständiges und unmethodisches Wissen«); in der zweiten Phase (die er *Naturphilosophie* nennt) wird – immer noch ohne eine Theorie im Hintergrund – systematisiert und organisiert; und schließlich folgt als dritte Stufe und Synthese der Höhepunkt: die *physikalische Wissenschaft*, »jenes letzte Stadium des Wissens, in dem man die Naturphänomene als ununterbrochene Folge von Ursachen und Wirkungen erkennt«.

In diesem System der drei Schritte von der ungeordneten Beschreibung zur kausalen Deutung nimmt Linné die mittlere Stufe ein. In seiner Welt ergeht es uns schon besser als im ersten Stadium, weil unser zuvor methodisch ungeordnetes Wissen nach einem zusammenhängenden Schema organisiert wurde, aber den Gipfel, die Stufe drei, haben wir noch nicht erreicht, denn wir besitzen keine vernünftige Theorie für die Ursachen der Ordnung. Huxley vertrat sogar die Ansicht, dieses dritte Stadium habe in seinem Jahrhundert, das auf Linné und seinen kreationistischen Ansatz folgte, gerade erst begonnen: »Der bewusste Versuch, eine vollständige Wissenschaft der Biologie aufzubauen, geht kaum weiter zurück als ... bis zum Beginn unseres Jahrhunderts, und seinen stärksten Impuls hat er erst in unserer Zeit durch Darwin erhalten.«

In Übereinstimmung mit den meisten Wissenschaftshistorikern halte ich diese Ansicht für irreführend und unfair gegenüber unseren Vorgängern. Dass Wissenschaft in dem entscheidenden Sinn immer genauerer Erklärungen für die empirische Realität voranschreitet, leugne ich nicht, aber zwei Aspekte der älteren (und von Huxley so beispielhaft dargestellten) positivistischen Sichtweise sind nicht stichhaltig und behindern das Verständnis: die Vorstellung von einer zeitlosen naturwissenschaftlichen Methode auf der Grundlage streng objektiver Beobachtung und Logik und die Idee, frühere Systeme seien theoriefrei oder theoriearm gewesen, weil Erklärungen nur aus genauen Beobachtungen erwachsen können.

Theoriefreie Wissenschaft ist ungefähr ebenso sinnvoll wie wertfreie Politik. Beide Begriffe sind ein Widerspruch in sich. Alle Gedanken über die Natur müssen von einer Theorie getragen werden, ganz gleich, ob wir uns über unsere bevorzugte Erklärungsstruktur im Klaren sind oder nicht. Auch die alten Geschichtenerzähler in Huxleys erster Phase hatten eine Theorie, und wenn es auch nur die volkstümliche Vorstellung war, das Licht der Sterne oder starke Angst könnten die Form des Ungeborenen im Mutterleib beeinflussen. Ebenso hatten die Systematiker in Huxleys zweiter Phase eine Theorie – nämlich die, dass Gott eine zeitlose Ordnung geschaffen habe, damit die erfindungsreichen Menschen sie entdecken konnten. Diese Theorien mögen falsch gewesen sein, aber sie gaben dem Wissen eine ebenso umfassende Struktur (und schränkten es ebenso stark ein) wie jedes zutreffendere spätere System. Linnés *Homo sapiens* ist eine denkende Maschine (oder ein denkendes Schilfrohr, wenn man die botanische Metapher bevorzugt); wir können keine Informationen sammeln, ohne unsere Bestrebungen und Beobachtungen mit einer Theorie zu organisieren.

Außerdem sind Theorien zwangsläufig immer durch die gesellschaftlichen und psychologischen Vorlieben der umgebenden Kultur gefärbt; zur völlig objektiven Beobachtung und einer allgemein gültigen, eindeutigen Logik haben wir keinen Zugang. Von diesem Hintergrund können wir nun zur Demaskierung und dem Vergleich von Linné und Gustav III. zurückkehren: Wenn wissenschaftlicher Fortschritt mehr auf dem Ersetzen von Theorien als auf neu hinzukommenden Beobachtungen (wobei man wartet, bis sie zu einer richtigen Erklärung kondensieren) beruht und wenn alle Theorien durch kulturelle Voreingenommenheit unterfüttert sind, setzt jede Verdrängung die Demaskierung früherer Strukturen voraus (das heißt die Entfernung der schützenden Verhüllung, so nützlich sie auch gewesen sein mag).

Um zu Gustav III. vorzudringen, müssen wir zwei Verkleidungen herunterreißen. Ebenso können wir die Geschichte unserer Kenntnisse über die Ordnung des Lebendigen als doppelte Demaskierung beschreiben. Hier ist Linné Mittelpunkt und Symbol der ersten großen Enthüllung, bei der zweiten steht Darwin im Brennpunkt. Eine solche Sichtweise widerspricht unserer überholten, respektlosen Vorstellung von Linné als altertümlicher Größe, die letztlich trotz einer bewundernswerten Ordnungsliebe scheiterte. Stattdessen erlangen wir die Freiheit, den großen Schweden als Wissenschaftler mit einem scharfsinnigen, zusammenhängenden System zu betrachten, das auf nützliche Weise an die Stelle einer stark einschränkenden Theorie trat.

Die zweite Maske riss Darwin der Natur herunter, weil er die Grundlagen schuf, um die Ordnung der Natur mit einer Theorie des entwicklungsgeschichtlichen Wandels zu erklären. Aber man kann keine zutreffende Theorie der Ordnung entwickeln, ohne die zu erklärende Ordnung zu kennen – und diese Grundlage legte Linné mit seiner Methode und Praxis der biologischen Systematik. Hätte er nur die unstrukturierten, in Huxleys erstem Stadium seit langem gesammelten Kenntnisse zusammengetragen und festgeschrieben, könnten wir sagen: »Na und? Irgendwann musste das einer tun. Linné lebte zur richtigen Zeit und hatte das Glück, dass er die richtige Kombination aus Eifer und Ordnungsliebe mitbrachte.« Aber Linné schrieb nicht nur etwas fest; er demaskierte. Sein System bestand nicht nur im Sammeln; es trat an die Stelle eines anderen Organisationsprinzips, das die Ordnung der Natur unserem Blick entzogen hatte. Darwin ohne Linné, Evolutionstheorie ohne vorherige Kenntnis der biologischen Systematik ist nicht vorstellbar.

Die erste Maske der Natur war unsere engstirnige Neigung, das Universum als etwas für uns oder nach unseren Begriffen Konstruiertes zu halten. Eine künstliche Ordnung, die durch ein System menschlicher Urteile oder ein Prinzip unserer geistigen oder sprachlichen Gepflogenheiten geschaffen wird, kann den wirklichen stammesgeschichtlichen Aufbau der Natur nur verschleiern. Man braucht sich nur die Lehrbücher der berühmtesten Systematiker aus der Frühzeit der modernen Naturgeschichte anzusehen – die Werke der großen Gelehrten Ulysse Aldrovandi in Bologna und Konrad Gesner in Zürich. Aldrovandi bediente sich eines eigenwilligen Systems auf der Grundlage zahlreicher, einander teilweise widersprechender Kriterien, die er ausschließlich nach ihrer Bedeutung (oder auch nur ihrer Wahrnehmbarkeit) für den Menschen organisiert hatte. Seine *Geschichte der Vierbeiner* beginnt mit dem Pferd, *quod praecipam nobis utilitatem praebeat* (welches für uns eine besondere Nützlichkeit aufweist). In seinem Band über Vögel wird die Reihenfolge durch verschiedene, an menschlichen Interessen orientierte Kriterien bestimmt – vom Edlen (Adler und Habichte sind zuerst an der Reihe) über das Weise (Eulen), das Ähnliche (die falsch eingeordneten Fledermäuse), das Große (Straußenvögel) und das Furchterregende (Greife) bis hin zu Papageien, Krähen und schließlich dem ganzen piependen Kleinvieh.

Gesner lehnt sich noch weniger an die Vorstellung von einer natürlichen Ordnung an: Er geht in seinem 1551 erschienenen Band über Säugetiere einfach nach dem lateinischen Alphabet vor – von *De Alce* (Über den Elch) bis zu *De Vulpe* (Über den Fuchs). Mit der Reihenfolge seiner weiteren Bände richtet sich Gesner nach dem ebenfalls anthropozentrischen, aber nicht ganz so künstlichen Prinzip der »Großen Seinskette« – zwei Bücher über Vögel, drei über kaltblütige, landlebende Wirbeltiere. Im Band 4 werden dann aber alle im Wasser lebenden Tiere durcheinander gemischt; das Schwergewicht liegt auf den Fischen (der nächstniedrigeren Stufe auf der Leiter der Wirbeltiere), aber auch Meerjungfrauen, Quallen und Tintenfische kommen darin vor.

Ich behaupte nicht, niemand habe vor Linné diese anthropozentrischen Systeme in Frage gestellt, oder seine Arbeit stelle einen plötzlichen Bruch mit der älteren Tradition dar. Sie bedeutete vielmehr den Höhepunkt und die Festschreibung der Arbeiten von Naturhistorikern aus ganz Europa, die sich mehr als ein Jahrhundert lang mit ihren aus der ganzen Welt zusammengetragenen Sammlungen abgemüht hatten. Aber sein legendärer Arbeitseifer, sein großartiges Gedächtnis und seine Fähigkeit, gedankliche Verbindungen herzustellen, führten zu einer Reihe von Büchern, die mehr wie die Produkte einer Industrie als wie die Werke eines Mannes wirkten und sowohl die Praxis als auch die Struktur der modernen biologischen Systematik festlegten.

Linné demaskierte die Natur auf zwei Ebenen: erstens indem er die Spezies als Grundeinheit bezeichnete und Prinzipien für ihre einheitliche Definition und Benennung einführte, und zweitens indem er die Arten in ein größeres System einordnete, das sich nicht auf Vorlieben oder Bequemlichkeit der Menschen gründete, sondern auf die Suche nach einer natürlichen Ordnung. Linnés Binominalnomenklatur als offizielle Methode zur Benennung von

Lebewesen ist in Gebrauch, seit seine *Systema naturae* erschien (die erste Auflage veröffentlichte er 1735, die endgültige Version mit der Systematik der Tiere 1758). Er gab jeder biologischen Art einen zweiteiligen Namen, wobei das erste Wort (das man großschreibt) die Gattung bezeichnet (und möglicherweise mehreren eng verwandten Arten gemeinsam ist), während das zweite (das mit einem Kleinbuchstaben beginnt) das einzigartige, charakteristische Etikett der jeweiligen Art darstellt. (Sowohl Hunde als auch Wölfe gehören zur Gattung *Canis*, aber die Arten müssen durch unterschiedliche zweite Namen gekennzeichnet werden – in diesem Fall ist *Canis familiaris* der Hund und *Canis lupus* der Wolf.)

Dieses System erfand Linné nicht mit einem Schlag und vom grünen Tisch aus. Er entwickelte seine Nomenklatur aus der üblichen Gepflogenheit, Arten mit einer Reihe lateinischer Wörter zu bezeichnen, die ihre charakteristischen Merkmale zusammenfassten. Nach diesem System schrieb man das erste Wort mit einem Großbuchstaben (weil es am Anfang des Satzes stand), die anderen wurden kleingeschrieben. Zunächst experimentierte Linné mit Regeln für Form und Zahl der Wörter (eines seiner ersten Systeme ließ für jede Spezies bis zu zwölf Wörter zu).

Dann gelangte er zu dem Schluss, dass eine auf zwei Wörter beschränkte Zusammenfassung der Zusammenfassung das beste Hilfsmittel für Aufzählungen und Standardisierung sei. Zunächst gab er nur widerwillig die entscheidende Vorstellung auf, eine Reihe von Wörtern solle die wichtigsten Eigenschaften der Art genau beschreiben – dazu reichen zwei Wörter nicht aus, und unter Umständen erweisen sie sich nicht einmal als angemessen. (Der bedeutendste Irrtum unterlief Linné nach Ansicht vieler Autoren bei seiner berühmtesten Entscheidung, uns zu Ehren unserer angeblichen Weisheit als *Homo sapiens* zu bezeichnen.) Später erkannte er jedoch, dass er etwas äußerst Nützliches und Kluges zu Wege gebracht hatte, ohne zunächst zu wissen, warum. Der Linnésche Artname ist keine Beschreibung, sondern ein Platzhalter – ein formales Hilfsmittel, mit dem man jedes Gebilde der Natur im Auge behalten und mit einem charakteristischen Namen versehen kann. Jedes umfangreiche System aus Millionen Einzelelementen muss einen solchen Mechanismus besitzen. Und schließlich verstand Linné, dass er durch die Hintertür – mit seiner Suche nach einer zusammenfassenden Beschreibungsmethode – ein notwendiges, grundlegendes Benennungsprinzip gefunden hatte.

Aber demaskiert wurde die Natur nicht durch Linnés Benennungsmechanismus, sondern durch seine Definition der Arten. Er verwarf das hochmütige, auf den Menschen fixierte System, dessen Grundelemente unter Gesichtspunkten unserer Notwendigkeit und Nützlichkeit definiert waren. Stattdessen behauptete er, Arten seien die natürlichen Gebilde, die Gott bei der Schöpfung auf die Erde gesetzt habe. Sie seien nicht die unseren, sondern die Seinen – und sie existierten, wie sie sind, unabhängig von unseren Launen. (Nach Linnés Überzeugung können wir zwar Schwierigkeiten haben, Arten zu erkennen und zu definieren, aber das ändert nichts an Gottes Taten.) In einem berühmten Lehrsatz (Nummer 157) seiner 1736 erschienenen *Fundamenta botanica* verkündet Linné: *Species tot sunt diversae quot diversas formas ab initio creavit infinitum Ens* (es gibt so viele Arten, wie das Unendliche Wesen am Anfang verschiedene Formen erschuf).

Da das Einprügeln auf Kreationisten heute eine ehrenwerte, notwendige Tätigkeit ist, fragt sich vielleicht der eine oder andere, warum ich jetzt auf einmal diese Berufung auf Gottes Macht zur Erschaffung unveränderlicher Gebilde preise – insbesondere da Linné diese Idee an die Stelle früherer, weniger genauer Vorstellungen von Definition und Wandelbarkeit stellte. Aber wie ich bereits dargelegt habe, ist das die Art, wie die Wissenschaftsgeschichte fortschreitet: von Theorie zu Theorie entlang einer zerklüfteten Oberfläche, die in Richtung größerer empirischer Angemessenheit geneigt ist, aber nicht auf einem geraden, schmalen Weg und auch nicht angetrieben von einem immer größer werdenden Schneeball der gesammelten Tatsachen. Trotz des sicher gewaltigen begrifflichen Wandels waren keine großen praktischen Umwälzungen notwendig, als Darwin sich plötzlich nicht mehr auf Gott, sondern auf die stufenweise ablaufende natürliche Selektion berief. Arten sind reale Gebilde, ob sie nun von Gott erschaffen oder von der natürlichen Selektion konstruiert wurden – und Darwins begriffliche Verschiebung, die zweite Demaskierung, erforderte in Linnés Methoden keine nennenswerten Neuerungen.

(Linné selbst nahm später Abstand von seiner strikten Behauptung, Gott habe alle Arten am Anfang der Zeiten geschaffen. In seinen ersten Werken behauptet er immer und immer wieder: *nullae species novae* [keine neuen Arten]. In späteren Büchern vertrat er dagegen die Ansicht, neue Arten können sich durch Bastardbildung zwischen zwei Arten aus der ursprünglichen Schöpfung bilden. Er spielte sogar mit der Idee, Gott habe vielleicht für jede Gattung oder sogar für jede Ordnung nur einen einzigen gemeinsamen Ursprung erschaffen und dann zugelassen, dass weitere Arten als Bastarde entstanden. In dem unfairen Gedanken, wir sollten nur jene ehren, die es nach heutigen Maßstäben richtig gemacht haben, griffen manche Autoren diese späteren Ansichten auf und stellten Linné als zumindest heimlichen Anhänger der Evolution dar. Aber solche Vorstellungen sind aus zwei Gründen zurückzuweisen: Erstens blieb Linné eindeutig Kreationist. Einen größeren Unterschied als den zwischen einem ausschließlich stammesgeschichtlichen System, das auf ständigem Wandel und einer gemeinsamen Abstammung alles Lebendigen beruht, und der Behauptung, Gott habe zunächst noch nicht alle Formen erschaffen und dann die anderen durch Kombination in ein vorgegebenes System hineingleiten lassen, kann es kaum geben. Und zweitens war Linné auch mit seinen eigenen Begriffen ein großer Gelehrter, der die erste Maske der Natur ebenso sicher herunterriss, wie Darwin es mit der zweiten tat. Wir brauchen ihn nicht bei Armani einzukleiden, um seine Leistungen zu bewundern.)

Auch auf der zweiten Ebene, der Einordnung der Arten in ein größeres System, gab Linné die frühere anthropozentrische Anordnung auf: Er war überzeugt, dass es sich bei den Beziehungen zwischen den Arten um eine natürliche Ordnung handelt, die nichts mit der Bequemlichkeit der Menschen zu tun hat. Gott, so Linné, habe die Arten nach einem rationalen System erschaffen und sie seien die Elemente, die Gottes Kategorien bilden. Die biologischen Systematiker hatten demnach die erhabene Aufgabe, Gottes Plan in den Verwandtschaftsbeziehungen zwischen Seinen Arten zu entdecken. (Es handelt sich in Linnés System um ideologische Verbindungen und nicht wie bei Darwin um stammesgeschichtliche – aber die Kette der Folgerungen zwischen Ideen ist nicht weniger fest geknüpft als die materiellen Verbindungen in physischen Zusammenhängen.) Einen schönen Ausdruck fand diese entscheidende Erkenntnis an einer ungewöhnlichen Stelle: in einer Rede, die Dag Hammarskjöld zu Linnés 250. Geburtstag hielt – kein Schwede, ganz gleich, was er von Beruf ist, kann einen solchen Nationalhelden übergehen: »Der Mensch ist jetzt nicht mehr der Mittelpunkt der Welt, sondern nur ein Zeuge, aber als Zeuge ist er im schweigenden Leben der Natur auch ein Partner, der durch geheime Verwandtschaft mit den Bäumen verbunden ist.«

In der Geschichte der Wissenschaft gibt es viele große Charaktere, aber keiner kann Linné das Wasser reichen. Ich bezweifle, dass vor Muhammad Ali irgendjemand Linnés eigene, in der dritten Person formulierte Beurteilung aus einer seiner autobiografischen Schriften übertraf:

> Gott hat zugelassen, dass er in Seine geheime Kammer blickte.
> Gott hat ihm gestattet, mehr von Seinen erschaffenen Werken zu sehen als jemals ein Sterblicher vor ihm.
> Gott hat ihn mit der größten Kenntnis über das Studium der Natur ausgestattet, einer größeren, als jemals ein Mensch sie erwarb …
> Keiner vor ihm hat eine ganze Wissenschaft so umgeformt und eine neue Epoche hervorgebracht.
> Keiner vor ihm hat alle Hervorbringungen der Natur mit solcher Klarheit angeordnet.

Arrogant, ja. Aber man beachte, dass es Gottes Kammer und ihre Produkte sind. Wenn jemand mit so ungehemmtem Selbstbewusstsein feststellt, er habe nur Gottes Ordnung entdeckt und nicht mit dem überirdischen Scharfsinn seines einmaligen Geistes eine eigene geschaffen, muss ich davon ausgehen, dass er die Vorstellung von einer natürlichen, vom menschlichen Geist (selbst auf seinem Gipfelpunkt namens Linné) unabhängigen Ordnung wirklich verinnerlicht hatte. Kämen solche Beteuerungen von einem bescheideneren Mann, wäre ich misstrauisch.

In der Praxis klassifizierte Linné seine Pflanzen nach Form, Anzahl und Anordnung ihrer Befruchtungsorgane – des so genannten »Sexualsystems« (eine genauere Beschreibung findet sich im nächsten Kapitel). Er teilte die Pflanzen grundsätzlich nach Zahl und Stellung der Staubgefäße in Klassen ein, und die Klassen unterteilte er dann nach der Zahl der Stempel in Ordnungen. Paradoxerweise wusste er, dass ein solches System künstlich sein muss – eine fast zu Zahlen geronnene menschliche Logik, die der größeren Komplexität der Natur aufgezwungen wurde. Sein ganzes Leben lang suchte Linné nach einer *methodus naturalis*, nach der »natürlichen Methode«, mit der er Gottes objektive Anordnung in seiner Namenshierarchie einfangen konnte – und es gelang ihm nie. Die Lösung dieses Problems musste auf den zweiten großen Demaskierer warten, denn die Arten sind nicht durch die vernünftige Ordnung einer göttlichen Intelligenz verbunden. Die natürlichen Zusammenhänge sind stammesgeschichtliche Verbindungen auf den zufälligen Wegen der Geschichte – und solche Verbindungen kann man zwar aufspüren, wenn man weiß, wie das System funktioniert, aber sie bilden nicht das Muster einer schönen Symmetrie oder komplizierten Geometrie, das Kreationisten wie Linné vorausgesehen hatten und deshalb niemals finden konnten. Die in diesem Essay beschriebenen Masken sind keine Tarnung, welche die Natur über ihren Produkten angebracht hat, sondern Hindernisse, die wir mit falschen Theorien konstruieren.

Da ich mit einer seltsamen Verbindung begonnen habe, muss ich mit einem der verblüffendsten aller zufälligen Zusammentreffen enden. Wann begann die zweite Demaskierung? Wo hörte die Welt zum ersten Mal das Getöse von Darwins Revolution? In London, ja, denn nach seiner Reise mit der *Beagle* wurde Darwin ein häuslicher Mensch, und den Kanal überquerte er nie. Aber wo in London?

Als Linnés Sohn und Nachfolger 1783 starb, entschlossen sich seine Mutter und die Schwestern, die große Sammlung – Fundstücke, Vitrinen, Bücher, Briefe und Manuskripte – an den Meistbietenden zu verkaufen. Die Überreste von Linnés Geistesleben erwarb der junge englische Naturforscher James Edward Smith, Sohn eines reichen Fabrikanten aus Norwich, für den (selbst nach den Maßstäben des 18. Jahrhunderts) unglaublichen Schnäppchenpreis von nur knapp über tausend Pfund.

Jetzt müssen wir eine letzte Verbindung mit Gustav betrachten. Während der eiligen Verhandlungen, die zu dem Verkauf führten, hielt der König sich in Italien und Frankreich auf. Glaubt man den Spekulationen vieler Historiker, hätte er vermutlich eingegriffen, wenn er in Stockholm gewesen wäre und von den Plänen zum Ausverkauf dieses Nationalschatzes erfahren hätte (insbesondere da sich auch ein schwedischer Käufer fand, allerdings erst nachdem das Geschäft bereits juristisch zum Abschluss gebracht war). Der berühmteste Linné-Biograf aus dem 19. Jahrhundert schreibt: »Hätte er [Gustav] rechtzeitig Bescheid gewusst, hätte er sich sicher nachdrücklich für die kostbaren Sammlungen eingesetzt und sie für das Vaterland gerettet, insbesondere wenn man bedenkt, wie er sich um die Ehre Schwedens sorgte und welche Bewunderung er für Linné hegte.« Nach einem nicht belegten Bericht – eigentlich ist es nicht mehr als ein hartnäckiges Gerücht – setzte Gustav III. sogar ein Kriegsschiff in Marsch, damit es die Brigg aufhielt, die bereits mit Linnés Sammlung an Bord in See gestochen war, aber das britische Schiff hatte einen zu großen Vorsprung und gelangte unbehelligt nach London.

Jedenfalls hütete Smith die Sammlungsstücke von Linné sein ganzes Leben lang wie einen Schatz und hielt sie in Schuss. Als er 1828 starb, kaufte eine neu gegründete Organisation namens Linnean Society of London die Sammlungen und Bücher. Sie bilden bis heute das Heiligtum und den Mittelpunkt der Gesellschaft, die heute die führende britische Vereinigung für Naturgeschichte ist. Die Sammlungen werden im Burlington House aufbewahrt, das mitten in London gleich beim Piccadilly Circus liegt. Ich besuchte diesen Tempel und Arbeitsplatz einmal aus einem höchst praktischen Grund. Der Typus, die definierende Art der Schneckengattung, mit der ich mich in meinen Forschungsarbeiten befasse, wurde von Linné selbst benannt. Diese Art, *Cerion uva*, stammt aus Curaçao, und ich wollte mich vergewissern, dass Linnés Exemplar wirklich gerade diese Art repräsentiert (siehe Kapitel 26). Man führte mich in die Gewölbe des Allerheiligsten und zeigte mir das Sammlungsstück. Linné hatte wieder einmal Recht behalten: Es war *Cerion uva* aus Curaçao.

Als Darwin das Manuskript von Wallace aus Ternate erhielt und erkannte, dass sein jüngerer Kollege im Begriff stand, ihm und seiner zwanzigjährigen Arbeit an der natürlichen Selektion zuvorzukommen, fragte er seine Freunde nach einem ehrenhaften Weg, sowohl sein Erstlingsrecht als auch Wallace' Entdeckung anzuerkennen. Seine Freunde schlugen vor, man solle einige seiner früheren, unveröffentlichten Schriften gemeinsam mit dem Aufsatz von

Wallace vortragen. An der Tagung, die 1858 stattfand, nahm Darwin nicht teil: Er blieb zu Hause und betrauerte den Tod seines kleinen Sohnes. Aber die Veranstaltung spielte sich in London ab – in den Räumen der Linnean Society, in dem Gebäude, das Linnés Sammlung beherbergte. Beide Vorträge wurden 1858 in den *Proceedings of the Linnean Society of London* veröffentlicht.

Die zweite Demaskierung begann also in der versetzten Heimat und lebendigen Gegenwart der ersten – und Linnés Geist (der großzügiger und nachsichtiger war als der große Schwede zu Lebzeiten) lächelte, als Darwins Worte die kausale Grundlage der natürlichen Ordnung enthüllten, die Linné festgeschrieben hatte. Und der Psalmendichter stimmte seinen alten Gesang an: »Siehe, wie fein und lieblich ist's, wenn Brüder einträchtig beieinander wohnen!«

32. Blüten und vollbusige Sexualität als Ordnung der Natur

William Hayley (1745–1820), Dichter, Biograf und Kunstmäzen, verdankt seinen kleinen Zipfel der Unsterblichkeit fast völlig dem heroischen Zweizeiler, den William Blake am Ende ihrer Beziehung schrieb:

Das Herz beschwertest Du mir oft als Freund,
Drum, um der Freundschaft willen, sei mein Feind.

Der wohlhabende Hayley hatte Blake beauftragt, Abbildungen für seine Bücher zu stechen, und den großen Dichter und Zeichner in einem Landhaus auf seinem Besitz bei Chichester aufgenommen. Aber Hayley verstand den eigenwillig-intelligenten Blake nie und drohte sein künstlerisches Genie mit menschenfreundlicher Nettigkeit und der Erwartung auf »zahmere« Gedichte abzuwürgen. Blake bezeichnete Hayley seinerseits als »Feind meines geistigen Lebens, wobei er (angeblich) der Freund des körperlichen ist«; er brachte den berühmten Zweizeiler über künstlerische Rechtschaffenheit zu Papier und zog wieder nach London.

Ungefähr zur gleichen Zeit schrieb auch ein anderer Bekannter Hayleys heroische Paarreime. Betrachten wir einmal die folgenden Zeilen aus dem Jahr 1789 über ein Rendezvous auf einem Berggipfel. Die Frau erreicht als Erste den höchsten Punkt, und ihr Geliebter folgt ihr:

Der Bräutigam den steilen Pfad erklimmt,
Die leichte Spur im Tau als Anhalt nimmt.

Entzückt leiht Hymen seinen Fackelschein
Und führt sie sicher übers spaltige Gestein,
Gibt seinen Segen ihrem heimlichen Gelöbnis
Und schmückt mit Rosen die beglückte Ödnis.

Heroische Verse mit ihren gestelzten Bildern und erzwungenen Reimen in jambischen Pentametern ziehen heutzutage häufig den Spott auf sich (als begeisterter Anhänger von Alexander Pope kann ich mich dieser allgemeinen Ansicht allerdings nicht anschließen). Die gerade zitierten Zeilen von Hayleys Freund kann man aber wirklich nur schwer gutheißen, insbesondere wenn man sich klarmacht, dass er nicht über liebende Menschen spricht, die in der Einsamkeit vor einem großartigen Panorama einen Kuss tauschen, sondern über Flechten – ja, über jene Flecken auf den Steinen, die durch eine komplizierte Symbiose einer Alge und eines Pilzes entstehen.

Dennoch hielt Mr. Hayley eine Menge von seinem botanisch interessierten Kollegen: Er schrieb sogar ein Gedicht, mit dem er die in Versform verfasste Beschreibung seines Freundes über die Sexualität der Pflanzen einleitete:

So sprachen sie, Natur und Wissenschaft,
In Floras traulichem Gemach,
Indes des großen Darwins Kraft
in jeder Blum rief neues Leben wach.

Nun gibt es in dieser Kolumne kaum einen Essay, in dem nicht Charles Darwin erwähnt wird. Und da mein Held zahlreiche botanische Werke schrieb (die meisten im höheren Alter), könnte man annehmen, Hayley lobe in diesen Zeilen den Urheber der Theorie von der natürlichen Selektion. Aber wenn Mr. Hayley nicht gerade ungewöhnliche Kenntnisse über die Zukunft besaß, kann er nicht Charles meinen, denn der kam an Lincolns Geburtstag im Jahr 1809 zur Welt, zwanzig Jahre nachdem ein anderer Darwin Gedichte über Flechten geschrieben hatte. Wer also ist dieser frühere Darwin?

Wer die besten Aussichten haben möchte, ein hohes Alter zu erreichen, sollte sich langlebige Eltern aussuchen. Entsprechend bieten intelligente Vorfahren die besten Voraussetzungen für den eigenen intellektuellen Erfolg (aber auch Reichtum schadet nicht). Charles Darwin hatte, was seine Ahnen anging, sicher Glück. Robert, sein Vater, war ein angesehener Arzt und ein lokales Finanzgenie. Und es kommt noch besser: Sein Großvater Erasmus (1731–1802), das Objekt von Hayleys Lob, war einer der führenden englischen Intellektuellen – Arzt, Naturforscher, Philosoph und renommiertes Mitglied einer Vereinigung progressiver Industrieller und Gelehrter, die ihr Zentrum in Birmingham hatte. Die Herren der »Lunar Society« – der Name erinnerte daran, dass die monatlichen Zusammenkünfte stets bei Vollmond stattfanden – setzten sich für eine Reihe liberaler Reformen in Politik und Wirtschaft ein, fielen aber in der öffentlichen Meinung schließlich in Ungnade, als die Französische Revolution, die sie anfangs nachdrücklich unterstützt hatten, die Religion zu unterdrücken begann und Könige hinrichtete. (Eine engstirnige Fußnote für Amerikaner: Darwins guter Freund und Kollege in der Gesellschaft, der Geistliche und Chemiker Joseph Priestley, musste am 14. Juli 1791 zusehen, wie sein Haus mit Bibliothek und Labor in Flammen aufging, weil der Mob am zweiten Jahrestag des Sturmes auf die Bastille in Birmingham wütete. Unterstützt von seinen Freunden John Adams und Thomas Jefferson, ließ Priestley sich schließlich in Pennsylvania nieder. Viel schlechter erging es Antoine Lavoisier, der zweiten großen Gestalt bei der Entdeckung des Sauerstoffs: Er fiel während der französischen Schreckensherrschaft der Guillotine zum Opfer [siehe Kapitel 24 in *Bravo, Brontosaurus*].)

William Hayley schrieb seine Lobeshymne als Einleitung zu einer Folgeauflage eines Buches, das Erasmus in besseren Zeiten – dem verheißungsvollen Beginn der Französischen Revolution 1789 – zum ersten Mal herausgebracht hatte. Es trug den Titel *The Loves of Plants*. Dieses umfangreiche Gedicht hatte Darwin nach eigenen Angaben aus dem umfassendsten, konventionellsten Beweggrund aller Autoren geschrieben: »›The Loves of Plants‹ zahlt sich gut aus, und … ich schreibe wegen des Geldes, nicht um des Ruhmes willen.« Darwin war kein oberflächlicher Amateur, sondern ein allgemein bekannter, viel gelesener englischer Dichter, auch wenn Stil und Substanz seiner Werke später zu seiner Auslöschung aus der Literaturgeschichte führten. Der junge Wordsworth schrieb über »Darwins glänzende Art«, Coleridge dagegen empfand bei seinen Gedichten schon 1796 »absolute Übelkeit«, räumte aber ein, Darwin habe »alle wohlklingenden, hübsch aussehenden Wörter unserer Sprache gesammelt und verwendet«. Die erste Auflage der *Loves of Plants* erschien interessanterweise anonym, weil Darwin fürchtete, das pikante Thema könne seine lukrative Arztpraxis gefährden.

Warum schreibt jemand vier Gesänge und 238 Seiten mit heroischen Zweizeilern über Pflanzen, und warum wurde ein solches Werk Ende des 18. Jahrhunderts gekauft? Darwin mag wegen des Geldes geschrieben haben, aber er wurde nicht müde, seine eigene, weit gefasste Philosophie der Naturgeschichte zu vertreten. In *The Loves of Plants* müssen wir in erster Linie eine Verteidigungsschrift sehen – denn seinen durchaus nennenswerten Platz in der Wissenschaftsgeschichte eroberte das Buch nicht mit seiner großartig veralteten Dichtung, sondern durch die Ansichten, die es enthält. Eine Ahnung von diesem höheren Ziel vermittelt Darwins Fußnote zu den Zweizeilern über Flechten (jeder Vers ist von einer in kleiner Schrift gedruckten Prosaerläuterung der grandiosen Metaphern begleitet):

> Flechte ... Heimliche Ehe. Diese Pflanze ist die Erste, die auf nackten Felsen gedeiht, sie mit einer Art Teppich überzieht und ihre Nahrung vielleicht vorwiegend aus der Luft entnimmt; stirbt sie ab, ist genug Erde vorhanden, sodass andere Moose Wurzeln schlagen können; und nach einigen Zeitaltern wird ein Boden erzeugt, welcher für das Wachstum saftigerer, größerer Pflanzen ausreicht. Auf diese Weise wurde vielleicht die ganze Erde allmählich von Vegetation bedeckt, nachdem das unterirdische Feuer sie aus dem Urozean emporgehoben hatte.

Die Fachleute haben es schon oft betont, aber die Erkenntnis setzt sich nicht fest, weil die Menschen sich nach säuberlichen Ausgangspunkten und heldenhaften Urhebern sehnen: Charles Darwin hat den Begriff der Evolution nicht erfunden. Er nahm vielmehr die häufigste biologische Außenseiterposition auf, sammelte umfangreichere, überzeugendere Belege und entdeckte mit der natürlichen Selektion einen plausiblen Mechanismus des Wandels. Zu seinen bekanntesten (und lautstärksten) Vorläufern gehört sein eigener Großvater Erasmus. (Die beiden lernten sich nie kennen: Erasmus starb schon 1802, blieb aber in der Familie nachhaltig in Erinnerung; Charles las und bewunderte seine Schriften.)

Erasmus hatte – was während der Aufklärung zwar nicht der Lehrmeinung entsprach, aber auch keineswegs selten war – durch und durch historisch geprägte, entwicklungsorientierte Ansichten über die Natur, und solche Standpunkte kommen auch in seinen Bemerkungen über die Flechten zum Ausdruck; der bemerkenswerte letzte Satz stellt eine Zusammenfassung der Erdgeschichte dar: vom nackten Land, das sich durch inneres Feuer aus dem Ozean erhebt, über die Bildung des Erdbodens durch die zersetzende Wirkung der Flechten bis hin zum Wachstum größerer Pflanzen auf dem Nährboden, den die unscheinbaren Lebewesen bereitet haben. Wir brauchen sowohl die Fußnote als auch gewisse Kenntnisse über Erasmus' Gedanken zur Evolution, um die letzte Zeile seines Verses zu interpretieren – »Und schmückt mit Rosen die beglückte Ödnis«: Hier spielt er auf das spätere Wachstum der Pflanzen auf dem von den Flechten gebildeten Boden an.

Aber das Eintreten für die Evolution ist in *The Loves of Plants* nur ein untergeordnetes Thema. Darwin schrieb sein langes Gedicht vor einem anderen theoretischen Hintergrund – und der Schlüssel dazu liegt in den ersten beiden Worten seiner Fußnote über die Flechten: »Heimliche Ehe.« Darwin verfasste *The Loves of Plants* als volkstümliche Darstellung des von Linné geschaffenen, so genannten »sexuellen Systems« für die botanische Systematik, und dabei bediente er sich der uralten literarischen Hilfsmittel einer angenehmen Form (gereimte Zweizeiler) und leicht verständlicher Bilder (der Metapher der Personifizierung). Im ersten Absatz seiner »Werbung«, die ganz am Anfang des Buches steht, erläutert Darwin seine Absichten:

> Die folgenden Seiten sind ganz allgemein so gestaltet, dass sie die Fantasie unter dem Banner der Wissenschaft heranziehen sollen; und dass ihre Jünger von den lockeren Analogien, welche sich in das Gewand der Dichtung kleiden, zu den strengeren geführt werden, die das Denken der Philosophie darstellen. Insbesondere sollen sie die Nachdenklichen veranlassen, ihre

Kenntnis der Botanik zu pflegen; dazu werden sie in den Vorhof dieser erfreulichen Wissenschaft eingeführt, und ihrer Aufmerksamkeit werden die unsterblichen Werke des gefeierten schwedischen Naturforschers Linné empfohlen.

Das System der Klassifikation auf Grund der Sexualität, das Linné in den dreißiger Jahren des 18. Jahrhunderts formulierte, wurde zum Brennpunkt der volkstümlichen naturwissenschaftlichen Bildung und damit zu einem wichtigen kulturellen Thema in der Zeit vor 1800, als die Aufklärung sich in Westeuropa durchsetzte. Nicht alle hielten sich an Linnés Entscheidung, sich mit der Systematik der Pflanzen auf Zahl und Anordnung der männlichen und weiblichen Blütenorgane zu stützen. Wie nicht anders zu erwarten, verabscheuten manche Konservativen jegliche sexuelle Begründung, weil sie den Zusammenbruch der öffentlichen Moral fürchteten – und die musste tatsächlich etwas sehr Zerbrechliches sein, wenn man sie mit dem Zählen von Staubgefäßen und Stempeln untergraben konnte! Professor Johann Siegesbeck aus St. Petersburg verkündete, Gott hätte seine natürliche Ordnung niemals auf eine solche »beschämende Hurerei« gegründet – woraufhin Linné ein kleines, hässliches Kraut zu seinen Ehren auf den Namen *Siegesbeckia* taufte. Linné selbst kamen ernste Zweifel an dem sexuellen System, weil er den künstlichen Charakter seiner eigenen Kategorien erkannte – durch die Anwendung der Regeln wurden oft nur weitläufig verwandte Pflanzen in dieselbe Gruppe eingeordnet. Aber mit seiner Suche nach einem natürlichen System gelangte Linné nie zum Ziel, und deshalb verwendete er seine sexuelle Einteilung in Ermangelung einer besseren weiter.

Der größte Vorteil von Linnés System war seine Nützlichkeit – man konnte es leicht erlernen, und es war leicht anzuwenden. Deshalb setzten die Verfechter der Volksbildung sich nachdrücklich dafür ein. Als führender liberaler Kopf, der die wachsende Wirtschaftskraft Großbritanniens durch die Verbreitung wissenschaftlicher Kenntnisse in der Öffentlichkeit fördern wollte, betrachtete Erasmus Darwin Linnés sexuelles System besonders wohlwollend. Darwin gründete die botanische Gesellschaft von Lichfield (seinem Heimatort in der Grafschaft Sropshire) vor allem deshalb, weil sie die Übersetzung zweier Bücher Linnés über botanische Systematik

– der *Species plantarum* und der *Genera plantarum* – ins Englische finanzieren sollte. (Die Übersetzungen wurden auch angefertigt und in *The Loves of Plants* an hervorgehobener Stelle gelobt.)

Linnés sexuelles System gründet sich nicht auf etwas so Obszönes wie die beobachtete Mechanik der Befruchtung, sondern auf trockene Anatomie – die Zahl und Anordnung der Staubgefäße und Stempel, das heißt der männlichen (Pollen tragenden) und weiblichen (mit Eianlage und Griffel ausgestatteten) Blütenteile. (Über sexuelle Vorgänge bei Pflanzen wusste man zu Linnés Zeit nur sehr wenig. Sogar die Frage, ob es überhaupt eigenständige Geschlechts- und Befruchtungsorgane gibt, war umstritten.)

Linnés Hierarchiesystem für die gesamte Natur umfasste ursprünglich vier Kategorien: in absteigender Reihenfolge Klassen, Ordnungen, Gattungen und Arten. (In der heutigen Systematik hat man diese Einteilung beibehalten, aber es kamen weitere Kategorien hinzu: ganz oben beispielsweise Organismenreich und Stamm, zwischen Ordnung und Gattung die Familie.) Der Schlüssel zu Linnés System liegt in seiner ursprünglichen Einteilung der Pflanzen in vierundzwanzig Klassen, bei der er sich fast ausschließlich auf Zahl und Anordnung der männlichen Geschlechtsorgane stützte.

Die ersten dreizehn Klassen enthalten Pflanzen mit zwittrigen Blüten (das heißt solchen mit männlichen und weiblichen Organen), und die Einteilung gründet sich auf die Zahl der Staubgefäße (die meisten Blüten besitzen nur einen Stempel, aber mehrere etwa gleich lange Staubblätter). Die ersten zehn, die er *Monandria, Diandria, Triandria* (einmännlich, zweimännlich, dreimännlich) und so weiter nannte, sind schlicht nach der Zahl der Staubgefäße unterteilt. Die Klasse 10, *Decandria* genannt, besitzt also Blüten mit zehn Staubblättern. Bei der Klasse 11, *Dodecandria*, sind es zwölf; und zur Klasse 13, *Polyandria* (vielmännlich), gehören alle Pflanzen mit höheren Zahlen von zwanzig bis hundert. Die nächsten beiden Klassen, von Linné »Kräfte« genannt, enthalten Blüten mit Staubblättern zweier unterschiedlicher Größen. Die Klasse 14, *Didynamia* (Zweikräfte) besitzt vier Staubblätter, zwei lange und zwei kurze; bei der Klasse 15, *Tetradynamia* (Vierkräfte), waren es sechs – zwei kurze und vier lange. Die nächsten fünf Klassen, Nummer 16 bis 20, orientieren sich nicht an der Zahl der Staubblätter, sondern an Art und Ausmaß ihrer Verwachsungen. Die Klassen 16 bis 18 entsprechen unterschiedlich angeordneten Verbindungen durch Fäden, die »Stiele« der Staubgefäße: Bei den *Monadelphia* (Einbruderschaft) bilden sie eine Gruppe, bei den *Diadelphia* (Zweibruderschaft) zwei und bei den *Polyadelphia* (Vielbruderschaft) drei oder mehr. Die Klasse 19, *Syngenesia* (verbundene Männer) genannt, umfasst Blüten, deren obere Teile (die Antheren oder Staubbeutel) verbunden sind, und zur Klasse 20 mit dem bedeutungsschweren Namen *Gynandria* (Fraumänner) gehören Blüten, deren Staubblätter unmittelbar am Stempel ansetzen.

Von den vier letzten Klassen enthalten drei Pflanzen mit getrennten männlichen und weiblichen Blüten. Für die Klassen 21 und 22 prägte Linné zwei Ausdrücke, die noch heute bei den Botanikern allgemein in Gebrauch sind: *Monoecia* (einhäusige Pflanzen) für Arten mit getrennten männlichen und weiblichen Blüten auf derselben Pflanze, und *Dioecia* (zweihäusige Pflanzen) für solche, bei denen sich männliche und weibliche Blüten auf getrennten Pflanzen befinden. Zur Ordnung 23, *Polygamia*, gehören Pflanzen, die sowohl zwittrige als auch getrenntgeschlechtliche Blüten besitzen, und seine letzte Klasse schließlich bezeichnete Linné als *Cryptogamia* (heimliche Ehe), weil er die Geschlechtsorgane bei diesen Pflanzen nicht erkennen konnte. »Kryptogamen« ist in der Botanik noch heute ein geläufiger, informeller Begriff für Pflanzen, die sich nicht durch Samen vermehren, sondern durch Sporen oder Gameten – zu dieser vielgestaltigen, stammesgeschichtlich nicht verbundenen Gruppe gehören beispielsweise Farne, Moose und Algen. Jetzt endlich verstehen wir Darwins anfängliche Beschreibung der Flechten als »heimliche Ehe« und sein poetisches Bild von den Männern, die sich an die Frauen heranmachen. Er spielt damit auf die Stellung der Flechten am unteren Ende von Linnés Liste in der Klasse 24 an.

Metaphern sind ein gefährliches, gleichzeitig aber auch unentbehrliches Hilfsmittel (siehe das nächste und letzte Kapitel). Mit Bildern und Analogien versuchen wir, das Verständnis für komplizierte, wenig vertraute Themen zu fördern, aber dabei laufen wir Gefahr, die Natur mit der Bürde unserer engstirnigen Vorurteile und eigenwilligen gesellschaftlichen Übereinkünfte zu belasten.

Dabei kann eine heimtückische und sogar (nicht im abwertenden, sondern buchstäblichen Sinn) verkehrte Situation entstehen, wenn wir der Natur durch falsche Metaphorik eine Einrichtung der Menschen aufzwingen – und dann versuchen, das gesellschaftliche Phänomen als Spiegelbild der unentrinnbaren Zwänge der Natur zu rechtfertigen!

Solche Argumente spielten auf den heiklen Gebieten der Geschlechter- und Rassenpolitik lange eine große Rolle, weil die herrschenden Gruppen versuchten, biologische Begründungen für ihre in Wahrheit vorübergehende, nicht zu rechtfertigende gesellschaftliche Stellung zu finden. Um ein vielleicht törichtes, aber eigentlich nicht triviales Beispiel zu nennen: Auf einem Schiff, das einmal neun Monate lang mein Zuhause war, bezeichneten alle Ingenieure die elektrischen Stecker als »er« und die Steckdosen als »sie«*, womit sie die Vorstellung unterstützten, dass Männer eindringen und die Frauen es zulassen.

Oder nehmen wir einen neueren, konkreteren Fall: Manche Biologen haben die Vergewaltigung unter Menschen als etwas Natürliches bezeichnet (wobei man fairerweise sagen muss, dass sie ein solches Verhalten dennoch nicht gutheißen), weil die brutal erzwungene Kopulation bei manchen Vögeln und insbesondere bei Stockenten in der Fachliteratur seit langem »Vergewaltigung« heißt. Aber der menschliche Begriff ist, auf Stockenten angewandt, eine reine Metapher und keine Aussage, die durch Belege für gleichartige Ursachen gestützt würde. Wir haben keinen Anlass, zwischen zwei derart unterschiedlichen Phänomenen – das eine (bei Menschen) vorwiegend Ausdruck gesellschaftlicher Macht, das andere (bei den Vögeln) eindeutig im Dienst der Fortpflanzung – durch den gleichen Namen einen Zusammenhang herzustellen, nur weil in dem, was das eine Individuum dem anderen antut, eine oberflächliche Ähnlichkeit besteht. Indem wir eine ererbte Verhaltensweise von Vögeln fälschlich mit dem alten Ausdruck für eine fehlgeleitete menschliche Handlung bezeichnen, legen wir unausgesprochen den Gedanken nahe, echte Vergewaltigung – bei unserer eigenen Spezies – könne ein natürliches Verhalten sein, das gewissen Menschen einen darwinistischen Vorteil verschafft.

* Im Englischen sind beide eigentlich »es« (Anm. d. Übers.).

Da Sexualität in unserem Leben so machtvoll und allgegenwärtig ist, zeigt sich der Fehler, unsere gesellschaftlich anerzogene Lebensweise in die Natur hineinzuinterpretieren, am deutlichsten in unseren auf die menschliche Sexualität gegründeten Metaphern – insbesondere wenn wir sie aus dem belasteten (und meist sexistischen) Bereich der Machtverhältnisse zwischen den Geschlechtern entlehnen. In einem gewissen Sinn kann man Linnés System als relativ frei von solchen menschlichen Eingriffen betrachten, denn meist zählte er einfach Staubblätter und Stempel, oder er vermaß ihre Länge.

Bei näherem Hinsehen zeigt sich aber, dass Linnés botanischer Makrokosmos durch sein sexuelles Klassifikationssystem zu einem vorurteilsbeladenen Abbild des gesellschaftlichen Mikrokosmos der Menschen wird. Am auffälligsten ist, dass er dem ältesten sexistischen Brauch folgt und die männlichen Unterschiede als primär, die weiblichen aber als sekundär betrachtet – die oberste Klassifikationsebene der 24 Klassen gründete er auf die männlichen Merkmale, die weitere Feinunterteilung in weitaus mehr Ordnungen aber auf die weiblichen! (Sehr deutlich wurde diese Tatsache in zwei ausgezeichneten Artikeln, die mir bei den Vorarbeiten zu diesem Essay eine große Hilfe waren: »Botany for Gentlemen; Erasmus Darwin and *The Loves of Plants*« von Janet Browne und »The Private Life of Plants: Sexual Politics in Carl Linnaeus and Erasmus Darwin« von Londa Schiebinger.)

Außerdem stattete Linné, wie ich bereits am Beispiel seines sexuellen Systems deutlich gemacht habe, seine Klassifikation mit menschlichen Begriffen und Vorstellungen aus. Verbundene Staubgefäße sind »Bruderschaften«, getrenntgeschlechtliche Blüten leben in einem oder zwei »Häusern«. Die gleiche metaphorische Begrifflichkeit zieht sich durch sämtliche Schriften Linnés. Die Befruchtung bezeichnet er als ehelichen Akt, Staubblätter und Stempel nennt er Ehefrauen und Ehemänner. Die Blütenblätter sind das Brautbett, und unfruchtbare Staubblätter werden zu Eunuchen, die vermutlich die Ehefrau (den Stempel) im Interesse anderer, fruchtbarer Ehemänner (Staubblätter) bewachen. Schiebinger zitiert einen aufschlussreichen Absatz aus einem Aufsatz, den Linné 1729 schrieb:

Die Blütenblätter ... dienen als Brautbett, welches der Schöpfer so prachtvoll geordnet, mit so edlen Bettvorhängen ausgestattet und mit so vielen süßen Düften versehen hat, dass der Bräutigam hier mit seiner Braut in umso größerer Erhabenheit seine Vermählung feiern kann.

Aber Linné war, zumindest was sein Auftreten in der Öffentlichkeit betraf, gesellschaftlich konservativ eingestellt und in sexuellen Dingen geradezu prüde. Er gestattete seinen vier Töchtern nicht, Französisch zu lernen, weil er fürchtete, sie könnten sonst auch die liberalen Maßstäbe des Landes kennen lernen. Als seine Frau eine Tochter zur Schule schickte, nahm er sie wieder heraus und erklärte, Bildung sei für Frauen »unsinnig«. Ebenso lehnte er das Angebot der schwedischen Königin ab, eine seiner Töchter am Hof aufzunehmen, denn er hatte Angst, eine solche Umgebung könne moralische Lockerheit fördern (womit er vermutlich Recht hatte). Deshalb sollten wir uns nicht wundern, dass Linnés sexuelle Metaphern für Pflanzen bei allem lyrischen Ausdruck meist farblos waren und sich streng im Bereich der Ehe bewegten.

Bei dem diametral entgegengesetzten Charakter Erasmus Darwin dagegen erreichte die sexuelle Bilderwelt für Pflanzen einen Höhepunkt. Darwin war politisch ein Vorkämpfer des Liberalismus, religiös vermutlich ein echter Atheist und in seinen Ansichten über Sexualverhalten bemerkenswert aufgeschlossen. Er hatte zwölf Kinder aus zwei glücklichen Ehen, lebte dazwischen unverheiratet mit einer dritten Frau zusammen und hatte aus dieser Verbindung zwei weitere Töchter, die sich später mit ihm und seiner zweiten Frau gut verstanden. Er befürwortete die Schulbildung für Frauen, und als seine beiden unehelichen Töchter eine Bildungsanstalt für Mädchen einrichteten, schrieb er ein Werk mit dem Titel *Plan for the Conduct of Female Education* (»Plan für die Handhabung der Frauenbildung«). Er war nicht für die Gleichberechtigung – welcher wohlhabende britische Mann im 18. Jahrhundert hätte schon eine solche Haltung vertreten? Zwar wollte er intelligenten Frauen die Schulbildung ermöglichen – aber nicht um sie auf einen Beruf vorzubereiten, sondern damit sie ihren Ehemännern bessere Gefährtinnen sein konnten.

Kurz gesagt, war Sexualität für Erasmus Darwin ein natürlicher

Teil einer vernünftigen, gesunden Weltordnung – und diese Haltung bot eine viel breitere Grundlage für Metaphern, die denn auch, als er die Sexualität der Pflanzen beschrieb, weit über den Bereich der Ehe hinausgingen. Außerdem entschied er sich für das einheitliche, nahe liegende Hilfsmittel, Staubblätter als Männer und Stempel als Frauen zu bezeichnen, und damit entwickelte Erasmus Darwin für die Pflanzen eine menschliche Bilderwelt, wie es in diesem Ausmaß weder Linné noch irgendein anderer Botaniker in Schriften für Laien jemals versucht hatte – und das obendrein noch in blumigen, heroischen Zweizeilern!

Darwins liberale Haltung kam der Tradition der Metaphern auf bewundernswerte Weise zugute, denn Linnés Bilder aus der eingeschränkten Welt der Ehe eigneten sich nicht sonderlich gut. Immerhin besitzen die meisten Blüten mehrere Staubblätter, aber nur einen Stempel – das heißt viele Männer für eine Frau, wenn man die Metapher bis an ihr logisches Ende treibt. Wir bleiben also auf dem bei Menschen nur selten beobachteten Phänomen der Polyandrie sitzen und nicht auf der üblicheren Missetat, die in William James' faszinierender Kurzfassung der zwischenmenschlichen Beziehungen unsterblich wurde:

> Hin und her und her und hin, die Frau hat einen nur im Sinn.
> Her und hin und hin und her, der Mann will mehr und immer mehr.

Ein kritischer Zeitgenosse Linnés erkannte diese Schwäche und lehnte die Bilder ab, »weil die große Menge der Ehemänner für eine Frau sich so wenig mit den Gesetzen und Gepflogenheiten unseres Volkes verträgt«. Aber der weniger eingeschränkte Erasmus Darwin konnte von zahlreichen Verehrern, Schönlingen und Liebhabern einer einzigen weiblichen Schönheit reden – deshalb verletzten seine vielgestaltigeren Personifizierungen weder Gesetze noch Gepflogenheiten.

The Loves of Plants ist keine sittenlose Schwelgerei, sondern eine Erzählung über genüsslich balzende Schäfer und Adlige in Arkadien. Aber Darwin beschreibt mit seinen Metaphern auch einige bemerkenswerte gesellschaftliche Situationen – und dieses Überstülpen menschlicher Angelegenheiten über die Pflanzen wird zu einem amüsanten Beispiel für eine andere verbreitete Gewohnheit, die den Brennpunkt dieses Essays bildet. Dass sie oft alles andere als lustig ist und sogar heimtückisch werden kann, belegen verschiedene historische Beispiele, darunter auch die bereits beschriebene »Vergewaltigung« der Stockenten.

Darwin meidet beispielsweise nicht an allen Stellen die von Linné benutzte eheliche Begrifflichkeit, und die daraus abgeleitete, unkonventionelle Polyandrie erkennt er durchaus an. Über *Iris* aus der Klasse der Triandria (Dreimänner) schreibt er:

Der schönen *Iris* Gluten heißer schwelen,
Drei Freier brüderlich sich ihr vermählen.

Andererseits beklagt er das Schicksal der Pflanzen aus der Klasse Monoecia, deren Männer und Frauen in demselben Haus (der Pflanze) in getrennten Betten (Blüten) liegen und sich deshalb irgendwie entfremden müssen:

Cupressus seine dunkle Braut verschmäht,
Ein Haus sie birgt, doch nicht dasselbe Bett.

Den tatsächlich getrennten Liebenden aus der Klasse Dioecia (deren männliche und weibliche Blüten sich auf unterschiedlichen Pflanzen befinden) zollt er Bewunderung für die Hartnäckigkeit, mit der sie über große Entfernung hinweg nach der unsicheren Vereinigung streben. Der nackte Stempel wächst heran und ruft die Schönlinge zu sich:

Die lose Schöne geizt mit Reizen nicht,
Schüttelt den Tau sich vom errötenden Gesicht,
Lässt lockend ihres Leibes Hüllen fallen,
Damit man sie erwähle unter allen.

Wie nicht anders zu erwarten, kommen die Staubblätter aus der Klasse Gynandria oder Männerfrauen (Stempel mit verwachsenen Staubblättern) nicht gut weg; sie werden als kraftlos und unterwürfig gebrandmarkt:

O riesge Nymphe! Liebesglut und Schrecken
Die mächtgen Reize der *Kleinhovia* wecken …
Gebieterisch entfacht sie das Verlangen
Der Burschen, die in ihren Armen bangen.

Die Männer der Klassen Didynamia und Tetradynamia (Zwei- und Vierkräfte, mit kürzeren und längeren Staubblättern) musste Darwin vermutlich zwangsläufig als Angehörige verschiedener gesellschaftlicher Schichten darstellen:

Zwei Ritter huldigen dir Seit' an Seit',
Melissa! Und zwei Knappen stehn bereit.

Und bei den Tetradynamia sind es vier Chefs und zwei Untergebene:

Am rauhen Hang vier Edle darum streiten,
Wer erster sei; zwei Diener sie begleiten.

Aber bei aller Toleranz für Vielfalt und Vielgestaltigkeit zieht Darwin doch eine Grenze. Bastardpaarungen zwischen den Gattungen, die keine fruchtbaren Samen liefern, verstoßen gegen jede moralische Schicklichkeit:

Caryos Lächeln des *Dianthus* Glut entzündet,
Sein Blick von schändlichem Begehren kündet;
Durch Kummerseufzer er ihr Herze rührt
Und zu verbotner Liebschaft sie verführt.

Noch ein letztes Beispiel führt Janet Browne an: Darwin räumt – vielleicht unbewusst – den Stempeln (Frauen) eine unterschiedliche Stellung ein, je nachdem, wie viele Staubblätter sich in einer Blüte befinden (oder in der Metapher: wie viele Männer sie beherrschen). Blüten aus der Klasse der Monandria (ein Stempel und ein Staubblatt) sind in monogamer, ehelicher Wonne vereint; über das Blumenrohr *Canna*, das zu seinem Leidwesen aus den Tropen ins kalte Großbritannien verpflanzt wurde, dort aber durch die Wärme hingebungsvoller Liebe überleben kann, schreibt er:

Canna mit krauser Stirn zum Himmel schaut
Und, groß und aufrecht, Treue schwört der Braut;
Das tugendhafte Paar aus milderen Regionen
fürchtet den eisgen Herbhauch unsrer Zonen.
Das rote Wams er um die Schöne schlägt,
Die Arme bergend um ihr Zittern legt.

Auch die »niederen« Pflanzen der letzten Klasse Cryptogamia stuft Darwin als ähnlich tugendhaft ein, denn sie verbergen wenigstens ihre Handlungen. Richtiges Mitleid zeigt er sogar mit dem Hinweis, dass auch die Kleinen und Hässlichen sich des sexuellen Genusses erfreuen können (mehr als Disney später seinen sieben Zwergen zugestand). Über die unterirdische Trüffel schreibt er:

Tief in der Erde dunklem Höhlenreich
Auf Bergflachslinnen, silbrig fein und weich
Die züchtige *Truffelia* sich ergibt
Dem Gnomengatten, den sie innig liebt.

Bei den mittleren Zahlen von vier bis sechs Staubblättern beschwört Darwin verschiedene Bilder von Werbung, Wollust und Sprödigkeit herauf. Die Männer zeichnet er als heftig balzende Verehrer und Schönlinge; die Frauen können kokett oder abweisend sein, aber in jedem Fall sind sie nicht leicht zu erobern:

Meadia verstand's, fünf Burschen zu betörn,
Die Hand in Hand die Schöne jetzt beschwörn;
Allein, sie schenkt kokett der ganzen Schar
Den dunklen Blick und wirft das goldne Haar.

Mehr Macht übt die strengere Schwester aus:

Chondrilla, die Despotin, lässt im Ganzen
Der Herzen fünf nach ihrer Pfeife tanzen;
Ein Seufzer reicht, sie alle zu bedrücken,
Ein Lächeln setzt sie sofort in Verzücken.

Aber Frauen, die von einer großen Männerschar (zehn oder mehr Staubblätter je Stempel) begleitet sind, werden ausnahmslos als wahrhaft abweisend oder ganz und gar königlich hingestellt:

Genista lieblich blüht im Myrtenhain;
Zehn Brüder um die stolze Jungfrau frein.

Wenn zwanzig Männer nach ihrer Pfeife tanzen, muss der Stempel wirklich eine mächtige Göttin sein:

Indes sich zwanzig Hohepriester reihn
Anbetend um den wunderbaren Schrein,
Harren streitende Heere und Völker in Bangen
Des Schicksalsspruchs, den sie empfangen.

Über solche typisch darwinschen Träumereien mögen wir lachen, aber aus dem Grundprinzip – unserem Hang, der angeblich objektiven Natur insbesondere in dem emotionsgeladenen Bereich von Sexualität und Geschlechtern menschlich-gesellschaftliche Schemata aufzudrücken – können wir etwas Wichtiges über die kulturelle Konstruktion von Wissen lernen. Ich möchte deshalb mit einem weiteren Linnéschen Beispiel vom anderen Ende der üblichen systematischen Leiter schließen. Dass Linné für unsere Wirbeltierklasse in seinem *Systema naturae* 1758 den Begriff »Mammalia« erfunden hatte, wusste ich, aber ich hatte immer geglaubt, er habe damit nur einem gebräuchlichen, umgangssprachlichen Wort eine neue Bedeutung verliehen. Londa Schiebinger wies jedoch in einem wichtigen, 1993 erschienenen Aufsatz nach, dass Linné das Wort wirklich erfunden hat – in keiner Sprache hatte man diese Gruppe warmblütiger, behaarter, lebend gebärender Wirbeltiere zuvor als Mammalier oder ähnlich bezeichnet.

In allen früheren Systemen hatte man unsere Verwandten anders eingeordnet und benannt. Aristoteles grenzte eine Wirbeltiergruppe namens Quadrupedia (Vierbeiner) ab, und die wichtigsten Untergruppen hießen Oviparia (geschuppte, Eier legende Tiere, unter anderem Reptilien und manche Amphibien) und Viviparia (behaarte, lebend gebärende Arten, also die meisten Säugetiere, nicht aber Fledermäuse, Wale und – am wichtigsten – Menschen). Zu Linnés Zeit war unsere Gruppe besser definiert, hatte aber keinen allgemein anerkannten Namen. John Ray beispielsweise, der bekannteste Vorläufer Linnés, hatte die Bezeichnung Pilosa (»Haarige«) vorgeschlagen, um offensichtlich verwandte Tiere einzubeziehen, die nicht das aristotelische Definitionsmerkmal der vier Beine besaßen.

Warum also entschied Linné sich für einen neuen Namen, und vor allem: Warum wählte er den seltsamen Begriff Mammalia, der ganz offensichtlich auf die weibliche Brust anspielt? Zunächst müssen wir uns klarmachen, wie unkonventionell seine Entscheidung war. Ganz allgemein und aus den üblichen sexistischen Gründen personifizieren wir aktive Phänomene häufig als männlich – und diese Gewohnheit sollte sicher auch für Tiere gelten, die man für besonders komplex hält. Wäre es Linné ausdrücklich um Gleichberechtigung gegangen, um die Beseitigung einer schlechten Gewohnheit durch gutes Vorbild, hätte er »Mammalia« aus diesem offenkundigen, politischen Grund wählen können. Aber wie ich bereits erwähnt habe, war Linné politisch ein Konservativer und den sexistischen Konventionen verhaftet. Insbesondere die Zoologen setzen diese kulturelle Tradition schon seit langem in die Praxis um, indem sie zur Darstellung aller Arten stets das Bild eines Männchens verwenden.

Warum also wählte Linné dann ein weibliches Merkmal zur Definition der größten Gruppe, wobei er zur Brüskierung der Männer auch noch die Beleidigung hinzufügte und sich eine Eigenschaft aussuchte, die Männer ebenfalls besitzen, aber nur in rudimentärer, nutzloser Form? Schiebinger vertritt die stichhaltige Ansicht, Linné habe die Entscheidung aus ideologischen Gründen getroffen, die von jedem Begriff der sexuellen Gleichberechtigung sehr weit entfernt sind. Der Schwede war tief in einen anderen, ebenso wichtigen Streit verstrickt, dieses Mal (so würden die meisten von uns es heute wohl einschätzen) auf der richtigen Seite: Er setzte sich dafür ein, die Menschen zusammen mit allen anderen Tieren *in* die Natur einzuordnen, während viele Naturforscher seiner Zeit noch darauf beharrten, es müsse ein eigenes Reich der beseelten, nach Gottes Ebenbild erschaffenen Wesen geben.

Propagandafachleute wissen seit eh und je, dass die richtige Namenswahl große Überzeugungskraft verleihen kann. Die Natur wurde fast immer weiblich personifiziert, eine kulturelle und sprachliche Tradition, die mindestens bis zu Chaucer zurückreicht. (Der Beleg findet sich im *Oxford English Dictionary* in dem Eintrag zu dem Wort »nature«; Chaucer schrieb 1374: »Nature had grete joy her to behelde.«) Wer die Menschen innerhalb der Natur einordnen und sich zu diesem Zweck einen rhetorischen Vorteil verschaffen will, wählt für die Definition unserer größeren Gruppe am besten ein weibliches Merkmal, das unsere Nähe zur Mutter Erde und ihren anderen belebten Hervorbringungen herausstreicht. Mit den gleichen Arbeiten, die uns innerhalb der Natur als Säugetiere definieren sollten, versuchte Linné interessanterweise auch, uns als Art auf Grund unserer geistigen Ausstattung abzugrenzen – und dabei wählte er eine männliche Kennzeichnung: den *Homo sapiens* (wobei man das lateinische *homo* allerdings auch allgemeiner als »Mensch« lesen kann, während *vir* gezielter den Mann bezeichnet).

Wir sind also Säugetiere und keine Haartiere – wieder einmal ein Vermächtnis einer allgegenwärtigen Geschlechterpolitik. (Ich werde den komplizierten, klugen Argumenten von Schiebinger nicht in vollem Umfang gerecht. Sie nennt viele weitere Belege, so Linnés aktive Beteiligung an Bestrebungen, das Stillen durch Ammen abzuschaffen – er versuchte reiche Frauen davon zu überzeugen, dass die Abwendung von der Natur nichts Gutes ist, sondern dass sie mit unserem gemeinsamen Erbe in Verbindung treten und ihre Kinder selbst stillen sollten.)

Wenn wir im Kern dessen, was wir für objektives Wissen halten, von einem solchen Dunst gesellschaftlicher Vorurteile umgeben sind, welche Aussichten haben wir dann überhaupt, eine Natur zu verstehen, die in so vielerlei Hinsicht außerhalb von uns selbst liegt? Ich habe darauf keine einfache Antwort, aber die großen Denker bieten uns ein paar Brocken an, die wir in eine Lösung einbeziehen können. Da William Blake sich entschloss, seinen Charakter gegen die Verlockungen von Hayleys angenehmem Mäzenatentum zu bewahren, bietet er in seinen eigentümlichen, oftmals sibyllinischen Gedichten mehrere Erkenntnisse. Betrachten wir einmal zwei Gedanken aus seinen *Songs of Innocence*, die im gleichen Jahr erschienen wie Darwins *Loves of the Plants*. Natur und gesellschaftliches Leben sind nicht völlig verwoben, und viel Ungerechtigkeit liegt vor unserer eigenen Tür:

Als die Mutter mir starb, war ich noch sehr jung,
Und mein Vater verkauft' mich, kaum dass meine Zung'
Rufen konnt': »Wehe, o weh!«, denn ich muss
Schornstein' nun fegen und schlafen im Ruß.*

Und damit wir nicht der alten Versuchung verfallen, unsere schlimmsten Eigenarten auf unser biologisches Erbe zurückzuführen, sollten wir auch an etwas anderes denken: Was wir »Natur des Menschen« nennen, umfasst zwischen allen Neigungen, die wir als böse bezeichnen, auch das Potenzial für viel Gutes:

Denn Gnade hat ein menschlich Herz,
Ein menschliches Antlitz Barmherzigkeit,
Liebe die göttliche Menschengestalt
Und Frieden das menschliche Kleid.**

* »Der Schornsteinfeger« (The Chimney Sweeper) aus: William Blake, *Zwischen Feuer und Feuer*, München 1996.
** »Das Bild Gottes« (The Divine Image), ebd.

33. Vier Metaphern in drei Generationen

Meine erste Griechenlandreise wurde zu einer höchst erfrischenden Erfahrung des Normalen: Ich erfuhr, dass viele unserer abstraktesten und hoch gestochensten Wörter, mit denen Pedanten häufig ihre Kenntnis der alten Sprachen unter Beweis stellen und die allgemeine Öffentlichkeit von solchen verfeinerten Kenntnissen ausschließen wollen, im Land ihres etymologischen Ursprunges ganz einfache, gewöhnliche Dinge bezeichnen. In einem seligen Augenblick fröhlicher Vermessenheit glaubte ich, ganz Griechenland wolle unsere Theorie des unterbrochenen Gleichgewichts feiern, deren zentrale Aussage sich auf die von Niles Elredge und mir so genannte »Stasis« bezieht, den Mangel an nennenswerten Veränderungen während der erdgeschichtlichen Lebensdauer der meisten biologischen Arten. (Klar, wir hätten das Phänomen auch einfach »Stabilität« nennen können, aber »Stasis« hatte einerseits so einen hübschen Anklang von Fachsprache und stand andererseits der Umgangssprache noch so nahe, dass man es verstehen konnte.) Als ich dann aber all die großen, rechteckigen Fahrzeuge sah, die sich in Richtung der Schilder mit der Aufschrift »Stasis« bewegten, erkannte ich, dass man hier mit diesem Wort einfach die Bushaltestellen kennzeichnete.

Ich erfuhr auch eine Menge über abgeleitete Begriffe und Bedeutungsveränderungen. So wunderte ich mich beispielsweise, dass der Flughafenterminal für Inlandsflüge »esoteriki« hieß – schließlich sind esoterische Dinge fremdartig und geheimnisvoll, und deshalb, so glaubte ich, müsste der Eingang für Ausländer im internationalen Terminal diese Beschriftung tragen. Wie ich aber später

Der Autor erfährt, was *Stasis* in Griechenland bedeutet.

aus meinem *Oxford English Dictionary* erfuhr, nahm das englische Wort »esoteric« die Bedeutung »geheimnisvoll« an, weil man damit Kenntnisse meinte, die nur von den eingeweihten Mitgliedern eines inneren Kreises bewahrt wurden und anderen deshalb als Hokuspokus erschienen. Das griechische »eso« bedeutet »innen« und passt deshalb durchaus zu Inlandsflügen (dort sollte man es schließlich wissen). Ebenso verstand ich nicht, warum der Bereich in einer Kirche, der für Kerzen und Votivgaben vorgesehen war, die scheinbar genau entgegengesetzte Bezeichnung »anathemata« trug.* Aber das griechische *anathema* ist ein Opfer (wörtlich »etwas Aufgestelltes«). In griechischen Kirchen verwendet man es in dem ursprünglichen Sinn eines Gegenstandes, »der dem religiö-

* Engl. *anathema* = Verhasstes (Anm. d. Übers.).

sen Gebrauch gewidmet oder geweiht ist«; erst später engte sich die Bedeutung des Wortes in dem entgegengesetzten Sinn auf »ein dem Bösen gewidmetes Ding« ein (im Kirchenlatein ist *anathema* ein Mensch, der exkommuniziert wurde).

Als ich eines Tages in einem Straßencafé saß und den Anblick der Akropolis genoss, hielt ein Lieferwagen am Bordstein und versperrte die Aussicht auf den Parthenon. Zunächst ärgerte ich mich, aber als ich dann zusah, wie die Fahrer ein paar Möbelstücke ins Nachbarhaus trugen, war ich höchst erbaut: Auf dem Wagen stand »metaphora«. Mir ging ein Licht auf: *phor* ist die Wurzel des Verbs »tragen«, und das Präfix *meta* bedeutet »Wechsel von Ort, Ordnung, Zustand oder Wesen«. Ein Möbelwagen hilft, eine Ordnung zu verändern, indem er etwas von einem Ort zum anderen transportiert – deshalb ist er sicher ein »Metaphor«. Später erfuhr ich, dass man alle möglichen Transportmittel als Metaphora bezeichnet, so auch die Karren für das Fluggepäck.

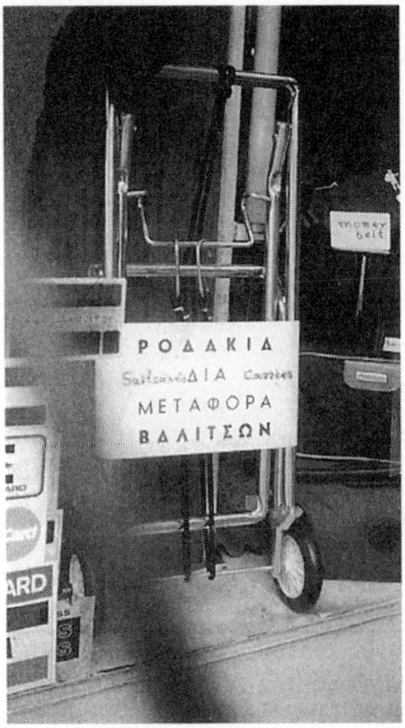

Metaphorisch kann man nicht nur Gedanken, sondern auch Gepäck transportieren.

Wie angenehm! In der Schule hatten mich die vergeblichen Bemühungen, die Unterschiede zwischen verschiedenen übertragenen Darstellungen zu begreifen, fast zum Heulen gebracht: Metaphern, Gleichnisse, Eponyme, Metonyme, Synekdochen – und das nachdem ich immerhin schon den Unterschied zwischen Iamben und Daktylen beherrschte. (Alle diese Wörter lernte ich übrigens nicht an irgendeiner feinen Privatschule, sondern in P.S. 26, Queens. So etwas wurde vor noch nicht allzu langer Zeit an staatlichen Schulen in New York gelehrt.) Hätte ich doch nur damals schon etwas über diesen konkreten kleinen Lieferwagen gewusst! Eine Metapher bringt uns von einem (vielleicht schwer verständlichen) Gegenstand zu einem anderen (der leichter zu begreifen ist und deshalb durch die Analogie hilft, die ursprüngliche Aussage zu verstehen).

Ich liebe Metaphern; in diesen Essays verwende ich sie ständig, und ich habe sogar ein- oder zweimal eine Kolumne speziell über Metaphern und ihren Gebrauch geschrieben. Der menschliche Geist ist ein seltsam beschränktes, umständliches Hilfsmittel. Wir halten uns für logisch, als könnten wir mehrere Argumente in deduktiver Reihenfolge vom Anfang bis zur unausweichlichen Schlussfolgerung durchdenken. In Wirklichkeit gehen wir fast nie auf diese idealisierte Weise vor. Immer begegnen uns Hindernisse und Lücken, die einen kreativen Gedankensprung erfordern. Und um diese Phantasiesprünge zu vollziehen, brauchen wir Transportmittel – Metaphern. Außerdem liefern die von einem Experten gewählten Metaphern meist die besten Einblicke in seine bevorzugte Denkweise und die umgebenden gesellschaftlichen Umstände, die alle Überlegungen der Menschen – auch die wissenschaftlichen, die in unserer Mythologie oft als völlig objektiv gelten – so stark beeinflussen.

Aber Metaphern beinhalten auch eine doppelte – literarische und intellektuelle – Gefahr: Was ihren Aufbau angeht, sind sie manchmal so töricht oder beschränkt, dass wir am Ende keine Erleuchtung erleben, sondern nur noch lachen (oder den Kopf schütteln). Als berühmtes Beispiel möchte ich den Eröffnungsvers des Psalms 42 anführen: »Wie der Hirsch lechzt nach frischem Wasser, so schreit meine Seele, Gott, zu dir.« (Gegen dieses Bild hatte ich besondere Vorbehalte, denn ich lernte den Psalm zum ersten Mal durch mündlichen Vortrag kennen und stellte mit keinen Hirsch [engl. hart] vor, sondern das Herz [heart], und ich konnte mir wirklich nicht vorstellen, was eines meiner inneren Organe mit frischem Wasser zu tun haben sollte. Ebenso hatte ich Schwierigkeiten mit einer lechzenden Seele – ein lechzender Hund, ja; eine körperlose Form meiner selbst, die lechzt? Niemals.) Begrifflich betrachtet, sind viele Bilder schlichtweg falsch – von der Leiter der Lebewesen über den König der Biere bis zum Reich des Bösen.)

Die Unterscheidung zwischen Metaphern – nützlichen und wirkungslosen, scharfsinnig-einsichtigen und entsetzlich irreführenden – ist deshalb ein wichtiges Element, wenn man eine komplizierte Argumentation aufbauen oder beurteilen will. Aber wie gelangen wir zu einem Katalog der Kriterien? Ich möchte mich mit diesem entscheidenden Thema nicht im abstrakten Sinn befassen, sondern mit dem vorliegenden Essay passende Beispiele liefern – in der Hoffnung, dass wir daraus einige allgemeine Richtlinien ableiten können. Ich werde dazu zwei berühmte, miteinander verwandte Autoren erörtern: einen Großvater und seinen weitaus bekannteren Enkel. Und ich werde vier Metaphern wiedergeben, die für die wichtigsten Gedankengänge der beiden Schriftsteller jeweils eine zentrale Stellung einnehmen. Ich werde die Behauptung aufstellen, dass Großvater Erasmus Darwin mit seinen Bemühungen kaum mehr als einen Wortschwall zuwege brachte, während Enkel Charles seine Epoche machende Theorie der Evolution durch natürliche Selektion mit griffigen Metaphern nicht nur verdeutlichte, sondern auch durchsetzte.

Erasmus Darwin (1731–1802), ein bekannter liberaler Denker der britischen Aufklärung, erfolgreicher Arzt und Naturforscher sowie ein angesehener Dichter im damals beliebten Stil der heroischen Zweizeiler (die nicht in Daktylen, sondern in iambischen Pentametern geschrieben sind; Sie sehen, Mrs. Ponti, ich weiß den Unterschied noch), brachte 1789 sein bemerkenswertestes Werk heraus, die im vorigen Kapitel beschriebenen *Loves of Plants*. In vier Gesängen, die 238 Seiten mit Versen füllen, beschrieb und verdeutlichte er Linnés System, das Pflanzen nach ihren Geschlechtsorganen einteilte. Er personifizierte die Staubblätter als Männer sowie die Stempel als Frauen und zog daraus in heroischen Zweizeilern die Konsequenzen. Als wäre dieses Hilfsmittel noch nicht Metapher genug, fügte Erasmus Darwin dann noch eine weitere Ebene hinzu: Er verglich die personifizierte Blüte mit Elementen aus der klassischen Mythologie oder Ereignissen seiner Zeit. Um sein Vorgehen zu verdeutlichen, werde ich vier derartige sekundäre Metaphern erörtern, die ich zugegebenermaßen wegen ihrer besonders farbigen Bilderwelt ausgewählt habe (für Darwins dichterische Methode sind sie aber keineswegs untypisch).

1. SEQUENZIELLE BEFRUCHTUNG BEI *GLORIOSA* UND DER SELBSTMORD VON NINONS SOHN. *Gloriosa* gehört zu Linnés Klasse der Hexandria, die in jeder Blüte einen Stempel und sechs Staubblätter besitzen. Darwin muss in seiner ersten Metapher also sechs Liebhaber einer einzigen Frau beschreiben. Da die Befruchtung bei *Gloriosa* sequenziell erfolgt – zunächst werden drei Staubblätter aktiv, später folgt die zweite Dreiergruppe –, bedient Darwin sich des gefährlichen Bildes von Ms. Robinson, der gealterten Verführerin, die mit Listen die zweite Gruppe fesselt, nachdem ihre körperlichen Reize dahingeschwunden sind:

Als sie noch, unter ihrem wilden Haar,
In ihrer Jugend zarter Blüte war,
Drei auserkorne Burschen *Gloriosa* zog
In ihrer jungfräulichen Schönheit Sog.
Nun, da die unbarmherz'ge Hand der Zeit
Sie hüllt' in Silberhaar und Faltenkleid,
Drei weitere Burschen sie im Nu betört
Durch Künste, die die Jahre sie gelehrt.

Anschließend klopft Darwin die Metapher mit einem anderen Bild aus der jüngeren Geschichte fest. Ninon de Lenclos (1620 bis 1705), die Geliebte von mehr berühmten Franzosen, als ich auf dem begrenzten Raum dieses Essays aufzählen kann, war am Ende ihres Lebens eine angesehene Prominente (Voltaires Vater verwaltete ihre Geschäftsangelegenheiten, und sie hinterließ dem jungen Voltaire testamentarisch Geld), aber aus ihren jüngeren Jahren gibt es eine ganze Reihe von Anekdoten, darunter eine Geschichte, wonach sie ihren eigenen Sohn sexuell verführt haben soll (mit üblen Folgen); diese zog Erasmus Darwin als metaphorischen Vergleich mit *Gloriosa* heran – was völlig unzutreffend ist, denn die Staubblätter von *Gloriosa* liegen in einer einzigen Blüte und stellen dieselbe Generation dar, ganz gleich, wie groß der Abstand zwischen den Befruchtungsereignissen ist:

So wie Ninon, im ersten Welken schon,
Entflammte ihren ahnungslosen Sohn;
In seinen Armen erst sie ihn beschwor
»Halt ein! So zügle dich, du Tor.
Auf diesem Bett stieß dich dereinst ins Leben
Mein Leib, ward dir die Brust gegeben.«
Als stünd vor ihm der Tod, fuhr er zurück,
Starrte die Mutter an mit irrem Blick,
Sank auf das Knie, das Herz von Pein zerrissen,
Sah einmal noch verstohlen auf die Kissen,
Tat zitternd dann, ein stummes Hauchen nur,
Zum Himmel einen reu'gen Bußeschwur,
»So sei's!« rief er und senkte grimm den Pfeil
Ins Herz, daß Lieb und Leben ihm enteil.

2. DIE VERBREITUNG DER SAMEN VON *IMPATIENS* UND DER MORD AN MEDEAS KINDERN. Über *Impatiens*, das »Rühr-mich-nicht-an«, schreibt Darwin genau vier Zeilen; darin erklärt er, wie die Pflanze bei jeder Berührung zur Zeit der Samenreife »plötzlich eine Spiralform annimmt … und ihre Samen über große Entfernung ausstreut«. Anschließend folgt drei Seiten lang der Bericht von Euripides über Medea, die ihre eigenen, von Jason (dem berühmten Helden mit dem Goldenen Vlies) gezeugten Kinder tötet, nachdem dieser sie wegen der Tochter des Königs Kreon verlassen hat. Der Vergleich mit *Impatiens* wirkt entsetzlich weit hergeholt, denn die Samen der Pflanze sind fruchtbar, und was hat ihr Wachstum mit dem Kindermord gemein – abgesehen davon, dass Medea ihre ermordeten Sprösslinge auf die Erde warf, wie *Impatiens* seine Samen kraftvoll zu Boden schleudert. Außerdem muss man bei vier Zeilen über *Impatiens* und drei Seiten über Medea den Verdacht haben, dass Darwin die Botanik nur als Vorwand benutzt, um die tragische Geschichte von Euripides noch einmal in allen blutigen Einzelheiten zu erzählen, statt mit der Geschichte über die Menschen neue Erkenntnisse über die Pflanze zu vermitteln, wie er vorgibt:

Dreimal mit trockner Lipp die Kindlein fest
Sie an den schmerzgequälten Busen presst,

Verdreht die Augen himmelwärts vor Pein
Eh in ihr eigen Blut den Dolch sie stößt hinein.
»Fahrt hin, auf dass das Glück vollkommen werde!«
Schreit sie und wirft die Leiber auf die Erde.

3. PFLANZEN, DIE IHRE SAMEN MIT DEM WIND VERBREITEN, UND DER BALLON DER GEBRÜDER MONTGOLFIER. Zu Beginn seines zweiten Gesanges beschreibt Darwin mehrere Pflanzen, die ihre Samen vom Wind verbreiten lassen. Wir selbst haben die Aufregung miterlebt, als die ersten Menschen in den Weltraum flogen, und für unsere Großeltern waren die ersten Tage der Luftfahrt ebenso spannend; genauso empfand die Generation von Erasmus Darwin das Hochgefühl, als Menschen sich durch die Erfindung des Heißluftballons zum ersten Mal von der Erde erhoben. Die Pioniere dieser Kunst, die Gebrüder Mongolfier in Frankreich, wurden zu größeren Helden der Kultur als die Gebrüder Wright, Charles Lindbergh oder Neil Armstrong mit seinem großen Schritt für die Menschheit. Darwin schrieb liebend gern über seine großen Zeitgenossen, und wieder einmal hat man den Eindruck, dass die Pflanzen als Vorwand für den Bericht über Leistungen der Menschen dienen und nicht umgekehrt, wie er es mit seiner Methode der Metaphern angeblich beabsichtigt. Besonders lyrisch verpackt Darwin seine Beschreibung über den Flug des Mongolfier-Ballons oberhalb des Kosmos – und dabei geht er so weit, dass wir ein paar Fußnoten brauchen werden (sie stehen nach dem Zitat), um die blumigen Bilder auseinander zu pflücken:

Ins uferlose Blau ließ Galliens Sohn
Entschweben seinen mächtigen Ballon;
Hell wie ein Meteor in immer größre Höh
Gleitet das seidne Rund durch die azurne See …
Steig, großer Montgolfier! Passier in kühnem Flug
Des eisgen Mondes bleichen Spiegeltrug,
Die Sternensichel, deren strahlend Licht
Im Osten von des Morgens Nahen spricht;
Lass hinter dir Mars' rotes Aug, umschwing
Jupiters helle Wächter, Saturns kristallnen Ring,
Lass hinter dir die Strahlen, die von fern

Herangereist, umspieln den Georgsstern;
Für dich rückt Kassiopeia gern ein Stück
Und zieht der große Bär die Tatz zurück.

Um das überhaupt verstehen zu können, muss man sich zunächst einmal vorstellen, dass der Montgolfier-Ballon sich immer weiter von der Erde entfernt. Als Raumschiff passiert er den Morgenstern Venus (»die von des Morgens Nahen spricht«), der wie der Mond seine Phasen hat (»Sternensichel«). Dann wandert er der Reihe nach zwischen den Planeten – Mars, Jupiter und Saturn – hindurch und schließlich zu den Sternen, wo die Sternbilder Kassiopeia und Ursa major (der Große Bär) Platz machen, um den Ballon vorbeizulassen. Aber jetzt müssen wir zu der schwierigen Frage zurückkehren (einen Vierteldollar für jeden Leser, der die Antwort schon vor der Lektüre dieses Absatzes wusste)*: Was ist der »Georgsstern«? Die Antwort: der Planet Uranus, der nach dem Saturn kommt. Als der große Astronom William Herschel 1781 – nur acht Jahre vor Darwins Buch – den Uranus als ersten Planeten mit dem Teleskop entdeckte, bezeichnete er den neuen Himmelskörper zu Ehren seines Dienstherrn George III. als Georgium Sidus (Georgsplanet). Zum Glück für die Amerikaner, die nie viel von dem verrückten George hielten – insbesondere nachdem Jefferson der Unabhängigkeitserklärung eine so eindrucksvolle Liste seiner Missetaten angefügt hatte –, hatte diese Übung in chauvinistischer Namengebung keinen Bestand. Alle anderen Planeten trugen klassische Namen, mit denen keine modernen Staaten oder Herrscher geehrt wurden, und deshalb übernahmen die Astronomen schließlich einen Vorschlag, den J. E. Bode im Jahr von Herschels Entdeckung machte: Von nun an hieß der neue Planet

* Unfair! Unfair! Mein Kollege, der bekannte Astronomiehistoriker Owen Gingerich, meldete sich und verlangte den Preis. Ich versuchte ihm zu erklären, dass ich die Aufgabe meinen Lesern gestellt hatte, die Laien sind, und nicht den Fachleuten – dass *er* es wusste, war mir klar! Aber er erwiderte zu Recht, ich hätte diese Einschränkung nicht ausdrücklich gemacht, und deshalb müsse ich zahlen – er wollte keine Münze mit einem anderen George auf der »Kopf«-Seite, sondern einen Scheck, den er seinen Bekannten zeigen konnte. Nun ja, ich bin ein ehrlicher Mensch, und deshalb rückte ich mit dem Geld heraus. Aber zu meiner Zufriedenheit versicherte er mir wenigstens, er werde das Ding nicht einlösen (dafür wird er mir vielleicht die Peinlichkeit bereiten, es an die Wand zu hängen)!

Uranus, nach dem Vater des Saturn (genau wie Saturn der Vater Jupiters war, sodass der Zusammenhang zwischen Entfernung und Generationenfolge erhalten blieb).

4. WANDERNDE PFLANZEN VON DER GEBURT MOSE BIS ZUR ABSCHAFFUNG DER SKLAVEREI. Am Ende des dritten Gesanges steht Darwins umfangreichste und am weitesten hergeholte Metapher. Zunächst erwähnt er amerikanische Pflanzen, deren Samen den Atlantik überqueren und in Europa immer noch keimen können:

Wo des Ontarios mächt'ge Flut sich meerwärts schiebt
Und beidseits dichter Wildnis Nahrung gibt,
Sinkt beim Geheul der Wälder der schönen *Cassia* Mut,
Bang gibt sie ihre Kinder in des breiten Stromes Hut;
Sanft weht der Wind, der Strömung Gnade
Trägt sachte sie an Norwegens Gestade.

Der Vergleich mit Mose scheint nahe zu liegen, denn der große Prophet wurde in einem Korb auf den Nil gesetzt und in sichere Gefilde getrieben:

Ein Wiegelein ihm aus Papyrus flicht,
Mit Lotusblättern noch bedeckt den kleinen Wicht;
Die weiße Brust reicht seiner Lippen Drängen,
Ihn stillt mit Milch, in die sich Tränen mengen,
In frommer List vom schilfgen Ufer schaut,
Des Nils gefräßgen Schuppenmonstern traut.

Der Wechsel zur Sklaverei ist ein wenig gezwungen. Mose nahm das Joch von seinem Volk (»let my people go«), die Sklaven dagegen wurden wie Pflanzensamen über das Meer transportiert:

Auch jetzt noch, jetzt, an jenem Küstenstrich
Schreit laut die Pein, weint die Verzweiflung bitterlich:
Auch jetzt noch in Afrikens Wäldern die grimmge Sklaverei
hetzt gellend ihre Beute und lässt die Höllenhunde frei.

Aber die Verantwortlichen in England haben es in der Hand, dieser Geißel ein Ende zu machen:

Ihr Senatoren, deren Stimme in Britannias Reich
Und beiden fernen Indien wieget gleich,
Die ihr der Unrechtsopfer Beistand seid,
Hört diese Wahrheit, ihr vom hohen Rat!
Wer Unterdrückung duldet, trägt mit die böse Tat.

Bewundernswerte Empfindungen, nachdrücklich (wenn auch ein wenig blumig) ausgedrückt – aber ganz schön weit weg von schwimmenden Samen.

Charles Darwin unternahm im Gegensatz zu seinem Großvater keine Versuche, Lyrisches zu schreiben. Er verfasste *Die Entstehung der Arten*, die 1859 erschien, als allgemeines Werk für ein gebildetes Publikum und nicht als fachliche Abhandlung für Spezialisten. Dennoch ist seine Prosa bei aller Klarheit auch ein wenig trocken und maßvoll. *Die Entstehung der Arten* liefert über weite Strecken schlicht Tatsachen, die für die Evolution sprechen.

Aber auch Charles Darwin wusste, dass man schwierige, umstrittene Ideen nicht allein durch eine Anhäufung von Fakten begreiflich machen kann, sondern dass man sie auch sprachlich überzeugend darstellen muss. (In einem berühmten Absatz bezeichnet Darwin sein Buch als »ein langes Argument«.) Außerdem spürte er, dass Bilderwelt und Metaphern ein unverzichtbares Hilfsmittel für die Überzeugungsarbeit sind. An mehreren entscheidenden Stellen des Buches macht er deshalb wesentliche Aussagen mit Metaphern deutlich. Ich bewundere diese Passagen schon seit langem und habe sie in meinen Essays häufig erörtert. Deshalb möchte ich hier nicht in die Einzelheiten gehen, sondern nur die entscheidende Bedeutung solcher Hilfsmittel beschreiben.

Charles verfolgt eine völlig andere Strategie als sein Großvater. Erasmus versuchte, uns in einem blumigen Wortschwall zu ertränken, und damit schuf er eine so dicke Suppe, dass die wenigen ausgezeichnet schmeckenden Brocken in diesem Brei völlig untergehen. Charles kannte den Wert vieler Metaphern, von der Nadel im Heuhaufen bis zu den Rosen unter Dornen. Er begriff, dass man sie sparsam einsetzen sollte, und verblüfft uns deshalb alle paar Dutzend Seiten mit einer so treffenden, farbigen Metapher, dass die natürliche Selektion von einem verwickelten, abgelegenen Begriff zu einem alten Freund wird. Betrachten wir einmal meine vier Lieblingsstellen, darunter das Kernstück des ganzen Buches.

1. ÄUSSERE ERSCHEINUNG UND DIE TIEFERE WIRKLICHKEIT DER NATUR. Darwin stand dem nicht unerheblichen Problem gegenüber, dass er bei seinem Publikum die grundlegenden Vorstellungen von der Ordnung der Natur neu ausrichten musste. In den Augen der meisten Menschen war die Natur grundsätzlich wohlwollend, von einem liebenden Gott in aller Vollkommenheit erschaffen und vorwiegend zum Nutzen der Menschen da. Hier verlangte Darwins Theorie eine völlige Umkehrung: Seine Welt hat von sich aus kein Ziel, und begrenzte Ordnung entwickelt sich nur als Nebeneffekt der wirklichen Kausalität – durch den Kampf der Lebewesen um Fortpflanzungserfolg. Um diesen Wechsel der Sichtweise zu erleichtern, entwickelte Darwin eine hervorragende Metapher, mit der er die äußere Erscheinung der inneren Wirklichkeit gegenüberstellte:

> Wir sehen das Antlitz der Natur in Heiterkeit strahlen, wir sehen oft Überfluss an Nahrung; aber wir sehen nicht oder vergessen, dass die Vögel, welche um uns her müßig und sorglos ihren Gesang erschallen lassen, meistens von Insekten oder Samen leben und mithin beständig Leben zerstören; oder wir vergessen, wie viele dieser Sänger oder ihrer Eier und ihrer Nestlinge unaufhörlich von Raubvögeln und Raubtieren zerstört werden.

2. DIE TREIBENDE KRAFT DES WETTBEWERBS IN EINER ÜBERVÖLKERTEN WELT. Damit die natürliche Selektion erbarmungslos wirken kann, muss die Welt voller Konkurrenten sein, denn sonst könnten schlecht angepasste Formen ewig weiterleben, indem sie zuvor nicht besiedelte Domänen besetzen. Diese Erkenntnis ist für Darwins Argumentation entscheidend; deshalb spricht er die Vorstellung vom ständigen Wettbewerb zunächst direkt an, und dann unterstreicht er die zentrale Aussage mit einer Metapher über natürliche Überfüllung: Neue Formen können nur dann auf besetztes Gelände vordringen, wenn sie andere vertreiben (neue Keile drängen sich – um ein anderes bekanntes Bild zu gebrauchen – mit der dünnen Seite hinein und schieben andere schließlich hinaus).

> Bei Betrachtung der Natur ist es nötig ... nie zu vergessen, dass man von jedem einzelnen organischen Wesen sagen kann, es strebe nach der äußersten Vermehrung seiner Anzahl, dass jedes in irgendeinem Zeitabschnitte seines Lebens in einem Kampfe begriffen ist, und dass eine große Zerstörung unvermeidlich in jeder Generation oder in wiederkehrenden Perioden die jungen oder alten Individuen befällt ... Die Natur kann mit einer Fläche verglichen werden, auf welcher zehntausend scharfe, sich einander berührende Keile liegen, welche durch beständige Schläge nach innen getrieben werden.

3. DER BAUM DES LEBENS. Die Theorie der natürlichen Selektion legt Darwin in den ersten vier Kapiteln der *Entstehung der Arten* dar. (Den Rest des Buches widmet er der Aufgabe, Einwände zu widerlegen und Belege für die Evolution aufzuzählen.) Als Zusammenfassung seiner ganzen Argumentation präsentiert Darwin am Ende des vierten Kapitels eine komplizierte Metapher, in der er die Geschichte des Lebens mit einem Baum vergleicht. Natürlich hat Darwin das Bild vom Baum des Lebens nicht erfunden – es kommt schon in der Bibel vor (zum Beispiel Sprüche Salomons 3,18) und diente auch dazu, die systematischen Beziehungen zwischen den Lebewesen zu verdeutlichen. Aber Darwin fügte ein dynamisches Element hinzu: Er verglich lebende und abgestorbene Zweige mit erfolgreichen und durch natürliche Selektion gescheiterten Abstammungslinien (wobei ausgestorbene, fossile Gruppen als abgebrochene Zweige unten am Stamm des Baumes dargestellt werden) – ein großartiges, kompliziertes Bild, in dem sich systematische Struktur und Kausalität der Entstehung verbinden.

> Die Verwandtschaften aller Wesen einer Klasse zueinander sind manchmal in Form eines großen Baumes dargestellt worden. Ich glaube, dieses Bild entspricht sehr der Wahrheit. Die grünen und knospenden Zweige stellen die jetzigen Arten, und die in voran-

> gehenden Jahren entstandenen die lange Aufeinanderfolge erloschener Arten vor. In jeder Wachstumsperiode haben alle wachsenden Zweige nach allen Seiten hinaus zu treiben und die umgebenden Zweige und Äste zu überwachsen und zu unterdrücken gestrebt, ganz so wie Arten und Artengruppen andere Arten in dem großen Kampfe ums Dasein überwältigt haben. Die großen in Zweige geteilten und in immer kleinere und kleinere Verzweigungen abgeteilten Äste sind zur Zeit, wo der Stamm noch jung war, selbst knospende Zweige gewesen; und diese Verbindung der früheren mit den jetzigen Knospen durch sich verästelnde Zweige mag ganz wohl die Klassifikation aller erloschenen und lebenden Arten in Gruppen darstellen, die wiederum anderen Gruppen untergeordnet sind.

Dann beschließt Darwin das Kapitel mit einer seiner seltenen Passagen echter lyrischer Prosa:

> Wie Knospen durch Wachstum neue Knospen hervorbringen und wie auch diese wieder, wenn sie kräftig sind, sich nach allen Seiten ausbreiten und viele schwächere Zweige überwachsen, so ist es, wie ich glaube, durch Zeugung mit dem großen Baume des Lebens ergangen, der mit seinen toten und abgebrochenen Ästen die Erdrinde erfüllt, und mit seinen herrlichen und sich noch immer weiter teilenden Verzweigungen ihre Oberfläche bekleidet.

4. DARWINS ENTSCHEIDENDES ARGUMENT STÜTZT SICH NICHT AUF UNMITTELBARE BELEGE, SONDERN AUF EINE ANALOGIE. Die zuvor genannten drei Metaphern sind nützliche Bilder zur Verdeutlichung wenig vertrauter – und sogar gesellschaftlich angreifbarer – Vorstellungen, die für die Anerkennung der natürlichen Selektion von entscheidender Bedeutung sind. Aber Darwin bedient sich der Metapher noch auf eine tiefer gehende Weise: Seine gesamte Argumentation wurzelt in einer grundlegenden Analogie. Zu Beginn seines Buches erörtert er die Zucht von Haustauben, und dabei liefert er umfangreiche – wohlbekannte, vollständig belegte und niemals angezweifelte – Informationen über einen beträchtlichen historischen Wandel, der durch menschliche Eingriffe bei der Zucht von Haustieren und Nutzpflanzen entstanden ist. Aber Darwin wusste, dass er sich allein mit einem Bericht über solche unumstrittenen Tatsachen nicht durchsetzen konnte; er musste seine Leser überzeugen, dass auch viel größere Veränderungen über weitaus längere Zeiträume hinweg durch derartige Verwandlungen entstehen können. In geologischen Zeiträumen kann man aber nicht unmittelbar experimentieren; die Ergebnisse der umfassenden Evolution lassen sich zwar belegen, aber wie soll man nachweisen, dass natürliche Selektion die Ursache war? Hier bedient Darwin sich einer großartigen Analogie: Wenn Menschen bekanntermaßen in begrenzter Zeit und durch den Vorgang, den Darwin als künstliche Selektion bezeichnet, kleine Veränderungen herbeiführen können, sind die viel größeren Kräfte der Natur mit Sicherheit in der Lage, in den gewaltigen zur Verfügung stehenden Zeiträumen jedes beliebige Maß an Evolution zu bewirken – und zwar durch einen Vorgang, den Darwin in Analogie als natürliche Selektion bezeichnete. Unsere kleine, aber handfeste Welt der Nutztierzucht und Landwirtschaft wird so zum metaphorischen Mikrokosmos für die nicht beobachtbare Größe der Natur:

> Da nun der Mensch durch methodisch und unbewusst ausgeführte Wahl zum Zwecke der Nachzucht so große Erfolge erzielen kann und gewiss erzielt hat, was mag nicht die natürliche Zuchtwahl leisten können? Der Mensch kann nur auf äußerliche und sichtbare Charaktere wirken; die Natur ... fragt nicht nach dem Aussehen ... Sie kann auf jedes innere Organ, auf jede Schattierung einer konstitutionellen Verschiedenheit, auf die ganze Maschinerie des Lebens wirken ... Wie flüchtig sind die Wünsche und die Anstrengungen des Menschen! wie kurz ist seine Zeit! wie dürftig werden mithin seine Resultate denjenigen gegenüber sein, welche die Natur im Verlaufe ganzer geologischer Perioden angehäuft hat!

Wenn wir die Frage stellen, warum Erasmus' Metaphern so wenig hilfreich und sogar aufdringlich sind, während die von Charles so gut passen und nützen, fallen zwei wichtige Unterschiede auf: Erstens wirken Erasmus' Vergleiche entweder hergeholt

(Auswerfen der Samen durch *Impatiens* und Medeas ermordete Kinder, oder Samen, die nach Norwegen schwimmen, und Mose, der den Nil abwärts treibt) oder langweilig (fliegende Samen und der Montgolfier-Ballon); die Verbindung hilft uns deshalb nicht, die biologische Aussage zu verstehen – Charles' Bilderwelt dagegen erläutert seine wissenschaftlichen Vorstellungen (der Baum des Lebens als Beispiel für Dynamik und Stammesgeschichte zugleich, künstliche Selektion als verkleinerte Analogie zu den größeren Wirkungen in der Natur). Und zweitens scheint bei Erasmus das Gleichgewicht verloren gegangen zu sein, wenn seine Metaphern die wissenschaftliche Aussage verdeutlichen sollen; sie erstrecken sich oft über mehrere Seiten, nachdem zuvor einige Zeilen im Telegrammstil über Pflanzen berichtet haben, und man muss den Verdacht hegen, dass die Botanik nur als Vorwand für blumige Dichtungen über klassische Tragödien und moderne Triumphe dient (und dabei hatten wir gedacht, die Verse sollten Licht auf die Blumen werfen). Charles' Metaphern dagegen sind kurz und prägnant, oft nur einen Halbsatz lang (»das Antlitz der Natur in Heiterkeit«) und immer der wissenschaftlichen Aussage untergeordnet, die sie erläutern sollen.

Vielleicht tue ich Erasmus mit diesem Vergleich Unrecht. Immerhin hatte er ein ganz anderes Genre gewählt als sein Enkel. Er wollte von vornherein ein langes Gedicht schreiben, und deshalb müssen seine Bilder natürlich umfangreicher sein, Charles dagegen verfasste ein eher konventionelles wissenschaftliches Prosawerk. Aber Erasmus legt auch ausdrücklich eine Theorie der Metaphern dar, die praktisch eine Garantie für die stark eingeschränkte wissenschaftliche Nützlichkeit seiner Bilder darstellt – und auf dieser Grundlage können wir den Vergleich zu Recht anstellen. Diese Ansichten entwickelte Erasmus in denjenigen Abschnitten von *The Loves of Plants*, die bei Fachleuten und Kommentatoren (die lieber die heroischen Zweizeiler zitieren) praktisch unbeachtet blieben: in den drei Prosa-Zwischenspielen zwischen den vier Gesängen, die die Form eines Dialoges zwischen einem Dichter (Darwin selbst) und einem Buchhändler (von dem er hofft, er werde den Band zu einem Geschäftserfolg machen) haben.

Als Einleitung zu seinem Buch verteidigt Erasmus Darwin die Suche nach angemessenen Vergleichen; die Kompliziertheiten natürlicher Gegenstände, so seine Argumentation, führen zu einer Fülle von Beziehungen zwischen ihnen, die alle einer Erforschung wert sind: »Da die natürlichen Gegenstände untereinander durch viele Verwandtschaftsverhältnisse verbunden sind, trägt jede theoretische Einteilung zwischen ihnen zu unserer Kenntnis bei, weil sie einige ihrer Analogien entwickelt.« Im ersten Zwischenspiel jedoch treibt der Dichter einen Keil zwischen Poesie und Wissenschaft: Er verbannt die ungenaue Bilderwelt der Metaphern aus der Wissenschaft, wo allein die Logik herrschen müsse, befürwortet aber solche sprachlichen Bilder für die Dichtung, die nach Darwins Ansicht vor allem visuelle Ziele verfolgt – sie solle »Gegenstände vor Augen führen oder Empfindungen in der Sprache des Sehens ausdrücken«: »Wissenschaft«, schreibt Erasmus, »bietet man am besten in Prosa dar, deren Art des Nachdenkens in ihren Analogien strenger ist als Metaphern oder Vergleiche.«

Anschließend teilt Erasmus mit, er verfolge mit seinen poetischen Bildern nicht einmal die Absicht, seine botanischen Aussagen zu verdeutlichen, sondern er habe sie aus zwei anderen Gründen erfunden. Erstens, so Erasmus, haben sowohl Dichter als auch Maler Erfolg, weil sie die Natur nicht originalgetreu wiedergeben, sondern idealisieren: »Je weiter sich der Künstler von der Natur zurückzieht, desto größere Neuheiten wird er hervorbringen; erhebt er sich über die Natur, schafft er das Erhabene; und Schönheit ist vermutlich eine Auswahl und neue Kombination ihrer angenehmsten Teile« (Näheres über Burkes Unterscheidung zwischen dem Erhabenen und dem Schönen, der Darwin hier beipflichtet, in Kapitel 14). Und zweitens sollten Metaphern und Vergleiche als poetische Bilder nicht die Tatsachen der Natur beleuchten, sondern von ihr abschweifen. In diesem Zusammenhang verteidigt Erasmus den ersten großen Dichter:

> Aber die Bilder Homers haben eine andere angenehme Eigenschaft: Sie stimmen nicht überein ... Jedes ähnliche Merkmal scheint ihm ein ausreichender Vorwand, um eine solche Abschweifung einzufügen; im weiteren Verlauf bringt er dann ein wenig angenehme Dichtung über das neue Thema, sodass jeder Vergleich zu einer Art kurzer Episode wird.

Schließlich fragt der Buchhändler: »Dann soll ein Vergleich also gar nicht genau seinem Gegenstand ähneln?«, und der Dichter geht aufs Ganze:

> Nein; dann wäre es eine philosophische Analogie, ein logischer Gedankengang an Stelle der Dichtung: Es muss dem Gegenstand nur so stark ähneln, wie auch die Dichtung selbst der Natur ähneln sollte. Es sollte so viel Erhabenheit, Schönheit oder Neuigkeitswert besitzen, dass der Leser sich dafür interessiert; es sollte in einer bildhaften Sprache ausgedrückt sein, sodass es ihm die Szene vor Augen führt; und schließlich sollte es so viel Glaubhaftigkeit aufweisen, dass es ihn nicht durch den Gewaltakt des Unwahrscheinlichen oder Widersprüchlichen aufweckt.

Nachdem Erasmus einen solchen Keil zwischen wissenschaftliche Vernunft und die lebhafte Bilderwelt der Dichtung getrieben hat, sollten wir uns nicht wundern, dass seine Metaphern (die er ausdrücklich nicht in seiner philosophischen, sondern in seiner visuellen Welt ansiedelt) seine botanischen Beispiele nicht verdeutlichen. Charles dagegen war von solchen ästhetischen Theorien nicht belastet und nutzte alle verfügbaren literarischen Hilfsmittel, um seinen einzigen Zweck zu erreichen: die Untermauerung seines »langen Arguments« über die Evolution.

Anhand eines weiteren Unterschiedes zwischen Erasmus und Charles können wir vielleicht verstehen, warum Erasmus' heroische Zweizeiler vergessen sind, während Charles mit seinem Buch das Denken der Menschheit revolutionierte. Auch Charles Darwin kannte Linnés Beobachtung, dass amerikanische Samen nach Norwegen getrieben wurden und dort keimten. Er schrieb 1855 in einer Notiz der *Gardener's Chronicle and Agricultural Gazette*: »Die Samen, die häufig vom Golfstrom an die Küsten Norwegens gespült werden und die auch Linné wohl vertraut waren, können, wie ich kürzlich ausprobiert habe, schwimmen.« Für Erasmus wurde diese Beobachtung nur zum Anlass für einen Schwall manierierter Worte über Mose im Schilf und das Übel der Sklaverei. Charles dagegen erkannte, dass die Möglichkeit eines solchen Ferntransports möglicherweise ein wichtiges Hindernis für die

Anerkennung der Evolutionstheorie beseitigte – und deshalb unternahm er eine mühsame Reihe bemerkenswert einfacher, aber sehr fantasievoller Experimente, mit denen er herausfinden wollte, wie lange Samen dem Salzwasser standhalten.

Die Evolutionstheorie erfordert natürlich, dass es für jede biologische Art ein einziges Ursprungsgebiet gab; die Kreationisten dagegen waren der Ansicht, Gott könne auch gleichzeitig an vielen Orten neue Formen untergebracht haben. Dass häufig die gleichen Arten in weit voneinander entfernten Regionen auftraten, schien also gegen die Evolution zu sprechen. Als Gegenargument versuchte Darwin, plausible Mechanismen des Ferntransports zu finden, sodass eine Art, die in einem Gebiet entstanden war, die erforderlichen Wege zurücklegen konnte. Da Pflanzen dafür viele schwierige Beispiele boten, erschien die Verteilung schwimmender Samen über die Ozeane hinweg viel versprechend – und Darwin entschloss sich, die Frage experimentell zu untersuchen. In einem 1855 erschienenen Aufsatz mit dem Titel »Does Seawater Kill Seeds?« (»Tötet Meerwasser Samen?«) schrieb er zurückhaltend (da er noch nicht seine Ansichten über die Evolution offen legen wollte, die er erst drei Jahre später veröffentlichte):

> Wenn auch solche Experimente natürlich vielen kindlich erscheinen dürften, möge es mir erlaubt sein zu versprechen, dass sie unmittelbare Auswirkungen auf ein sehr interessantes Problem haben ... nämlich auf die Frage, ob das gleiche Lebewesen an einer oder mehreren Stellen auf unserer Erde erschaffen wurde.

Für seine Experimente baute Darwin eine Reihe von Behältern: »Das Meerwasser wurde künstlich mit Salz hergestellt, welches von Mr. Bolton erworben wurde ... geprüft wurde es von Chemikern, die besser sind als Menschen, nämlich von zahlreichen Meerestieren und Algen, die darin über ein Jahr gelebt haben.« Er legte 87 verschiedene Samen in das Wasser und stellte fest, dass drei Viertel der Arten nach einem Bad von 28 Tagen noch keimen konnten. Am besten überlebten Pfeffersamen: 30 von 56 Samenkörnern »keimten nach 137 Tagen unter Wasser gut«. Anschließend schlug Darwin in einem Buch über Meeresströmungen nach und stellte fest, dass Samen durchaus die erforderlichen zigtausend Meilen schwimmen und auf weit entfernten Kontinenten gedeihen konnten.

Dennoch war Darwin beunruhigt. Zwar konnte er die Samen lange genug im Wasser am Leben erhalten, aber sie sanken zu früh zu Boden und konnten deshalb ohne Hilfe nicht an ihre mutmaßlichen Bestimmungsorte getrieben werden. Also begann er mit seiner typisch gründlichen, fast versessenen Art eine zweite Versuchsreihe. Welche natürlichen Hilfsmittel könnten die Samen zu Wasser oder durch die Luft über die erforderliche Entfernung transportieren? Darwin schrieb an einen Seemann, der auf den Kerguelen-Inseln Schiffbruch erlitten hatte: Ob er sich erinnern könne, dass Samen oder Pflanzen vom Treibholz am Strand Wurzeln schlugen? Er fragte einen Anwohner der Hudsonbai, ob Samen manchmal von Eisschollen mitgenommen werden. Er untersuchte den Mageninhalt von Enten; zu seinem Entzücken erhielt er per Post die schlammverkrusteten Füße eines Rebhuhns; er durchwühlte Vogelexkremente, weil er wissen wollte, ob Samen nach der Passage durch den Verdauungstrakt noch keimen können. Und er griff sogar einen Vorschlag seines achtjährigen Sohnes auf, einen toten und einen wohlgenährten Vogel auf dem Wasser treiben zu lassen. In einem Brief schrieb Darwin: »Eine Taube schwamm mit Samen im Kropf 30 Tage lang in Salzwasser, und sie wuchsen hinterher glänzend.« Am Ende fand er mehr als genug Transportmechanismen für lebensfähige Samen.

Worte bei Erasmus, Taten bei Charles! An ihren Früchten sollt ihr sie erkennen. Zum Schluss fällt mir ein Ereignis aus meiner Jugend ein, als ich 1955 an der Junior High School 74 (in New York sind auch die Mittelschulen nummeriert) meinen Abschluss machte. Ein Busfahrer aus der Gegend war besonders freundlich zu uns gewesen, was unter den öffentlichen Angestellten in dieser gequälten Stadt eine Seltenheit ist; er behandelte die Schüler mit Respekt, ließ sich herab, mit uns zu reden und – Wunder über Wunder – wartete sogar, wenn er uns zum Bus laufen sah, statt die Tür vor unserer Nase zu schließen. Ich wusste nicht einmal, wie er hieß, aber eines Morgens bat ich ihn, mein Autogrammbuch zu signieren, und er ließ einen ganzen Bus voller erwachsener Pendler warten. (Die meisten waren offenbar gerührt über den Vorfall

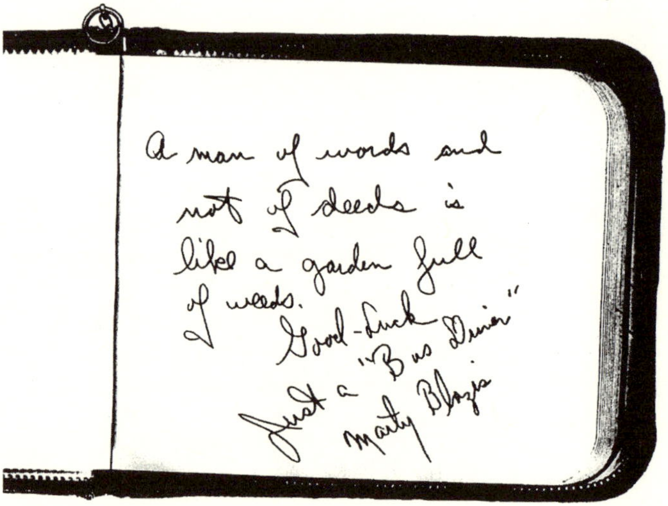

Knittelvers eines Busfahrers aus Queens, aufgeschrieben vor 38 Jahren im Autogrammbuch des Autors.

und nörgelten nicht über die kleine Verspätung.) Er unterschrieb die Seite mit »Viel Glück. Nur ein Busfahrer. Marty Blazis.« Mr. Blazis, wenn es Sie noch gibt,* möchte ich Ihnen von uns allen für Ihre Freundlichkeit diesen verspäteten Dank aussprechen; sie hat uns viel bedeutet. Ich möchte auch seine Worte wiedergeben, einen jener alten, klassischen Knittelverse, die in ihrer Vertrautheit so viel Weisheit enthalten; auch in diesen Zeilen bemerke ich den Vergleich zwischen Charles Darwins Triumph und Erasmus' sehr viel geringerer Bedeutung (und ich weiß die letzte botanische Metapher dieses Essays zu schätzen). Mr. Blazis schrieb:

Ein Mann des Worts und nicht der Tat
Ist wie ein Garten, wo's nur Unkraut hat.

* Marty Blazis starb vor einigen Jahren, aber ich erhielt von seinem Sohn einen freundlichen Brief, in dem er mir für die Erwähnung dankte und meine Erinnerung an die lebenslange, umfassende Freundlichkeit seines Vaters bestätigte.

Literatur

Abele, L. G., W. Kim und B. E. Felgenhauer 1989. Molecular evidence for inclusion of the phylum Pentastomida in the Crustacea. *Molecular Biology and Evolution* 6: 685–91.
Aldrovandi, Ulisse 1648. *Aldrovandi Museum Metallicum.* Bologna.
Allen, D. E. 1980. The woman members of the Botanical Society of London, 1836–1856. *British Journal for the History* of *Science* 13: 240–54.
Alvarez, Luis, Walter Alvarez, Frank Asaro und Helen V. Michel 1980. Extraterrestrial cause for the Cretaceous-Tertiary extinction. *Science* 208: 1095–1106.

Bacon, Francis 1605. *Advancement of Learning*. London: Herie Tomes.
– 1620. *Novum Organum*. London: Ionannem Billium.
Baker, H. B. 1924. Land and freshwater molluscs of the Dutch Leeward Islands. *Michigan University Museum of Zoology Occasional Papers*, no. 152.
Barber, Lynn 1980. *The Heyday of Natural History 1820–1870.* New York: Doubleday.
Begg, Colin B. und Jesse A. Berlin 1988. Publication bias: a problem in interpreting medical data. *Journal of the Royal Statistical Society* 151: 419–63.
Bickerton, Derek 1981. *Roots of Language.* Ann Arbor, Michigan: Karoma.

– 1990. *Language and Species.* Chicago: University of Chicago Press.

Borradaile, L. A. 1916. Crustacea. Part II. *Porcellanopagurus:* An instance of carcinization, *British Antarctic. »Terra Nova.« Expedition Zoology* 3: 111–26.

Bowring, S. A., J. P. Grotzinger, C. F. Isachsen, A. H. Knoll, S. M. Pelechaty und P. Kolosov 1993. Calibrating rates of early Cambrian evolution. *Science* 261: 1293–98.

Box, Joan Fisher 1978. *R. A. Fisher, The Life of a Scientist.* New York: Wiley.

Brasier, Clive 1992. Champion thallus. *Nature* 356: 382–83.

Brown, Thomas 1836. *The Conchologist's Text-book.* Glasgow: Archibald Fullerton and Co.

Browne, Janet 1989. Botany for gentlemen: Erasmus Darwin and *The Loves of the Plants. Isis* 80: 593–621.

Brusca, Richard C. und Gary J. Brusca 1990. *Invertebrates.* Sunderland, Mass.: Sinauer Associates.

Budd, Ann F., und Anthony G. Coates 1992. Non-progressive evolution in a clade of Cretaceous *Montastraea*-like corals. *Paleobiology* 18: 425–46.

Buffon, Georges 1778. *Les époques de la Nature.* Paris: L'imprimerie Royale.

Burbank, Luther 1907. *The Training of the Human Plant.* New York: Century.

Burke, Edmund 1757. *Philosophical Inquiry into the Origin of Our Ideas of the Sublime and Beautiful.* London: Printed for R. and J. Dodsley.

Büttner, J. W. E. 1956. *Leben und Wirken des Naturforschers Johann Gotthelf Fischer von Waldheim.* Berlin: Akademie Verlag.

Carro, R. J., H. N. Poinar, N. J. Pieniazek, A. Acra und G. O. Poinar 1993. Amplification and sequencing of DNA from a 120–135 million year old weevil. *Nature* 363: 536–38.

Colbert, Edwin Harris 1991. *Evolution of the Vertebrates: A History of the Backboned Animals Through Time.* New York: Wiley-Liss.

Crichton, Michael 1993. Jurassic Park. München: Knaur.

Cunningham, C. W., N. W. Blackstone und L. W. Buss 1992. Evolution of king crabs from hermit crab ancestors. *Nature* 355: 539–42.

Darwin, Charles R. 1855. Does sea-water kill seeds? In Paul H. Barrett (ed.), *The Collected Papers of Charles Darwin*. Chicago: University of Chicago Press, 55.
– 1920/1992. *Über die Entstehung der Arten durch natürliche Zuchtwahl*. Darmstadt: Wissenschaftliche Buchgesellschaft.
– 1862. *On the Various Contrivances by which British and Foreign Orchids Are Fertilized by Insects*. London: John Murray.
Darwin, Erasmus 1789. *The Botanic Garden. Part II. The Loves of the Plants*. Dublin: J. Moore.
Davis, P., D., H. Kenyon und C. B. Tlaxton 1989. *Of Pandas and People*. Dallas: Haughton Publishing.
de Beus, J. C. 1985. *Shall We Make the Year 2000: The Decisive Challenge to Western Civilization*. London: Sidgwick and Jackson.
De Salle, R., J. Gatesy, W. Wheeler und D. Grimaldi 1992. DNA sequences from a fossil termite in Oligo-Miocene amber and their phylogenetic implications. *Science* 257: 1933–36.
de Vries, W. 1974. Caribbean land molluscs: notes on Cerionidae. *Studies Fauna Curaçao and other Caribbean Islands* 45: 81–117.
Draper, John William 1874. *History of the Conflict Between Religion and Science*. New York: Appleton.

Eberhard, William G. 1985. *Sexual Selection and Animal Genitalia*. Cambridge, Mass.: Harvard University Press.
Eldredge, N. und S. J. Could 1972. Punctuated equilibria: an alternative to phyletic gradualism. In T. J. M. Schopf (ed.), *Models in Paleobiology*. San Francisco: Freeman, Cooper and Co., 82–115.
Erdoes, Richard 1988. *AD 1000*. New York: Harper & Row.
Erwin, T. L. 1982. Tropical forests: their richness in Coleoptera and other arthropod species. *Coleopterists Bulletin* 36: 74–75.
Erzinclioglu, Zakaria 1992. Ancient error. *Nature* 355: 195.
Estling, Ralph 1992. Old argument. *Nature* 355: 667.

Fausto-Sterling, Anne 1988. Gefangene des Geschlechts?: Was biologische Theorien über Mann und Frau sagen. München; Zürich: Piper.

Fischer von Waldheim, Gotthelf 1813. *Zoognosia tabulis synopticis illustrata, in usum praelectionum Academiae imperialis medico-chirugicae mosquensis*. Moskau: Nicolai S. Vsevolozsky.

Fisher, Ronald Aylmer 1930. *The Genetical Theory of Natural Selection*. Oxford: The Clarendon Press.

– 1957. Dangers of cigarette-smoking. *British Medical Journal*, 43.

– 1957. Dangers of cigarette-smoking. *British Medical Journal*, 297.

– 1958. Lung cancer and cigarettes? *Nature* 182: 108.

Flynn, James T. 1988. *The University Reform of Tsar Alexander I, 1802–1835*. Washington, D.C.: Catholic University of America Press.

Gamow, George 1954. Mr. Tompkins im Wunderland oder Träumereien von c, g und h. Wien: Zsolnay.

Gilbert, M. 1995. Endlösung: die Vertreibung und Vernichtung der Juden; ein Atlas. Reinbek bei Hamburg: Rowohlt.

Gillispie, Charles C. 1978. *Dictionary of Scientific Biography*, vol. XV, Supplement I. New York: Charles Scribner's Sons.

Gingerich, P. D., N. A. Wells, D. E. Russell und S. M. Ibrahim Shah 1983. Origin of whales in epicontinental remnant seas. *Science* 220: 403–6.

Gingerich, P. D., B. H. Smith und E. L. Simons 1990. Hind limbs of Eocene *Basilosaurus*: evidence of feet in whales. *Science* 249: 154–57.

Gingerich, P. D., S. M. Raza, M. Arif, M. Anwar und N. Zhou 1993. Partial skeleton of *Indocetus ramani* (Mammalia, Cetacea) from the Lower Middle Eocene Domanda Shale in the Sulaiman Range of Punjab (Pakistan). *Contributions from the Museum of Paleontology of the University of Michigan* 28: 393–416.

– 1994. New whale from the Eocene of Pakistan and the origin of cetacean swimming. *Nature* 368: 844–47.

Gish, Duane 1985. *Evolution: The Challenge of the Fossil Record.* San Diego: Creation Life Publications.
Glen, William 1982. *The Road to Jaramillo*. Stanford, Calif.: Stanford University Press.
– 1994. *The Mass Extinction Debates: How Science works in a Crisis.* Stanford, Calif.: Stanford University Press.
Goilo, E. R. 1962. *Papiamentu Textbook.* Aruba: De Wit.
Golenberg, E. M., D. E. Giannasi, M. T. Clegg, C. J. Smiley, M. Durbin, D. Henderson und G. Zurawski 1990. Chloroplast DNA sequence from a Miocene *Magnolia* species. *Nature* 344: 656–58.
Gould, Stephen Jay 1973. The misnamed, mistreated, and ill-understood Irish elk. *Natural History Magazine* 73 (März): 10–19.
– 1974. The origin and function of »bizarre« structures: antler size and skull size in the »Irish elk« *Megaloceros giganteus. Evolution* 28: 191–220.
– 1984. Darwin nach Darwin: naturgeschichtliche Reflexionen. Frankfurt/M; Berlin; Wien: Ullstein.
– 1988. *Der falsch vermessene Mensch*. Frankfurt am Main: Suhrkamp.
– 1984. Covariance sets and ordered geographic variation in *Cerion* from Aruba, Bonaire and Curaçao: a way of studying nonadaptation. *Systematic Zoology* 33: 217–37.
– 1989. *Das Lächeln des Flamingos*. Basel: Birkhäuser.
– 1989 *Wonderful Life: The Burgess Shale and the Nature of History*. New York: W. W. Norton.
– 1994. *Bravo, Brontosaurus*. Hamburg: Hoffmann und Campe.
– 1993. *Eight Little Piggies*. New York: W. W. Norton.
Grew, Nehemiah 1681. *Museum regalis societatis, or a description of the natural and artificial rarities belonging to the Royal Society, whereunto is subjoyned the comparative anatomy of Stomachs and guts.* London: W. Rawlins.

Haldane, J. B. S. 1927. *Possible Worlds and Other Fssays.* London: Chattoo and Windus.
– 1932. *The Causes of Evolution.* New York: Harper and Brothers.
Haywood, Alan 1985. *Creation and Evolution.* London: Triangle Books.

Hitler, Adolf 1934. *Mein Kampf*. München.

Hodkinson, I. D. und D. Casson 1991. A lesser predilection for bugs: hemiptera (Insecta) diversity in tropical rain forests. *Biological Journal of the Linnean Society* 43: 101–9.

Hummelinck, P. W. 1940. Mollusks of the genera *Cerion* and *Tudora*. *Studies on the fauna of Curaçao, Aruba, Bonaire, and the Venezuelan Islands*, no. 5.

Husson, A. M. und L. B. Holthuis 1969. On the type of *Antilope leucophaea* Pallas, 1776, preserved in the collection of the Rijksmuseum van Natuurlijke Historie Leiden. Zoologische Mededelingen 44: 147–57.

– 1975. The earliest figures of the Blaauwbok, *Hippotragus Leucophaeus* (Pallas, 1766) and of the greater Kudu, *Tragelaphus Strepsiceros* (Pallas, 1766). Zoologische Mededelingen 49: 57–63.

Hutchinson, G. Evelyn 1959. Homage to Santa Rosalia, or why are there so many kinds of animals? *American Naturalist* 93: 145–59.

Huxley, Thomas Henry 1880. *The Crayfish: An Introduction to the Study of Zoology*. London: C. Kegan Paul.

– 1893. *Evolution and Ethics*. London: Macmillan and Co.

Janzen, D. 1977. What are dandelions and aphids? *American Naturalist* 111: 586–89.

Jordan, David Starr *1922. The Days of a Man, Being Memories of a Naturalist, Teacher, and Minor Prophet of Democracy*. Yonkers on Hudson, New York: World Books Co.

Keyes, Ralph 1992. *Nice Guys Finish Seventh: False Phrases Spurious Sayings and Familiar Misquotations*. New York: Harper.

Kimbel, W. H., D. C. Johanson und Y. Rak 1994. The first skull and other new discoveries of *Australopithecus afarensis* at Hadar, Ethiopia. *Nature* 368: 449–51.

Kuhn, Thomas S. 1962. *The Structure of Scientific Revolutions*. Chicago: University of Chicago Press.

Labandeira, C. und J. J. Sepkoski Jr. 1993. Insect diversity in the fossil record. *Science* 261: 310–15.

Laplace, Pierre Simon 1796 (An IV) *Exposition du système du monde.* Paris: L'imprimerie du Cercle-Social.
– 1812. *Theorie analytique des probabilités.* Paris: Ve. Courcier.
Linnaeus, Carolus 1796. *Fundamenta botanica.* Amsterdam: Salomonem Schouten.
– 1758. *Systema naturae per regna tria naturae, secundum classes, ordines, genera, species, cum characteribus, differentiis, synomnymis, locis.* Stockholm: L. Salvius.
Lorenz, K. 1971 (erstmals erschienen 1950). Part and parcel in animal and human societies. In: *Studies in Animal and Human Behavior,* vol. 2, 115–95. Cambridge, Mass.: Harvard University Press.
Lyell, Charles 1830–1833. *Principles of Geology.* 3 vols. London: John Murray.

MacDonald, J. D., R. B. Pike und D. I. Williamson 1957. Larvae of the British species of *Diogenes, Pagurus, Anapagurus* and *Lithodes* (Crustacea, Decapoda). *Proceedings of the Zoological Society of London* 128: 209–57.
May, Robert M. 1989. An inordinate fondness for ants. *Nature* 341: 386–87.
– 1989. High table tales. *Nature* 341: 695.
Mercati, Michael 1719. *Metallotheca vaticana.* Edited by J. M. Lancisi. Rom: Jo. Mariam Salvioni.
Merton, Robert K. 1989. *Auf den Schultern von Riesen: ein Leitfaden durch das Labyrinth der Gelehrsamkeit.* Frankfurt am Main: Athenäum.
Meyers, Jeffry 1992. *Edgar Allan Poe: His Life and Legacy.* New York: Charles Scribner's Sons.
Mohr, Erna 1967. *Der Blaubock: Eine Dokumentation.* Hamburg: Paul Parey.
Mount, Jeffrey F., Stanley V. Margolis, William Showers, Peter Ward und Eric Doehne 1986. Carbon and oxygen isotope stratigraphy of the Upper Maastrichian, Zumaya, Spain: a record of oceanographic and biologic changes at the end of the Cretaceous Period. *Palaios* 1: 87–92.

Nettl, Paul 1956. *Beethoven Encyclopedia.* New York: Philosophical Library.
Niklas, K. J., R. M. Brown Jr. und R. Santos 1985. Ultrastructural states of preservation in Clarkia Angiosperm leaf tissues: implications on modes of fossilization in late Cenozoic history of the Pacific. In Charles J. Smiley (ed.), *Late Cenozoic History of the Pacific.* San Francisco: American Association for the Advancement of Science, 143–59.
Nixon, Richard 1988. *1999: Victory Without War.* New York: Simon and Schuster.

O'Riordan, C. F. 1983. *The Natural History Museum,* Dublin. Dublin: Stationery Office.
Osborn, Henry Fairfield 1924. Three new Theropoda, *Protoceratops* Zone, Central Mongolia. *Novitates American Museum of Natural History* 144: 1–12.

Pallas, Peter Simon 1766. *Miscellanea zoologica quibus novae imprimis atque obscurae animalium species describuntur et observationibus iconibusque illustrantur.* Den Haag: P. van Cleef, 224.
Poe, Edgar Allan 1839. *The Conchologist's First book: or, a System of Testaceous Malacology Arranged Expressly for the Use of Schools.* Philadelphia: Haswell, Barrington and Haswell.

Roberts, Mary 1834. *The Conchologist's Companion.* London: Whittaker.
– 1846. *The Progress of Creation.* London: Smith, Elder and Co.
Rupke, Nicolaas A. 1983. *The Great Chain of History.* Oxford: University Press.
Russell, Bertrand. Autobiographie. Frankfurt am Main: Insel-Verlag.
Russell, J. B. 1991. *Inventing the Flat Earth.* New York: Praeger.

Schiebinger, Londa 1991. The private life of plants: sexual politics in Carl Linnaeus and Erasmus Darwin. In M. Benjamin (ed.), *Science and Sensibility: Gender and Scientific Enquiry 1780–1945.* New York: Oxford University Press, 121–43.
– 1993. Why mammals are called mammals: gender politics in eigh-

teenth century natural history. *The American History Review* 90: 382–411.

Scilla, Agostino 1747. *De corporibus marinis lapidescentibus quae defossa reperiuntur*. Rom: Antonii Rubeis.

Sheehan, P. M., D. E. Fastovsky, R. G. Hoffmann, C. D. Berghaus und D. L. Gabriel 1991. Sudden extinction of the dinosaurs: Late Cretaceous, Upper Great Plains, U.S.A. *Science* 254: 835–39.

Shelley, Mary Wollstonecraft 1993. *Frankenstein oder der neue Prometheus*. München: Hanser.

Signor, P. W. und J. H. Lipps 1982. Sampling bias, gradual extinction patterns and catastrophes in the fossil record. *Geological Society of America Special Paper* (Regional Studies), No. 190: 291–96.

Sinclair, David 1977. *Edgar Allan Poe*. London: J. M. Dent and Sons.

Slater, A. E. 1951. Biological problems of space flight. *Journal of the British Interplanetary Society* 10: 154–58.

Smith, M. L., J. N. Bruhn und J. P. Anderson 1992. The fungus Armillaria bulbosa is among the largest and oldest living organisms. *Nature* 356: 428–31.

Soltis, P. S., D. E. Soltis und C. J. Smiley 1997. An *rbcl* sequence from a Miocene *Taxodium* (bald cypress). *Proceedings of the National Academy of Science USA* 89: 449–51.

Stoneking, Mark 1993. DNA and recent human evolution. *Evolutionary Anthropology* 2: 60–73.

Stork, Nigel E. 1988. Insect diversity: facts, fiction and speculation. *Biological Journal of the Linnean Society* 35: 321–37.

Swift, Jonathan 1704. *A Tale of a Tub. Written for the Universal Improvement of Mankind. To Which is Added, an Account of Battle Between the Ancient and Modern Books* in St. James's Library. London: J. Nutt.

Symons, Julian 1986. Edgar Allan Poe: Leben und Werk. München: Heyne.

Tennyson, Alfred Lord 1850. *In Memoriam*. Boston: Ticknor, Reed and Fields.

Thewissen, J. G. M. und S. A. Hasten 1993. Origin of underwater hearing in whales. *Nature* 361: 444–45.

– und M. Aria 1994. Fossil evidence for the origin of aquatic locomotion in archaeocete whales. *Science* 263: 210–12.
Thompson, D. W. 1983. *Über Wachstum und Form.* Frankfurt am Main: Suhrkamp.

Van Valen, Leigh 1966. Deltatheridia, a new order of mammals. *Bulletin of the American Museum of Natural History* 132: 1–126.

Walossek, Dieter und Klaus J. Müller 1994. Pentastomid parasites from the Lower Paleozoic of Sweden. *Transactions of the Royal Society of Edinburgh, Earth Science* 85: 1–37.
– und R. M. Kristensen 1994. A more than half a billion years old stem group tardigrade from Siberia. *Proceedings* of *the Sixth International Symposium on Tardigrada.* Cambridge, England.
Ward, Peter 1983. Nautilus und Ammoniten. *Spektrum der Wissenschaft*, Dezember, 68.
– 1993. *Der lange Atem des Nautilus oder warum lebende Fossilien noch leben.* Heidelberg; Berlin; Oxford: Spektrum Akademischer Verlag.
Weissman, Paul 1994. Comet Shoemaker-Levy 9: the big fizzle is coming. *Nature* 370: 94–95.
Whewell, William 1832. Rezension über *Principles of Geology* von Charles Lyell. *Quarterly Review* 47: 103–32.
– 1837. *History of the Inductive Sciences: From the Earliest to the Present Times.* London: J. W. Parker.
White, Andrew Dickson 1896. *A History of the Warfare of Science with Theology in Christendom.* New York: Appleton.
Whitney, William Dwight 1875. *Life and Growth of Language.* International Scientific Series. New York: D. Appleton and Co.
Wilson, E. O. 1997. *Der Wert der Vielfalt: die Bedrohung des Artenreichtums und das Überleben des Menschen.* München; Zürich: 1997.
Wolff, Thorben 1961. Descriotion of a remarkable deep sea hermit crab, with notes on the evolution of the Paguridea. *Galathea Report* 4: 11–32.
Zumbach, F. T. 1986. Edgar Allan Poe: Eine Biographie. München: Winkler Verlag.